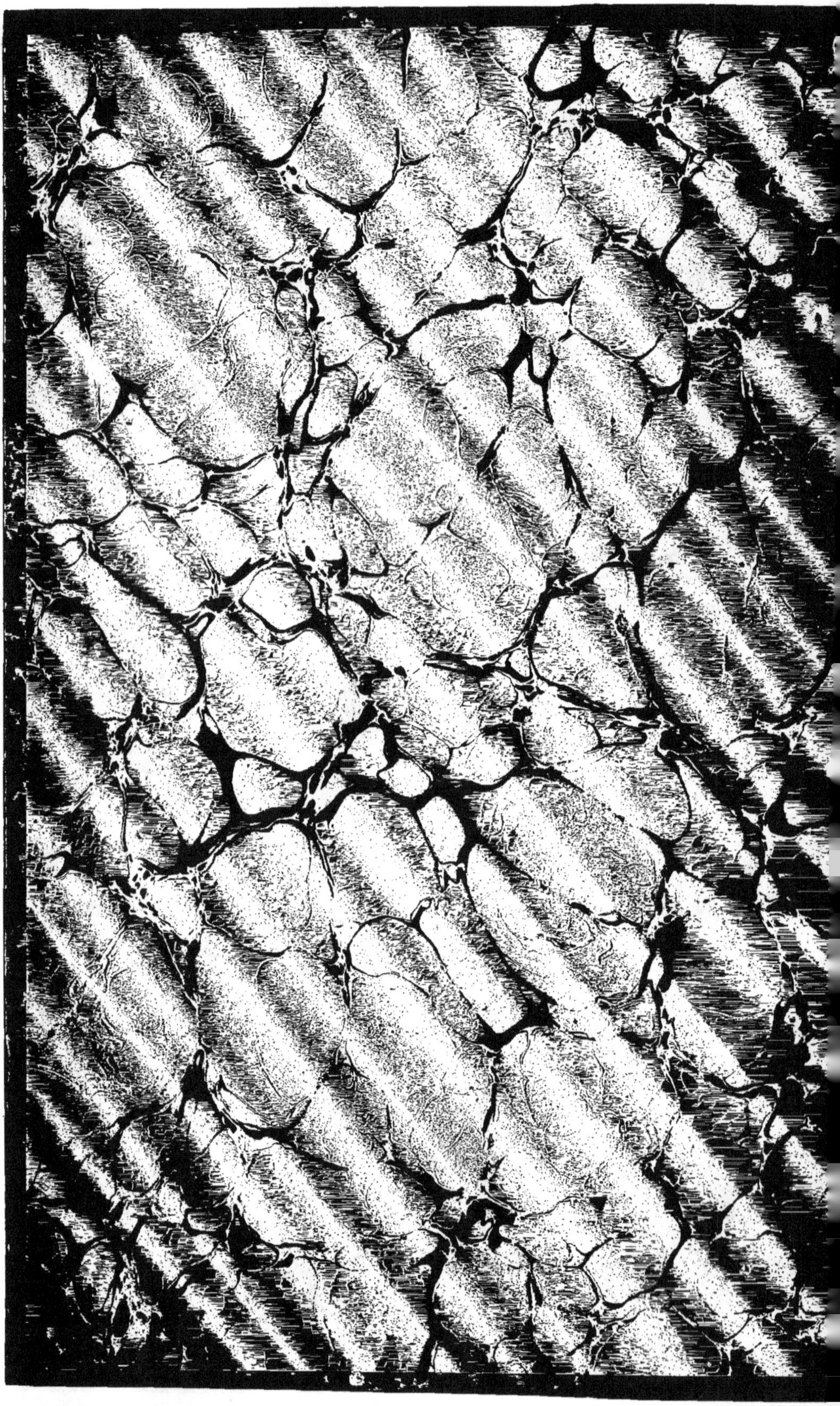

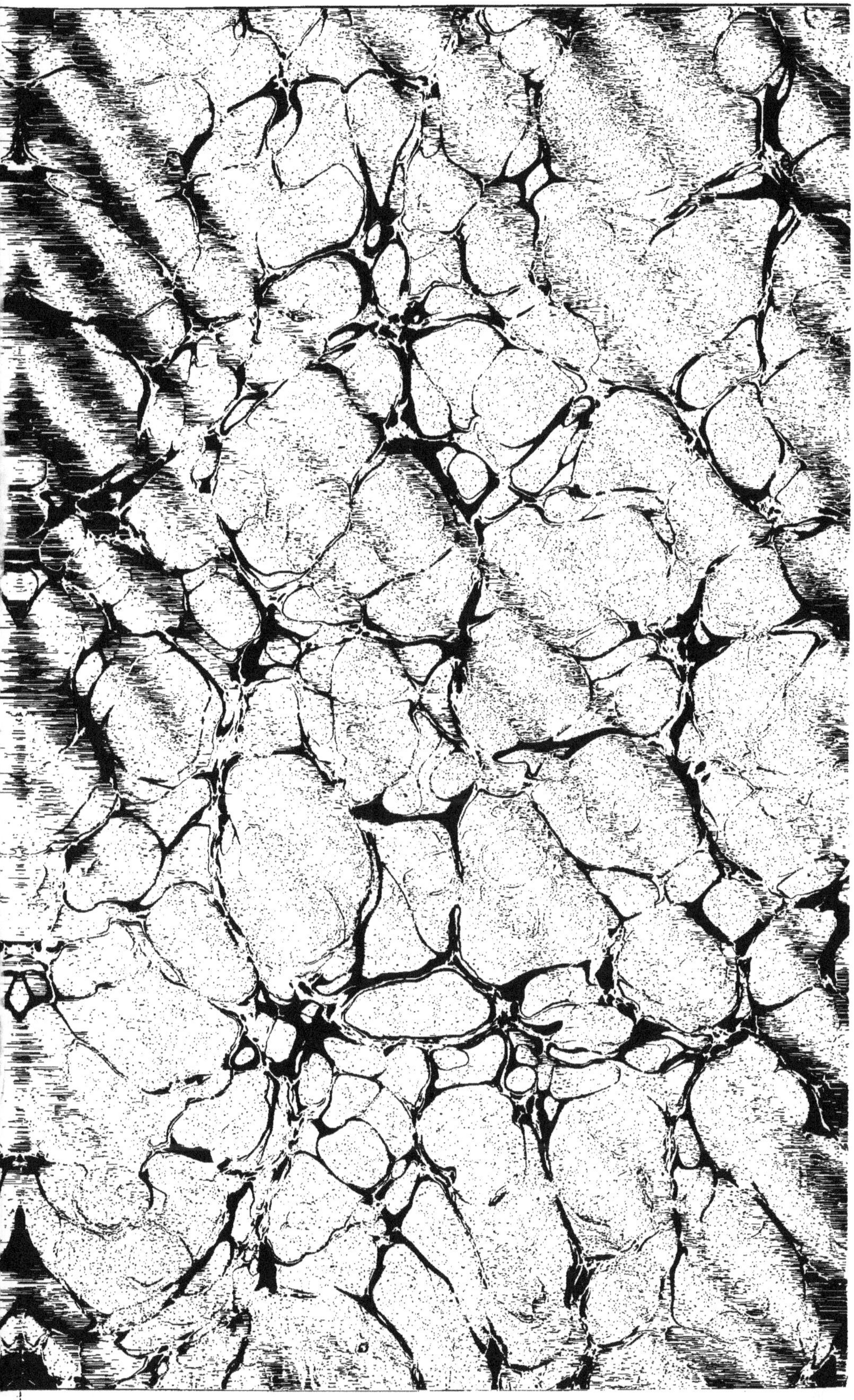

SYNOPSIS AVIUM

NOUVEAU
MANUEL D'ORNITHOLOGIE

PAR

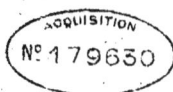

Alphonse DUBOIS

Docteur en sciences naturelles,
Conservateur au Musée Royal d'Histoire naturelle de Belgique,
Chevalier de l'Ordre de Léopold,
Membre du Comité international et permanent d'Ornithologie,
de la Commission permanente d'étude des collections du Musée de l'État Indépendant du Congo,
Membre honoraire, correspondant ou effectif de plusieurs Sociétés savantes.

Fascicule XI

COLUMBÆ, HETEROCLITÆ, CRYPTURI,
GALLINÆ, ACCIPITRES (1re partie).

Pl. XIII

BRUXELLES
H. LAMERTIN, éditeur
20, RUE DU MARCHÉ-AU-BOIS

1902

AVIS

Nous donnons dans ce fascicule XI les 24 pages qui manquaient au précédent, pour la raison indiquée.

Nous rappellerons que les tables alphabétiques des genres, des espèces et des variétés paraîtront dans le dernier fascicule.

Le prix du fascicule restera fixé à 6 francs pour tous les abonnés qui se feront inscrire avant la fin de la publication.

ON SOUSCRIT à

BRUXELLES, chez l'éditeur, M. **H. Lamertin**, 20, rue du Marché-au-Bois.

AMSTERDAM, chez MM. **Feikema, Caarelsen & Cie**.

BERLIN, chez M. **R. Friedländer & Sohn**, Carlstr. 11, N. W.

LONDRES, chez MM. **William & Norgate**, 14, Henrietta street.

MADRID, chez M. **Romo y Fussel**.

MILAN, chez M. **Ulrico Hœpli**, 37, Corso Vittorio Emanuele.

OXFORD, chez M. **James Parker & Cie**, 27, Broad street.

PARIS, chez M. **P. Klincksieck**, 3, rue Corneille.

NEW-YORK, chez M. **G.-E. Stechert**, 9 East 16th street.

SYNOPSIS AVIUM

SYNOPSIS AVIUM

NOUVEAU
MANUEL D'ORNITHOLOGIE

PAR

Alphonse DUBOIS

Docteur en sciences naturelles,
Conservateur au Musée Royal d'Histoire naturelle de Belgique,
Officier de l'Ordre de Léopold,
Membre du Comité international et permanent d'Ornithologie,
de la Commission permanente d'étude des collections du Musée de l'État Indépendant du Congo,
Membre honoraire, correspondant ou effectif de plusieurs Sociétés savantes.

DEUXIÈME PARTIE

(1902-1904)

BRUXELLES
H. LAMERTIN, éditeur
20, rue du Marché-au-Bois

1904

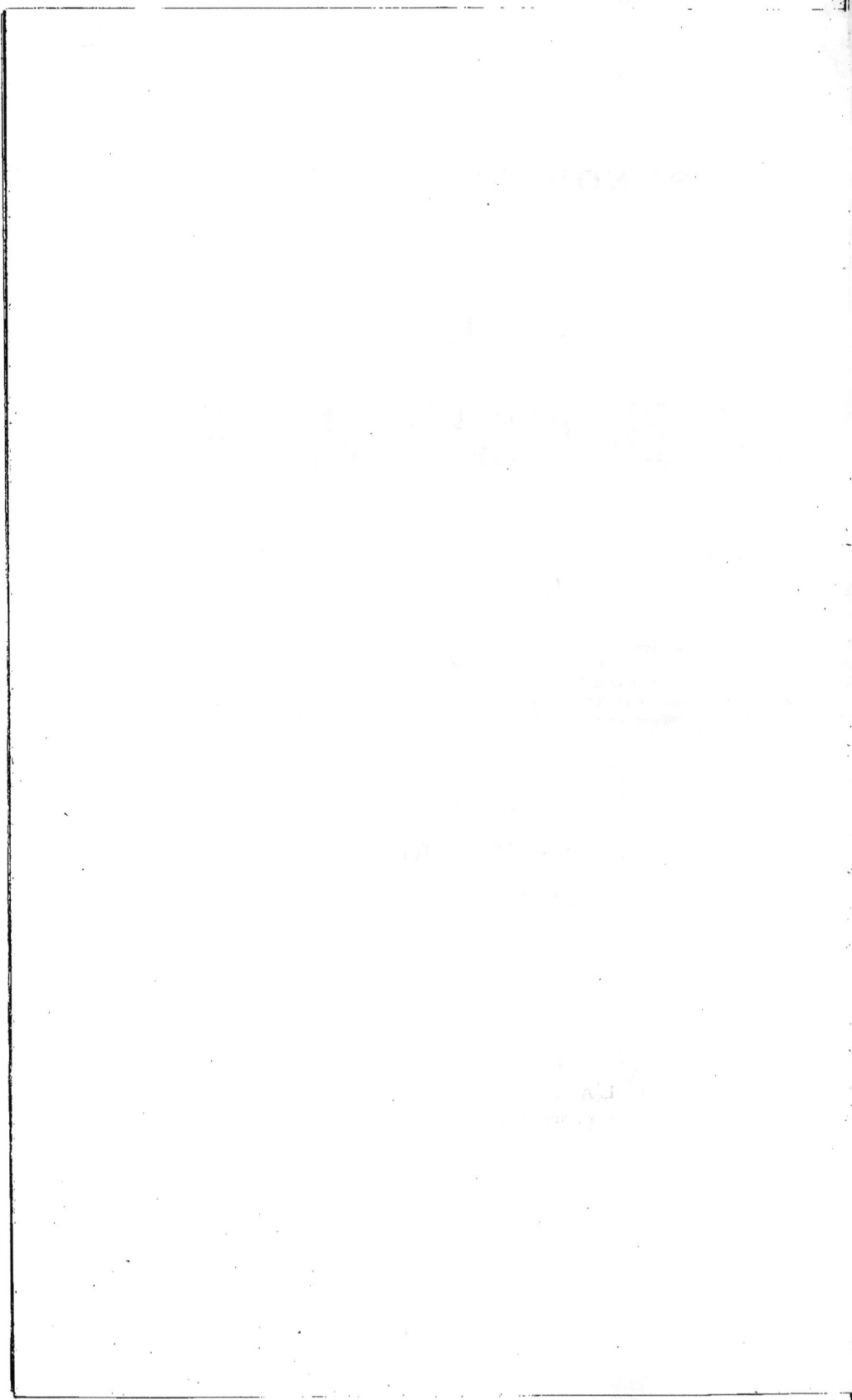

POSTFACE

La rédaction du *Synopsis avium* a été arrêtée le 1er juin 1903, ne pouvant davantage retarder la mise sous presse du supplément, comprenant les additions et les corrections, paru encore la même année. Les espèces et les variétés nouvelles décrites depuis cette date, et même un peu avant, n'ont donc pu être signalées. Je suis cependant assez disposé à publier dans un an ou deux un second supplément, qui tiendra les Ornithologistes au courant des nouvelles découvertes ornithologiques.

Dans l'ensemble des deux volumes, j'ai signalé 12.509 espèces et 3969 variétés, soit en tout 16.478 espèces et sous-espèces ou variétés, le tout réparti dans 2252 genres (1). G. R. Gray, dans son « *Hand-list of genera and species of Birds* » ne mentionne que 11.162 espèces. Comme on le voit, les découvertes ont été nombreuses depuis 1871.

En écrivant ces lignes finales, je ne puis m'empêcher de remercier les honorables souscripteurs, dont le soutien m'a permis de mener à bonne fin ce grand et laborieux travail. Je remercie aussi la Presse scientifique, dont les encouragements ne m'ont pas fait défaut.

A. D.

Bruxelles, juillet 1904.

(1) Je dois faire remarquer qu'à partir de la page 613, le numérotage des genres est erroné, par suite d'une erreur typographique dont je me suis aperçu trop tard, et qui fait que ces numéros sont reculés de 300 unités.

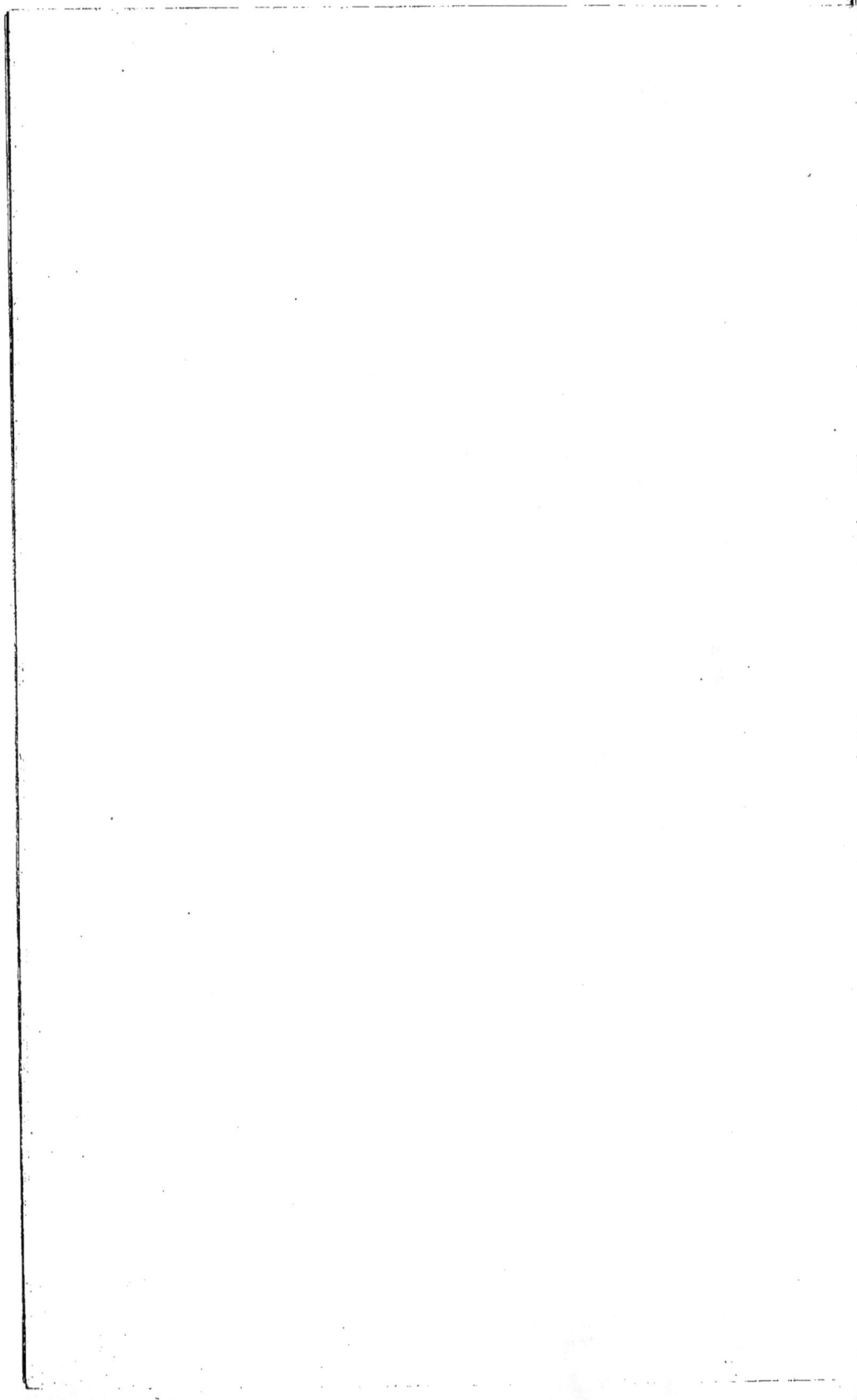

TABLE SYSTÉMATIQUE

DES ORDRES ET DES FAMILLES

SUPPLÉMENT :

TABLE DES PLANCHES

SYNOPSIS AVIUM

ORD. VI. — COLUMBÆ (1)

FAM. I. — TRERONIDÆ

SUBF. I. — TRERONINÆ

1358. SPHENOCERCUS

Sphenurus, Sw. (1837, nec *Sphenura*, Licht., 1823); *Sphenocercus*, Gray (1840); *Rhombura*, Glog. (1842); *Sphenœna*, *Sphenotreron*, Bp. (1854).

9418. APICICAUDA (Hodgs. = *apicauda*) *MS*; Gray, *List Gall. B. M.*, p. 4; Bp., *Icon. Pig.*, pl. 4; Rchb., *Tauben*, I, p. 111; *phasianellus*, Licht.	Himalaya, de Kumaon à l'Assam, Birmanie, Ténassérim.
9419. OXYURUS (Reinw.), *MS.*; Tem., *Pl. Col.* 240; Prév. et Knip, *Pig.* II, pl. 30; *semitorquatus*, Sw.	Java, Sumatra, Bornéo.
9420. SPHENURUS (Vig.), *P. Z. S.*, 1831, p. 173; Gould, *Cent. Him. B.*, pl. 57; *cantillans*, Blyth; *turturoides*, *macronotus*, Hodgs.; *minor*, Brooks, *Str. Feath.*, 1875, p. 255.	Himalaya, du Cachemire à l'Assam, Birmanie, Ténassérim.
9421. KORTHALSI (Tem. *ubi?*) in Gray, *List Gall. B. M.*, p. 4 (1844); Bp., *Consp. Av.* II, p. 9; Schl., *Mus. P.-B.*, *Col.*, p. 60; *sphenura*, Prév. et Knip, *Pig.* II, pl. 49; *etorques*, Salvad.	Java, Sumatra.
9422. SIEBOLDI (Tem.), *Pl. Col.* 549; Prév. et Knip, *Pig.* II, pl. 10; Tem. et Schl., *Fauna Jap.*, p. 102, pl. 60d.	Japon.
9423. SORORIUS, Swinh., *Ibis*, 1866, pp. 311, 406; Dav. et Oust., *Ois. Chine*, p. 380; *chœroboatis*, Swinh., *l. c.*, pp. 313, 406.	Formose.
9424. FORMOSÆ, Swinh., *Ibis*, 1863, p. 396, 1866, p. 312; Dav. et Oust., *Ois. Chine*, p. 379; Salvad., *Cat. B. B. M.* XXI, p. 13, pl. 1.	Formose (Montagnes).
9425. PERMAGNUS (Stejn.), *Pr. U. S. Nat. Mus.*, 1886, p. 637; Salvad., *Cat.*, p. 14.	Iles Loo-Choo ou Liou-Kiou.

1359. VINAGO

Vinago, Cuv. (1817); *Phalacrotreron*, Bp. (1854).

9426. WAALIA (Gm.), *Bruce's Reis.* V, 2, *Zusät.*, p. 31 (1791);	Afrique N.-E. et équa-

(1) Voy.: Salvadori, *Cat. Birds Brit. Mus.* XXI (1893).

Fch. et Hartl., *Vög. O.-Afr.*, p. 533; *abyssinica*, Lath.; Tem. et Knip, *Pig.* I, p. 131, pl. 9; Vieill., *Gal. Ois.* I, p. 332, pl. 195; *humeralis*, Wagl. (nec Tem.) — tor., île Socotra.

9427. CRASSIROSTRIS (Fras.), *P. Z. S.*, 1843, p. 35; id., *Zool. Typ.*, pl. 60; Bp., *Icon. Pig.*, pl. 2; ? *sanctæ-thomæ*, Gm.; *abyssinica*, Hartl. (nec Lath.); *nudirostris* (pt.), Schlég.; *calva* (pt.), Schl. et Pol.; *mocrorhyncha*, Scl. — Iles St-Thomas et Rollas (Afrique W.)

9428. AUSTRALIS (Lin.), *Mant.*, p. 526; *Pl. Enl.* 111; M.-Edw. et Grand., *Hist. Mad. Ois.*, p. 470, pl. 190; *madagascariensis*, Gm.; *abyssinica* (pt.), auct. plur.; *waalia*, Vieill. (fem.) — Madagascar.

9429. CALVA (Tem. et Knip), *Pig.* I, p. 35, pl. 7; Bp., *Icon. Pig.*, pl. 3; *australis* (pt.), auct. plur.; *pytiriopsis*, Bp.; *nudifrons*, Heugl. — Afr. W. de Sierra-Leone au Benguela, à l'E. jusq. Vict. Nyanza.

2478. *Var.* NUDIROSTRIS, Sw., *B.-W. Afr.* II, p. 205; Hartl., *Orn. W.-Afr.*, p. 192; Rchw., *Vög. Deutsch-O.-Afr.*, p. 72; *calva* (pt.), Salvad.; *salvadorii*, Dubois, *P. Z. S.*, 1897, p. 784. — Sénégambie, Afrique N.-E., E. et centr.

9430. WAKEFIELDI (Sharpe), *P. Z. S.*, 1873, p. 715, pl. 58, f. 2. — Afrique E.

2479. *Var.* SCHALOWI, Rchw., *Orn. Centralbl.*, 1880, p. 108; id., *J. f. O.*, 1880, p. 208; *calva*, *wakefieldi* (pt.), auct. plur. — Du Matabeleland au Ovampoland.

9431. DELALANDEI (Bp.), *Consp. Av.* II, p. 6; id., *Icon. Pig.*, pl. 1; Salvad., *Cat.*, p. 24; *australis* et *calva* (pt.), auct. plur. — Afrique E. et S., Nyassaland.

1360. CROCOPUS

Crocopus, Bp. (1854).

9432. PHOENICOPTERUS (Lath.), *Ind. Orn.* II, p. 597; Bp., *Consp.* II, p. 11; *militaris*, Tem. (pt.), *Pig.*, pl. 1 (nec pl. 2); *st-thomæ* (pt.), auct. plur. (nec Gm.); *hardwickii*, Gray. — Inde N. et centr.

9433. VIRIDIFRONS (Blyth), *J. A. S. Beng.*, 1845, p. 849; Bp., *Icon. Pig.*, pl. 9; Salvad., *Cat.*, p. 28; *phœnicoptera* (pt.), auct. plur. — Indo-Ch., de la Cochinchine à Cachar.

9434. CHLOROGASTER (Blyth), *J. A. S. Beng.* XII, 1, p. 167; Salvad., *l. c.*, p. 30; *militaris* (pt.), Tem., *Pig.*, pl. 2; *phœnicoptera* et *st-thomæ* (pt.), Vieill.; *jerdoni*, Strickl. — Inde, Ceylan.

1361. BUTRERON

Butreron, Bonap. (1854).

9435. CAPELLEI (Tem.), *Pl. Col.* 143; Steph., *Gen. Zool.* XIV, 1, p. 275, pl. 32; *gigantea*, Vig.; *magnirostris*, Strickl. — Malac., Sum., Bornéo, Java, îles Mergui.

1362. TRERON

Treron, Vieill. (1816); *Thoria*, Hodgs. (1836); *Romeris* Hodgs. (1841); *Rhamphotreron*, Heine (1890).

9436. NIPALENSIS (Hodgs.), *As. Res.* XIX, p. 164, pl. 9; Jerd., *B. Ind.* III, p. 445; ?*curvirostra*, Gm.; *aromatica*, auct. plur. (nec Gm.); *nasica*, auct. plur. (nec Schleg.) — Bengal E., Him. S.-E., Indo-Chine, Malac., Sum., Born., Palaw.

9437. NASICA, Schleg., *Ned. Tijdschr. Dierk.* I, p. 67; id., *Mus. P.-B. Col.*, p. 55; *curvirostra*, Wall. — Sumatra, Engano, Bangka, ? Bornéo S.

1363. OSMOTRERON

?*Dendrophassa*, Glog. (1842); *Osmotreron*, Bp. (1854).

9438. GRISEICAUDA (Gray), *List B. B. Mus., Col.*, p. 10; Salvad., *Cat. B.* XXI, p. 40, pl. 2, f. 1; *aromatica*, Tem. et Knip, *Pig.* I, p. 29, pl. 5, et auct. plur. (nec Lin.); *pulverulenta*, Wall., *Ibis*, 1863, p. 319; *javanica*, Schl. — Java.

2480. *Var.* WALLACEI, Salvad., *Cat.*, *l. c.*, p. 42, pl. 2, f. 2; *griseicauda*, Wall., *P. Z. S.*, 1862, p. 235 et auct. plur.; *sulaensis*, Schl. — Célèbes, îles Soula.

2481. *Var.* PALLIDIOR, Hart., *Novit. Zool.* III, p. 178. — Iles Djampea et Kalas.

2482. *Var.* SANGHIRENSIS (Brügg.), *Abh. nat. Ver. Brem.*, 1876, p. 79; *griseicauda* (pt.), Schleg. — Iles Sanghir.

9439. VORDERMANI (Finch), *Notes Leyd. Mus.* XXII, p. 162; *griseicauda*, Vorderm. — Iles Kangean.

9440. PHAYREI, Blyth, *J. A. S. Beng.*, 1862, p. 344; Salvad., *l. c.*, p. 43; *malabarica* (pt.), Blyth (1845); Bp., *Icon. Pig.*, pl. 11, f. 2 (fem.); *nepalensis*, Bp. (nec Hodgs.), *l. c.*, pl. 8 (mas.) — Bengal E., Indo-Chine W.

9441. MALABARICA (Jerd.), *Ill. Orn.*, pl. 21; Schl., *Mus. P.-B., Col.*, p. 52; Bp., *Icon. Pig.*, pl. 12; *affinis*, Jerd. (fem.) — Inde.

9442. AROMATICA (Gm.); Salvad., *Cat.*, *l. c.*, p. 47, pl. 3; ?*amboinensis*, Müll. (nec Lin.) — Bourou, ? Amboine, ? Céram.

2483. *Var.* AXILLARIS (Bp.), *Compt. Rend.* XXXIX, p. 875; Salvad., *l. c.*, p. 48, pl. 4; *aromatica* (pt.), auct. plur. — Philippines.

2484. *Var.* EVERETTI, Rothsch., *Novit. Zool.* I, p. 41; *axillaris* (pt.), Salvad. — Iles Soulou.

9443. CHLOROPTERA (Blyth), *J. A. S. Beng.* XIV, 2, p. 852; Legge, *B. Ceyl.*, p. 729; Salvad., *l. c.*, p. 49. — Iles Nicobar et Andaman.

9444. POMPADORA (Gm.); Bp., *Icon. Pig.*, pl. 11, f. 1 (fem.); Schl., *Mus. P.-B., Col.*, p. 52; *aromatica* et *malabarica* (pt.), auct. plur.; *flavogularis*, Blyth, — Ceylan.

9445. FULVICOLLIS (Wagl.), *Syst. Av., Col.*, sp. 8; Schl., *Mus. P.-B., Col.*, p. 57; *aromatica, var.*, Tem. et Knip, *Pig.* I, p. 30, pl. 6; *ferruginea*, Wagl. (nec Forst.); *cinnamomea*, Tem. (nec Sw.); *tenuirostre*, Eyt. — Ténass. S., Cochinch., Malacca, Sumatra, Nias, Bangka, Billiton, Bornéo.

2485. *Var.* BARAMENSIS (Mey.), *J. f. O.*, 1891, p. 73; *fulvicollis* (pt.), Sharpe. — Bornéo N.

9446. TEYSMANNI (Schl.), *Notes Leyd. Mus.* I, p. 103. — Ile Sumba.

9447. PSITTACEA (Tem. et Knip), *Pig.* I, p. 28, pl. 4; Schl., *Mus. P.-B., Col.*, p. 59; Salvad., *l. c.*, p. 53. — Timor, Semao.

9448. FLORIS (Wall.), *P. Z. S.*, 1863, pp. 486, 496; Schl., *l. c.*, p. 59. — Flores, Solor, Sumbawa.

9449. BICINCTA (Jerd.), *Madr. Journ.*, 1840, p. 13; Blyth, *J. A. S. Beng.*, 1845, p. 851; Schl., *l. c.*, p. 51; *vernans*, Tem. et Knip (nec Lin.), *Pig.*, pl. 10 et 11; *unicolor*, Jerd. (fem.); *multicolor*, Rchb.; *domvilii*, Swinh., *Ibis*, 1870, p. 354. — Inde E., Ceylan, Indo-Chine, Malacca, Haïnan.

9450. VERNANS (Lin.); *Pl. Enl.* 138; Bp., *Icon. Pig.*, pl. 13; Schl., *l. c.*, p. 49; *viridis*, Müll. (nec Lin.); *purpurea*, Gm.; *griseicapilla*, Schl.; *chlorops*, Salvad. — Indo-Chine, Malacca, archip. Indo-malais, Célèbes.

9451. OLAX (Tem.), *Pl. Col.* 241; Schl., *l. c.*, p. 56. — Malacca, Sumatra, Bornéo.

1364. PHABOTRERON

Phapitreron, Bp. (1854); *Phapiscus*, Sundev. (1872); *Phabotreron*, Wald. (1875); *Phabisca*, Salv. (1879); ?*Dendrophaps*, Blyth (ubi), Bp., *C. A.* II, p. 28.

9452. AMETHYSTINA, Bp., *Consp. Av.* II, p. 28; Schl., *l. c.*, p. 80; Wald., *Tr. Z. S.* IX, p. 214, pl. 34, f. 2. — Luçon, Samar, Leyte, Dinagat, Panaon, Mindanao (Philipp.)

9453. CINEREICEPS, Bourns et Worc., *Occ. Pap. Minnes. Acad.* I, p. 8. — Ile Tawi-Tawi (Soul.)

9454. BRUNNEICEPS, Bourns et Worc., *l. c.*, p. 9. — Basilan (Philippines).

9455. FRONTALIS, Bourns et Worc., *l. c.*, p. 10. — Cébu (Philippines).

9456. LEUCOTIS (Tem.), *Pl. Col.* 189; Schl., *l. c.*, p. 79; Salvad., *Cat.*, *l. c.*, p. 67. — Luçon, Mindoro.

2486. *Var.* OCCIPITALIS, Salvad., *Cat. B.* XXI, p. 68; *brevirostris*, Tweed. (1879, nec 1877). — Basilan.

2487. *Var.* NIGRORUM, Sharpe, *Tr. Linn. Soc., Zool.* I, pp. 346, 353; Salvad., *l. c.*, p. 68. — Négros, Cébu, Guimaras, Panay.

2488. *Var.* BREVIROSTRIS, Tweed., *P. Z. S.*, 1877, p. 549, 832; id. *Voy. Chall., B.*, p. 22, pl. 6; *leucotis* (pt.), Gray. — Mindanao, Dinagat, Bohol, Leyte, Samar, Soulou.

9457. MACULIPECTUS, Bourns et Worc., *Occ. Pap. Minnes. Acad.* I, p. 10. — Négros (Montagnes).

SUBF. II. — PTILOPODINÆ

1365. PTILOPUS (1)

Ptilinopus, Sw. (1825); *Ptilopus*, Strickl. (1841); *Leucotreron, Ramphiculus, Omeotreron, Jambotreron, Thouarsitreron, Kurutreron, Ptilotreron, Lamprotreron, Cyanotreron, Sylphitreron, Iotreron*, Bonap. (1854); *Kurukuru*, Des M. et Prév. (1855); *Trerolæma*, Bonap. (1855); *Silphidæna*, Gray (1855); *Laryngogramma*, Rchb. (1862); *OEdirhinus*, Cab. et Rchw. (1876); *Kranocera*, Rams. (1876); *Xenotreron*, Tweed. (1877); *Eutreron, Ptilopodiscus, Chlorotreron, Thoracotreron, Spilotreron*, Salvad. (1882); *Terenotreron, Curotreron, Phassa, Poecilotreron*, Heine (1890); *Mezotreron*, Sharpe (1899).

α. *Leucotreron*.

9458. OCCIPITALIS, Gray, *List B. B. Mus. Gal.*, p. 1 (1841); id., *Gen. B.* II, pl. 118; Bp., *Icon. Pig.*, pl. 14; *batilda*, Bp. (juv.); *porphyrea*, Bp., *Icon. Pig.*, pl. 15 (juv.); *incognita*, Tweed. — Luçon, Cébu, Leyte, Mindanao, Basilan (Philippines).

9459. FISCHERI, Brügg., *Abh. naturw. Ver. Bremen*, V, p. 82, pl. 4; Mey. et Wg., *B. Cel.*, p. 602. — Célèbes N.

2489. *Var.* MERIDIONALIS, Mey. et Wg., *Orn. Monatsb.*, 1893, p. 12; id., *B. Cel.*, p. 604; *fischeri*, Mey. (1879-81 nec Brügg.); Gould, *B. New Guin.*, pt. XI, pl. 4. — Célèbes S.

9460. MARCHEI, Oust., *Le Natural.*, 1880, p. 324; id., *Nouv. Arch. du Mus.* VIII, 1884, p. 305, pl. 13. — Luçon (Philippines).

9461. ROSEICOLLIS (Wagl.), *Syst. Av.*, *Col.*, n° 27; Gray, *Gen. B.* II, p. 467; *porphyrea*, Reinw. et auct. plur. (nec *porphyracea*, Forst.); Prév. et Knip, *Pig.* II, pl. 4; Steph., *Gen. Zool.* XIV, p. 277, pl. 33; *erythrocephalus*, Sw. — Sumatra, Java.

9462. ALBOCINCTUS, Wall., *P. Z. S.*, 1863, p. 496, pl. 39; *florensis*, Schl., *N. T. D.* IV, p. 20; id., *Mus. P.-B.*, *Col.*, p. 34. — Flores.

2490. *Var.* BALIENSIS, Hart., *Nov. Zool.* III, p. 553. — Bali.

9463. CINCTUS (Tem. et Knip), *Pig.* I, p. 58, pl. 23; Schl., *Mus. P.-B.*, *Col.*, p. 34. — Timor, Wetter.

9464. ALLIGATOR, Coll., *P. Z. S.*, 1898, p. 354, pl. 29. — Australie N.

9465. EVERETTI, Rothsch., *Ibis*, 1898, p. 295. — Ile Alor.

9466. LETTIENSIS, Schl., *N. T. D.* IV, p. 20; id., *Mus. P.-B.*, *Col.*, p. 35; Ell., *P. Z. S.*, 1878, p. 572. — Lettie, îles Ténimber.

(1) Je ne puis admettre les nombreux genres admis en dernier lieu par M. Sharpe, et qui n'offrent pas de caractères bien sérieux. Afin que chacun puisse reconnaître les espèces qui en font partie, j'indiquerai en tête de chaque groupe la dénomination sous-générique en italique.

9467. GULARIS (Quoy et Gaim.), *Voy. Astrol.*, *Zool.* I, p. 247, pl. 29 ; Prév. et Knip, *Pig.*, pl. 11 ; Schleg., *l. c.*, p. 37 ; Mey. et Wg., *B. Cel.*, p. 605. — Célèbes N.

2491. *Var.* SUBGULARIS, Mey. et Wg., *Abh. Mus. Dresd.*, 1896, n° 2, pp. 4, 6, 19 ; id., *B. Cel.*, p. 606. — Iles Peling et Banggai (Célèbes E.)

9468. MANGOLIENSIS, Rothsch., *Ibis*, 1898, p. 295. — Soula Mangoli.

9469. LECLANCHERI (Bp.), *Compt. Rend.* XLI, p. 247 ; id., *Icon. Pig.*, pl. 16 ; *gironieri*, Verr. et Des M., *Ibis*, 1862, p. 342, pl. 12 ; *hugoniana*, Schl. (juv.) — Luçon, Guimaras, Négros, Cébu, Palawan (Philippines).

9470. JAMBU (Gm.) ; Tem. et Knip, *Pig.*, p. 65, pl^s 27, 28 ; Schl., *l. c.*, p. 36 ; *jambos*, Lath. — Malac., Sum., Bangka, Billiton, Bornéo.

β. *Mezotreron.*

9471. DOHERTYI, Rothsch., *Ibis*, 1896, p. 566 ; Hart., *Nov. Zool.* III, p. 589, pl. 12. — Ile Sumba.

γ. *Ptilopus.*

9472. GREYI, Gray, *List B. B. Mus.*, *Col.*, p. 4 ; Bp., *Icon. Pig.*, pl. 20 ; Schl., *l. c.*, p. 7 ; *purpuratus*, Bp. (nec Gm.) ; *apicalis*, Rams. ; ? *fasciatus*, Schal. (juv. ?) — Nouv.-Calédonie, îles Loyalty, Nouv.-Hébrides.

9473. PELEWENSIS, Hartl. et Fch., *P. Z. S.*, 1868, pp. 7, 118 ; Gräffe, *Journ. Mus. Godeffr.*, Heft I, pl. 7, f. 5 ; Salvad., *Cat. B.*, p. 86. — Iles Pelew.

9474. PEROUSEI, Peale, *U. S. Expl. Exp.*, p. 195, pl. 54 (1848) ; Hombr. et Jacq., *Voy. Pôle Sud*, pl. 29, f. 2 ; Schleg., *l. c.*, p. 10 ; *mariæ*, Jacq. et Puch. ; *samoensis*, Des M. et Prév. ; *cæsarinus*, Hartl. — Iles Samoa, Tonga, Fidji.

9475. DUPETIT-THOUARSI (Neboux), *Rev. Zool.*, 1840, p. 289 ; Hombr. et Jacq., *Voy. Pôle Sud*, pl. 29, f. 1 ; Schl., *l. c.*, p. 13 ; *purpuroleucocephalus* et *leucocephalus*, Gray ; *emiliæ*, Less. — Iles Marquises.

9476. XANTHOGASTER (Wagl.), *Syst. Av.*, *Col.*, p. 29 ; Salvad., *Orn. Pap.* III, pp. 4, 554 ; *purpurata*, Tem. (nec Gm.) ; *diademata*, Tem., *Pl. Col.* 254 ; *flavigaster*, Sw. ; *aurantiiventris*, Rosenb. ; *flavovirescens*, Mey. — Iles Banda, Khoor, Key, Ténimber, Timorlaut, Lettie.

9477. RICHARDSI, Rams., *Pr. Linn. S. N. S. W.*, 1881, p. 722 ; Salvad., *Orn. Pap.* III, p. 554 ; Gould, *B. New-Guin.*, pt. XVIII, pl. 3 ; *rhodostictus*, Tristr., *Ibis*, 1882, pp. 139, 144, pl. 5. — Ugi (îles Salomon).

9478. PONAPENSIS, Finsch, *P. Z. S.*, 1877, p. 779 ; Salvad., *Cat.*, p. 93 ; *fasciatus* (pt.), auct. plur. (nec Peale). — Ile Ruck (Carolines E.), île Ponapé.

9479. HERNSHEIMI, Finsch, *J. f. O.*, 1880, p. 303 ; Salvad., *Cat.*, p. 94. — Ile Kushai (Carol. E.)

9480. SWAINSONI, Gould, *P. Z. S.*, 1842, p. 18 ; id., *B. Austr.* — Austr., du Cap York à la

V, pl. 55; *purpurata*, *var. regina*, Sw.; *purpurata*, Jard. et Sel. (nec auct.), *Ill. Orn.* II, pl. 70; *regina*, Ell., *P. Z. S.*, 1878, p. 531. — Nouv.-Galles du S., îles du détr. de Torres, N.-Guin. S.-E.

9481. EWINGI, Gould, *P. Z. S.*, 1842, p. 19; id., *B. Austr.* V, pl. 56; *roseicapillus* (pt.), Des M.; *swainsoni*, Els. (nec Gd.) — Australie N. et N.-W.

2492. *Var.* FLAVICOLLIS, Bonap., *Consp. Av.* II, p. 20; id., *Icon. Pig.*, pl. 20ᵃ; Salvad., *Cat.*, p. 97; *purpurata*, auct. plur. (nec Gm.); *flavipectus*, Rchb.; *ewingi* (pt.), auct. plur. (nec Gd.) — Timor, Flores.

9482. FASCIATUS, Peale, *U. S. Expl. Exp.*, 1848, p. 193, pl. 53; Schleg., *Mus. P.-B.*, *Col.*, p. 6; *clementinæ*, Des M. et Prév.; *apicalis*, Bp.; *pictiventris*, Ell., *P. Z. S.*, 1878, p. 530, pl. 33. — Iles Samoa.

9483. PORPHYRACEUS (Tem.), *Tr. Linn. Soc.* XIII, 1821, p. 130; Bp., *Consp. Av.* II, p. 21; Schl., *Mus. P.-B.*, *Col.*, p. 8; *purpurata* (pt.), auct. plur.; *kurucuru*, *var.*, Tem. et Knip, *Pig.*, pl. 55; *tabuensis*, Lath.; *viridissima*, Tem.; *forsteri*, Desm.; *clementinæ*, Jacq. et Puch.; *fasciatus* (pt.), auct. plur. (nec Peale); *bonapartei*, Gray; *porphyracrus*, Fch. et Hartl.; *whitmeei*, Rams. (1). — Iles Tonga, Fortuna, Savage, Fidji.

9484. RAROTONGENSIS, Hartl. et Fch., *P. Z. S.*, 1871, p. 30; Gräffe, *Journ. Mus. Godeffr.*, Heft. I, p. 49, pl. 2, f. 1; *neglectus*, Schl., *Mus. P.-B.*, *Col.*, p. 7. — Ile Rarotonga (îles Cook).

9485. CORALENSIS, Peale, *U. S. Expl. Exp.*, 1848, p. 190, pl. 51; Cass., *U. S. Expl. Exp.*, 1858, p. 278, pl. 32; Salvad., *Cat.*, p. 104; ? *chalcurus*, Gray; Fch. et Hartl., *Orn. Centralpol.*, p. 131. — Hervey (îles Cook).

9486. SMITHSONIANUS, Salvad., *Cat. B. B. Mus.* XXI, p. 105; *coralensis* (pt.), Cass. — Iles Paumotu.

9487. PURPURATUS (Gm.); Schl., *l. c.*, p. 15; *taitensis*, Less.; *oopa*, Wagl.; *porphyracra* (pt.), Forst.; *furcatus*, Peale, *U. S. Expl. Exp.*, *B.*, p. 191, pl. 52; *nebouxii*, Des M., et Prév., *Voy. Vénus*, *Zool.*, p. 253, pl. 7. — Tahiti (îles Société).

9488. CHRYSOGASTER, Gray, *P. Z. S.*, 1853, p. 48, pl. 54; Bp., *Icon. Pig.*, pl. 29, f. 2; *taitensis*, Rchb. (nec Less.); *coralensis* (pt.), Schleg.; ? *purpurata* (jeune), Tem., *H. N. Pig.* I, p. 284; ? *oopa*, juv., Bp. — Huachine et Raiatea (îles Société).

9489. ROSEICAPILLUS (Less.), *Traité d'Orn.*, p. 472; Bp., *Icon. Pig.*, pl. 23; Schl., *l. c.*, p. 8; *purpurata*, Kittl. (nec Gm.); *purpureocinctus*, Gr., *P. Z. S.*, 1853, p. 48, pl. 55. — Iles Mariannes.

(1) *Quid? Columba porphyracea*, Wagl., *Isis*, 1829, p. 742; Colombe de Taïti, Neboux, *Rev. Zool.*, 1840, p. 289; *porphyracra* (pt.), Forst., *Descr. an.*, p. 167 (ex Ulietea).

9490. MERCIERI (Des M. et Prév.), *Voy. Vénus, Orn.*, p. 266; Bp., *Icon. Pig.*, pl. 22, f. 2. — Nouka Hiva (îles Marquises).

2493. *Var.* TRISTRAMI, Salvad., *Bull. Mus. Zool. Tor.* VII, n. 135; id., *Cat.*, p. 110; *mercieri* (pt.), auct. plur. (nec Des M.) — Ouavoa (îles Marquises).

9491. HUTTONI, Finsch, *P. Z. S.*, 1874, p. 92; Salvad., *Cat.*, p. 111. — Iles Oparo.

δ. *Lamprotreron.*

9492. SUPERBUS (Tem. et Knip), *Pig.*, p. 75, pl. 33; Gould, *B. Austr.* V, pl. 57; *cyanovirens*, Less.; *leucogaster*, Sw.; *porphyrostictus*, Gould (fem.); *swainsoni* (pt.), Sharpe (1884). — Moluques, îles Papous, Australie N.

2494. *Var.* TEMMINCKI (Des M. et Prév.), *Voy. Vénus, Zool.*, pp. 236, 268 (fem.); Blas., *Zeitschr. f. ges. Orn.*, 1885, p. 302, pl. 14; *superba* (pt.), auct. plur.; *formosus*, Gray, *P. Z. S.*, 1860, p. 360; *celebensis*, Wall. — Célèbes, ? Soulou.

ε. *Eutreron.*

9493. PULCHELLUS (Tem.), *Pl. Col.* 564; Knip et Prév., *Pig.* II, pl. 14; Schl., *l. c.*, p. 2; Salvad., *l. c.*, p. 117. — Nouv.-Guinée, Waigiou, Batanta, Salawatti, Mysol.

ζ. *Ptilopodiscus.*

9494. CORONULATUS, Gray, *P. Z. S.*, 1858, pp. 158, 195, pl. 138; Schl., *l. c.*, p. 9 (pt.); Salvad., *Orn. Pap.* III, p. 15; id., *Cat.*, p. 119. — Iles Arou, Nouv.-Guinée S.-E.

2495. *Var.* HUONENSIS, Mey., *J. f. O.*, 1892, p. 263. — Golfe Huon (Nouv.-Guinée E.)

2496. *Var.* TRIGEMINA (Salvad.), *Ann. Mus. Civ. Gen.*, 1875, pp. 787, 833; *coronulatus* (pt.), auct. plur.; *marginalis*, Brügg.; ?*pulchelloides* et *flavigaster*, Bernst. — Nouv.-Guinée N.-W., Salawatti.

2497. *Var.* GEMINA, Salvad., *Ann. Mus. Civ. Gen.*, 1875, pp. 786, 971; id., *Orn. Pap.* III, p. 19; *coronulatus* (pt.), Schl.; *senex*, Brügg. — Nouv.-Guinée N., îles Jobi et Krudu.

2498. *Var.* QUADRIGEMINA, Mey., *Ibis*, 1890, p. 421. — Nouv.-Guinée N.-E.

η. *Cyanotreron.*

9495. MONACHUS (Reinw.), in Tem., *Pl. Col.* 253; Schl., *l. c.*, p. 12; Salvad., *Orn. Pap.* III, p. 20; id., *Cat.*, p. 121. — Halmahera, Batjan, Ternate, Kaisa.

θ. *Chlorotreron.*

9496. HUMERALIS, Wall., *P. Z. S.*, 1862, p. 166, pl. 21; Schl., *l. c.*, p. 16; Salvad., *Orn. Pap.* III, p. 23. — Nouv.-Guin. N.-W. et centr., Salaw., Waig.

2499. *Var.* JOBIENSIS, Schl., *Mus. P.-B.*, *Col.*, p. 16; Becc., *Ann. Mus. Civ. Gen.*, 1875, p. 715. — Nouv.-Guinée N., île Jobi.

9497. BIROI, Madar., *Termes. Füzetek*, XX, p. 47, pl. 1 (1897). — Nouv.-Guinée.

9498. IOZONUS, Gray, *P. Z. S.*, 1858, pp. 186, 195; Salvad., *Orn. Pap.* III, p. 25; id., *Cat.*, p. 124; *jozonus*, Schl., *l. c.*, p. 17. — Nouv.-Guinée S.-E., îles Arou.

ι. *OEdirhinus.*

9499. INSOLITUS, Schleg., *Ned. Tijdschr. D.* I, p. 61, pl. 3, f. 3; Salvad., *Orn. Pap.* III, p. 26; Gould, *B. New-Guin.*, pt. VIII, pl. 2; *globifer*, Cab. et Rchw. — Nouv.-Irlande, Nouv.-Bret., île Duc York.

κ. *Sylphitreron.*

9500. TANNENSIS (Lath.), *Ind. Orn.* II, p. 600; Salvad., *Cat.*, p. 127; *xanthura*, Forst., *Icon. ined.*, pl. 138; *aromatica* et *vernans* (pt.), Gray; *curvirostra* (pt.), Rchb.; *corriei*, Rams., *Pr. Linn. Soc. N. S. W.* I, p. 133. — Nouv.-Hébrides.

9501. AURANTIIFRONS, Gray, *P. Z. S.*, 1858, pp. 185, 195, pl. 137; Salvad., *Orn. Pap.* III, p. 28; *auranticollis*, Gr.; Schl., *l. c.*, p. 18; *novæ-guineæ*, Mey. — Iles Arou, Nouv.-Guinée, Jobi, Batanta, Salawatti, Mysol.

9502. WALLACEI, Gray, *P. Z. S.*, 1858, pp. 185, 195, pl. 136; Salvad., *l. c.*, p. 30; id., *Cat.*, p. 129. — Arou, Key, Timorlaut, Babbar.

9503. ORNATUS, Schl. (ex Rosenb.), *Ned. Tijdschr. Dierk.* IV, p. 52; id., *Mus. P.-B.*, *Col.*, p. 19; Salvad., *Orn. Pap.* III, p. 32. — Nouv.-Guinée N.-W.

9504. GESTROI, D'Alb. et Salvad., *Ann. Mus. Civ. Gen.*, 1875, p. 834; Ell., *P. Z. S.*, 1878, p. 557, pl. 34. — Nouv.-Guinée S.-E.

9505. PERLATUS (Tem.), *Pl. Col.* 559; Schl., *Mus. P.-B.*, *Col.*, p. 17 (pt.); Salvad., *Orn. Pap.* III, p. 35; id., *Cat.*, p. 132. — Nouv.-Guinée W., Jobi, Salawatti.

2500. *Var.* ZONURA, Salvad., *Ann. Mus. Civ. Gen.*, 1876, p. 197; id., *Orn. Pap.* III, p. 36; *perlatus* (pt.), auct. plur. — Nouv.-Guinée S., S.-E. et centr., îles Arou.

9506. PLUMBEICOLLIS, Mey., *Ibis*, 1890, p. 422; Salvad., *Cat.*, p. 133. — Nouv.-Guinée E.

λ. *Thoracotreron.*

9507. STROPHIUM, Jard. (ex Gould), *Contr. Orn.*, 1850, p. 105; Schl., *l. c.*, p. 27; Salvad., *Cat.*, p. 135; *rivolii* (pt.), auct. plur. — Louisiades, Nouv.-Guinée S.-E.

9508. RIVOLII (Prév. et Knip), *Pig.* II, pl. 57; Des M., *Icon. Orn.*, pl. 4; Salvad., *Orn. Pap.* III, p. 40. — Archipel Bismarck.

9509. MIQUELI, Schleg. (ex Rosenb.), *Ned. Tijdschr. D.* IV, p. 22; id., *Mus. P.-B., Col.*, p. 26; Rowl., *Orn. Misc.* III, p. 60, pl. 88. — Iles Jobi et Miosnom.

9510. PRASINORRHOUS, Gray, *P. Z. S.*, 1858, pp. 185, 195; Salvad., *Orn. Pap.* III, p. 41; id., *Cat.*, p. 137; *rivolii* (pt.), auct. plur. — Iles Papous W., Moluques.

9511. BELLUS, Sclat., *P. Z. S.*, 1873, pp. 696, 698, pl. 57; Salvad., *Cat.*, p. 138; *patruelis*, Mey., *Zeitschr. Ges. Orn.*, 1886, p. 27, pl. 6. — Nouv.-Guinée.

2501. *Var.* ORIENTALIS, De Vis, *Rep. Orn. Coll.*, 1894, p. 6. — Nouv.-Guinée S.-E.

9512. SPECIOSUS, Schleg. (ex Rosenb.), *Ned. Tijdschr. D.* IV, p. 23; id., *Mus. P.-B., Col.*, p. 27; Rowl., *Orn. Misc.* III, p. 171, pl. 104. — Iles de la baie de Geelvink (Nouv.-Guinée N.-W.)

9513. SALOMONENSIS, Gray, *Ann. and Mag. N. H.*, 1870, p. 328; Gould, *B. New-Guin.*, pt. XIX, pl. 8; *ceraseipectus*, Tristr., *Ibis*, 1879, p. 442; *johannis*, Rams. (nec Scl.) — Iles Salomon.

2502. *Var.* JOHANNIS, Sclat., *P. Z. S.*, 1877, p. 556; id., *Voy. Challenger, B.*, p. 32, pl. 10. — Iles de l'Amirauté.

μ. *Spilotreron.*

9514. MELANOCEPHALUS (Forst.), *Zool. Ind.*, p. 16, pl. 7; Salvad., *Cat.*, p. 142; Mey. et Wg., *B. Cel.*, pl. 38, f. 1; *indica*, Müll. (nec Lin.); *melanauchen*, Salvad., *Ann. Mus. Civ. Gen.*, 1875, p. 671. — Java, Flores, Sumbawa, Sumba, Lombock.

2503. *Var.* BANGUEYENSIS, Mey., *J. f. O.*, 1891, p. 70; Salvad., *Cat.*, p. 143; *melanocephalus* (pt.), auct. plur.; *purpureinucha*, Mey., *J. f. O.*, 1891, p. 71. — Iles Philippines et Soulou.

2504. *Var.* MELANOSPILA (Salvad.), *Ann. Mus. Civ. Gen.*, 1875, p. 671; Mey. et Wg., *B. Cel.*, p. 608; *melanocephalus* (pt.), auct. plur.; *celebensis*, Brügg., *Abh. Naturw. Ver. Brem.*, 1876, p. 80. — Célèbes, Togian.

2505. *Var.* CHRYSORRHOA (Salvad.), *Ann. Mus. Civ. Gen.*, 1875, p. 671; Mey. et Wg., *B. Cel.*, pl. 38, f. 2; *melanocephalus* (pt.), auct. plur.; *sulaensis*, Brügg., *l. c.*, p. 81. — Iles Soula et Céram.

2506. *Var.* PELINGENSIS, Hart., *Novit. Zool.* V, p. 135 (1898). — Iles Peling, Banggai.

2507. *Var.* XANTHORRHOA (Salvad.), *Ann. Mus. Civ. Gen.*, 1875, p. 671; Mey. et Wg., *B. Cel.*, pl. 38, f. 3; *melanocephalus* (pt.). auct. plur.; *nuchalis*, Brügg., *l. c.*, p. 80. — Iles Sanghir.

v. *Ionotreron.*

9515. NANUS (Tem.), *Pl. Col.* 564 (*naina* pro *nana*); Schleg., *l. c.*, p. 21; Salvad., *Orn. Pap.* III, p. 53. — Nouv.-Guinée centr. et S., Salawat., Mysol.

9516. IONOGASTER (Tem. ex Reinw.), *Pl. Col.* 252 (*hyogastra*); Hart., *Nov. Zool.* VI, pl. 4, f. 8; *ionogaster*, Rchb.; Salvad., *Cat.*, p. 148. — Halmahera, Batjan.

9517. GRANULIFRONS, Hart., *Ibis*, 1898, p. 296; id., *Nov. Zool.* VI, pl. 4, f. 9. — Ile Obi.

9518. PECTORALIS (Wagl.), *Isis*, 1829, p. 740; Schleg., *l. c.*, p. 23; *cyanovirens*, Less., *Voy. Coq.* I, 2, p. 713, pl. 42, f. 2 (nec f. 1); *virens*, Less.; *viridis, juv.*, Müll.; *roseipectus*, Gray. — Nouv.-Guin. W., Waigiou, Gagie, Guebeh, Mysol, Koffiao.

9519. SALVADORII, Rothsch., *Bull. Brit. Orn. Cl.*, 1892, p. x; Salvad., *Cat.*, p. 150. — Ile Jobi.

9520. VIRIDIS (Lin.); Tem. et Knip, *Pig.* I, pl. 17; Eyd. et Gerv., *Mag. de Zool.*, 1836, pl. 76; Schl., *l. c.*, p. 22; *asiatica*, Müll. — Amboine, Céram, Bourou.

9521. MUSSCHENBROEKI, Schleg. (ex Rosenb.), *Ned. Tijdschr. Dierk.* IV, p. 23; Rowl., *Orn. Misc.* III, p. 113, pl. 95; *viridis geelvinkianus*, Schl., *Mus. P.-B., Col.*, p. 23. — Iles de la baie de Geelvink (Nouv.-Guinée N.-W.)

2508. *Var.* LEWISII, Rams., *Pr. Linn. Soc. N. S. W.*, 1881, p. 724; Salvad., *Orn. Pap.* III, p. 556; *viridis* (pt.), auct. plur.; *geelvinkianus*, Lay. (nec Schl.); *eugeniæ* (fem.), Rams. — Iles Salomon.

2509. *Var.* VICINA, Hart., *Nov. Zool.* II, p. 62 (*vicinus*). — Ile Fergusson.

9522. EUGENIÆ (Gould), *P. Z. S.*, 1856, p. 137; Salvad., *Cat. B.*, p. 153, pl. 5. — Ugi (îles Salomon).

1366. CHRYSOENAS

Chrysœna, *Chrysotreron* et *Chrysœnas*, Bp. (1854).

9523. LUTEOVIRENS (Hombr. et Jacq.), *Ann. Sc. Nat.* XVI, 1841, p. 315; id., *Voy. Pôle Sud*, pl. 12, ff. 1, 2; Schl., *l. c.*, p. 41; *feliciæ*, Hombr. et Jacq., *l. c.*, p. 316 (juv.); *flava*, Gr.; *gouldiæ*, Rchb. (nec Gr.) — Ovalau, Viti-Levu (Fidji).

9524. VICTOR, Gould, *P. Z. S.*, 1871, p. 642; Rowl., *Orn. Misc.* I, p. 23, pl. 39; Fch., *Voy. Challenger, B.*, pl. 15; Salvad., *Cat.*, p. 157. — Iles Fidji.

9525. VIRIDIS, Layard, *P. Z. S.*, 1875, p. 151; Fch., *Voy. Challenger, B.*, p. 5, pl. 16; *luteovirens* (pt.), Lay. — Kandavu (Fidji).

1367. DREPANOPTILA

Drepanoptila, Bp. (1855); *Drepanoptera*, Bp. (1856; err.?); *Calyptomenænas*, Verr. et Des M. (1862).

9526. HOLOSERICEA (Tem. et Knip), *Pig.* I, p. 73, pl. 32; — Nouv.-Calédonie et

Schl., *Mus. P.-B., Col.*, p. 41 ; Salvad., *Cat.*, p. 158 ; *oceanica*, Jouan. — île des Pins.

1368. ALECTROENAS

Alectrœnas, Gray (1840); *Alectorœnas*, Agass. (1846); *Columbigallus*, *Furningus*, Des M. (1854); *Chlamydœna*, *Funingus*, *Erythrœna*, *Erythrotreron*, *Erythrolœma*, Bp. (1854).

9527. PULCHERRIMA (Scop.), *Del. Flor. et Faun. Ins.* II, p. 94; Schl., *l. c.*, p. 44; Salvad., *Cat.*, p. 161 ; *rubricapilla*, Gm. ; Tem. et Knip, *Pig.* I, pl. 20. — Iles Seychelles.

9528. SGANZINI (Des M.), *Enc. H. N. Ois.* VI, p. 32 ; Schl. et Pol., *Rech. Faun. Madag.*, p. 115, pl. 37 ; Salvad., *Cat.*, p. 162. — Iles Comores.

2510. *Var.* MINOR, Berl., *Abh. Senckenb. naturf. Ges.* XXI, p. 493. — Ile Aldabra.

9529. NITIDISSIMA (Scop.); Salvad., *Cat.*, p. 163 ; *franciæ*, Gm. ; Tem. et Knip, *Pig.* I, p. 50, pl. 19 ; Levaill., *Ois. d'Afr.*, pl. 267 ; *batavica*, Bon. ; *jubata*, Wagl. — Ile Maurice (éteint).

9530. MADAGASCARIENSIS (Lin.); *Pl. Enl.* 11 ; Tem. et Knip, *l. c.*, pl. 17 ; Levaill., *Ois. d'Afr.*, pl. 266 ; Schl., *l. c.*, p. 43 ; *phœnicura*, Wagl. — Madagascar, île Nossibé.

1369. MEGALOPREPIA

Megaloprepia, Rchb. (1852).

9531. FORMOSA, Gray, *P. Z. S.*, 1860, p. 360 ; Salvad., *Orn. Pap.* III, p. 64 ; *bernsteinii*, Schl., *Ned. Tijdschr. Dierk.* I, p. 59, pl. 3, f. 1 (fem.); *ochrogaster*, Bernst. — Halmahera, Ternate, Batjan, Obi.

9532. MAGNIFICA (Tem.), *Tr. Linn. Soc.* XIII, p. 125 ; id., *Pl. Col.* 163 ; Gould, *B. Austr.* V, pl. 58. — Australie E.

9533. ASSIMILIS (Gould), *P. Z. S.*, 1850, p. 201 ; id., *B. Austr.*, *Suppl.*, pl. 67 ; Schl., *Mus. P.-B.*, *Col.*, p. 38 ; *puella* (pt.), Bp. — Du Cap York à la baie de Rockingham.

2511. *Var.* POLIURA, Salvad., *Ann. Mus. Civ. Gen.*, 1878, p. 426 ; id., *Orn. Pap.* III, pp. 68, 557 ; *puella* et *assimilis* (pt.), auct. plur. — Nouv.-Guinée centr. (vallée du Fly).

2512. *Var.* SEPTENTRIONALIS, Mey., *Abh. K. Zool. Mus. Dresd.*, 1892-93, n° 3, p. 25 ; *poliura* (pt.), Salvad. — Nouv.-Guinée N., E. et île de Jobi.

9534. PUELLA (Less.), *Bull. Univ. Sc. Nat.*, 1827, p. 400 ; Prév. et Knip, *Pig.* II, pl. 1 ; Salvad., *Orn. Pap.* III, p. 66 ; Schl., *l. c.*, p. 38. — Nouv.-Guinée W., Salawati, Batanta, Waigiou, Ghemien.

SUBF. III. — CARPOPHAGINÆ

1370. SERRESIUS

Serresius, Bonap. (1855).

9535. GALEATUS, Bp., *Compt. Rend.* XLI, p. 1110 (1855); id., *Rev. et Mag. de Zool.*, 1855, p. 392, 1856, pl. 18; id., *Icon. Pig.*, pl. 33. — Iles Marquises.

1371. CARPOPHAGA

Carpophaga, Selby (1835); *Ducula*, Hodgs. (1836); *Rhinopus*, Hodgs. (1841); *Zonœnas*, Rchb. (1852); *Globicera*, *Ptilocolpa*, Bp. (1854); *Muscadivora*, Schl. (1864); *Zonophaps*, *Cryptophaps*, Salvad. (1893).

α. *Globicera.*

9536. PACIFICA (Gm.); Schl., *Mus. P.-B*, *Col.*, p. 87; *globicera*, Reinh.; *ænea* (pt.), Wagl.; *oceanica*, Selb., *Nat. Libr.*, *Pig.*, p. 117, pl. 7; *microcera*, Cass., *U. S. Expl. Exp.*, *Orn.*, p. 263, pl. 29; *tarrali*, Bp.; *sundevalli* (pt.), Bp.; *samoensis*, Brm.; *frauenfeldi*, Pelz. — Iles Samoa, Tonga, Fidji, Nouv.-Hébrides, Louisiades, Nouv.-Guinée S.-E.

9537. FARQUHARI (Sharpe), *Ibis*, 1900, p. 349. — Erromanga (Nouv.-Hébrides).

9538. OCEANICA (Less.), *Voy. Coq.*, *Zool.* I, p. 432, pl. 41; Prév. et Knip, *Pig.* II, pl. 24; Bp., *Consp.* II, p. 31; *pacifica* (pt.), Hartl. et Fch. — Iles Carolines et Pelew.

9539. MYRISTICIVORA (Scop.); Salvad., *Orn. Pap.* II, p. 74; *ænea*, Gm.; Quoy et Gaim., *Voy. Uran.*, *Zool.*, p. 119, pl. 29 (nec Lin.); *pacifica* (pt.), Bp.; id., *Icon. Pig.*, pl. 35; *globicera*, Gr.; *sundevalli* (pt.), Gr.; *tumida*, Wall.; *roseinucha* (pt.), Schl.; *temmincki*, Tristr. (1). — Nouv.-Guinée W. et îles Papous occid.

9540. RUBRICERA, Gray, *List B. Br. Mus.*, p. 18 (1856); Bp., *Consp.* II, p. 31; Salvad., *Orn. Pap.* III, p. 79; Sh. in *Gould's B. New-Guin.*, pt. XIX, pl. 7; *lepida*, Cass.; *pinon*, Less. (nec Q. et G.) — Nouv.-Irlande, Nouv.-Bretagne, Nouv.-Hanovre, île Duc York.

9541. RUFIGULA, Salvad., *Atti R. Ac. Sc. Tor.*, 1878, p. 536; id., *Orn. Pap.* III, p. 80; *rubricera* (pt.), Gr.; *richardsi*, Tristr., *Ibis*, 1879, p. 443. — Iles Salomon.

9542. AURORÆ, Peale, *U. S. Expl. Exp.*, 1848, p. 201, pl. 56; Cass., *U. S. Expl. Exp.*, 1858, p. 256, pl. 24; Salvad., *Cat. B.*, p. 180. — Iles Aurora et Maitea (îles Société).

(1) A cette espèce se rapporte probablement la *Columba australis*, Chamisso (nec Lin.), *Kotzeb. Reise*, III, p. 113.

9543. WILKESI, Peale, *U. S. Expl. Exp.*, 1848, p. 203, pl. 58; Salvad., *Cat. B.*, p. 181; *forsteri* (pt.), Bp., Rchb., Gieb., Gr. — Tahiti (îles Société).

9544. ?FORSTERI (Wagl.), *Isis*, 1829, p. 739; Salvad., *Cat. B.*, p. 172 (en note); *globicera* (pt.), Forst. — Tahiti.

β. *Carpophaga*.

9545. WHARTONI, Sharpe, *P. Z. S.*, 1887, p. 515, pl. 43; Salvad., *Cat.*, p. 184. — Ile Christmas.

9546. OENOTHORAX, Salvad., *Ann. Mus. Civ. Gen.*, 1892, p. 139; id., *Cat.*, p. 184, pl. 6. — Ile Engano (Sumatra W.)

9547. INSULARIS, Blyth, *J. A. S. Beng.*, 1858, p. 270; Salvad., *Cat.*, p, 185; *sylvatica, var.*, Blyth (1846); *ænea* (pt.), Bp.; *ænea, var. nicobarica*, Pelz. — Iles Nicobar.

9548. CONSOBRINA, Salvad., *Ann. Mus. Civ. Gen.*, 1887, p. 558; Modigl., *Viag. a Nias*, p. 441, pl. 15; *ænea*, Rosenb. (nec Lin.) — Ile Nias.

9549. CONCINNA, Wall., *Ibis*, 1865, p. 383; Mey. et Wg., *B. Cel.*, pl. 39, f. 1; *ænea*, Wall. (1857 nec Lin.); *chalybura*, Gr. (nec Bp.); *chalybea*, Rosenb.; *roseinucha* (pt.), Schl. — Iles Arou, Moluques, petites îles de la Sonde, îles Ténimb., Sanghir, Célèbes S.

2513. *Var.* SEPARATA, Hart., *Nov. Zool.* III, p. 180. — Iles Key.

9550. INTERMEDIA, Mey. et Wg., *J. f. O.*, 1894, p. 249; id., *B. Cel.*, pl. 39, f. 2. — Ile Talaut.

9551. GEELVINKIANA, Schleg., *Mus. P.-B.*, *Columbæ*, p. 86; Salvad., *Orn. Pap.* III, p. 84; id., *Cat.*, p. 188; *roseinucha*, Rosenb. (nec Schl.) — Iles Miosnon, Mafoor, Misori.

9552. VANDEPOLLI, Büttik., *Notes Leyd. Mus.* XVIII, p. 190. — Ile Nias.

9553. PAULINA (Bp. ex Tem.), *Consp. Av.* II, p. 35; Schl., *Mus. P.-B.*, *Col.*, p. 84; *ænea* (fem.), Tem. et Knip, *Pig.*, pl. 4 et auct. plur.; *rufinuchalis*, Cass.; *sylvatica*, Scl. (nec Tick.); *rufinucha*, Bp. — Iles Célèbes et Soula.

2514. *Var.* PULCHELLA, Wald., *Ann. and Mag. N. H.*, 1874, p. 157; Salvad., *Cat.*, p. 189. — Iles Togian (Célèbes E.).

2515. *Var.* NUCHALIS, Cab., *J. f. O.*, 1882, p. 126; Salvad., *l. c.*, p. 190; *paulina* (pt.), auct. plur. — Ile Luçon.

9554. ÆNEA (Lin.); Tem. et Knip, *Pig.* I, pl. 3; Salvad., *Cat.*, p. 190; Schl., *l. c.*, p. 85; *moluccensis*, Briss.; *pusilla*, Blyth. — Inde, Indo-Ch., Andaman, Haïnan, îles de la Sonde et Soula.

2516. *Var.* SYLVATICA, Tick., *J. A. S. Beng.*, 1833, p. 581; Schl., *Mus. P.-B.*, *Col.*, p. 86; Dav. et Oust., *Ois. Chine*, p. 381. — Inde S., Ceylan.

2517. *Var.* CHALYBURA, Bp., *Consp. Av.* II, p. 32; id., *Icon. Pig.*, pl. 42. — Philippines.

2518. *Var.* PALAWANENSIS, Blas., *Ornis*, IV, p. 316. — Palawan.

9555. RHODINOLÆMA, Sclat., *P. Z. S.*, 1877, p. 555; id., *Voy. Challeng. Birds*, p. 31, pl. 9; Salvad., *Orn. Pap.* III, p. 85. — Iles de l'Amirauté.

9556. VANWYCKI, Cass., *Pr. Ac. Nat. Sc. Philad.*, 1862, p. 320; Salvad., *Orn. Pap.* III, p. 87; *Gould's B. New-Guin.*, pt. XXV, pl. 8. — Nouv.-Irlande, île Duc York, Nouv.-Bretagne.

9557. PISTRINARIA, Bp., *Consp. Av.* II, p. 36; Salvad., *Orn. Pap.* III, pp. 86, 558; id., *Cat.*, p. 197. — Iles Salomon.

9558. ROSACEA (Tem.), *Pl. Col.* 578; Salvad., *Orn. Pap.* III, p. 89; *cineracea*, Rosenb. (nec Tem.) — Célèbes, Halmahera, îles Key, Ténimber, Timor, Flores, etc.

9559. PERSPICILLATA (Tem.), *Pl. Col.* 246; Bp., *Icon. Pig.*, pl. 45; Schl., *Mus. P.-B.*, *Col.*, p. 89; *temmincki*, Wall., *Ibis*, 1865, p. 384. — Halmahera, Batjan, Bourou.

9560. NEGLECTA, Schl., *Ned. Tijdschr. Dierk.* III, pp. 195, 344; id., *Mus. P.-B.*, p. 90; *perspicillata* (pt.), Gray, Wall. — Céram, Amboine.

9561. PICKERINGI, Cass., *Pr. Ac. Nat. Sc. Philad.*, 1854, p. 228; id., *U. S. Expl. Exp.*, 1858, p. 267, pl. 27; *ænea*, Peale (nec Lin.), *chalybura* (pt.), Gray; *everetti*, Grant. — Iles Soulou, Mantanani et la côte N.-W. de Bornéo.

9562. CINERACEA (Tem.), *Pl. Col.* 563; Schl., *Mus. P.-B.*, *Col.*, p. 91. — Timor.

9563. LATRANS, Peale, *U. S. Expl. Exp.*, 1848, p. 200, pl. 55; Cass., *ibidem*, 1858, pl. 26; *ocropygia*, Bp. — Iles Fidji.

9564. ZOEÆ (Less.), *Voy. Coq.*, *Zool.* I, p. 205, pl. 39; Salvad., *Orn. Pap.* III, p. 94; id., *Cat. B.*, p. 204. — Nouv.-Guinée, Jobi, Salawatti, Arou.

2519. ? *Var.* ORIENTALIS, Mey., *Abh. u. Ber. Kgl. Zool. Anthrop. Mus. Dresd.*, nº 2-4, p. 13 (1891). — Nouv.-Guinée N.-E.

γ. *Ptilocolpa.*

9565. GRISEIPECTUS, Bp. (ex Gray), *Consp. Av.* II, p. 34; id., *Icon. Pig.*, pl. 51; Schleg., *Mus. P.-B.*, *Col.*, p. 88; *pectoralis*, Gray. — Luçon, Mindoro, Mindanao (Philipp.)

9566. NIGRORUM, Whiteh., *Ibis*, 1897, p. 439; *carola*, Grant. — Negros (Philippines).

9567. CAROLA, Bp., *Consp. Av.* II, p. 34; Salvad., *Cat.*, p. 206; *griseipectus* (pt.), auct. plur. — Luçon.

δ. *Zonophaps.*

9568. FORSTENI (Bp.), *Consp. Av.* II, p. 39; Schleg., *Mus. P.-B.*, *Col.*, p. 93; *forsteri* (err.), Tem. et Knip, *Pig.* II, pl. 47. — Célèbes N.

9569. POLIOCEPHALA, Gray, *List B. Br. Mus.* III, *Gallinæ*, p. 6; id., *Gen. B.* II, pl. 119; Schleg., *l. c.*, p. 92. — Negros, Dinagat, Mindanao, Basilan.

9570. MINDORENSIS, Whiteh., *Ann. and Mag. N. H.*, 1896, p. 189; Grant, *Ibis*, 1896, p. 476, pl. 11. — Mindoro (Philippines).

9571. RADIATA (Quoy et Gaim.), *Voy. Astr.*, *Zool.* I, p. 244, pl. 26; Knip et Prév., *Pig.* II, pl. 29; Schl., *l. c.*, p. 53. — Célèbes, Sanghir.

9572. FINSCHI, Rams., *Journ. Linn. Soc.*, *Zool.*, 1881, p. 129; *Gould's B. New-Guin.*, pt. XVII, pl. 2. — Nouv.-Irlande.

9573. BASILICA, Bp. (ex Sundev.), *Consp. Av.* II, p. 35; Schl., *l. c.*, p. 96; Salvad., *Orn. Pap.* III, p. 96; *basalis*, Gray; *basilis*, Rchb., *basileus*, Finsch. — Halmahera, Ternate, Morotai, Batjan.

2520. *Var.* OBIENSIS, Hart., *Ibis*, 1898, p. 296. — Ile Obi.

9574. RUFIGASTRA (Quoy et Gaim.), *Voy. Astrol.*, p. 245, pl. 27; Prév. et Knip, *Pig.*, pl. 9; Schl., *l. c.*, p. 97; *rufiventris*, Salvad., *Ann. Mus. Civ. Gen.*, 1875, p. 790. — Nouv.-Guinée, Waigiou, Salawatti, Mysol, Jobi.

9575. CHALCONOTA, Salvad., *Ann. Mus. Civ. Gen.*, 1874, p. 87, 1875, p. 790; id., *Orn. Pap.* III, p. 100; id., *Cat. B.*, p. 213. — Nouv.-Guinée N.-W.

ε. *Ducula.*

9576. LACERNULATA (Tem.), *Pl. Col.* 194; Schl., *l. c.*, p. 95; Salvad., *Cat. B.*, p. 215; ? *concolor*, Bp. — Java.

9577. WILLIAMI, Hart., *Nov. Zool.* III, p. 552. — Bali.

9578. SASAKENSIS, Hart., *Nov. Zool.* III, p. 564. — Lombock.

9579. CUPREA (Jerd.), *Madr. Journ.*, 1840, p. 12; Hume, *Str. F.*, 1875, p. 328; Salvad., *Cat. B.*, p. 215; *insignis* (pt.), auct. plur. — Inde S.

9580. INSIGNIS (Hodgs.), *As. Res.* XIX, p. 162, pl. 9; Salvad., *Cat. B.*, p. 216; *badia* (pt.), Schl., *l. c.*, p. 96. — Himalaya E., du Népaul à l'Assam.

9581. GRISEICAPILLA (Wald.), *Ann. and Mag. N. H.*, 1875, p. 228; Davis., *Str. F.*, 1877, p. 460; Salvad., *Cat. B.*, p. 217; *insignis* (pt.), Blyth. — Du Manipour au Ténassérim.

9582. BADIA (Rafll.), *Tr. Linn. Soc.* XIII (1822), p. 317; Salvad., *Cat. B.*, p. 218; *capistrata*, Tem., *Pl. Col.* 165; Prév. et Knip, *Pig.*, pl. 37. — Malacca, Sumatra, Bornéo et Java (Mus. Brux.)

ζ. *Cryptophaps.*

9583. POECILORRHOA, Brügg., *Abh. Naturw. Ver. Brem.* V, p. 84; Gould, *B. New-Guin.*, pt. XI, pl. 3. — Célèbes N.

η. *Zonœnas.*

9584. MULLERI (Tem.), *Pl. Col.* 566; Schl., *l. c.*, p. 93; Salvad., *Orn. Pap. e Mol.* III, p. 101; id., *Cat. B.*, p. 221; *muelleri*, Wall. — Nouv.-Guinée S., îles Arou.

2521. *Var.* **AURANTIA, A. B. Mey., *Abh. Mus. Dresd.*, 1892-93, n° 3, p. 25.** — Nouv.-Guinée N.

9585. PINON (Quoy et Gaim.), *Voy. de l'Uran., Zool.*, p. 118, pl. 28; Schl., *l. c.*, p. 94; Salvad., *Orn. Pap.* III, p. 103; *pinonæ*, Brügg. — Nouv.-Guinée, Rawak, Waigiou, Salawatti, Arou, etc.

2522. *Var.* RUBIENSIS, Mey., *Sitzb. u. Abh. d. Ges. Isis*, 1884, I, p. 51; Salvad., *Cat. B.*, p. 223. — Ile Rubi et Nouv.-Guinée S.-E.

9586. SALVADORII, Tristr., *P. Z. S.*, 1881, p. 996; Salvad., *Orn. Pap.* III, p. 559; id., *Cat. B.*, p. 223. — Louisiades.

9587. WESTERMANI, Schl. (ex Rosenb.), *Ned. Tijdschr. D.* IV, p. 27; Salvad., *Cat. B.*, p. 224; *C. pinon jobiensis*, Schl., *N. T. D.* IV, p. 26; *astrolabiensis*, Mey. — Jobi, Nouv.-Guinée N.-E.

9588. MELANOCHROA, Sclat., *P. Z. S.*, 1878, p. 672, pl. 42; Salvad., *Orn. Pap.* III, p. 106; id., *Cat. B.*, p. 225. — Archipel Bismarck.

9589. BRENCHLEYI, G. R. Gray, *Ann. and Mag. N. H.*, 1870, p. 328; id., *Cruise of the Curaçoa, B.*, p. 388, pl. 18; Salvad., *Cat.*, p. 225. — Iles Salomon.

1372. PHÆNORHINA

Phænorhina, Gray (1859).

9590. GOLIATH, G. R. Gray, *P. Z. S.*, 1859, p. 165, pl. 155; Schl., *l. c.*, p. 95; Salvad., *Cat. B.*, p. 226. — Nouv.-Calédonie, île des Pins.

1373. MYRISTICIVORA

Myristicivora, Rchb. (1852).

9591. BICOLOR (Scop.); Schl., *Mus. P.-B., Col.*, p. 98 (pt.); Salvad., *l. c.*, p. 227; *alba*, Gm.; *littoralis*, Tem. et Knip, *Pig.* I, pl. 7; *myristicivora*, Gr.; *casta*, Peale; *luctuosa* (pt.), auct. plur. (nec Reinw.); *melanura* (pt.), auct. plur. (nec Wall.) — Indo-Ch. centr. et S., iles Andamans, Nicobars, Malacca, iles Indo-Malaises, Moluques, Ténimber.

2523. *Var.* SPILORRHOA (Gray), *P. Z. S.*, 1858, pp. 186, 196; Salvad., *Orn. Pap.* III, p. 111; id., *Cat.*, p. 231; *bicolor* et *luctuosa* (pt.), auct. plur.; Gould, *B. Austr.* V, pl. 60. — Nouv.-Guinée, Iles Arou, Australie N.

2524. *Var.* SUBFLAVESCENS (Finsch), *Ibis*, 1886, p. 2; *Gould's B. New-Guin.*, pt. XXV, pl. 7; *luctuosa* (pt.), auct. plur. — Nouv.-Irlande.

2525. *Var.* MELANURA, Gray, *P. Z. S.*, 1860, p. 361; Finsch, *Neu-Guin.*, p. 178; Salvad., *Orn. Pap.* III, p. 116; *bicolor* (pt.), auct. plur. — Halmahera, Batjan, Bourou, Céram, Amboine, Goram.

9592. LUCTUOSA (Tem., ex Reinw.), *Pl. Col.* 247; Schl., *l. c.*, p. 102; Salvad., *Cat.*, p. 233. — Célèbes, iles Soula.

1374. LOPHOLÆMUS

Lophorhynchus, Sw. (1837, nec Vieill., 1816); *Lopholaimus*, G. R. Gray (1841); *Lopholæmus*, Agass. (1846).

9593. ANTARCTICUS (Shaw), *Zool. of New-Holl.*, p. 15, pl. 5; Gould, *B. Austr.* V, pl. 61; *dilopha*, Tem.; id., *Pl. Col.* 162. — Australie E., Tasmanie.

1375. HEMIPHAGA

Hemiphaga, Bonap. (1854).

9594. NOVÆ-ZELANDIÆ (Gm.); Schl., *l. c.*, p. 98; Bull., *Hist. B. of New-Zeal.*, p. 157, pl. 18; id. *B. New-Zeal.*, p. 229, pl. 24 (1888); *zealandica*, Lath.; ?*brunnea*, Lath.; *spadicea*, Less. (nec Lath.); *leucophæa*, H. et Jacq.; *argetræa*, Forst.; *novæ zealandiæ*, Gray. — Nouv.-Zélande.

9595. SPADICEA (Lath.), *Ind. Orn.*, *Suppl.*, p. LX; Selb., *Nat. Libr.*, *Pig.*, p. 127, pl. 9; Salvad., *Cat.*, p. 238; *gigas*, Ranz.; *leucogaster*, Wagl.; *princeps*, Vig. — Ile Norfolk (éteint?)

9596. CHATHAMENSIS (Rothsch.), *P. Z. S.*, 1891, p. 312, pl. 28; Salvad., *Cat.*, p. 239; *novæ-zealandiæ* (pt.), auct. plur.; *chathamica*, Forb. — Iles Chatham.

FAM. II. — COLUMBIDÆ

SUBF. I. — COLUMBINÆ

1376. GYMNOPHAPS

Gymnophaps, Salvad. (1874).

9597. ALBERTISII, Salvad., *Ann. Mus. Civ. Gen.*, 1874, p. 86; id., *Orn. Pap.* III, pp. 178, 560. — Nouv.-Guinée S.-E.

1377. COLUMBA

Columba, Lin. (1766); *Palumbus*, Kp. (1829); *Alsocomus*, Tick. (1842); *Dendrotreron*, Hodgs. (1844); *Patagiœnas*, *Lepidœnas*, *Lithœnas*, *Tœnipœnas*, *Chlorœnas*, *Stictœnas*, *Janthœnas*, Rchb. (1852); *Picazurus*, Ch. et Des M. (1853); *Leucomelœna*, *Trocaza*, *Palumbœnas*, *Crossophthalmus*, Bp. (1854); *Leucotœnia*, Rchb. (1862); *Rupicola*, *Sylvicola*, Bogd. (1884); *Cœlotreron*, Heine (1890).

9598. GRISEA (Gray), *List of Gal. B. M.*, p. 5 (nec Bonn.); Schl., *Mus. P.-B.*, *Col.*, p. 103; Salvad., *Cat. B.*, p. 248, pl. 7. — Bornéo, Sumatra.

9599. UNICINCTA, Cass., *Pr. Ac. Philad.*, 1859, p. 143; Büttik., *Notes Leyd. Mus.* VII, p. 226, pl. 6. — Gabon, Congo Indépendant, Libéria.

9600. LEUCONOTA, Vig., *P. Z. S.*, 1831, p. 23; Gould, *Cent. Him. B.*, pl. 59; Knip et Prév., *Pig.* II, pl. 50; Schl., *l. c.*, p. 69; *leucomæna*, Bp. — Yarkand, Thibet, Himalaya, du Cachemire au Boutan.

9601. RUPESTRIS, Pall., *Zoogr.* I, p. 560; Bp., *Consp. Av.* II, p. 48; id., *Icon. Pig.*, pl. 75; Gould, *B. Asia*, VI, pl. 54; *leucozonura*, Swinh.; *livia*, *var. rupicola daurica*, Radde; *rupicola*, Hend. et Hume. — Himalaya, du Cachemire au Sikkim, Turkestan, Thibet, Chine N.

2526. *Var.* PALLIDA, Rothsch. et Hart., *Orn. Monatsb.*, 1893, p. 41. — Sibérie E.

2527. *Var.* TACZANOWSKII, Stejn., *Pr. U. S. Nat. Mus.*, 1893, p. 624. — Corée, Ussuri.

9602. LIVIA, Briss.; Dress., *B. of Eur.* VII, p. 11 (pt.), pl. 457 (fig. sup.); Dubois, *Fne ill., Ois.* II, p. 13, pl. 169; *saxatilis*, Briss.; *œnas*, Lin. (pt.); *domestica*, Gm.; *amaliæ*, Brm.; *affinis*, Blyth; *elegans*, *glauconotus*, *unicolor*, *dubia*, Brm.; *plumipes*, Gray. — Europe S., Afrique N., Asie centr., Turkestan, Chine N.

2528. *Var.* NEGLECTA, Hume, *Str. F.* I, p. 218; *livia* (pt.), Salvad. — De la Perse au N.-W. de l'Inde.

2529. ? *Var.* TURRICOLA, Bp., *Consp. Av.* II, p. 47; Selys, *Ibis*, 1870, p. 453. (Aberr. ?) — Italie, Palestine, Perse.

2530. *Var.* GYMNOCYCLA, Gray, *List B. Br. Mus. Columbæ*, p. 28; Salvad., *Cat.*, p. 257; *livia* (pt.), Licht.; *senegalensis*, Bp. — Afrique W.

2531. *Var.* SCHIMPERI, Bp., *Consp. Av.* II, p. 48; Shell., *B. of Egypte*, p. 212; *œnas*, Savig. (nec Lin.), *Descr. de l'Égypte*, p. 290, pl. 13, f. 7; *livia* (pt.), auct. plur.; *turricola*, Tristr. — Égypte, Nubie, Palestine.

2532. *Var.* INTERMEDIA, Strickl., *Ann. and Mag. N. H.*, 1844, p. 39; Dav. et Oust., *Ois. Chine*, p. 384; *livia* et *œnas* (pt.), auct. plur.; *cyanotus*, Severtz. — Du S. de la Perse jusqu'à l'Inde, Ceylan, Chine et Japon.

9603. ŒNAS, Lin.; Naum., *Vög. Deutschl.* VI, p. 215, pl. 151; Dubois, *Fne. ill. Ois.* II, p. 9, pl. 168; *cavorum*, *arborea*, Brm.; *columbella*, Bp. — Europe jusqu'au Turkestan à l'E.

9604. EVERSMANNI, Bp., *C.-R.* XLIII, 1856, p. 838; Jerd., *B. Ind.* III, p. 467; *œnicapilla*, Blyth; *fusca*, Severtz.; ? *var. brachyura*, Severtz.; *intermedia*, Dress. (nec Strickl.) — Sibérie W., Turkestan, Afghanistan, Inde N.-W.

9605. ALBITORQUES, Rüpp., *Neue Wirb.*, p. 63, pl. 22, f. 1; Heugl., *Orn. N.-O. Afr.* I, p. 826; Schleg., *Mus. P.-B.*, *Col.*, p. 72. — Abyssinie, Choa.

9606. GUINEA, Lin.; Edw., *Birds* I, pl. 75; Schl., *l. c.*, p. 72; *guineensis*, Briss.; Heugl., *Orn. N.-O. Afr.* I, p. 822; *trigonigera* (pt.), Wagl.; *dilloni*, Bp. — Afrique du 16° l. N. au 6° l. S.

2533. *Var.* UHEHENSIS, Rchw., *Orn. Monatsb.* VI, p. 82. — Afrique E. allemande.

2534. *Var.* PHÆONOTA, Gray, *List B. Br. Mus., Col.*, p. 32; Bp., *C.-R.* XLIII, p. 838; *guinea* (pt.), auct. plur. (nec Lin.); *trigonogera* (pt.), Wagl. — Afrique S. du Cap au Transvaal.

9607. MADA, Hart., *Ibis*, 1899, p. 311. — Mt Mada, île Bourou.

9608. GYMNOPHTHALMA, Tem. et Knip, *Pig.* I, p. 48, pl. 18; Salvad., *Cat.*, p. 269; ?*corensis*, Jacq.; *loricata* (pt.), Wagl. — Iles Curaçoa, Aruba et Bonaire.

9609. PICAZURO, Tem., *Pig. et Gallin.* I, pp. 411, 449; Salvad., *Cat.*, p. 271; *leucoptera*, Max. (nec Lin.); *loricata*, Licht.; *pœciloptera*, Max. (nec Vieill.); *gymnophthalmus* (pt.), auct. plur.; *maculosa*, Burm. (nec Tem.) — Brésil, Paraguay, Uruguay, Argentine, ?Bolivie E.

9610. ALBIPENNIS, Scl. et Salv., *P. Z. S.*, 1876, p. 18; Tacz., *Orn. Pér.* III, p. 232; Salvad., *Cat.*, p. 272, pl. 8; *maculosa*, auct. plur. (nec Tem.) — Pérou S. et Bolivie.

9611. MACULOSA, Tem., *Pig. et Gallin.* I, pp. 113, 450; Salvad., *l. c.*, p. 273; *pœciloptera*, Vieill.; *maculipennis*, Licht; *gymnophthalmus*, Rchb.; *reichenbachi*, Bp.; Rchb., *Tauben*, I, p. 67, pl. 226, f. 1268; *fallax*, Schl., *Mus. P.-B., Col.*, p. 80. — Uruguay, Argentine, Patagonie N.

9612. HODGSONI, Vig., *P. Z. S.*, 1832, p. 16; Bp., *Icon. Pig.*, pl. 61; Dav. et Oust., *Ois. Chine*, p. 381; *nipalensis*, Hodgs. — Himalaya, du Cachemire au Boutan et Setchuan W.

9613. ARQUATRIX, Tem. et Knip, *Pig.* I, p. 11, pl. 5; Levaill., *Ois. d'Afr.* VI, p. 67, pl. 264; *arquatricula*, Bp., *Consp.* II, p. 50. — Afrique S., S.-W. et E. jusqu'au Kilima Ndjaro.

2535. *Var.* THOMENSIS, Boc., *Jorn. Sc. Lisb.*, 1888, p. 230. — I. St-Thomas (Afr. W.)

9614. SJOESTEDTI, Rchw., *Journ. f. Orn.*, 1898, p. 138 (*sjöstedti*); *arquatrix*, Sjöst. — Caméron.

9615. LEUCOCEPHALA, Lin.; Tem. et Knip, *Pig.* I, pl. 13; Vieill., *Gal. Ois.* I, p. 331, pl. 194; Audub., *B. Amer.* IV, p. 315, pl. 280. — Antilles, Bahama, Florida Keys, Honduras, Cozumel.

9616. SQUAMOSA, Bonn., *Tabl. Enc. méth.* I, p. 234; Salvad., *Cat.*, p. 280; *corensis*, Tem. (nec Jacq.), *Pig. et Gallin.* I, pp. 211, 461; Schleg., *Mus. P.-B., Col.*, p. 68; *portoricensis*, Tem. et Knip, *Pig.* I, p. 41, pl. 15; Sagra, *H. N. Cuba, Ois.*, p. 172, pl. 27; *monticola*, Vieill.; *imbricata*, Wagl. — Antilles.

9617. SPECIOSA, Gm.; *Pl. Enl.* 213; Tem. et Knip, *l. c.*, p. 39, pl. 14; Tacz., *Orn. Pér.* III, p. 231; *spilodera*, Bp. — Mexique, Amér. centr. et mér. jusque vers le 12° l. S.

9618. INORNATA, Vig., *Zool. Journ.*, 1828, p. 446; d'Orb. in *Sagra, Hist. N. Cuba, Ois.*, p. 173, pl. 28; Salvad., *Cat.*, p. 284; *rufina*, Gosse (nec Tem.) — Grandes Antilles.

9619. FLAVIROSTRIS, Wagl., *Isis*, 1831, p. 519; Baird, *B. N. Am.*, p. 598, pl. 61; id., *Mex. Bound.* II, — États-Unis du S. jusqu'au Costa-Rica.

B., p. 21, pl. 23; *erythrina*, Licht.; *dorsalis*, Gray; *solitaria*, Mc Call.

2536. *Var.* MADRENSIS, Nels., *Pr. Biol. Soc. Washingt.* XII, p. 6. — Iles Tres-Marias.

9620. VINA, Godm., *Ibis*, 1900, p. 363. — Pérou N.

9621. OENOPS, Salv., *Nov. Zool.* II, p. 20. — Pérou.

9622. RUFINA, Tem. et Knip, *Pig.* I, p. 59, pl. 24; Tacz., *Orn. Pér.* III, p. 236; *sylvestris*, Vieill.; *melanoptera*, Tem. (nec Mol.); *plumbescens*, Lawr. (juv.) — Du Guatémala à la Colombie, Ecuador, Pér., Guyane, Brés.

9623. CARIBÆA, Jacq., *Beytr.*, p. 30, n° 24; Tem. et Knip, *l. c.*, p. 22, pl. 10; Salvad., *Cat.*, p. 290; *lamprauchen*, Wagl.; *caribbæa*, Den. — Jamaïque, ? Porto-Rico.

9624. FASCIATA, Say, *Long's Exp. R. Mts.* II, p. 10; Bp., *Am. Orn.* I, p. 77, pl. 8; Audub., *B. Am.* IV, p. 312, pl. 279; *monilis*, Vig. — États-Unis W. jusqu'au Guatémala et Nicaragua.

2537. *Var.* VIOSCÆ, Brewst., *Auk*, 1888, p. 86. — Basse-Californie.

9625. ALBILINEA, Gray, in Bp., *Consp. Av.* II, p. 51; Schl., *Mus. P.-B., Col.*, p. 67; *albilineata*, Gr.; *denisea*, Tacz.; *guayaquilensis*, Ridgw. — Colombie, Ecuador, Pérou, Bolivie, Guyane anglaise.

2538. *Var.* CRISSALIS, Salvad., *Cat. B.* XXI, p. 294; *albilinea* (pt.), auct. plur. — Costa-Rica, Veragua.

9626. TUCUMANA, Salvad., *Boll. Mus. Torino*, X, n° 208, p. 22 (1895). — Tucuman.

9627. ARAUCANA, Less., *Voy. Coq.* I, 2, p. 706, pl. 40; *denisea*, Tem., *Pl. Col.* 502; *fitzroyii*, King; ?*meridionalis*, Peale. — Pérou centr. et du Chili à Magellan.

9628. LAURIVORA, Webb et Berth. (pt.), *Orn. Can.*, p. 26, pl. 3 (fig. infér.); Knip et Prév., *Pig.* II, pl. 43; Dress., *B. Eur.* VII, p. 31, pl. 460; *trocaz* (pt.), Gray. — Iles Canaries (Gomera et Palma).

9629. BOLLEI, Godm., *Ibis*, 1872, p. 217; Dress., *B. Eur.* VII, p. 29, pl. 459; *bollii*, auct. plur. — Canaries (Gomera, Ténériffe, Palma).

9630. TROCAZ, Heinek., *Brewst. Journ. of Sc.*, 1829, p. 228; Jard. et Sel., *Ill. Orn.* II, pl. 98; Dress., *l. c.*, p. 33, pl. 461; *laurivora*, Webb et Bert. (pt.), *Orn. Can.*, pl. 3 (fig. supér.); *bouvryi*, Bp. — Madeire.

9631. PALUMBUS, Lin.; Naum., *Vög. Deutschl.* VI, p. 168, pl. 149; Dress., *l. c.*, p. 3, pl. 456; Dubois, *Fne ill. Vert. Belg., Ois.* II, p. 4, pl. 167; *arborea*, Pall.; *torquata*, Leach; *pinetorum*, Brm.; *palumbaria*, Körn.; *excelsus*, Bp. — Europe, Asie W. jusqu'en Perse, Palestine, Afrique N.-W., Açores, Baléares, Madeire.

2539. *Var.* CASIOTIS (Bp.), *Consp.* II, p. 42; id., *Icon. Pig.*, pl. 58; *palumbus* et *torquatus* (pt.), auct. plur.; *himalayana*, Schl., *Mus. P.-B., Col.*, p. 66; *pulchricollis*, Severtz. — Turkestan jusqu'au N.-W. de l'Himalaya, Cachemire, Punjab, Perse S.-E.

9632. TORRINGTONIÆ (Kelaart), *Pr. Faun. Ceyl.*, p. 107; Legge, *B. Ceyl.*, p. 693, pl. 30; *torringtonii*, Kel.; Schl., *Mus. P.-B.*, p. 71. — Ceylan.

9633. ELPHINSTONEI (Syk.), *P. Z. S.*, 1832, p. 149; Jerd., *Ill. Ind. Orn.*, pl. 48; Fras., *Zool. Typ.*, pl. 59; Schl., *l. c.*, p. 70. — Inde S. (montagnes).

9634. PULCHRICOLLIS, Hodgs., in *Gray's Zool. Misc.*, p. 85; Gould, *B. of Asia*, VI, pl. 58; Schleg., *l. c.*, p. 71. — Himalaya E., ? Chine S., Formose.

9635. PUNICEA (Blyth), *J. A. S. Beng.*, 1842, p. 461; Legge, *B. of Ceyl.*, p. 696; Salvad., *Cat.*, p. 306. — Inde centr. E., Indo-Ch. W., Malac., Ceyl.

9636. PALUMBOIDES (Hume), *Str. Feath.*, 1873, p. 302; Wald., *Ibis*, 1873, p. 315, pl. 13; *nicobarica*, Wald. — Iles Andamans et Nicobars.

9637. VERSICOLOR, Kittl., *Kupfert.* I, p. 5, pl. 5, f. 2; *kittlitzii*, Tem., *Pl. Col.*; id., *Tabl. méth.*, p. 80; *metallica*, Vig.; *iris*, Kittl.; *janthina*, Schl. (pt.); *splendida*, Stejn. — Iles Bonin.

9638. JOUYI (Stejn.), *Amer. Natural.*, 1887, p. 583; Salvad., *Cat.*, p. 310; *janthina*, Seeb. (pt.) — Iles Loo-Choo.

9639. JANTHINA, Tem., *Pl. Col.* 503; Knip et Prév., *Pig.* II, pl. 16; Tem. et Schl., *Faun. Jap.*, p. 161, pl^s 60, 100. — Japon, Corée.

2540. *Var.* NITENS (Stejn.), *Pr. U. S. Nat. Mus*, 1887, p. 421; Salvad., *Cat.*, p. 311; *janthina*, Kittl. (nec Tem.); *Kupfert.* I, p. 5, pl. 5, f. 1. — Iles Bonin.

9640. METALLICA, Tem., *Pl. Col.* 562; Schl., *l. c.*, p. 75; Salvad., *Cat.*, p. 312. — Timor et petites îles voisines.

9641. GRISEIGULARIS (Wald. et Lay.), *Ibis*, 1872, p. 104, pl. 6; Salvad., *Cat.*, p. 313; *luzoniensis*, Schleg., *l. c.*, p. 75. — Philippines, îles Soulou, Bornéo N.

9642. ALBIGULARIS (Bp.), *C.-R.* XXXIX, p. 1105; Salvad., *Orn. Pap.* III, pp. 120, 560; Sharpe, in *Gould's B. New-Guin.*, pt. XXV, pl. 6; *halmaheira*, *leucolæma*, Bp.; *rawlinsonii*, Sharpe. — Moluques, Nouv.-Guinée et îles voisines, Louisiades.

9643. HYPOENOCHROA (Gould), *P. Z. S.*, 1856, p. 136; Schleg., *l. c.*, p. 77; *hypoinochroa*, Gr.; *vitiensis*, Verr. et Des M., *Rev. et Mag. de Zool.*, 1862, p. 130 (nec Q. et G.) — Nouv.-Caléd., île des Pins, îles Loyalty.

9644. VITIENSIS, Quoy et Gaim., *Voy. Astrol.*, *Zool.* I, p. 246, pl. 28; Fch. et Hartl., *Faun. Centralpolyn.*, pp. 137, 279, pl. 11, f. 2; Schl., *l. c.*, p. 77. — Iles Fidji.

9645. LEOPOLDI (Tristr.), *Ibis*, 1879, p. 193; Salvad., *Cat.*, p. 317; *hypœnochroa*, Lay. (nec Gould), *Ibis*, 1878, p. 276. — Nouv.-Hébrides.

9646. CASTANEICEPS, Peale, *U. S. Expl. Exp.*, 1848, p. 187, pl. 50; Cass., *U. S. Expl. Exp.*, 1858, p. 252, pl. 23; Schl., *l. c.*, p. 77; *vitiensis* (pt.), Cass. (juv.) — Iles Samoa.

9647. PALLIDICEPS (Rams.), *Pr. Linn. Soc. N. S. W.*, 1877, p. 248; Salvad., *Orn. Pap.* III, p. 125; id., *Cat.*, p. 319. — Ile du Duc York.

9648. PHILIPPANA (Rams.), *Pr. Linn. Soc. N. S. W.*, 1881, — Ile Ugi (Salomon).

p. 721 *(philippanæ)*; Salvad., *Orn. Pap.* III, p. 560; id., *Cat.*, p. 319.

9649. LEUCOMELA, Temm., *Tr. Linn. Soc.* XIII, p. 126; id., *Pl. Col.* 186; Gould, *B. Austr.* V, pl. 59; *norfolciensis*, Lath. — Australie E.

9650. POLLENI, Schl., *Ned. Tijdschr. Dierk.* III, p. 87; id. et Poll., *Faun. Madag.*, p. 112, pl. 37; Salvad., *Cat.*, p. 321. — Iles Comores.

9651. VINACEA, Tem. et Knip (nec Gm.), *Pig.* I, p. 87, pl. 41 (1808-11); *bicolor* et *plumbea*, Vieill., *N. Dict.* XXVI, pp. 345, 358 (1818); Tacz., *Orn. Pér.* III, p. 234; Salvad., *Cat.*, p. 324; *locutrix*, Max.; Tem., *Pl. Col.* 166; *infuscata*, Licht.; *purpureotincta*, Ridgw.; *subsp. bogotensis*, Berl. et Leverk., *Ornis*, 1890, p. 32. — Guyane, Vénézuéla, Colombie, Ecuador, Pérou, Bolivie, Brésil.

9652. NIGRIROSTRIS, Sclat., *P. Z. S.*, 1859, p. 390; Schl., *Mus. P.-B.*, *Col.*, p. 78; Salvad., *Cat.*, p. 322. — Mexique S., Amérique centr.

9653. SUBVINACEA, Lawr., *Ann. Lyc. N. Y.*, 1868, p. 135; Rowl., *Orn. Misc.* III, p. 75, pl. 91; Salv., *P. Z. S.*, 1870, p. 217. — Costa-Rica, Veragua, Colombie, Ecuador.

2541. *Var.* BERLEPSCHI, Hart., *Nov. Zool.* V, p. 504. — Ecuador N.-W.

1378. NESOENAS

Nesœnas, Salvad. (1893); *Trocaza*, Shell. (1883, nec Bp.)

9654. MAYERI (March.), *Mus. March.*; Prév. et Knip, *Pig.* II, pl. 60; *meyeri*, Schl. et Pol., *Faun. Madag.*, p. 111, pl. 36; Salvad., *l. c.*, p. 327. — Ile Maurice.

1379. TURTUROENA

Tuturœna, Bp. (1854); *Peleiœnas*, Rchb. (1862); *Trizusa*, Heine (1890).

9655. DELEGORGUEI (Deleg.), *Voy. Afr. Austr.* II, p. 615; Salvad., *Cat.*, p. 328, pl. 9, ff. 1, 2; *johannæ*, Bp., *Consp. Av.* II, p. 45; *lunigera*, Gray. — Afrique S.-E.

9656. SHARPEI, Salvad., *Cat.*, p. 329, pl. 11, f. 3; Rothsch., *Novit. Zool.* I, p. 41, pl. 3; *delegorguei*, Hartl. (nec Deleg.), *Abh. Naturw. Ver. Brem.*, 1891, p. 37. — Nguru (Afr. équat. E.).

9657. HARTERTI, Neum., *J. f. O.*, 1898, p. 287, pl. 2. — Kilima-Ndjaro.

9658. INCERTA, Salvad., *Cat. B.* XXI, p. 330. — ?

9659. MALHERBEI (Verr.), *Rev. et Mag. de Zool.*, 1851, p. 514; Salvad., *l. c.*, p. 331; *chlorophæa*, Hartl., *P. Z. S.*, 1866, p. 329. — Iles Principe et St-Thomas (Afrique W.)

9660. IRIDITORQUES (Cass.), *Pr. Ac. Nat. Sc. Philad.*, 1856, — Du Gabon à Libéria

p. 254; Schl., *Mus. P.-B.*, *Col.*, p. 69 ; Forb. et Rob., *Bull. Liverp. Mus.* II, pl[s] 2 et 3; *chalcauchia*, Gray ; *malherbei* (pt.), auct. plur. (nec Verr.); *büttikoferi*, Rchw., *J. f. O.*, 1891, p. 373. (Afrique W.)

SUBF. II. — MACROPYGIINÆ

1380. TURACOENA

Turacœna, Bp. (1854); *Haplœnas*, Heine (1890).

9661. MENADENSIS (Quoy et Gaim.), *Voy. de l'Astrol.* I, p. 248, pl. 30; Schleg., *l. c.*, p. 106; ?*var. major*, W. Blas., *Zeitschr. Ges. Orn.* II, p. 309. Célèbes, îles Togian.

2542. *Var.* SULAENSIS, Forb. et Rob., *Bull. Liverp. Mus.* II, p. 135. Iles Soula.

9662. MODESTA (Tem.), *Pl. Col.* 552; Prév. et Knip, *Pig.* II, pl. 31; Schl., *l. c.*, p. 107. Timor et îles voisines.

1381. MACROPYGIA

Macropygia, Sw. (1837); *Coccyzura*, Hodgs. (1843).

9663. LEPTOGRAMMICA (Tem.), *Pl. Col.* 560 (1835); Schl., *l. c.*, p. 107; *walik-mehra*, Rchb., *Tauben, Suppl.*, pl. 3, f. 29; *walichæhra*, Gray; *tusalia*, Sharpe, *P. Z. S.*, 1887, p. 443. Java, Sumatra, Malac.

2543. *Var.* TUSALIA (Blyth), *J. A. S. Beng.*, 1843, p. 937; Salvad., *l. c.*, p. 338; *leptogrammica* (pt.), auct. plur. Himal. E., du Népaul au Ténass., Moupin.

2544. *Var.* MINOR, Swinh., *Ibis*, 1870, p. 355; Grant, *P. Z. S.*, 1900, p. 502; *tusalia* (pt.), Gray; *swinhoei*, Rams., *Ibis*, 1890, p. 218. Haïnan.

9664. MAGNA, Wall., *P. Z. S.*, 1863, p. 497; Schl., *l. c.*, p. 108; Salvad., *Cat.*, p. 342. Timor et îles voisines.

9665. TIMORLAOENSIS, Mey., *Zeitschr. Ges. Orn.*, 1884, p. 214; Salvad., *l. c.*, p. 342; *keiensis*, Mey. (nec Salvad.) Timor-Laut.

9666. MACASSARIENSIS, Wall., *Ibis*, 1865, p. 389; Wald., *Tr. Zool. Soc.* VIII, p. 85; *amboinensis, var. albicapilla*, Brüggm. Célèbes S.

9667. CINNAMOMEA, Salvad., *Ann. Mus. Civ. Gen.*, 1892, p. 140; id., *Cat. B.*, p. 344. Engano.

9668. RUFIPENNIS, Blyth, *J. A. S. Beng.*, 1846, p. 371; Salvad., *Cat.*, p. 344. Iles Andaman et Nicobar.

9669. TENUIROSTRIS, Bp., *Consp. Av.* II, p. 57; Salvad., *l. c.*, p. 346; *phasianella*, Tem., *Pl. Col.* 100; Knip et Prév., *Pig.* II, pl. 52; *amboinensis* (pt.), auct. plur.; *eurycerca*, Tweedd. Iles Philippines et Soulou.

2545. *Var.* Modiglianii, Salvad., *Ann. Mus. Civ. Gen.*, 1887, p. 559, pl. 8, f. 2; id., *Cat.*, p. 349. — Ile Nias.

2546. *Var.* Emiliana, Bp., *Consp. Av.* II, p. 58; Salvad., *l. c.*, p. 347; *unchall*, Gr. (nec Wagl.); *tenuirostris* (pt.), Schl., *Mus. P.-B., Col.*, p. 109. — Java, Bornéo N., Lombock.

9670. phasianella (Tem.), *Tr. Linn. Soc.* XIII, 1821, p. 129 (nec 1824, *Pl. Col.*); Gould, *B. Austr.* V, pl. 75; *amboinensis* (pt.), auct. plur.; *Turtur phasianellus*, Schl. — Australie E. et S.

9671. amboinensis (Lin. ex Briss.); Rchb., *Tauben*, I, p. 86, pl. 251, f. 1365; Salvad., *Orn. Pap.* III, p. 132; ? *macroura*, Gm.; *albiceps*, Tem., in Bp., *Consp. Av.* II, p. 56; *turtur* (pt.), Schl.; *buruensis*, Salvad. — Amboine, Céram, Bourou.

2547. *Var.* Keyensis, Salvad., *Ann. Mus. Civ. Gen.*, 1876, p. 204; id., *Orn. Pap.* III, p. 146; *phasianella* (pt.), auct. plur. (nec Tem.); *turtur* (pt.), Schl. — Iles Kei.

2548. *Var.* Albicapilla, Bp., *Consp. Av.* II, p. 57; Mey. et Wg., *B. Cel.*, pl. 40; Salvad., *Orn. Pap.* III, p. 134; *turtur* (pt.), Schl., *Mus. P.-B., Col.*, pp. 111, 112. — Iles Célèbes, Soula et Togian.

2549. *Var.* Sanghirensis, Salvad., *Atti R. Ac. Sc. Tor.*, 1878, p. 1185; Blas., *Ornis*, 1888, p. 619, pl. 5; *turtur* (pt.), Schl. — Sanghir.

2550. *Var.* Maforensis, Salvad., *Ann. Mus. Civ. Gen.*, 1878, p. 429; id., *Orn. Pap.* III, p. 148; *turtur* (pt.), Schl.; *doreya*, Rosenb. (nec Bp.); *griseinucha* (pt.), Salvad. (1876). — Ile Mafoor (baie de Geelwink).

2551. *Var.* Doreya, Bp., *Consp. Av.* II, p. 57; Salvad., *Orn. Pap.* III, pp. 141, 561; *amboinensis* (pt.), Less.; *phasianella*, auct. plur. (nec Tem.); *turtur* (pt.), Schl.; *griseinucha* (pt.), Salvad.; ? *batchianensis*, Hein. et Rchw. (nec Wall.) — Nouv.-Guin., Waigiou, Guebeh, Batanta, Salawatti, Mysol, Mysori, Jobi, Arou.

2552. *Var.* Cunctata, Hart., *Novit. Zool.* VI, p. 214. — St-Aignan (Louisiades).

2553. *Var.* Cinereiceps, Tristr., *Ibis*, 1889, p. 558; Salvad., *Cat.*, p. 357; *amboinensis* et *doreya* (pt.), auct. plur. — Nouv.-Guin. S.-E., îles D'Entrecasteaux.

2554. *Var.* Griseinucha, Salvad., *Ann. Mus. Civ. Gen.*, 1876, p. 204 (pt.); id., *Cat.*, p. 357. — Ile Miosnom (baie de Geelwink).

2555. *Var.* Batchianensis, Wall., *Ibis*, 1865, p. 389; Salvad., *Orn. Pap.* III, p. 136; *amboinensis* (pt.), auct. plur.; *albicapilla*, *var.*, Gr.; *turtur* (pt.), Schl. — Batjan, Halmahera, Ternate, Morty, Kajoa.

2556. *Var.* Kerstingi, Rchw., *Orn. Mon.*, 1897, p. 25. — Nouv.-Guinée N.-E.

2557. *Var.* Goldiei, Salvad., *Cat. B.*, p. 358; *doreya* (pt.), Sharpe. — Nouv.-Guinée S.-E.

2558. *Var.* Carteretia, Bp., *Consp. Av.* II, p. 57 ; Salvad., *Orn. Pap.* III, p. 138; *turtur* (pt.), Cab. et Rchw.; *amboinensis* (pt.), Rams.; *nigrirostris,* De Vis (nec Salvad.) — Nouv.-Bret., Nouv.-Irl., île Duc York, Nouv.-Hanovre, Nouv.-Guin. S.-E.

9672. ruficeps (Tem.), *Pl. Col.* 561; Schl., *Mus. P.-B.*, p. 110; *assimilis*, Hume, *Str. Feath.* II, p. 441. — Iles de la Sonde, Malac., Birm., Ténass.

2559. *Var.* Orientalis, Hart., *Nov. Zool.* III, p. 573. — Tambora, Sambawa.

9673. nigrirostris, Salvad., *Ann. Mus. Civ. Gen.*, 1875, p. 972; id., *Orn. Pap.* III, pp. 149, 561. — Nouv.-Guinée, archip. Bismarck.

9674. rufocastanea, Rams., *Pr. Linn. Soc. N. S. W.*, 1879, p. 314; Salvad., *l. c.*, pp. 149, 561 ; *arossi*, Tristr.; *castanea*, Salvad.; *arossiana,* Tristr. — Iles Salomon.

9675. rufa, Rams., *Pr. Linn. Soc. N. S. W.*, 1878, p. 287; Salvad., *Cat.*, p. 363. — Nouv.-Hébrides.

9676. mackinlayi, Rams., *Pr. Linn. Soc. N. S. W.*, 1878, p. 286; Salvad., *Cat.*, p. 364. — Ile Tanna (Nouv.-Hébrides).

1382. REINWARDTOENAS

Reinwardtœnas, Bp. (1854); *Reinwardtœna,* G. R. Gr. (1856); *Coccyzœnas,* Heine (1890).

9677. reinwardti (Tem.), *Pl. Col.* 248 (*reinwardtsi*); Schl., *Mus. P.-B.*, *Col.*, p. 104; Salvad., *Orn. Pap.* III, p. 125 ; *typica,* Bp. — Célèbes, Moluques, Céram, Amboine, Waigiou.

2560. *Var.* Griseitincta, Hart., *Novit. Zool.* III, p. 18. — Nouv.-Guinée.

2561. *Var.* Obiensis, Hart., *Ibis,* 1898, p. 296. — Iles Obi.

2562. *Var.* Minor (Schl.), *Mus. P.-B.*, *Col.*, p. 106; Salvad., *Orn. Pap.* III, p. 129. — Ile Mysori (baie de Geelwink).

9678. browni (Sclat.), *P. Z. S.*, 1877, p. 110; Salvad., *Orn. Pap.* III, pp. 130, 561. — Ile Duc York, Nouv.-Bretagne.

1383. CORYPHOENAS

Coryphœnas, Wardl. Rams. (1890).

9679. crassirostris (Gould), *P. Z. S.*, 1856, p. 136 ; Gray, *Cruise of the Curaçoa,* p. 390, pl. 19; Salvad., *Orn. Pap.* III, p. 131. — Iles Salomon.

SUBF. III. — ECTOPISTINÆ

1384. ECTOPISTES

Ectopistes, Sw. (1827); *Trygon*, Brm. (1831, nec Adans.)

9680. migratorius (Catesb.), *Car.* I, p. 23, pl. 23; Wils., *Am. Orn.* I, p. 102, pl. 44, f. 1; Gould, *B. Eur.*, pl. 247; *americana,* Kalm.; *canadensis*, Briss.; *histrio, ventralis,* Müll.; *gregoria,* Brm. (hybride). — Amérique du Nord, régions or. et centr.

FAM. III. — PERISTERIDÆ

SUBF. I. — ZENAIDINÆ

1385. ZENAIDURA

Zenaidura, Bp. (1854); *Perissura*, Cab. (1856); *Zenædura*, Coues (1874).

9681. CAROLINENSIS (Lin. ex Catesb.), *Car.* I, p. 24, pl. 24; Audub., *B. Am.* V, p. 36, pl. 286; *macroura*, Edw.; *marginata*, Lin.; *fusca*, Müll.; *hoilotl*, *nævia*, Gm.; *marginellus*, Woodh.; *macroura*, Ridgw., *Pr. U. S. Nat. Mus.*, 1885, p. 355. — Amér. du N. et centr. (du S. du Canada à Panama, Antilles).

9682. CLARIONENSIS, Towns., *Pr. U. S. Nat. Mus.*, 1890, p. 133; Salvad., *Cat. B.*, p. 378. — Ile Clarion (Mex. W.)

9683. YUCATANENSIS, Lawr., *Ann. Lyc. N. Y.*, 1869, p. 208; Salvad., *l. c.*, p. 373 (en note). — Yucatan.

9684. GRAYSONI, Lawr., *Ann. Lyc. N. Y.*, 1871, p. 17; B., B. et R., *N. Am. B.* III, p. 382; Salvad., *l. c.*, p. 378. — Iles Socorro.

1386. ZENAIDA

Zenaida, Bp. (1838); *Stenuræna*, *Platypteræna*, Rchb. (1862).

9685. MARTINICANA (Briss.); Bp., *Consp. Av.* II, p. 82; *martinica*, *var.* β, Gm.; *aurita*, Tem. et Knip, *Pig.* I, p. 60, pl. 25; Salvad., *Cat.*, p. 380; *castanea*, Wagl.; *bimaculata*, Gray. — Petites Antilles et île Ste-Croix.

9686. MERIDIONALIS (Lath.), *Ind. Orn. Suppl.*, p. 60, n° 4; Bp., *Consp. Av.* II, p. 97; Forb. et Rob., *Bull. Liverp. Mus.* I, p. 36; *zenaida*, Bp.; Audub., *B. Am.* V, p. 1, pl. 281; *amabilis*, Bp.; Salvad., *Cat.*, p. 382; *richardsoni*, Cory. — Iles Bahama, Florida Keys, Antilles, Yucatan.

2563. *Var.* SPADICEA, Cory, *Auk*, 1886, pp. 498, 502; id., *B. W. Ind.*, p. 215; Salvad., *l. c.*, p. 383. — Grand Cayman.

2564. *Var.* YUCATANENSIS, Salvad., *Cat. B.* XXI, p. 384; *amabilis*, Boucard (nec Bp.) — Côtes du Yucat. et les îles du golfe de Hond.

9687. MACULATA (Vieill., nec Gm.), *Enc. méth.* I, p. 376; Bp., *Consp.* II, p. 82; *meridionalis*, King (nec Lath.); *aurita* (pt.), Tem.; *auriculata*, Des M., in *Gay*, *Hist. de Chile*, I, p. 381, pl. 6; Salvad., *l. c.*, p. 384; *chrysauchenia* et *chilensis*, Rchb.; *hypoleuca* et *noronha*, Gr. — Amér. mér. occid. de l'Ecuad. à la Patag., Brésil, Paraguay, Urug., Argentine

9688. RUFICAUDA, Bp., *Consp. Av.* II, p. 83; Schl., *Mus. P.-B.*, *Col.*, p. 141; Salvad., *l. c.*, p. 387; *mexicana*, *pentheria*, *castanea*, Bp.; *bogotensis*, Lawr. — Colombie, Vénézuéla, ? Rio-Branco.

9689. VINACEO-RUFA, Ridgw., *Pr. U. S. Nat. Mus.*, 1884, p. 176, Salvad., *l. c.*, p. 389; *rubripes*, Lawr., *Auk*, 1885, p. 357; *wellsi*, Lawr. — Guyane angl., Vénéz., Curaçao, Grenada, Grenadines.

9690. JESSIEÆ, Ridgw., *Pr. U. S. Nat. Mus.*, 1887, p. 527; Salvad., *l. c.*, p. 389. — Bas-Amazone (Diamantina).

9691. ?STENURA, Bp., *Consp. Av.* II, p. 84; Hein. et Rchw., *Nomencl. Mus. Hein. Orn.*, p. 284. — Colombie.

1387. NESOPELIA

Nesopelia, Sundev. (1872).

9692. GALAPAGOENSIS (Gould), *Voy. Beagl., Zool.*, p. 115, pl. 46; Des M. et Prév., *Voy. Vénus, Ois.*, p. 270, pl. 8; Schl., *l. c.*, p. 140. — Iles Galapagos.

2565. *Var.* EXSUL, Rothsch. et Hart., *Novit. Zool.* VI, p. 184. — Culpepper et Wenman (Galapagos).

1388. MELOPELIA

Melopelia, Bp. (1854); *Melopelcia*, Rchb. (1862).

9693. LEUCOPTERA (Lin.); Bp., *Consp.* II, p. 81; Schl., *Mus. P.-B., Col.*, p. 152; *aurita* (pt.), Tem.; *trudeaui*, Aud., *B. Am.* VII, p. 352, pl. 496. — Ét.-Unis du S., Amér. centr. jusqu. Costa-Rica, Gr. Antilles.

2566. *Var.* MELODA (Tsch.), *Arch. f. Naturg.*, 1843, 1, p. 385; id., *Faun. Per.*, pp. 44, 276, pl. 29; Tacz., *Orn. Pér.* III, p. 241; *souleyetiana*, Des M., in *Gay, Hist. de Chile*, I, p. 380, pl. 7; *leucoptera* (pt.), Schl. — Pérou, Chili N.

SUBF. II. — TURTURINÆ

1389. TURTUR

Peristera, Boie (1828, nec Sw., 1827); *Turtur*, Selby (1835); *Streptopelia*, Bp. (1854); *Spilopelia* et *Stigmatopelia*, Sundev. (1872); *Homopelia*, Salvad. (1893); *Onopopelia*, Blanf. (1898).

α. *Turtur*.

9694. COMMUNIS, Selb., *Nat. Libr., Pig.*, pp. 153, 171 (1835); *Col. turtur*, Lin.; Gould, *B. Eur.* IV, pl. 246: *tenera* (aberr.) et *dubia*, Brm.; *lugubris* et *maxima*, Landb. (aberr.); *vulgaris*, Eyt. (1836); Dubois, *Fne. ill. Vert. Belg., Ois.* II, p. 20, pl. 170; *migratorius*, Sw.; *auritus*, Gr. (1840, ex Ray, 1713); *afra*, Webb et Berth. (nec Lin.); *sylvestris*, *cyanotus*, Rchb.; *glauconotus*, Brm. — Europe, Afrique N. et N.-E., Sénégambie, Ténériffe.

2567. *Var.* ARENICOLA, Hart., *Novit. Zool.* I, p. 42. — Golfe Persique, Asie W., Tunisie.

9695. ISABELLINUS, Bp., *C. R.* XLIII, p. 942; id., *Icon. Pig.*, pl. 102; Schl., *l. c.*, p. 117; *auritus* (pt.), auct. plur.; *turturoides, leoninus,* Würt.; *sharpii,* Shell.; id., *B. Egypt.*, p. 215, pl. 10, f. 2. — Afrique N.-E.

9696. ORIENTALIS (Lath.), *Ind. Orn.* II, p. 606; Schl., *l. c.*, p. 118; Dress., *B. Eur.*, pl. 463; *rupicola,* Pall.; Dav. et Oust., *Ois. Chine*, p. 385; *meena,* Syk.; *agricola,* Tick.; *gelastis,* Tem., *Pl. Col.* 550; *erythrocephalus,* Gray; *stimpsoni,* Stejn. — Himalaya E., Indo-Chine, Mandchourie, Corée, Japon, Formose.

2568. *Var.* FERRAGO (Eversm.), *Add. ad Zoogr. Rosso-As.*, fasc. III, p. 17; id., *J. f. O.*, 1853, p. 292; *pulchrata,* Hodgs.; *vitticollis,* Hume; *rupicolus* (pt.), auct. plur. (nec Pall.); *gelastes,* Severtz. (nec Tem.) — Sibérie S.-W., Asie centr., Inde, Ceylan.

9697. LUGENS (Rüpp.), *Neue Wirb.*, p. 64, pl. 22, f. 2; Schl., *l. c.*, p. 119; Salvad., *Cat.*, p. 408. — Afrique E., de l'Abyssinie au 7° l. S.

β. *Homopelia.*

9698. PICTURATUS (Tem.), *Pig. et Gal.* I, pp. 315, 480; id., *Pl. Col.* 242; *dufresnii,* Leach; *picta* (pt.), Less.; *versicolor,* Kittl.; *prevostianus,* Bp.; ?*cinerea,* Scop.; ?*phœnicorhyncha,* Wagl. — Madagascar, Réunion, Maurice.

2569. *Var.* ABBOTTI, Ridgw., *Pr. U. S. Nat. Mus.*, 1895, p. 513. — Seychelles.

9699. CHUNI (Rchw.), *Orn. Monatsb.*, 1900, p. 140. — Ile Chagos.

9700. ALDABRANUS, Sclat., *P. Z. S.*, 1871, pp. 623, 692, pl. 73; Salvad., *Cat.*, p. 411. — Ile Aldabra.

2570. *Var.* COMORENSIS, E. Newt., *P. Z. S.*, 1877, p. 300; Salvad., *l. c.*, p. 412; *picturatus* (pt.), auct. plur. — Iles Comores.

2571. *Var.* COPPINGERI, Sharpe, *Rep. Voy. Alert.*, p. 484; Salvad., *l. c.* — Ile Glorioso.

2572. *Var.* SATURATA, Ridgw., *Pr. U. S. Nat. Mus.*, 1893, p. 600. — Ile Poivre.

9701. ROSTRATUS, Bp., *Consp. Av.* II, p. 62; Hartl., *Faun. Madag.*, p. 67; Schl., *l. c.*, p. 130; *picturata, var.* Prév., *Pig.* II, texte de la pl. 55; *picturatus* (pt.), Schl. et Pol.; ?*miniata,* Tem., *Pig. et Gal.* I, pp. 369, 460; ?*cinereus* (pt.), Bp. — Iles Seychelles.

γ. *Streptopelia.*

9702. RISORIUS (Lin.); *Pl. Enl.* 244; Selby, *Nat. Libr., Pig.*, p. 170, pl. 17; *alba,* Tem. et Knip (aberr.); *var. cicurata,* Wagl. — Plus ou moins domestique (descend du suivant).

9703. ROSEOGRISEUS (Sundev.), *Krit. om Levaill.*, p. 54; Shell., *Ibis*, 1883, p. 309; *risoria*, Rüpp. (nec Lin.); *albiventris*, auct. plur. (nec Gr.); *fallax*, Schl., *l. c.*, p. 124. — Afrique N.-E., Arabie.

9704. SEMITORQUATUS (Rüpp.), *Neue Wirbelth.*, *Vög.*, p. 66, pl. 23, f. 2; Salvad., *Cat.*, p. 416; *levaillanti*, Tem. *(ubi)*, Less., *Tr. Orn.*, p. 473; *erythrophrys* (pt.), auct. plur. (nec Sw.); *vinaceus* (pt.), Gr.; *gumri*, Rchb. — Presque toute l'Afrique jusqu'au 14° l. N.

2573. *Var.* ERYTHROPHRYS, Sw., *B. W. Afr.* II, p. 207, pl. 22; Schl., *Mus. P.-B.*, *Col.*, p. 121. — Côte-d'Or.

2574. *Var.* SHELLEYI, Salvad., *Cat. B. Br. Mus.* XXI, p. 419; *erythrophrys*, Antin. (nec Sw.); *semitorquatus*, *var.*, Shell. — Du Niger au Haut-Nil Blanc.

9705. DECIPIENS, Fch. et Hartl., *Vög. Ostafr.*, p. 544; Heugl., *Orn. N.-O. Afr.* I, 2, p. 833; *risoria* (pt.), auct. plur.; *collaris*, Hempr. — Dongola.

2575. *Var.* AMBIGUA, Boc., *Orn. Ang.*, p. 386 (*ambiguus*); Rchw., *J. f. O.*, 1892, p. 13; *semitorquatus*, Kirk (nec Rüpp.); *decipiens* (pt.), auct. plur. — Afrique austr. et N.-E., du 20° l. S. au 9° l. N.

9706. PERSPICILLATUS, Fisch. et Rchw., *J. f. O.*, 1884, p. 179; Fisch., *Zeitschr. Ges. Orn.*, 1884, p. 377; *albiventris*, Böhm (nec Gr.); *capicola* (pt.), Schal. — Massaïland (Afrique centr. E.)

9707. BITORQUATUS (Tem. et Knip), *Pig.* I, p. 86, pl. 40; Schl., *l. c.*, p. 121; Salvad., *Orn. Pap.* III, p. 153; id., *Cat.*, p. 421. — Java, Lombock, Sumbawa, Flores, Solor, Timor.

9708. DUSSUMIERI (Tem.), *Pl. Col.* 188; Prév. et Knip, *Pig.* II, pl. 20; Schl., *l. c.*, p. 120; Salvad., *Cat.*, p. 423; *gaimardi*, Bp., *Consp.* II, p. 66. — Bornéo N.-E., Philippines, îles Soulou et Marianne.

9709. CAPICOLA (Sundev.), *Krit. om Levaill.*, p. 54 (*C. vinacea, var. capicola*); Fch. et Hartl., *Vög. Ostafr.*, p. 548; Salvad., *Cat.*, p. 424; *risoria* (pt.), auct. plur.; *humilis* (fem.), Tem., *Pl. Col.* 258; *vinaceus* (pt.) et *semitorquatus* (pt.), auct. plur.; *albiventris* (pt.), Gray; *delalandii*, Scl. — Colonie du Cap, Natal, Transvaal.

2576. *Var.* DAMARENSIS, Fch. et Hartl., *Vög. Ostafr.*, p. 550; Rchw., *J. f. O.*, 1892, p. 14; Salvad., *l. c.*, p. 426; *risoria*, *vinaceus*, *albiventris*, *semitorquatus* et *capicola* (pt.), auct. plur. — Angola, Damaras, Afrique E., Madag. et îles Comores.

2577. *Var.* REICHENOWI, Erl., *Orn. Mon.*, 1901, p. 182. — Afrique N.-E.

9710. VINACEUS (Gm.); *Pl. Enl.* 161; Schl., *Mus. P.-B.*, *Col.*, p. 123; Salvad., *Cat.*, p. 428; *senegalensis*, Müll. (nec Lin.); *risoria* (pt.), Tem.; *semitorquatus*, Sw. (nec Rüpp.); *albiventris*, Gray; *barbara*, Antin. — Afrique W. (de Sénégambie au Loango) et N.-E.

9711. DOURACA, Hodgs., in *Gr. Zool. Misc.*, p. 85; Schleg., *l. c.*, p. 123; Stejn., *Pr. U. S. Nat. Mus.*, 1887, p. 427; *risoria*, Pall. et auct. plur. (nec Lin.); Dav. et Oust., *Ois. Chine*, p. 387; Dress., *B. Eur.* VII, p. 51, pl. 464, f. 2; *ridens, intercedens*, Brm.; *vitticollis*, Prjew. (nec Tem.); *chinensis*, Severtz.; *torquata*, Bogd. (1). — Europe S.-E., Palestine, Perse, Inde, Birmanie, Chine et Japon.

2578. *Var.* STOLICZKÆ, Hume, *Str. Feath.* II, p. 519; *douraca* (pt.), Salvad. — Asie centr.

δ. *Onopopelia*.

9712. HUMILIS (Tem.), *Pl. Col.* 259 (nec pl. 258); Salvad., *Cat.*, p. 434; *terrestris*, Rchb.; *humilior*, Hume, *Pr. As. Soc. Beng.*, 1874, p. 241. — Andamans, Bengale E., Indo-Ch., Malacca, Chine, Jap., Philipp.

2579. *Var.* TRANQUEBARICA (Herm.), *Obs. Zool.*, p. 200 (1804); Wald., *Tr. Z. S.* IX, p. 219; Salvad., *l. c.*, p. 437; *humilis*, auct. plur. (nec Tem.); *murwensis*, Hodgs. — Inde.

ε. *Spilopelia*.

9713. CHINENSIS (Scop.); Gr., *Gen. B.* II, p. 472; Dav. et Oust., *Ois. Chine*, p. 386; Rchb., *Taub. Novit.*, *Suppl.*, pl. 3, f. 26; *tigrina* (pt.), Tem.; *sinensis*, Blyth. — Chine E., Formose, Haïnan.

9714. TIGRINUS (Tem. et Knip), *Pig.* I, pl. 43; Schl., *Mus. P.-B.*, *Col.*, p. 127; Salvad., *l. c.*, p. 440; *suratensis*, Boie (nec Gm.); *inornata* (juv.), Gr. et auct. plur.; *chinensis* (pt.), auct. plur. — Indo-Chine, Malacca, îles de la Sonde, Célèbes, Moluques.

9715. SURATENSIS (Gm.); Schl., *l. c.*, p. 129; Salvad., *l. c.*, p. 444; *tigrina* (pt.), auct. plur.; *vitticollis*, Hodgs.; *chinensis* (pt.), Gray; *ceylonensis*, Rchb.; ?*malabarica*, Gm. — Afghanistan, Inde, Ceylan.

ζ. *Stigmatopelia*.

9716. SENEGALENSIS (Lin.); Levaill., *Ois. d'Afr.* VI, p. 82, pl. 270; Bp., *Ucc. Eur.*, p. 52; Dress., *B. Eur.* VII, pl. 465; *testaceo-incarnata*, Forsk.; *ægyptiaca*, Lath.; *cambayensis*, Tem. et Knip, *Pig.* I, p. 100 (pt.), pl. 45; ?*afra*, Webb et Berth.; *rufescens, pygmæa*, Brm.; *savignii*, Rchb. — Afrique, Palestine, Socotra, Canaries.

2580. *Var.* CAMBAYENSIS (Gm.); Bp., *Consp.* II, p. 62; — Europe S.-E., Asie

(1) Plusieurs auteurs ont pensé que le *T. douraca* était l'ancêtre de la Tourterelle domestique (*T. risorius*, Lin.); mais d'après M. Shelley, cette dernière descendrait plutôt du *T. roseogriseus*.

Schl., *l. c.*, p. 120; *senegalensis* (pt.), auct. plur. (nec Lin.) — centr., Inde.

2581. ? *Var.* Ermanni, Bp., *Compt. Rend.* XLIII, pp. 942, 949; ? *ægyptiaca*, Severtz.; ? *senegalensis*, Dress., *Ibis*, 1876, p. 322. — Boukara.

SUBF. III. — GEOPELIINÆ

1390. GEOPELIA

Geopelia, Sw. (1837); *Tomopeleia, Geopeleia, Stictopeleia*, Rchb. (1852); *Erythrauchæna, Tomopelia, Stictopelia*, Bp. (1854); *Chrysauchæna*, Bp. (1855).

9717. humeralis (Tem.), *Tr. Linn. Soc.* XIII, p. 128; id., *Pl. Col.* 192; Gould, *B. Austr.* V, pl. 72; *erythrauchen*, Wagl. — Australie, Nouv.-Guinée S.

9718. placida, Gould, *P. Z. S.*, 1844, p. 55; id., *Handb. B. Austr.* II, p. 145; *tranquilla*, Gould; id., *B. Austr.* V, pl. 73; Salvad., *Cat.*, p. 456. — Australie.

9719. striata (Lin.); Edw., *Birds*, I, pl. 16; Salvad., *Orn. Pap.* III, p. 155; id., *Cat.*, p. 458; *sinica*, Lin.; *malaccensis*, Gm.; *bantamensis*, Sparrm., *Mus. Carls.*, pl. 57; *lunulata, fowat*, Bonn.; *lineata*, Sw. — Siam, Ténassérim S., Malacca, îles de la Sonde, Philippines, Cél., Amboine (1).

9720. maugei (Tem.), *Pig. Index*, p. 49; Schl., *l. c.*, p. 132; Salvad., *Orn. Pap.* III, p. 157; id., *Cat.*, p. 461; *maugeus*, Tem. et Knip, *Pig.* I, p. 115, pl. 52; *albiventris*, Blyth; *multicincta*, Bp. — Timor, Flores, Sumbawa, Wetter, Lettie, Ténimber, Kei, Koohr.

9721. cuneata (Lath.), *Ind. Orn., Suppl.*, p. 61; Gould, *B. Austr.* V, pl. 74; *macquarie*, Q. et G., *Voy. Uran., Ois.*, p. 122, pl. 31; *spiloptera*, Vig. — Australie.

1391. SCARDAFELLA

Scardafella, Bp. (1854); *Micropelia*, Heine (1890).

9722. squamosa (Tem. et Knip), *Pig.* I, p. 127, pl. 59; Bp., *Consp.* II, p. 85; B., Br. et Rid., *Hist. N. Am. B.* III, p. 387; ? *fusca*, Gm., *squammata*, Less. — Brésil, Guyane fr., Vénézuéla, Colomb.

2582. *Var.* Ridgwayi, Richm., *Pr. U. S. Nat. Mus.* XVIII (1895), p. 660. — Ile Margarita, Vénéz.

2583. *Var.* Inca (Less.), *Descr. Mam. et Ois.*, p. 211; Bp., *Consp.* II, p. 85; Ridgw., *Man. N. Am. B.*, p. 216; Coues, *Check-list*, n° 375; *squamosa* (pt.), auct. plur. (nec Tem.) — Ét.-Unis S.-W., Basse-Californie, Mexique jusqu'au Nicaragua.

(1) Introduit à Madagascar, aux îles Seychelles, Maurice, Réunion et Ste-Hélène.

1392. GYMNOPELIA

Gymnopelia, Scl. et Salv. (1873).

9723. ERYTHROTHORAX (Meyen), *Nov. Act. Ac. Leop.* XVI, *Suppl.*, p. 98, pl. 16; Scl. et Salv., *Nomencl. Av. Neotr.*, pp. 133, 156; Tacz., *Orn. Pér.* III, p. 249; *monticola*, Tsch.; *anais*, Less.; *gymnops*, Gray. — Pérou, Bolivie, Chili N.

SUBF. IV. — CHAMEPELIINÆ

1393. COLUMBULA

Columbina, Spix (1825); *Columbula*, Bp. (1854).

9724. PICUI (Tem.), *Pig. et Gall.* I, pp. 435, 498; Knip et Prév., *Pig.* II, p. 71, pl. 39; Bp., *Consp.* II, p. 80; *strepitans*, Spix, *Av. Bras.* II, p. 57, pl. 75, f. 1; Burm., *Th. Bras.* III, p. 299. — Brésil S., Paraguay, Bolivie, Argentine, Chili.

1394. COLUMBIGALLINA

Columbigallina, Boie (1826); *Chæmepelia*, Sw. (1827); *Columbina*, Gr. (1840, nec Spix); *Chamepelia*, Gray (1841); *Chamæpeleia*, Rchb. (1852); *Talpacotia*, Bp. (1854); *Pyrgitœnas*, Rchb. (1862); *Leptopelia*, Heine (1890).

9725. PASSERINA (Lin.); Tem. et Knip, *Pig.* I, pl[s] 13, 14; Vieill., *Gal. Ois.* I, p. 333, pl. 196; Audub., *Orn. Biogr.* V, p. 558, pl. 182; *hortulana*, Württ.; *trochila*, Bp., *Consp.* II, p. 77; *insularis*, Ridgw., *Pr. U. S. Nat. Mus.*, 1887, p. 574 (1). — Antilles.

2584. *Var.* GRANATINA (Bp.), *Consp. Av.* II, p. 77; Burm., *Th. Bras.* III, p. 296; Scl., *P. Z. S.*, 1858, p. 556, *albivittata*, Bp., *l. c.* — Amér. mér. de Panama et des Guyanes jusqu'au 27° l. S.

2585. *Var.* PURPUREA (Mayn.), *Am. Exch. and Mart*, III, 1887, p. 33; Chapm., *Bull. Am. Mus. N. H.*, 1892, p. 293; *terrestris*, Chapm., *l. c.* — États-Unis S.-E.

2586. *Var.* PALLESCENS (Baird), *Pr. Philad. Acad.*, 1859, p. 305; Coop., *Orn. Calif.*, p. 517; *pusilla*, Licht. (*descr. nulla*). — Ét.-Unis S.-W., Basse-Californie, Mexique et Amérique centr.

(1) Les auteurs américains divisent cette espèce en plusieurs variétés et je veux bien les suivre. Mais le Comte Salvadori, qui a eu à sa disposition les nombreux spécimens des Musées de Londres et de Turin, n'admet pas ces divisions, et il les rapporte toutes à un type unique, offrant cependant de nombreuses variations individuelles. M. Sharpe, au contraire, fait de toutes ces variétés des espèces distinctes, mais il oublie de nous dire à laquelle de ces espèces appartiennent les sujets de l'Amérique méridionale; je pense qu'on peut les rapporter au type *granatina*, de Bonaparte. Quoi qu'il en soit, le *C. passerina* et ses variétés demandent à être réétudiés avec soin.

2587. *Var.* Socorroensis, Ridgw., *Man. N. Am. B.*, p. 586. — Ile Socorro.

2588. *Var.* Bahamensis (Mayn.), *Am. Exch. and Mart*, III, 1887, p. 33. — Iles Bahama.

2589. *Var.* Bermudiana, Bangs et Brad., *Auk.*, 1901, p. 250. — Iles Bermudes.

2590. *Var.* Perpallida, Hart., *Ibis*, 1893, p. 304. — Aruba, Bonaire, Cur.

9726. minuta (Lin.); Tem. et Knip, *Pig.* I, p. 28, pl. 16; *grisea*, Bonn.; *griseola*, Spix, *Av. Bras.* II, p. 58, pl. 75ª, f. 2 (juv.); Tacz., *Orn. Pér.* III, p. 244; *chalcostigma*, Rchb.; *rachidialis*, Schiff; *amazilia*, Bp. — Mexique S., Amérique centr. et Amérique mér. jusqu'au 24° l. S. environ.

9727. cruziana (Prév. et Knip), *Pig.* II, p. 89, pl. 48; Tacz., *Orn. Pér.* III, p. 248; *gracilis*, Tsch.; id., *Faun. Per.*, pp. 45, 277, pl. 30. — Ecuador, Bolivie, Pérou, Chili N.

9728. buckleyi (Scl. et Salv.), *P. Z. S.*, 1877, p. 21; Salvad., *Cat.*, p. 484, pl. 10, f. 2. — Ecuador, Pérou.

9729. talpacoti (Tem. et Knip), *Pig.* I, p. 22, pl. 12 (*minuta*, err.); Selby, *Nat. Libr.*, *Pig.*, p. 200, pl. 22; *cabocola*, Spix; *cinnamomina*, Sw.; *cinnamomea* et *godina*, Bp., *Consp.* II, p. 79. — Guyane, Vénézuéla, Pérou, Bolivie, Brésil, Paraguay.

9730. rufipennis (Bp.), *Consp.* II, p. 79; id., *Icon. Pig.*, pl. 121; Schl., *Mus. P.-B.*, *Col.*, p. 136. — Du Mexique à Panama, Col., Vénéz., Guyane.

1395. UROPELIA

Uropelia, Bp. (1854); *Uropeleia*, Rchb. (1862).

9731. campestris (Spix), *Av. Bras.* II, p. 57, pl. 75, f. 2; Bp., *Consp.* II, p. 85; Schl., *l. c.*, p. 138; *venusta*, Tem., *Pl. Col.* 341, f. 1; *turturina*, Desm.; *flavipes*, Natt. — Brésil, Bolivie.

1396. OXYPELIA

Oxypelia, Salvad. (1893).

9732. cyanopis (Pelz.), *Orn. Bras.*, pp. 277, 336; Salvad., *Cat.*, p. 490, pl. 10, f. 1. — Cujaba (Brésil centr.)

1397. CLARAVIS

Peristera, Sw. (1827, nec Rafin., 1815); *Claravis*, Oberh. (1899).

9733. cinerea (Tem. et Knip), *Pig.* I, p. 126, pl. 58 (nec Scop.); Tem., *Pl. Col.* 266 (fem.); Bp., *Icon.*, pl. 125, f. 1 (fem.); Salvad., *Cat.*, p. 491; ?*ustulata*, Licht.; *pretiosa*, F.-Perez, *Pr. U. S. Nat. Mus.*, 1886, p. 175; Oberh., *Pr. Ac. N. S. Phil.*, 1899, p. 203. — Mexique S., Amérique centr. et Amérique mér. jusqu'au Paraguay et Pérou.

9734. GEOFFROYI (Tem. et Knip), *Pig.* I, pl. 57 (mas.); Schl., *Mus. P.-B.*, *Col.*, p. 139; Tacz., *Orn. Pér.* III, p. 250; *godefrida*, Tem. et Knip, *l. c.*, p. 125; *trifasciata*, Rchb. (fem.) — Brésil S., E.

9735. MONDETOURA (Bp.), *Compt.-Rend.* XLII, pp. 765, 957; id., *Icon. Pig.*, pl. 126, ff. 1, 2; Tacz., *l. c.*, p. 251; Oberh., *Pr. Ac. N. S. Philad.*, 1899, p. 203; *lansbergii*, Schl., *l. c.*, p. 139; ? *melancholica*, Tsch., *Arch. f. Naturg.*, 1844, 1, p. 306; id., *Fna. Per.*, pp. 45, 277. — Du S. du Mexique au Pérou, Vénézuéla.

1398. METRIOPELIA

Metriopelia, Bp. (1854); *Metriopeleia*, Rchb. (1862).

9736. MELANOPTERA (Mol.), *Hist. Nat. Chili*, p. 308; Bp., *Consp.* II, p. 75; Schl., *l. c.*, p. 153; *boliviana*, Eyd. et Gerv., *Mag. de Zool.*, 1836, p. 33, pl. 75; d'Orb. et Lafr., *Voy. Favor.* II, p. 59, pl. 23; *innotata*, Hartl.; *melanura*, Rchb. — De l'Ecuador au Chili, Mendoza.

9737. AYMARA (Knip et Prév.), *Pig.* II, p. 62, pl. 32; Bp., *l. c.*, p. 76; Tacz., *Orn. Pér.* III, p. 240; *aurisquamata*, Leyb. — Bolivie, Pérou, Chili N., Argentine.

SUBF. V. — PHABINÆ

1399. OENA

OEna, Selby (1837); *Æna*, Layard (1867).

9738. CAPENSIS (Lin.); Tem. et Knip, *Pig.* I, pls 53, 54; Tem., *Pl. Col.* 341, f. 2 (juv.); Schl., *l. c.*, p. 145; Salvad., *Cat.*, p. 501; *atricollis*, Müll.; *atrogularis*, Wagl.; *ocellata*, Württ. — Afrique trop. et S., Arabie, Madagasc.

1400. TYMPANISTRIA

Tympanistria, Rchb. (1852).

9739. BICOLOR, Rchb., *Av. Syst. Nat.*, p. XXV (1852); Bp., *l. c.*, p. 67; *Col. tympanistria*, Tem. et Knip, *l. c.*, p. 80, pl. 36; Schl., *l. c.*, p. 143; Hartl., *Vög. Madag.*, p. 271; *fraseri*, Bp., *l. c.*, p. 67. — Afrique austr., Madagascar, Comores, Fernando-Po.

9740. VIRGO, Hartl., *Ibis*, 1886, p. 2; id., *Zool. Jahrb.* II, p. 331. — Djanda (Afr. équat. E.)

1401. CHALCOPELIA

Chalcopelia, Bp. (1854); *Chalcopeleia*, Rchb. (1862); *Calopelia*, Salvad. (1893).

9741. AFRA (Lin.); Tem. et Knip, *l. c.*, p. 83, pls 38, 39; — Toute l'Afrique au S.

Levaill., *Ois. d'Afr.* VI, p. 84, pl. 271; Schl., *l. c.*, p. 144; Bp., *Consp.* II, p. 67; Fch. et Hartl., *Vög. Ostafr.*, p. 554; *senegalensis*, Rüpp.; *cruziana*, Rchb.; *parallinostigma*, Württ. — du 17° l. N. (parties boisées).

2591. *Var.* Chalcospilos (Wagl.), *Syst. Av. Col.*, sp. 83; Sw., *B. W. Afr.* II, p. 210; Schl., *l. c.*, p. 144; Rchb., *Tauben*, I, p. 79, pl. 257, ff. 1427-28; v. Erl., *Orn. Monatsb.*, 1901, p. 183. — Afrique au S. du 17° l. N. (régions des steppes).

9742. puella (Schl.), *Bijdr. tot de Dierk.*, 1848, p. 17, pl.; id., *Mus. P.-B., Col.*, p. 134; Salvad., *Cat.*, p. 523. — De la Côte-d'Or au Gabon (Afr. W.)

2592. *Var.* Brehmeri, Hartl., *Ibis*, 1865, p. 236; id., *J. f. O.*, 1865, p. 97. — Du Gabon au Loango.

1402. CHALCOPHAPS

Chalcophaps, Gould (1843); *Monornis*, Hodgs. (1844).

9743. chrysochlora (Wagl.), *Syst. Av. Col.*, sp. 79; Gould, *B. Austr.* V, pl. 62; *javanica*, Tem. et Knip, *l. c.*, pl. 26; *javanicoides*, *timorensis*, Bp.; *moluccensis* (pt.), Finsch.; *indica* (pt.), Schl.; ?*sandwichensis*, Rams., *Pr. Linn. Soc. N. S. W.*, 1878, p. 288. — Petites îles de la Sonde, Mol., Nouv.-Guinée S.-E., Nouv.-Hébr., N.-Calédon., Austr.

2593. *Var.* Longirostris, Gould, *B. Austr.*, *Introd.*, p. 69; Bp., *l. c.*, p. 92. — Port Essington.

9744. indica (Lin.); *Pl. Enl.* 177; Bp., *l. c.*, p. 91; Rowl., *Orn. Misc.* I, p. 119, pl. 51; Dav. et Oust., *Ois. Chine*, p. 384; *javanensis*, Müll.; *pileata*, Scop.; *albicapilla*, *javanica*, Gm.; *cæruleocephala*, Lath.; *cyaneopileata*, *griseocapillata*, Bonn.; *superciliaris*, Wagl.; *perpulchra*, Hodgs.; *augusta*, Bp.; *bornensis*, S. Müll.; *moluccensis*, Gr.; *formosana*, Swinh. — Inde, Ceylan, Chine, Formose, Indo-Ch., Malac., îles Andam., Nicobar, de la Sonde, Célèbes, Moluques, Nouv.-Guinée.

2594. *Var.* Sanghirensis, W. Blas., *Russ' Isis*, 1888, p. 78; id., *Ornis*, 1888, p. 623; Salvad., *Cat.*, p. 513. — Grande Sanghir.

2595. *Var.* Natalis, List., *P. Z. S.*, 1888, p. 522. — Ile Christmas.

9745. stephani, Rchb., *Syn. Av. Columb.*, *Novit.*, pl. 259, f. 2595; Puch. et Jacq., *Voy. Pôle S.*, *Zool.* III, p. 119, *Atl.*, pl. 28; Schl., *l. c.*, p. 151; Mey. et Wg., *B. Cel.*, p. 653; *albifrons*, *etiennei*, Bp.; *hombroni*, Wall. (fem.); *wallacei*, Brügg., *Abh. Nat. Ver. Brem.* V, p. 464. — Célèbes, îles Papous, arch. Bismarck, île du Duc York.

9746. mortoni, Rams., *Pr. Linn. Soc. N. S. W.*, 1881, p. 725; Salvad., *Orn. Pap.* III, p. 562; id., *Cat.*, p. 522; *chrysochlora*, Rams. (1879, nec Gould); *stephani*, Grant (nec Rchb.) — Iles Salomon (Guadalcanar).

1403. HENICOPHAPS

Henicophaps, G. R. Gray (1861); *Rynchænas*, Rosenb. (1862).

9747. ALBIFRONS, G. R. Gray, *P. Z. S.*, 1861, pp. 432, 437, pl. 44; Schl., *l. c.*, p. 156; Salvad., *Orn. Pap.* III, p. 183; *schlegeli*, Rosenb. — Nouv.-Guin., Waigiou, Ghemien, Salawatti, Arou.

1404. PHAPS

Phaps, Selby (1835); *Peristera*, Sw. (1837, nec Rafin.); *Cosmopelia*, Sund. (1872); *Histriophaps*, Salvad. (1893).

9748. CHALCOPTERA (Lath.), *Ind. Orn.* II, p. 604; Tem. et Knip, *Pig.* I, p. 17, pl. 8; Selb., *Nat. Libr.*, *Pig.*, p. 195, pl. 21; Gould, *B. Austr.* V, pl. 64. — Australie et Tasmanie.

9749. ELEGANS (Tem. et Knip), *Pig.* I, p. 56, pl. 22; Selb., *l. c.*, p. 194; Gould, *B. Austr.* V, pl. 65; *lawsonii*, Sieber. — Australie S. et Tasmanie.

9750. HISTRIONICA (Gould), *P. Z. S.*, 1840, p. 114; id., *B. Austr.* V, pl. 66; Schl., *l. c.*, p. 154; ?*Col. meridionalis*, Lath. — Australie centr. jusqu'au Port Darwin, Australie N.-W.

1405. PETROPHASSA

Petrophassa, Gould (1840).

9751. ALBIPENNIS, Gould, *P. Z. S.*, 1840, p. 173; id., *B. Austr.* V, pl. 71; Salvad., *Cat.*, p. 530. — Australie N.-W.

9752. RUFIPENNIS, Coll., *P. Z. S*, 1898, p. 354, pl. 28. — Australie N.

1406. GEOPHAPS

Geophaps, Gould (1842).

9753. SCRIPTA (Tem.), *Tr. Linn. Soc.* XIII, p. 127; id., *Pl. Col.* 187; Gould, *B. Austr.* V, pl. 67; Schl., *Mus. P.-B., Col.*, p. 155; *inscripta*, Wagl. — Australie N.-W. et E.

9754. SMITHI (Jard. et Sel.), *Ill. Orn.* II, pl. 104; Gould, *B. Austr.* V, pl. 68; Schl., *Mus. P.-B., Col.*, p. 155. — Australie N. et N.-W.

1407. LOPHOPHAPS

Lophophaps, Rchb. (1852); *Geophaps* (pt.), auct. plur.

9755. PLUMIFERA (Gould), *P. Z. S.*, 1842, p. 19; id., *B. Austr.* V, pl. 69; Schl., *l. c.*, p. 155. — Australie N.-W.

2596. *Var.* FERRUGINEA, Gould, *Handb. B. Austr.* II, p. 137; id., *B. Austr., Suppl.*, pl. 69; *plumifera* (pt.), Schl. — Australie W.

9756. LEUCOGASTER, Gould, *B. Austr., Suppl.*, pl. 69; Salvad., *Cat.*, p. 535. — Australie N.-W.

1408. OCYPHAPS

Ocyphaps, Gould (1842).

9757. LOPHOTES (Tem.), *Pl. Col.* 142; Gould, *B. Austr.* V, pl. 70; Schl., *Mus. P.-B., Col.*, p. 156. — Australie N., E. et S.

SUBF. VI. — GEOTRYGONINÆ

1409. HAPLOPELIA

Aplopelia, Bp. (1854); *Haplopeleia, Sericopeleia*, Rchb. (1862); *Haplopelia*, Sundev. (1872).

9758. LARVATA (Tem. et Knip), *Pig.* I, p. 71, pl. 31; Levaill., *Ois. d'Afr.* VI, p. 80, pl. 269; Bp., *Consp.* II, p. 66; ?*erythrothorax*, Tem. et Knip, *l. c.*, p. 15, pl. 7; ? *angustipennis*, Bp.; *sylvestris*, Forst.; *erythrogastra*, Rchb.; ? *rufaxilla*, Hart. — Afrique S., de la colonie du Cap au Transvaal.

2597. *Var.* KILIMENSIS, Neum., *J. f. O.*, 1898, p. 289. — Kilima Ndjaro.

9759. BRONZINA (Rüpp.), *Neue Wirbelth.*, p. 65, pl. 23, f. 1; Bp., *l. c.*, p. 66; Salvad., *Cat.*, p. 540; *larvata* (pt.), Shell., 1883, Salvad., 1884-88, Hart., 1891. — Abyssinie, Choa.

9760. JOHNSTONI, Shell., *Ibis*, 1893, p. 28, pl. 3. — Nyassaland.

9761. INORNATA, Rchw., *Allg. deutsch. Orn. Ges., Bericht*, 1892, p. 6; id., *J. f. O.*, 1892, p. 179. — Caméron.

9762. PRINCIPALIS (Hartl.), *P. Z. S.*, 1866, p. 330; Gray, *Hand-list*, n° 9405; Shell., *Ibis*, 1883, p. 295. — Ile Principe (Afr. W.)

9763. SIMPLEX (Hartl.), *Rev. et Mag. de Zool.*, 1849, p. 497; id., *Beitr. Orn. Westafr.*, p. 55, pl. 10; Bp., *l. c.*, p. 67; Salvad., *Cat.*, p. 542. — Ile St-Thomas (Afr. W.)

1410. LEPTOPTILA

Leptotila, Sw. (1837); *Leptoptila*, Gray (1841); *Homoptila*, Salvad. (1871); *Engyptila*, Sundev. (1872); *Æchmoptila*, Coues (1878).

9764. FULVIVENTRIS, Lawr., *Ann. N. Y. Ac.* II, 1882, p. 287; *brachyptera*, Gray (*descr. nulla*); Salvad., *Cat.*, p. 545; *albifrons*, Scl. (nec Bp.), *P. Z. S.*, 1857, — Texas, Mexique jusqu'au Nicaragua.

p. 214; Ridgw., *Man. N. Am. B.*, p. 214, pl. 62, f. 3; ?*verreauxi*, Nutt. (nec Bp.); *vinaceifulva*, Lawr. (aberr.)

2598. *Var.* CAPITALIS, Nels., *Pr. Biol. Soc. Wash.*, 1898, p. 6; *brachyptera* (pt.), Salvad. — Iles Tres Marias.

9765. VERREAUXI, Bp., *Consp. Av.* II, p. 73; Tacz., *Orn. Pér.* III, p. 256; Salvad., *Cat.*, p. 548; *jamaicensis*, Jard. (nec Lin.); *brevipennis*, Gray; *rufaxilla* (pt.), Gr., Tacz. (1874); *albifrons*, Scl. (1860); Berl. (1885, nec Bp.); *riottei*, Lawr.; *ochroptera*, Salv. et Scl. — Du Costa-Rica à la Colombie, Ecuador, Pérou, Vénézuéla, Guyane.

2599. *Var.* INSULARIS, Richm., *Pr. U. S. Nat. Mus.*, 1895, p. 659. — Ile Margarita (Vénéz.)

9766. RUFAXILLA (Rich. et Bern.), *Act. Soc. H. N. Paris*, I, p. 118 (1792); Selby, *Nat. Libr.*, *Pig.*, pl. 24; *frontalis*, Tem. et Knip, *Pig.* I, p. 18, pl. 10; *jamaicensis*, auct. plur. (nec Lin.); *dubusi*, Bp. — Guyane, Amazone, Pérou, Ecuador, Colombie.

9767. PLUMBEICEPS, Scl. et Salv., *P. Z. S.*, 1868, p. 59; Schl., *Mus. P.-B.*, *Col.*, p. 160; *rufaxilla*, Bp. (nec Rich. et Bern.); *bonapartii*, Lawr., *Ann. Lyc. N. Y.*, 1871, p. 15. — Mexique E., Guatémala.

9768. REICHENBACHI, Pelz., *Orn. Bras.*, pp. 279, 337, 451; Salvad., *Cat.*, p. 553; *rufaxilla*, Max (nec auct.); *macrodactylus*, Gray (*descr. nulla*); *frontalis*, Burm. (nec Tem.); *erythrothorax*, auct. plur. (nec Tem.); *rufescens*, Berl., *J. f. O.*, 1874, p. 246. — Brésil S., Uruguay.

2600. *Var.* BAHIÆ, Salvad., *Cat. B.* XXI, p. 553; *reichenbachi*, Berl. (nec Pelz.) — Bahia (Brésil).

9769. CHLOROAUCHENIA, Gigl. et Salvad., *Atti R. Ac. Sc. Tor.*, 1870, p. 274; Salv. et Scl., *Ibis*, 1871, p. 435; *jamaicensis* (pt.), auct. plur. (nec Lin.); *frontalis* (fem.), Burm. (nec Tem.); *chalcauchenia*, Scl. et Salv.; Scl., *Arg. Orn.* II, p. 144; *rufaxilla*, Reinh. (nec R. et B.); ?*megalura*, White. — Brésil S., Paraguay, Uruguay, Argentine, Bolivie.

9770. CALLAUCHEN, Salvad., *Boll. Mus. Zool. Torino*, 1897, n° 292, p. 33. — San-Lorenzo (Argentine).

9771. OCHROPTERA, Pelz., *Orn. Bras.*, pp. 278, 451; Tacz., *Orn. Pér.* III, p. 255; Salvad., *Cat.*, p. 555; *brasiliensis*, Gray (*descr. nulla*); *brevipennis* (pt.), Gr.; *decipiens*, Salvad. — Brésil.

9772. MEGALURA, Scl. et Salv., *P. Z. S.*, 1879, p. 640; Salvad., *Cat.*, p. 556, pl. 13. — Bolivie.

9773. SATURATA, Salvad., *Boll. Mus. Zool. Torino*, 1897, n° 292, p. 33. — San-Lorenzo (Argentine).

9774. DECOLOR, Salv., *Novit. Zool.* II, p. 21. — Pérou N.

9775. JAMAICENSIS (Lin.); Gosse, *B. Jam.*, p. 313; Bp., *Icon.* — Jamaïque.

Pig., pl. 119; Salvad., *Cat.*, p. 557; *albifrons*, Bp., *Consp.* II, p. 74.

9776. GAUMERI (Lawr.), *Ann. N. Y. Ac.*, 1884, p. 157; Salvad., *Cat.*, p. 557; *jamaicensis* (pt.), Salv. — Yucatan N., îles Cozumel, Jolbox et Mug.

2601. *Var.* COLLARIS (Cory), *Auk*, 1886, p. 498; Salvad., *l. c.*, p. 559. — Grand Cayman.

2602. *Var.* NEOXENA (Cory), *Auk*, 1887, p. 179; Salvad., *l. c.* — Ile St-Andrew.

9777. WELLSI (Lawr.), *Auk*, 1884, p. 180; Cory, *B. W. Ind.*, p. 212. — Ile Grenada (Antilles).

9778. PALLIDA, Berl. et Tacz., *P. Z. S.*, 1883, p. 575, 1885, pp. 111, 117, 121; Salvad., *l. c.*, p. 560. — Ecuador W.

9779. CASSINI, Lawr., *Pr. Ac. N. S. Philad.*, 1867, p. 94; id., *Ibis*, 1868, p. 230; Rowl., *Orn. Misc.* III, p. 8, pl. 92; *verreauxi*, Cass. (nec Bp.) — Costa-Rica, Véragua, Panama.

2603. *Var.* VINACEIVENTRIS (Ridgw.), *Pr. U. S. Nat. Mus.*, 1887, p. 583; Salvad., *l. c.*, p. 561. — Honduras, Nicaragua.

2604. *Var.* CERVINIVENTRIS, Scl. et Salv., *P. Z. S.*, 1868, p. 60; *cassini*, Schl., *Mus. P.-B.*, *Col.*, p. 159 (nec Lawr.) — Honduras angl., Guatémala.

9780. RUFINUCHA, Scl. et Salv., *Nomencl. Av. Neotrop.*, pp. 133, 162; Salvad., *l. c.*, p. 562. — Véragua.

1411. OSCULATIA

Osculatia, Bonap. (1854).

9781. SAPPHIRINA, Bp., *Consp. Av.* II, p. 73; id., *Icon. Pig.*, pl. 116; Salvad., *l. c.*, p. 563. — Ecuador E.

9782. PURPUREA, Salv., *Ibis*, 1878, p. 448; Salvad., *l. c.*, p. 563, pl. 14. — Ecuador.

1412. GEOTRYGON

Geotrygon, Gosse (1847); *Oreopeleia*, Rchb. (1852); *Oropeleia*, Bp. (1854).

9783. VIOLACEA (Tem. et Knip), *Pig.* I, p. 67, pl. 29; Bp., *Consp.* II, p. 72; Schl., *l. c.*, p. 165; *cayanensis*, Burm.; *albiventer*, Lawr.; *albiventris*, Scl. et Salv., *Exot. Orn.*, p. 78. — Brésil, Guyane, Amérique centr.

9784. MONTANA (Lin.); *Pl. Enl.* 141; Levaill., *Ois. d'Afr.* VI, p. 114, pl. 282; Schl., *l. c.*, p. 165; Salvad., *l. c.*, p. 567; *martinica*, Tem. et Knip (nec Lin.) — Amérique centr. et mérid. jusqu'au Paraguay, Antilles.

9785. MARTINICA (Lin.); Selby, *Nat. Libr.*, *Pig.*, p. 209, pl. 25; Salvad., *l. c.*, p. 570; *cuprea*, Wagl.; *montana* (pt.), auct. plur. (nec Lin.); *mystacea*, Lemb. (nec Tem.); ?*martinicana*, Rchb. — Petites Antilles.

9786. CHRYSIA, Bp., *Consp.* II, p. 72; Burm., *Thier. Bras.* III, p. 307; *montana*, Tem. et Knip, *l. c.*, p. 10, pl. 4 et auct. plur. (nec Lin.); *martinica* (pt.), auct. plur. — Haïti, Cuba, Bahamas et Florida Keys.

9787. MYSTACEA (Tem. et Knip), *Pig.* I, p. 124, pl. 56; Burm., *Th. Bras.* III, p. 307; Bp., *l. c.*, p. 71; Schl., *l. c.*, p. 164. — Petites Antilles.

9788. CRISTATA (Tem. et Knip, nec Gm.), *Pig.* I, p. 20, pl. 9 (1); Cory, *B. W. Ind.*, p. 218; Schl., *l. c.*, p. 164; *pacifica*, Vieill.; *versicolor*, Lafr., *Rev. Zool.*, 1846, p. 321; Des M., *Icon. Orn.*, pl. 47; *sylvatica*, Gosse, *B. Jam.*, p. 316. — Jamaïque.

9789. CANICEPS, Gundl., *Journ. Bost. Soc. N. H.*, 1852, p. 315; id., *J. f. O.*, 1856, p. 110, 1861, p. 336, 1870, p. 282; Rchb., *Taub.* I, p. 32, *Novit.*, pl. 1, f. 7. — Cuba.

9790. VERAGUENSIS, Lawr., *Ann. Lyc. N. Y.*, 1866, p. 349; Salv., *Ibis*, 1874, p. 328, pl. 12; *rufiventris*, Lawr., *l. c.*, 1874, p. 90; Rowl., *Orn. Misc.* III, p. 77, pl. 93. — Du Costa-Rica à Panama.

2605. *Var.* CACHAVIENSIS, Hart., *Novit. Zool.* V, p. 504. — Ecuador N.-W.

9791. LAWRENCEI, Salv., *Ibis*, 1874, p. 329; *veraguensis* (pt.), Salv., *P. Z. S.*, 1867, p. 159. — Véragua W.

9792. COSTARICENSIS, Lawr., *Ann. Lyc. N. Y.*, 1868, p. 136; Salv., *Ibis*, 1869, p. 317; Rowl., *Orn. Misc.* III, p. 45, pl. 87. — Costa-Rica.

9793. FRENATA (Tschudi), *Arch. f. Naturg.*, 1843, 1, p. 386; id., *Faun. Per.*, pp. 45, 278, pl. 28; Bp., *Consp.* II, p. 71; Tacz., *Orn. Pér.* III, p. 257. — Pérou, Bolivie.

2606. *Var.* ERYTHROPAREIA (Bp.), *Compt.-Rend.* XLIII, 1856, p. 944; Salvad., *Cat.*, p. 578; *bourcieri*, Scl. et Salv., *Exot. Orn.*, p. 79 (pt.), pl. 40 (nec Bp.) — Ecuador.

2607. *Var.* BOURCIERI, Bp., *Consp.* II, p. 71; Salvad., *Cat.*, p. 577; ? *frenata*, Tacz., *P. Z. S.*, 1880, p. 213 (nec Tsch.) — Ecuador, Pérou N.

9794. CHIRIQUENSIS, Sclat., *P. Z. S.*, 1856, p. 143; Scl. et Salv., *Exot. Orn.*, p. 123, pl. 62; *cæruleiceps*, Lawr., *Ann. Lyc. N. Y.*, 1868, p. 136. — Véragua, Costa-Rica.

9795. LINEARIS (Prév. et Knip), *Pig.* II, p. 104, pl. 55; Bp., *Consp.* II, p. 71; Schl., *Mus. P.-B.*, *Col.*, p. 164; Salvad., *Cat.*, p. 580. — Colombie.

2608. *Var.* VENEZUELENSIS, Salvad., *Cat.*, p. 581; *frenata*, Jard. (nec Tsch.); *linearis*, Scl. et Salv., *P. Z. S.*, 1870, p. 782 (nec Prév.) — Vénézuéla.

9796. ALBIFACIES, Sclat. (ex Gr.), *P. Z. S.*, 1858, p. 98; Schl., — Mexique S., Guaté-

(1) Il n'y a pas lieu d'abandonner le nom de *cristata*, car l'oiseau désigné par Gmelin sous le nom de *Columba cristata* n'est pas un Pigeon, c'est le *Rollulus roulroul* (Scop.)

l. c., p. 164; *mexicana* et *albifacies*, Gray (*descr. nulla*); *chiriquensis*, Bp. (nec Scl.); Scl. et Salv., *Exot. Orn.*, p. 77, pl. 39. — mala, Nicaragua.

1413. PHLOGOENAS

Phlegœnas, Rchb. (1851); *Pampusana*, Puch. (1853); *Pampusan*, Bp. (1856); *Phlogœnas*, Scl. (1861).

9797. LUZONICA (Scop.); Rchb., *Syn. Av. Columb.*, *Novit.*, pl. 227, f. 2479; Schl., *l. c.*, p. 157; *cruenta*, Gm.; Tem. et Knip, *Pig.* I, p. 16, pl. 8; *cruentata*, Tem.; Garr., *P. Z. S.*, 1873, p. 468; *aberr. : nivea*, Scop.; *sanguinea*, Gm. — Ile Luçon (Philippines).

9798. CRINIGERA (Puch. et Jacq.), *Voy. Pôle S.* III, p. 118, pl. 27, f. 2; Bp., *Consp.* II, p. 88; Gould, *B. of As.* VI, pl. 52; *bartletti*, Scl., *P. Z. S.*, 1863, p. 377, pl. 34. — Mindanao, Basilan (Philippines).

9799. MENAGEI, Bourns et Worc., *Occ. Pap. Min. Ac.* I, p. 10. — Tawi-Tawi (Soulou).

9800. PLATENÆ, Salvad. (ex W. Blas. *in litt.*), *Cat. B. Br. Mus.* XXI, p. 588. — Mindoro (Philippines).

9801. KEAYI, Clarke, *Ibis*, 1900, p. 359, pl. 8. — Négros (Philippines).

9802. RUFIGULA (Jacq. et Puch.), *Voy. Pôle S.* III, p. 118, pl. 27, f. 1; Hartl., *J. f. O.*, 1854, p. 166; Bp., *Consp.* II, p. 89; Schl., *l. c.*, p. 157; Salvad., *Orn. Pap.* III, pp. 161, 561 (pt.) — Nouv.-Guinée, Waigiou, Salawatti, Mysol, Jobi.

2609. *Var.* HELVIVENTRIS (Rosenb.), *Nat. Tydschr. Ned. Ind.*, 1867, p. 144; Salvad., *Orn. Pap.* III, p. 164; id., *Cat.*, p. 590; *rufigula* (pt.), auct. plur. — Nouv.-Guinée S.-E., îles Arou.

9803. TRISTIGMATA, Bp., *Consp.* II, p. 88; Wall., *Ibis*, 1865, pp. 393, 400, pl. 9; Schl., *l. c.*, p. 158; Mey. et Wg., *B. Cel.*, p. 654; *tristigma*, Fch., *Neu-Guin.*, p. 178; Salvad., *Cat.*, p. 590. — Célèbes N.

2610. *Var.* BIMACULATA, Salvad., *Bull. Br. Orn. Cl.* III, p. 10; Mey. et Wg., *B. Cel.*, p. 656; *tristigmata* (pt.), auct. plur. (nec Bp.); Gould, *B. Asia*, VI, pl. 59. — Célèbes S.

9804. CANIFRONS, Hartl. et Fch., *P. Z. S.*, 1872, p. 101; Finsch, *Journ. Mus. Godeffr.* IV, Heft VIII, p. 27, pl. 5, f. 1; Salvad., *Cat.*, p. 592. — Iles Pelew.

9805. ?YAPENSIS, Hartl. et Fch., *P. Z. S.*, 1872, p. 102 (juv.); Salvad., *Cat.*, p. 593 (note). — Ile Uap (Mackenzie).

9806. BECCARII, Salvad., *Ann. Mus. Civ. Gen.*, 1875, p. 974; id., *Orn. Pap.* III, p. 168; id., *Cat.*, p. 593, pl. 11, f. 1. — Ile Jobi?

9807. JOHANNÆ, Sclat., *P. Z. S.*, 1877, p. 112, pl. 16; Gould, *B. New-Guin.*, pt. VII, pl. 9; *stairii*, Rams (nec Gray). — Ile du Duc York.

9808. GRANTI, Salvad., *Cat.*, p. 594, pl. 11, f. 2; *johannæ*, Tristr. (nec Scl.); *solomonensis*, Grant, *P. Z. S.*, 1888, p. 186. — Guadalcanar (îles Salomon).

9809. STAIRI, Gray, *P. Z. S.*, 1856, p. 7, pl. 115; Hartl. et Fch., *Orn. Centralpol.*, p. 147; *erythroptera* (pt.), Bp.; *vitiensis*, Finsch, *J. f. O.*, 1872, p. 50. — Iles Fidji et Tonga.

2611. *Var.* SAMOENSIS, Finsch, *J. f. O.*, 1872, p. 50; Salvad., *Cat.*, p. 596; *stairii* (pt.), auct. plur. — Iles Samoa.

9810. SALOMONIS, Rams., *Pr. Linn. Soc. N. S. W.*, 1882, p. 299; Salvad., *Orn. Pap.* III, p. 562; id., *Cat.*, p. 597 (note). — San Christoval? (îles Salomon).

9811. JOBIENSIS, Mey., *Mitth. Zool. Mus. Dresd.* I, p. 10 (aug. 1875); Gould, *B. New-Guin.*, pt. VII, pl. 8; *margaritæ*, D'Alb. et Salvad., *Ann. Mus. Civ. Gen.*, 1875, p. 836 (21 nov.); Salvad., *Cat.*, p. 597. — Nouv.-Guinée, Jobi, archipel Bismarck.

9812. KUBARYI, Finsch, *J. f. O.*, 1880, p. 292; Salvad., *l. c.*, p. 599; *erythroptera* (pt.), auct. plur. (nec Gm.) — Iles Carolines.

9813. ERYTHROPTERA (Gm.); Tem. et Knip, *Pig.* I, p. 123, pl. 55; Salvad., *Cat.*, p. 600, pl. 12, f. 2; *leucophrys*, Forst. — Ile Eiméo (Société) ? île Bow, ? îles Paumotu.

9814. ALBICOLLIS, Salvad., *Cat.*, p. 601, pl. 12, f. 1; *erythroptera* (pt.), auct. plur. (nec Gm.) — Ile Bow, îles Paumotu.

9815. XANTHONURA (Tem.), *Pl. Col.* 190; Hart., *Nov. Zool.* V, p. 60; *pampusan*, Quoy et G., *Voy. Uran. Zool.*, pl. 30; *xanthura*, auct. plur. (nec Forst.); *erythroptera* (pt.), auct. plur. (nec Gm.); *virgo*, Rchw., *J. f. O.*, 1885, p. 110. — Iles Mariannes.

9816. ? PECTORALIS (Peale), *U. S. Expl. Exp.*, *B.*, p. 205, pl. 59; *erythroptera* (pt.), auct. plur. — Ile Carlshoff (Paumotu).

9817. ? FERRUGINEA (Forst.), *Icon. ined.*, 142; *curvirostra*, Licht. (nec Gm.); *fulvicollis* (pt.), Gr., Bp. — Ile Tanna (Nouv.-Hébrides).

9818. ? RUBESCENS (Vieill.), *N. Dict.* XXVI, p. 346; Krusenst., *Voy.*, pl. 17, f. 1. — Ile Nukahiva (Marquises).

9819. ? EIMEENSIS (Gm.), *S. N.* I, 2, p. 784, n° 60. — Ile Eiméo (Société).

1414. ALOPECOENAS

Alopecœnas, Finsch (1899).

9820. HOEDTI (Schl.), *Ned. Tijdschr. Dierk.* IV, p. 30; id., *Mus. P.-B., Col.*, p. 163; Salvad., *Cat.*, p. 592; Finsch, *Not. Leyd. Mus.* XXII, p. 300, pl. 5. — Ile Wetter (au N.-E. de Timor).

1415. LEUCOSARCIA

Leucosarcia, Gould (1843).

9821. PICATA (Lath.), *Ind. Orn. Suppl.*, p. 59; Gould, *B. Austr.* V, pl. 63; *melanoleuca*, Lath.; *armillaris*, Tem. et Knip, *Pig.* I, p. 13, pl. 6; *jamiesoni*, Desm. — Australie E. et centr.

1416. EUTRYGON

Trugon (1) Gray (1849); *Trygon*, Rchb. (nec Andans.); *Eutrygon*, Sclat. (1858).

9822. TERRESTRIS (Jacq. et Pucher.), *Voy. Pôle S.*, *Zool.* III, p. 123, *Atlas, Ois.*, pl. 28, f. 1; Sclat., *Journ. Pr. Linn. Soc.*, 1858, p. 168; Salvad., *Orn. Pap.* III, p. 186; Schl., *l. c.*, p. 166. — Nouv.-Guinée W., Salawatti.

2612. *Var.* LEUCOPAREIA, Mey., *Zeitschr. Ges. Orn.*, 1886, p. 29; Salvad., *Cat.*, p. 610; *terrestris* (pt.), Sharpe. — Nouv.-Guinée S.-E.

1417. OTIDIPHAPS

Otidiphaps, Gould (1870).

9823. NOBILIS, Gould, *Ann. and Mag. N. H.*, 1870, p. 62; id., *B. Asia*, pt. XXIII, pl. 7; Schl., *l. c.*, p. 170; Salvad., *Orn. Pap.* III, p. 188. — Nouv.-Guinée W. et Batanta.

9824. CERVICALIS, Rams., *Pr. Linn. Soc. N. S. W.*, 1879, p. 470 (*nobilis, var. cervicalis*); Scl. et Salv., *Ibis*, 1881, p. 179; Sharpe, *Gould's B. New-Guin.*, pt. XIII, pl. 1; *regalis*, Salv. et Godm., *Ibis*, 1880, p. 364, pl. 11. — Nouv.-Guinée S.-E.

9825. INSULARIS, Salv. et Godm., *P. Z. S.*, 1883, p. 33; Salvad., *Cat.*, p. 612, pl. 15. — Ile Fergusson.

1418. STARNOENAS

Starnœnas, Bp. (1838); *Sternœnas*, Rchb. (1847); *Perdicopelia*, Van der H. (1855).

9826. CYANOCEPHALA (Lin.); Tem. et Knip, *Pig.* I, p. 8, pl. 3; Bp., *Comp. List.*, p. 41; Audub., *B. Am.* V, p. 23, pl. 284; *tetraoides*, Scop. — Cuba, Florida Keys.

SUBF. VII. — CALŒNADINÆ

1419. CALOENAS

Geophilus, Selby (1835, nec Leach, 1812); *Calœnas*, Gray (1840); *Phabalectryo*, Glog. (1842); *Calœna*, *Calliœnas*, Agass. (1846); *Callœnas*, Rchb. (1852).

9827. NICOBARICA (Lin.); *Pl. Enl.* 491; Tem. et Knip, *l. c.*, — Iles Nicobar, archipel

(1) *Trugon* est le nom français.

p. 5, pl. 2; *gallus*, Wagl.; *gouldiæ*, Gray et Hardw., *Ill. Ind. Zool.* II, pl. 57 (juv.) — Mergui, gr. îles de la Sonde, Moluques, Nouv.-Guinée, archipel Bismarck.

2613. *Var.* PELEWENSIS, Finsch, *Journ. Mus. Godeff.* IV, p. 159; Salvad., *Cat.*, p. 618. — Iles Pelew.

9828. ?MACULATA (Gm.), *S. N.* I, p. 780, nº 52; Forbes, *Bull. Liverp. Mus.* I, p. 83, *Columbæ*, pl. 1. — ?

FAM. IV. — GOURIDÆ

1420. GOURA

Lophyrus, Vieill. (1816, nec Latr., 1802); *Goura*, Steph. (1819); *Megapelia*, Kp. (1836); *Ptilophyrus*, Sw. (1837).

9829. CORONATA (Lin.); Tem. et Knip, *l. c.*, p. 1, pl. 1; Levaill., *Ois. d'Afr.* VI, p. 107, pl. 280; Vieill., *Gal. Ois.* I, p. 335, pl. 197; *mugiens*, Scop.; *indicus*, Steph.; *cristata*, Bp.; *minor*, Schl. — Nouv.-Guinée W., Waigiou, Batanta, Salawatti, Mysol.

9830. SCLATERI, Salvad., *Ann. Mus. Civ. Gen.*, 1876, pp. 45, 207; id., *Orn. Pap.* III, p. 199; id., *Cat.*, p. 622. — Nouv.-Guinée S. et centr.

9831. ALBERTISII, Salvad., *Atti R. Ac. Sc. Tor.*, 1876, pp. 628, 680, pl. 7; id., *Orn. Pap.* III, p. 202; id., *Cat.*, p. 623; *scheepmakeri*, Salvad. et d'Alb. (1875, nec Finsch.) — Nouv.-Guinée S.-E.

9832. SCHEEPMAKERI, Finsch, *P. Z. S.*, 1875, p. 631, pl. 68. — Nouv.-Guinée S.-W.?

9833. VICTORIA (Fras.), *P. Z. S.*, 1844, p. 136; Schl., *l. c.*, p. 169; *steursii*, Tem.; Gray, *Gen. B.* II, p. 479, pl. 120. — Iles Jobi et Mysori.

9834. BECCARII, Salvad., *Ann. Mus. Civ. Gen.* VIII, p. 406 (1876); id., *Orn. Pap.* III, p. 208; *victoriæ, var. comata*, Oust. — Nouv.-Guinée N.

2614. *Var.* HUONENSIS, Mey., *Orn. Jahresb.* I, 1893, nº 4. — Nouv.-Guinée E.

9835. CINEREA, Hart., *Nov. Zool.* II, p. 67. — Nouv.-Guinée N.-W. (Arfak).

FAM. V. — DIDUNCULIDÆ

1421. DIDUNCULUS

Didunculus, Peale (1844); *Gnathodon*, Jard. (1845); *Pleiodus*, Rchb. (1847); *Knathodon*, Peale (1848).

9836. STRIGIROSTRIS (Jard.), *Ann. and Mag. N. H.*, 1845, p. 175, pl. 9; Gould, *B. Austr.* V, pl. 76; Peale, *U. S. Expl. Exp. B.*, 1848, p. 209, pl. 60. — Iles Samoa.

SUBCL. II. — PTILOPÆDES

ORD. VII. — HETEROCLITÆ

FAM. I. — PTEROCLIDÆ (1)

1422. SYRRHAPTES

Syrrhaptes, Illig. (1811); *Nematura*, Fisch. (1812); *Heteroclitus*, Vieill. (1816).

9837. PARADOXUS (Pall.), *Russ. Reichs*, II, p. 712, pl. F.; Illig., *Prodr.*, p. 243; Dress., *B. Eur.* VII, p. 75, pl. 468; Dubois, *Fne. ill. Vert. Belg., Ois.* II, p. 27, pl. 171; *arenaria*, Pall., *Zoogr.* II, pl. 53; *tartaricus*, Vieill.; *pallasii*, Tem.; *heteroclita*, Vieill., *Gal. Ois.* III, p. 64, pl. 222; *fischeri*, Karel.	Asie centr. de la mer Caspienne au N.-E. de la Chine; accid. Europe, Belgique.
9838. TIBETANUS, Gould, *P. Z. S.*, 1850, p. 92; id., *B. Asia*, VI, pl. 61; Hume et Marsh., *Game B. Ind.* I, p. 43, pl.	Thibet.

1423. PTEROCLURUS

OEnas, Vieill. (1816, nec Latr., 1802); *Pteroclurus*, Bonap. (1856); *Pterygocius*, Heine (1890).

9839. ALCHATUS (Lin.); Jerd., *B. Ind.* II, p. 500; Hume et Marsh., *Game B. Ind.* I, p. 77, pl.; *caudacutus*, Gm.; *chata*, Pall.; *arenarius*, Guér.-Men. (nec Pall.); *caspius*, Ménétr.; *sewerzowi*, Bogd.; *severtzovi*, Zar.	Asie S.-W., de Palestine et la Perse au N.-W. de l'Inde.
2615. *Var.* PYRENAICA (Briss.); Seeb., *Ibis*, 1883, p. 26; *setarius*, Tem.; *cata*, Vieill.; *alchata*, Bp. (nec Lin.); Dress., *B. Eur.* VII, p. 67, pl. 467.	Afrique N., Europe S., à l'E. jusqu'à Chypre.
9840. NAMAQUA (Gm.); Bocage, *Orn. Angola*, p. 396; *tachypetes*, Tem., *Pig. et Gal.* III, pp. 274, 715; *simplex*, Roux.	Afrique S. jusqu'au Transv. et l'Angola.

(1) Voy.: Ogilvie-Grant, *Cat. Birds Brit. Mus.* XXII, pp. 2-32 (1893).

9841. EXUSTUS (Tem.), *Pl. Col.* 28, 29; Gould, *B. Asia*, VI, pl. 64; *senegalensis*, Licht. (nec Lin.); *ellioti*, Bogd. — Afrique N., E. et W., Asie S.-W.
2616. *Var.* SOMALICA, Hart., *Novit. Zool.* VII, p. 28. — Somaliland.
2617. *Var.* ORIENTALIS, Hart., *Novit. Zool.* VII, p. 28. — Inde.
9842. SENEGALLUS (Lin.), *Mantis.*, p. 526; Shell., *B. Egypt.*, p. 220; *senegalensis*, Rüpp.; *guttatus*, Licht.; Tem., *Pl. Col.* 345; Gould, *B. Asia*, VI, pl. 62. — Afr. N., N.-E. et N.-W., Asie S.-W. jusqu'au N.-W. de l'Inde.

1424. PTEROCLES

Pterocles, Tem. (1815); *Pteroclis*, Sharpe (1899).

9843. ARENARIUS (Pall.), *Nov. Com. Petrop.* XIX, p. 418, pl. 8; Tem., *Pl. Col.* 52, 53; Dub., *Ois. Eur.* II, p. et pl. 122; Dress., *B. Eur.* VII, p. 61, pl. 466, *var. magna*, Zaroudn.; *fasciatus*, Desf. (nec Scop.); *aragonica*, Lath. — Afrique N., Europe S., Asie S.-W. et centr.
9844. DECORATUS, Cab., *J. f. O.*, 1868, p. 413, 1870, pl. 3; Heugl., *Orn. N.-O. Afr.* III, p. 870. — Afr. E. (Kilima Ndjaro et pays voisins.)
9845. VARIEGATUS, Burch., *Trav. S. Afr.* II, p. 345; Smith, *Zool. S. Afr.*, pl. 10. — Afr. S. jusqu'au Transvaal et le Damara.
9846. CORONATUS, Licht., *Verz. Doubl.*, p. 65; Tem., *Pl. Col.* 339, 340; Gould, *B. Asia*, VI, pl. 63. — Afr. N.-E. et Asie S.-W. jusqu'à l'Inde N.-W.
2618. *Var.* ATRATA, Hart., *Bull. Br. Orn. Club*, fév. 1902. — Perse E.
9847. GUTTURALIS, Smith, *Rep. Exped. Afr.*, p. 56; id., *Zool. S. Afr.*, pls 3 et 31; Heugl., *Orn. N.-O. Afr.* III, p. 862. — Afr. N.-E., E. et S. (du Transv. à l'Abyss.)
2619. *Var.* SATURATIOR, Hart., *Novit. Zool.* VII, p. 29. — Athi (Afrique E. angl.)
9848. PERSONATUS, Gould, *P. Z. S.*, 1843, p. 15; id., *Voy. Sulph. Zool.*, p. 49, pl. 30; Miln.-Edw. et Grand., *Hist. Madag. Ois.*, p. 48, pls 196-98. — Madagascar.
9849. FASCIATUS (Scop.), *Del. Fl. et Faun.* II, p. 92; Gould, *B. Asia*, VI, pl. 65; Hume et Marsh., *Game B. Ind.* I, p. 59; *indicus*, Gm.; *bicinctus*, Wagl.; *pictus*, Hodgs.; *quadricinctus*, Jerd. (nec Tem.), *Ind. Orn.*, pls 10 et 36. — Inde.
9850. BICINCTUS, Tem., *Pig. et Gal.* III, pp. 247, 713; Str. et Scl., *Contr. Orn.*, 1852, p. 157; Grant, *Cat. B.*, p. 30. — Afrique centr. S. jusqu'au Mossamedes.
9851. QUADRICINCTUS, Tem., *Pig. et Gal.* III, pp. 252, 713; *bicinctus*, Licht.; Vieill., *Gal. Ois.* III, p. 60, pl. 220; *tricinctus*, Sw., *Orn.-W. Afr.*, p. 222, pl. 23 (fem.) — De Sénégambie à l'Abyssinie.
9852. LICHTENSTEINI, Tem., *Pl. Col.* 355, 361; Heugl., *Orn. N.-O. Afr.* III, p. 865; Hume et Marsh., *Game B. Ind.* I, p. 66. — Afrique N.-E., Asie S.-W.

FAM. II. — HEMIPODIIDÆ (1)

1425. TURNIX

Turnix, Bonn. (1790); *Tridactylus*, Lacép. (1801); *Ortygis*, Ill. (1811); *Hemipodius*, Tem. (1815); *Ortyx*, Oken (1816); *Ortygodes*, Vieill. (1816); *Areoturnix*, Bp. (1856); *Areortyx*, Heine (1887).

9853. PUGNAX (Tem.), *Pig. et Gal.* III, p. 612, 754; Schinz, *Nat. Vög.*, p. 165, pl. 80; ? *suscitator*, Gm.; *luzoniensis*, Horsf.; *taigoor* (pt.), Holdsw., Legge; *plumbipes*, Vorderm. (nec Hodgs.) — Billiton, Java, Sumatra, Ceylan S.-W.

2620. *Var.* TAIGOOR (Syk.), *P. Z. S.*, 1832, p. 155; Hume et Marsh., *Game B.* II, p. 169, pl.; *nigricollis*, Jard. (nec Gm.), *Nat. Lib., Orn.* IV, p. 191, pl. 28; *plumbipes*, Hodgs.; *atrogularis*, Eyt.; *ocellatus*, Blyth (nec Scop.); *pugnax* (pt.), auct. plur.; *rostrata*, *blakistoni*, Swinh. — Inde, Ceylan N., Chine, Indo-Chine, Malacca, Formose et îles Loo-choo.

9854. FASCIATA (Tem.), *Pig. et Gal.* III, pp. 634, 757; *nigrescens*, Tweed., *P. Z. S.*, 1877, p. 765; *haynaldi*, Blas., *Ornis*, 1888, p. 317. — Philippines.

9855. RUFILATA, Wall., *P. Z. S.*, 1865, p. 480; Mey. et Wg., *B. Cel.* II, p. 686; *fasciatus*, Gould (nec Tem.); *B. Asia*, VII, pl. 11; *rufilateralis*, Rosenb. — Célèbes.

9856. POWELLI, Guillem., *P. Z. S.*, 1885, p. 510, pl. 29. — Sumbawa.

9857. SYLVATICA (Desf.), *Mém. Ac. R. Sc. Paris*, 1787, p. 500, pl. 13; Dress., *B. Eur.* VII, p. 249, pl. 494; *andalusicus* et *gibraltaricus*, Gm.; *africanus*, Bonn.; *tachydromus* et *lunatus*, Tem.; *albigularis*, Malh. — Europe S., Afrique N.

2621. *Var.* LEPURANA (Smith), *Rep. Exp., App.*, p. 55; id., *Ill. Zool. S. Afr.*, pl. 16. — Afrique austr. jusqu'au 13° l. N.

9858. DUSSUMIERI (Tem.), *Pl. Col.* 454, f. 2; Gould, *B. Asia*, VII, pl. 10; *variabilis*, Hodgs.; *sykesi*, Sm.; *joudera*, Swinh., *Ibis*, 1861, p. 50 (nec Hodgs.) — Inde, Indo-Ch. N.-W., Pégou, Haïnan, Formose.

9859. HOTTENTOTTA (Tem.), *Pig. et Gal.* III, pp. 636, 757; Sharpe, *Lay. B. S. Afr.*, p. 607 (pt.) — Colonie du Cap.

2622. *Var.* NANA (Sundev.), *OEfv. Vet.-Akad. Förhandl.*, 1850, p. 110; Grant, *Ibis*, 1889, pp. 450, 463; *hottentotta* (pt.), Sharpe, Shell. — Afrique S., du 10° au 30° l. S.

9860. WHITEHEADI, Grant, *Handb. to the Game Birds*, II, p. 276. — Luçon.

9861. BLANFORDI, Blyth, *J. A. S. Beng.*, 1863, p. 80; *maculatus*, Vieill. (pt., nec Tem.); Dav. et Oust., — Du Bengal E. au Ténassérim, Siam,

(1) Voy. Ogilvie-Grant, *Cat. Birds Brit. Mus.* XXII, pp. 526-55 (1893).

Ois. Chine, p. 398 ; *maculosa*, Gray ; Hume et Marsh., *Game B.* II, p. 183, pl. ; *viciarius, chrysostomus* et *cathareus*, Swinh. ; *variabilis*, Prjev. — Chine, Mandchourie.

9862. TANKI, Blyth, *J. A. S. Beng.*, 1843, p. 180 ; *joudera*, Hodgs. ; Hume et Marsh., *Game B.* II, p. 187, pl. ; *dussumieri*, Jerd. (nec Tem.), *B. Ind.* II, p. 599. — Inde, Himalaya.

9863. ALBIVENTRIS, Hume, *Str. Feath.* I, p. 310 ; Hume et Marsh., *l. c.*, p. 199, pl. — Iles Andamans et Nicobars.

9864. MACULOSA (Tem.), *Pig. et Gal.* III, pp. 631, 757 ; Mey. et Wg., *B. Cel.*, p. 687 ; *maculatus*, Vieill., *Gal. Ois.* II, p. 51, pl. 217 (fem.) ; *melanotus*, Gould ; id., *B. Austr.* V, pl. 84 ; *beccarii*, Salvad. — Australie N. et E., Nouv.-Guinée S., Célèbes S.-E.

2623. *Var.* SATURATA, Forb., *Ibis*, 1882, p. 428, pl. 12 ; *melanotus* (pt.), auct. plur. — Nouv.-Bretagne, île Duc York.

2624. *Var.* RUFESCENS, Wall., *P. Z. S.*, 1863, p. 497. — Iles Sémao et Timor.

9865. OCELLATA (Scop.), *Del Fl. Faun. Insubr.* II, p. 88 ; Mey., *Nov. Act. Acad. C. L.-C. Nat. Cur.*, 1834, *Suppl.*, p. 101, pl. 17 ; *luzoniensis*, Gm. ; *thoracicus*, Tem. ; *rufus*, Vieill. — Luçon (Philippines).

9866. NIGRICOLLIS (Gm.) ; Vieill., *N. Dict.* XXXV, p. 45 ; M.-Edw. et Grand., *Madag., Ois.*, p. 494, pl. 202. — Madagascar.

9867. MELANOGASTER, Gould, *P. Z. S.*, 1837, p. 7 ; id., *B. Austr.* V, pl. 81. — Australie E.

9868. VARIA (Lath.) ; Gould, *Syn. B. Austr.*, pl., f. 1 ; id., *B. Austr.* V, pl. 82 ; *scintillans*, Gould ; id., *B. Austr.* V, pl. 83. — Australie.

2625. *Var.* NOVÆ-CALEDONIÆ, Grant, *Cat. B.* XXII, p. 552 (en note) ; *varia* (pt.), Grant, *Ibis*, 1889, p. 474. — Nouv.-Calédonie.

9869. CASTANONOTA (Gould), *P. Z. S.*, 1839, p. 145 ; id., *B. Austr.* V, pl. 85 ; Grant, *Ibis*, 1889, pp. 453, 474. — Australie N.

9870. PYRRHOTHORAX, Gould, *P. Z. S.*, 1840, p. 150 ; id., *B. Austr.* V, pl. 86 ; id., *Handb. B. Austr.* II, p. 186. — Australie N.-E., E., S. et centr.

9871. EVERETTI, Hart., *Nov. Zool.* V, p. 476. — Ile Sumba.

9872. LEUCOGASTER, North, *Ibis*, 1895, p. 342. — Australie centr.

9873. OLIVEI, Rob., *Bull. Br. Orn. Cl.*, 1900, p. 43. — Queensland N.

9874. VELOX, Gould, *P. Z. S.*, 1840, p. 150 ; id., *B. Austr.* V, pl. 87 ; id., *Handb. B. Austr.* II, p. 184. — Australie.

1426. PEDIONOMUS

Pedionomus, Gould (1840) ; *Turnicigralla*, Des M. (1845).

9875. TORQUATUS, Gould, *P. Z. S.*, 1840, p. 114 ; id., *B. Austr.* V, pl. 80 ; *microurus*, Gould ; *gouldiana*, Bp. — Australie E., S. et centr.

FAM. III. — THINOCORIDÆ (1)

1427. ATTAGIS

Attagis, Géoffr. St-Hil. et Less. (1830).

9876. GAYI, Géoffr. St-Hil. et Less., *Cent. Zool.*, p. 135, pl. 47; Scl. et Salv., *Exot. Orn.*, p. 158; Tacz., *Orn. Pér.* III, p. 284; *latreillii*, Less., *Ill. Zool.*, pl. 11. — Pérou, Chili.

9877. CHIMBORAZENSIS, Scl., *P. Z. S.*, 1860, pp. 73, 82; Scl. et Salv., *Exot. Orn.*, p. 157, pl. 79. — Ecuador.

9878. MALOUINUS (Bodd.), *Tabl. Pl. Enl.*, p. 13; *Pl. Enl.* 322; Gray, *List Grall. Br. Mus.*, p. 51; *falklandicus*, Gm. — Iles Malouines, Magellan.

1428. THINOCORUS

Thinocorus, Eschs. (1829); *Ocypetes*, Wagl. (1829); *Thinocorys*, Sharpe (1899).

9879. ORBIGNYANUS, Géoffr. et Less., *Cent. Zool.*, p. 137, pl. 48; Tacz., *Orn. Pér.* III, p. 281; *ingæ*, Tschudi; *cuneicauda*, Peal. — Chili, Bolivie, Pérou.

9880. RUMICIVORUS, Eschs., *Zool. Atl.*, p. 2, pl. 2; Burm., *Reise La Plata-St.* II, p. 501; *torquatus*, Wagl.; *swainsoni*, Less., *Ill. Zool.*, pl. 16; *eschscholtzii*, Géoff. et Less., *Cent. Zool.*, p. 140, pl. 50. — Pérou, Bolivie, Chili, Argent., Patagonie.

FAM. IV. — CHIONIDÆ (2)

1429. CHIONIS

Chionis, Forst. (1788); *Vaginalis*, Gm. (1788); *Coleorhamphus*, Dumt. (1818).

9881. ALBA (Gm.); Quoy et Gaim., *Voy. Uranie*, p. 131, pl. 35; *chionis*, Lath.; *nivalis*, Dum.; *vaginalis*, Tem., *Pl. Col.* 509; *forsteri*, Steph.; *necrophaga*, Vieill., *Gal. Ois.* II, p. 146, pl. 258; *lactea*, Forst. — Amérique au S. du 51° l. S., îles Malouines.

1430. CHIONARCHUS

Chionis (pt.), auct. plur.; *Chionarchus*, Kidd. et Coues (1876).

9882. MINOR (Hartl.), *Rev. Zool.*, 1841, p. 5, 1842, pl. 2, ff. 2, 2*a*; Gray, *Gen. B.* III, pl. 136; Kidd. et Coues, *Bull. U. S. Nat. Mus.*, 1876, pp. 85, 116. — Iles Kerguelen et Marion.

9883. CROZETTENSIS, Sharpe, *Bull. B. O. Club* V, n° XXXVI, p. 44; *minor* (pt.), auct. plur. (nec Hartl.) — Ile Crozette.

(1) Voy.: Sharpe, *Cat. Birds Brit. Mus.* XXIV, pp. 714-720 (1896).
(2) Voy.: Sharpe, *Cat. Birds Brit. Mus.* XXIV, pp. 710-713 (1896).

ORD. VIII. — CRYPTURI (1)

FAM. I. — TINAMIDÆ

SUBF. I. — TINAMINÆ

1431. TINAMUS (2)

Tinamus, Lath. (1790); *Cryptura*, Vieill. (1816); *Pezus*, Spix (1825); *Trachypelmus*, Cab. (1848).

9884. TAO, Tem., *Pig. et Gal.* III, pp. 569, 749; Schl., *Mus. P.-B.*, *Tinami*, p. 8; *solitaria* (pt.), Vieill.; *brasiliensis* (pt.), Tem.; *canus*, Wagl.; *kleei*, Tsch., *Arch. f. Naturg.*, 1843, 1, p. 387; id., *Faun. Per.*, pp. 47, 284, pl. 32; *weddelii*, Bp., *C. R.* XLIII, p. 881; *blasii*, Bp., *l. c.*, p. 573; *plumbeus*, Natt.; *blasiusi*, Dub., *Mém. Soc. Zool. de Fr.*, 1994, p. 404 (= *kleei*). — Guyane, Vénézuéla, Amazone, Colombie, Pérou, Bolivie, ? Chili N.

9885. ROBUSTUS, Sclat., *P. Z. S.*, 1860, p. 253; Scl. et Salv., *Exot. Orn.*, p. 87 (pt.), pl. 44; ?*major*, Moore (nec Gm.) — Mexique, Guatémala.

2626. *Var.* FUSCIPENNIS, Salvad., *Cat. B. Br. Mus.* XXVII, p. 500; *robustus* (pt.), auct. plur. — Du Nicaragua à Panama.

2627. *Var.* SALVINI, Underw., *Ibis*, 1898, p. 612. — Costa-Rica.

9886. SOLITARIUS (Vieill.), *Nouv. Dict.* XXXIV, p. 105; id., *Enc. méth.* I, p. 373; Salvad., *Cat.*, p. 501, pl. 7; *tao* (pt.), auct. plur.; *serratus*, Spix, *Av. Bras.* II, p. 61, pl. 76; *brasiliensis* (pt.), auct. plur. (nec Lath.); *major*, Rchb. (nec Gm.); *guttulatus*, Gray. — Brésil S., Paraguay.

9887. MAJOR (Gm.); *Pl. Enl.* 476; Gray, *Gen. B.* III, p. 524; *brasiliensis*, Lath.; Tem., *Pig. et Gal.* III, pp. 562, 748; Pelz., *Orn. Bras.*, pp. 291, 453; *magoua*, Vieill.; *subcristatus*, Pelz. (nec Cab.), *l. c.*, p. 291; *cristatellus*, Natt. — Brésil N. et centr.

9888. SUBCRISTATUS (Cab.), *Schomb. Reis. Br. Guian.* III, p. 749; Bp., *C. R.* XLIII, p. 881; Schl., *Mus. P.-B.*, *Tinami*, p. 15; *major* (pt.), Gray. — Guyane.

9889. LATIFRONS, Salvad., *Cat. B. Br. Mus.* XXVII, p. 506. — Ecuador W.

9890. PERUVIANUS, Bp., *C. R.* XLIII, p. 573 (1856); Dubois, *Mém. Soc. Zool. Fr.*, 1894, p. 404; *ruficeps*, Scl. et Salv. (pt.), *Nomencl. Av. Neotrop.*, pp. 152, 162; Tacz., *Orn. Pér.* III, p. 292. — Colombie, Ecuador, Pérou, Haut-Amazone.

(1) Voy.: Salvadori, *Cat. Birds Brit. Mus.* XXVII, pp. 494-569 (1895).
(2) Quid? *Trachypelmus intermedius* (Cab.), Heine et Rchw., *Nomencl. Mus. Hein. Orn.*, p. 303 (*descr. nulla*), ex Bogota.

2628. *Var.* CASTANEICEPS, Salvad., *Cat. B.*, p. 507, pl. 6; *robustus* (pt.), Lawr., Scl. et Salv.; *ruficeps* (pt.), Scl. et Salv. — Véragua, Panama.

9891. GUTTATUS (Thien. ex Natt.), *Fortpflanz.*, p. 24; Pelz., *Verh. z.-b. Ges. Wien*, 1863, pp. 1126; Tacz., *Orn. Pér.* III, p. 295. — Ecuador, Pérou, Amazone.

1432. NOTHOCERCUS

Nothocercus, Bonap. (1856).

9892. JULIUS, Bp., *C. R.* XXXVII, p. 663, XLII, p. 881; Schl., *Mus. P.-B.*, *Tinami*, p. 18; Salvad., *Cat.*, p. 509; *bourcieri*, Bp. — Colombie, Ecuador.

9893. NIGRICAPILLUS (Gray), *List Gall. Br. Mus.*, p. 98; Scl. et Salv., *Nomencl.*, p. 152; Salvad., *Cat.*, p. 511, pl. 8. — Chili?

9894. BONAPARTEI (Gray), *List. Gall. Br. Mus.*, p. 97; Scl. et Salv., *Nomencl.*, p. 152. — Vénézuéla, Colombie, Ecuador.

2629. *Var.* FRANTZII (Lawr.), *Ann. Lyc. N. Y.*, 1868, p. 140; *bonapartii*, auct. plur. (nec Gray); *nigricapillus* (pt.), Schl. — De Costa-Rica à Panama.

2630. *Var.* INTERCEDENS, Salvad., *Cat. B. Br. Mus.*, p. 513; *banapartii* (pt.), Scl. et Salv. — Antioquia (Colombie).

1433. CRYPTURUS

Crypturus, Illig. (1811); *Tinamus* (pt.), auct. plur.

9895. CINEREUS (Gm.); Tem., *Pig. et Gal.* III, pp. 574, 750; Burm., *Th. Bras.* III, p. 317; Tacz., *Orn. Pér.* III, p. 300; ? *cœruleus*, Less.; *megapodius*, Bp.; *assimilis*, Schl. (aberr.) — De la Guyane au Rio-Madeira, Pérou E., Haut-Amazone.

9896. BERLEPSCHI, Rothsch., *Bull. Br. Orn. Club*, 1897, p. v; id., *Nov. Zool.* V, pl. 3. — Ecuador N.

9897. OBSOLETUS (Tem.), *Pig. et Gal.* III, pp. 588, 751; id., *Pl. Col.* 196; Burm., *Th. Bras.* III, p. 316; Tacz., *Orn. Pér.* III, p. 296; *cœrulescens*, Vieill.; *rufus*, Less.; *obscurus*, Licht. — Brésil, Bolivie, Pérou.

9898. CERVINIVENTRIS, Scl. et Salv., *P. Z. S.*, 1873, p. 512. — Vénézuéla.

9899. GRISEIVENTRIS, Salvad., *Cat. B. Br. Mus.* XXVII, p. 521. — Amazone (Brésil).

9900. CASTANEUS (Scl.), *P. Z. S.*, 1857, p. 277; Salvad, *Cat.*, p. 521, pl. 9; *obsoletus* (pt.), Gray. — Colombie.

9901. SOUI (Herm.), *Tabula Affin. Anim.* (1783), pp. 164, 235; Tem., *Pig. et Gal.* III, pp. 597, 752; Richm., *Auk*, 1900, p. 179; *pileatus*, Bodd.; *Pl. Enl.* 829; Schl., *Mus. P.-B.*, *Tinami*, p. 24; Salvad., *Cat.*, — Amérique centr. et mérid., du 20° l. N. au 20° l. S. environ.

p. 522; *sovi*, Gm.; *parvirostris*, Gr. (nec Wagl.); *meserythrus*, Scl., *P. Z. S.*, 1859, p. 392; id., *Exot. Orn.*, p. 93, pl. 47; *modestus*, Cab.

9902. TATAUPA (Tem.), *Pig. et Gal.* III, pp. 590, 752; id., *Pl. Col.* 415; Tacz., *Orn. Pér.* III, p. 297; *niambu*, Spix; *plumbeus*, Less.; *lepidotus*, Sw. — Brésil, Paraguay, Bolivie, Pérou.

9903. PARVIROSTRIS, Wagl., *Syst. Av.*, *Crypturus*, sp. 13; Pelz., *Orn. Bras.*, pp. 294, 454; Tacz., *l. c.*, p. 298; ?*pallescens*, Licht.; *exiguus*, Olb.; ?*cervinus*, Bp. — Amérique mérid., du 10° au 20° l. S. environ.

9904. KERBERTI, Büttik., *Notes Leyd. Mus.* XVIII, p. 1. — Argentine.

9905. UNDULATUS (Tem.), *Pig. et Gal.* III, pp. 582, 751; Salvad., *Cat.*, p. 527; *sylvicola*, Vieill. — Paraguay, Argentine N.-E.

9906. SCOLOPAX (Bonap.), *Tabl. Parall. Ord. Gal.*, p. 12, n° 335, p. 18, n° 13; Salvad., *Cat.*, p. 528, pl. 12; *radiatus*, Gray; *undulatus*, Pelz. (nec Tem.) — Bolivie et Brésil centr.

9907. ADSPERSUS (Tem.), *Pig. et Gal.* III, pp. 585, 751; Burm., *Th. Bras.* III, p. 319; *vermiculatus*, Tem., *Pl. Col.* 369. — Brésil, ? Colombie.

2631. *Var.* SIMPLEX, Salvad., *Cat. B. Br. Mus.*, p. 531. — Guyane angl.

2632. *Var.* BALSTONI, Bartl., *P. Z. S.*, 1882, p. 374; Salvad., *Cat.*, p. 531, pl. 13; *adspersus*, Tsch. (nec Tem.); Scl. et Salv., *P. Z. S.*, 1873, p. 311. — Pérou E.

9908. ATRICAPILLUS, Tschudi, *Arch. f. Naturg.*, 1844, 1, p. 307; id., *Faun. Per.*, pp. 47, 284; Tacz., *Orn. Pér.* III, p. 294; *erythropus* (pt.), Schl. — Pérou.

2633. *Var.* GARLEPPI, Berl., *Ber. Allg. Deutschl. Orn. Ges.*, 1892, p. 13; id., *J. f. O.*, 1892, p. 454. — Bolivie.

9909. RUBRIPES, Tacz., *Orn. du Pérou*, III, p. 303 (1886). — Pérou.

9910. STRIGULOSUS (Tem.), *Pig. et Gal.* III, pp. 594, 752; Burm., *Th. Bras.* III, p. 322; Schl., *Mus. P.-B.*, *Tinami*, p. 27; *strigulatus*, Less. — Bas-Amazone.

9911. ERYTHROPUS (Pelz., ex Natt.), *Verh. z.-b. Ges. Wien*, 1863, p. 1127; id., *Orn. Bras.*, pp. 293, 453; Schl., *l. c.*, p. 34; Salvad., *Cat.*, p. 534, pl. 10; *longirostris*, Gray. — Brésil dans la vallée de l'Amazone.

9912. VARIEGATUS (Gm.); *Pl. Enl.* 828; Burm., *Th. Bras.* III, p. 321; Schl., *l. c.*, p. 32; *sylvicola*, Vieill., *Gal. Ois.* II, p. 49, pl. 216 (nec *Dict.*); *bimaculatus*, Gr. (juv.) — Guyane, Bas-Amazone.

2634. *Var.* SALVINI, Salvad., *Cat. B. Br. Mus.*, p. 537. — Ecuador E.

9913. BREVIROSTRIS (Pelz., ex Natt.), *Verh. z.-b. Ver. Wien*, 1863, p. 1128; id., *Orn. Bras.*, pp. 294, 453; *variegatus* (pt.), Schl., *l. c.*, p. 32. — Brésil centr. (Rio-Négro, Amazone).

9914. BARTLETTI, Scl. et Salv., *P. Z. S.*, 1873, p. 311; Tacz., — Haut-Amazone.

Orn. Pér. III, p. 301; Salvad., *Cat.*, p. 538, pl. 11.

9915. NOCTIVAGUS (Max.), *Reise nach Bras.* I, pp. 160, 173; id., *Beitr.* IV, p. 504; Spix, *Av. Bras.* II, p. 62, pl. 77; Burm., *Th. Bras.* III, p. 320; Tacz., *l. c.*, p. 302. — Brésil E., ? Pérou, ? Montevideo.

2635. *Var.* DISSIMILIS, Salvad., *Cat. B. Br. Mus.*, p. 541; *noctivagus* (pt.), Cab.; Salv., *Ibis*, 1886, p. 181. — Guyane angl.

9916. CINNAMOMEUS (Less.), *Rev. Zool.*, 1842, p. 210; *dellattrii* et *sallæi*, Bp., *C. R.* XLII, p. 881; Scl. et Salv., *Exot. Orn.*, p. 89, pl. 45. — Du S. du Mexique à la Colombie et Vénézuéla.

2635bis. *Var.* GOLDMANI, Nels., *Pr. Biol. Soc. Wash.*, 1901, p. 169. — Yucatan.

9917. BOUCARDI (Scl., ex Sallé), *P. Z. S.*, 1859, p. 391; Scl. et Salv., *Exot. Orn.*, p. 91, pl. 46; Schl., *l. c.*, p. 26. — Du S. du Mexique au Costa-Rica.

9918. COLUMBIANUS, Salvad., *Cat. B. Br. Mus.*, p. 545. — Colombie.

9919. MEXICANUS, Salvad., *Cat. B. Br. Mus.*, p. 545. — Mexique N.-E.

2636. *Var.* INORNATA, Nels., *Auk*, 1900, p. 253. — Véra-Cruz N.

2637. *Var.* OCCIDENTALIS, Salvad., *Cat. B. Br. Mus.*, p. 546. — Mexique N.-W.

9920. TRANSFASCIATUS, Scl. et Salv., *P. Z. S.*, 1878, p. 141, pl. 13; Salvad., *Cat.*, p. 546. — Ecuador W.

1434. RHYNCHOTUS

Rhynchotus, Spix (1825); *Nothurus*, Sw. (1837); *Rhynchotis*, Rchb. (1848).

9921. RUFESCENS (Tem.), *Pig. et Gal.* III, pp. 552, 747; id., *Pl. Col.* 412; *guazu*, Vieill.; *fasciatus*, Spix, *Av. Bras.* II, p. 60, pl. 76*a*. — Argentine, Uruguay, Paraguay et Brésil jusqu'à Bahia.

9922. MACULICOLLIS, Gray, *List Gall. Br. Mus.*, p. 102; Schl., *l. c.*, p. 38; Salvad., *Cat.*, p. 550, pl. 14. — Bolivie.

1435. NOTHOPROCTA

Nocthura, Fras. (1843); *Nothoprocta*, Scl. et Salv. (1873).

9923. TACZANOWSKII, Scl. et Salv., *P. Z. S.*, 1874, pp. 564, 679, pl. 84; Tacz., *Orn. Pér.* III, p. 304; *godmani*, Tacz., *l. c.*, p. 305 (juv.) — Pérou centr. et S.

9924. CINERASCENS (Burm.), *J. f. O.*, 1860, p. 259; id., *La Plata Reise*, II, p. 498; Schl., *l. c.*, p. 40. — Argentine W.

9925. PERDICARIA (Kittl.), *Mém. des Sav. étrang.* I, p. 192, pl. 12; Schl., *l. c.*, p. 40; Scl. et Salv., *Nomencl.*, p. 153; *perdix*, Mol. (nec Lin.); ?*punctulata*, Des M. — Chili N. et centr.

2638. *Var.* COQUIMBICA, Salvad., *Cat. B. Br. Mus.*, p. 554, pl. 15; *perdicaria* et *cinerascens* (pt.), auct. plur. — Chili S.

9926. PENTLANDI (Gray), *List Gall. Br. Mus.*, p. 103; Scl. et Salv., *Nomencl.*, p. 153; Salvad., *Cat.*, p. 555; pl. 16; ?*punctulata*, Bp. (nec Des M.); ? *curvirostris*, Bp.; *doeringi*, Cab., *J. f. O.*, 1878, p. 138; *moebiusi*, Berl. (juv.) — Bolivie, Argentine N.-W.

9927. CURVIROSTRIS, Scl. et Salv. (nec Bp.), *Nomencl.*, pp. 153, 163; id., *P. Z. S.*, 1874, p. 680; Schl., *l. c.*, p. 41. — Ecuador.

2639. *Var.* PERUVIANA, Tacz., *Orn. Pér.* III, p. 307. — Pérou.

9928. ORNATA (Gray), *List Gall. Br. Mus.*, p. 102; Scl. et Salv., *Nomencl.*, p. 153; id., *P. Z. S.*, 1874, p. 680; Salvad., *Cat.*, p. 557, pl. 17. — Bolivie.

9929. BRANICKII, Tacz., *P. Z. S.*, 1874, p. 563; id., *Orn. Pér.* III, p. 308. — Pérou centr.

1436. NOTHURA

Nothura, Wagl. (1827); *Nothera*, Gray (1840).

9930. MACULOSA (Tem.), *Pig. et Gal.* III, pp. 557, 748; Gray, *Gen. B.* III, p. 525; Scl. et Huds., *Argent. Orn.* II, p. 211; *fasciata*, Vieill.; *major*, Spix, *Av. Bras.* II, p. 64, pl. 80 (nec auct.); *maculatus*, Less. — Argentine, Paraguay, Uruguay, Brésil S.

2640. *Var.* NIGROGUTTATA, Salvad., *Cat.*, p. 560. — Argentine centr.

2641. *Var.* BOLIVIANA, Salvad., *Cat.*, p. 561; *media*, Gray (nec Spix). — Bolivie.

9931. MARMORATA, Gray, *List Gall. Br. Mus.*, p. 104; Schl., *l. c.*, p. 44; Salvad., *Cat.*, p. 561, pl. 18; *maculosa*, Blas. — Bolivie.

9932. BORAQUIRA (Spix), *Av. Bras.* II, p. 63, pl. 79; Wagl., *Syst. Av.*, *Nothura*, sp. 1; Burm., *Th. Bras.* III, p. 329; Schl., *l. c.*, p. 44. — Brésil, Argentine W.

9933. DARWINI, Gray, *List Gall. Br. Mus.*, p. 104; Scl. et Huds., *Argent. Orn.* II, p. 213, pl. 20; Salvad., *Cat.*, p. 562, pl. 19; *minor*, Darw. (nec Spix); *maculosa* (pt.), auct. plur. — Patagonie et Argentine jusqu'à Cordova.

9934. MEDIA (Spix), *Av. Bras.* II, p. 65, pl[s] 81, 82; Salvad., *Cat.*, p. 563; *minor*, Spix; Burm., *Th. Bras.* III, p. 331; Schl., *l. c.*, p. 45; *maculosa* (pt.), auct. plur.; *assimilis*, Gray; *brevipes*, Natt.; ?*nana*, Hart. — Brésil S.

1437. TAONISCUS

Taoniscus, Glog. (1842); *Pavuncula*, Bp. (1856).

9935. NANUS (Tem.), *Pig. et Gal.* III, pp. 600, 733; id., *Pl. Col.* 316; *pavoninus*, Glog. — Brésil E., Paraguay.

SUBF. II. — TINAMOTIDINÆ

1438. CALOPEZUS

Eudromia, I. Géoff. (1832, nec *Eudromias*, Boie); *Calodromas*, Scl. et Salv. (1873, nec *Calodromus*, Guér., 1832); *Calopezus*, Ridgw. (1884).

9936. ELEGANS (d'Orb. et Géoff. St-Hil.), *Mag. de Zool.*, 1832, pl. 1; Scl. et Huds., *Argent. Orn.* II, p. 214; Ridgw., *Pr. Biol. Soc. Wash.*, 1884, p. 97. — Argentine, Patagonie.

1439. TINAMOTIS

Tinamotis, Vig. (1836).

9937. PENTLANDI, Vig., *P. Z. S.*, 1836, p. 79; Gray, *Gen. B.* III, p. 525, pl. 137; Tacz., *Orn. Pér.* III, p. 310; *andecola*, d'Orb., *Voy.* II, p. 68 (note 2), p. 302. — Bolivie, Chili N., Pérou, Ecuador.

9938. INGOUFI, Oust., *Ann. Sc. Nat.*, *Zool.*, 1890, p. 18; id., *Miss. Sc. Cap Horn.*, *Ois.*, p. 105, pl. 1; Salvad., *Cat.*, p. 569. — Patagonie E.

ORD. IX. — GALLINÆ

FAM. I. — MEGAPODIIDÆ (1)

1440. MEGAPODIUS

Megapodius, Quoy et Gaim. (1824); *Alecthelia*, Less. (1826); *Amelous*, Glog. (1842); *Eulipoa*, Grant (1893).

9939. NICOBARIENSIS, Blyth, *J. A. S. Beng.*, 1846, pp. 52, 372; Pelz., *Reise Novara*, *Vög.*, p. 110, pl. 4; Hume et Marsh., *Game B. Ind.* I, p. 119, pl.; *trinkutensis*, Sh., *Ann. Mag. N. H.*, 1874, p. 448. — Iles Nicobars.

9940. TENIMBERENSIS, Sclat., *P. Z. S.*, 1883, p. 57. — Iles Ténimber.

9941. CUMINGI, Dillwyn, *P. Z. S.*, 1851, p. 118, pl. 39; Mey. et Wg., *B. Cel.*, p. 671, pl. 41, f. 1; *rubripes*, Wagl. (pt.); *rufipes*, Gr.; *gilbertii*, Gray, *P. Z. S.*, 1861, p. 289; *lowi*, Sharpe; *pusillus*, Tweed., *P. Z. S.*, 1877, p. 765, pl. 78; *dillwyni*, Tweed., *l. c.* — Philippines, îles Soulou, Célèbes et Tojian.

9942. SANGHIRENSIS, Schl., *Notes Leyd. Mus.* II, p. 91; Mey. et Wg., *B. Cel.*, p. 675, pl. 41, f. 2. — Sanghir, Talaut.

(1) Voy. : Ogilvie-Grant, *Cat. Birds Brit. Mus.* XXII, pp. 445-472 (1893); id., *Handb. Game Birds.*

9943. BERNSTEINI, Schl., *Ned. Tijdschr. Dierk.* III, p. 261; Grant, *Cat.*, p. 450. — Iles Soula.

9944. FORSTENI, Gray, *Gen. B.* III, p. 491, pl. 124; Salvad., *Orn. Pap.* III, p. 235; *duperreyi*, Schl. (part.) — Moluques.

2642. *Var.* AFFINIS, Mey., *S. B. Ak. Wien*, 1874, p. 215; Oust., *Ann. Sc. Nat.*, 1881, p. 95; Salvad., *Orn. Pap.* III, p. 237; *jobiensis*, Schl.; *decollatus*, Oust., *Bull. Ass. Sc. Fr.*, 1878, p. 248. — Nouv.-Guinée N.-W., îles Jobi et d'Urville.

9945. BRUNNEIVENTRIS, Mey., *Abh. Zool. Mus. Dresd.*, 1890-91, n° 4, p. 15; Grant, *Cat.*, p. 452. — Nouv.-Guinée S.-E.

9946. EREMITA, Hartl., *P. Z. S.*, 1867, p. 830; Scl., *Voy. Challenger*, p. 32, pl. 11; Salvad., *Orn. Pap.* III, p. 238; *hueskeri*, Cab. et Rchw., *J. f. O.*, 1876, p. 326; *rubrifrons*, Scl., *P. Z. S.*, 1877, p. 556. — Iles de l'Amir., Nouv.-Hanov., Nouv.-Irl., Duc York, Nouv.-Bretagne.

2643. *Var.* BRENCHLEYI, Gray, *Ann. Mag. N. H.*, 1870, p. 328; id., *Cruise Curaçoa*, p. 392, pl. 20; Sharpe in *Gould's B. New-Guin.*, pt. XXII, pl. 11. — Iles Salomon.

9947. MACGILLIVRAYI, Gray, *P. Z. S.*, 1861, p. 289; Salvad., *Orn. Pap.* III, p. 225; Scl., *P. Z. S.*, 1876, p. 460, pl. 43; *duperreyi*, Macg. — Nouv.-Guinée S.-E., Louisiades.

9948. DUPERREYI, Less. et Garn., *Bull. Sc. Nat.*, 1826, p. 113; Less., *Voy. Coq.* I, 2, p. 700, pl. 36; id., *Traité d'Orn.*, p. 478, pl. 87, f. 1; Salvad., *Orn. Pap.* III, p. 220; *rubripes*, Tem., *Pl. Col.* 411; *reinwardtii*, Wagl.; *rufipes*, Müll.; *urvillei*, Wall. (nec Less.); *gouldii*, *amboinensis*, Gray. — Iles Kangean, Lombock, Flores, Sumba, Banda, Key, Arou, Salawatti, Nouv.-Guinée S. et W.

2644. *Var.* TUMULUS, Gould, *P. Z. S.*, 1842, p. 20; id., *B. Austr.* V, pl. 79; Gray, *P. Z. S.*, 1861, p. 290, pl. 34; *assimilis*, Mast. — Australie N.

9949. FREYCINETI, Quoy et Gaim., *Voy. Uranie*, p. 125, pl. 32; Tem., *Pl. Col.* 220; ?*novæ-guineæ*, Gm.; *urvillii*, Less.; id., *Voy. Coq.* I, 2, p. 703, pl. 37; *quoyi*, Gray, *P. Z. S.*, 1861, p. 289, pl. 32; *alecthelia*, Q. et G. — Moluques, Nouv.-Guinée W.

9950. GEELVINKIANUS, Mey., *S. B. Ak. Wien*, 1874, p. 88; Salvad., *Orn. Pap.* III, p. 227; ?*rubripes*, Rosenb.; *affinis*, Salvad. — Iles de la baie de Geelvink (Nouv.-Guinée N.-W.)

9951. LAYARDI, Tristr., *Ibis*, 1879, p. 194; Grant, *Handb. Game B.* II, pl. 35; *brazieri*, Scl.; *brenchleyi*, Salv., *Ibis*, 1874, p. 457 (nec Gr.) — Nouv.-Hébrides.

9952. LAPEROUSII, Tem., *Pl. Col.*, (texte); Quoy et Gaim, *Voy. Uranie*, p. 127, pl. 33; Schl., *Mus. P.-B.* VIII, p. 65. — Iles Mariannes.

2645. *Var.* SENEX, Hartl., *P. Z. S.*, 1867, p. 830; Finsch, *J. Mus. Godef.* IV, pt. VIII, p. 29, pl. 5, ff. 2, 3; Hart., *Novit. Zool.* V, p. 62. — Iles Pelew.

9953. PRITCHARDI, Gray, *Ann. Mag. N. H.*, 1864, p. 378; Fch. et Hartl., *Orn. Centralpol.*, p. 153; Schl., *l. c.*, p. 64; *stairi* et *burnabyi*, Gray; *huttoni*, Bull. — Ile Ninafou.

9954. WALLACEI, Gray, *P. Z. S.*, 1860, p. 362, pl. 171; Salvad., *Orn. Pap.* III, p. 241; Grant, *Cat.*, p. 462. — Moluques.

1441. LIPOA

Leipoa, Gould (1840); *Lipoa*, Sundev. (1872).

9955. OCELLATA, Gould, *P. Z. S.*, 1840, p. 126; id., *B. Austr.* V, pl. 78. — Australie S. et W.

1442. TALEGALLUS

Talegallus et *Talegalla*, Less. (1828).

9956. CUVIERI, Less., *Voy. Coq.*, *Zool.* I, 2, p. 716, pl. 38; Quoy et Gaim., *Voy. Astrol.*, *Ois.*, pl. 25, ff. 5, 6; Salvad., *Orn. Pap.* III, p. 245. — Nouv.-Guinée W., Salawatti, Mysol, Gilolo.

2646. *Var.* FUSCIROSTRIS, Salvad., *Ann. Mus. Civ. Gen.*, 1877, pp. 332, 334; id., *Orn. Pap.* III, p. 248; *cuvieri* (pt.), auct. plur. (nec Less.) — Nouv.-Guinée, îles Arou.

9957. JOBIENSIS, Mey., *S. B. Ak. Wien*, 1874, *Abth.* I, pp. 74, 87; Salvad., *Orn. Pap.* III, p. 244. — Ile Jobi, Nouv.-Guinée.

2647. *Var.* LONGICAUDA, Mey., *Abh. Mus. Dresd.*, 1890-91, n° 4, p. 15 (*longicaudus*). — Nouv.-Guinée S.-E.

1443. CATHETURUS

Alectura, Lath. (1824); *Catheturus*, Swains. (1837); *Alectrorura*, Agass.

9958. LATHAMI (Lath.), *Gen. Hist. B.* X, p. 455; Jard. et Sel., *Ill. Orn.* III, pl. 140; Gould, *B. Austr.* V, pl. 77; *lindesayii*, James.; *australis*, Sw.; *novæ-hollandiæ*, Bp. — Australie E.

2648. *Var.* PURPUREICOLLIS (Le Souëf), *Ibis*, 1898, p. 51. — Cap York.

1444. ÆPYPODIUS

Æpypodius, Oustal. (1880).

9959. BRUIJNII, Oust., *C. R.* XC (1880), p. 906; id., *Le Nat.*, 1880, p. 323; id., *Ann. Sc. Nat.*, 1881, p. 38, ff. 33, 34; Salvad., *Orn. Pap.* III, p. 253. — Waigiou.

9960. ARFAKIANUS (Salvad.), *Ann. Mus. Civ. Gen.*, 1877, p. 333; id., *Orn. Pap.* III, pp. 251, 564; *pyrrhopygius*, Schl., *Notes Leyd. Mus.* I, p. 159; *arfaki*, Schl., *l. c.*, p. 160. — Nouv.-Guinée.

1445. MEGACEPHALON

Megacephalon, Tem. (1846); *Macrocephalon*, Müll. (1846); *Megacephala*, Heine (1887).

9961. MALEO, Tem., *Pl. Col.* (texte); Hartl., *Verz.*, p. 101; Mey. et Wg., *B. Cel.*, p. 678; *rubripes*, Quoy et Gaim., *Voy. Astrol. Zool.* I, p. 239, pl. 25. — Célèbes, Sanghir.

FAM. II. — CRACIDÆ

1446. CRAX

Crax, Lin. (1766); *Mituporanga*, *Crossolaryngus*, *Sphærolaryngus*, Rchb. (1862).

9962. ALECTOR, Lin.; Tem., *Pig. et Gal.* III, pp. 27, 689; Burm., *Th. Bras.* III, p. 344; Scl., *Trans. Z. S.* IX, p. 277, pl. 43; *mitu*, Vieill., *Gal. Ois.* II, pl. 199; *sloanei*, Rchb. — Guyane angl., Brésil au N. de l'Amazone.

2649. *Var.* ERYTHROGNATHA, Scl. et Salv., *P. Z. S.*, 1877, p. 22; id., *Trans. Z. S.* X, p. 543, pl. 90. — Colombie.

9963. FASCIOLATA, Spix, *Av. Bras.* II, p. 48, pl. 62a; *alector*, Hartl. (1847, nec Lin.); *sclateri*, Gray; Scl. et Salv., *P. Z. S.*, 1870, p. 515; Scl. et Huds., *Argent. Orn.* II, p. 145; *circinatus*, Licht.; *discors* et *azaræ*, Natt. — Brésil, Bolivie, Paraguay, Argentine N.

9964. ? SULCIROSTRIS, Goeldi, *Boll. Mus. Paraense*, III (1899), p. 409; Grant, *Ibis*, 1902, p. 244; ?*pinima* (fem.) — Brésil S.-E.

9965. PINIMA, Pelz. (ex Natt.), *Orn. Bras.*, pp. 287, 341; Scl. et Salv., *P. Z. S.*, 1870, p. 518; *incommoda*, Scl., *P. Z. S.*, 1872, p. 690; id., *Trans. Z. S.* IX, p. 281, pl. 49, X, pl. 93. — Amazone.

9966. GLOBICERA, Lin.; *Pl. Enl.* 125; Scl., *Trans. Z. S.* IX, p. 274, pl. 40; *rubra*, Lin.; *alector*, Lath. (fem.); *blumenbachi*, Spix; *temminckii*, Tsch.; *edwardsii* et *pseudalector*, Rchb. — Mexique, Honduras, Guatémala et ile Cozumel.

2650. *Var.* PANAMENSIS, Grant, *Cat. B. Br. Mus.* XXII, p. 479; *globicera* (pt.), auct. plur.; Scl., *Trans. Z. S.* X, p. 543, pl. 89; *rubra*, Steph. (nec Lin.); *alberti*, Fras., *P. Z. S.*, 1850, p. 246, pls 27, 28 (pt. fem.) — Nicaragua, Costa-Rica, Panama.

9966bis. CHAPMANI, Nels., *Pr. Biol. Soc. Wash.*, 1901, p. 170. — Yucatan, ? Bélize, ? Guatémala.

9967. GRAYI, Grant, *Cat. B. Br. Mus.*, p. 480; id., *Handb. Game Birds*, II, pl. 37. — ?

9968. CARUNCULATA, Tem., *Pig. et Gal.* III, pp. 44, 690; Scl., *Trans. Z. S.* IX, p. 279; *rubrirostris*, Spix, *Av. Bras.* II, p. 51, pl. 67; *yarrellii*, Benn.; *blumenbachii*, Burm., *Th. Bras.* III, p. 345. — Brésil.

2651. ? *Var.* GLOBULOSA, Spix, *Av. Bras.* II, p. 50, pl^s 65, 66; Scl. et Salv., *P. Z. S.*, 1870, p. 515; Scl., *Trans. Z. S.* IX, p. 279, pl. 46, X, p. 544, pl. 91; *globicera*, Bat. (nec Lin.) — Haut-Amazone.

9969. DAUBENTONI, Gray, *List Gall. Br. Mus.*, p. 15; Scl., *Trans. Z. S.* IX, p. 276, pl^s 41, 42; *globicera*, Tem. (nec Lin.); ?*aldrovandi*, Rchb.; *mikani*, Pelz. (mas., nec fem.) — Vénézuéla.

9970. ALBERTI, Fras., *P. Z. S.*, 1850, p. 246, pl^s 27, 28 (nec fem.); Scl., *Trans. Z. S.* IX, p. 280, pl. 48; ?*mikani*, Pelz. (fem., nec mas.); *viridirostris*, Scl., *Trans. Z. S.* IX, p. 282, X, p. 544, pl. 92. — Colombie.

9971. HECKI, Rchw., *J. f. O.*, 1894, p. 231, pl. 2 (fem.) — ?

1447. NOTHOCRAX

Nothocrax, Burm. (1856).

9972. URUMUTUM (Spix), *Av. Bras.* II, p. 49, pl. 62; Burm., *Th. Bras.* III, p. 347; Scl., *Trans. Z. S.* IX, p. 282, pl. 50, X, p. 545, pl. 94; Tacz., *Orn. Pér.* III, p. 265. — Guyane, Amazone, Ecuador, Pérou.

1448. MITUA

Mitu, Less. (1831); *Mitua*, Strickl. (1841).

9973. TUBEROSA (Spix), *Av. Bras.* II, p. 51, pl. 67^a; Scl., *Trans. Z. S.* IX, p. 283, pl. 51; Tacz., *Orn. Pér.* III, p. 266; *mitu*, Lin.; Grant, *Cat. B.*, p. 485; Tem., *Pl. Col.* 153; *erythrorhynchus*, Sw.; *brasiliensis*, Rchb. — Guyane, Amazone, Bolivie, Pérou.

9974. TOMENTOSA (Spix), *Av. Bras.* II, p. 49, pl. 68; Burm., *Th. Bras.* III, p. 349; Scl., *Trans. Z. S.* IX, p. 280, pl. 52. — Guyane, Amazone.

9975. SALVINI, Reinhardt, *Vid. Medd. N. F. Kjöbenh.*, 1879, pp. 1-6; id., *P. Z. S.*, 1879, p. 108; Scl., *Trans. Z. S.* X, p. 545, pl. 95. — Ecuador.

1449. PAUXIS

Pauxi, Tem. (1813); *Ourax*, Cuv. (1829); *Lophocerus*, Sw. (1837); *Urax*, Rchb. (1852); *Pauxis*, Scl. (1875).

9976. GALEATA (Lath.), *Ind. Orn.* II, p. 624; Tem., *Pig. et Gal.* III, pp. 1, 683; Scl., *Trans. Z. S.* IX, p. 285, pl. 53, f. 1; *pauxi*, Lin.; Grant, *Cat.*, p. 488; *var.* RUBRA, Scl., *l. c.*, pl. 53, f. 2. — Guyane, Vénézuéla, Colombie, Pérou, ?Ecuador.

1450. OREOPHASIS

Oreophasis, Gray (1844).

9977. DERBIANUS, Gray, *Gen. B.* III, p. 485, pl. 121 ; Scl. et Salv., *Ibis*, 1859, p. 224; *fronticornis*, v. d. Hoev. — Guatémala, Mexique S.

1451. PENELOPE

Penelope, Merr. (1786); *Salpiza*, Wagl. (1832); *Stegnolæma*, Scl. et Salv. (1870); *Salpizusa*, Heine (1887).

9978. SUPERCILIARIS, Ill., Tem., *Pig. et Gal.* III, pp. 72, 693 ; Burm., *Th. Bras.* III, p. 337 ; *jacupemba*, Spix, *Av. Bras.* II, p. 55, pl. 72. — Brésil.

9979. MONTAGNII (Bp.), *C. R.* XLII, p. 875 ; Scl., *P. Z. S.*, 1857, p. 19 ; Gray, *List Gall.*, p. 8 ; Scl. et Salv., *P. Z. S.*, 1870, p. 521. — Vénézuéla, Colombie, Ecuador.

9980. SCLATERI, Gray, *P. Z. S.*, 1860, p. 270 ; Grant, *Cat.*, p. 493. — Pérou, Bolivie.

9981. JACUPEBA, Spix, *Av. Bras.* II, p. 54, pl. 71 ; *jacucaca*, Gray ; *cristata*, Cab. ; *greeyi*, Gray, *P. Z. S.*, 1866, p. 206, pl. 22. — Colombie, Guyane, Amazone.

9982. MARAIL, Gm., *S. N.* I, 2, p. 734 ; Bonn., *Tabl. Enc. méth.* I, p. 171, pl. 84, f. 4 ; Tem., *Pig. et Gal.* III, pp. 56, 692 ; ?*jacupema*, Merr. ; *jacucaca*, Gr. (pt.) ; *purpurascens*, Gray (nec Wagl.), *Knowsl. Menag.* II, pl. 11. — Guyane.

9983. ORTONI, Salv., *Ibis*, 1874, p. 325 ; Berl. et Tacz., *P. Z. S.*, 1883, pp. 537, 576. — Ecuador W.

9984. PURPURASCENS, Wagl., *Isis*, 1830, p. 1110 ; Scl., *P. Z. S.*, 1859, pp. 369, 391 ; *cristata*, Bonn. (nec Lin.), *Tabl. Enc. méth.* I, p. 171, pl. 84, f. 2. — Mexique, Yucatan, Guatémala, Honduras.

9985. OBSCURA, Ill., Tem., *Pig. et Gal.* III, pp. 68, 693 ; Scl. et Huds., *Argent. Orn.* II, p. 146 ; *bridgesi*, Gr., *P. Z. S.*, 1860, p. 270 ; *nigricapilla*, Gr., *l. c.*, p. 269 ; *jacucaca* (pt.), Gr. ; *jacupeba*, Scl. et Salv. (nec Spix), *P. Z. S.*, 1870, p. 524. — Bolivie, Brésil S., Uruguay, Paraguay, Argentine N.

9986. CRISTATA (Lin.) ; Tem., *Pig. et Gal.* III, pp. 46, 691 ; Burm., *Th. Bras.* III, p. 339 ; *brasiliensis*, Bp. ; *jacuaca*, Gr. ; *purpurascens*, Lawr. (nec Wagl.) — Du Nicaragua à la Colombie, Ecuador.

9987. BOLIVIANA, Bonap., *C. R.* XLII, p. 877 ; Grant, *Cat.*, p. 499 ; ?*jacuacu*, Spix, *l. c.* II, p. 52, pl. 68 ; *rufescens* (Natt.), Pelz., *Orn. Bras.*, pp. 282, 339. — Amazone, Pérou, Bolivie.

9988. PILEATA, Wagl., *Isis*, 1830, p. 1109 ; Des M., *Icon. Orn.*, pl. 23 ; *leucothrix* (Natt.), Pelz., *Orn. Bras.*, pp. 282, 340. — Amazone.

9989. OCHROGASTER, Pelz. (ex Natt.), *Orn. Bras.*, pp. 282, 337 ; Scl. et Salv., *P. Z. S.*, 1870, p. 527 ; Grant, *Game B.* II, pl. 38. — Matto Grosso (Brés. N.)

9990. JACUCACA, Spix, *Av. Bras.* II, p. 53, pl. 69 ; Scl. et Salv., *P. Z. S.*, 1870, p. 523 ; *superciliaris*, Gray (nec Illig.), *Knowsl. Menag.* II, pl. 8. — Brésil.

9991. ARGYROTIS (Bonap.), *C. R.* XLII, p. 875 ; Scl. et Salv., *P. Z. S.*, 1870, p. 528 ; *montana*, Licht. ; *lichtensteini*, Gray, *P. Z. S.*, 1860, p. 269. — Vénézuéla, Colombie, Ecuador.

9992. ALBIPENNIS, Tacz., *P. Z. S.*, 1877, p. 746. — Pérou W.

1452. PENELOPINA

Penelopina, Rchb. (1862).

9993. NIGRA (Fraser), *P. Z. S.*, 1850, p. 246, pl. 29 ; Rchb., *Tauben*, p. 152 ; Scl. et Salv., *P. Z. S.*, 1870, p. 528. — Guatémala, Nicaragua.

1453. ORTALIDA

Ortalida, Merr. (1786) ; *Ganix*, Raf. (1815) ; *Ortalidia*, Flem. (1822) ; *Ortalis*, Glog. (1842, nec Fall., 1810) ; *Penelops*, Rchb. (1853).

9994. MOTMOT (Lin.) ; *Pl. Enl.* 146 ; Wagl., *Isis*, 1832, p. 1227 ; *katraca*, Bodd. ; *parraka*, Gm. ; *parraqua*, Lath. ; *parrakoua*, Tem., *Pig. et Gal.* III, pp. 85, 695 ; Burm., *Th. Bras.* III, p. 341. — Guyane, Amazone.

9995. ARAUCUAN (Spix), *Av. Bras.* II, p. 56, pl. 74 ; Wagl. ; *Isis*, 1832, p. 1227 ; Grant, *Cat.*, p. 506 ; *superciliaris*, Pelz. (nec Gr.) — Brésil.

9996. RUFICEPS (Wagl.), *Isis*, 1830, p. 1111, 1832, p. 1227 ; Scl. et Salv., *P. Z. S.*, 1870, p. 533. — Brésil.

9997. WAGLERI, Gray, *List Gall. Br. Mus.*, p. 12 ; Scl. et Salv., *P. Z. S.*, 1870, p. 534 ; Grant, *Handb. Game B.* II, pl. 39. — Mexique W.

9998. RUFICAUDA, Jard., *Ann. Mag. N. H.*, 1847, p. 374 ; Scl. et Salv., *P. Z. S.*, 1870, p. 534 ; *bronzina*, Gray. — Vénézuéla, île Tobago.

9999. CANICOLLIS (Wagl.), *Isis*, 1830, 1112, 1832, p. 1227 ; Burm., *Reise La Plata*, II, p. 499 ; *caraguata*, Natt. ; *guttata*, White, *P. Z. S.*, 1882, p. 627. — Paraguay, Argentine.

10.000. ALBIVENTRIS (Wagl.), *Isis*, 1830, p. 1111, 1832, p. 1227 ; Scl. et Salv., *P. Z. S.*, 1870, p. 535 ; *aracuan*, Max. (nec Spix.) — Brésil.

10.001. SQUAMATA, Less., *Dict. Sc. Nat.* LIX (1829), p. 195 ; id., *Tr. Orn.*, p. 481 ; Scl. et Salv., *l. c.*, p. 535. — Brésil S.

10.002. CARACCO, Wagl., *Isis*, 1832, p. 1227 ; Scl. et Salv., *l. c.*, p. 536 ; *adspersa*, Gray. — Colombie, Haut-Amazone.

10.003. GUTTATA (Spix), *Av. Bras.* II, p. 55, pl. 73; Burm., *Th. Bras.* III, p. 341; Tacz., *Orn. Pér.* III, p. 278; *adspersa*, Tsch.; *maculata*, Natt.; *albiventris*, Pelz. (nec Wagl.) — Colombie, Ecuador, Pérou, Bolivie, Amazone.

10.004. SUPERCILIARIS, Gray, *List Gall. Br. Mus.*, p. 10; Scl. et Salv., *P. Z. S.*, 1870, p. 537. — ?

10.005. POLIOCEPHALA, Wagl., *Isis*, 1830, p. 1112, 1832, p. 1227; Scl. et Salv., *P. Z. S.*, 1869, p. 364, 1870, p. 537. — Mexique.

10.006. VETULA, Wagl., *Isis*, 1830, p. 1112, 1832, p. 1227; *poliocephala*, Scl. (1856, nec Wagl.); Cass., *Illustr.*, pl. 44; *plumbiceps*, Gr.; *ruficrissa*, Scl. et Salv., *P. Z. S.*, 1870, p. 538. — Du S. du Mexique à la Colombie.

2652. *Var.* MACCALLI, Baird, *B. N. Am.*, p. 611; Coues, *Key to N. Am. B.*, p. 573; Bendire, *N. Am. B.*, p. 119, pl. 3, f. 16. — Texas S. à Tamaulipas.

2653. *Var.* PALLIDIVENTRIS, Ridgw., *Man. N. Am. B.*, p. 209. — Yucatan.

10.007. LEUCOGASTRA (Gould), *P. Z. S.*, 1843, p. 105; Scl. et Salv., *Ibis*, 1859, p. 224; *albiventer*, auct. plur. (nec Wagl.); Gould, *Voy. Sulph. Zool.*, p. 48, pl. 31. — Guatémala W., et de San Salvador au Nicaragua.

10.008. GARRULA (Humb.), *Obs. de Zool.* I, p. 4; Wagl., *Isis*, 1830, p. 1111, 1832, p. 1227; Scl. et Salv., *P. Z. S.*, 1870, p. 539. — Colombie, Vénézuéla.

10.009. CINEREICEPS, Gray, *List Gall. Br. Mus.*, p. 12; Scl. et Salv., *P. Z. S.*, 1870, p. 540; *poliocephala* (pt.), auct. plur. (nec Wagl.); *frantzii*, Cab., *J. f. O.*, 1869, p. 211. — Du Costa-Rica à Panama.

2654. *Var.* STRUTHOPUS, Bangs, *Pr. New Engl. Zool. Club*, III, p. 61; Grant, *Ibis*, 1902, p. 245. — Iles de la baie de Panama.

10.010. ERYTHROPTERA, Licht. (ex Natt.), *Nomencl.*, p. 87; Scl. et Salv., *P. Z. S.*, 1870, p. 540; *ruficeps*, Scl. (1860, nec Wagl.) — Ecuador W.

1454. CUMANA

Pipile, Bp. (1856, nec *Pipilo*, Vieill., 1816); *Cumana*, Coues, *Auk*, 1900, p. 65 (1).

10.011. PIPILE (Jacq.), *Beytr.*, p. 26, pl. 11; Tem., *Pig. et Gal.* III, pp. 76, 694; Gray, *Knowsl. Menag.* II, pl. 10; *cumanensis*, Jacq., *l. c.*, p. 25, pl. 10; Léot., *Ois. de Trin.*, p. 383; Bonn., *Tabl. Enc. méth.* I, p. 174, pl. 86, f. 2; *leucolophos*, Merr.; — Guyane, Vénézuéla, Colombie, Ecuador, Bolivie, Pérou, Amazone.

(1) Je partage l'avis de M. E. Coues : *Pipile* est incorrect et ressemble trop à *Pipilo* pour être maintenu.

nattereri, Rchb.; *jacquinii*, Gray; *grayi*, Pelz., *Orn. Bras.*, p. 284.

10.012. JACUTINGA (Spix), *Av. Bras.* II, p. 53, pl. 70; Scl. et Salv., *P. Z. S.*, 1870, p. 530; *pipile*, Burm., *Th. Bras.* III, p. 336 (nec Jacq.); *nigrifrons*, Tem.; *leucoptera*, Max. — Brésil S., E. et Paraguay.

10.013. CUJUBI (Pelz., ex Natt.), *S. B. Ak. Wien*, 1858, p. 328; id., *Orn. Bras.*, p. 284; Scl. et Salv., *P. Z. S.*, 1870, p. 530. — Bas-Amazone.

1455. ABURRIA

Aburria, Rchb. (1852); *Opetioptila*, Sundev. (1872).

10.014. CARUNCULATA, Rchb., *Syst. Av.*, p. XXVI; Scl. et Salv., *P. Z. S.*, 1870, p. 531; *aburri*, Less. — Colombie, Ecuador.

1456. CHAMÆPETES

Chamæpetes, Wagl. (1832).

10.015. GOUDOTI (Less.), *Man. d'Orn.* II, p. 217; id., *Traité*, p. 481; Wagl., *Isis*, 1832, p. 1227; Scl. et Salv., *l. c.*; *rufiventris*, Tsch.; id., *Faun. Per.*, p. 291, pl. 31; *tschudii*, Tacz., *Orn. Pér.* III, p. 275. — Colombie, Ecuador, Pérou.

10.016. UNICOLOR, Salv., *P. Z. S.*, 1867, p. 159, 1870, p. 531. — De Costa-Rica à Panama.

FAM. III. — OPISTHOCOMIDÆ

1457. OPISTHOCOMUS

Opisthocomus, Illig. (1811); *Orthocorys*, Vieill. (1816); *Sasa*, Vieill. (1819).

10.017. HOAZIN (Müll.), *S. N. Suppl.*, p. 125; *Pl. Enl.* 337; *cristatus*, Gm.; Vieill., *Gal. Ois.* I, 2, p. 325, pl. 193; Gray, *Gen. B.*, pl. 98. — Guyane, Amazone, Colombie, Ecuador, Pérou, Bolivie.

FAM. IV. — PHASIANIDÆ (1)

SUBF. I. — PAVONINÆ

1458. PAVO

Pavo, Lin. (1766); *Pavianus*, Raf. (1815); *Spiciferus*, Bp. (1856).

10.018. CRISTATUS, Lin.; *Pl. Enl.* 433, 434; Elliot, *Monogr. Phasianidæ*, pl. 3; ?*assamensis*, Mc Clell., *Ind. Rev.*, 1838, p. 513. — Inde, Ceylan.

(1) Voy. aussi : Elliot, *Monogr. Phasianidæ* (1872).

2655. *Var.* NIGRIPENNIS, Sclat., *P. Z. S.*, 1860, p. 221; id., *Ibis*, 1897, p. 117; Ell., *l. c.*, pl. 4. — ? (Race domestique ?)

10.019. MUTICUS, Lin.; Elliot, *l. c.*, pl. 5; *japonensis*, Bonn.; *spiciferus*, Shaw et Nod.; Vieill., *Gal. Ois.* II, p. 14, pl. 202; *javanicus*, Horsf.; *aldrovandi*, Wils.; *spicifer*, Schinz. — Indo-Chine, Malacca, Java.

1459. RHEINARDTIUS

Rheinardius, Oust. (1882); *Rheinhardius*, Scl. et Saund. (1883); *Rheinartius*, Oust. (1885); *Rheinardtius*, Grant (1893).

10.020. OCELLATUS (Bp. ex Verr.), *C. R.* XLII, p. 878; Ell., *l. c.*, pl. 13; Oust., *N. Arch. Mus.*, 1885, VIII, p. 256, pl. 2; *rheinardti*, Maing. — Tonkin (Montagnes).

1460. ARGUSIANUS

Argus, Tem. (1813, nec Scop., 1777); *Argusianus*, Raf. (1815); *Argusanus*, Bp. (1856); *Argusa*, Kclh. (1881); *Argusinius*, Oust. (1882).

10.021. ARGUS (Lin.); Gould, *B. Asia*, VII, pl. 52; *giganteus*, Tem.; Ell., *l. c.*, pl. 11; *pavonius*, Vieill.; *pavoninus*, Gray. — Siam, Ténassérim S., Malacca, Sumatra.

2656. *Var.* GRAYI (Elliot), *Ibis*, 1865, p. 423; id., *Mon.*, pl. 12; *giganteus* (pt.), Müll. — Bornéo.

2657. *Var.* BIPUNCTATA (Wood), *An. Mag. N. H.*, 1871, p. 67; Ell., *Mon.*, pl. 13. — ?

1461. CHALCURUS

Chalcurus, Bonap. (1854).

10.022. INOCELLATUS (Less. ex Cuv.), *Traité d'Orn.*, p. 487; Bp., *C. R.* XLII, p. 878; *chalcurum*, Less.; Tem., *Pl. Col.* 519; Ell., *l. c.*, pl. 10; *chalcurus*, Grant, *Cat.*, p. 361. — Sumatra.

1462. POLYPLECTRON

Polyplectron, Tem. (1813); *Diplectron*, Vieill. (1816); *Polyplectrum*, Less. (1831); *Diplectropus*, Glog. (1842); *Diplectrum*, Agass. (1846); *Emphania*, Rchb. (1852).

10.023. CHINQUIS (Müll.), *S. N. Suppl.*, p. 121; Tem., *Pig. et Gal.* II, p. 363; Scl., *P. Z. S.*, 1879, pl. 8, f. 2; *tibetanus*, Gm.; Ell., *l. c.*, pl. 6; *bicalcaratus*, Lath. (nec Lin.); *iris*, Bonn.; *albocellatum*, Cuv.; *atelospilum*, *cyclospilum* et *enicospilum*, Gray; *helenæ*, Oat. (juv.) — Himalaya E., Indo-Chine.

10.024. GERMAINI, Elliot, *Ibis*, 1866, p. 56; id., *Mon.*, pl. 8; *intermedius*, Hume, *Str. F.*, 1873, p. 36; Ell., *Ibis*, 1878, p. 124. — Cochin-Chine, Lushai.

10.025. BICALCARATUM (Lin.); Ell., *l. c.*, pl. 7; *malaccensis*, Scop.; *hardwickii*, Gray, *Ill. Ind. Zool.* I, pl. 37; *lineatum*, Gray, *l. c.*, pl. 38. — Ténassérim S., Malacca, Sumatra.

10.026. SCHLEIERMACHERI, Brügg., *Abh. Ver. Brem.* V, p. 461, pl. 9; Pelz., *Verh. Z.-B. Wien*, 1881, p. 27. — Bornéo (Montagnes).

10.027. NAPOLEONIS, Less., *Traité d'Orn.*, p. 487; *emphanum*, Tem., *Pl. Col.* 540; Ell., *l. c.*, pl. 9; *emphanes*, Scl.; *nehrkornæ*, Blas., *Mitth. Orn. Ver. Wien*, 1891, p. 1. — Palawan (Philippines).

SUBF. II. — MELEAGRINÆ

1463. MELEAGRIS

Meleagris, Lin. (1766); *Gallopavo*, Brünn. (1772); *Cenchramus*, Gray (1841); *Agriocharis*, Chapm. (1896).

10.028. GALLOPAVO, Lin.; Grant, *Cat.*, p. 387; *mexicana*, Gould, *P. Z. S.*, 1856, p. 61; Ell., *l. c.*, pl. 32. — Mexique N.-E., Nouv.-Mexique, Texas W.

2658. *Var.* INTERMEDIA, Senn., *Bull. U. S. Geol. Surv.*, 1879, p. 428; *gallopavo* et *mexicanus* (pt.), auct. plur.; *ellioti*, Senn., *Auk*, 1892, p. 167, pl. 3. — Texas S.-E., Mex. E.

2659. *Var.* MERRIAMI, Nels., *Auk*, 1900, p. 120-23. — Ariz., Nouv.-Mex. W.

2660. *Var.* AMERICANA, Bartr., *Trav.*, p. 290; *gallopavo* (pt.), auct. plur. (nec Lin.); *palawa*, Barton; *sylvestris* et *fera*, Vieill., *Gal. Ois.* II, p. 10, pl. 201; *var. occidentalis*, Allen. — États-Unis E. jusqu'au Dakota à l'Ouest.

2661. *Var.* OSCEOLA, Scott, *Auk*, 1890, p. 376; *gallopavo* (pt.), auct. plur. — Floride.

10.029. OCELLATA, Cuv., *Mém. Mus. d'H. N.* VI, p. 1, pl. 1; Tem., *Pl. Col.* 112; Ell., *l. c.*, pl. 33; *aureus*, Vieill. — Guatémala, Honduras, Yucatan.

SUBF. III. — PHASIANINÆ

1464. ITHAGENES

Ithaginis, Wagl. (1832); *Plectropus*, Less. (1836); *Plectrophorus*, Gray (1840); *Ithagenes*, Sund. (1872).

10.030. CRUENTUS (Hardw.), *Tr. Linn. Soc.* XIII, p. 237; Tem., *Pl. Col.* 332; Ell., *l. c.* II, pl. 30; *gardneri*, Hardw. — Himalaya, Thibet.

10.031. GEOFFROYI, Verr., *Bull. Soc. d'Acclim.*, 1867, p. 706; Gould, *B. As.* VII, pl. 42; Ell., *l. c.*, pl. 31; Dav. et Oust., *Ois. Chine*, p. 401, pl. 113. — Thibet E., Setchuan.

10.032. SINENSIS, David, *Ann. Sc. Nat.*, 1873, art. 5, p. 1; id. et Oust., *Ois. Chine*, p. 402, pl. 114. — Chensi mérid. (Chine W.)

1465. TRAGOPAN

Satyra, Less. (1828, nec Meig., 1803); *Tragopan*, Cuv. (1829); *Ceriornis*, Sw. (1837); *Ceratornis*, Cab. (1846).

10.033. SATYRA (Lin.); Vieill., *Gal. Ois.* II, p. 25, pl. 206; Cuv., *Règ. an.* I, p. 479; Gould, *Cent. B. Him.*, pl. 62; Ell., *l. c.*, pl. 22; *cornutus*, Müll.; *nepaulensis*, *pennanti* et *lathami*, Gray, *Ill. Ind. Zool.*, pl[s] 40, 49, 51. — Himalaya.

10.034. MELANOCEPHALUS (Gray), in *Griff. ed. Cuv.* III, p. 29; id., *Ill. Ind. Zool.*, pl[s] 46, 48; Gould, *B. As.* VII, pl. 45; Ell., *l. c.*, pl. 23; *hastingsi*, Vig. — Himalaya W.

10.035. TEMMINCKI, Gray, *Ill. Ind. Zool.* I, pl. 50; Gould, *B. As.* VII, pl. 46; Dav. et Oust., *Ois. Chine*, p. 118, pl. 112. — Chine S.-W. et centr.

10.036. BLYTHI (Jerd.), *Pr. As. Soc. Beng.*, 1870, p. 60; Scl., *P. Z. S.*, 1870, pp. 163, 219, pl. 15; Ell., *l. c.*, pl. 26. — Assam N.-E., Manipour.

10.037. CABOTI (Gould), *P. Z. S.*, 1857, p. 161; id., *B. As.*, pl. 48; Dav. et Oust., *Ois. Chine*, p. 419, pl. 111; *modestus*, Dav. — Chine S.-E.

1466. LOPHOPHORUS

Lophophorus, Tem. (1813); *Monaulus*, Vieill. (1816); *Lophofera*, Flem. (1822); *Impeyanus*, Less. (1831); *Chalcophasis*, Ell. (1871).

10.038. REFULGENS, Tem., *Pig. et Gal.* II, p. 355; id., *Pl. Col.* 508, 513; Grant, *Cat.*, p. 278; *impeyanus*, auct. plur. (nec Lath.); Gould, *Cent. Him. B.*, pl[s] 60, 61 (1). — Himalaya, de l'Afghanistan au Boutan.

2662. *Var.* MANTOUI, Oust., *Bull. Soc. Zool. Fr.* XVIII, p. 19; Grant, *Handb. Game B.* I, p. 236; *refulgens*, Rothsch., *Ibis*, 1899, p. 441. — Himalaya?

2663. *Var.* OBSCURA, Oust., *l. c.*; Grant, *l. c.*; *refulgens*, Rothsch., *l. c.* — Himalaya?

(1) M. Sharpe n'admet pas la manière de voir de M. O.-Grant, qui considère l'*impeyanus* (Lath.) comme étant identique au *chambanus* de M. Marshall. Mais en examinant la description et la planche de Latham, on constate que cette dernière, pas plus que la diagnose, n'indique le blanc caractéristique du bas du dos du *L. refulgens*. Je confirme donc l'opinion de M. Grant.

10.039. IMPEYANUS (Lath., nec auct. plur.), *Ind.* II, p. 632; id., *Suppl. Gen. Syn.*, p. 208, pl. 114; Vieill., *Gal. Ois.* II, p. 31, pl. 208; *chambanus*, Marsh., *Ibis*, 1884, p. 421, pl. 10. — Chamba (Himalaya N.-W.)

10.040. LHUYSII, J. Verr., *Bull. Soc. d'Acclim.*, 2e sér. IV, p. 706; Sclat., *P. Z. S.*, 1868, p. 1, pl. 1; Gould, *B. Asia*, VII, pl. 54; Dav. et Oust., *Ois. Chine*, p. 403, pl. 110. — Moupin, Kokonoor E., Setchuan W. (Ch.)

10.041. SCLATERI, Jerd., *Ibis*, 1870, p. 147; Sclat., *P. Z. S.*, 1870, p. 162, pl. 14; Ell., *l. c.*, pl. 20; Gould, *B. As.* VII, pl. 55. — Assam N.-E. (Monts Mishmi).

1467. ACOMUS

Houppifer! Guér. (1829-38); *Alectryon*, Cab. (1846, nec Montf., 1810); *Acomus*, Rchb. (1852); *Houppiferus*, Ell. (1872).

10.042. ERYTHROPHTHALMUS (Raffl.), *Tr. Linn. Soc.* XIII, p. 321; Scl. et Wolf, *Zool. Sket.* II, pl. 34; Ell., *l. c.* II, pl. 28; *diardii*, Guér.-Mén., *Ic. Rég. An.*, *Ois.*, p. 26, pl. 43, f. 2; *purpureus*, Gray, *Ill. Ind. Zool.* I, pl. 42. — Malacca S., Sumatra.

10.043. PYRONOTUS (Gray), *List of B. Gall.*, p. 26 (1844); Ell., *l. c.* II, pl. 29; Salvad., *Ucc. Born.*, p. 307; *erythrothalmus (sic)*, Gray, *Ill. Ind. Zool.* II, pl. 38, f. 1 (1834, nec Raffl.); *personatus*, Tem. — Bornéo N.-E.

10.044. INORNATUS, Salvad., *Ann. Mus. Civ. Gen.*, 1879, p. 250; id , *P. Z. S.*, 1879, p. 651, pl. 48. — Sumatra W.

1468. LOPHURA

Lophura, Flem. (1822); *Euplocomus*, Tem. (1830, nec Latr., 1809); *Macartneya*, Less. (1831); *Spicifer*, Kp. (1836); *Lophalector*, Cab. (1846); *Lophora*, Gr. (1870).

10.045. IGNITA (Shaw et Nodd.), *Nat. Misc.* IX, pl. 321; Flem., *Philos. of Zool.* II, p. 230; Büttik., *Notes Leyd. Mus.* XVII, p. 170; *macartneyi*, Tem. (pt.); ?*sumatranus* (fem.), Dub. — ?

10.046. NOBILIS (Sclat.), *P. Z. S.*, 1863, p. 119, pl. 16; Ell., *l. c.*, pl. 27; *ignitus*, auct. plur. (nec Shaw et Nodd.); *ignita*, Grant, *Cat.*, p. 288. — Bornéo, Banka.

10.047. SUMATRANA (Dubois), *Bull. Ac. R. Belg.* XLII (1879), p. 825; Vorderm., *Nat. Tijdschr. Ned. Ind.*, 1890, p. 98; Büttik., *Notes Leyd. Mus.* XVII, p. 177; *ignitus* (pt.), auct. plur.; *rufa* (pt.), Grant, *Cat.*, p. 287; *Lophura sp.*, Grant, *l. c.*, p. 289 (en note). — Sumatra S.-E.

10.048. VIEILLOTI (Gray), *List Gen. B.*, p. 77; Gould, *B. As.* VII, pl. 15; Hume et Marsh., *Game B. Ind.* I, p. 213, pl.; *macartneyi* (pt.), Tem.; *ignitus* (pt.), auct. plur.; Gray, *Ill. Ind. Zool.* II, pl. 39; Ell., *l. c.* II, pl. 26; *castaneus*, Gray; *rufus*, Hume; *rufa* (pt.), Grant. — Siam, Ténassérim, Malacca, Sumatra.

1469. DIARDIGALLUS

Diardigallus, Bonap. (1856).

10.049. PRÆLATUS, Bonap., *C. R.* XLIII, p. 415; Gould, *B. As.* VII, pl. 21 (mas.); Sclat., *List Phas.*, p. 6, pl. 6; Ell., *l. c.* II, pl. 24; *diardi*, Tem., *MS.*; Grant, *Cat.*, p. 290; *fasciolatus*, Blyth; *crawfurdi*, Schomb. — Siam, Cambodje, Cochin-Chine.

1470. LOBIOPHASIS

Lobiophasis, Sharpe (1874).

10.050. BULWERI, Sharpe, *Ann. Mag. N. H.*, 1874, p. 373; Gould, *B. As.* VII, pl. 13; Sclat., *P. Z. S.*, 1876, p. 465, pl. 44; *castaneicaudatus*, Sharpe, *P. Z. S.*, 1877, p. 96 (juv.); Gould, *l. c.*, pl. 12. — Bornéo.

1471. CROSSOPTILON

Crossoptilon, Hodgs. (1838).

10.051. TIBETANUM, Hodgs., *J. A. S. Beng.* VII, p. 864, pl. 46; Sclat., *List Phas.*, p. 6, pl. 4; Ell., *l. c.* I, pl. 14; Dav. et Oust., *Ois. Chine*, p. 407, pl. 107; *auritum*, Gray, *Gen. B.*, pl. 125; *drouynii*, Verr. — Chine W., Thibet E.

10.052. LEUCURUM, Seeb., *Bull. Br. Orn. Club*, IV (1892), p. XVII; id., *Ibis*, 1893, p. 250; *tibetanum* (pt.), Oust., *Ann. Sc. Nat.*, 1892, p. 315. — Thibet E.

10.053. MANTCHURICUM, Swinh., *P. Z. S.*, 1862, p. 287; Ell., *l. c.* I, pl. 16; Dav. et Oust., *Ois. Chine*, p. 405, pl. 106; *auritum* (pt.), auct. plur. (nec Pall.); Gould, *B. As.* VII, pl. 22. — Mandchourie.

10.054. AURITUM (Pall.), *Zoogr. Rosso-Asiat.* II, p. 86; Ell., *l. c.* I, pl. 17; Dav. et Oust., *Ois. Chine*, p. 406, pl. 108; *cærulescens*, Dav.; M.-Ew., *C. R.* LXX, p. 538. — Chine W.

10.055. HARMANI, Elwes, *Ibis*, 1881, p. 399, pl. 13; Grant, *Cat.*, p. 296. — Thibet.

1472. GENNÆUS

Gennæus, Wagl. (1832); *Nycthemerus*, Sw. (1837); *Alectrophasis*, Gray (1841); *Grammatoptilus*, Rchb. (1852); *Hierophasis*, Ell. (1872); *Euplocamus* (pt.), auct. plur.

10.056. ALBOCRISTATUS (Vig.), *P. Z. S.*, 1830, p. 9; Gould, *Cent. B. Him.*, pl[s] 66, 67; Wagl., *Isis*, 1832, p. 1228; Ell., *l. c.* II, pl. 18; *hamiltonii*, Gray; *leucomelas*, Hodgs. (pt.) — Himalaya W., de Hazara au Népaul.

10.057. LEUCOMELANUS (Lath.), *Ind. Orn.* II, p. 633; Hume et Marsh., *Game B. Ind.* I, p. 185, pl.; *leucomelas*, Hodgs. (pt.), *Icon. ined.*, *Gall.*, pl. 14, f. 79. — Népaul.

10.058. MELANONOTUS (Blyth), Hutt., *J. A. S. Beng.*, 1848, 2, p. 694; Mitch., *P. Z. S.*, 1858, p. 544, pl. 149, f. 2; Ell., *l. c.* II, pl. 119; Beav., *Ibis*, 1868, p. 381; *muthura*, Grant. — Himalaya E., du Sikkim au Boutan.

10.059. EDWARDSI, Oust., *Bull. Mus. Paris*, 1896, p. 316; id., *Arch. Mus.* (4), I, pl. 10. — Annam.

10.060. HORSFIELDI (Gray), *Gen. B.* III, p. 498, pl. 126; Ell., *l. c.* II, pl. 20; Hume et Marsh., *Game B. Ind.* I, p. 198, pl. — Boutan E., Assam, Haute-Birmanie.

10.061. WICKHAMI, Oates, *Man. Game B. Ind.* II, *App.* (1898). — Haute-Birmanie.

10.062. ANDERSONI (Ell.), *P. Z. S.*, 1871, p. 137; id., *Mon.* II, pl. 22; Anders., *B. W. Yun.*, p. 670, pl. 53; *crawfurdi*, Hume et Dav.; *davisoni*, Grant, *Cat.*, p. 304. — Monts Kachin (Yunnan).

10.063. BELI, Oust., *Bull. Mus. Paris*, 1898, n° 6, p. 259. — Annam.

10.064. WILLIAMSI, Oates, *Man. Game B. Ind.* I, p. 342. — Haute-Birmanie.

10.065. CUVIERI (Tem.), *Pl. Col.* 1; Hume et Marsh., *Game B. Ind.* I, p. 202; *melanion*, Vieill. — Monts du N. de l'Arakan.

10.066. LINEATUS (Vig.), *Phil. Mag.*, 1831, p. 147; Jard. et Sel., *Ill. Orn.* (n. s.), pl. 12; Scl. et Wolf, *Zool. Sket.* II, pl. 38; Ell., *l. c.* II, pl. 23; *reynaudii*, Less.; *fasciatus*, Mc Clell. — Pégou, Ténassérim N.

2664. *Var.* OATESI, Og.-Grant, *Cat.*, p. 306; *cuvieri* (pt.), auct. plur.; *lineatus*, Feild. (nec Vig.) — Arakan S.-E.

10.067. SHARPEI, Oates, *Man. Game B. of Ind.* I, p. 357. — Monts Karin (Ténass.)

10.068. NYCTHEMERUS (Lin.); *Pl. Enl.* 123, 124; Gould, *B. As.* VII, pl. 17; Ell., *l. c.* II, pl. 21; ?*crawfurdii*, Gray (mas. juv.?); *argentatus*, Sw. — Chine S.

10.069. WHITEHEADI, Grant, *Ibis*, 1899, p. 586; id., *P. Z. S.*, 1900, p. 503, pl. 34. — Haïnan.

10.070. RUFIPES, Oates, *Man. Game B. of Ind.* I, p. 362. — Birmanie.

10.071. SWINHOEI (Gould), *P. Z. S.*, 1862, p. 284; Gould, *B. As.* VII, pl. 16; Scl. et Wolf, *Zool. Sket.* II, pl. 37; Dav. et Oust., *Ois. Chine*, p. 417, pl. 102; Grant, *Cat.*, p. 309. — Formose.

1473. PUCRASIA

Eulophus, Less. (1836, nec Géoff., 1764); *Pucrasia*, Gray (1841); *Gallophasis*, Hodgs. (1843); *Lophotetrax*, Cab. (1846); *Lochmophasis*, Heine (1890).

10.072. MACROLOPHA (Less.), *Dict. Sc. N.* LIX, p. 196; Gould, *B. As.* VII, pl. 26; Ell., *l. c.* I, pl. 28; *pucrasia*, Gray, *Ill. Ind. Zool.* I, pl. 40. — Himalaya W.

2665. *Var.* BIDDULPHI, Marsh., *Ibis*, 1879, p. 461; id., *J. f. O.*, 1879, p. 424; *macrolopha*, Adams (nec Less.) — Cachemire.

10.073. NIPALENSIS, Gould, *P. Z. S.*, 1854, p. 100; id., *B. As.* VII, pl. 28; Hume et Marsh., *Game B. Ind.* I, p. 166, pl.; *pucrasia* et *macrolopha* (pt.), auct. plur.; *duvauceli*, Bp.; Ell., *l. c.* I, pl. 29. — Népaul.

10.074. CASTANEA, Gould, *P. Z. S.*, 1854, p. 99; id., *B. As.* VII, pl. 27; *duvaucelii*, Gr. (nec Bp.) — Afghanistan N., Kafiristan.

10.075. MEYERI, Madar., *Ibis*, 1886, p. 145; Grant, *Cat.*, p. 315; *darwini*, Oust. (nec Swinh.), *Le Natur.*, 1886, p. 276. — Thibet centr., Haut-Mékong.

10.076. XANTHOSPILA, Gray, *P. Z. S.*, 1864, p. 259, pl. 20; Gould, *B. As.* VII, pl. 24; Ell., *l. c.* I, pl. 30; Dav. et Oust., *Ois. Chine*, p. 407, pl. 104; *davidiana*, A. M.-Edw.; *var. ruficollis*, Dav. et Oust. — Chine N.-W., Mandchourie et Thibet.

10.077. DARWINI, Swinh., *P. Z. S.*, 1872, p. 552; Ell., *Mon.* I, pl. 30bis; Gould, *B. As.* VII, pl. 25; Dav. et Oust., *Ois. Chine*, p. 409. — Tchékiang et Fokien (Chine E.)

1474. CATREUS

Catreus, Cab. (1851); *Lophophasianus*, Rchb. (1852); *Phasianus* (pt.), auct. plur.

10.078. WALLICHII (Hardw.), *Tr. Linn. Soc.* XV, 1827, p. 166; Gould, *B. Asia*, VII, pl. 18; *staceii*, Vig.; Gould, *Cent. B. Him.*, pl. 68. — Himalaya, du Népaul au Chamba.

1475. PHASIANUS (1)

Phasianus, Lin. (1766); *Syrmaticus*, Wagl. (1832); *Graphephasianus*, Rchb. (1852); *Calophasis*, Ell. (1872).

10.079. COLCHICUS, Lin.; Ell., *Mon. Phas.* II, pl. 2; Dubois, *Fne. ill. Vert. Belg., Ois.* II, p. 55, pl. 175; Dress., *B. Eur.* VII, p. 85, pl. 469; *marginatus*, Mey. et Wolf. — Europe S.-E., Transcaucasie (introd. d^{s} l'Eur. cent. et occid.)

2666. *Var.* SEPTENTRIONALIS, Lorenz., *J. f. O.*, 1888, p. 572. — Caucase N.

2667. *Var.* TALISCHENSIS, Lorenz., *J. f. O.*, 1888, p. 571. — Talisch (Casp. S.-W.)

(1) Voy. aussi : Seebohm, *Ibis*, 1887, pp. 168-173, 1888, pp. 312-316.

10.080. persicus, Severtz., *Bull. Mosc.*, 1875, p. 208; id., *J. f. O.*, 1875, p. 225; *shawi*, Ell., *Ibis*, 1876, p. 132.	Perse.
2668. *Var.* Principalis, Sclat., *P. Z. S.*, 1885, p. 322, pl. 22; *komarowi*, Bogd., *Bull. Ac. St-Pétersb.*, 1886, p. 356.	Afghanistan N.-W., Perse N.-E.
2669. *Var.* Zerafshanica, Tarnowski, Field, LXXVII, p. 409; *klossowskii*, Tarn., *l. c.*; *tarnowskii*, Seeb., *P. Z. S.*, 1892, p. 271.	Zérafshan.
10.081. shawi, Ell., *P. Z. S.*, 1870, p. 403; id., *Mon.* II, pl. 1; Gould, *B. As.* VII, pl. 35; *insignis*, Ell.	Turkestan E.
2670. *Var.* Tarimensis, Przev., *Dritte Reise in cent. As*, p. 95; Pleske, *P. Z. S.*, 1888, p. 415.	De Karaschar à Lob-nor.
2671. *Var.* Chrysomelas, Severtz., *Bull. Mosc.*, 1875, pt. 3, p. 207; id., *Ibis*, 1875, p. 493; Gould, *B. As.* VII, pl. 36; *dorrandti* et *oxianus*, Severtz., *J. f. O.*, 1875, p. 225; *insignis*, Ell.	Amou-Daria.
10.082. mongolicus, Brandt, *Bull. Ac. St-Pétersb.* III, p. 51; Gould, *B. As.* VII, pl. 41; Ell., *l. c.* II, pl. 4; *colchicus*, Licht. (nec Lin.); *torquatus*, Kar. (nec Gm.)	Asie centr., Turkestan.
2672. *Var.* Turcestanica, Lorenz., *Orn. Monatsb.* IV, p. 189.	Vallée du Syr-Daria (Turkestan).
2673. *Var.* Semitorquata, Severtz., *Ibis*, 1875, p. 491; Pleske, *Bull. Acad. St-Pétersb.*, 1892, p. 295.	Dzungarie.
10.083. holdereri, Schalow, *J. f. O.*, 1901, p. 414, pl. 4.	Min-tschôu.
10.084. torquatus, Gm., *S. N.* I, 2, p. 742; Gould, *B. As.* VII, pl. 39; Ell., *l. c.* II, pl. 5; Dav. et Oust., *Ois. Chine*, p. 409; *albotorquatus*, Bonn.	Sibérie E., Mongolie E., Corée, Chine.
2674. *Var.* Satscheunensis, Przev., *Reis. in Tibet*, p. 59; Dedit., *J. f. O.*, 1886, p. 527; *shawi* (pt.), Seeb.	Sa-tschen (au N. des Monts Nan-Shan).
10.085. formosanus, Ell., *P. Z. S.*, 1870, p. 406; id., *Mon.* II, pl. 6; Dav. et Oust., *Ois. Chine*, p. 410; *torquatus* (pt.), Swinh. (1863).	Ile Formose.
10.086. decollatus, Swinh., *P. Z. S.*, 1870, p. 135; Ell., *l. c.* II, pl. 7; Dav. et Oust., *Ois. Chine*, p. 411, pl. 100.	Chine W. et centr.
2675. *Var.* Strauchi, Przev., *Mongol.* II, 2, p. 119, pl. 17.	Kansu N.-W.
10.087. elegans, Ell., *Ann. and Mag. N. H.*, 1870, p. 312; id., *Mon.* II, pl. 8; *sladeni*, Ell. (ex Anders.), *P. Z. S.*, 1870, p. 408; Dav. et Oust., *Ois. Ch.*, p. 411.	Setchuan W., Yunnan W.
2676. *Var.* Vlangali, Przev., *Mongol.* II, 2, p. 116, pl. 16; Grant, *Cat.*, p. 330.	Tsaidam (au S. des Monts Koko-nor).
10.088. versicolor, Vieill., *Gal. Ois.* II, p. 23, pl. 205; Tem., *Pl. Col.* 486, 493; Ell., *l. c.* II, pl. 9; *diardi*, Tem.	Japon.
10.089. soemmerringi, Tem., *Pl. Col.* 487, 488; Gould, *B. As.* VII, pl. 37; Ell., *l. c.* II, pl. 12.	Japon.
2677. *Var.* Scintillans, Gould, *Ann. Mag. N. H.*, 1866, p. 150; id., *B. Asia*, VII, pl. 38.	Japon.

10.090. REEVESI, Gray, in *Griff. ed. Cuv.* III, p. 25; id., *Ill. Ind. Zool.* I, pl. 39; Gould, *B. Asia*, VII, pl. 33; Ell., *l. c.* II, pl. 11; ?*superbus*, Vieill. (nec Lin.); *veneratus*, Tem., *Pl. Col.* 485. — Chine.

10.091. ELLIOTI, Swinh., *P. Z. S.*, 1872, p. 550; Dav. et Oust., *Ois. Chine*, p. 412, pl. 101; Ell., *l. c.* II, pl. 13bis. — Chine S.-E.

10.092. HUMIÆ (Hume), *Str. F.*, 1880, p. 461; id., *Ibis*, 1881, p. 608; Godw.-Aust., *P. Z. S.*, 1882, p. 715, pl. 51. — Manipour.

2678. *Var.* BURMANICA (Oates), *Ibis*, 1898, p. 124. — Birmanie.

1476. CHRYSOLOPHUS

Thaumalea, Wagl. (1832, nec Ruthe, 1831); *Chrysolophus*, J.-E. Gray (1833); *Epomia*, Hodgs. (1844).

10.093. PICTUS (Lin.); *Pl. Enl.* 217; Ell., *l. c.* II, pl. 15; Dav. et Oust., *Ois. Chine*, p. 414; Gray, *Ill. Ind. Zool.* II, pl. 41, f. 2. — Chine S. et W.

2679. ? *Var.* OBSCURA (Schl.), *Ned. Tijdschr. Dierk.* II, p. 152; Ell., *l. c.* II, pl. 16 (aberr.?). — ?

10.094. AMHERSTIÆ (Leadb.), *Tr. Linn. Soc.*, 1828, p. 129, pl. 15; Gould, *B. As.* VII, pl. 20; Ell., *l. c.* II, pl. 14; Dav. et Oust., *Ois. Chine*, p. 415, pl. 103. — Chine W., Thibet E.

1477. GALLUS

Gallus, Lin. (1746); *Alector*, Klein (1750); *Creagrius*, Glog. (1842).

10.095. FERRUGINEUS (Gm.), *S. N.* I, 2, p. 761; Ell., *l. c.* II, pl. 32; Dav. et Oust., *Ois. Chine*, p. 420; Hume et Marsh., *Game B. Ind.* I, p. 217, pl.; *Ph. gallus*, Lin.; *spadicea*, Bonn.; *bankiva*, Tem. — Inde, Indo-Chine, Malacca, îles Indo-malaises.

10.096. LAFAYETTEI, Less., *Traité d'Orn.*, p. 491; Des M., *Icon. Orn.*, pl. 18; Ell., *l. c.* II, pl. 33; *stanleyi*, Gray, *Ill. Ind. Zool.* I, pl. 43, f. 1. — Ceylan.

10.097. SONNERATI, Tem., *Pig. et Gal.* II, p. 246; id., *Pl. Col.* 232, 233; Ell., *l. c.* II, pl. 34; *Ph. gallus*, Scop. (nec Lin.); *indicus*, Leach. — Inde S. et centr.

10.098. VARIUS (Shaw et Nodd.), *Nat. Misc.* X, pl. 353; Ell., *l. c.* II, pl. 35; *furcatus*, Tem., *Pl. Col.* 483; *javanicus*, Horsf. (1). — Java, Lombock, Flores, Bornéo.

(1) Hybrides : *Gallus æneus*, Tem., *Pl. Col.* 374, = *varius* × *domesticus*; *temmincki*, Gray, *P. Z. S.*, 1849, p. 62, pl. 7, = *ferrugineus* × *varius*. Le *Gallus stramineicollis*, Sharpe, *P. Z. S.*, 1879, p. 317 (îles Soulou) est une race domestique, de même que le *G. violaceus*, Kels. *J. straits As. Soc.* XXIV, p. 167 (Bornéo ?)

SUBF. IV. — NUMIDINÆ

1478. PHASIDUS

Phasidus, Cass. (1856).

10.099. NIGER, Cass., *Pr. Ac. Philad.*, 1856, p. 322 : id., *Journ. Ac. Phil.*, 1858, p. 7, pl. 3; Ell., *l. c.* II, pl. 36.	Afrique W., du Gabon au Congo.

1479. AGELASTES

Agelastes, Bonap. (1849); *Agelastus*, Hartl. (1855).

10.100. MELEAGRIDES, Bp. (ex Tem.), *P. Z. S.*, 1849, p. 115; Ell., *l. c.* II, pl. 37; Büttik., *Notes Leyd. Mus.* VII, p. 230, X, p. 98.	Du Gabon à Libéria.

1480. NUMIDA (1)

Numida, Lin. (1766); *Numidia*, Flem. (1822); *Querelea*, Rchb. (1852).

10.101. MELEAGRIS, Lin.; *Pl. Enl.* 108; Ell., *Mon. Phas.* II, pl. 39; *galeata*, Pall.; *rendallii*, Ogilby; *maculipennis*, Sw.; *orientalis*, Cab. (domest.)	Afrique W., de Sénégambie au Niger, îles du Cap Vert.
2680. *Var.* MARCHEI, Oust., *Ann. Sc. Nat.*, 1882, art. 1bis; id., *N. Arch. Mus.*, 1885, p. 305, pl. 14.	Gabon, Bas-Congo.
10.102. CORONATA, Gray, *List of B.*, *Gall.*, p. 29; Ell., *l. c.* II, pl. 40; *cornuta*, Fch. et Hartl., *Vög. O.-Afr.*, p. 569.	Cafrerie, Natal.
10.103. TRANSVAALENSIS, Neum., *Orn. Monatsb.* VII, p. 26.	Transvaal.
10.104. PAPILLOSA, Rchw., *Orn. Monatsb.* II, p. 145; Fleck, *J. f. O.*, 1894, p. 390 (fig. col. de la tête); *mitrata*, Gr. (nec Pall.); *cornuta*, Gurn. (nec Hartl.); Grant, *Cat.*, p. 378 (pt.)	Afr. S.-W., du Benguela au fl. Orange et le désert de Kalahari.
10.105. REICHENOWI, Grant, *Ibis*, 1894, p. 535; Fleck, *J. f. O.*, 1894, p. 390 (fig. col. de la tête).	Kilima Ndjaro jusqu'au Massaïland et Kikuyu (Afr. E.)
10.106. ANSORGEI, Hart., in *Ansorge « Under the Afr. Sun » App.*, p. 331.	Afrique équat. angl.
10.107. UHEHENSIS, Rchw., *Orn. Monatsb.* VI, p. 88.	Uhehe (Afr. E. allem.)
10.108. MARUNGENSIS, Schalow, *Zeit. Ges. Orn.*, 1884, p. 105.	Marungu (Tangan. W.)
10.109. MAXIMA, Neum., *Orn. Mon.*, 1898, p. 21, 1899, p. 26.	Benguela.
10.110. INTERMEDIA, Neum., *l. c.*, 1898, p. 21, 1899, p. 26.	Victor.-Nyanza W., au S. jusqu'à Kagera.
10.111. MITRATA, Pall., *Spic. Zool.* I, 4, p. 18, pl. 3; Ell., *Mon. Phas.* II, pl. 41; *tiarata*, Bp.; *tiara*, Gray.	Afrique E., Madagascar, îles Comores.

(1) Voy. aussi : Neumann, *Orn. Monatsb.* VI, pp. 17-22.

10.112. PTILORHYNCHA, Licht. in Less., *Tr. d'Orn.*, p. 498; Gray, *Gen. B.* III, pl. 128; Rüpp., *Syst. Uebers.*, pp. 102, 105, pl. 39; Ell., *l. c.* II, pl. 42. — Afrique N.-E.

10.113. SOMALIENSIS, Neum., *Orn. Monatsb.*, 1899, p. 25. — Somaliland.

1481. GUTTERA (1)

Guttera, Wagl. (1832).

10.114. CRISTATA (Pall.), *Spic. Zool.* I, 4, p. 15, pl. 2; Ell., *l. c.* II, pl. 45; Finsch et Hartl., *Vög. O.-Afr.*, 572. — Afrique W., de Sierra-Leone au Togo.

2681. *Var.* GRANTI (Ell.), *P. Z. S.*, 1871, p. 584; id., *Mon.* II, pl. 43; *pucherani* (pt.), Grant, *Cat.*, p. 383. — Afrique E. allem.

2682. *Var.* EDOUARDI (Hartl.), *J. f. O.*, 1867, p. 36; id., *Ibis*, 1870, p. 444; *cristata* (pt.), auct. plur.; *pucherani*, Sharpe, *Lay. B. S. Afr.*, p. 586; *verreauxi*, Ell., *Ibis*, 1870, p. 300; id., *Mon.*, pl. 44. — Mozambique, Zambézie, Natal.

10.115. PUCHERANI (Hartl.), *J. f. O.*, 1860, p. 341; Ell., *Mon.* II, pl. 46; Fch. et Hartl., *Vög. O.-Afr.*, p. 574; *ellioti*, Bartl., *P. Z. S.*, 1877, p. 652, pl. 65; *cristata* (pt.), Layard. — Afrique E. allem. et angl., Zanzibar.

10.116. SCLATERI, Rchw., *Orn. Monatsb.*, 1898, p. 115. — Caméron (Edea).

10.117. PLUMIFERA (Cass.), *Pr. Ac. Philad.*, 1856, p. 321; id., *Journ. Ac. Phil.* IV, p. 6, pl. 2; Ell., *l. c.* II, pl. 47. — Du Caméron au Loango.

1482. ACRYLLIUM

Acryllium, Gray (1840); *Agryllium*, Gray (1867).

10.118. VULTURINUM (Hardw.), *P. Z. S.*, 1834, p. 52 (*vulturina*); Gray, *List Gen. B.*, p. 61; Hartl., *Vög. O.-Afr.*, p. 575; Ell., *l. c.* II, pl. 38. — Afrique E., du Somaliland au Kilima Ndjaro.

SUBF. V. — PERDICINÆ

1483. LERWA

Lerwa, Hodgs. (1837); *Tetraoperdix*, Hodgs. (1844); *Tetraonoperdix*, Agass. (1846); *Lerva*, Blyth (1849); *Tetræoperdix*, Heine (1887).

10.119. NIVICOLA, Hodgs., *Madr. Journ.*, 1837, p. 301; Gould, *B. Asia*, VII, pl. 75; Dav. et Oust., *Ois. Chine*, p. 392; Hume et Marsh., *Game B. Ind.* II, p. 1, pl.; *Perdix lerwa*, Hodgs. (1833). — Himalaya, Chine W. (Montagnes).

(1) Voy. aussi : Reichenow, *Orn. Monatsb.*, 1898, pp. 1-3.

1484. TETRAOPHASIS

Tetraophasis, Elliot (1871).

10.120. OBSCURUS (Verr.), *N. Arch. Mus., Bull.*, 1869, p. 33, pl. 6; Ell., *Mon. Phas.*, pl. 21; Gould, *B. Asia*, VII, pl. 44. — Thibet E.

10.121. SZECHENYII, Madar., *Zeit. Ges. Orn.* II, p. 50, pl. 2; id., *Ibis*, 1886, p. 145; *desgodinsi*, Oust., *Le Nat.*, 1886, p. 276. — Thibet, Chine W.

1485. TETRAOGALLUS (1)

Tetraogallus, Gray (1833); *Chourtka*, Motsch. (1839); *Megaloperdix*, Brandt (1843); *Oreotetrax*, Cab. (1846).

10.122. TIBETANUS, Gould, *P. Z. S.*, 1853, p. 47; id., *B. Asia*, VII, pl. 32; Dav. et Oust., *Ois. Chine*, p. 391; Hume et Marsh., *Game B. Ind.* I, p. 275, pl. — Thibet, Chine W.

10.123. HENRICI, Oust., *Ann. Sc. Nat.*, 1891, pp. 295, 313; Grant, *Cat.*, p. 106. — Chine W.

10.124. ALTAICUS (Gebl.), *Bull. Acad. St-Pétersb.*, 1837, p. 31; Gray, *P. Z. S.*, 1842, p. 105; Gould, *B. Asia*, VII, pl. 31. — Monts Altaï.

10.125. HIMALAYENSIS, Gray, *P. Z. S.*, 1842, p. 105; Gould, *B. Asia*, VII, pl. 30; Hume et Marsh., *Game B. Ind.* I, p. 267, pl.; *nigellii*, Jard. et Sel. (pt.); Gray, *Ill. Ind. Zool.* II, pl. 46. — Himalaya, Altaï.

2683. *Var.* GROMBCZEWSKII, Bianchi, *J. f. O.*, 1899, p. 429; *himalayensis* (pt.), auct. plur. — Kuen-Lun W.

2684. *Var.* KOSLOWI, Bianchi, *l. c.*, p. 430. — Altyn-tagh, Nan-schan.

10.126. CASPIUS (Gm.), *Reise*, IV, p. 67, pl. 10; Gould, *B. Asia*, VII, pl. 29; *nigelli*, Jard. et Sel. (pt.); *raddei*, Bolle et Brm., *J. f. O.*, 1873, p. 4; *challayei*, Oust.; *tauricus*, Dress. — Asie Mineure, Caucase, Perse.

10.127. CAUCASICUS (Pall.), *Zoogr.* II, pp. 76, 87, pl.; Radde, *Orn. Cauc.*, p. 335, pl. 21, ff. 1, 2; *alpina*, Motsch.; *caspius*, Gould (pt.). — Caucase.

1486. CACCABIS

Caccabis, Alectoris, Kaup (1829); *Chacura, Pyctes*, Hodgs. (1844).

10.128. SAXATILIS (Mey. et Wolf), *Tasch. Deuts.* I, p. 305, pl.; Naum., *Vög. Deutschl.* VI, p. 546, pl. 164; Dress., *B. Eur.* VII, p. 93, pl. 470; *rufa*, Lath. (nec Lin.); *græca*, Steph.; *rupestris*, Brm.; *melanocephala*, Fatio (nec Rüpp.), aberr. — Montagnes de l'Europe centr. et mérid.

(1) Voy. aussi : Bianchi, *Journ. f. Orn.*, 1899, pp. 421-434.

2685. *Var.* CHUKAR (Gray), *Ill. Ind. Zool.* I, pl. 54; Gould, *Cent. B. Him.*, pl. 71; *saxatilis* (pt.), auct. plur.; *pugnax*, Hodgs.; *græca* (pt.), auct. plur.; *synaica, altaica*, Bp.; *sinaitica*, Heugl.; *chukor*, Hodgs.; *var. pubescens*, Swinh.; *arenarius, pallescens* et *pallidus*, Hend. et Hume; *hyemalis*, Severtz. — Europe S.-E., Arabie, Perse, Asie centr. jusqu'en Chine.

2686. *Var.* MAGNA, Przew., *Mongolia*, II, p. 127; Dedit., *J. f. O.*, 1886, p. 531. — Thibet N., Chine W.

10.129. RUFA (Lin.); Dress., *B. Eur.* VII, p. 103, pl. 471, f. 1; *rubra*, Briss.; Dubois, *Fne. ill. Vert. Belg.*, *Ois.* II, p. 64, pl. 176; *rufidorsalis, intercedens*, Brm.; *atrorufa* et *xanthopleura*, Vinc.; *var. australis*, Tristr., *Ibis*, 1889, p. 28. — Europe S.-W. et centr., Madeire, Açores, Canaries.

2687. *Var.* HISPANICA, Seoane, *Mém. Soc. Zool. Fr.* VII, p. 93. — Espagne.

10.130. PETROSA (Gm.), *S. N.* I, 2, p. 758; Dress., *B. Eur.* VII, p. 111, pl. 471, f. 2; *barbara*, Bonn. — Europe S.-W., Afrique N.-W., Canaries.

2688. *Var.* SPATZI, Rchw., *Journ. f. Orn.*, 1895, p. 110. — Tunisie S.

2689. *Var.* KOENIGI, Rchw., *Orn. Monatsb.*, 1899, p. 189. — Ténériffe.

10.131. ? BARBATA, Rchw., *Orn. Mon.*, 1896, p. 76 (aberr.?) — ?

10.132. MELANOCEPHALA (Rüpp.), *N. Wirbelth. Vög.*, p. 11, pl. 5; Heugl., *Vög. N.-O. Afr.* III, p. 919; *yemensis*, Nichols., *P. Z. S.*, 1851, p. 128, pl. 40. — Arabie.

1487. AMMOPERDIX

Ammoperdix, Gould (1851).

10.133. BONHAMI (Fras.), *P. Z. S.*, 1843, p. 70; Des M., *Icon. Orn.*, pl. 29; Gould, *B. Asia*, VII, pl. 1; *griseogularis*, Brandt; Radde, *Orn. Cauc.*, p. 352; *cinereogularis*, Cab., *J. f. O.*, 1873, p. 458. — Arabie, Asie S.-W. jusqu'au N.-W. de l'Inde.

10.134. HEYI (Tem.), *Pl. Col.* 328, 329; Gould, *B. Asia*, VII, pl. 2; *rupicola*, Licht.; *flavirostris*, Heugl. — Arabie, Palestine.

10.135. CHOLMLEYI, Og.-Grant, *Handb. Game B.* II, *App.*, p. 293. — Egypte, Nubie.

1488. FRANCOLINUS (1)

Francolinus, Steph. (1819); *Chætopus*, Sw. (1837); *Attagen*, Keys. et Bl. (1840); *Scleroptila, Clamator*, Blyth (1849); *Didymacis, Ortygornis*, Rchb. (1852); *Scleroptera*, Bp. (1856); *Perdicidens*, Heine (1860).

10.136. VULGARIS, Steph., in *Shaw's Gen. Zool.* XI, p. 319; Dubois, *Ois. Eur.* II, p. et pl. 127; Dress., *B. Eur.* VII, p. 123, pl. 473; *francolinus*, Lin.; *var. brevipes*, Hodgs.; *tristriatus, henrici, asiæ*, Bp. — Chypre, Sicile, Palestine, Asie Mineure, Perse jusqu'à l'Inde N. et centr.

(1) Voy. aussi : F. de Schaeck, *Monogr. des Francolins* (*Mém. Soc. Zool. de Fr.* IV, p. 272).

10.137. CHINENSIS (Osbeck), *Voy. en Chine*, II, p. 326; Dav. et Oust., *Ois. Chine*, p. 400; Hume et Marsh., *Game B. Ind.* II, p. 27, pl.; *pintadeanus*, Scop.; *perlatus*, *madagascariensis*, Gm.; *maculatus*, Gray; *phayrei*, Blyth; *sinensis*, Spal.; *pictus*, Schomb. (nec J. et S.) — Indo-Ch. (sauf Ténass. et Malac.), Chine S. (introd. aux îles de la Réun. et Maurice).

10.138. PICTUS (Jard. et Selb.), *Ill. Orn.*, pl. 50; Hume et Marsh., *Game B. Ind.* II, p. 19, pl.; *hepburnii* et *pallida*, Gray, *Ill. Ind. Zool.* I, pl. 55, f. 1, 2. — Inde W. et centr., Ceylan.

10.139. LATHAMI, Hartl., *J. f. O.*, 1854, p. 210; id., *Orn. W.-Afr.*, p. 202; Grant, *Cat.*, p. 139; *peli*, Tem., *Bijdr. Dierk.* I, p. 50, pl. — Afrique W.

10.140. PONDICERIANUS (Gm.), *S. N.* I, 2, p. 760; Tem., *Pl. Col.* 213; Hume et Marsh., *Game B. Ind.* II, p. 51, pl.; *orientalis*, Gray, *Ill. Ind. Zool.*, pl. 56, f. 2. — Arabie et de la Perse jusqu'à l'Inde et Ceylan.

10.141. COQUI (Smith), *Rep. Exp. Cent. Afr.*, p. 55; *subtorquatus*, Smith, *Ill. Zool. S. Afr.*, pl. 15; *schlegeli*, Boc. (nec Heugl.); *stuhlmanni*, Rchw. — Afrique S. et E.

10.142. HUBBARDI, Og.-Grant, *Ibis*, 1895, p. 378. — Victoria-Nyanza.

10.143. SCHLEGELI, Heugl., *J. f. O.*, 1863, p. 275; id., *Orn. N.-O. Afr.* II, p. 898, pl. 30; ?*buckleyi*, Grant, ex Shel. — Afrique équator.

10.144. STREPTOPHORUS, Grant, *Ibis*, 1891, p. 126; id., *Cat. B.*, p. 145, pl. 1. — Mt Elgon, Massaïland.

10.145. SEPHÆNA (Smith), *Rep. Exp. Centr. Afr.*, p. 55 (1836); *pileatus*, Smith, *Ill. Zool. S. Afr.*, pl. 14 (1838); Heugl., *Orn. N.-O. Afr.* II, p. 890, pl. 29, f. 2. — Afrique S. et S.-W.

2690. *Var.* GRANTI, Hartl., *P. Z. S.*, 1865, p. 665, pl. 39, f. 1; *pileatus* (pt.), auct. plur. (nec Smith); *rovuma* (mas.), Gray; *schoensis* et *schoanus*, Heugl., *Orn. N.-O. Afr.* II, p. 891, pl. 29, f. 2; *ochrogaster*, Hartl., *J. f. O.*, 1882, p. 327. — Afrique E.

10.146. KIRKI, Hartl., *P. Z. S.*, 1867, p. 827; Fch. et Hartl., *Vög. O.-Afr.*, p. 588, pl. 10, f. 1; *rovuma* (fem.), Gray; *granti*, Nichols. — Afr. E., de la Rovuma au Somaliland.

2691. *Var.* SPILOGASTRA, Salvad., *Ann. Mus. Civ. Gen.*, 1888, p. 541; Grant, *Ibis*, 1890, p. 347. — Harar, Choa.

10.147. ALBOGULARIS, Gray, *List Gall. B.* III, p. 35; Hartl., *Orn. W.-Afr.*, p. 201; Grant, *Cat. B.*, p. 149, pl. 2. — Sénégambie.

10.148. SPILOLÆMUS, Gray, *List Gall. Br. Mus.*, p. 50 (*psilolæmus!*); Heugl., *Orn. N.-O. Afr.* II, p. 897; Fch. et Hartl., *Vög. O.-Afr.*, p. 586; Grant, *Cat. B.*, p. 150, pl. 3. — Choa.

10.149. GUTTURALIS (Rüpp.), *N. Wirb.*, p. 13; id., *Vög. N.-O. Afr.*, p. 103, pl. 40; Heugl., *Orn. N.-O. Afr.* II, p. 895. — Afr. N.-E., de l'Abyssinie au Somaliland.

2692. *Var.* Lorti, Sharpe, *Bull. Br. Orn. Club,* VI, p. xlii; Lort Phil., *Ibis,* 1898, p. 425, pl. 10. — Somaliland.

2693. *Var.* Uluensis, Grant, *Ibis,* 1892, p. 44; id., *Cat. B.*, p. 151, pl. 4. — Ulu (Afrique E. angl.)

10.150. africanus, Steph., in *Shaw's Gen. Zool.* XI, p. 323; *afra,* Lath. (nec Müll.); *afer,* Gray; Sharpe, in *Lay. B. S. Afr.*, p. 595; *perlata* (pt.), Tem., *Pig. et Gal.* III, pp. 326, 721. — Afrique S., du Cap au Transvaal.

10.151. finschi, Bocage, *Orn. Angola,* p. 406; Rchw. et Schal., *J. f. O.,* 1882, p. 116. — Angola, Benguela.

10.152. castaneicollis, Salvad., *Ann. Mus. Civ. Gen.*, 1888, p. 542; Grant, *Ibis,* 1890, p. 350, pl. 11. — Choa.

2694. *Var.* Bottegi, Salvad., *Ann. Mus. Civ. Gen.,* 1898, p. 652. — Choa S.-W.

10.153. levaillanti (Valenc.), *Dict. Sc. Nat.* XXXVIII, p. 441; Tem., *Pl. Col.* 477; Smith, *Ill. Zool. S. Afr.*, pl. 85; *levaillantoides*, Sm. — Afrique S., du Cap au Transvaal.

10.154. crawshayi, Grant, *Ibis,* 1896, p. 482, pl. 12. — Nyassaland W.

10.155. kikuyuensis, Grant, *Bull. Br. Orn. Club,* 1897, p. xxiii. — Afrique équat. E. angl.

10.156. gariepensis, Smith, *Ill. Zool. S. Afr.*, pl^{s} 83, 84; Grant, *Cat.*, p. 155. — Afrique S.-E.

2695. *Var.* Jugularis, Büttik., *Notes Leyd. Mus.* XI, p. 76, pl. 4; Grant, *Ibis,* 1890, p. 348; *gariepensis,* auct. plur. (nec Smith). — Afrique S.-W.

2696. *Var.* Shelleyi, Grant, *Ibis,* 1890, p. 348; id., *Cat.*, p. 157, pl. 6; *gariepensis,* auct. plur. (nec Smith). — Afrique S.-E.

10.157. elgonensis, Grant, *Ibis,* 1891, p. 126; id., *Cat.*, p. 157, pl. 5. — Mt Elgon (Afr. centr. E.)

10.158. gularis (Tem.), *Pig. et Gal.* III, pp. 401, 731; Gray, *Ill. Ind. Zool.* I, pl. 56, f. 1; Hume et Marsh., *Game B. Ind.* II, p. 59, pl.; *monogrammica,* Less. — Inde N.-E.

10.159. adspersus, Waterh., in *Alex. Exp.* II, p. 267, pl.; Bocage, *Orn. Angola,* p. 410; Sharpe, in *Lay. B. S. Afr.*, p. 590; Grant, *Cat. B.*, p. 159, pl. 7. — Afrique S.-W.

10.160. griseostriatus, Grant, *Ibis,* 1890, p. 349, pl. 10, 1892, p. 46. — Quanza (Afr. S.-W.)

10.161. bicalcaratus (Lin.); *Pl. Enl.* 137; Gray, *List Gall.*, p. 33; Hartl., *Orn. W.-Afr.*, p. 201; *senegalensis,* Bonn.; *adansonii,* Tem.; *albiscapus,* Rchb. — Afrique W., du Niger au Maroc.

10.162. clappertoni, Childr., Denh. et Clap., *Trav. App.* XXI, p. 198; Gray, *Gen. B.* III, pl. 130; Cretschm., *Rüpp. Zool. Atlas,* p. 13, pl. 9; *ruppelli,* Gray (pt.) — Soudan centr. et E.

2697. *Var.* GEDGEI, Grant, *Ibis*, 1891, p. 124; Sharpe, *Ibis*, 1892, p. 551, pl. 14. — Elgon (Afr. centr. E.)

2698. *Var.* HARTLAUBI, Bocage, *J. Sc. Lisb.*, 1869, p. 350; id., *J. f. O.*, 1876, p. 305; id., *Orn. Ang.*, p. 408. — Mossamedes (Afrique S.-W.)

10.163. DYBOWSKII, Oust., *Le Natural.* XIV, p. 232 (1893). — Haut-Congo.

10.164. ICTERORHYNCHUS, Heugl., *J. f. O.*, 1863, p. 275, 1864, p. 27; id., *Orn. N.-O. Afr.* II, p. 894, pl. 29, f. 1. — Afrique équator.

10.165. HARWOODI, Weld-Bl. et Lav., *Ibis*, 1900, p. 197; Grant, *Ibis*, 1900, p. 335, pl. 6. — Abyssinie S.

10.166. NIGROSQUAMATUS, Neum., *Orn. Monatsb.*, 1902, p. 8. — Ethiopie S.

10.167. SHARPEI, Grant, *Ibis*, 1892, p. 47; id., *Cat.*, p. 164; *ruppelli* (pt.), Gray et auct. plur. — Abyssinie, Choa.

10.168. CAPENSIS (Gm.), *S. N.* I, 2, p. 759; Grant, *Cat.*, p. 165; *clamator*, Tem.; Sharpe, *Lay. B. S. Afr.*, p. 591; *nudicollis*, Tem. (pt.); *clamosus*, Less., *Tr. d'Orn.*, p. 504, pl. 87, f. 2. — Afrique S., du Cap à l'Orange.

10.169. NATALENSIS, Smith, *S. Afr. Journ.*, 1833, p. 48; id., *Ill. Zool. S. Afr.*, pl. 13; *lechoho*, Sm. — Afrique S.-E.

10.170. HILDEBRANDTI, Cab., *J. f. O.*, 1878, pp. 206, 243, pl. 4, f. 2; *altumi*, Fisch. et Rchw., *J. f. O.*, 1884, p. 179, pl. 2 (fem.) — Afrique E. trop.

10.171. JOHNSTONI, Shell., *Ibis*, 1894, p. 24. — Nyassaland.

10.172. FISCHERI, Rchw., *J. f. O.*, 1887, f. 51; Grant, *Ibis*, 1892, p. 49. — Ussere (Afr. E.)

10.173. SQUAMATUS, Cass., *Pr. Ac. Philad.*, 1857, p. 321; Bocage, *Orn. Angola*, p. 409; *ashantensis*, Rchw., *J. f. O.*, 1877, p. 13; *petiti*, Boc.; *modestus*, Cab., *J. f. O.*, 1889, p. 89. — Gabon, Congo.

10.174. SCHUETTI, Cab., *J. f. O.*, 1880, p. 351, 1881, pl. 2. — Afrique E. et Angola.

10.175. TETRAONINUS, Weld-Bl. et Lav., *Ibis*, 1900, p. 197; Grant, *Ibis*, 1900, p. 336, pl. 5. — Abyssinie S.

10.176. AHANTENSIS, Tem., *Bijdr. tot de Dierk.* I, p. 49, pl. 14; *ashantensis*, Gr. — Côte-d'Or, Libéria (Afr. W.)

10.177. JACKSONI, Grant, *Ibis*, 1891, p. 123, 1892, p. 51, pl. 1. — Afrique équat. E.

10.178. ERCKELI (Rüpp.), *Neue Wirb.*, p. 12; Des M., in *Lef. Voy. en Abyss.*, p. 144, pl. 11; Heugl., *Orn. N.-O. Afr.* II, p. 882; *icteropus*, Heugl.; Hartl., *P. Z. S.*, 1865, p. 666, pl. 39, f. 2. — Afrique N.-E.

1489. PTERNISTES

Pternistis, Wagl. (1832); *Pternistes*, Gray (1840).

10.179. NUDICOLLIS (Bodd.); Gray, *List Gall. B.* III, p. 32; — Cap, Cafrerie, Trans-

Sharpe, *Lay. B.S. Afr.*, p. 589; Neum., *J. f. O.*, 1898, p. 300, pl. 3, f. 4. — vaal.

2699. *Var.* MELANOGASTRA, Neum., *J. f. O.*, 1898, p. 299, pl. 3, f. 1. — Tanga, Usambara (Afr. E.)

2700. *Var.* HUMBOLDTI (Peters), *M. B. Akad. Wiss. Berl.*, 1854, p. 134; Bocage, *J. f. O.*, 1876, p. 304; Neum., *J. f. O.*, 1898, p. 300, pl. 3, f. 2; *nudicollis* (pt.), Fisch. et Rchw. — Mosambique.

2701. *Var.* LEUCOPARÆA, Fisch. et Rchw., *J. f. O.*, 1884, p. 263; Neum., *J. f. O.*, 1898, pl. 3, f. 3; *humboldti* (pt.), Grant. — Kipini (Afr. E.)

10.180. AFER (Müll.), *S. N., Suppl.*, p. 129; *Pl. Enl.* 180; Grant, *Ibis*, 1892, p. 53; *rubricollis*, Gm.; *nudicollis*, Tem. (pt.); *sclateri*, Boc., *J. Sc. Lisb.* I, p. 327, pl. 6; id., *J. f. O.*, 1876, p. 303. — Afrique S.-W.

2702. *Var.* BENGUELLENSIS, Bocage, *J. Sc. Lisb.* XI, p. 154. — Galanga, Angola.

10.181. CRANCHI (Leach), *Tuck. Narrat. Explor. Riv. Zaire, App.*, p. 408; Wagl., *Isis*, 1832, p. 1229; *punctulata*, Gray, *Ill. Ind. Zool.* II, pl. 43, f. 3; *lucani*, Boc., *J. Sc. Lisb.*, 1879, p. 68. — Loango, Congo.

2703. *Var.* BOEHMI, Rchw., *J. f. O.*, 1885, p. 465 (*böhmi*); *cranchi* (pt.), auct. plur.; Fch. et Hartl., *Vög. O.-Afr.*, p. 579, pl. 9; *rubricollis*, Böhm; *boehmi*, Schaeck. — Afrique centr. E.

10.182. SWAINSONI (Smith), *Rep. Exp. Cent. Afr.*, p. 54; id., *Ill. Zool. S. Afr.*, pl. 12; Gray, *List Gall. B.* III, p. 32. — Afrique S. et S.-E., Damaraland.

10.183. RUFOPICTUS, Rchw., *J. f. O.*, 1887, p. 52; Schaeck, *Mém. Soc. Zool. de Fr.* IV, p. 366. — Afrique équat. E.

10.184. LEUCOSCEPUS (Gray), *List Gall. B. M.*, 1867, p. 48; Heugl., *Orn. N.-O. Afr.* II, p. 899; Grant, *Cat. B. B. M.* XXII, p. 181, pl. 8; *rubricollis*, auct. plur. (nec Gm.); Cretzschm., *Rüpp. Atl.*, p. 44, pl. 30. — Afrique N.-E. jusqu'au Somaliland.

10.185. INFUSCATUS, Cab., *J. f. O.*, 1868, p. 413; id., *v. d. Deck. Reis.* III, p. 44, pl. 14; *rubricollis*, Rüpp. (nec Gm.); *clappertoni*, Shell. — Du Kilima Ndjaro au Somaliland.

1490. RHIZOTHERA

Rhizothera, Gray (1841).

10.186. LONGIROSTRIS (Tem.), *Pig. et Gal.* III, pp. 323, 721; Gray, *Ill. Ind. Zool.* II, pl. 45, f. 2; id., *List Gen. B.*, p. 79; Salvad., *Ucc. Borneo*, p. 310; *curvirostris*, Raffl. — Malacca, Sumatra, Bornéo.

2704. *Var.* DULITENSIS, Grant, *Ibis*, 1895, p. 378. — Mt Dulit (Bornéo N.)

1491. PERDIX

Perdix, Briss. (1760); *Perdrix,* Brünn. (1772); *Starna,* Bonap. (1838); *Sacfa,* Hodgs. (1857).

10.187. CINEREA, Lath., *Ind. Orn.* II, p. 645; Dress., *B. Eur.* VII, p. 131, plˢ 474, 475; Dubois, *Fne. ill. Vert. Belg., Ois.* II, p. 69, pl. 177; *Tet. perdix,* Lin.; *cineracea, sylvestris,* Brm.; *var. sphagnetorum, scanica* et *lucida,* Altum, *J. f. O.,* 1894, pp. 254-269.	Europe, Asie centr.
2705. *Var.* ROBUSTA, Homey. et Tancré, *Mitth. orn. Ver. Wien,* 1883, p. 92, 1885, pl., ff. 3-5.	Europe E., Sibérie S.
2706. *Var.* HISPANIENSIS, Rchw., *Ber. Allg. Deutsch. Orn. Ges.,* 1893, p. 5; *charreola,* Seoane, *Mém. Soc. Zool. Fr.* VII, p. 94.	Espagne.
2707. ? *Var.* MONTANA, Briss., *Orn.* I, p. 224, pl. 21, f. 2; Jard., *Nat. Lib., Orn.* IV, p. 101, pl. 2; *europœus,* P.-L.-S. Müll.; *torquata* et *varia,* Bechst.	Lorraine (Montagnes), France N.-W.
2708. *Var.* DAMASCENA, Briss., *l. c.,* p. 223; de la Font., *Fne. Luxemb., Ois.,* p. 177; Grant, *Cat.,* p. 192; *minor,* Brm.; *peregrina,* Tschusi, *Ornis,* 1888, p. 250.	Europe centr. et mérid. (région Alpine ?)
2709. ? *Var.* PALLIDA, Demeez., in *Olphe-Gal., Faune orn. Eur. Occ.,* fasc. XXXIX, p. 35; *palustris,* Demeez., *Ibis,* 1864, p. 225.	France N.-W. (côtes).
10.188. DAURICA (Pall.), *Zoogr. Rosso-As.* II, p. 78; *sibirica,* Pall.; *cinerea,* Lamp.; *barbata,* Verr. et Des M., *P. Z. S.,* 1863, p. 62, pl. 9; Gould, *B. Asia,* VII, pl. 73; Dav. et Oust., *Ois. Chine,* p. 392; *melanothorax,* Tegetm.	Asie N.-E. et centr., Mongolie, Chine N.
10.189. TURCOMANA, Stolzm., *Bull. Soc. Nat. Moscou,* 1897, p. 79.	Ferghana.
10.190. HODGSONIÆ, Gould, *B. Asia,* VII, pl. 74; Hume et Marsh., *Game B. Ind.* II, p. 65, pl.	Thibet, Himalaya.
10.191. SIFANICA, Prjev., *Mongolia,* II, p. 124; Grant, *Cat.,* p. 195.	Thibet, Chine W.

1492. MARGAROPERDIX

Margaroperdix, Rchb. (1852).

10.192. MADAGASCARIENSIS (Scop.), *Del. Fl. et Faun. Insubr.* II, p. 93; Grant, *Cat.,* p. 196; *striatus,* Gm.; Tem., *Pl. Col.* 82; Hartl., *Orn. Madag.,* p. 65; M.-Edw. et Grand., *Hist. Madag., Ois.* I, plˢ 199-201; *griseus,* Gm.; *perlata,* Tem.; *strictus,* Cuv.	Madagascar (introd. à la Réunion).

1493. PERDICULA

Perdicula, Hodgs. (1837).

10.193. ASIATICA (Lath.), *Ind. Orn.* II, p. 469; Hume et Marsh., *Game B. Ind.* II, p. 109, pl.; *cambayensis*, Tem., *Pl. Col.* 447; *pentah*, Syk.; *rupicola*, *rupicolor*, Hodgs.; *rubiginosa*, Gray; *argoondah*, Gould (nec Syk.) — Inde, Ceylan.

10.194. ARGOONDA (Syk.), *P. Z. S.*, 1832, p. 153; id., *Tr. Z. S.* II, p. 17, pl. 2; Hume et Marsh., *Game B. Ind.* II, p. 117, pl.; *asiatica*, Jerd. (nec Lath.), *B. Ind.* III, p. 583. — Inde.

1494. MICROPERDIX

Microperdix, Gould (1862).

10.195. ERYTHRORHYNCHA (Syk.), *P. Z. S.*, 1832, p. 153; id., *Tr. Z. S.* II, p. 16, pl. 1; Gould, *B. Asia*, VII, pl. 3. — Inde S.-W.

2710. *Var.* BLEWITTI, Hume, *Str. F.* II, p. 512; Hume et Marsh., *Game B. Ind.* II, p. 130, pl.; *erythrorhyncha*, Ball (nec Syk.) — Inde centr.

10.196. MANIPURENSIS, Hume, *Str. F.*, 1880, p. 467; Rchw. et Schal., *J. f. O.*, 1883, p. 408. — Manipour.

1495. ARBORICOLA

Arborophila, Hodgs. (1837); *Arboricola*, Hodgs. (1844); *Tropicoperdix*, Blyth (1859); *Phœnicoperdix*, Blyth (1861); *Oreoperdix*, Swinh. (1864); *Peloperdix*, Blyth (1866 ?); *Hyloperdix*, Sundev. (1872).

10.197. TORQUEOLA (Valenc.), *Dict. Sc. N.* XXXVIII, p. 435; Hume et Marsh., *Game B. Ind.* II, p. 69, pl.; *megapodia*, Tem., *Pl. Col.* 462, 463; *olivacea*, Gray; id., *Ill. Ind. Zool.* I, pl. 57; *torquata*, Less. — Himalaya et Monts Naga.

10.198. HENRICI, Oust., *Bull. Mus. Paris*, 1896, p. 317; id., *Arch. du Mus.*, 1899, I, pl. 9. — Annam.

10.199. ATROGULARIS, Blyth, *J. A. S. Beng.*, 1849, p. 819; Hume et Marsh., *Game B. Ind.* II, p. 79, pl.; Grant, *Cat.*, p. 209. — Tippera, Assam, Manipour, Cachar et Monts Kachin.

10.200. ARDENS, Styan, *Bull. Orn. Cl.*, 1892, p. VI; id., *Ibis*, 1893, pp. 56, 436, pl. 12. — Haïnan.

10.201. CRUDIGULARIS (Swinh.), *Ibis*, 1864, p. 426; Dav. et Oust., *Ois. Chine*, p. 393; Blyth, *Ibis*, 1867, p. 160. — Formose.

10.202. INTERMEDIA, Blyth, *J. A. S. Beng.*, 1856, p. 277; id., *Ibis*, 1867, p. 159; Hume et Marsh., *Game B. Ind.* II, p. 85, pl. — Manipour, Assam, Birmanie (montagnes).

10.203. RUFOGULARIS, Blyth, *J. A. S. Beng.*, 1849, p. 819; Hume et Marsh., *l. c.* II, p. 75, pl.; *rufipes*, Hodgs.; *tickelli*, Hume. — Himalaya, de Kumaon à l'Assam, Ténass.

10.204. GINGICA (Gm.), *S. N.* I, p. 760; Blyth, *Ibis*, 1870, p. 174; Grant, *Ibis*, 1892, p. 395, pl. 9; *scutata*, Gray. — Luçon ??

2711. *Var.* RICKETTI, Grant, *Ibis*, 1899, p. 444. — Fohkien.

10.205. MANDELLII (Hume), *Str. F.*, 1874, p. 449; Hume et Marsh., *Game B. Ind.* II, p. 83, pl. — Sikkim, Boutan, Assam.

10.206. JAVANICA (Gm.), *S. N.* I, p. 761; Tem., *Pl. Col.* 148; Grant, *Cat.*, p. 214. — Java.

10.207. RUBRIROSTRIS (Salvad.), *Ann. Mus. Civ. Gen.*, 1879, p. 251; Snellem., in *Veth's Midd.-Sum.* IV, p. 46, pl. 3; *vethi*, Schl. — Sumatra.

10.208. BRUNNEOPECTUS, Blyth, *J. A. S. Beng.*, 1855, p. 276; Hume et Marsh., *Game B. Ind.* II, p. 87, pl. — Indo-Chine W.

10.209. HYPERYTHRA (Sharpe), *Ibis*, 1879, p. 266; Gould, *B. Asia*, VI, pl. 71; Grant, *Ibis*, 1892, p. 397; *erythrophrys*, Sharpe, *Ibis*, 1890, pp. 139, 284, pl. 4. — Bornéo N.-W.

10.210. ORIENTALIS (Horsf.), *Trans. Linn. Soc.*, 1822, p. 184; Grant, *Ibis*, 1892, p. 397; *personata*, Horsf., *Zool. Res.*, pl. 61. — Java.

10.211. SUMATRANA, Grant, *Ann. Mag. N. H.*, 1891, p. 297; id., *Ibis*, 1892, p. 398; *personata*, Gray (nec Horsf.) — Sumatra.

10.212. CHLOROPUS, Tick., *J. A. S. Beng.*, 1859, pp. 415, 453; Hume et Marsh., *l. c.* II, p. 91, pl. — Indo-Chine W. et S.

10.213. CHARLTONI (Eyton), *Ann. Mag. N. H.*, 1845, p. 230; Hume et Marsh., *l. c.*, p. 93, pl.; *pyrrhogaster*, Rchb. — Siam, Malacca, Bornéo N. et N.-E.

1496. HÆMATORTYX

Hæmatortyx, Sharpe (1879).

10.214. SANGUINICEPS, Sharpe, *Ibis*, 1879, p. 266; Gould, *B. Asia*, VI, pl. 70. — Bornéo N.-W.

1497. CALOPERDIX

Caloperdix, Blyth (1867).

10.215. OCULEA (Tem.), *Pig. et Gal.* III, pp. 408, 732; Gray, *Ill. Ind. Zool.* I, pl. 58; Hume et Marsh., *l. c.*, p. 101, pl.; *ocellatus*, Vig. — Ténassérim S., Malacca.

2712. *Var.* SUMATRANA, Grant, *Bull. Orn. Cl.* II, p. v; id., *Ibis*, 1893, p. 118; id., *Cat.*, p. 224; *oculea* (pt.), auct. plur. — Sumatra, Java.

2713. *Var.* BORNEENSIS, Grant, *Bull. Orn. Cl.* II, p. v; id., *Ibis*, 1893, p. 117; *oculea* (pt.), Salvad. — Bornéo N.-W.

1498. ROLLULUS

Rollulus, Bonn. (1790); *Cryptonyx*, Tem. (1815); *Liponyx*, Vieill. (1816).

10.216. ROULROUL (Scop.), *Del. Fl. et Faun. Insubr.* II, p. 93; Gray, *List Gall. B.* III, p. 42 (1844); Hume et Marsh., *l. c.*, p. 103, pl.; *cristatus*, Sparrm.; *viridis*, Gm.; *porphyrio*, Shaw; *coronata*, Lath.; Tem., *Pl. Col.* 350, 351; *nigrifrons*, Drap. — Cochinchine, Ténassérim S., Malacca, Sumatra, Java, Bornéo.

1499. MELANOPERDIX

Melanoperdix, Jerd. (1864).

10.217. NIGRA (Vig.), *Zool. Journ.*, 1829, p. 349; Jerd., *B. Ind.* III, p. 580; Salvad., *Ucc. Borneo*, p. 309; ?*cambaiensis*, Lath.; ?*rufus*, Tem.; *ferrugineus*, Vig.; Gray, *Ill. Ind. Zool.* II, pl. 45, f. 1; *dussumieri*, Less., *Bél. Voy. Ind.*, p. 275, pl. 7; *æruginosus*, Eyt. — Malacca, Sumatra, Bornéo.

1500. COTURNIX

Coturnix, Moeh. (1752), Bonn. (1791); *Ortygion*, Keys. et Blas. (1840); *Perdortyx*, Montess. (1886).

10.218. COMMUNIS, Bonn., *Tabl. Encycl. méth.* I, p. 217, pl. 96; Dress., *B. Eur.* VII, p. 143, pl. 476; Dubois, *Fne. ill. Vert. Belg., Ois.* II, p. 76, pl. 178; *alba, nigra, varia, major*, Bechst.; *dactylisonans*, Tem.; Gould, *B. Eur.* IV, pl. 263; *media, minor*, Brm.; *europæus*, Sw.; *vulgaris*, Bout.; *baldami*, Naum.; Madar., *Aquila*, III, pl. 2; *leucogenys*, Brm.; *chinensis*, Swinh.; *lodoisiæ*, Verr. (aberr.); *ypsilophorus*, Bosc.; *communis orientalis*, Bodg. — Europe, Asie (excepté l'Indo-Ch.), au Nord jusqu'au 63° (en été); Afrique (en hiver).

2714. *Var.* AFRICANA, Tem. et Schl., *Fauna Jap., Aves*, p. 103; *coturnix* (pt.), auct. plur.; *dactylisonans*, auct. plur. (nec Tem.); *communis* (pt.), auct. plur. (nec Bonn.); *capensis*, Licht.; Grant, *Cat.*, p. 237. — Afrique au S. du 15° l. S., Madagascar, îles Comores, Maurice, du Cap Vert, Canar., Madeire, Açores.

2715. *Var.* JAPONICA, Tem. et Schl., *Fauna Jap.*, p. 103, pl. 61; *coturnix*, Radde; *muta*, Dyb.; *communis* (pt.), auct. plur.; *ussuriensis*, Bodgs., *Consp. Av. Imp. Ross.* I, p. 45. — Japon, Sibérie E., Chine, Boutan, Karen-nee.

10.219. COROMANDELICA (Gm.), *S. N.* I, p. 764; Bonn., *Tabl. Encycl. méth.* I, p. 221; Gould, *B. Asia*, VII, pl. 9; Hume et Marsh., *l. c.* II, p. 152, pl.; *textilis*, Tem., *Pl. Col.* 35; *olivacea*, Buch.; *pluvialis*, Hodgs. — Inde, Ceylan, Birmanie.

10.220. DELEGORGUEI, Deleg., *Voy. Afr. austr.* II, p. 615 ; *histrionica,* Hartl. ; id., *Beitr. Orn. W.-Afr.*, pp. 1, 38, pl. 11 ; *fornasini*, Bianc., *Spec. Zool. Mos.*, fasc. XVI, p. 399, pl. 1, f. 2; id., *Mem. Acc. Sc. Bolog.*, 1865, p. 521, pl. 2, f. 2; *crucigera,* Heugl. — Afrique, du 15° l. N. au Cap, et Arabie S.

10.221. PECTORALIS, Gould, *P. Z. S.*, 1837, p. 8; id., *B. Austr.* V, pl. 88; *australis*, Rams., *Ibis*, 1865, p. 86. — Australie, Tasmanie.

10.222. NOVÆ-ZEALANDIÆ, Quoy et Gaim., *Voy. Astrol., Zool.* I, p. 242, pl. 24, f. 1; Bull., *Man. B. N.-Zeal.*, p. 43, pl. 19; id., *B. N.-Zeal.*, I, p. 225, pl. 23. — Nouv.-Zélande (éteint.)

1501. SYNOECUS (1)

Synoicus, Gould (1843); *Synœcus,* Agass. (1846); *Synœcus,* Müll. (1869).

10.223. AUSTRALIS (Tem.), *Pig. et Gal.* III, pp. 474, 740; Vieill., *Gal. Ois.* II, p. 46, pl. 215; Gould, *B. Austr.* V, pl. 89; *sordidus,* Gould; id., *B. Austr.* V, pl. 91; *diemenensis,* Gould, *B. Austr.* V, pl. 90; *cervinus,* Gould. — Australie, Tasmanie, Nouv.-Guinée S.-E.

10.224. RAALTENI (Müll. et Schl.), *Land- en Volkenk.*, p. 158; Wall., *P. Z. S.*, 1863, p. 486; Grant, *Cat.*, p. 249. — Timor, Flores.

2716. *Var.* PALLIDIOR, Hart., *Novit. Zool.* IV, p. 271. — Ile Savu.

10.225. PLUMBEUS, Salvad., *Ann. Mus. Civ. Gen.*, 1894, p. 152; Grant, *Handb. Game B.*, p. 192. — Vakena, Nouv.-Guinée S.-E.

1502. EXCALFACTORIA

Excalfactoria, Bonap. (1856); *Compsortyx,* Heine (1890).

10.226. CHINENSIS (Lin.); Bp., *C. R.* XLII, p. 881; Gould, *B. Asia,* VII, pl. 6; Dav. et Oust., *Ois. Chine,* p. 397; *sinensis,* Bonn.; *flavipes,* Blyth; *minima,* Gould; Salvad., *Orn. Pap.* III, p. 255; *caineana,* Swinh. — Inde, Ceylan, Indo-Chine, Malacca, Formose, Célèbes, Moluques.

2717. *Var.* LINEATA (Scop.), *Del Fl. et Faun. Insubr.* II, p. 87; Grant, *Cat.*, p. 253; *manillensis,* Gm.; *philippensis,* Hodgs.; *chinensis* (pt.), auct. plur. (nec Lin.); Gould, *B. Austr.* V, pl. 92; *nana,* Schinz; *australis,* Gould. — Philippines, Bornéo, Java, Sumatra, Australie.

10.227. LEPIDA, Hartl., *Sitz. Ver. Hamb.*, 1879, *Unterh.*; Salv. et Scl., *Ibis,* 1880, p. 135; Salvad., *Orn. Pap.* III, p. 256; *chinensis* (pt.), Scl. — Archipel Bismarck, Nouv.-Guin. S.-E.

(1) Le *S. lodoisiæ*, Verr. et Des M., *Rev. et Mag. de Zool.*, 1862, p. 225, pl. 11, est tout simplement une aberration du *Coturnix communis.*

10.228. ADANSONI (Verr.), *Rev. et Mag. de Zool.*, 1851, p. 515; Grant, *Cat.*, p. 255; *emini*, Rchw., *J. f. O.*, 1892, p. 18, pl. 1, f. 3. — Afrique tropicale.

1503. PTILOPACHYS

Ptilopachus, Sw. (1837); *Petrogallus*, Gray (1837); *Ptilopachys*, Strickl. (1841).

10.229. FUSCUS (Vieill.), *Tabl. Enc. méth.* I, p. 366; id., *Gal. Ois.* II, p. 40, pl. 212; Jard. et Selby, *Ill. Orn.*, 1837, pl. 16; *ventralis*, Valenc.; Heugl., *Orn. N.-O. Afr.* III, p. 879; *erythrorhynchus*, Sw. — De Sénégambie à la Côte-d'Or, et Afrique N.-E.

2718. *Var.* FLORENTIÆ, Grant, *Bull. Br. Orn. Cl.*, 1899, p. 107; id., *Ibis*, 1900, p. 676. — Afrique E. angl.

1504. BAMBUSICOLA

Bambusicola, Gould (1862).

10.230. FYTCHII, Anders., *P. Z. S.*, 1871, p. 214, pl. 11; Dav. et Oust., *Ois. Chine*, p. 394; Anders., *Yunnan*, II, p. 673, pl. 54; Hume et Marsh., *Game B. Ind.* II, p. 97, pl.; *hopkinsoni*, Godw.-Aust., *P. Z. S.*, 1874, p. 44. — Assam, Haute-Birmanie, Setchuan (Ch.)

10.231. THORACICA (Tem.), *Pig. et Gal.* III, pp. 335, 723; Dav. et Oust., *Ois. Chine*, p. 393; *sphenura*, Gray; id., *Fasc. B. China*, pl. 8; *bambusæ*, Swinh. — Chine S.

10.232. SONORIVOX, Gould, *P. Z. S.*, 1862, p. 285; id., *B. Asia*, VI, pl. 63; Dav. et Oust., *Ois. Chine*, p. 394. — Formose.

1505. GALLOPERDIX

Galloperdix, Blyth (1844); *Hepburnia*, Rchb. (1852); *Plectroperdix*, Heine (1890).

10.233. SPADICEA (Gm.), *S. N.* I, p. 759; Gould, *B. Asia*, VI, pl. 68; *northiæ*, Gray, *Ill. Ind. Orn.* II, pl. 43, f. 1; *madagascariensis*, Gray. — Inde (introd. à Madagascar).

10.234. LUNULATA (Valenc.), *Dict. Sc. Nat.* XXXVIII, p. 446; Hume, *N. and E. Ind. B.*, p. 533; Hume et Marsh., *Game B. Ind.* I, p. 255, pl.; *hardwickii*, Gray; *nivosus*, Deless., *Mag. Zool.*, *Ois.*, 1840, pl. 18; *lunulosa*, Blyth; Scl. et W., *Zool. Sket.* II, pl. 41. — Inde.

10.235. BICALCARATA (Penn.), *Ind. Zool.*, p. 40, pl. 7; Legge, *B. Ceyl.* III, p. 741, pl.; Hume et Marsh., *l. c.* I, p. 261, pl.; *zeylonensis*, Gm.; *ceylonensis*, Lath. — Ceylan.

1506. OPHRYSIA

Ophrysia, Bonap. (1856); *Malacortyx* et *Malacoturnix*, Blyth (1867).

10.236. SUPERCILIOSA (Gray), *Knowls. Menag., Aves*, p. 8, pl. 16; Bp., *C. R.* XLIII, p. 414; Hume et Marsh., *l. c.* II, p. 105, pl.; Grant, *Cat.*, p. 266. — Himalaya N.-W.

FAM. V. — ODONTOPHORIDÆ (1)

1507. DENDRORTYX

Dendrortyx, Gould (1844).

10.237. MACROURUS (Jard. et Sel.), *Ill. Orn.* I, pl^s 38, 49; Gould, *Mon. Odontoph.*, pt. I, pl. 20; *griseipectus*, *striatus*, Nels., *Auk*, 1897, p. 44; *dilutus*, Nels., *l. c.* 1900, p. 254. — Mexique S., Colima, Guerrero, Morelos.

2719. *Var.* OAXACÆ, Nels., *Auk*, 1897, p. 43. — Oaxaca.

10.238. BARBATUS, Licht., Gould, *Mon. Odont.*, pt. II, pl. 22. — Mex. S.-E., Vera-Cruz.

10.239. LEUCOPHRYS, Gould, *P. Z. S.*, 1843, p. 132; id., *Mon.*, pt. II, pl. 21. — Guatém., Costa-Rica.

10.240. HYPOSPODIUS, Salv., *Ibis*, 1897, p. 112. — Costa-Rica.

1508. CALLIPEPLA

Callipepla, Wagl. (1832).

10.241. SQUAMATA (Vig.), *Zool. Journ.*, 1830, p. 275; Gould, *l. c.*, pt. I, pl. 19; Cass., *Ill. B. Cal.*, p. 129, pl. 19; *cristata*, La Llave; *strenua*, Wagl.; *pallida*, Brewst. — Nouv.-Mexique, Arizona, Texas S.-W., Mexique N. et centr.

2720. *Var.* CASTANOGASTRIS, Brewst., *Bull. Nutt. Orn. Cl.*, 1883, p. 34; Bendire, *N. Am. B.*, p. 22, pl. 1, ff. 6, 7. — Rio Grande, Texas, Mexique N.-E.

1509. OREORTYX

Oreortyx, Baird (1860).

10.242. PICTUS (Dougl.), *Trans. Linn. Soc.* XVI, p. 143; Jard. et Sel., *Ill. Orn.* II, pl. 107; Gould, *l. c.*, pt. I, pl. 15; Baird, *B. N. Am.*, p. 642; Ridgw., *Auk*, 1894, p. 193, pl. 6. — États-Unis W. (Côtes).

2721. *Var.* PLUMIFERA (Gould), *P. Z. S.*, 1837, p. 42; Audub., *B. Am.* V, p. 69, pl. 291; Ridgw., *Auk*, 1894, p. 195, pl. 6; *pictus* (pt.), Grant. — Sierra-Nevada, Orégon, Californie E.

(1) Voy.: Ogilvie-Grant, *Cat. Birds Brit. Mus.* XXII, pp. 392-444 (1893); Gould, *A Monograph of the Odontophorinæ* (1844-50).

2722. *Var.* Confinis, Anth., *Pr. Calif. Ac. Sc.*, 1889, p. 74; *pictus* (pt.), Grant. — Basse-Californie.

1510. LOPHORTYX

Lophortyx, Bonap. (1838); *Callipepla* (pt.), auct. plur.

10.243. californicus (Shaw et Nodd.), *Nat. Misc.* IX, pl. 345; Audub., *Orn. Biogr.* V, p. 152, pl. 413; id., *B. Am.* V, p. 67, pl. 290; Bp., *Comp. List*, p. 42; Gould, *Mon. Odont.*, pt. I, pl. 16; *californianus*, Gray; *virginianus*, Hutt.; *brunnescens*, Ridgw. — États-Unis W., Basse-Californie.

2723. *Var.* Vallicola, Ridgw., *Pr. U. S. Nat. Mus.* VIII, p. 355; Towns., *l. c.* X, pp. 200, 235. — Californie centr.

10.244. gambeli, Nutt., Gamb., *Pr. Ac. Philad.*, 1843, p. 260; Gould, *l. c.*, pt. III, pl. 17; Bend., *N. Am. B.*, p. 29, pl. 1, ff. 11-14; *venusta*, Gould; *californicus* (pt.), Coues; *deserticola*, Steph., *Auk*, 1895, p. 371. — États-Unis W., de l'Utah jusqu'au N. du Mexique.

2724. *Var.* Fulvipectus, Nels., *Auk*, 1899, p. 26. — Mexique N.-W.

10.245. douglasi (Vig.), Dougl., *Trans. Linn. Soc.*, 1828, p. 145; Grant, *Cat.*, p. 404; *elegans*, Less., *Cent. Zool.*, p. 189, pl. 61; Gould, *l. c.*, pt. I, pl. 18; *spilogaster*, Vig. — Mexique W.

2725. *Var.* Bensoni (Ridgw.), *Pr. U. S. Nat. Mus.*, 1887, p. 148. — Sonora (Mexique N.)

10.246. ? leucoprosopon, Rchw., *Orn. Monatsb.*, 1895, pp. 10, 11 (hybride ?) — ?

1511. PHILORTYX

Philortyx, Gould (1846).

10.247. fasciatus, Gould (ex Natt.), *P. Z. S.*, 1843, p. 133; id., *Mon. Odont.*, pt. II, pl. 14; *perrotiana*, Des M.; *personatus*, Ridgw., *Auk*, 1886, p. 333. — Mexique S.

1512. EUPSYCHORTYX

Eupsychortyx, Gould (1844).

10.248. cristatus (Lin.); *Pl. Enl.* 126; Less., *Ill. Zool.*, pl. 52; Gould, *l. c.*, pt. II, pl. 9; *temmincki*, Steph.; *neoxenus*, Vig.; Audub., *Orn. Biogr.* V, p. 228, pl. 423; *gouldi*, Berl., *J. f. O.*, 1892, p. 100. — Iles Curaçao et Aruba.

10.249. leucopogon (Less.), *Rev. Zool.*, 1842, p. 175; Des — Véragua, Colombie.

M., *Icon. Orn.*, pl. 36; *leucotis*, Gould; id., *Mon. Odont.*, pt. I, pl. 10.

10.250. SONNINI (Tem.), *Pig. et Gal.* III, pp. 451, 737; id., *Pl. Col.* 75; Gould, *l. c.*, pt. III, pl. 11; *cristatus*, Cab. (nec Lin.) — Vénézuéla, Guyane angl., Rio-Négro.

2726. *Var.* PALLIDA, Richm., *Pr. U. S. Nat. Mus.*, 1895, p. 657. — Ile Margarita.

10.251. MOCQUERYSI, Hart., *Ibis*, 1894, p. 430; id., *Novit. Zool.* I, p. 675, pl. 15, f. 2; Grant, *Handb. Game B.* II, p. 131. — Cumana (Vénézuéla N.)

10.252. PARVICRISTATUS, Gould, *P. Z. S.*, 1843, p. 106; id., *Mon. Odont.*, pt. II, pl. 12. — Colombie.

10.253. LEYLANDI (Moore), *P. Z. S.*, 1859, p. 62; Grant, *Cat.*, p. 411; *leucofrenatus*, Ell., *Ann. Lyc. N. Y.*, 1860, p. 106, pl. 3. — Honduras, Nicaragua, Costa-Rica.

10.254. HYPOLEUCUS, Gould, *P. Z. S.*, 1860, p. 62; Grant, *Cat.*, p. 413; *leucopogon*, Salv. et Scl. (nec Less.), *Ibis*, 1860, p. 277. — Guatémala.

1513. COLINUS

Ortyx, Steph. (1819, nec Oken, 1816); *Colinus*, Less. (1828); *Ortygia*, Boie (1828); *Colinia*, Nutt. (1832).

10.255. VIRGINIANUS (Lin.); *Pl. Enl.* 149; Audub., *Orn. Biogr.* I, p. 388, pl. 76; Gould, *Mon. Odont.*, pt. I, pl. 1; Stejn., *Auk*, II, p. 45; *marilandicus* et *mexicanus*, Lin.; *minor*, Bartr.; *borealis*, Tem.; Vieill., *Gal. Ois.* II, p. 44, pl. 214. — États-Unis E. jusqu'au Dakota et le Texas à l'Ouest.

2727. *Var.* FLORIDANA (Coues), *Key N. A. B.*, pp. 237, 591; Stejn., *Auk*, 1885, p. 45. — Florida (Cuba, introd.?)

2728. *Var.* TEXANA (Lawr.), *Ann. Lyc. N. Y.*, 1853, p. 1; Baird, *B. N. Am.*, p. 641, pl. 24; B., Br. et Rid., *B. N. Am.* III, p. 474; *maculata*, Nels., *Auk*, 1899, p. 26. — Texas S., W., Mex.

10.256. CUBANENSIS (Gould), in Gray, *Gen. B.* III, p. 514; id., *Mon. Odont.*, pt. III, pl. 2; Cory, *List B. West Ind.*, p. 24; *virginianus*, d'Orb. (nec Lin.) — Cuba.

10.257. PECTORALIS, Gould, *P. Z. S.*, 1842, p. 182; id., *Mon. Odont.*, pt. III, pl. 5; Ridgw., *Man. N. Am. B.*, p. 189. — Véra-Cruz (Mex. E.)

2729. ? *Var.* NIGRIPECTUS, Nels., *Auk*, 1897, pl. 47. — Plnes de Puebla (Mex.)

2730. ? *Var.* MINOR, Nels., *Auk*, 1901, p. 47; Grant, *Ibis*, 1902, p 240. — Chiapas, Tabasco (Mex. S.)

10.258. GRAYSONI (Lawr.), *Ann. Lyc. N. Y.*, 1867, p. 476; Stejn., *Auk*, 1885, p. 45; Grant, *Game B.* II, pl. 32. — Jalisco (Mex. W.)

10.259. GODMANI, Nels., *Auk*, 1897, p. 45, 1898, pl. 2. Véra-Cruz (Mex.)

10.260. NIGROGULARIS (Gould), *P. Z. S.*, 1842, p. 181 ; id., *Mon.*, pt. II, pl. 4 ; Gray, *Gen. B.* III, pl. 132 ; Ridgw., *Man. N. Am. B.*, p. 190 ; *segoviensis*, Ridgw., *Pr. U. S. Nat. Mus.*, 1887, p. 593. Yucatan, Honduras.

10.261. RIDGWAYI, Brewst., *Auk*, 1885, p. 199 ; Grant, *Cat.*, p. 422. Arizona, Sonora.

10.262. INSIGNIS, Nels., *Auk*, 1897, p. 46. Guatémala, Chiapas.

10.263. COYOLCOS (Müll.), *S. N. Suppl.*, p. 129 ; Gould, *l. c.*, pt. III, pl. 6 ; Ridgw., *Man. N. Am. B.*, p. 189 ; *nigrogularis*, Gr. (nec Gould.) Mexique S. (Oaxaca).

10.264. ATRICEPS (Grant), *Cat. B.* XXII, p. 424 ; id., *Handb. Game B.* II, p. 144, pl. 33 ; *coyolcos*, Gould (pt.), *l. c.*, pt. III, pl. 6 (fig. de gauche). Mexique W. (Putla).

10.265. SALVINI, Nels., *Auk*, 1897, p. 45 ; Grant, *Ibis*, 1902, p. 241. Chiapas (Mex.)

10.266. CASTANEUS (Gould), *P. Z. S.*, 1842, p. 182 ; id., *Mon.*, pt. III, pl. 3. ?

1514. CYRTONYX

Cyrtonyx, Gould (1844).

10.267. MONTEZUMÆ (Vig.), *Zool. Journ.*, 1830, p. 275 ; Stejn., *Auk*, 1885, p. 46 ; *massena*, Less., *Ill. Zool.*, pl. 52 ; Gould, *l. c.*, pt. I, pl. 7 ; *guttata*, La Llave ; *meleagris*, Wagl., *Isis*, 1832, p. 278 ; *perspicillata*, Licht. ; *mearnsi*, Nels., *Auk*, 1900, p. 255. Mexique, Arizona, Texas S.-W.

10.268. SALLÆI, Verr., *Arcana Nat.* I, p. 35, pl. 4 ; Ridgw., *Man. N. Am. B.*, p. 194 ; *merriami*, Nels., *Auk*, 1897, p. 48 ; Grant, *Ibis*, 1902, p. 242. Guerrero, Véra-Cruz (Mex.)

10.269. OCELLATUS, Gould, *P. Z. S.*, 1836, p. 75 ; id., *Mon. Odont.*, pt. II, pl. 8 ; *sumichrasti*, Lawr. Mexique S. (Tehuantepec), Guatémala.

1515. DACTYLORTYX

Dactylortyx, Og.-Grant (1891).

10.270. THORACICUS (Gamb.), *P. Ac. Philad.*, 1848, p. 77 ; Grant, *Cat.*, p. 429 ; *lineolatus*, Gould, *Mon. Odont.*, pt. III, pl. 32 ; Nels., *Pr. Biol. Soc. Wash.*, 1898, p. 66. Mexique S., Yucatan, Guatémala, San-Salvador.

2731. *Var.* CHIAPENSIS, Nels., *Pr. Biol. Soc. Wash.*, 1898, p. 66. Chiapas (Mex. S.)

2732. *Var.* DEVIUS, Nels., *l. c.*, p. 68. Jalisco (Mex. W.)

1516. ODONTOPHORUS

Odontophorus, Vieill. (1816); *Dentophorus*, Merr. fide Gray (1870); *Strophiortyx*, Bp. (1856); *Rhynchortyx*, Grant (1893).

10.271. GUIANENSIS (Gm.), *S. N.* I, 2, p. 767; Gould, *Mon. Odont.*, pt. I, pl. 23; *dentata*, Tem.; *rufina*, Spix; *rufus*, Vieill., *Gal. Ois.* II, p. 38, pl. 211. — Guyane angl., Bas-Amazone.

2733. *Var.* MARMORATA, Gould, *P. Z. S.*, 1843, p. 107; Scl. et Salv., *P. Z. S.*, 1864, p. 371; *pachyrhynchus*, Tsch., *Faun. Per.*, p. 282; Gould, *l. c.*, pt. III, pl. 24; *castigatus*, Bangs, *Auk*, 1901, p. 356; Grant, *Ibis*, 1902, p. 243. — De Panama au Pérou et Bolivie.

10.272. CAPUEIRA (Spix), *Av. Sp. Nov.* II, p. 59, pl. 76[a]; Grant, *Cat.*, p. 434; *dentatus*, Max.; Gould, *l. c.*, pt. II, pl. 26; *capistrata*, J. et S., *Ill. Orn.* I, pl. 38. — Brésil E., de Bahia au Rio Grande do Sul.

10.273. MELANOTIS, Salv., *P. Z. S.*, 1864, p. 586, 1867, p. 161. — Nicaragua, Costa-Rica, Véragua.

10.274. ERYTHROPS, Gould, *P. Z. S.*, 1859, p. 99; Tacz., *ibid.*, 1883, p. 576. — Ecuador.

10.275. HYPERYTHRUS, Gould, *P. Z. S.*, 1857, p. 223; *hypospodius*, Scl. et Salv., *Nomencl.*, p. 163. — Colombie.

10.276. SPECIOSUS, Tsch., *Arch. f. Nat.*, 1843, p. 387; id., *Faun. Per.*, p. 281, pl. 33; Gould, *l. c.*, pt. III, pl. 25. — Ecuador, Pérou.

10.277. MELANONOTUS, Gould, *P. Z. S.*, 1860, p. 382. — Ecuador.

10.278. LEUCOLÆMUS, Salv., *P. Z. S.*, 1867, p. 161. — Costa-Rica, Véragua.

10.279. PARAMBÆ, Rothsch., *Ibis*, 1898, p. 145; Hart., *Nov. Zool.* V, p. 505, pl. 3, f. 1. — Colombie, Ecuador N.

10.280. ATRIFRONS, Allen, *Bull. Amer. Mus.* XIII, p. 127. — Valparaiso (Colombie).

10.281. STELLATUS, Gould, *P. Z. S.*, 1842, p. 183; id., *Mon. Odont.*, pt. II, pl. 27; *leucostictos*, Natt. — Haut-Amazone, Ecuador E.

10.282. GUTTATUS (Gould), *P. Z. S.*, 1837, p. 79; Gray, *List Gall.*, p. 43 (1844); Gould, *l. c.*, pt. II, pl. 28; *consobrinus*, Ridgw., *Pr. U. S. Nat. Mus.*, 1893, p. 469 (fem.); Grant, *Ibis*, 1902, p. 244. — Amérique centr., du S. du Mexique à Panama.

10.283. VERAGUENSIS, Gould, *P. Z. S.*, 1856, p. 107; Zel., *Pr. U. S. Nat. Mus.*, 1886, p. 112. — Du Costa-Rica à Panama.

10.284. BALLIVIANI, Gould, *P. Z. S.*, 1846, p. 69; id., *Mon. Odont.*, pt. III, pl. 29; Tacz., *Orn. Pér.* III, p. 290. — Bolivie, Pérou.

10.285. STROPHIUM, Gould, *P. Z. S.*, 1843, p. 134; id, *Mon. Odont.*, pt. I, pl. 31. — Colombie.

10.286. COLUMBIANUS, Gould, *P. Z. S.*, 1850, p. 94; id, *Mon. Odont.*, pt. III, pl. 30. — Vénézuéla.

10.287. SPODIOSTETHUS, Salv., *Ibis*, 1878, p. 447. — Du Nicarag. à Panama.

10.288. CINCTUS, Salv., *Ibis*, 1876, p. 379; Rowl., *Orn. Misc.* III, p. 39, pl. 86. — Véragua.

FAM. VI. — TETRAONIDÆ (1)

1517. BONASA

Bonasa, Steph. (1819); *Bonasia*, Bp. (1830).

10.289. UMBELLUS (Lin.); *Pl. Enl.* 104; Steph., *Gen. Zool.* XI, p. 300; Baird, *B. N. Am.*, p. 630; Ell., *Mon. Tetr.*, pl. 1; *tympanus*, Bartr.	Amérique N.-E.
2734. *Var.* TOGATA (Lin.); Ridgw., *Pr. U. S. Nat. Mus.* 1885, p. 355.	Canada et le N. des États-Unis.
2735. *Var.* UMBELLOIDES (Dougl.), *Tr. Linn. Soc.* XVI, p. 148; Ell., *Mon. Tetr.*, pl. 2; Coues, *Key*, p. 585.	Amérique N.-W., Alaska.
2736. *Var.* SABINEI (Dougl.), *Tr. Linn. Soc.* XVI, p. 137; Baird, *B. N. Am.*, p. 631; Ell., *Mon. Tetr.*, pl. 3.	De la Californie au 55° l. N. (Amér. N.-W.)

1518. TETRASTES

Tetrastes, Keys. et Blas. (1840).

10.290. BONASIA (Lin.); Keys. et Blas., *Wirbelth. Eur.*, p. 200; *betulinus*, Scop.; Dress., *B. Eur.* V, p. 193, pl. 486; Dubois, *Fne. ill. Vert. Belg.*, *Ois.* II, p. 50, pl. 174; *canus*, Sparrm.; *sylvestris*, Brm.; Ell., *Mon. Tetr.*, pl. 4; *rupestris*, Brm.; *europæa*, Gd.	Europe, Asie N. et centr., Japon.
2737. *Var.* SEPTENTRIONALIS, Seeb., *Ibis*, 1884, p. 430.	Zone arct. de Russie et Sibérie.
10.291. GRISEIVENTRIS, Menzb., *Bull. Soc. Imp. Nat. Mosc.*, 1880, 1, p. 105, pl. 4; Seeb., *Ibis*, 1884, p. 430, pl. 11; id., *P. Z. S.*, 1884, p. 409.	Russie E. (gouvt de Perm.)
10.292. SEVERTZOWI, Prjev., *Mongolia*, II, p. 130, pl. 18; id., in *Rowl. Orn. Misc.* II, p. 430, pl. 52; Dedit., *J. f. O.*, 1886, p. 538.	Chine W.

1519. PEDIOECETES

Pediocætes, Baird (1858); *Pediœcetes*, Hayd. (1861).

10.293. PHASIANELLUS (Lin.); Ell., *P. Ac. Philad.*, 1862, p. 403; id., *Mon. Tetr.*, pl. 15; *kennicotti*, Suckl.	Amérique du Nord angl.

(1) Voy.: Ogilvie-Grant, *Cat. Birds Brit. Mus.* XXII, pp. 35-93 (1893); Elliot, *A Monograph of the Tetraoninæ or family of the Grouse* (1864-65).

2738. *Var.* Columbiana (Ord.), *Guthrie 's Geog.* II, p. 317 (1815); Ell., *l. c.*, pl. 14; Grant, *Cat.*, p. 83; *phasianellus* (pt.), auct. plur. — Amér. N.-W., du Nouv.-Mex. à l'Alaska (à l'O. des Mgnes Roch.)

2739. *Var.* Campestris, Ridgw., *Pr. Biol. Soc. Wash.*, 1884, p. 93; *A. O. U. Check-l.*, p. 176; *columbianus* (pt.), Grant. — Région des prairies de l'Amérique du Nord.

1520. CENTROCERCUS

Centrocercus, Swains. (1831).

10.294. urophasianus (Bonap.), *Zool. J.* III, p. 213; id., *Am. Orn.* III, p. 55, pl. 21, f. 1; Audub., *B. Am.* V, p. 106, pl. 297; Sw. et Rich., *Faun. Bor.-Am.* II, p. 358, pl. 58; Ell., *l. c.*, pl. 13. — Amérique N.-W., du Nouv.-Mexique et Californie jusqu'au 60° l. N. environ.

1521. TYMPANUCHUS

Tympanuchus, Glog. (1842); *Cupidonia,* Rchb. (1852).

10.295. cupido (Lin.); Vieill., *Gal. Ois.* II, p. 55, pl. 219; Baird, *B. N. Am.*, p. 628 (pt.); Ridgw., *Pr. U. S. Nat. Mus.*, 1885, p. 355; *brewsteri,* Coues. — Ile Martha Vineyard (Massachusetts).

2740. *Var.* Americana (Rchb.), *Nat. Syst. Vög.*, p. xxix; Ridgw., *Auk,* 1886, p. 132; *cupido* (pt.), auct. plur. (nec Lin.); Audub., *Am. Orn.* V, p. 93, pl. 296; Ell., *l. c.*, pl. 16; *pinnata,* Brewst., *Auk,* 1885, p. 82. — Vallée du Mississippi.

2741. *Var.* Attwateri, Bend., *For. and Stream,* XL, 1893, p. 425; id., *Auk,* 1894, p. 130. — Louisiane et Texas (côtes).

2742. *Var.* Pallidicincta, Ridgw. in B. B. et Rid., *N. Am. B.* III, p. 446; id., *Pr. U. S. Nat. Mus.*, 1885, p. 355; id., *Man.*, p. 203. — Du Texas au Kansas.

1522. DENDRAGAPUS

Dendragapus, Elliot (1864).

10.296. obscurus (Say), *Long's Exp.* II, p. 14; Bp., *Am. Orn.* III, p. 27, pl. 18; Ell., *Pr. Ac. Philad.*, 1864, p. 23; id., *Mon. Tetr.*, pl. 7. — Mgnes Roch. du Nouv.-Mex. et Ariz. jusque Montana et Idaho.

2743. *Var.* Fuliginosa (Baird, Br. et Rid.), *N. Am. B.* III, p. 425; Ridgw., *Pr. U. S. Nat. Mus.*, 1885, p. 355; *obscurus* (pt.), auct. plur. (nec Say). — Amérique N.-W., de Californie au 55° l. N.

2744. *Var.* Richardsoni (Dougl.), *Trans. Linn. Soc.* XVI, p. 140; Wils., *Ill. Zool.*, pls 30, 31; Ell., *l. c.*, pl. 8; B., Br. et Rid., *N. Am. B.* III, p. 427. — Montagnes Rocheuses au N. de Montana.

1523. FALCIPENNIS

Canace, Rchb. (1852, nec Curtis, 1838); *Falcipennis*, Elliot (1864); *Canachites*, Stejn. (1885).

10.297. HARTLAUBI, Ell., *Pr. Ac. Philad.*, 1864, p. 23; id., *Mon. Tetr.*, pl. 11; *T. canadensis, var. franklinii*, Midd., *Sib. Reis.*, *Aves*, p. 202, pl. 17, f. 4; *T. falcipennis*, Hartl., *J. f. O.*, 1855, p. 39; *canadensis*, Radde (nec Lin.)	Sibérie N.-E., Kamtchatka.
10.298. CANADENSIS (Lin.); Audub., *B. Am.* V, p. 83, pl. 294; Baird, *B. N. Am.*, p. 622; Ell., *l. c.*, pl. 9; *canace*, Lin.	Amérique sept. entre le 43° et le 60° l. N., à l'E. des Mgues Roch.
2745. *Var.* LABRADORIA (Bangs), *New Engl. Zool. Club*, I (1899), p. 47.	Labrador.
2746. *Var.* FRANKLINI (Dougl.), *Trans. Linn. Soc.* XVI, p. 139; Sw. et Rich., *F. Bor.-Am.* II, p. 348, pl. 61; Ell., *l. c.*, pl. 10; *canadensis* (pt.), Bp.; *osgoodi*, Bishop.	Amérique septentr. à l'Ouest des Montagnes Rocheuses.

1524. TETRAO

Tetrao, Lin. (1766); *Urogallus*, Scop. (1777).

10.299. UROGALLUS, Lin.; Ell., *l. c.*, pl. 5; Dubois, *Fne. Ill. Vert. Belg.*, *Ois.* II, p. 36, pls 172, 172b; Mey., *Auer-, Rack. u. Birkw.*, pp. 1-15, pls 1-3; *eremita*, Thunb.; *vulgaris*, Flem.; *major*, *crassirostris*, Brm.; *taczanowskii*, Mey., *l. c.*, p. 10; *thelyides* (aberr.), Mey., *Abh. Mus. Dresd.*, 1894-95, n° 3, p. 1, pl. (1).	Europe, Asie N. et centr. jusqu'au lac Baïkal.
2747. *Var.* URALENSIS, Nazar., *Bull. Mosc.*, 1886, p. 365; Menzb., *Ibis*, 1887, p. 302.	Monts Ourals.
10.300. PARVIROSTRIS, Bp., *C. R.* XLII, p. 880; Grant, *Cat.*, p. 66; *urogallus, var. rupestris* et *minor*, Pall., *Zoogr.* II, p. 58; *urogalloides*, Midd., *Sibir. Reise*, II, 2, p. 195, pl. 18, et auct. plur. (nec Nilss.); Ell., *l. c.*, pl. 6; Dav. et Oust., *Ois. Chine*, p. 390; *sachalinensis*, Bogd.	Sibérie E., Amourland, Mantchourie, Chine N.
2748. *Var.* KAMTSCHATICA, Kittl., *Reise Kamtsch.* II, p. 353; Tacz., *Bull. Soc. Zool. Fr.*, 1883, p. 333.	Kamtschatka.

(1) Les dénominations suivantes se rapportent à des hybrides des *T. urogallus* + *tetrix*: *hybridus*, Sparrm., *urogallides* et *urogalloides*, Nilss.; *medius*, Mey. (1811); *intermedius*, Langsd.; *maculatus* et *pseudourogallus*, Brm.; *T. tetrix urogallus*, Mey., *Unsere Auer-Rack* pls 8-13.

1525. LYRURUS

Lyrurus, Swains. (1831); *Lyurus*, Gould (1837).

10.301. TETRIX (Lin.); Sw. et Rich., *F. Bor.-Am.* II, p. 497; Dubois, *l. c.* II, p. 43, pl. 173; ?*nemesianus*, Gm.; *juniperorum*, *ericæus*, Brm.; *derbianus*, Gould (1).	Europe, Asie N. et centr.
2749. *Var.* VIRIDANA, Lorenz, *J. f. O.*, 1891, p. 366 (*viridanus*); *tetrix* (pt.), Grant.	Du S. de la Russie jusqu'au Turkestan.
2750. *Var.* TSCHUSII, Johan., *Orn. Jahrb.*, 1898, *Beilage*.	Sibérie W.
10.302. MLOKOSIEWICZI (Tacz.), *P. Z. S.*, 1875, p. 266; Dress., *B. Eur.* V, p. 219, pl. 488; Radde, *Orn. Cauc.*, p. 358, pl. 23; *acatoptricus*, Radde, *l. c.*	Caucase.

1526. LAGOPUS

Lagopus, Briss. (1760); *Keron*, Mont. (1776); *Oreias*, *Attagen*, Kp. (1829); *Acetinornis*, Bonap. (1856).

10.303. SCOTICUS (Lath.), *Gen. Syn.*, *Suppl.* I, p. 290; Leach, *Syst. Cat.*, p. 27; Vieill., *Gal. Ois.* II, p. 62, pl. 221; Dress., *B. Eur.* V, p. 165, pl. 479; *saliceti* (pt.), Tem.; *persicus*, Gray; Ell., *l. c.*, pl. 20; *albus*, β. *scoticus*, Dubois, *Consp. Av. Eur.*, p. 21.	Iles Britanniques. (Introd. dans l'Ardenne belge.)
10.304. ALBUS (Gm.), *S. N.* I, 2, p. 750; Audub., *B. Am.* V, p. 114, pl. 299; Ell., *l. c.*, pls 17, 18; *T. lagopus*, Lin.; *lapponicus*, Gm.; *rehusak*, Bonn.; *cachinnans*, Retz.; *saliceti*, Tem.; *subalpinus*, Nilss.; *brachydactylus*, Gould, *B. Eur.* IV, pls 255, 256.	Zone arctique.
2751. *Var.* ALLENI, Stejn., *Auk*, 1884, p. 369; id., *Pr. U. S. Nat. Mus.*, 1885, p. 20; Grant, *Cat.*, p. 44.	Terre-Neuve.
10.305. MUTUS (Montin), *Phys. Sälsk. Hand.* I, p. 155 (1776-86); Leach, *Syst. Cat.*, p. 27; Ell., *l. c.*, pls 21, 22; Dress., *B. Eur.* V, p. 157; pls 477, 478; *T. lagopus*, Scop. (nec Lin.); *rupestris*, Bechst. (nec Gm.); *alpinus*, Nilss.; Dubois, *Ois. Eur.* II, p. et pl. 125; *vulgaris*, Vieill.; *mutans*, Forst.; *montanus*, Brm.; *cinereus*, Macg.; *scandinavica*, *meridionalis*, Sundev.	Montagnes de l'Europe et Monts Ourals.
2752. *Var.* RUPESTRIS (Gm.), *S. N.* I, 2, p. 751; Audub., *B. Am.* V, p. 122, pl. 301; *mutus*, Sw. et Rich.; *americanus*, Aud.; *alpinus*, Midd. (nec Nilss.); *islandorum*, Faber.	Nord de l'Amérique et de l'Asie (parties arctiques), Islande.

(1) Hybrides : *L. tetrix* + *Lagopus albus* = *lagopoides* et *lagopides*, Nilss. = *tetrici-albus*, Coll.; *L. tetrix* + *L. scoticus* = *dicksonii*, Malm.; *L. tetrix* + *T. bonasia* = *bonasides*, Nilss. = *bonasiotetrix*, Bogd.

2753. *Var.* REINHARDTI (Brm.), *Lehrb. Eur. Vög.*, p. 440; *groenlandicus*, Brm., Naum., 1855, p. 287; *occidentalis*, Sundev. — Groenland, Labrador.
2754. *Var.* NELSONI, Stejn., *Zeit. Ges. Orn.*, 1884, p. 91; id., *Auk*, 1884, p. 226. — Ile Unalaska.
2755. *Var.* RIDGWAYI, Stejn., *Zeit. Ges. Orn.*, 1884, p. 89, pl. 5; *insularis*, Bogd., *Consp. Av. Ross.*, p. 34. — Iles du Commandeur et de Behring.
2756. *Var.* ATKHENSIS, Turn., *Pr. U. S. Nat. Mus.*, 1882, p. 230. — Ile Atkha.
2757. *Var.* TOWNSENDI, Elliot, *Auk*, 1896, p. 26. — Iles Kyska et Adak.
2758. *Var.* WELCHI, Brewst., *Auk*, 1885, p. 193. — Terre-Neuve.
2759. *Var.* EVERMANNI, Elliot, *Auk*, 1896, p. 25, pl. 3. — Ile Attu (Aléoutes).
10.306. HYPERBOREUS, Sundev., in *Gaim. Voy. Scand.*, Atl., liv. XXXVIII, pl.; Stejn., *Zeit. Ges. Orn.*, 1884, p. 89; Ell., *Mon. Tetr.*, pl. 24; *hemileucurus*, Gould; Dress., *B. Eur.* V, p. 179, pl. 482. — Spitzberg.
10.307. LEUCURUS, Sw. et Rich., *Faun. Bor.-Am.* II, p. 356, pl. 63; Audub., *B. Am.* V, p. 125, pl. 302; Ell., *l. c.*, pl. 25. — Montagnes Rocheuses, du Nouv.-Mex. à la Colombie angl.
2760. *Var.* ALTIPETENS, Osg., *Auk*, 1901, p. 180. — Colorado.

ORD. X. — ACCIPITRES (1)

FAM. I. — SERPENTARIIDÆ

1527. SERPENTARIUS

Serpentarius, Cuv. (1798); *Secretarius*, Daud. (1800); *Gypogeranus*, Ill. (1811); *Ophiotheres*, Vieill. (1816).

10.308. SECRETARIUS (Scop.), *Del Faun. et Fl. Insubr.* II, p. 93; Levaill., *Ois. d'Afr.* I, pl. 25; *serpentarius*, Mill.; *reptilivorus*, Daud.; *africanus*, Shaw; *cristatus*, Vieill.; *capensis*, *philippensis*, Ogilby. — Afrique S. et E.
2761. *Var.* GAMBIENSIS, Ogilby, *P. Z. S.*, 1835, p. 105; *orientalis*, Verr., *P. Z. S.*, 1856, p. 352. — Sénégambie, Soudan jusqu'au Choa.

FAM. II. — CATHARTIDÆ

1528. SARCORHAMPHUS

Sarcoramphus, Dumér. (1806); *Gryphus*, Bonap. (1854).

10.309. GRYPHUS (Lin.); Tem., *Pl. Col.* 133, 408, 494; — Andes, de l'Ecuador à

(1) Voy.: Sharpe, *Cat. Birds Brit. Mus.* I (1874); J.-H. Gurney, *A List of the Diurnal Birds of Prey* (1884); id. (jun.), *Catalogue of the Birds of Prey* (1894).

Steph., *Gen. Zool.* XIII, p. 6; *magellanicus,* Shaw; *condor,* Shaw, *Gen. Zool.* I, p. 2, pl[s] 2-4; *cuntur,* Bp. — la Patagonie.

10.310. ÆQUATORIALIS, Sharpe, *Cat. B.* I, p. 21; Scl., *P. Z. S.*, 1883, pl. 35; ?*gryphus*, Eyd. et Soul., *Voy. Bonite, Zool.*, p. 75, pl. 2. — Ecuador, ? Colombie.

1529. CATHARTES

Cathartes, Illig. (1811); *Gypagus*, Vieill. (1816); *Gyparchus*, Glog. (1842).

10.311. PAPA (Lin.); Illig., *Prodr.*, p. 236; Vieill., *Gal. Ois.* I, p. 11, pl. 3; Schl., *Mus. P.-B.*, *Vult.*, p. 1. — Amérique tropicale.

1530. CATHARISTA

Catharista, Vieill. (1816); *Cathartes,* Gray (1844) et auct. plur. (nec Illig.); *Coragyps*, Bp. (1854); *Catharistes,* Sharpe (1874).

10.312. ATRATA (Bartr.), *Trav. N. et S. Carol.*, etc., p. 289; Wils., *Am. Orn.* IX, p. 104, pl. 75, f. 2; *aura,* Daud. (nec Lin.); *urubu,* Vieill., *Ois. Am. sept.*, pl. 11; *fœtens,* Licht.; *iota,* Jard.; *brasiliensis,* Bp. — Amérique mérid. tropic., Amér. centr., États-Unis S.-E.

1531. RHINOGRYPHUS

Rhinogryphus, Ridgw. (1873); *OEnops,* Sharpe (1874); *Cathartes,* Sharpe (1899, nec Illig).

10.313. AURA (Lin.); Vieill., *Ois. Am. sept.*, pl. 2; id., *Gal. Ois.* I, p. 16, pl. 4; *iota,* Mol.; *ruficollis,* Spix; *urbicola, ricordi,* Des M.; *septentrionalis,* Max.; *burroviana,* Sharpe. — Amérique sept., centr. et tropic.

2762. *Var.* FALKLANDICA (Sharpe), *Ann. N. H.*, 1873, p. 133; id., *Cat. B.* I, p. 27, pl. 2, f. 1; *aura* (pt.), auct. plur. — Iles Malouines ou Falkland.

2763. *Var.* PERNIGRA (Sharpe), *Cat.* I, p. 26; *aura* (pt.), auct. plur.; *iota,* Cass., *U. S. Expl. Exp.*, p. 83, pl. 1 (nec Mol.); *urubitinga*, Scl. et Salv., *P. Z. S.*, 1867, p. 589 (nec Pelz.) — Guyane, Amazone, Pérou.

2764. *Var.* BURROVIANA (Cass.), *Pr. Phil. Acad.*, 1845, p. 212; Ell., *B. N. Am.* II, pl. 26; *urubitinga*, Pelz., *Sitz. Akad. Wien.*, 1861, p. 7 (ex Natt.); Schl., *Mus. P.-B. Vult.*, p. 4; Sharpe, *Cat.*, p. 28, pl. 2, f. 2; *aura,* Scl. et Salv. (1867-73). — Guyane, Amazone jusqu'au Mexique E.

1532. GYMNOGYPS

Gymnogyps, Less. (1842); *Pseudogryphus*, Ridgw. (1874).

10.314. CALIFORNIANUS (Shaw et Nod.), *Nat. Misc.* IX, p. 1, pl. 301; Audub., *B. Am.* I, p. 12, pl. 1; Less., *Echo du Monde sav.*, 1842, p. 1037; Gray, *Gen. B.* I, pl. 2; *columbianus*, Ord.; *vulturinus*, Tem., *Pl. Col.* 31.	Californie S. et Basse-Californie.

FAM. III. — VULTURIDÆ

1533. VULTUR

Vultur, Briss. (1760); *Ægypius*, Savig. (1808); *Polypteryx*, Hodgs. (1844).

10.315. MONACHUS (Lin.); Levaill., *Ois. d'Afr.* I, pl. 12; Dress., *B. Eur.* V, p. 383, pl. 321; *cinereus*, Gm.; *chincou*, *vulgaris*, *arrianus* et *niger*, Daud.	Afr. N.-E., Eur. S., Asie S.-W. et centr. jusqu'en Chine.

1534. LOPHOGYPS

Vultur (pt.), auct. plur.; *Lophogyps*, Bonap. (1854).

10.316. OCCIPITALIS (Burch.), *Trav.* II, p. 329; Tem., *Pl. Col.* 13; Cretzschm., in *Rüpp. Atl.*, p. 35, pl. 22; *galericulatus*, Less.; *eulophus*, Ehr.; *chincou*, Strickl (nec Daud.)	Afrique tropicale.

1535. OTOGYPS

Otogyps, Gray (1841); *Hemigyps*, Hodgs. (1844).

10.317. AURICULARIS (Daud.), *Traité*, II, p. 10; Levaill., *Ois. d'Afr.* I, p. 36, pl. 9; *auriculatus*, Shaw.; *tracheliotus*, Wolf; *ægypius* et *imperialis*, Tem., *Pl. Col.* 407, 426; *nubicus*, H. Smith.	Afrique trop., Égypte, Europe S.
10.318. CALVUS (Scop.), *Del. Faun. et Fl. Insubr.* II, p. 85; Gould, *B. Asia*, pt. XII, pl. ; *pondicerianus*, Lath.; Tem., *Pl. Col.* 2; Gray, *Ill. Ind. Zool.* I, pl. 15, f. 2.	Inde, Indo-Chine.

1536. GYPS

Gyps, Savig. (1809).

10.319. FULVUS (Gm.); Dub., *Ois. Eur.* I, pl. 2; Dress., *B. Eur.* V, p. 373, pl[s] 319, 320; *percnopterus*, Shaw et Nod.; *trencalos*, Bechst.; *vulgaris*, Savig.; *leucocephalus*, Mey. et W.; *persicus*, Pall.; *albi-*	Europe centr. et S., Afrique N. et N.-E.

collis, Linderm.; *occidentalis*, Schl.; *ægyptius*, Licht.; *orientalis*, Schl.; *hispaniolensis*, Sharpe.

2765. *Var.* FULVESCENS, Hume, *Ibis*, 1869, p. 356; Sharpe, *Cat. B.* I, p. 7. — Afghanistan, Inde N.

10.320. HIMALAYENSIS, Hume, *Rough Notes*, I, p. 14; Jerd., *Ibis*, 1871, p. 235; *indicus*, Tem., *Pl. Col.* 26 (nec Scop.); *nivicola*, Severtz. — Himalaya, Thibet, Turkestan.

10.321. KOLBI (Daud.), *Traité*, II, p. 15; Levaill., *Ois. d'Afr.* I, p. 44, pl. 10; Schl., *Mus. P.-B. Vultures*. p. 7; Sharpe, *Cat.* I, p. 8, pl. 1; *fulvus* (pt.), auct. plur.; *indicus*, Cass. (nec Scop.) — Afrique S.

10.322. RUPPELLI (Brm.), *Naum.*, 1852, 3, p. 44; Bp., *Rev. et Mag. de Zool.*, 1854, p. 530; *kolbii*, Cretzschm., *Rüpp. Atlas*, p. 47, pl. 32; *vulgaris*, Bp.; *magnificus*, Müll., *Beitr. Orn. Afr.*, pl. 5. — Égypte, Afrique N.-E. et E. jusqu'au Transvaal, Damara.

10.323. INDICUS (Scop.), *Del. Faun. et Fl. Insubr.* II, p. 85; Jerd., *B. of Ind.* I, p. 9; Sharpe, *Cat.* I, p. 10; *tenuiceps*, Hodgs.; *tenuirostris*, Gray, *Gen. B.* I, pl. 3. — Inde, Indo-Chine, Malacca.

2766. *Var.* PALLESCENS, Hume, *Str. Feath.*, 1873, p. 150; Sharpe, *l. c.*, p. 11. — Inde N.-W.

1537. PSEUDOGYPS

Pseudogyps, Sharpe (1873).

10.324. BENGALENSIS (Gm.), *S. N.* I, p. 245; Gray, *Ill. Ind. Zool.*, pl. 15, f. 1; *leucocephalus*, *var.* β, Lath.; Levaill., *Ois. d'Afr.* I, p. 50, pl. 11; *changoun*, Daud.; *leuconotus*, Gray, *l. c.*, pl. 14; *indus*, Less. — Inde, Indo-Chine, Malacca.

10.325. AFRICANUS, Salvad., *Not. Stor. R. Accad. Torino*, 1865, p. 133; Sharpe, *l. c.*, p. 12; Du Boc., *Orn. Angola*, p. 1, pl. 9; *bengalensis* (pt.), Rüpp., Brm., Heugl.; *moschatus*, Württ., *Naum.*, 1857, p. 432 (*descr. nulla*); *indicus*, Hartl.; *tenuirostris*, Antin. — Afrique tropicale.

1538. NEOPHRON

Neophron, Savig. (1808); *Percnopterus*, Steph. (1825); *Necrosyrtes*, Glog. (1842); *Gypiscus*, Sundev. (1873).

10.326. PERCNOPTERUS (Lin.); Dress., *B. Eur.* V, pl. 322; *fuscus*, Bodd.; *leucocephalus*, Gm.; *stercorarius*, La Peyr.; *albus*, Daud.; *meleagris*, Pall.; *meleagrides*, Tem.; *ægyptiacus*, Steph.; *europæus*, *capensis*, Brm. — Afrique, Europe S., Asie S.-W.

2767. *Var.* Gingini ana (Lath.), *Ind. Orn.* I, p. 7; Blyth, *Ibis*, 1866, p. 233; *percnopterus* (pt.), auct. plur. — Inde.

10.327. monachus (Tem.), *Pl. Col.* 222; Sharpe, *l. c.*, p. 19; *pileatus* (pt.), auct. plur. — Afrique tropicale.

2768. *Var.* Pileata (Burch.), *Trav.* II, p. 195 (*Vultur pileatus*); Sharpe, *l. c.*, p. 18; *carunculatus*, Smith. — Afrique S.

FAM. IV. — FALCONIDÆ

SUBF. I. — GYPAËTINÆ

1539. GYPAËTUS

Gypaëtus, Storr. (1784); *Gyptus*, Dumér. (1806); *Phene*, Savig. (1809).

10.328. barbatus (Lin.); Naum., *Vög. Deutschl.* I, pl[s] 5, 6; Dub., *Ois. Eur.* I, pl[s] 5 et 5[a]; Dress., *B. Eur.* V, p. 401, pl[s] 323-325; *magnus, barbarus*, Gm.; *grandis*, Storr; *aureus, alpinus, castaneus*, Daud.; *leucocephalus, melanocephalus*, Mey. et W.; *ossifraga*, Vieill. (nec Savig.); *hemalachanus*, Hut.; *subalpinus, altaicus*, Gebl.; *occidentalis*, Schl.; *orientalis*, Blyth. — Europe centr. et mérid. (montagnes), Asie centr., Himalaya, Chine N.

2769. *Var.* Atlantis, Erl., *J. f. O.*, 1898, p. 395, pl[s] 4, 5; *barbatus* (pt.), auct. plur.; *meridionalis*, Keys. et Bl.; *occidentalis*, Tacz. — Maroc, Algérie, Tunisie.

2770. *Var.* Ossifraga (Savig.), *Ois. d'Égypte*, p. 245; Sharpe, *Cat.* I, p. 230; *barbatus* (pt.), auct. plur.; *meridionalis* (pt.), auct. plur.; Rüpp., *Syst. Uebers.*, p. 9, pl. 1; *nudipes*, Brm. — Afrique N.-E., E. et S.

SUBF. II. — GYPOHIERACINÆ

1540. GYPOHIERAX

Gypohierax, Rüpp. (1835); *Racama*, Gray (1840).

10.329. angolensis (Gm.), *S. N.* I, p. 252; Gray, *Gen. B.* I, pl. 4; *hypoleucus*, Benn.; Jard. et Sel., *Ill. Orn.*, sér. 2, pl. 13. — Afrique tropicale.

SUBF. III. — POLYBORINÆ

1541. POLYBORUS

Polyborus, Vieill. (1816); *Caracara,* Less. (1831).

10.330. THARUS (Mol.), *Saggio St. Nat. Chil.*, p. 264; Strickl., *Orn. Syn.*, p. 18; Sharpe, *Cat.* I, p. 31; *plancus, brasiliensis,* Gm.; Sw., *Zool. Ill.*, sér. 2, pl. 2; *cheriway,* Lath. (nec Jacq.); *vulgaris,* Spix; Vieill., *Gal. Ois.* I, p. 23, pl. 7; *caracara,* Gr.	Amérique mérid., de l'Amazone à Magellan.
10.331. CHERIWAY (Jacq.), *Beitr.*, p. 17, pl. 4 (1784); Cab., *Schomb. Reis. Guin.* III, p. 741; *brasiliensis,* Audub., *B. Am.* I, p. 21, pl. 4; *tharus,* Cass. (1855); *auduboni,* Cass. (1865).	S. des États-Unis, Calif., Amér. centr., Colombie, Ecuador, Vénézuéla, Guyane, Trinidad, Cuba.
2771. *Var.* PALLIDA, Nels., *Pr. Biol. Soc. Wash.*, 1898, p. 8.	Iles Tres-Marias.
10.332. LUTOSUS, Ridgw., *Bull. U. S. Geol. Surv.* I, p. 489; id., *Orn. of Guadeloupe Isl.*, p. 192.	Guadeloupe (Californie).

1542. IBYCTER

Ibycter, Daptrius, Vieill. (1816); *Gymnops,* Spix (1824); *Phalcobænus,* Lafr. (1843); *Senex,* Gray (1839); *Aetriorchis,* Kaup (1844); *Helotriorchis,* Rchb. (1850).

18.333. ATER (Vieill.), *Anal.*, p. 22; id., *Gal. Ois.*, pl. 5; Sw., *Classif. B.* II, p. 209; *aterrimus,* Tem., *Pl. Col.* 37, 342; Burm., *Th. Bras.* II, p. 39; ? *fasciatus,* Spix (juv. ?)	Guyane, Brésil, Amazone, Ecuador.
10.334. AMERICANUS (Bodd.), *Tabl. Pl. Enl.*, p. 25; *Pl. Enl.* 417; Schl., *Mus. P.-B.*, *Polyb.*, p. 9; Sharpe, *Cat.* I, p. 35; *aquilinus,* Gm.; *formosus,* Lath.; *nudicollis,* Daud.; Burm., *Th. Bras.* II, p. 37.	Brésil, Amaz., Ecuad., Colombie jusqu'au Guatémala et l'Honduras.
10.335. MEGALOPTERUS (Meyen), *Beitr.*, p. 64, pl. 7; Tsch., *Fauna Per.*, pp. 16, 78; Schl., *l. c.*, p. 4; *montanus,* d'Orb., *Voy. Am. mér., Ois.*, p. 51, pl. 2; *crassirostris,* Pelz.; ? *gymnocephalus,* d'Orb., *Voy.*, p. 50.	Pérou, Chili, Bolivie (Andes).
10.336. ALBIGULARIS (Gould), *P. Z. S.*, 1837, p. 9; Darw., *Voy. Beagle, B.*, p. 13, pl. 1; Sharpe, *l. c.*, p. 37.	Patagonie.
10.337. CARUNCULATUS (Des M.), *Rev. et Mag. de Zool.*, 1853, p. 154; Scl., *P. Z. S.*, 1860, p. 81; id., *Ibis,* 1861, p. 19, pl. 1.	Colombie, Ecuador.
10.338. AUSTRALIS (Gm.), *S. N.* I, p. 259; Gr. in Jard. et Sel., *Ill. Orn.*, sér. 2, pl. 24; *novæ-zealandiæ,* Cuv.; Tem., *Pl. Col.* 192, 224; *antarcticus,* Less.;	Iles Malouines ou Falkland.

brasiliensis, King; *leucurus*, Darw.; *plancus*, Forst.

1543. MILVAGO

Milvago, Spix (1824).

10.339. CHIMACHIMA (Vieill.), *N. Dict.* V, p. 259; d'Orb., *Voy. Ois.*, p. 63; Schl., *l. c.*, p. 5; *crotophagus*, Max.; *degener*, Licht.; *ochrocephalus*, Spix, *Av. Bras.* I, p. 12, pl. 5; *strigilatus*, Spix, *l. c.*, p. 10, pl. 4. — Brésil, Amaz., Guyane, Vénézuéla, Colombie, Panama.

10.340. CHIMANGO (Vieill.), *N. Dict.* V, p. 260; Gray, *Gen. B.* I, pl. 5; Schl., *l. c.*, p. 6; *pezopora*, Meyen. — Amér. mérid. du 20° l. S. à la Terre de Feu.

SUBF. IV. — CIRCAËTINÆ

1544. HERPETOTHERES

Herpetotheres, Vieill. (1817); *Cachinna*, Flem. (1822); *Macagua*, Less. (1831).

10.341. CACHINNANS (Lin.); Spix, *Av. Bras.* I, p. 8, pl. 3ª; Schl., *Mus. P.-B.*, *Astures*, p. 26; Vieill., *Gal. Ois.* I, p. 47, pl. 19; Sharpe, *Cat.* I, p. 278; *Cachinna herpetotheres*, Gray. — Amérique centr. et mérid., du S. du Mexique au Paraguay.

1545. CIRCAËTUS

Circaëtus, Vieill. (1816).

10.342. GALLICUS (Gm.), *S. N.* I, p. 295; Vieill., *N. Dict.* VII, p. 137; Dubois, *Fne. ill. Vert. Belg.*, *Ois.* I, p. 22, pl. 5; Dress., *B. Eur.* V, p. 563, plˢ 349, 350; *leucamphomma*, Bek.; *leucopsis*, Bechst.; *brachydactyla*, Wolf; *anguium*, *meridionalis*, Brm. — Europe mér. et centr., Afrique N. et N.-E., Asie centr.

2772. *Var.* HYPOLEUCA (Pall.), *Zoogr. Rosso-Asiat.* I, p. 354; *gallicus* (pt.), auct. plur.; Dav. et Oust., *Ois. Chine*, p. 21; *orientalis*, Brm. — Inde, Chine, au S. jusqu'aux îles de la Sonde.

10.343. CINEREUS, Vieill., *N. Dict.* XXIII, p. 445; id., *Gal. Ois.*, pl. 12; Schl., *Mus. P.-B.*, *Buteones*, p. 25; *pectoralis*, Smith; *thoracicus*, Less.; *funereus*, Rüpp., *Neue Wirb.*, *Vög.*, p. 351, pl. 14. — Afrique tropicale.

10.344. BEAUDOUINI, Verr. et Des M., *Ibis*, 1862, p. 212, pl. 7; Schl., *l. c.*, p. 25; *fasciatus*, Heugl. (*descr. nulla*). — Sénégambie, Afrique N.-E.

10.345. FASCIOLATUS, Gray, *Cat. Accipitr.*, p. 18; Ayres, *Ibis*, 1862, p. 35, pl. 3; Sharpe, *Cat.* I, p. 285. — Natal.

10.346. CINERASCENS, Müll., *Naum.*, 1851, p. 27; id., *Beitr. Vög. Afr.*, Lief. 2, pl. 6; *zonurus*, Würt.; Heugl., *Ibis*, 1860, p. 410, pl. 15; *melanotis*, Verr., in Hartl., *Orn. W. Afr.*, p. 7.	Afrique tropicale.

1546. SPILORNIS

Hæmatornis, Vig. (1830, nec Sw.); *Spilornis*, Gray (1840); *Ophoaëtus*, Jerd. (1844).

10.347. CHEELA (Lath.), *Ind. Orn.* I, p. 14; Schl., *Mus. P.-B.*, *Buteones*, p. 25; Bp., *Consp.* I, p. 17; *undulatus*, Vig.; Gould, *Cent. Him. B.*, pl. 1; *nipalensis*, Hodgs.; *orientalis*, Gurn.; *hoya*, Swinh.	Himalaya, Inde.
2773. *Var.* ALBIDA (Tem. ex Cuv.), *Pl. Col.* 19; *melanotis*, Jerd., *Madr. Journ.*, 1844, p. 165; Sharpe, *Cat.* I, p. 289 (pt.); *spilogaster*, Blyth; Legge, *B. Ceyl.*, p. 61.	Inde S., Ceylan.
2774. *Var.* RUTHERFORDI, Swinh., *Ibis*, 1870, p. 85; *melanotis* (pt.), Sharpe, *l. c.*	Assam, Indo-Chine, Aïnan.
2775. *Var.* DAVISONI, Hume, *Str. Feath.*, 1873, pp. 305, 422; *melanotis* (pt.), Sharpe, *l. c.*	Iles Andaman.
10.348. MINIMUS, Hume, *Str. Feath.*, 1873, p. 464.	Iles Nicobar.
10.349. PALLIDUS, Wald., *Ibis*, 1872, p. 363; Sharpe, *l. c.*, p. 290, pl. 9.	Bornéo.
10.350. BACHA (Daud)., *Traité*, II, p. 43; Levaill., *Ois. d'Afr.* I, p. 69, pl. 15; Schl., *Valk Vog.*, pl. 22; *bido*, Horsf., *Tr. Linn. Soc.*, 1822, p. 137.	Philippines, Malacca, Java, Sumatra.
10.351. ELGINI (Tytl.), *J. A. S. B.*, 1863, p. 87; Hume, *Str. Feath.* II, p. 144.	Iles Andaman, Nicobar.
10.352. RAJA, Sharpe, *Bull. Br. Orn. Club*, I, p. 4.	Sarawak (Bornéo).
10.353. SALVADORII, Berl., *Nov. Zool.* II, p. 73.	Ile Nias.
10.354. RUFIPECTUS, Gould, *P. Z. S.*, 1857, p. 222; id., *B. As.*, pt. XII, pl.; Schl., *Valk Vogels*, pp. 37, 72, pl. 23, ff. 1-3; *celebensis*, Schl.	Célèbes.
10.355. SULAENSIS (Schl.), *Valk Vog.*, pp. 38, 72, pl. 23, ff. 4-6; Wald., *Ibis*, 1868, p. 16.	Iles Soula.
10.356. HOLOSPILUS (Vig.), *P. Z. S.*, 1830-31, p. 96; Gray, *Cat. Accipitr.*, p. 10; id., *Gen. B.* I, pl. 7; Schl., *Mus. P.-B.*, *Buteones*, p. 28.	Philippines.
10.357. PANAYENSIS, Steere, *List Birds and Mam. Philipp.*, p. 7.	Panay, Guimaras, Negros (Philipp.)
10.358. ASTURINUS, Mey., *S. B. Ges. Isis, Dresden*, p. 1884, p. 13.	?

1547. PITHECOPHAGA

Pithecophaga, O. Grant (1896).

10.359. JEFFERYI, Grant, *Bull. B. O. Club*, VI, p. 17; id., *Ibis*, 1897, pl. 5.	Samar (Philippines).

1548. DRYOTRIORCHIS

Dryotriorchis, Shell. (1874).

10.360. SPECTABILIS (Schl.), *Nederl. Tijdschr.* I, p. 13, pl. 6; Shell., *Ibis*, 1874, p. 91; Gurn., *P. Z. S.*, 1880, p. 621, pl. 58. — Afrique W.

1549. EUTRIORCHIS

Eutriorchis, Sharpe (1875).

10.361. ASTUR, Sharpe, *P. Z. S.*, 1875, p. 70, pl. 13; M.-Edw. et Grand., *Ois. Madag.* I, p. 31, pl^s 9^b, 9_c.

1550. HELOTARSUS

Helotarsus, Smith (1830); *Terathopius*, Less. (1831).

10.362. ECAUDATUS (Daud.), *Traité*, II, p. 54; Levaill., *Ois. d'Afr.* I, p. 31, pl^s 7, 8; Des M., *Voy. Abyss.*, p. 66, pl. 11; Sharpe, *Cat.* I, p. 300; *typus*, Smith; *leuconotus*, Rüpp., *Syst. Uebers.*, p. 10; *brachyurus*, Brm.; *brevicaudatus*, Pelz.; *var. fasciatus*, Heugl., *Orn. N.-O. Afr.*, p. 81. — Toute l'Afrique au S. du Sahara.

SUBF. V. — GYMNOGENYNÆ

1551. GYMNOGENYS

Polyboroides! Smith (1830); *Gymnogenys*, Less. (1831).

10.363. RADIATUS (Scop.), *Del. Faun. et Fl. Insubr.* II, p. 85; Kp., *Mus. Senck.* III, p. 260; Sharpe, *Cat.*, p. 48; *madagascariensis*, Daud.; Less., *Traité*, p. 64; *gymnogenys*, Tem., *Pl. Col.* I, pl. 307. — Madagascar.

10.364. TYPICUS (Smith), *Ill. Zool. S. Afr.*, pl^s 81, 82; Sharpe, *Cat.*, p. 48; *melanostictus*, Licht.; *rad.atus* (pt.), auct. plur.; *malzacii*, Verr., *Rev. et Mag. de Zool.*, 1855, p. 349, pl. 13. — Afrique trop.

SUBF. VI. — CIRCINÆ

1552. CIRCUS

Circus, Lacép. (1806); *Pygargus*, Koch (1816); *Strigiceps*, Bp. (1831); *Glaucopteryx*, Kp. (1844); *Spizacercus*, Kp. (1845); *Spilocircus*, Kp. (1847); *Pterocircus*, Kp. (1850).

10.365. CYANEUS (Lin.); Gould, *B. Eur.* I, pl. 33; Dubois, *Fne. ill. Vert. Belg.*, *Ois.* I, p. 87, pl. 20; *griseus*, — Europe et Asie au S. du 60° l. N., Afrique

Gm.; *gallinarius*, Savig.; *variabilis*, Pall.; *variegatus*, Vieill.; *dispar*, Koch; *ægithus*, Leach; *strigiceps*, Nilss.; *pygargus*, Naum.; *nigripennis*, *pallens* et *cinereus*, Brm. — N. et N.-E.

10.366. HUDSONIUS (Lin.); Vieill., *Ois. Am. sept.*, pl[s] 8, 9; Sharpe, *Cat.*, p. 55; *fuliginosus*, Gm.; *europogistus*, Daud.; *variegatus*, *uliginosus*, Vieill.; *cyaneus*, Audub., *B. Am.*, pl. 356; *var. americanus*, Sw. et Rich., *F. Bor.-Am.*, p. 55, pl. 29. — Amérique, du 55° l. N. à Panama, îles Bahama, Cuba.

10.367. MACRURUS (Gm.), *S. N.* I, p. 269; Dubois, *l. c.* I, p. 90, pl. 21; *swainsoni*, Smith; Dress., *B. Eur.* V, p. 441, pl. 330; *superciliaris*, Smith; *albescens*, Less.; *pallidus*, Syk.; *dalmatinus*, Rüpp.; *æquipar*, Puch.; *desertorum*, Brm. — Europe et Asie, entre le 51° et le 10° l. N., Afrique.

10.368. CINERARIUS (Mont.), *Tr. Linn. Soc.*, 1808, p. 188; Dubois, *l. c.* I, p. 95, pl. 22; ?*pygargus*, Lin.; Sharpe, *Cat.*, p. 64; *ater* et *montagui*, Vieill.; *cineraceus*, Tem.; Dress., *B. Eur.* V, p. 423, pl. 328; *cinerascens*, Steph.; *nipalensis*, Hodgs.; *pratorum*, *elegans*, Brm. — Europe tempérée, Asie centr. et mérid., Afrique.

10.369. MAURUS (Tem.), *Pl. Col.* 461; Smith, *Ill. Zool. S. Afr.*, pl. 58; *lalandii*, Smith; *ater*, Gray. — Afrique S.

10.370. CINEREUS, Vieill., *N. Dict.* IV, p. 454; Sharpe, *Cat.*, p. 56; *campestris*, Bonn. et V.; *histrionicus*, Quoy et G., *Voy. Uranie*, p. 93, pl[s] 15, 16; *poliopterus*, Cab. in *Tsch. Faun. Per.*, p. 113, pl. 3. — S. de l'Amérique mérid. jusqu'au 15° l. S. environ, Malouines.

10.371. MACULOSUS (Vieill.), *Ois. Am. sept.*, pl. 3bis; *macropterus*, *albicollis* et *leucophrys*, Vieill., *N. Dict.* IV, pp. 456, 458, 464; *palustris*, Tem., *Pl. Col.* 22; *superciliosus*, Less.; *megaspilus*, Gould; Gray, *Gen. B.*, pl. 11. — Amérique mérid.

10.372. MELANOLEUCUS (Forst.), *Ind. Zool.*, p. 12, pl. 11; Vieill., *N. Dict.* IV, p. 465; Jerd., *B. Ind.* I, p. 98; Levaill., *Ois. d'Afr.* I, p. 133, pl. 32 (Tchoug). — Asie or., de Sibérie E. à l'Indo-Chine, Inde E., Ceylan.

2776. *Var.* PHILIPPINENSIS, Steere, *List. B. and Mam. Phil.*, p. 7. — Philippines.

10.373. MAILLARDI, Verr., in *Mail.*, *L'île de la Réunion*, II, p. 12; Scl., *Ibis*, 1863, p. 163, pl. 4. — Iles de la Réunion et Comores.

2777. *Var.* MACROSCELES, A. Newt., *P. Z. S.*, 1863, p. 180; id., *Ibis*, 1863, p. 337; M.-Edw. et Grand., *H. Madag.*, *Ois.* I, p. 90, pl[s] 27, 28, 29^{b}, f. 2, 29^{c}, f. 2. — Madagascar.

10.374. WOLFI, Gurn., *P. Z. S.*, 1865, p. 823, pl. 44; id., *Ibis*, 1873, p. 421; Salvad., *Orn. Pap.* I, p. 72; *gouldi* (pt.), Sharpe, *Cat.*, p. 72. — Nouv.-Calédonie, îles Fidji.

10.375. APPROXIMANS, Peale, *U. S. Expl. Exp.*, 1848, p. 64; — Australie S. et E.,

Gurn., *Ibis*, 1870, p. 536, 1875, p. 225; *assimilis*, Gould, *B. Austr.* I, pl. 26 (nec J. et S.); *gouldi*, Bp.; Sharpe, *Cat.*, p. 72 (pt.) — Nouv.-Zélande.

10.376. SPILOTHORAX, Salvad. et D'Alb., *Ann. Mus. Civ. Genov.*, 1875, p. 807; Salvad., *Orn. Pap.* I, p. 71. — Nouv.-Guinée S.-E.

10.377. SPILONOTUS, Kaup, *Contr. Orn.*, 1850, p. 59; Swinh., *Ibis*, 1863, p. 213, pl. 5. — Sibér. E., Chine, Indo-Chine, arch. Malais.

10.378. ÆRUGINOSUS (Lin.); Savig., *Ois. d'Egypte*, p. 90; Dress., *B. Eur.* V, p. 415, pl^s 326, 327; Dav. et Oust., *Ois. Chine*, p. 30; *rufus*, Gm. (ex Briss.); Dubois, *Fne. ill.*, *Ois.* I, p. 84, pl. 19; *arundinaceus*, Bechst.; *Ac. circus*, Pall.; *variegatus*, Syk.; *aquaticus*, Brm.; *sykesii*, Less. — Europe jusqu'au 60°, Asie jusqu'au 52° l. N., Japon, Formose, Philippines, Afrique N. et N.-E.

2778. *Var.* UNICOLOR, Radde, *Orn. Cauc.*, p. 106, pl. 3; *abdullæ*, Floer., *Orn. Monatsb.* IV, p. 155. — Caucase.

10.379. RANIVORUS (Daud.), *Traité*, II, p. 170; Cuv., *Règ. an.* I, p. 338; Levaill., *Ois. d'Afr.* I, pl. 23; *levaillanti*, Sm.; *pygargus*, Kp. (nec Lin.) — Afrique S.

10.380. HUMBLOTI, M.-Edw. et Grand., *Ois. Madag.* I, p. 747, pl^s 29^a, 29^b, f. 1, 29^c, f. 1. — Iles Comores.

10.381. ASSIMILIS, Jard. et Sel., *Ill. Orn.* I, 1826, pl. 51; Schl., *Vog. Ned. Ind.*, *Valkv.*, pp. 29, 67, pl. 20, ff. 2, 3; *jardinii*, Gould, *P. Z. S.*, 1837, p. 141; id., *B. Austr.* I, pl. 27. — Australie E. jusqu'au Cap York, Célèbes.

SUBF. VII. — ACCIPITRINÆ

1553. MICRASTUR

Brachypterus, Less. (1836, nec Kugel); *Carnifex*, Less. (1842, nec Sundev.); *Micrastur*, Gray (1841); *Climacocercus*, Cab. (1845); *Rhynchomegus*, Bp. (1854).

10.382. MELANOLEUCUS et *semitorquatus* (Vieill.), *Nouv. Dict.* X, p. 322; Gurn., *Ibis*, 1879, p. 171 (en note); *leucomelas*, Licht.; *brachypterus*, Tem., *Pl. Col.* 116, 141; *naso*, Less.; *percontator*, Cabot. — Amérique centrale et mérid.

10.383. AMAURUS, Gurn., *Ibis*, 1879, p. 171; id., *List of Diurn. B. of Prey*, p. 24. — De Panama à l'Ecuador.

10.384. MIRANDOLLEI (Schl.), *Ned. Tijdschr.*, 1863, p. 131; id., *Mus. P.-B.*, *Astures*, p. 27; *microrhynchus*, Pelz., *Reis. Nov. Vög.*, p. 11. — Guyane, Amazone.

10.385. GUERILLA, Cass., *Pr. Phil. Acad.*, 1848, p. 87; id., *Journ. Phil. Acad.* I, pl. 40; Sharpe, *l. c.*, p. 79; *concentricus*, Scl., *P. Z. S.*, 1856, p. 285; *gilvicollis* et *xanthothorax*, Scl. (1859). — Amérique centr. jusqu'à l'Ecuador.

2779. *Var.* Jugularis, Gurn., *List of Diurn. B. of Prey*, pp. 25, 118. — Brésil, Vénézuéla, Colombie.

10.386. ruficollis (Vieill.), *N. Dict.* X, p. 322; Cab., *J. f. O.*, 1865, p. 40; *leucauchen*, Tem., *Pl. Col.* 36; *xanthothorax*, Tem., *l. c.*, pl. 92; Burm., *Th. Bras.* II, p. 85. — Guyane, Vénézuéla, Brésil, Amazone.

10.387. zonothorax (Cab.), *J. f. O.*, 1865, p. 406; Scl. et Salv., *P. Z. S.*, 1869, p. 366; Ridgw., *Pr. Ac. N. S. Phil.*, 1875, p. 489. — Colombie, Vénézuéla.

10.388. gilvicollis (Vieill.), *N. Dict.* X, p. 323; Pelz., *Reis. Nov. Vög.*, p. 10; id., *Orn. Bras.*, pp. 7, 399; *concentricus*, Less.; *pelzelni*, Ridgw. — Brésil, Amazone, Colombie, Pérou.

1554. GERANOSPIZIAS

Ischnosceles, Strickl. (1844, nec Burm.); *Geranospiza*, Kp. (1847); *Geranopus*, Kp. (1850); *Geranospizias*, Sundev. (1872).

10.389. cærulescens (Vieill.), *N. Dict.* X, p. 318; Sharpe, *Cat. B.*, p. 81 (pt.); *hemidactylus*, Tem., *Pl. Col.* 3; Schl., *Mus. P.-B.*, *Astures*, p. 53. — Amérique mérid. trop.

2780. *Var.* Gracilis (Tem.), *Pl. Col.* 91; Burm., *Th. Bras.* II, p. 124; Ridgw., *Cat. Falc. Bost. Mus.*, p. 43. — Brésil E., Paraguay.

10.390. niger (Du Bus), *Bull. Acad. R. Brux.* XIV, 1847, p. 102; id., *Esq. Orn.*, pl. 16; *aterrimus*, Licht.; *gracilis* et *cærulescens*, Scl. (1856-59). — Amérique centr., du Mex. S. à Panama.

1555. UROTRIORCHIS

Urotriorchis, Sharpe (1874); *Astur* (pt.), auct. plur.

10.391. macrurus (Hartl.), *J. f. O.*, 1855, p. 353; Schl., *Mus. P.-B.*, *Astures*, p. 25; Sharpe, *Cat. B.* I, p. 83. — Afrique W.

1556. MELIERAX

Melierax, Gray (1840).

10.392. canorus (Risl.), in *Thunb. Diss. Ac.* III, 1799, p. 264; Fch. et Hartl., *Vög. Ostafr.*, p. 92; Levaill., *Ois. d'Afr.* I, p. 117, pl. 27; *musicus*, Daud.; Schl., *l. c.*, p. 20; *cantans*, Kp. — Afrique E.

10.393. poliopterus, Cab., in *v. d. Decken's Reis.* III, p. 40; Shell., *P. Z. S.*, 1882, p. 305; *somaliensis*, Neum., *Orn. Mon.*, 1897, p. 192. — Afrique E., du Kilima-Ndjaro au Somalil.

10.394. polyzonus (Rüpp.), *Neue Wirbelth.*, p. 36, pl. 15; id., *Syst. Uebers.*, p. 12; *musicus* (pt.), Vig., Horsf., Moore, Hartl. (1857). — Afrique N.-E., Soudan, Sénégamb., Arab. S.

2781. *Var.* Mechowi, Cab., *J. f. O.*, 1882, p. 229; Gurn., *List Diurn. B. of Prey*, p. 27. — Angola, Damara jusqu'au Mashonaland.

2782. ? *Var.* Metabates, Heugl., *Ibis*, 1861, p. 72; id., *Orn. N.-O. Afr.* I, p. 63. — Nil Blanc.

10.395. gabar (Daud.), *Traité*, II, p. 87; Levaill., *Ois. d'Afr.* I, p. 136, pl. 33; Schl., *l. c.*, p. 48; Du Boc., *Orn. Angola*, p. 15; *leucorrhous*, Bonn. et V.; *erythrorhynchus*, Sw.; *niloticus*, Sund.; *sphenurus*, Strickl. (juv.); *gabarinus*, Bp.; *micronisus*, Beaum. — Afrique, sauf la région occid.

10.396. niger (Bonn. et V.), *Enc. méth.* III, p. 1269; Vieill., *Gal. Ois.* I, pl. 22; Lay., *B. S. Afr.*, p. 31; id., éd. Sharpe, p. 20; Du Boc., *Orn. Ang.*, p. 33; *carbonarius*, Licht.; *maurus*, Rüpp.; *miltopus*, Heugl., *J. f. O.*, 1861, p. 429. — Afrique, sauf la région occid.

1557. ASTURINULA

Kaupifalco! Bp. (1854); *Asturinula*, Fch. et Hartl. (1870).

10.397. monogrammica (Tem.), *Pl. Col.* 314; Sw., *B. W. Afr.* I, pl. 4; Schl., *l. c.*, p. 24; Sharpe, *Cat.*, p. 275. — Afrique trop.

2783. *Var.* Meridionalis (Hartl.), *P. Z. S.*, 1860, p. 109; *monogrammicus* (pt.), auct. plur. — Afrique S.

1558. ASTUR

Astur, Lacép. (1801); *Dædalion*, Savig. (1809); *Sparvius*, Vieill. (1816); *Tachyspiza*, *Lophospiza*, Kp. (1844); *Nisastur*, Blyth (1844); *Scelospiza*, Kp. (1847); *Erythrospiza*, Kp. (1867); *Lophospizias*, *Urospizias*, etc. Sund. (1872).

a. *Astur.*

10.398. palumbarius (Lin.); Dress., *B. Eur.* V, p. 587, pl. 354; Dubois, *Fne. ill. Vert. Belg. Ois.* I, p. 76, pl. 17; *incertus*, *marginatus*, Lath.; *albescens*, Bodd.; *dubius*, Sparrm.; *gallinarius*, *nævius*, Gm.; *astur*, Pall.; *indicus*, Hodgs. — Europe et Asie centr. jusqu'au 60° l. N., au S. jusqu'à l'Himal. et la Corée, Afr. N.

10.399. hensti, Schl., *Mus. P.-B.*, *Rev. Accipitr.*, p. 62 (1873); Sharpe, *Cat.*, p. 97; M.-Edw. et Grand., *H. Madag. Ois.* I, p. 98, pl. 30. — Madagascar.

10.400. candidissimus, Dybowski, *Bull. Soc. Zool. de France*, 1883, p. 353, 1884, p. 149. — Kamtschatka.

10.401. atricapillus (Wils.), *Am. Orn.* VI, pl. 52, f. 3; *regalis*, Tem., *Pl. Col.* 495; *palumbarius*, Sw. et Rich. (nec Lin.); Aud., *B. N. Am.*, fol. pl. 141; *pictum*, Less. — Amérique du Nord.

2784. *Var.* Striatula, Ridgw., *B. N. Am.*, p. 240. — Amérique N.-W.

β. *Lophospizias.*

10.402. TRIVIRGATUS (Tem.), *Pl. Col.* 303; Schl., *l. c., Astures,* p. 22; Sharpe, *Cat.*, p. 105; *cristatus,* Gray; *indicus,* Hodgs.	Inde, Ceylan, archipel Malais, Formose, Haïnan.
2785. *Var.* RUFITINCTA, Mc Clell., *P. Z. S.*, 1839, p. 153.	Himal. E., Indo-Chine.
10.403. GRISEICEPS, Schl., *Mus. P.-B., Astures,* p. 23; Wall., *Ibis,* 1864, p. 184, pl. 5; Schl., *Vog. Ned. Ind. Valkv.*, pp. 19, 58, pl. 11, ff. 1, 2; *tenuirostris,* Brügg. (juv.)	Célèbes.

γ. *Scelospizias.*

10.404. FRANCESI (Smith), *S. Afr. Q. Journ.* II, p. 280; Kaup, *Isis,* 1847, pp. 173, 366; *francissæ,* Bp.; *var. typicus,* M.-Edw. et Grand., *H. Madag., Ois.* I, p. 99, pl^s 31, 32, f. 1; *madagascariensis,* Hartl., *Faun. Madag.*, p. 20.	Madagascar.
2786. *Var.* PUSILLA (Gurn.), *Ibis,* 1875, p. 358; *francesi,* Scl., *Ibis,* 1864, pl. 7.	Iles Comores.
10.405. BRUTUS (Poll.), *Ned. Tijdschr.*, 1866, p. 80; Schl. et Poll., *Faun. Madag., Ois.*, p. 38, pl. 12, f. 2; Schl., *Mus. P.-B., Rev. Acc.*, p. 95; Sharpe, *Cat.*, p. 107.	Ile Mayotte (Comores).
10.406. POLYZONOIDES (Smith), *Ill. Zool. S. Afr.*, pl. 11; Du Boc., *Orn. d'Angola*, p. 19; *badius,* Fsch. et Hartl., *Vög. Ostafr.*, p. 81 (nec Gm.)	Afrique S. jusqu'au Nyassaland au N.
10.407. ? TIBIALIS, Verr., *J. f. O.*, 1861, p. 100; Sharpe, *Cat.* I, p. 108; *hartlaubi,* Sharpe, *P. Z. S.*, 1871, p. 613 (nec Verr.)	Afrique W.
10.408. BUTLERI, Gurn. jun., *Ibis,* 1898, pp. 290, 313.	Ile Car Nicobar.
10.409. BADIUS (Gm.), *S. N.* I, p. 280; Kp., *Isis,* 1847, p. 190; Schl., *Mus. P.-B., Astures,* p. 48; *brownii,* Shaw; *dussumieri,* Tem., *Pl. Col.* 308, 336; *dukhunensis,* Syk.; *scutarius, fringillaroides,* Hodgs.; *bifasciatus,* Peale.	Inde, Ceylan.
2787. *Var.* POLIOPSIS (Hume), *Str. Feath.*, 1874; Dav. et Oust., *Ois. Chine,* p. 24; *badius* (pt.), Scl. (1864), Swinh. (1870-71).	Indo-Chine, Haïnan, Formose.
2788. *Var.* CENCHROIDES, Severtz., *Turk. Jevotn.*, p. 63; id., *Ibis,* 1875, p. 104; Blanf., *Zool. and Geol. E. Persia,* p. 108; Bidd., *Ibis,* 1881, p. 40.	Asie centr., Beloutchistan.
2789. *Var.* SPHENURA (Rüpp.), *Neue Wirb.*, p. 42 (*sphenurus*); id., *Syst. Uebers.*, pp. 6, 11, pl. 2; *brachydactylus,* Sw.; *ruppellii,* Kp.; *hybris,* Licht.; *polioparejus, guttatus,* Heugl., *J. f. O.*, 1861, pp. 428, 430.	Afrique N.-E., et du Soudan à la Sénégambie.

10.410. BREVIPES (Severtz.), *Bull. Soc. I. Nat. Mosc.*, 1850, p. 234, pl^s 1-3; Tristr., *Ibis*, 1865, p. 260; Dress., *B. Eur.* V, p. 633, pl^s 359, 360; *gurneyi*, Bree; *badius*, auct. plur. (nec Gm.) — Europe S.-E., Palestine, Égypte.

10.411. TACHIRO (Daud.), *Traité*, II, p. 90; Tem., *Pl. Col.* 377, 420; Schl., *l. c.*, p. 46; *polyzonus*, Less.; Des M., *Icon. Orn.*, pl. 61. — Afrique S.-E.

2790. *Var.* UNDULIVENTER (Rüpp.), *Neue Wirb.*, p. 40, pl. 18, f. 1; Heugl., *Orn. N.-O. Afr.* I, p. 67; *tachiro* (pt.), Sharpe, *Cat.* I, p. 99. — Afrique N.-E.

2791. *Var.* SPARSIMFASCIATA, Rchw., *Orn. Monatsb.*, 1895, p. 97. — Ile Zanzibar.

2792. *Var.* CASTANILIA (Bp.), *Rev. Zool.*, 1853, p. 578 (*castanilius*); Scl. et Salv., *Exot. Orn.*, pl. 18; *macroscelides*, Hartl.; Sharpe, *Cat.*, p. 100, pl. 3; *zonarius*, Hartl. — Afrique W.

10.412. TOUSSENELII (Verr.), *Rev. et Mag. de Zool.*, 1854, p. 538; Sharpe, *Cat. B.* I, p. 101, pl. 6, f. 1. — Afrique W.

δ. *Erythrospizias.*

10.413. TRINOTATUS (Bp.), *Consp.* I, p. 33; Schl., *Mus. P.-B., Astures*, p. 45; id., *Vog. Ned. Ind. Valkv.*, pp. 27, 65, pl. 19, ff. 1-3; Sharpe, *Cat.*, p. 101; Mey. et Wg., *B. Cel.*, pl. 1. — Célèbes N.

2793. *Var.* HÆSITANDA (Hart.), *Nov. Zool.* III, p. 162. — Célèbes S.

ε. *Tachyspizias.*

10.414. SOLOENSIS (Lath.), *Gen. Hist.* I, p. 209; Sharpe, *Cat.* I, p. 114, pl. 4, f. 1; Schl., *l. c.*, p. 44; *cuculoides*, Less. (nec Tem.); *minutus*, Less.; *badius* et *virgatus* (pt.), Swinh. — Chine, Indo-Chine, Malacca, Moluques et les îles Indo-malaises.

2794. ? *Var.* CUCULOIDES (Tem.), *Pl. Col.* 110, 129; Sharpe, *Cat.*, p. 115, pl. 4, f. 2; Dav. et Oust., *Ois. Chine*, p. 24; *soloensis*, Salvad., *Orn. Pap.* I, p. 66. — Chine S. jusqu'à l'archipel Indo-malais.

1559. LEUCOSPIZIAS

Leucospiza, Kaup (1844); *Leucospizias*, Sundev. (1872).

10.415. NOVÆ-HOLLANDIÆ (Gm.), *S. N.* I, p. 264; Gould, *B. Austr.* I, pl. 15; *albus*, White; *clarus*, Lath.; *niveus*, Vieill.; *candidum*, Less.; *leucætus*, Forst. — Australie S. et E., Tasmanie.

2795. *Var.* LEUCOSOMA (Sharpe), *Cat.* I, p. 119 (*leucosomus*); Salvad., *Orn. Pap.* I, p. 42; *novæ-hol-* — Nouv.-Guinée, Waigiou.

landiæ (pt.), Schl., *Vog. Ned. Ind.*, pp. 19, 58, pl. 11, f. 3, et auct. plur. (nec Gm.)

10.416. CINEREUS (Vieill.), *N. Dict.* X, p. 338; Sharpe, *Cat.* I, p. 117; *rayi*, Vig.; *novæ-hollandiæ* (pt.), Gould, *B. Austr.* I, pl. 14. — Australie S., E.

10.417. POLIOCEPHALUS (Gray), *P. Z. S.*, 1858, p. 170; Scl., *P. Z. S.*, 1860, p. 322, pl. 10; ? *contumax*, Rosenb. (*descr. nulla*); *rufitorques* (pt.), Schl.; *spilothorax*, Salvad. — Nouv.-Guinée, Arou, Jobi, Salawati, Mysol, Waigiou.

1560. UROSPIZIAS

Urospiza, Kp. (1845); *Urospizias*, Sundev. (1872).

10.418. HAPLOCHROUS (Scl.), *Ibis*, 1859, p. 275, pl. 8; Schl., *Mus. P.-B.*, *Rev. Accip.*, p. 91; Shpe, *Cat.* I, p. 119. — Nouv.-Calédonie.

10.419. ALBIGULARIS (Gray), *Ann. N. H.*, 1870, p. 327; id., *Cruise of the Curaçoa*, p. 354, pl. 1. — Iles Salomon.

2796. ? *Var.* WOODFORDI (Sharpe), *P. Z. S.*, 1888, p. 183; Rothsch. et Hart., *Nov. Zool.*, 1901, p. 379. — Ile Guadalcanar (Salomon).

10.420. VERSICOLOR (Rams.), *Pr. Linn. Soc. N. S. W.*, 1881, p. 718; *holomelas*, Sharpe, *P. Z. S.*, 1888, p. 182. — Iles Ugi, Guadalcanar (Salomon).

10.421. MEYERIANUS (Sharpe), *Journ. Linn. Soc.*, 1877, p. 458, pl. 22; *albigularis* (pt.), Salvad., *Orn. Pap.* I, p. 44. — Ile Jobi.

10.422. PULCHELLUS (Rams.), *Journ. Linn. Soc.*, 1883, p. 131; Salvad., *Orn. Pap.* III, p. 508; *soloensis*, Rams., *Pr. Linn. Soc. N. S. W.* IV, p. 66 (nec Lath.); *shebæ*, Sharpe, *P. Z. S.*, 1888, p. 183; Rothsch. et Hart., *Nov. Zool.*, 1901, p. 380. — Iles Salomon.

10.423. JARDINEI, Gurn., *Ibis*, 1887, p. 96, pl. 3. — Guyane angl. ?

10.424. ETORQUES, Salvad., *Ann. Mus. Civ. Genov.*, 1875, p. 191; id., *Orn. Pap.* I, p. 49, III, p. 508; *poliocephalus*, Gr. (juv.); *æquatorialis* (pt.), Wall.; *griseogularis* (pt.), Kp.; *rufitorques* (pt.), Schl.; *henicogrammus* (pt.), Sharpe; *hiogaster*, Rams. (nec Müll.); *novæ-guineæ*, Madar. — Nouv.-Guinée, Sorong, Salawati, Jobi, Mafor.

10.425. DAMPIERI, Gurn., *Ibis*, 1882, p. 453; *etorques*, Scl., *P. Z. S.*, 1877, p. 109 (nec Salvad.) — Archipel Bismarck.

10.426. MISORIENSIS, Salvad., *Ann. Mus. Civ. Genov.*, 1875, p. 904; id., *Orn. Pap.* I, p. 49. — Iles Misori et Jobi.

10.427. PALLIDICEPS, Salvad., *Ibis*, 1879, p. 474; id., *Orn. Pap. Mol.* I, p. 64 (1880); *wallacei* (pt.), Sharpe; *cruentus*, *torquatus* et *rufitorques* (pt.), auct. plur. — Ile Bourou (Moluques).

10.428. HIOGASTER (Müll. et Schl.), *Nat. Gesch.*, p. 110 (1839-44); Hombr. et Jacq., *Voy. Pôle S.*, *Zool.*, p. 48, pl. 2, f. 1; Schl., *Mus. P.-B.*, *Astures*, p. 43; Sharpe, *Cat.* I, p. 104. — Amboine, Céram (Moluques).

10.429. HENICOGRAMMUS (Gray), *P. Z. S.*, 1860, p. 343; Sharpe, *Cat.*, p. 124; Salvad., *Orn. Pap.* I, p. 54; *muelleri*, Wall.; Sharpe, *l. c.*, p. 102; *cruentus* (pt.), Schl., *Vog. Ned. Ind., Valkv.*, pl. 14, f. 1, pl. 15, f. 1. — Halmahera, Morotai (Moluques).

10.430. GRISEIGULARIS (Gray), *P. Z. S.*, 1860, p. 343; Sharpe, *Cat.*, p. 122; Salvad., *l. c.*, p. 57; *cruentus* (pt.), Schl., *Mus. P.-B., Astures*, p. 40; id., *Vog. Ned. Ind., Valkv.*, pl. 14, ff. 3, 4, pl. 15, ff. 2, 3, pl. 16, ff. 1, 2; *æquatorialis*, Wall.; *henicogrammus* (pt.), Sharpe, *Cat.*, p. 124; *halmaheræ*, A. B. Mey., *Sitz. Ges. Isis. Dresd.*, 1884, *Abh.* I, p. 11. — Batjan, Halmahera, Ternate, Tidore, Morotai, Obi, Guebeh (Moluques).

10.431. ALBIVENTRIS, Salvad., *Ann. Mus. Civ. Gen.*, 1875, p. 983; id., *Orn. Pap.* I, p. 56; *poliocephalus* (pt.) et *rufitorques* (pt.), Schl., *Mus. P.-B., Rev. Acc.*, pp. 80, 83. — Iles Key.

10.432. SHARPEI (Oust.), *Bull. Soc. Philom.* II, p. 25; Salvad., *Ibis*, 1881, p. 607. — Iles Mariannes.

10.433. RUFITORQUES (Peale), *U. S. Expl. Exp.*, 1848, p. 68, pl. 19; Cass., *U. S. Expl. Exp.*, 1858, p. 90, pl. 2, ff. 1, 2; Sharpe, *Cat.*, p. 121; *cruentus*, Fch. et Hartl., *Fna. Centr. Pol.*, p. 3. — Iles Fidji.

10.434. ?HAWAII (Dole), *Hawaiian Annual*, 1879, p. 43; *Ibis*, 1880, p. 241. — Iles Hawaï.

10.435. POLIONOTUS, Salvad., *Mem. Accad. Torino*, XL, 1889, p. 19. — Ile Ténimber.

10.436. NATALIS (Lister), *P. Z. S.*, 1888, p. 523. — Ile Christmas.

10.437. MELANOCHLAMYS, Salvad., *Ann. Mus. Civ. Gen.*, 1875, p. 905; id., *Orn. Pap. Mol.* I, p. 63. — Nouv.-Guinée N.-W.

10.438. SYLVESTRIS (Wall.), *P. Z. S.*, 1863, pp. 484, 487; id., *Ibis*, 1868, p. 10; *torquatus* (pt.), Schl., *Vog. Ned. Ind., Valkv.*, pl. 17, f. 5 (juv.) — Flores.

10.439. TORQUATUS (Tem.), *Pl. Col.* 43; Kp., *Contr. Orn.*, 1850, p. 64; Schl., *l. c.*, pl. 17, ff. 1-4; Sharpe, *Cat.*, p. 125; Salvad., *Orn. Pap. Mol.* I, p. 60 (pt.); *æquatorialis* (pt.), Wall. — Nouv.-Guinée, Waigiou, Timor, Savu.

2797. *Var.* WALLACEI (Sharpe), *Cat. B.* I, p. 128, pl. 5; Gurn., *Ibis*, 1875, p. 365; Hart., *Nov. Zool.* V, p. 122. — Lombok, Flores, Djampea, Kalao, Bourou.

2798. *Var.* SUMBAENSIS (A. B. Mey.), *Abh. Ber. Mus. Dresd.*, 1892-93, p. 7; *torquatus* (pt.), Hart. (ex Sumba). — Sumba.

2799. *Var.* CRUENTA (Gould), *P. Z. S.*, 1842, p. 113; id., *B. Austr.* I, pl. 18; Sharpe, *Cat.* I, p. 127; *torquatus* (pt.), Salvad., *Orn. Pap.* I, p. 60. — Australie W.

10.440. Approximans (Vig. et Horsf.), *Tr. Linn. Soc.* XV, p. 181; Gould, *B. Austr.* I, pl. 17; *radiatus*, Tem., *Pl. Col.* 123; *fasciatus*, Vig. et Horsf.; *sharpii*, Rams. (nec Oust.); *maculosus*, Coles, *Vict. Nat.*, 1897, p. 43. — Australie.

1561. COOPERASTUR

Cooperastur, Bp. (1854); *Astur* et *Accipiter* (pt.), auct. plur.

10.441. poliogaster (Tem. ex Natt.), *Pl. Col.* 264; Schl., *Mus. P.-B.*, *Astures*, p. 43; Sharpe, *Cat.* I, p. 120. — Brésil.

10.442. pectoralis (Bp.), *Rev. et Mag. de Zool.*, 1850, p. 490, 1854, p. 538; Schl., *l. c.*, p. 18; Sharpe, *l. c.*, p. 121. — Brésil.

10.443. pileatus (Tem.), *Pl. Col.* 205; Sharpe, *Cat.* I, p. 153; *beskii*, Licht. — Brésil.

10.444. bicolor (Vieill.), *N. Dict.* X, p. 325; Bp., *Rev. et Mag. de Zool.*, 1854, p. 538; Scl. et Salv., *Exot. Orn.*, pp. 137, 170, pl. 69; *variegatus*, Less.; *sexfasciatus*, Sw.; *dynastes*, Verr. — Amérique centr., Colombie, Ecuador, Guyane.

10.445. cooperi (Bp.), *Am. Orn.* I, pl. 10, f. 1; Schl., *Mus. P.-B.*, *Rev. Accip.*, p. 73; Sharpe, *Cat.* I, p. 137; *stanleyi*, Audub., *B. Am.*, pls 36 et 141, f. 3. — Amérique du Nord tempérée.

2800. *Var.* Mexicana (Sw.), *Faun. Bor.-Am.*, p. 45; Ridgw., *Pr. U. S. Nat. Mus.*, 1888, p. 92. — États-Unis W., Mexique.

10.446. gundlachi (Lawr.), *Ann. Lyc. N. Y.*, 1862, p. 252; Scl. et Salv., *Exot. Orn.*, p. 170; Gundl., *J. f. O.*, 1871, p. 367; *cooperi* et *pileatus*, Lemb. (nec auct.) — Cuba.

10.447. guttatus (Vieill.), *N. Dict.* X, p. 325; Scl. et Salv., *Exot. Orn.*, p. 169, pl. 85. — Paraguay, Bolivie.

10.448. chilensis (Phil. et Landb.), *Arch. f. Naturg.*, 1864, p. 43; Scl. et Salv., *Exot. Orn.*, pp. 73, 170, pl. 37; *cooperi*, Pelz., *Reise Nov. Vög.*, p. 13. — Chili jusqu'à Magellan.

1562. ACCIPITER

Accipiter, Briss. (1760); *Nisus*, Cuv. (1799); *Ierax*, Leach (1816); *Hieraspiza*, Kp. (1844); *Teraspiza*, Kp. (1867).

10.449. nisus (Lin.); Pall., *Zoogr.* I, p. 370; Dress., *B. Eur.* V, p. 599, pls 355-58; Dubois, *Fne. Ill. Vert. Belg.*, *Ois.* I, p. 80, pl. 18; *minutus*, Lin.; *nisus major* et *minor*, Bek.; *fringillarius*, Savig.; *communis*, Less.; *elegans*, *peregrinus*, Brm.; *brehmii*, C. Dub., *Orn. Gal.*, p. 170, pl. 112; *nisosimilis*, Tick.; *subtypicus*, Hodgs.; *intercedens*, Brm. — Europe et Asie centr. jusqu'au cercle polaire.

2801. *Var.* Pallens, Stejn., *Pr. U. S. Nat. Mus.*, 1893, p. 625. — Kamtschatka, Japon.

2802. *Var.* MELANOSCHISTA, Hume, *Ibis,* 1869, p. 356.	Himalaya.
2803. *Var.* PUNICA, Erlang., *Orn. Monatsb.*, 1897, p. 187.	Tunisie (tout le N. de l'Afrique?)
2804. *Var.* GRANTI, Sharpe, *Ann. and Mag. N. H.*, 1890, p. 483; Grant, *Ibis*, 1890, pl. 14.	Madeire.
2805. *Var.* WOLTERSTORFFI, Klschm., *Orn. Monatsb.*, 1901, p. 168.	Sardaigne.
10.450. FUSCUS (Gm.), *S. N.* I, p. 280; Audub., *B. Am.*, pl. 374; Schl., *Mus. P.-B.*, *Astures*, p. 30; *dubius*, Gm.; *striatus*, Vieill., *Ois. Am. sept.*, pl. 14; *vieillotinus*, Shaw; *velox* et *pennsylvanicus*, Wils.; *ardesiaceus*, Bonn. et V.; *malfini*, Less.	Amérique sept., Mexique, Guatémala.
2806. *Var.* RUFILATA, Ridgw., *Pr. U. S. Nat. Mus.*, 1888, p. 92.	Amérique N.-W. jusqu'aux M^gnes^ Rocheuses, Mex. W.
10.451. FRINGILLOIDES, Vig., *Zool. Journ.*, 1828, p. 434; d'Orb., in *Ram. de la Sagra, N. H. Cuba, Ois.*, p. 18; Ridgw., *Stud. of Amer. Falconidæ*, pp. 95, 117.	Cuba, Haïti.
10.452. TINUS (Lath.), *Ind. Orn.* I, p. 50; Bp., *Consp.* I, p. 32; Sharpe, *Cat.* I, p. 139; *subniger*, *minutus*, Vieill.; *fontanieri*, Bp.; *superciliosus*, Strickl.	Amérique trop. méridionale.
10.453. MINULLUS (Daud.), *Traité*, II, p. 88; Levaill., *Ois. d'Afr.* I, pl. 34; Schl., *l. c.*, p. 34; Sharpe, *Cat.*, p. 140; *satrapa*, *binotatus*, Licht.; *polyzonoides*, Bianc., *Spec. Zool. Mosamb.* XVIII, p. 318, pl. 3.	Afrique S. jusqu'au Mozambique et l'Angola.
2807. *Var.* TROPICALIS, Rchw., *J. f. O.*, 1898, p. 139.	Afrique trop. E.
2808. *Var.* ERYTHROPUS (Hartl.), *J. f. O.*, 1855, p. 354; Schl., *l. c.*, p. 35; *zenkeri*, Rchw., *Orn. Monatsb.*, 1894, p. 125; id., *J. f. O.*, 1896, pl. 1.	Afrique W. de la Côte d'Or au Caméron.
10.454. OVAMPENSIS, Gurn., *Ibis*, 1875, p. 367, pl. 6.	Afrique S.-W. à l'E. jusqu'au Zambèze.
10.455. CIRRHOCEPHALUS (Vieill.), *N. Dict.* X, p. 329; Schl., *l. c.*, p. 38; Salvad., *Orn. Pap.* I, p. 67; *torquatus*, Vig.; Gould, *B. Austr.* I, pl. 19; *melanops*, Strickl.	Australie, Tasmanie, Nouv.-Guinée, Salawati, Jobi.
10.456. MADAGASCARIENSIS, Verr., *S. Afr. Q. Journ.*, 1834, p. 282; M.-Edw. et Grand., *Madag., Ois.*, p. 106, pl^s^ 35, 36; *lantzii*, Verr., *Rev. et Mag. de Zool.*, 1866, p. 353, pl. 18.	Madagascar.
18.457. COLLARIS (Kaup), *MS.*; Scl., *Ibis*, 1860, p. 148, pl. 6; Ridgw., *Stud. of Am. Falc.*, p. 127.	Colombie.
10.458. CERAMENSIS (Schl.), *Mus. P.-B.*, *Astures*, p. 39 (*N. cirrhocephalus ceramensis*); Finsch., *Neu-Guin.*, p. 155; *rubricollis*, Wall., *P. Z. S.*, 1863, p. 19, pl. 4; Sharpe, *Cat.* I, p. 144; Salvad., *Orn. Pap.*	Céram, Bourou, Morotai (Moluques).

I, p. 69; *erythrauchen* (pt.), Schl., *Vog. Ned. Ind.*, *Valkv.*, pp. 22, 60, pl. 13, f. 2.	
10.459. BRACHYURUS, Rams., *Pr. Linn. Soc. N. S. W.*, 1879, p. 465.	Nouv.-Bretagne.
10.460. ERYTHRAUCHEN, Gray, *P. Z. S.*, 1860, p. 344; Schl., *Vog. Ned. Ind.*, *Valkv.*, pp. 22, 60, pl. 13, ff. 1, 3, 4; Sharpe, *Cat.*, p. 145; Salvad., *Orn. Pap.* I, p. 68.	Halmahera, Morty, Batjan.
10.461. RHODOGASTER (Schl.), *Mus. P.-B.*, *Astures*, p. 30 (*N. virgatus rhodogaster*); Gurn., *Ibis*, 1863, p. 450; Schl., *Valkvogels*, pp. 21, 60, pl. 12, ff. 5, 6; Wald., *Trans. Z. S.* VIII, p. 109, pl. 11 (juv.); Mey. et Wg., *B. Cel.*, p. 25.	Célèbes.
2809. *Var.* SULAENSIS (Schl.), *Vog. Ned. Ind.*, *Valkv.*, pp. 26, 64, pl. 16, ff. 3, 4; Wall., *Ibis*, 1868, p. 10; Mey. et Wg., *B. Cel.*, p. 26.	Iles Soula et Péling.
10.462. ERYTHROCNEMIS, Gray, *Cat. Accip. B. M.*, p. 70; Bp., *Consp.* I, p. 32; Scl. et Salv., *Exot. Orn.*, p. 33, pl. 17; *striatus*, Burm., *Th. Bras.* II, p. 71.	Brésil, Bolivie.
2810. *Var.* SALVINI, Ridgw., *Bull. U. S. Geol. Surv.* II, 1876, p. 121; id., *Stud. Am. Falc.*, pp. 95, 121.	Vénézuéla.
10.463. CHIONOGASTER (Kaup), *P. Z. S.*, 1851, p. 41; Bp., *Rev. et Mag. de Zool.*, 1854, p. 538; Scl. et Salv., *Exot. Orn.*, p. 27, pl. 14; *erythrocnemis* (pt.), Scl. et Salv. (1859-61).	Guatémala, Nicaragua.
10.464. RUFIVENTRIS, Smith, *S. Afr. Q. Journ.* I, p. 231; id., *Ill. Zool. S. Afr.*, pl. 93; *exilis*, Tem., *Pl. Col.* 496; *perspicillaris*, Rüpp., *Neue Wirb.*, p. 41, pl. 18, f. 2.	Afrique S. et N.-E.
10.465. VENTRALIS, Scl., *P. Z. S.*, 1866, p. 303; Scl. et Salv., *Exot. Orn.*, p. 25, pl. 13; Sharpe, *Cat.*, p. 149.	Vénézuéla, Colombie.
2811. *Var.* NIGRIPLUMBEA, Lawr., *Ann. Lyc. N. Y.*, 1869, p. 270; Salv., *Ibis*, 1874, p. 325; Ridgw., *Stud. Am. Falc.*, pp. 95, 122; *ventralis* (pt.), Sharpe.	Ecuador, Pérou.
10.466. HARTLAUBI (Verr.), in Hartl., *Orn. W. Afr.*, p. 15; id., *J. f. O.*, 1861, p. 101; Dubois, *Rev. et Mag. de Zool.*, 1874, p. 1, pl. 4; Sharpe, *Cat.*, p. 150, pl. 6, f. 2.	Afrique W., de Sénégambie au Gabon.
10.467. BUTTIKOFERI, Sharpe, *Notes Leyd. Mus.*, 1888, p. 199; Büttik., *Reiseb. Liberia*, II, pl. 30.	Libéria (Afr. W.)
10.468. VIRGATUS (Tem.), *Pl. Col.* 109; Vig., *Zool. Journ.* I, p. 338; Legge, *B. Ceyl.*, p. 26.	Inde S., Ceylan, Java, Sum., Mal., Andam.
2812. *Var.* AFFINIS, Hodgs., in *Gr. Zool. Misc.*, 1844, p. 81; Gurn., *Diurn. B. of Prey*, p. 39; *vir-*	Himalaya, Formose, Haïnan.

gatus (pt.), Sharpe; Hart., *Nov. Zool.*, 1894, p. 482.

2813. *Var.* MANILENSIS, Meyen, *Nov. Acta Acad. Leop.*, 1834, *Suppl.*, p. 69, pl. 9; Gurn., *l. c.*, p. 40; *stevensoni*, Tweed., *P. Z. S.*, 1878, p. 938, pl. 57. — Philippines.

2814. *Var.* GULARIS (Tem. et Schl.), *Faun. Jap.*, p. 5, pl. 2; Mey. et Wg., *B. Cel.*, p. 28; *nisoides*, Blyth; Gurn., *l. c.*, p. 40; *stevensoni*, Gurn., *Ibis*, 1863, p. 447, pl. 11; *virgatus*, Sharpe (pt.); Dav. et Oust., *Ois. Chine*, p. 26. — Sibérie, Mandchourie, Chine, Japon, Indo-Ch., Malacca, Sum., Java, Timor, Palawan, Bornéo, Célèbes N., Djampea.

2815. *Var.* RUFOTIBIALIS, Sharpe, *Ibis*, 1887, p. 437, 1889, p. 68, pl. 2; Mey. et Wg., *B. Cel.*, p. 29. — Bornéo N.-W. (Kini Balu).

10.469. MELANOLEUCUS, Smith, *S. Afr. Q. Journ.*, 1830, p. 229; id., *Ill. S. Afr. Zool.*, pl. 18; Sharpe, *Cat.*, p. 156; *smithii*, Kp.; *apoxypterus*, *hypoxanthus*, Licht.; *temmincki*, Hartl.; *verreauxi*, Schl., *Mus. P.-B., Ast.*, p. 37. — Afrique trop., îles du Cap Vert.

1563. ERYTHROTRIORCHIS

Urospizias, Sharpe (1874, nec Kp.); *Erythrotriorchis*, Sharpe (1875); *Megatriorchis*, Salvad. et D'Alb. (1875).

10.470. RADIATUS (Lath.), *Ind. Orn., Suppl.* II, p. 12; Gould, *B. Austr.* I, pl. 16; Schl., *l. c.*, p. 15; *caleyi*, Vig. et Horsf.; *testaceus*, Kp. — Australie E., centr. et N.

10.471. DORIÆ (Salvad. et D'Alb.), *Ann. Mus. Civ. Gen.*, 1875, p. 805; Salvad., *Orn. Pap.* I, p. 41; Sharpe, *Hand.-L.* I, p. 254. — Nouv.-Guinée S.-E.

SUBF. VIII. — AQUILINÆ

1564. MORPHNUS

Morphnus, Cuv. (1817).

10.472. GUIANENSIS (Daud.), *Traité*, II, p. 78; Cuv., *Règ. an.* I, p. 318; Burm., *Th. Bras.* II, p. 66; Salv. et Godm., *Biol. Centr.-Am.* III, pl. 63; *sonnini*, *delicatus*, Shaw; *variegatus*, Bonn. et V.; *cristatus*, Less. — Amazone, Guyane, Panama.

10.473. TÆNIATUS, Gurn., *Ibis*, 1879, p. 173, pl. 3. — Ecuador.

1565. HARPYOPSIS

Harpyopsis, Salvad. (1875).

10.474. NOVÆ-GUINEÆ, Salvad., *Ann. Mus. Civ. Gen.*, 1875, p. 682; Sharpe, *Mitth. Zool. Mus. Dresd.* I, p. 355, pl. 29; Salvad., *Orn. Pap.* I, p. 40. — Nouv.-Guinée.

1566. THRASAËTUS

Harpyia (Vieill., 1816, nec Ochsenh., 1810); *Thrasaëtus*, Gray (1837); *Nothrophrontes*, Glog. (1842).

10.475. HARPYIA (Lin.); Gray, *P. Z. S.*, 1837, p. 108; *coronatus*, Jacq.; *jacquini*, *cristatus*, Gm.; *destructor*, Daud.; Tem., *Pl. Col.* 14; *imperialis*, *regalis*, *caracca*, Shaw; *calquin*, Mol.; *maxima*, Bonn. et V.; *ferox*, Less. — Texas, Mexique, Amérique centr. et mérid. jusqu'au Paraguay.

1567. SPIZAËTUS

Spizaëtus, Vieill. (1816); *Plumipeda*, Flem. (1822); *Limnaëtus*, Vig. (1830); *Pternura*, Kp. (1845).

10.476. ORNATUS (Daud.), *Traité*, II, p. 77; Vieill., *Gal. Ois.*, pl. 21; Schl., *Mus. P.-B.*, *Astures*, p. 2; *mauduyti*, Daud.; Sharpe, *Cat.* I, p. 262; *superbus*, Shaw; *urutaurana*, Dum. — Amérique centr. et mérid. jusqu'au Paraguay.

10.477. DEVILLEI, Dubois, *Bull. Acad. R. Belg.* XXXVIII, 1874, p. 129, pls 1, 2; *isidori* (pt.), Gurn. (1). — Ecuador.

10.478. TYRANNUS (Max.), *Reis. Bras.* I, p. 360; Tem., *Pl. Col.* 73; Gr., *Gen. B.* I, p. 14; Burm., *Th. Bras.* II, p. 62; *bracchata*, Spix, *Av. Bras.* I, pl. 3; *spixii*, Des M. — Amérique centrale et mérid. jusqu'au S. du Brésil.

10.479. BELLICOSUS (Daud.), *Traité*, II, p. 38; Levaill., *Ois. d'Afr.*, pl. 1; Smith, *Ill. Zool. S. Afr.*, pl. 42; *armiger*, Shaw. — Afrique S. et E., au N. jusqu'au Choa.

10.480. CORONATUS (Lin.); Levaill., *l. c.*, pl. 3; Smith, *Ill. Zool. S. Afr.*, pls 40, 41; Bp., *Consp.* I, p. 28; *albescens*, Daud. — Afrique S. et W.

10.481. NIPALENSIS (Hodgs.), *J. As. Soc. B.*, 1836, p. 229, pl. 7; Jerd., *B. Ind.* I, p. 73; *pulcher* et *pallidus*, Hodgs.; *grandis*, Gray; *orientalis*, Tem. et Schl., *Faun. Jap.*, pl. 3. — Himalaya, Inde, Chine, Japon.

(1) M. Gurney considère les figures des planches indiquées ci-dessus comme représentant le jeune et l'âge moyen du *Lophotriorchis isidori;* il peut avoir raison, mais cela demande à être confirmé. Dans son *Hand-list* (1899), M. Sharpe maintient le *devillei* comme espèce distincte.

2816. *Var.* KELAARTI, Legge, *Ibis*, 1878, p. 202; id., *B. Ceyl.*, p. 51, pl. — Inde S., Ceylan.

10.482. CIRRHATUS (Gm.), *S. N.* I, p. 274; Sharpe, *Cat.* I, p. 269; *ceylanensis*, Gm.; *cristatellus*, Tem., *Pl. Col.* 282. — Inde, Ceylan.

10.483. SPHINX, Hume, *Str. Feath.*, 1873, p. 321; *ceylonensis*, Gurn., *Ibis*, 1877, p. 430; Legge, *B. Ceyl.*, p. 55, pl. — Inde S., Ceylan.

10.484. PHILIPPENSIS, Gurn., in *Gould's B. Asia*, pt. XV (1863): Wald., *Tr. Z. S.*, IX, p. 141, pl. 24; *philippinensis*, Sharpe, *Cat.* I, p. 261. — Philippines.

10.485. LANCEOLATUS, Tem. et Schl., *Faun. Jap.*, 1845, p. 8; Bonap., *Consp.* I, p. 29 (pt.); Salvad., *Orn. Pap.* I, p. 5; Wald., *Ibis*, 1868, p. 13; Mey. et Wg., *B. Cel.*, p. 32; *cirrhatus* (pt.), Schl., *Vog. Ned. Ind.*, *Valkv.*, pl. 7, ff. 2, 3; *fasciolatus*, Schl., *Mus. P.-B., Ast.*, p. 9. — Iles Célèbes et Soula.

10.486. ALBONIGER, Blyth, *J. A. S. Beng.*, 1845, p. 173, 1850, p. 335; Gould, *B. Asia*, pt. XV, pl.; Sharpe, *Cat.*, p. 271; *borneonensis*, Gray; *nanus*, Wall., *Ibis*, 1868, p. 14, pl. 1. — Ténassérim, Malacca, Sumatra, Bornéo.

10.487. LIMNAËTUS (Horsf.), *Tr. Linn. Soc.* XIII, p. 138; id., *Zool. Res. Java*, pl. 36; Tem., *Pl. Col.* 134; *caligatus*, Rafll.; *niveus*, Tem., *Pl. Col.* 127; *horsfieldi*, Vig.; *unicolor*, *nipalensis*, Blyth. — Himalaya, Bengal, Indo-Chine, Malacca, Sumatra, Bornéo, Java.

2817. *Var.* FLORIS, Hart., *Nov. Zool.* V, p. 46. — Flores.

10.488. ANDAMANENSIS, Tytl., *Pr. A. S. B.*, 1865, p. 112; Hume, *Str. Feath.* II, p. 142, IV, p. 280; Sharpe, *Cat.*, p. 260. — Iles Andaman.

10.489. GURNEYI (Gray), *P. Z. S.*, 1860, p. 342, pl. 169; Schl., *Mus. P.-B., Ast.*, p. 14; id., *Valkvog.*, pp. 17, 56, pl. 9; Salvad., *Orn. Pap.* I, p. 3. — Batjan, Ternate, Halmah., Morotai, Waigiou, Nouv.-Guinée, Jobi, Arou.

1568. LOPHOTRIORCHIS

Lophotriorchis, Sharpe (1874).

10.490. KIENERI (Geoff. St-Hil.), *Mag. de Zool.*, 1835, pl. 35; Jerd., *Ill. Ind. Orn.*, p. 5, pl. 1; Sharpe, *Cat.* I, p. 255; Mey. et Wg., *B. Cel.*, p. 35; *cristatellus*, Jard. et Sel., *Ill. Orn.*, pl. 66; *albogularis*, Tick. — Inde, Ceylan, Indo-Chine, Malacc., Iles de la Sonde, Philippines, Célèbes.

10.491. ISIDOREI (Des M.), *Rev. Zool.*, 1845, p. 176; id., *Icon. Orn.*, pl. 1; Gurn., *Ibis*, 1877, pp. 424, 433; Sharpe, *Cat.* I, p. 256. — Colombie.

10.492. LUCANI, Sharpe et Bouv., *Bull. Soc. Zool. de Fr.*, 1877, p. 471 (1); Sushk., *B. B. O. C.* XI, p. 31. — Afrique trop.

1569. LOPHOAËTUS

Lophoaëtus, Kaup (1847).

10.493. OCCIPITALIS (Daud.), *Traité*, II, p. 40; Levaill., *Ois. d'Afr.* I, p. 8, pl. 2; Kp., *Isis*, 1847, p. 165; Schl., *Mus. P.-B., Ast.*, p. 25; Sharpe, *Cat.* I, p. 274; *senegalensis*, Daud. — Toute l'Afrique, Madagascar.

1570. ICTINAËTUS

Heteropus, Hodgs. (1843, nec Dum. et Bibr., 1839); *Ictinaëtus*, Jerd. (1844); *Neopus*, Hodgs. (1844); *Onychaëtus*, Kp. (1844).

10.494. MALAYENSIS (Tem.), *Pl. Col.* 117; Schl., *Vog. Ned. Ind.*, *Valkv.*, pp. 8, 49, pl. 3, ff. 1, 2; Beav., *P. Z. S.*, 1868, p. 396, pl. 34; Blanf., *Faun. Br. Ind.*, *B.* III, p. 347; Mey. et Wg., *B. Cel.*, p. 38; *pernigra*, Hodgs.; *ovivorus*, Jerd. — Inde, Ceylan, Indo-Ch. W., Malacca, gr. îles de la Sonde, Célèbes, Ternate, Halmahera, Nias.

1571. SPIZIASTUR

Spiziastur, Gray (1841).

10.495. MELANOLEUCUS (Vieill.), *N. Dict.* IV, p. 482; id., *Gal. Ois.*, pl. 14; Sharpe, *Cat.* I, p. 258; *atricapillus*, Tem., *Pl. Col.* 79. — Amérique centr. et mérid. jusqu'au Brésil.

1572. NISAËTUS

Nisaëtus, Hodgs. (1836); *Eutolmaëtus*, *Butaëtus*, Blyth (1845); *Hieraëtus*, Kp. (1845); *Tolmaëtus*, Blyth (1846); *Pseudaëtus*, Bp. (1856); *Aquilastur*, Brm. (1860).

10.496. FASCIATUS (Vieill.), *Mém. Soc. Linn. Paris*, 1822, p. 152; Dress., *B. Eur.* V, p. 575, pl. 351, f. 1, pls 352, 353; Dubois, *Fne. ill. Vert. Belg.*, *Ois.* II, p. 703, pl. 321; *bonellii*, Tem., *Pl. Col.* 288; *intermedia*, Boit.; *grandis*, Hodgs.; *niveus*, Jerd.; *nipalensis*, *rubriventer*, Hodgs.; *strenuus*, Jerd., *wiedii*, Brm. — Europe S. (accident. Belg.), Afrique N. et N.-E.; Asie S.-W., Inde.

10.497. SPILOGASTER (Bp. ex Du Bus), *Rev. et Mag. de Zool.*, 1850, p. 487; Schl., *Mus. P.-B., Ast.*, p. 12; — Afrique tropicale.

(1) M. Gurney (*List of Diurnal B. of Prey*, p. 52) considère cet oiseau comme étant un jeune du *Nisaëtus spilogaster*.

Sharpe, *Cat.* I, p. 252; *zonurus*, Müll.; id., *Beitr. Orn. Afr.*, pl. 1; *bonellii* (pt.), auct. plur.; *leucostigma*, Heugl.; *ayresii*, Gurn., *Ibis*, 1862, p. 149, pl. 4 (juv.); *Limn. africanus*, Cass., *P. Phil. Acad.*, 1865, p. 4.

10.498. PENNATUS (Gm.), *S. N.* I, p. 272; Tem., *Pl. Col.* 33; Bureau, *Ass. fr. pour l'avancem. des Sc.*, IV, pl. 13; Dress., *B. Eur.* V, p. 481, pl[s] 336, 337; *minuta*, Brm.; *milvoides*, Jerd.; *brehmii*, Müll.; *longicaudata*, Heugl.; *albipectus*, Severtz. — Europe mér., Afrique, Asie S.-W. et centr., Inde, Ceylan.

10.499. MORPHNOIDES (Gould), *P. Z. S.*, 1840, p. 161; id., *B. Austr.* I, pl. 2; Sharpe, *Cat.* I, p. 254; *cristatus*, Blyth. — Australie.

10.500. WEISKEI, Rchw., *Orn. Monatsb.*, 1900, p. 185. — Nouv.-Guinée S.-E.

1573. AQUILA (1)

Aquila, Briss. (1760); *Pteroaëtus*, Kaup. (1844).

10.501. CHRYSAËTUS (Lin.); Dress., *B. Eur.* V, p. 533, pl. 345; Dubois, *Fne. ill., Ois.* I, p. 11, pl. 3; *fulvus*, Lin.; *melanoaetus*, *canadensis*, *albus*, *niger*, Gm.; *cygneus*, *melanonotus*, Lath.; *nobilis*, Pall.; *regalis*, Tem.; *regia*, Less.; *fuscicapilla*, Brm. — Europe, N. de l'Asie jusqu'au N. de la Chine, Amérique du N. jusqu'au Mex.

2818. *Var.* BARTHELEMYI, Jaub., *Rev. et Mag. de Zool.*, 1852, p. 545; id. et Lap., *Rich. Orn.*, p. 34, pl. 2; Murie, *P. Z. S.*, 1870, p. 80. — Midi de la France.

2819. *Var.* DAPHANEA, Hodgs., in *Gray's Zool. Misc.*, p. 81; Sharpe, *Hand-l.* I, p. 261; *chrysaetus*, auct. — Himalaya et autres montagnes de l'Asie centr.

10.502. VERREAUXI, Less., *Cent. Zool.*, p. 105, pl. 38; Des M., in *Lef. Voy. Abyss., Zool.*, p. 49, pl. 4; Sharpe, *Cat.*, p. 234; *vulturina*, Smith (nec Daud.?); Schl., *Mus. P.-B. Aq.*, p. 9; *nigra*, James; *leucoprymna*, Licht. — Afrique S. et N.-E.

10.503. ADELBERTI, Brm. (*major* et *minor*), *Ber. Vers. deutsch. Orn. Ges.*, 1860, p. 55; Dress., *B. Eur.* V, p. 517, pl[s] 342, 343 (fig. de gauche); *heliaca*, Boc.; *imperialis*, Saund.; *leucolena*, Dress. — Europe S.-W., Afrique N.

10.504. MOGILNIK (Gm.), *Nov. Com. Petrop.* XV, p. 445; Dress., *B. Eur.* V, p. 521, pl[s] 343 (fig. de droite), 344; *heliaca*, Savig., *Descr. Égypte*, p. 459, pl. 12; Sharpe, *Cat.*, p. 238; *imperialis*, Bechst. et auct. plur.; *crassipes*, Hodgs. — Europe S. et S.-E., Asie centr., Inde N., Chine.

(1) Quid : *Aquila boliviara*, Boeck. (Guerney, *Cat. of the Birds of Prey*, 1894, p. 23).

10.505. BIFASCIATA, Gray et Hardw., *Ill. Ind. Zool.* I, pl. 17; *nipalensis*, Hodgs., *As. Res.* XVIII, 2, p. 13, pl. 1; *mogilnik*, Sharpe (nec Gm.), *Cat.*, p. 240.	Europe S.-E., Asie centr. jusqu'au N.-W. de l'Inde.
2820. *Var.* ORIENTALIS, Cab., *J. f. O.*, 1854, p. 369; Dress., *B. Eur.* V, pl. 340; *mogilnik* (pt.), Alleon, *Rev. et Mag. de Zool.*, 1866, p. 273, pl. 20; *nipalensis*, Dress., *l. c.* V, p. 507.	Steppes de l'Asie et de l'Europe or.
2821. ? *Var.* AMURENSIS, Swinh., *P. Z. S.*, 1871, p. 338; Prjev., in *Rowl. Orn. Misc.* II, p. 144; Gurn., *List Diurn. B. of Prey*, p. 55.	Amour, Mongolie.
10.506. RAPAX (Tem.), *Pl. Col.* 455; Dress., *B. Eur.* V, p. 513, pl. 341; *senegala* et *nævioides*, Cuv., *Reg. An.* I, p. 326; *choka*, Smith; *belasirius*, Levaill.; *raptor*, *variegata*, Brm.; *substriata*, *isabellina*, Heugl.; *lestris*, L. Brm.; *culleni*, Bree.	Afrique, Espagne, Asie centr., Inde N.-W.
2822. *Var.* ALBICANS, Rüpp., *Neue Wirb.*, p. 34, pl. 13; Gurn., *List Diurn. B. of Pr.*, p. 50; Erlang., *J. f. O.*, 1898, p. 418, pl. 7; Sushk., *B. B. O. C.* LXXIV, p. 7; *rapax* (pt.), auct. plur.	Afrique N.-E. et N.-W.
2823. *Var.* VINDHIANA, Frankl., *P. Z. S.*, 1831, p. 114; Hume, *Nest and Eggs Ind. B.*, p. 29; *punctata*, Gr. et Hardw., *Ill. Ind. Zool.* I, pl. 16; ?*fusca*, id., pl. 26.	Inde.
2824. *Var.* MURINA, Sushk., *Bull. Br. Orn. Cl.* LXXIV, p. 8.	Himalaya E., (Darjiling).
10.507. FULVESCENS, Gray et Harw., *Ill. Ind. Zool.* I, pl. 29; Jerd., *B. Ind.* I, p. 60; Gurn., *Ibis*, 1877, pp. 225, 325-29; Sushk., *l. c.*, p. 9; *vindhiana* (pt.), Sharpe; *nævia var. pallida*, Licht., *J. f. O.*, 1853, p. 69, pl. 4 (juv.)	Russie, Sibérie W., Altaï, Turkestan, Inde N.-W.
10.508. ?GLITSCHI, Severtz., *Str. Feath.*, 1875, p. 422.	Steppes de l'Europe or. et de l'Asie.
10.509. MACULATA (Gm.), *S. N.* I, p. 258; Blanf., *Ibis*, 1894, p. 287; *clanga*, Pall., *Zoogr.* I, p. 351; Dress., *B. Eur.* V, p. 409, pl. 339; *vittata*, Hodgs.; *fuscoater*, Wod.; *unicolor*, Brm.; *nævia* (pt.), auct. plur.	Europe centr., Afrique N.-E., Asie centr., Inde.
2825. *Var.* POMARINA, Brm., *Vög. Deutschl.*, p. 27; Dress., *B. Eur.* V, p. 491, pl. 338; *nævia*, auct. plur. (nec Gm.); Dubois, *Fne. ill., Ois.* I, p. 16, pl. 4; *fusca*, *subnævia*, Brm.; *maculata*, Sharpe (nec Gm.), *Cat.*, p. 246; *bocki*, Hom.	Europe centr. et mérid.
10.510. HASTATA (Less.), *Voy. Bél.*, p. 217; Anders., *P. Z. S.*, 1875, p. 23, pl. 3; *unicolor*, Blyth; *punctatus*, Jerd.	Inde.
10.511. WAHLBERGI, Sundev., *OEfv. K. Akad. Stockh.*,	Afrique tropicale.

1850, p. 100; Sharpe, *Cat.*, p. 245; *brehmii*, Müll.; *desmursi*, Verr., in Hartl., *Orn. W. Afr.*, p. 4; Gurn., *Tr. Z. S.* IV, p. 366, pl. 77.

1574. UROAËTUS

Uroaëtus, Kaup (1844).

10.512. AUDAX (Lath.), *Ind. Orn. Suppl.*, p. 2; Sharpe, *Cat.*, p. 231; *albirostris*, Vieill.; *fucosus*, Tem., *Pl. Col.* 32; Gould, *B. Austr.* I, pl. 1; *cuneicaudata*, Brm. — Australie, Tasmanie.

1575. THALASSOAËTUS

Thalassoaëtus, Kaup (1844); *Haliaëtus* (pt.), auct. plur.

10.513. PELAGICUS (Pall.), *Zoogr. Rosso-As.* I, p. 343, pl. 18; Tem. et Schl., *Faun. Jap.*, p. 11, pl. 4 (juv.); *leucopterus*, Tem., *Pl. Col.* 489 (ad.); *imperator*, Kittl. — Kamtschatka, Japon.

2826. *Var.* BRANICKII (Tacz.), *P. Z. S.*, 1888, p. 451; Scl., *P. Z. S.*, 1896, p. 784, pl. 37; ?*pelagicus*, Dav. et Oust., *Ois. Chine*, p. 13. — Corée, ? Chine N.

2827. *Var.* MACRURA, Menzb., in *Bull. Br. Orn. Club.* XI, p. 4. — Sibérie E. (Yakutsk.)

1576. HALIAËTUS

Haliaëtus, Savig. (1809); *Cuncuma*, Hodgs. (1837); *Pontoaëtus*, Kp. (1844); *Blagrus*, Blyth (1849).

10.514. ALBICILLA (Lin.); Dress., *B. Eur.* V, p. 551, pls 347, 348; Dubois, *Fne. ill.*, *Ois.* I, p. 4, pls. 1, 1b; *ossifragus*, Lin.; *albicaudus*, Gm.; *hinnularius*, Lath.; *pygargus*, Daud.; *nisus*, Savig.; *leucocephala*, Wolf (nec Lin.); *borealis*, Fab.; *orientalis*, *islandicus*, *groenlandicus*, *cinereus*, *funereus*, *germanicus*, Brm.; *pelagicus* (nec Pall.) et *brooksi*, Hume. — Europe, Asie N., Groenland, Islande, N. de l'Inde et de la Chine.

2828. *Var.* HYPOLEUCA, Ridgw. (ex Stejn.), *Pr. U. S. Nat. Mus.*, 1883, p. 90. — Ile de Behring (1).

10.515. LEUCOCEPHALUS (Lin.); Vieill., *Ois. Am. sept.*, pl. 111; Audub., *B. Am.* I, pl. 31; Gould, *B. Eur.* I, pl. 11; *ossifragus*, Wils.; *washingtonianus*, Nutt.; *washingtonii*, Audub. — Amérique du N. jusqu'en Floride.

2829. *Var.* ALASCANA, Towns., *Pr. Biol. Soc. Wash.*, 1897, p. 145. — Alaska.

(1) M. Ridgway pense que la var. *Hypoleuca* est une forme orientale de l'*albicilla*, propre au Kamtschatka, aux îles Aléoutiennes, au Japon et à la Chine.

10.516. VOCIFER (Daud.), *Traité*, II, p. 65; Levaill., *Ois. d'Afr.* I, p. 17, pl. 4; Des M., *Icon. Orn.* pl. 8; *clamans*, Brm.; *var. orientalis*, Heugl. — Afrique tropicale.

10.517. VOCIFEROIDES, Des M., *Rev. Zool.*, 1845, p. 175; id., *Icon. Orn.* pl. 7; *vociferator*, Schl. et Pol., *Faun. Madag. Ois.*, p. 42, pl. 15. — Madagascar.

10.518. LEUCORYPHUS (Pall.), *Reise Russ. Reichs*, I, p. 454; Dress., *B. Eur.* V, p. 545, pl. 346; *fulviventer*, Vieill.; *macei*, Tem., *Pl. Col.* 8, 223 (juv.); *unicolor*, Gray; *albipes, lanceolatus*, Hodgs.; *deserticola*, Eversm.; *pallasi*, C. Dub., *Ois. Eur.* I, p. et pl. 5e. — Russie S., Asie centrale.

10.519. LEUCOGASTER (Gmel.), *S. N.* I, p. 257; Tem., *Pl. Col.* 49; Gould, *B. Austr.* I, pl. 3; ?*blagrus*, Daud.; *dimidiatus*, Raffl.; *oceanica*, Less.; *sphenurus*, Gould; *cultrungius*, Blyth. — Inde, Ceylan, Indo-Chine, Arch. Indien, Australie.

SUBF. IX. — BUTEONINÆ

1577. ARCHIBUTEO

Archibuteo, Brm. (1828); *Triorchis*, Kaup (1829); *Butaëtes*, Less. (1831); *Lagopus*, Fras. (1844, nec Briss., 1760); *Hemiaëtus*, Hodgs. (1844).

10.520. LAGOPUS (Brünn.), *Orn. Bor.*, p. 4 (1764); Dress., *B. Eur.* V, p. 471, pls 334, 335; Dubois, *Fne. ill., Ois.* I, p. 30, pl. 7; *sclavonicus, norwegicus*, Lath.; Seeb., *Ibis*, 1883, p. 122; *pennatus, plumipes*, Daud.; *africanus, planiceps, alticeps, sublagopus*, Brm.; *buteo*, Less. (nec Lin.) — Europe N. et centr., Sibérie, Alaska.

2830. *Var.* SANCTI-JOHANNIS (Gm.), *S. N.* I, p. 273; Sharpe, *Cat.* I, p. 197; *spadiceus*, Gm.; *lagopus* (pt.), auct. plur.; Audub., *B. Am.*, pls 166, 422; *niger*, Wils.; *ater*, Vieill. — Amérique sept.

10.521. FERRUGINEUS (Licht.), *Abh. K. Akad. Berlin*, 1838, p. 428; Cass., *B. Calif. and Tex.*, pp. 104, 159, pl. 26; *regalis*, Gray, *Gen. B.*, pl. 6; *californicus*, Hutch. — Amérique N.-W. jusqu'au Texas et Mexique.

10.522. HEMIPTILOPUS, Blyth, *J. A. S. B.*, 1846, p. 1; Schal., *J. f. O.*, 1901, pl. 3; *strophiatus*, Hodgs. (*nomen nudum*); Sharpe, *Cat.* I, p. 199, pl. 7, f. 2; Dav. et Oust., *Ois. Chine*, p. 20, pl. 7; *cryptogenys*, Hodgs.; *aquilinus*, Strickl.; *asiaticus*, Gr.; *leucoptera*, Hume; *hemilasius*, Przew. — Sibérie, Népaul, Thibet, Chine.

2831. *Var.* HOLDERERI, Schal., *J. f. O.*, 1901, p. 426. — Asie centr. (1).

(1) La synonymie et la répartition géographique de l'espèce et de sa variété *Holdereri* ne sont pas encore bien établies.

1578. BUTEO

Buteo, Cuv (1800); *Craxirex*, Gould (1841); *Tachytriorchis*, Kaup (1844); *Butaquila*, Hodgs. (1844); *Pœcilopternis*, Kaup (1847); *Onychotes*, Ridgw. (1870); *Dromolestes*, Sund. (1874).

10.523. LEUCOCEPHALUS, Hodgs., in *Gr. Zool. Misc.*, p. 81; id., *P. Z. S.*, 1845, p. 37; Gurn., *List Diurn. B. of Prey*, pp. 62, 134; *aquilinus*, Hodgs.; *hemilasius*, Tem. et Schl., *Faun. Jap.*, p. 18, pl. 7; *asiaticus*, Blyth; *ferox* (pt.), Sharpe, *Cat.* I, p. 176, pl. 8. — Sibérie E., Chine, Japon.

10.524. FEROX (Gm.), *N. Comm. Ac. Petrop.* XV, p. 442, pl. 10; Thien., *J. f. O.*, 1853, p. 108; Dress., *B. Eur.* V, p. 463, pl. 333; *rufinus*, Cretz. in *Rüpp. Atl.*, p. 40, pl. 27; *canescens*, Hodgs.; *longipes*, Jerd.; *leucurus*, Naum. (nec Vieill.); *eximius*, Brm.; *pectoralis*, Strickl.; *africanus*, Würt.; *var. obscura*, Pelz.; *fuliginosus*, Hume; *nigricans*, Severtz. — Europe S.-E., Afrique N.-E., Asie S.-W. et centr. jusqu'au N.-W. de l'Inde.

10.525. MENETRIESI, Bogd., *Tr. Soc. Kazan*, VIII (1879), p. 45; Ehmcke, *J. f. O.*, 1898, p. 140. — Europe S.-E.

2832. *Var.* ZIMMERMANNÆ, Ehmcke, *J. f. O.*, 1893, p. 117, 1898, p. 140-146; Schalow, *J. f. O.*, 1900, p. 249; ? *vulpina*, Licht., *Nomencl. Av.*, p. 3 (1854). — Europe E. et centr.

10.526. PLUMIPES, Hodgs., *P. Z. S.*, 1845, p. 37; Sharpe, *Cat.*, p. 180, pl. 7, f. 1; *japonicus*, Tem. et Schl., *Faun. Jap.*, p. 16, pls 6 et 6b. — Himalaya E., Chine, Japon.

10.527. DESERTORUM (Daud.), *Traité*, II, p. 164; Dress., *B. Eur.* V, p. 457, pl. 332; *rufiventer*, Jerd., *Ill. Ind. Orn.*, pl. 27; *cirtensis*, Levail. jun., *Expl. sc. de l'Alg.*, pl. 3; *capensis*, Tem. et Schl.; *minor*, Heugl.; *tachardus*, Bp.; *vulgaris*, Jerd. (nec Leach); *delalandi*, Des M.; *rufinus*, Tacz. (nec Cretzsch.) — Eur. S. et E., Afrique, Inde.

10.528. VULGARIS, Leach, *Syst. Cat. Mam. and B.*, p. 10; Dress., *B. Eur.* V, p. 449, pl. 331; Dubois, *Fne. Ill., Ois.* I, p. 26, pl. 6; ? *glaucopis* et *versicolor*, Gm.; *albus*, Daud.; *fasciatus*, *mutans*, Vieill.; *pojana*, Savi; *communis*, Less.; *septentrionalis*, *medius*, *murum*, *major*, *minor*, Brm.; *fuscus*, Macg.; *albidus*, *variegatus*, Selys (nec Gm.); *cinereus*, Bp.; *variabilis*, Bail.; *var. obscura*, *etrusca*, Pelz. — Europe.

10.529. BRACHYPTERUS, Hartl. (ex Pelz.), *Faun. Madag.*, — Madagascar.

p. 1; Roch et Newt., *Ibis*, 1862, p. 266, pl. 8; Sharpe, *Cat.*, p. 183.

10.530. SOLITARIUS (Peale), *Zool. U. S. Expl. Exp., B.*, p. 62 (1848); Cass., *l. c.*, 1858, p. 97, pl. 4; Scl., *P. Z. S.*, 1878, p. 348; id., *Rep. on Voy. « Challenger » Zool.* II, pt. VIII, p. 96, pl. 21; *Onychotes gruberi*, Ridgw., *Pr. Phil. Acad.*, 1870, p. 142; Gurn., *Ibis*, 1881, p. 396-98, pl. 12; Sharpe, *Handl.* I, p. 256, n° 20. — Iles Hawaï ou Sandwich.

10.531. AUGURALIS, Salvad., *Atti Soc. Ital. Sc. Nat.*, 1865, p. 377; Sharpe, *Cat.*, p. 175; Du Boc., *Orn. Angola*, p. 22; *augur*, Brm. (nec Rüpp.); *desertorum*, Antin; *delalandi*, Boc.; *anceps*, Heugl., *Orn. N.-O. Afr.*, p. 93. — Afrique W. et N.-E.

10.532. AUGUR, Rüpp., *Neue Wirb.*, p. 38, pl. 16; Heugl., *l. c.*, p. 92; Sharpe, *Cat.*, p. 175; *hydrophilus*, Rüpp., *l. c.*, p. 39, pl. 17. — Afrique N.-E. et équator.

10.533. JAKAL (Daud.), *Traité*, II, p. 161; Levaill., *Ois. d'Afr.* I, p. 73, pl. 16; Ayres, *Ibis*, 1859, p. 240, 1860, p. 204, 1877, p. 340. — Afrique S.

10.534. BOREALIS (Gm.), *S. N.* I, p. 266; Audub., *B. Am.*, pl. 51; Gosse, *B. Jam.*, p. 11, pl. 2; *leverianus*, Gm.; *ruficaudus, ferruginicaudus, americanus*, Vieill. — Amérique N.-E., Antilles.

2833. *Var.* HARLANI (Audub.), *B. Am.*, pl. 86; Salvin, *Ibis*, 1874, p. 314; Sharpe, *Cat.*, p. 191. — Sud des États-Unis, Amérique centr.

2834. *Var.* CALURUS, Cass., *Pr. Phil. Acad.*, 1855, p. 281; Baird, *B. N. Am.*, p. 22, pl. 14; Gurn., *Ibis*, 1876, p. 236-241; *montanus*, Nutt. — Amérique N.-W., Mexique.

2835. *Var.* KRIDERI, Hoopes, *Pr. Phil. Acad.*, 1873, p. 238, pl. 5; Ridgw., *B. N. Am.*, p. 258. — Du Minésota au Texas.

2836. *Var.* LUCASANA, Ridgw., *Hist. N. Am. B.* III, p. 285. — Basse-Californie.

2837. *Var.* SOCORROENSIS, Ridgw., *Pr. U. S. Nat. Mus.*, 1880, p. 220. — Ile Socorro.

2838. *Var.* FUMOSA, Nels., *Pr. Biol. Soc. Wash.*, 1898, p. 7 (*fumosus*). — Tres-Marias.

10.535. ?VENTRALIS (Gould), *P. Z. S.*, 1837, p. 10; Darw., *Zool. Beagle, B.*, p. 27; Cass., *U. S. Expl. Exp.*, 1858, p. 94, pl. 3, f. 2; Philippi, *Arch. f. Naturg.*, 1899, I, p. 166. — Chili, Patagonie.

10.536. COSTARICENSIS, Ridgw., *Hist. N. Am. B.* III, p. 285. — Costa-Rica.

10.537. ?COOPERI, Cass., *Pr. Phil. Acad.*, 1856, p. 253; Baird, Cass. et Lawr., *B. N. Am.*, p. 31, pl. 16. — Californie.

10.538. LINEATUS (Gm.), *S. N.* I, p. 268; Wils., *Am. Orn.* VI, p. 86, pl. 53, f. 3; Cass., *B. Cal.*, p. 99; Sharpe, *Cat.*, p. 191 (pt.); *hyemalis*, Gm.; Vieill., *Ois. Am. sept.*, pl. 7; *fuscus*, V., *l. c.*, pl. 5. — Amérique N.-E.

2839. *Var.* ELEGANS, Cass., *Pr. Phil. Ac.*, 1855, p. 281; Baird, Cass. et Lawr., *B. N. Am.*, p. 28, pl^s 2, 3. — Amérique N.-W.

2840. *Var.* ALLENI, Ridgw., *Pr. U. S. Nat. Mus.*, 1884, p. 514. — Floride.

10.539. ABBREVIATUS, Cab., in *Schomb. Reis. Guian.* III, p. 739; *albonotatus*, Gray (*descr. nulla*); *zonocercus*, Scl., *Tr. Z. S.* IV, p. 263, pl. 59; Ell., *B. N. Am.* II, pl. 33; *cabanisii*, Schl. — États-Unis S., Basse-Calif., Amér. centr. et N. de l'Amér. mérid.

10.540. PENNSYLVANICUS (Wils.), *Am. Orn.* VI, p. 92, pl. 54, f. 1; Baird, *B. N. Am.*, p. 30; *latissimus*, Wils.; Sharpe, *Cat.*, p. 198; *wilsoni*, Bp.; *platypterus*, Bonn. et V. — Amér. N.-E., Amér. centr. et N. de l'Amér. mérid.

10.541. SWAINSONI, Bp., *Comp. List B.*, p. 3; id., *Consp.* I, p. 19; *F. buteo*, Audub.; *vulgaris*, Sw. et Rich., *Faun. Bor.-Am.*, p. 47, pl. 27; *bairdii*, Hoy; Cass., *B. Cal.*, pp. 99, 257, pl. 41; *oxypterus*, Cass., id., in *B. N. Am.*, p. 23, pl. 15, f. 2; *insignatus*, Cass., *B. Cal.*, p. 102, pl. 31; *obsoletus*, Sharpe (nec Gm.), *Cat.*, p. 184; *harlani*, Bryant (nec Audub.) — Amérique du N., centr. et mérid. jusqu'à la Patagonie.

10.542. ALBICAUDATUS, Vieill., *N. Dict.* IV, p. 477; Sharpe, *Cat.*, p. 162; *leucurus*, Vieill.; *pterocles*, Tem., *Pl. Col.* 56, 139; Schl., *Mus. P.-B.*, *Buteones*, p. 13; *albicauda*, Less.; *tricolor*, Hartl. — Amérique trop. mérid.

2841. *Var.* SENNETTI, Allen, *Bull. Amer. Mus.*, 1893, p. 144. — Amérique centr. jusqu'au Texas.

2842. *Var.* COLONA, Berl., *J. f. O.*, 1892, pp. 90-91. — Iles Curaçoa, Bonaire.

10.543. HYPOSPODIUS, Gurn., *Ibis*, 1876, p. 73, pl. 3; Scl. et Salv., *P. Z. S.*, 1877, pp. 487, 540. — Colombie, Vénézuéla, Amazone, Brésil.

10.544. POECILOCHROUS, Gurn., *Ibis*, 1879, pp. 176-78. — Ecuador.

10.545. ERYTHRONOTUS (King.), *Zool. Journ.*, 1827, p. 424; Darw., *Voy. Beagle*, *B.*, p. 26; Sclat., *Ibis*, 1860, p. 25, pl. 1, f. 3; Sharpe, *Cat.*, p. 172; *braccata*, Meyen; *varius*, Gould; *tricolor*, d'Orb., *Voy. Am. mér.*, pp. 69, 106, pl. 30; *leucurus*, Lafr. (nec V.); *polyosoma*, Schl.; *albicaudatus*, Scl. et Sal., *P. Z. S.*, 1873, p. 186. — Amérique S.-W., de Patagonie au Pérou, îles Malouines.

10.546. ?MELANOSTETHUS, Phil., *Arch. f. Nat.*, 1899, I, p. 167. — Santiago (Chili).

10.547. ?POECILOGASTER, Phil., *l. c.* — Chili.

10.548. ?MACRONYCHUS, Phil., *l. c.*, p. 168. — Valdivia (Chili).

10.549. ?ATER, Phil., *l. c.* — Valdivia (Chili).

10.550. UNICOLOR, d'Orb. et Lafr., *Syn. Av.*, p. 7; d'Orb., *Voy. Ois.*, p. 109; Gurn., *Ibis*, 1876, pp. 69, 242; Scl. et Salv., *P. Z. S.*, 1879, p. 637; *erythronotus* (pt.), Sharpe. — Bolivie, Chili.

10.551. EXSUL, Salv., *Ibis*, 1875, p. 371; Gurn., *Ibis*, 1876, pp. 69, 76. — Ile Juan Fernandez.

10.552. POLIOSOMUS (Quoy et Gaim.), *Voy. de l'Uran.*, *Ois.*, p. 92, pl. 14; Less., *Traité*, p. 82; Sharpe, *Cat.*, p. 171. — Chili, Patagonie, Malouines.

10.553. ? PICTUS, Phil., *Arch. f. Naturg.*, 1899, I, p. 169; *ventralis?* — Chili.

10.554. ? ALBIGULA, Phil., *l. c.*, p. 170. — Valdivia (Chili).

10.555. GALAPAGOENSIS (Gould), *P. Z. S.*, 1837, p. 9; *leucops*, Gray; *infulatus*, Kp.; *galapagensis*, Sund., *P. Z. S.*, 1871, p. 125; Sharpe, *Cat.*, p. 170. — Iles Galapagos.

1579. PARABUTEO

Antenor, Ridgw. (1873, nec Montf.); *Parabuteo*, Ridgw. (1874); *Erythrocnema*, Sharpe (1874).

10.556. UNICINCTUS (Tem.), *Pl. Col.* 313; Sharpe, *Cat.*, p. 85; *tæniurus*, Tsch., *Faun. Per.*, pl. 1. — Amérique mérid. trop.

2843. *Var.* HARRISI (Audub.), *B. N. Am.*, pl. 392; Ridgw., *Stud. Am. Falc.*, pp. 162, 302; *unicinctus* (pt.), auct. plur. — États-Unis du S., Basse-Calif., Amér. centr.

1580. BUTEOLA

Buteola, Bonap. (1855).

10.557. BRACHYURA (Vieill.), *N. Dict.* IV, p. 477; *albifrons*, Max.; *melanoleucus*, Less.; *poliogaster*, Gray; *diadema*, Kp.; *minutus*, Pelz. — Amér. centr., Guyane, Amazone jusqu'au Pérou.

10.558. FULIGINOSA (Scl.), *P. Z. S.*, 1858, p. 356; id., *Tr. Z. S.* IV, p. 267, pl. 62; Cass., in *Baird's, B. N. Am.*, pl. 15, f. 1; Ridgw., *Man. N. Am. B.* (1896), p. 236; *obsoletus* (pt.), Sharpe, *Cat.*, p. 184. — Amér. trop. jusqu'au N. du Mexique et la Floride.

1581. RUPORNIS

Rupornis, Kaup (1844).

10.559. RUFICAUDA (Scl. et Salv.), *P. Z. S.*, 1869, p. 133; id., *Ex. Orn.*, pl. 88; Gurn., *Ibis*, 1876, p. 482; Sharpe, *Cat.*, p. 205. — Du Nicaragua à Panama.

2844. *Var.* GRISEICAUDA, Ridgw., *Pr. Bost. Soc. N. H.*, 1873, p. 47; Gurn., *Ibis*, 1876, p. 482. — Du Mexique au Nicaragua.

2845. *Var.* GRACILIS, Ridgw., *Pr. U. S. Nat. Mus.* VIII, p. 578. — Ile Cozumel (Yucatan).

10.560. PUCHERANI (Verr.), *Rev. et Mag. de Zool.*, 1855, p. 350; Scl. et Salv., *Ex. Orn.*, pp. 177, 180, pl. 89; Sharpe, *Cat.*, p. 205; *magnirostris*, d'Orb. (nec Gm.); *gularis*, Licht. — Brésil S., Paraguay, Argentine.

10.561. SATURATA (Scl. et Salv.), *P. Z. S.*, 1876, p. 357; Gurn., *Ibis*, 1876, p. 481. — Bolivie, Argentine N.
10.562. RIDGWAYI, Cory, *Journ. Bost. Zool. Soc.*, 1883, p. 46; id., *Auk*, 1884, p. 4. — Haïti, St.-Domingue.
10.563. MAGNIROSTRIS (Gm.), *S. N.* I, p. 282; *Pl. Enl.* 464; Scl. et Salv., *Ex. Orn.*, p. 180; *insectivorus* (pt.), Spix; *macrorhynchus*, Pelz. — Amazone, Guyane, Colombie, petites Antilles.
10.564. NATTERERI (Scl. et Salv.), *P. Z. S.*, 1869, p. 132; id., *Exot. Orn.*, pp. 173, 180, pl. 87; *magnirostris*, Tem., *Pl. Col.* 86 et auct. plur. — Brésil S. et E., Pérou.
10.565. LEUCORRHOA (Quoy et Gaim.), *Voy. de l'Uran.*, p. 91, pl. 13 (*leucorrhous*); Schl., *Mus. P.-B.*, *Asturinæ*, p. 5; Scl. et Salv., *Ex. Orn.*, p. 180. — Colombie, Vénézuéla, Brésil jusqu'au Pérou.

1582. ASTURINA

Asturina, Vieill. (1816); *Asturisca*, Sundev. (1872).

10.566. NITIDA (Lath.), *Ind. Orn.* I, p. 41; Tem., *Pl. Col.* 87, 294; Cab., *Schomb. Reis. Guian.* III, p. 737; *cinerea*, Vieill.; *striolatus*, Cuv. — Brésil, Guyane, Colombie, Amazone.
10.567. PLAGIATA (Licht.), *Nomencl.*, p. 3; Schl., *Mus. P.-B.*, *Astures*, p. 1; Scl. et Salv., *Exot. Orn.*, pl. 90; *nitida*, Cass. (nec Lath.) — États-Unis S.-W., Amérique centr.
10.568. ?ÆTHIOPS, Phil., *Arch. f. Naturg.*, 1899, I, p. 168. — Chili.
10.569. ?ELEGANS, Phil., *l. c.*, p. 169. — Chili.

1583. BUTASTUR

Butastur, Hodgs. (1843); *Poliornis*, Kp. (1844).

10.570. TEESA (Frankl.), *P. Z. S.*, 1831, p. 115; Gr. et Harw., *Ill. Ind. Zool.* II, pl. 30; Oat., *B. Br. Burmah*, II, p. 195; *hyder*, Syk. — Inde, Indo-Chine N.-W.
10.571. INDICUS (Gm.), *S. N.* I, p. 264; Sharpe, *Cat.* I, p. 297; Mey. et Wg., *B. Cel.*, p. 45; *javanicus*, Lath.; *poliogenys*, Tem., *Pl. Col.* 325; *fasciatus*, Hay; *barbatus*, Eyt.; *pygmæus*, Blyth; *pyrrhogenys*, Gray. — Asie E., Japon, Formose, Philippines, Célèbes, Moluques, Malac., Born., Java.
10.572. LIVENTER (Tem.), *Pl. Col.* 438; Sharpe, *Cat.*, p. 296; Mey. et Wg., *B. Cel.*, p. 49; *pallidus*, Less. — Indo-Chine, Célèbes S., Born., Java, Timor.
10.573. RUFIPENNIS (Sund.), *OEfv. Vet. Akad. Förh. Stockh.*, 1850, p. 131; Strickl., *P. Z. S.*, 1850, p. 214, pl. 22; Heugl., *Orn. N.-O. Afr.*, p. 95; *percnopsis*, Du Bus, *Esq. Orn.*, pl. 29; *mulleri*, Heugl. — Afrique N.-E.

1584. GERANOAËTUS

Geranoaëtus, Kaup (1844); *Heteroaëtus*, Kp. (1850).

10.574. MELANOLEUCUS (Vieill.), *N. Dict.* XXXII, p. 57; Sharpe, *Cat.*, p. 169; Schl., *l. c.*, p. 5; *fuscescens*, Vieill.; *aguia*, Tem., *Pl. Col.* 302. — Patagonie, Chili, Pér., Colombie, Brésil.

1585. LEUCOPTERNIS

Leucopternis, Kaup (1847); *Pseudastur*, Blyth (1849).

10.575. PRINCEPS, Scl., *P. Z. S.*, 1865, p. 429, pl. 24; Salv., *Ibis*, 1872, pp. 241-43; Sharpe, *Cat.*, p. 220. — Costa-Rica.

10.576. PALLIATA, Pelz. (ex Natt.), *Sitz. Akad. Wien*, 1861, p. 11; Scl. et Salv., *Exot. Orn.*, p. 97, pl. 49; Salv., *Ibis*, 1872, p. 242; *polionotus*, Gr. (*descr. nulla*); *melanonota*, Schl. (nec Vieill.). — Brésil S.

10.577. GHIESBREGHTI (Du Bus), *Esq. Orn.*, pl. 1; Scl. et Salv., *Exot. Orn.*, p. 121; Gurn., *Ibis*, 1876, p. 470 (1). — Amérique centr., du S. du Mex. à Panama.

10.578. ALBICOLLIS (Lath.), *Ind. Orn.* I, p. 36; Kp., *Isis*, 1847, p. 210; *picatus*, Shaw; *melanotus*, Vieill.; *pœcilonotus*, Tem., *Pl. Col.* 9. — Amazone, Guyane, Vénézuéla, Trinidad.

10.579. OCCIDENTALIS, Salv., *Ibis*, 1876, p. 496. — Ile Puna (Ecuador W.).

10.580. LACERNULATA (Tem.), *Pl. Col.* 437; Sharpe, *Cat.*, p. 218; *skotopterus*, Max.; *scotoptera*, Kp.; Schl., *Mus. P.-B.*, *Astur.*, p. 11. — Brésil S.

10.581. MELANOPS (Lath.), *Ind. Orn.* I, p. 37; Tem., *Pl. Col.* 105; Kp., *Isis*, 1847, p. 210; Sharpe, *Cat.*, p. 220. — Amazone, Guyane.

10.582. KAUPI, Bp., *Rev. et Mag. de Zool.*, 1850, p. 481; Sharpe, *l. c.*, p. 219; *kuhlii*, Bp. (*laps.*); *superciliaris*, Pelz.; Scl. et Salv., *Exot. Orn.*, p. 75, pl. 38. — Amazone.

10.583. SEMIPLUMBEA, Lawr., *Ann. Lyc. N. Y.*, 1861, p. 288; Scl. et Salv., *Exot. Orn.*, pl. 61; Salv., *Ibis*, 1872, p. 243. — Amér. centr., de Costa-Rica à Panama.

10.584. PLUMBEA, Salv., *Ibis*, 1872, p. 240, pl. 8; Sharpe, *l. c.*, p. 216. — De l'Ecuad. à Panama.

10.585. SCHISTACEA (Sundev.), *OEfv. K. Vet. Akad. Förh.*, 1849, p. 132; Scl., *Tr. Z. S.* IV, p. 261, pl. 58; Salv., *Ibis*, 1872, p. 243; Sharpe, *l. c.*, p. 216; *ardesiacus*, Licht. — Amazone, Colombie.

(1) M. Sharpe écrit "*ghiesbrechti*", mais cette orthographe n'est pas exacte. Aug. Ghiesbreght, de Bruxelles, explora le Mexique en 1838 et 1839 par ordre du Gouvernement belge, et il découvrit à cette époque l'oiseau qui lui fut dédié par le Vicomte B. Du Bus.

1586. URUBITINGA

Urubitinga, Lafr. ex Less. (1842); *Hypomorphnus*, Cab. (1844); *Spizigeranus*, Kaup (1844).

10.586. ANTHRACINA (Nitzsch ex Licht.), *Pteryl.*, p. 83; Lafr., *Rev. Zool.*, 1848, p. 241; *M. urubitinga*, Lemb., *Aves de Cuba*, pl. 3, f. 3; Sharpe, *l. c.*, p. 215; *mexicanus*, Du Bus; *gundlachii*, Cab., *J. f. O.*, 1854, extrah., p. 80; *unicinctus*, Léot. — Amérique trop., Cuba, États-Unis S.-W.

10.587. ZONURA (Shaw), *Gen. Zool.* VII, p. 62; Scl., *P. Z. S.*, 1858, p. 129; *urubitinga*, Gm.; Tem., *Pl. Col.* 55; *fulvus, niger, ater*, Vieill.; *picta*, Spix; *longipes*, Illig.; *brasiliensis*, Strickl. — Amér. mérid., du Paraguay au Vénézuéla et jusqu'au Costa-Rica.

2846. *Var.* RIDGWAYI, Gurn., *List Diurn. B. of Prey*, pp. 77, 148; *zonura* (pt.), Lawr. et Sum., *B. S.-W. Mexico*, in *Bull. U. S. Mus.*, n° 4, p. 42. — Mexique, Guatémala.

1587. HARPYHALIAËTUS

Harpyhaliaëtus, Lafr. (1842); *Urubitornis*, Verr. (1856); *Plangus*, Sund. (1874).

10.588. CORONATUS (Vieill.), *N. Dict.* XIV, p. 237; Tem., *Pl. Col.* 234; Lafr., *R. Z.*, 1842, p. 173; Sharpe, *Cat.*, p. 221; *azaræ*, Kp.; *Pl. neogæus*, Sund. — De la Patagonie à la Bolivie et le S. du Brésil.

2847. *Var.* SOLITARIA (Cab. et Tsch.), *Arch. f. Naturg.*, 1844, p. 264; Tsch., *Faun. Per.*, p. 94, pl. 2; Gurn., *Ibis*, 1876, p. 490. — Chili, Pérou, Colombie jusqu'au Guatémala.

1588. HETEROSPIZIAS

Spizigeranus, Gray (1869, nec Kaup); *Heterospizias*, Sharpe (1874).

10.589. MERIDIONALIS (Lath.), *Ind. Orn.* I, p. 36; Sharpe, *Cat.*, p. 160: *rufulus*, Vieill.; *rutilans*, Licht.; Tem., *Pl. Col.* 25; *buzon*, Spix. — Amérique mérid. trop. jusqu'au Paraguay.

1589. BUTEOGALLUS

Buteogallus, Less. (1831).

10.590. ÆQUINOCTIALIS (Gm.), *S. N.* I, p. 265; Levaill., *Ois. d'Afr.* I, p. 86, pl. 21; Scl. et Salv., *Nomencl.*, p. 119; Sharpe, *Cat.*, p. 212; *buson*, Daud.; *cantharloides*, Less. — Guyane, Vénézuéla, Colombie.

1590. BUSARELLUS

Busarellus, Lafr. (1842); *Ichthyoborus*, Kaup (1850).

10.591. nigricollis (Lath.), *Ind. Orn.* I, p. 35; Levaill., *Ois. d'Afr.* I, p. 84, pl. 20; Burm., *Th. Bras.* II, p. 47; *F. busarellus*, Daud.; *melanobronchos*, Shaw; *leucocephalus*, V.; *milvoides*, Spix, *Av. Bras.* I, pl. 1 *d*. — Brésil, Amazone, Guyane.

SUBF. X. — MILVINÆ

1591. HALIASTUR

Haliastur, Selby (1840); *Dentiger*, Hodgs. (1844); *Ictinoaëtus*, Kp. (1850); *Milvaquila*, Burm. (1850).

10.592. indus (Bodd.), *Tabl.*, *Pl. Enl.* 25; Buff., *Pl. Enl.* 416; Gr., *Gen. B.* I, p. 18; Jerd., *B. Ind.* I, p. 101; Sharpe, *l. c.*, p. 313; *pondicerianus*, Gm.; *garuda*, Less.; *rotundicauda*, Hodgs. — Inde, Ceylan, Birmanie.

2848. *Var.* Intermedia, Gurn., *Ibis*, 1865, p. 28, 1878, pp. 460-66; *indus* et *pondicerianus* (pt.), auct. plur.; *var. ambiguus*, Brügg.; *girrenera* (pt.), Mey. et Wg., *B. Cel.*, p. 54. — Indo-Chine, Malacca, grandes îles de la Sonde, Philippines, Célèbes.

2849. *Var.* Girrenera (Vieill.), *Gal. Ois.* I, pl. 10; Sharpe, *l. c.*, p. 315; Gurn., *Ibis*, 1878, pp. 460-66; *leucosternus*, Gould; id., *B. Austr.* I, pl. 4; *indus* (pt.), Schl., *Vog. Ned. Ind.*, *Valkv.*, p. 51, pl. 4, f. 3. — Australie, Nouv.-Guinée, Moluques, Ténimber, Céram, Amboine, Arou.

10.593. sphenurus (Vieill.), *N. Dict.* XX, p. 564; id., *Gal. Ois.* I, pl. 15; Gr., *Gen. B.* I, p. 18; Sharpe, *l. c.*, p. 316; *canorus*, Vig. et Horsf. — Australie, Nouv.-Calédonie.

1592. MILVUS

Milvus, Cuv. (1800); *Hydroictinia*, Kaup (1844); *Lophoictinia*, Kp. (1847).

10.594. ictinus, Savig., *Ois. d'Égypte*, p. 259; Dress., *B. Eur.* V, p. 643, pl. 361; *F. milvus*, Lin.; *regalis*, Briss.; Dubois, *Fne. ill. Vert. Belg.*, *Ois.* I, p. 45, pl. 10; *ruber*, Brm.; *vulgaris*, Selby (ex Lin., 1749). — Europe, Asie Mineure, Afrique N.

10.595. melanotis, Tem. et Schl., *Faun. Jap.*, p. 14, pls 5 et 5b; *niger*, *var. melanotis*, Schr.; *niger*, Radde, *Reis. Sibir.*, p. 135, pl. 1, f. 1; *major*, Hume; *govinda*, Swinh. (nec Syk.) — Asie N.-E., Japon, Formose, Himalaya, Inde, Birmanie.

10.596. GOVINDA, Sykes, *P. Z. S.*, 1832, p. 81; Dubois, *Ois. Eur.* II, pl. 195; Brooks, *Ibis*, 1879, p. 282; *cheela*, Jerd.; *ater*, Blyth; *palustris*, Anders., *Pr. As. Soc. Beng.*, 1873, p. 142. — Inde, Birmanie.

2850. *Var.* AFFINIS, Gould, *P. Z. S.*, 1837, p. 40; id., *B. Austr.* I, pl. 21; Sharpe, *Cat.*, p. 323; Mey. et Wg., *B. Cel.*, p. 60. — Australie, petites îles de la Sonde, Célèbes.

10.597. MIGRANS (Bodd.), *Tabl. Pl. Enl.*, p. 28; Dress., *B. Eur.* V, p. 651, pl. 362; ? *korschun*, Gm.; Sharpe, *Cat.*, p. 322; *ater*, *austriacus*, Gm.; *russicus*, *castaneus*, Daud.; *fuscoater*, Mey. et Wg.; *regalis*, Pall.; *fuscus*, Brm.; *niger*, Bp. (ex Briss.); Dubois, *Fne. Ill.*, *Ois.* I, p. 48, pl. 11; *ætolius*, Schl.; *reichenowi*, Erl. — Europe centr. et mérid., Asie centr., Afrique.

10.598. ÆGYPTIUS (Gm.), *S. N.* I, p. 261; Levaill., *Ois. d'Afr.*, pl. 22; *forskahli*, Gm.; *parasitus*, Daud.; *parasiticus*, Lath.; *ætolius*, Savig., *Ois. d'Égypte*, p. 260, pl, 3, f. 1; *leucorhynchus*, Brm. — Europe S.-E., Afrique, Madagascar.

10.599. ISURUS, Gould, *P. Z. S.*, 1837, p. 140; id., *B. Austr.* I, pl. 22; Schl., *Mus. P.-B.*, *Milvi*, p. 4; Sharpe, *l. c.*, p. 326; *pacificus*, Strickl. — Australie.

1593. GYPOICTINIA

Gypoictinia, Kaup (1850).

10.600. MELANOSTERNON (Gould), *P. Z. S.*, 1840, p. 162; id., *B. Austr.* I, pl. 20; Kp., *Contr. Orn.*, 1850, p. 61; Sharpe, *Cat.*, p. 335. — Australie.

1594. ELASAS

Elanoides!, Vieill. (1818); *Elasas*, Heine (1890).

10.601. FURCATUS (Lin.); Vieill., *Ois. Am. sept.*, p. 38, pl. 10; Audub., *B. Am.* I, p. 78, pl. 18; *yetapa*, Bonn. et Vieill.; *forficatus*, Ridgw. — États-Unis, Amérique centr. et mérid. jusqu'au Brésil.

1595. NAUCLERUS

Nauclerus, Vig. (1825); *Chelictinia*, Less. (1843); *Chelidopteryx*, Kp. (1845); *Cypselopteryx*, Kp. (1851).

10.602. RIOCOURI (Vieill.), *Gal. Ois.* I, p. 43, pl. 16; Tem., *Pl. Col.* 85; Vig., *Zool. Journ.*, 1825, p. 386; *africanus*, Sw. — Afrique N.-E. et Sénégambie.

1596. GAMPSONYX

Camponyx, Vig. (1825); *Chondrohierax*, Less.

10.603. SWAINSONI, Vig., *Zool. Journ.*, 1825, p. 69; Gray, *Gen. B.* I, p. 26, pl. 9; Forb., *Ibis*, 1881, p. 353; Ridgw., *Stud. Am. Falc.*, p. 150; *rufifrons*, Boie; *torquatus*, Less. — Brésil, Guyane, Vénézuéla, Colombie, jusqu'au Nicaragua.

1597. ELANUS

Elanus, Savig. (1809).

10.604. CÆRULEUS (Desf.), *Mém. Ac. R. des Sc.*, 1787, p. 503, pl. 15; Strickl., *Orn. Syn.*, p. 137; Dress., *B. Eur.* V, p. 663, pl. 363; Dubois, *Fne. Ill., Ois.* I, p. 41, pl. 9; *vociferus*, Lath.; *melanopterus*, Daud.; *clamosus*, Shaw; *cæsius*, Savig.; *minor*, Bp. — Europe mérid., Afrique, Inde, Ceylan, Indo-Chine W., Malacca.

10.605. HYPOLEUCUS, Gould, *P. Z. S.*, 1859, p. 127; id., *B. Asia*, pt. XII, pl.; Mey. et Wg., *B. Cel.*, p. 62; *intermedius*, Schl., *Mus. P.-B.*, *Milvi*, p. 7; id., *Vog. Ned. Ind.*, pp. 31, 68, pl. 24, ff. 2, 3. — Philippines, Célèbes, Java, Bornéo, Sumatra.

10.606. AXILLARIS (Lath.), *Ind. Orn., Suppl.* I, p. 9; Gray, *Ann. N. H.*, 1843, p. 189; Gould, *B. Austr.* I, pl. 23; Sharpe, *l. c.*, p. 338; *notatus*, Gould. — Australie.

10.607. LEUCURUS (Vieill.), *N. Dict.* XX, p. 563; Bp., *Comp. List.*, p. 4; *dispar*, Tem., *Pl. Col.* 319; Audub., *B. Am.*, pl^s 351, 352. — S. des États-Unis, Amérique centr. et méridion. jusqu'au Chili et l'Argentine.

10.608. SCRIPTUS, Gould, *P. Z. S.*, 1842, p. 80; id., *B. Austr.* I, pl. 24. — Australie.

1598. ICTINIA

Ictinia, Vieill. (1816); *Nertus*, Boie (1828); *Pœcilopteryx*, Kaup (1845).

10.609. PLUMBEA (Gm.), *S. N.* I, p. 283; Tem., *Pl. Col.* 180; Vieill., *N. Dict.* XVI, p. 76; *cenchris*, Vieill., *Ois. Am. sept.*, p. 38, pl. 10bis. — Amérique centrale et mérid. jusqu'au Brésil.

10.610. MISSISSIPIENSIS (Wils.), *Am. Orn.* III, p. 80, pl. 25, f. 1; Gr., *Gen. B.* I, p. 26; *ophiophagus*, Vieill.; id., *Gal. Ois.*, p. 44, pl. 17; *plumbeus*, Audub., *B. Am.*, pl. 117 (nec Gm.) — S des États-Unis jusqu'au Guatémala.

1599. ROSTHRAMUS (1)

Rosthramus, Less. (1831); *Hamirostrum*, Sundev. (1872).

10.611. SOCIABILIS (Vieill.), *N. Dict.* XVIII, p. 318; d'Orb., — Mexique, Amérique

(1) Les auteurs ne sont pas d'accord sur la nomenclature et la synonymie de ce genre; j'ai suivi M. Gurney père; son fils réduit le tout à deux espèces: *hamatus* et *sociabilis* et il a peut-être raison (Voy. *Cat. B. of Prey*, p. 26).

Voy. Am. mér., Ois., p. 73; Gurn., *Ibis*, 1879, p. 341; *hamatus*, Tem., *Pl. Col.*, texte de la pl. 61; Burm., *Th. Bras.* II, p. 46; id., *La Plata-Reise*, II, p. 435; *leucopygus*, Spix, *Av. Bras.*, p. 7, pl. 2; Schl., *Mus. P.-B.*, *Polybori*, p. 8; Sharpe, *Cat.*, p. 328. — centr. et mérid. jusqu'à l'Argentine.

2851. *Var.* Plumbea, Baird, Brew. et Ridgw., *Birds N. Am.* III, p. 208; Gurn., *Ibis*, 1879, p. 341; *hamatus*, Gundl.; *sociabilis* (pt.), auct. plur.; Mayn., *B. Florida*, pl. 1. — Floride, Cuba.

10.612. hamatus (Tem.), *Pl. Col.* 61 et peut-être 231; Baird, Brew. et Ridgw., *B. N. Am.* III, p. 209; Gurn., *Ibis*, 1879, p. 340; *sociabilis*, auct. plur. (nec Vieill.); Sharpe, *Cat.*, p. 327; *leucopygus*, Sharpe, *Hand-list*, I, p. 269. — Nord de l'Amérique mérid.

2852. *Var.* Tæniura, Cab., *J. f. O.*, 1854, p. 80; Sharpe, *Cat.*, p. 328; Gurn, *l. c.*, p. 340. — Amazone.

1600. MACHÆRHAMPHUS

Machæramphus, Westerm. (1848); *Machærorhamphus*, Hartl. (1854); *Stringonyx*, Gurney (1865).

10.613. alcinus, Westerm., *Bijd. tot de Dierk.* I, p. 29, pl. 12; Schl., *Handl. Dierk.* I, p. 168, pl. 1, f. 6; Sharpe, *Cat.*, p. 342; Salvad., *Orn. Pap.* I, p. 25. — Ténassérim S., Malacca, Bornéo, Sumatra, Nouv.-Guinée.

10.614. anderssoni (Gurn.), *P. Z. S.*, 1865, p. 618; id., *Tr. Z. S.* VI, p. 117, pl. 29; Anders., *B. Damara Land*, p. 23, ff. 1-3; Sharpe, *Cat.*, p. 343; *alcinus*, Bartl. (nec West.) — Madagascar, Afrique S.-W.

10.615. revoili, Oust., *Bibl. Hautes études*, XXXI, art. X, p. 1 (1886). — Somaliland.

1601. PERNIS

Pernis, Cuv. (1817); *Pterochalinus*, Glog. (1842).

10.616. apivorus (Lin.); Dress., *B. Eur.* VI, p. 3, pls 364-66; Dubois, *Fne. Ill.*, *Ois.* I, p. 34, pls 8 et 8b; *polyorhynchus*, Bechst.; *lacertarius*, Pall.; *variabilis*, Koch; *tachardus*, Bonn. et V.; *communis*, Less.; *apium*, *vesparum*, *platyura*, Brm. — Europe, Asie centr. jusqu'en Chine, Afrique, Madagascar.

2853. *Var.* Orientalis, Tacz., *Mém. Acad. St-Pétersb.*, 1891, p. 50; *apivorus*, Tem. et Schl., *Faun. Jap.*, p. 24. — Sibérie E., Japon.

10.617. ptilonorhynchus (Tem.), *Pl. Col.* 44; Steph., *Gen. Zool.* XIII, pl. 35; Sharpe, *Cat.*, p. 347; *cristata*, Cuv.; *torquata*, *ruficollis*, *albigularis* et *maculosa*, Less.; *ellioti*, Jam.; *bharatensis*, Hodgs. — Inde, Ceylan, Indo-Chine, Malacca, Java, Sumatra, Banka.

10.618. TWEEDDALEI, Hume, *Str. Feath.*, 1881, p. 446, 1882, p. 513, pl.; *ptilorhynchus*, Tweed., *Ibis*, 1877, p. 286. — Malacca.

10.619. CELEBENSIS, Wall., *Ibis*, 1868, p. 17; Sharpe, *l. c.*, p. 349; Mey. et Wg., *B. Cel.* I, p. 65, pl^s 2 et 3; *cristatus* (pl.), Schl., *Vog. Ned. Ind.*, *Valkv.*, pl. 26, f. 4; *ptilorhyncha* (pt.), Wald. — Célèbes.

1602. HENICOPERNIS

Dædalion, Bp. (1854, nec Savig., 1809); *Henicopernis*, Gray (1859).

10.620. LONGICAUDA (Garn.), *Voy. Coq. Zool.* I, p. 588, pl. 10; Sclat., *Ibis*, 1860, p. 322; Sharpe, *Cat.*, p. 341; Salvad., *Orn. Pap.* I, p. 22. — Nouv.-Guinée, Salawati, Waigiou, Mysol, Arou, Misori.

2854. *Var.* INFUSCATA, Gurn., *Ibis*, 1882, p. 128; Salvad., *Orn. Pap.* III, p. 505; *longicauda*, Gurn., *Ibis*, 1879, p. 469. — Nouv.-Bretagne.

1603. LEPTODON

Cymindis, Cuv. (1817, nec Latr., 1806); *Leptodon*, Sundev. (1835); *Odontriorchis*, Kaup (1844); *Regerhinus*, Kaup (1845).

10.621. CAYENNENSIS (Gm.), *S. N.* I, p. 263; *Pl. Enl.* 473; Tem., *Pl. Col.* 270 (juv.); Sharpe, *Cat.*, p. 333; *palliatus*, Tem., *Pl. Col.* 204 (juv.); *cyanopus*, Bonn. et V.; *buteonides*, Less. — Amér. centr., Guyane, Amazone, Brésil.

10.622. UNCINATUS (Tem.), *Pl. Col.* 103, 104, 105; Sharpe, *Cat.*, p. 330; *vitticaudatus*, Max.; *cuculoides*, Sw.; *pucherani*, Léot., *Ois. Trin.*, p. 40; *boliviensis*, Burm. — Amérique centr., Colombie, Vénézuéla, Guyane, Brésil, Bolivie, Ecuador.

10.623. MEGARHYNCHUS (Des M.), in *Casteln., Voy. Zool. Ois.*, p. 9, pl. 1; Sharpe, *l. c.*, p. 332; Gurn., *Ibis*, 1880, p. 318. — Pérou.

10.624. WILSONI (Cass.), *Journ. Ac. Philad.* 1847, p. 21, pl. 7; Gurn., *Ibis*, 1880, p. 321; Sharpe, *l. c.*, p. 333. — Cuba.

1604. BAZA

Lophotes, Less. (1831, nec Giorna); *Baza*, Hodgs. (1836); *Avicida*, Sw. (1837); *Lepidogenys*, Gray (1839); *Hytiopus*, Hodgs. (1841); *Lophastur*, Blyth (1842).

10.625. LOPHOTES (Tem.), *Pl. Col.* 10; Gray, *List Gen. B.*, p. 4; Schl., *Mus. P.-B.*, *Milvi*, p. 4; Sharpe, *Cat.*, p. 352; *cristatus*, Bonn. et V.; *lathami*, Gr.; *indicus*, Less.; *syama*, Hodgs. — Inde, Ceylan, Indo-Chine, Malacca.

10.626. MADAGASCARIENSIS (Smith), *S. Afr. Q. Journ.*, 1835, p. 285; Schl., *P. Z. S.*, 1866, p. 420; Schl. et Pol., *Faun. Madag.*, p. 45, pl. 16; M.-Edw. et Grand., *Ois. de Madag.*, p. 68, pl[s] 19-21; *verreauxii*, Hartl. (nec Lafr.) — Madagascar.

10.627. CUCULOIDES (Sw.), *B. W. Afr.* I, p. 104, pl. 1; Sharpe, *Cat.* I, p. 354, pl. 11, f. 2. — Afrique W. et équator.

10.628. EMINI, Rchw., *Journ. f. Orn.*, 1894, p. 163. — Afrique équator.

10.629. VERREAUXI (Lafr.), *Rev. Zool.*, 1846, p. 130; Gray, *Gen. B.* I, pl. 9, f. 2; Sharpe, *l. c.*, p. 354; *buteoides*, Lafr.; *cafer*, Sundev. — Afrique S.-E.

10.630. MAGNIROSTRIS, Gray, *Cat. Accip. Br. Mus.*, p. 19; Sharpe, *l. c.*, p. 356, pl. 10, f. 1; *crassirostris*, Kp., *Isis*, 1847, p. 339. — Philippines.

10.631. ERYTHROTHORAX, Sharpe, *P. Z. S.*, 1873, p. 625; id., *Cat. B. Br. Mus.* I, p. 357, pl. 10, f. 2; *magnirostris*, Schl., *Ned. Ind.*, *Valkv.*, pl. 28, f. 4; *celebensis*, Schl., *Mus. P.-B.*, *Rev. Accipitr.*, p. 135; Mey. et Wg., *B. Cel.*, p. 73. — Célèbes, Banggai, Soula.

10.632. JERDONI (Blyth), *J. A. S. Beng.*, 1842, p. 464; *reinwardti* (pt.), Müll. et Schl.; *sumatrensis*, Lafr., *Rev. Zool.*, 1848, p. 210; Sharpe, *Cat. B.* I, p. 357, pl. 11, f. 1; *incognita*, Hume. — Sumatra, Malacca, Ténassérim, Birm., Himalaya E.

2855. *Var.* BORNEENSIS, Brüggem., *Abh. nat. Ver. Bremen*, 1878, p. 47; Sharpe, *Ibis*, 1893, p. 557; *reinwardti* et *magnirostris* (pt.), Schl.; *jerdoni*, Salvad., *Ucc. Born.*, p. 11 (nec Blyth). — Bornéo.

10.633. CEYLONENSIS, Legge, *Str. Feath.*, 1876, p. 247; id., *B. Ceyl.*, p. 94, pl.; Gurn., *Ibis*, 1880, pp. 462, 470. — Inde S., Ceylan.

10.634. LEUCOPAIS, Sharpe, *Ibis*, 1888, p. 195. — Palawan (Philippines).

10.635. SUBCRISTATA (Gould), *P. Z. S.*, 1837, p. 140; id., *B. Austr.* I, pl. 25; Gray, *Gen. B.* I, p. 23; Gurn., *Ibis*, 1880, p. 462. — Australie, Nouv.-Guinée S.-E.

10.636. REINWARDTI (Müll. et Schl.), *Nat. Versch. Av.*, p. 35, pl. 5; Schl., *Valk Vogels*, pp. 40, 77, pl. 27, ff. 1-3; Gr., *Gen. B.* I, p. 23; Sharpe, *Cat.* I, p. 358. — Moluques.

2856. *Var.* STENOZONA, Gray, *P. Z. S.*, 1858, p. 169, 1859, p. 153; Scl., *Ibis*, 1860, p. 322. — Iles Key, Arou, Nouv.-Guin., Salawati, Misol, Misori, Timor.

2857. *Var.* GURNEYI, Rams., *Journ. Linn. Soc.*, *Zool.*, 1881, p. 130. — Iles Salomon.

2858. *Var.* BISMARCKI, Sharpe, in *Gould's B. N. Guin.* I, pl. 4 (1888). — Archipel Bismarck, Nouv.-Guinée N.-E.

2859. *Var.* TIMORLAOENSIS, Mey., *Abhandl. Ber. Zool. Mus. Dresden*, 1892-93, n° 3, p. 5. — Ile Ténimber.

10.637. RUFA, Schl., *Vog. Ned. Ind., Valkv.*, pp. 41, 78, pl. 27, f. 4, pl. 28, ff. 1-3; Sharpe, *Cat.*, p. 360; Salvad., *Orn. Pap.* I, p. 30; *reinwardti* (pt.), auct. plur. — Ternate, Batjan, Halmahera, Tidore, Morty (Moluques).

SUBF. XI. — FALCONINÆ

1605. HARPAGUS

Harpagus, Vig. (1824); *Bidens*, Spix (1824); *Diodon*, Less. (1831); *Diplodon*, Nitzsch (1840).

10.638. DIODON (Tem.), *Pl. Col.* 198; Vig., *Zool. Journ.*, 1825, p. 338; Burm., *Th. Bras.* II, p. 102; *femoralis*, Spix, *Av. Bras.* I, p. 15, pl. 8. — Brésil, Argentine.

10.639. BIDENTATUS (Lath.), *Ind. Orn.* I, p. 38; Tem., *Pl. Col.* 38, 228; Vig., *l. c.*; Sharpe, *l. c.*, p. 362; *rufiventer*, Spix, *l. c.*, p. 14, pl. 6; *albiventer*, Spix, *l. c.*, pl. 7; *brasiliensis*, Less.; *rufipes*, Sw. — Brésil N., Guyane, Vénézuéla, Trinidad, Colombie, Ecuador, Pérou.

10.640. FASCIATUS, Lawr., *Pr. Philad. Acad.*, 1868, p. 429; Salvin, *Ibis*, 1870, p. 115; Gurn., *Ibis*, 1881, p. 123. — Du Guatémala à Panama.

1606. MICROHIERAX

Hierax, Vig. (1824, nec Leach, 1816); *Microhierax*, Sharpe (1874).

10.641. CÆRULESCENS (Lin.); Sharpe, *Cat.*, p. 366; *bengalensis*, Blyth; *eutolmus*, Gray; Blanf., *Faun. Br. Ind., B.* III, p. 432; Gurn., *Ibis*, 1881, p. 271. — Himalaya, Indo-Chine.

10.642. FRINGILLARIUS (Drap.), *Dict. class. H. N.* VI, p. 412, pl. 5; Sharpe, *l. c.*, p. 367; Gurn., *Ibis*, 1881, p. 271; *cærulescens*, auct. plur. (nec Lin.); Horsf., *Zool. Res. Java*, pl. 35; Tem., *Pl. Col.* 97; Schl., *Mus. P.-B., Falc.*, p. 33; *malayensis*, Strickl. — Malacca, Sumatra, Java, Bornéo.

10.643. LATIFRONS, Sharpe, *Ibis*, 1879, p. 237, pl. 7; Gurn., *Ibis*, 1881, p. 274. — Bornéo N.-W., ? îles Nicobar.

10.644. MELANOLEUCUS (Blyth), *J. As. Soc. Beng.* XII, pt. 1, p. 179; Sharpe, *Cat.*, p. 368; Hume, *Str. Feath.* II, p. 525; *sinensis*, Sharpe, *Ibis*, 1875, p. 254. — Assam, Cachar, Chine S.

10.645. ERYTHROGENYS (Vig.), *P. Z. S.*, 1831, p. 96; Fras., *Zool. Typ.*, pl. 31; Sharpe, *l. c.*, p. 369; *sericeus*, Kittl., *Kupf. Vög.*, p. 4, pl. 3, f. 3; *gironnieri*, Eyd. et Soul., *Voy. Bonite, Ois.* I, p. 71, pl. 1. — Luçon (Philippines).

10.646. MERIDIONALIS, Og.-Grant, *Ibis*, 1897, p. 220. — Samar, Cebu, Mindan.

1607. POLIOHIERAX

Poliohierax, Kaup (1847).

10.647. SEMITORQUATUS (Smith), *Rep. Exp. Centr. Afr.*, — Afrique N.-E., E. et S.

p. 44; id., *Ill. Zool. S. Afr.*, pl. 1; Kp., *Isis*, 1847, p. 47; Sharpe, *l. c.*, p. 370; *castanonotus*, Heugl.; Scl., *Ibis*, 1861, p. 346, pl. 13.

10.648. INSIGNIS, Wald., *P. Z. S.*, 1871, p. 627; id., *Ibis*, 1872, pp. 200, 471; Tweed., in *Rowl. Orn. Misc.* III, p. 169, pl. 103. — Indo-Chine.

1608. SPIZIAPTERYX

Spiziapteryx, Kaup (1851); *Hemihierax*, Burm. (1861).

10.649. CIRCUMCINCTUS, Kaup, *P. Z. S.*, 1851, p 43; Sharpe, *l. c.*, p. 371; Scl., *Ibis*, 1862, p. 23, pl. 2; *punctipennis*, Burm. — Argentine.

1609. NESIHIERAX

Harpe, Bp. (1855, nec Lacép., 1802); *Harpa*, Sharpe (1874, nec Lamarck, 1799); *Nesierax*, Oberh. (1899).

10.650. NOVÆ-ZEALANDIÆ (Gm.), *S. N.* I, p. 268; Schl., *l. c.*, p. 35; Sharpe, *l. c.*, p. 372; Bull., *B. N. Zeal.*, p. 1, pl. 1; Oberh., *Pr. Acad. N. Sc. Philad.*, 1899, p. 203; *australis* (pt.), H. et Jacq. — Nouv.-Zélande.

2860. *Var.* BRUNNEA (Gould), *P. Z. S.*, 1837, p. 138; Bull., *l. c.*, p. 6; *australis*, Sharpe, *l. c.*, p. 373; *ferox*, Peale; *novæ-zealandiæ*, Cass. — Nouv.-Zélande.

1610. DISSODECTES

Dissodectes, Sclat. (1864); *Cerchneis* (pt.), Sharpe (1874).

10.651. ARDESIACUS (Bonn. et V.), *Encycl. méth.* I, p. 1238; Fritsch, *Vög. Eur.*, pl. 3, f. 4; Schl., *l. c.*, p. 21; Scl., *Ibis*, 1864, p. 306; *concolor*, Tem., *Pl. Col.* 336; Sw., *B. W. Afr.* I, p. 112, pl. 3; *unicolor*, Sw. — Afrique trop.

10.652. DICKINSONI, Scl., *P. Z. S.*, 1864, pp. 248, 249; id., *Ibis*, 1864, p. 305, pl. 8; *dickersoni*, Sharpe, *l. c.*, p. 447 (*laps.*) — Zambèze, Nyasaland, Angola.

10.653. ZONIVENTRIS (Peters), *Sitz. K. Akad. Wiss. Berl.*, 1853, p. 7; Sharpe, *Cat.*, p. 447, pl. 14, f. 2; M.-Edw. et Grand., *Ois. de Madag.* I, p. 35, pl. 10; Scl., *Ibis*, 1864, p. 306. — Madagascar.

1611. HIERACIDEA

Hieracidea, Gould (1837).

·10.654. BERIGORA (Vig. et Horsf.), *Tr. Linn. Soc.* XV, 1827, p. 184; Sharpe, *l. c.*, p. 421; *occidentalis*, Gould, *P. Z. S.*, 1844, p. 105; id., *B. Austr.* I, pl. 12. — Australie.

10.655. ORIENTALIS (Schl.), *Naum.*, 1855, p. 254; Sharpe, *l. c.*, p. 422; *berigora*, Gr. et auct. plur. (nec Vig. et H.); Gould, *B. Austr.* I, pl. 11. — Australie, Tasmanie.

2861. *Var.* NOVÆ-GUINEÆ, Mey., *J. f. O.*, 1894, p. 89. — Nouv.-Guinée E.

1612. TINNUNCULUS (1)

Tinnunculus, Vieill. (1807); *Cerchneis*, Boie (1826); *Ægypius*, Kp. (1829); *Falcula*, Hodgs. (1837); *Tichornis*, *Pœcilornis*, Kp. (1844).

10.656. ALAUDARIUS (Gm.), *S. N.* I, p. 279 (ex Briss., 1760); Dubois, *Fne. ill., Ois.* I, p. 72, pl. 16; Dress., *B. Eur.* VI, p. 113, pl. 384; *tinnunculus*, Lin.; *fasciatus*, Retz.; *brunneus*, Bechst.; *murum*, *media*, etc., Brm.; *rufescens*, Sw.; *interstinctus*, M'Clel. — Europe, Asie au S. jusqu'à l'Inde, Afrique.

2862. *Var.* NEGLECTA (Schl.), *Mus. P.-B., Rev. Accip.*, p. 43. — Iles du Cap Vert.

2863. *Var.* CANARIENSIS, Kœnig, *J. f. O.*, 1889, p. 263, 1890, pl. 1. — Iles Madeire et Canaries.

2864. *Var.* JAPONICA (Tem. et Schl.), *Faun. Jap.*, p. 2, pls 1 et 1b; Gurn., *Ibis*, 1881, pp. 456-465. — Japon, Chine N.

2865. *Var.* SATURATA, Blyth, *J. A. S. Beng.*, 1859, p. 277; id., *Ibis*, 1866, p. 238; *atratus*, Blyth; *interstinctus*, Gurn., *Ibis*, 1881, pp. 456-465 (nec M'Clel.) — Himalaya, Chine S., Indo-Chine, Afrique N.-E. (Montagnes).

10.657. RUPICOLUS (Daud.), *Traité*, II, p. 135; Levaill., *Ois. d'Afr.* I, p. 144, pl. 35; Sharpe, *Cat.* I, p. 429; id., *P. Z. S.*, 1874, p. 581, pl. 68; *capensis*, Shaw. — Afrique S.

10.658. MOLUCCENSIS, Hombr. et Jacq., *Voy. Pôle Sud, Zool.* III, p. 46, pl. 1, f. 2; Gurn., *Ibis*, 1881, p. 469; Sharpe, *l. c.*, p. 430; *tinnunculus*, Horsf. (nec Lin.) — Amboine, Bourou, Céram, Goram, Peling (Moluques).

2866. *Var.* ORIENTALIS, Mey. et Wig., *B. Celebes*, p. 79; *moluccensis* (pt.), Schl., *Vog. Ned. Ind.*, *Valkv.*, pp. 6, 47, pl. 1, f. 3. — Halmahéra, Morty, Ternate, Tidore, Batjan.

2867. *Var.* OCCIDENTALIS, Mey. et Wig., *Abh. Mus. Dresd.*, 1896, n° 2, p. 8; id., *B. Cel.*, p. 79; *moluccensis* (pt.), Schl., *Valkv.*, pl. 1, ff. 4, 5. — Célèbes, îles de la Sonde.

10.659. RUPICOLOIDES (Smith), *S. Afr. Q. Journ.*, 1830, p. 238; id., *Ill. Zool. S. Afr.*, pl. 92; Sharpe, *l. c.*, p. 432; *smithii*, Schl. — Afrique S.

2868. *Var.* ARTHURI, Gurn., *List Diurn. B. of Pr.*, p. 156. — Mombasa (Afrique E.)

10.660. FIELDI, Elliot, *Field Columb. Mus. Orn.* I, p. 58. — Somalil., Afr. E. angl.

(1) Pour la priorité du genre *Tinnunculus*, voy. Gurney, *Ibis*, 1881, p. 455.

10.661. ALOPEX, Heugl., *Syst. Uebers.*, p. 10; id., *Orn. N.-O. Afr.* I, p. 41; id., *Ibis*, 1861, p. 69, pl. 3; Sharpe, *l. c.*, p. 432, pl. 14, f. 1; *rupicolus*, Antin. (nec Daud.)	Afrique N.-E.
2869. *Var.* REICHENOWI, Dubois; *deserticola*, Rchw., *Orn. Monatsb.* VII, 1899, p. 190 (nec Mearns, 1892).	Togoland, Côte d'Or.
10.662. CENCHROIDES (Vig. et Horsf.), *Tr. Linn. Soc.* XV, p. 183; Gould, *B. Austr.* I, pl. 13; Schl., *Mus. P.-B.*, *Falc.*, p. 29.	Australie, Tasmanie.
10.663. PUNCTATUS (Tem.), *Pl. Col.* 45; Schl. et Pol., *Faun. Madag.*, *Ois.*, p. 33, pl. 11, f. 3; Schl., *Rev. Accip.*, p. 44.	Ile Maurice.
10.664. NEWTONI, Gurn., *Ibis*, 1863, p. 34, pl. 2; Schl. et Pol., *l. c.*, pl. 11, ff. 1, 2; *gracilis*, Hartl. (nec Less.); *punctatus* (pt.), Schl., *Mus. P.-B.*, *Falc.*, p. 28.	Madagascar.
10.665. GRACILIS (Less.), *Traité*, p. 93; Des M., *Icon. Orn.*, pl. 25; Schl. et Pol., *l. c.*, p. 34, pl. 11, ff. 4, 5.	Seychelles.
10.666. NAUMANNI (Fleisch), in *Fisch., Jahrb. f. Forstm., Jäg. u. Jagdfr.*, 1818, pp. 173-176; Sharpe, *l. c.*, p. 435; Rchw., *Orn. Mon.*, 1898, p. 142; *xanthonyx*, Natt.; *tinnunculoides*, Tem.; *cenchris*, Naum., *Vög. Deutschl.* I, p. 318, pl. 29 (1822); Dress., *B. Eur.* VI, p. 125, pl. 385; *tinnuncularius*, Roux.	Europe S. et S.-E., Afrique, Asie S.-W.
2870. *Var.* PEKINENSIS (Swinh.), *P. Z. S.*, 1870, pp. 442, 448, 1871, p. 341; *cenchris* (pt.), auct. plur.	Himalaya, Chine.
10.667. SPARVERIUS (Lin.); Audub., *B. Am.* I, p. 94, pl. 22; Schl., *Mus. P.-B.*, *Falc.*, p. 45; Vieill., *Ois. Am. sept.*, pl^s 12, 13; *noveboracensis*, Gm.	Amérique sept. jusqu'au N. de l'Amérique mérid.
2871. *Var.* BREVIPENNIS, Berl., *J. f. O.*, 1892, p. 91.	Iles Curaçao, Bonaire, Aruba.
2872. *Var.* DESERTICOLA (Mearns), *Auk*, 1892, p. 263.	Amérique N.-W.
2873. *Var.* PENINSULARIS (Mearns), *l. c.*	Basse-Californie.
2874. *Var.* CINNAMOMINA (Swains.), *An. in Menag.*, p. 281; Sharpe, *l. c.*, p. 439; *sparverius* (pt.), auct. plur.; *australis*, Ridgw., *Pr. Phil. Acad.*, 1870, p. 149.	Amérique mérid. jusqu'au détroit de Magellan.
2875. *Var.* ÆQUATORIALIS (Mearns), *Auk*, 1892, p. 269.	Ecuador.
10.668. CARIBBÆARUM (Gm.), *S. N.* I, p. 284; Gurn., *Ibis*, 1881, pp. 547-61; Grisd., *Ibis*, 1882, p. 491.	Petites Antilles.
10.669. ISABELLINUS (Sw.), *An. in Menag.*, p. 281; *Pl. Enl.* 444; Sharpe, *l. c.*, p. 441; Gurn., *Ibis*, 1881, pp. 547, 561.	Guyane, Vénézuéla.
10.670. DOMINICENSIS (Gm.), *S. N.* I, p. 288; Ridgw., *Pr.*	Antilles, Floride.

Phil. Acad. 1870, p. 149; Sharpe, *l. c.*, p. 439.

10.671. SPARVERIOIDES (Vig.), *Zool. Journ.*, 1828, p. 436; d'Orb., in *Ram. de la Sagra, H. N. Cuba, Ois.*, p. 30, pl. 1; Fras., *Zool. Typ.*, pl. 30; Sharpe, *l. c.*, p. 443; *leucophrys*, Ridgw. — Cuba.

1613. ERYTHROPUS

Erythropus, Brehm (1828); *Pannyschistes*, Kaup (1829); *Cerchneis* (pt.), Sharpe.

10.672. VESPERTINUS (Lin.); Dress., *B. Eur.* VI, p. 93, pl. 382; *rufus*, Scop.; *rufipes*, Beseke; Naum., *Vög. Deutschl.* I, p. 311, pl. 28; *erythrourus*, Raf.; *rubripes*, Less.; *pallidus* et *minor*, Brm. — Europe S. et S.-E., Afrique W.

2876. *Var.* AMURENSIS, Radde, *Reis. Sibir.* II, p. 102, pl. 1; Gurn., *Ibis*, 1868, p. 41, pl. 2; Dav. et Oust., *Ois. Chine*, p. 34; Sharpe, *Cat.*, p. 445; *vespertinus* (pt.), auct. plur.; *concolor*, Gurn.; *raddei*, F. et Hartl. — Amour, Chine, Afrique E. et S.-W.

1614. HYPOTRIORCHIS

Falco (pt.), auct. plur.; *Hypotriorchis*, Boie (1826); *Æsalon*, Kaup (1829); *Dendrofalco*, Gray (1840); *Lithofalco*, Blas. (18 ?); *Chicquera*, Bp. (1854); *Turumtia*, Blyth (1863); *Rhynchofalco*, Ridgw. (1873); *Tolmerus*, Heine (1890).

10.673. CONCOLOR (Tem.), *Pl. Col.*, texte de la pl. 330; Gould, *B. Eur.* I, pl. 25; Dubois, *Ois. Eur.* I, p. et pl. 22; M.-Edw. et Grand., *H. Madag.*, *Ois.*, p. 37, pl^s 11, 12; *schistaceus*, Hemp. et Ehr., *Symb. Phys.*, *Aves*, pl. 19; *tibialis*, Kp. — Afrique N.-E. et E., Arabie, Madagascar.

10.674. ELEONORÆ (Gené), *Rev. Zool.*, 1839, p. 105; Dress., *B. Eur.* VI, p. 103, pl. 383; Sharpe, *Cat.*, p. 404; *arcadicus*, Linderm.; *plumbeus*, Brm.; *dichrous*, Erh.; *radama*, Roch et Newt. — Europe mérid., Palestine, Afrique N.-E., Madagascar.

10.675. SUBBUTEO (Lin.); Dress., *B. Eur.* VI, p. 69, pl. 379; Dubois, *Fne. Ill. Vert. Belg.*, *Ois.* I, p. 63, pl. 14; *barletta*, Daud.; *hirundinum* et *arboreus*, Brm. — Europe et Asie jusqu'au 63° l. N., Afrique.

2877. *Var.* GRACILIS, Brm., *Vogelf.*, 1855, p. 27; Erl., *J. f. O.*, 1898, p. 461, pl. 10; *horus*, Heugl., *Ibis*, 1860, p. 409; *subbuteo* (pt.), auct. plur. — Afrique N.

10.676. CUVIERI (Smith), *S. Afr. Q. Journ.*, 1830, p. 392; Sharpe, *Cat.*, p. 400; *boschii*, Schl., *Nederl. Tijdschr.*, 1861, p. 123, pl. 5; id., *Mus. P.-B.*, *Falc.*, p. 23. — Afrique S. et W.

2878. *Var.* FASCIINUCHA (Rchw. et Neum.), *Orn. Monatsb.*, 1895, p. 114, 1899, pl. 1. — Afrique E.

10.677. SEVERUS (Horsf.), *Tr. Linn. Soc.* XIII, 1822, p. 135; Schl., *Vog. Ned. Ind., Valkv.*, pp. 4, 45, pl. 2, ff. 2, 3; *aldrovandi*, Tem., *Pl. Col.* 128; *rufipedioides*, Hodgs.; *guttata*, Gray. — Himal., Bengal, Ceylan, Birm., Malacca, Philipp., îles de la Sonde, Célèbes, Ternate, Halmah., Céram, Salawati, Jobi, Nouv.-Guinée S., Nouv.-Bretagne.

2879. *Var.* PAPUANA (Mey. et Wg.), *Abh. Mus. Dresd.*, 1893, n° 3, p. 6; id., *B. Cel.*, p. 84. — Nouv.-Guinée.

2880. *Var.* INDICA (Mey. et Wg.), *B. Cel.*, p. 84. — Inde.

10.678. RELIGIOSUS (Sharpe), *Cat.* I, p. 397; Gurn., *List Diurn. B. of Prey*, p. 102; *frontatus*, Schl. (nec Gould), *Vog. Ned. Ind., Valkv.*, pl. 2, ff. 5, 6 (nec f. 4). — Céram, Halmahera.

10.679. LUNULATUS (Lath.), *Ind. Orn., Suppl.* II, p. 13; Wal., *Ibis*, 1868, p. 5; *longipennis*, Sw.; *frontatus*, Gould; id., *B. Austr.* I, pl. 10. — Australie, Tasmanie.

10.680. FUSCO-CÆRULESCENS (Vieill.), *N. Dict.* XI, p. 90; Sharpe, *Cat.*, p. 400; *thoracicus*, Licht.; *femoralis*, Tem., *Pl. Col.* 121, 343; Pelz., *Orn. Bras.*, p. 5; *aurantius*, Heerm. — Texas S., Amérique centr. et mérid.

2881. *Var.* OPHRYOPHANES, Salvad., *Boll. Musei Torino*, X, n° 208, p. 20 (1895). — Colonia (Paraguay).

10.681. RUFIGULARIS (Daud.), *Traité*, II, p. 131; Gr., *Gen. B.* I, p. 20; Pelz., *Orn. Bras.*, pp. 5, 397; *albigularis*, Daud.; ? *aurantius*, Lath.; Elliot, *B. N. Am.* II, pl. 32; Schl., *Rev. Acc.*, p. 40; *thoracicus*, Don.; *cucullatus*, Sw.; *aurantiacus*, Kp.; *hæmorrhoidalis*, Hahn et Kust. — Amérique centr. et mérid.

10.682. DEIROLEUCUS (Tem.), *Pl. Col.* 348; Schl., *Mus. P.-B., Falc.*, p. 24; Pelz., *l. c.*, p. 397; ? *aurantius*, Gm.; Sharpe, *Cat.*, p. 402. — Du Guatémala au Brésil et Pérou.

10.683. CHICQUERA (Daud.), *Traité*, II, p. 121; Gould, *Cent. B. Him.*, pl. 2; Schl., *l. c.*, p. 20; *typus*, Bp.; Gurn., *List Diurn. B. of Prey*, p. 105. — Inde.

10.684. RUFICOLLIS (Swains.), *B. W.-Afr.* I, p. 107, pl. 2; Sharpe, *l. c.*, p. 404; *macrodactylus*, Sw.; *chicquera*, Heugl. (nec Daud.) — Afrique trop.

10.685. ÆSALON (Tunst. ex Briss.), *Orn. Brit.*, p. 1 (1771); Dress., *B. Eur.* VI, p. 83, pls 380, 381; Dubois, *Fnc. Ill., Ois.* I, p. 67, pl. 15; *regulus*, Pall.; *lithofalco* et *falconiarum*, Gm.; *smirilus*, Savig.; *sibiricus*, Shaw; *cæsius*, Mey.; *orientalis*, Brm.; *alaudarius*, Severtz.; *merillus*, Sharpe (1899). — Europe et Asie jusqu'au 72° l. N., Afrique N.

2882. *Var.* PALLIDA, Sushk., *Bull. Br. Orn. Club*, XI, p. 5. — Steppes des Kirghiz.

10.686. COLUMBARIUS (Lin.); Audub., *B. Am.* I, p. 88, pl. 21; Schl., *l. c.*, p. 19; Vieill., *Ois. Am. sept.* I, p. 39, pl. 11; *obscurus*, Gm.; *intermixtus*, Daud.; *temerarius*, Audub.; *auduboni*, Blackw.	Amérique sept., Antilles, N. de l'Amérique mérid.
2883. *Var.* SUCKLEYI (Ridgw.), *Bull. Essex Inst.* V, p. 201 (1873); Baird, Brew. et Rid., *Land B. of N. Am.* III, p. 147.	Amérique N.-W. (De Sitka à la Californie).
2884. *Var.* RICHARDSONI, Ridgw., *Pr. Phil. Acad.*, 1870, p. 147; B., Br. et Rid., *l. c.*, p. 148; Bish., *N. Am. Fauna*, XIX, 1900, p. 75; *æsalon*, Sw. et Rich., *Faun. Bor.-Am.*, pt. 2, p. 37, pl. 25 (fem.)	Intérieur de l'Amérique du N. jusqu'au Texas et l'Arizona.

1615. FALCO

Falco, Lin. (1766); *Gennaia*, Kaup (1847); *Gennadas*, Heine (1890).

10.687. PEREGRINATOR, Sundev., *Physiogr. Tidsskr. Lund.* 1837, p. 177; Gould, *B. of Asia*, pt. III, pl.; Sharpe, *l. c.*, p. 382; *shaheen*, Jerd., *Ill. Ind. Orn.*, pl[s] 12, 28; *sultaneus*, Hodgs.; *ruber*, Schl., *l. c.*, p. 5.	Inde.
2885. *Var.* ATRICEPS, Hume, *Ibis*, 1869, p. 356; Gurn., *Ibis*, 1882, p. 291, pl. 10.	Inde N. et N.-W.
10.688. PEREGRINUS, Tunst., *Orn. Brit.*, p. 1 (1771, ex Briss.); Dress., *B. Eur.* VI, p. 31, pl. 372; *orientalis, hornotinus, communis*, Gm. (1788); Dubois, *Fne. Ill., Ois.* I, p. 59, pl. 13; *calidus*, Lath.; *lunulatus*, Daud. (nec Lath.); *abietinus*, Bechst.; *pinetarius*, Shaw; *gentilis*, Wils.; *cornicum, grisciventris, leucogenys*, Brm.; *anatum*, Bp.; *micrurus*, Hodgs.; *peregrinoides*, Vian.	Europe, Asie, Amérique sept., Afrique.
2886. *Var.* PEALEI, Ridgw., *Bull. Essex Inst.*, 1873, p. 201; Bd., Br. et Rid., *Land B. N. Am.* III, p. 137; *polyagrus*, Cass., *B. Calif.*, pl. 16 (fig. d'arrière).	Amérique N.-W. jusqu'à l'Orégon, îles Aléoutes et du Commandeur.
2887. *Var.* CASSINI, Sharpe, *Ann. N. H.* XI, 1873, p. 233; id., *Cat.*, p. 384; ?*nigriceps*, Cass., *U. S. Astr. Exped.*, 1855, p. 176, pl. 14.	Chili, Malouines.
10.689. MELANOGENYS, Gould, *P. Z. S.*, 1837, p. 139; id., *B. Austr.* I, pl. 8; Sharpe, *l. c.*, p. 385; *peregrinus*, Vig. et Horsf. (nec auct.); *macropus*, Sw.; *communis* (pt.), Schl., *Valk Vog.*, pl. 1, f. 2.	Australie.
2888. *Var.* ERNESTI, Sharpe, *Ibis*, 1894, p. 545; Gurn., *Cat. B. of Prey*, p. 29; *melanogenys* (pt.), Sharpe, *Cat.*, p. 386.	Java, Bornéo, Sumatra, Philippines, Nouv.-Guinée, îles Fidji.

10.690. MINOR, Bonap., *Rev. et Mag. de Zool.*, 1850, p. 484; Sharpe, *Cat.*, p. 383, pl. 12; Gurn., *Ibis*, 1882, p. 306; Dress., *B. Eur.* VI, p. 43, pl. 373; *peregrinoides*, Sm. (nec Tem.); *radama*, Bp.; *var. capensis*, Grill. — Afrique N.-E., E. et S.

2889. *Var.* PUNICA, Levaill. jun., *Expl. de l'Algérie, Ois.*, pl. 1 (*punicus*); Gurn., *Ibis*, 1882, p. 307; *brookei*, Sharpe, *Ann. Mag. N. H.* XI, 1873, pp. 20, 222; *barbarus* (pt.), Shpe, *Cat.*, p. 386. — Europe S., Afrique N.

10.691. BARBARUS (Lin.); Schl., *Mus. P.-B., Falc.*, p. 5; Salv., *Ibis*, 1859, pl. 6; Dress., *B. Eur.* VI, p. 47, pl. 374; *peregrinoides*, Tem., *Pl. Col.* 479; *F. lanarius alphanet*, Schl. — Afrique N. et N.-E., Sénégambie, Europe S., Asie S.-W., Inde N.-W.

10.692. BABYLONICUS, Gurn., *Ibis*, 1861, p. 218, pl. 7; Gould, *B. Asia*, pt. XX, pl.; Anders., *P. Z. S.*, 1876, pl. 23; Sharpe, *Cat.*, p. 387; *peregrinoides*, Hodgs.; *tscherniaievi*, Severtz. — Mésopotamie, Asie centr. jusqu'au N.-W. de l'Inde.

10.693. FELDEGGII, Schl., *Abhandl. Geb. Zool.*, p. 3, pl^s 10, 11 (1841); Sharpe, *l. c.*, p. 389; *lanarius*, Schl., *Crit. Uebers.*, p. 2; Jaub. et Lap., *Rich. Orn.*, p. 54, pl. 5; *rubens*, Thien.; *peregrinoides*, Fritsch (nec Tem.); *biarmicus*, Tayl. (nec Tem.); *tanypterus*, König-Warth.; *lanarius græcus*, Schl. — Afrique N. et N.-E., Europe S., Asie Mineure jusqu'en Perse.

2890. *Var.* TANYPTERA, Schl., *Abh. Geb. Zool.*, p. 8, pl^s 12, 13; *biarmicus*, Rüpp., *Neue Wirb.*, p. 44 (nec Tem.); *cervicalis*, Horsf. et M.; *lanarius nubicus*, Schl., *Mus. P.-B., Falc.*, p. 15. — De la Sénégambie jusque dans le N.-E. de l'Afrique.

10.694. BIARMICUS, Tem., *Pl. Col.* 324; Sharpe, *Lay. B. S. Afr.*, p. 58, pl. 2; *chicqueroides*, Smith; *lanarius cervicalis* et *lanarius capensis*, Schl. — Afrique S.

10.695. JUGGUR, Gray, *Ill. Ind. Orn.* II, pl. 26; Schleg., *Abh. Geb. Zool.*, p. 13, pl. 15; Sharpe, *Cat.*, p. 393; *thermophilus*, Hodgs.; *cherrug*, Blyth (nec Gray). — Beloutchistan, Afghanistan, Inde, Assam.

10.696. HYPOLEUCUS, Gould, *P. Z. S.*, 1840, p. 162; id., *B. Austr.* I, pl. 7; Sharpe, *l. c.*, p. 394; Gurn., *Ibis*, 1882, p. 451. — Australie.

10.697. SUBNIGER, Gray, *Ann. N. H.*, 1843, p. 371; id., *Gen. B.* I, pl. 8; Gould, *B. Austr.* I, pl. 9. — Australie.

1616. HIEROFALCO

Hierofalco, Cuv. (1817); *Pnigohierax*, Cab. (1872).

10.698. SACER (Gm. ex Briss.), *S. N.* I, p. 273; Schl., *l. c.*, p. 16; Dress., *B. Eur.* VI, p. 59, pl^s 376, 377; — Europe S.-E., Asie centr. jusqu'en Chine

	lanarius, Pall.; Gould, *B. Eur.* I, pl. 20; *cherrug*, Gray, *Ill. Ind. Orn.*, pl. 25; *cyanopus*, Thien.; *saker*, Sharpe, *Cat.*, p. 417; *gurneyi*, Menzb., *Orn. Turkest.*, p. 283.	et le N.-W. de l'Inde.
2891.	*Var.* MILVIPES (Hodgs.), in *Gr. Zool. Misc.*, p. 81; Jerd., *Ibis*, 1871, p. 240; Gurn., *Ibis*, 1882, p. 445; Blanf., *Faun. Brit. Ind.*, *B.* III, p. 421; *hendersoni*, Hume, *Ibis*, 1871, p. 407; id. et Hend., *Lahore to Yark.*, p. 171, pl. 1; Menzb., *Orn. Turk.*, pl. 6; *saker* (pt.), Sharpe, *Cat.*, 417.	Thibet, Mongolie, Népaul, Beloutchistan, Turkestan.
2892.	*Var.* LORENZI, Menzb., *Bull. Br. Orn. Club*, XI, p. 3 (1900-1901).	Sibérie centrale.
10.699.	MEXICANUS (Schl.), *Abhandl. Geb. Zool.*, p. 15; id., *Mus. P.-B.*, *Falc.*, p. 18; Sharpe, *l. c.*, p. 420; *polyagrus*, Cass., *B. Calif.*, p. 88, pl. 16.	États-Unis W., Mexique.
10.700.	CANDICANS (Gm.), *S. N.* I, p. 275; Schl., *l. c.*, p. 7; Sharpe, *P. Z. S.*, 1873, p. 417, pl. 39; Dress., *B. Eur.* VI, p. 21, pls 368, 369; *islandus*, Brün. (pt., nec Gm.); *rusticolus* (pt.), Mohr; *islandus albus* et *maculatus*, Gm.; *groenlandicus*, Turt. (nec Daud.); *uralensis*, Menzb.	Groenland, Amérique N.-E. (arctique), Europe N.-W.
10.701.	RUSTICOLUS (Lin.); Stejn., *Auk*, 1885, p. 187; *islandus* (pt.), Brün.; *islandus fuscus*, Müll.; *groenlandicus*, Daud.; *arcticus*, Holb.	Amérique arctique.
2893.	*Var.* GYRFALCO (Lin.); Dress., *B. Eur.* VI, p. 15, pl. 367; Schl., *Vog. Nederl.*, pl. 4, 5; *norwegicus*, Tristr.; Schl., *Mus. P.-B.*, *Falc.*, p. 12.	N. de l'Europe, accidentellement l'Europe centrale.
2894.	*Var.* OBSOLETA (Gm.); Stejn., *Auk*, 1887, p. 187; *labradora*, Audub., *B. Am.*, pl. 196; *labradorus*, Dress., *Rowl. Orn. Misc.* I, p. 185, pls; Gurn., *Ibis*, 1882, pp. 579-81.	Labrador, baie d'Hudson, Canada.
2895.	? *Var.* HOLBOELLI, Sharpe, *P. Z. S.*, 1873, p. 415; id., *Cat. B.* I, p. 415, pl. 13; *groenlandicus*, Schl. (pt.); *arcticus*, auct. plur. (nec Gm.); *islandus* (pt.) et *rusticolus* (pt.), Stejn., *Auk*, 1885, pp. 187, 188.	Groenland S.
2896.	*Var.* ALTAICA, Menzb., *Orn. Turk.*, p. 272.	Mts Altaï, Turkestan.
10.702.	ISLANDUS (Gm.), *S. N.* I, p. 271 et auct. plur. (nec Brünn); Gould, *B. Gt. Br.*, pt. XII, pl.; *islandicus*, Hanc.; Schl., *l. c.*	Islande.

FAM. V. — PANDIONIDÆ

1617. PANDION

Pandion, Sivig. (1809); *Triorches*, Leach (1816); *Balbuzardus*, Flem. (1828).

10.703. HALIAËTUS (Lin.); Dress., *B. Eur.* VI, p. 139, pl^{s} 386, 387; Dubois, *Fne. Ill.*, *Ois.* I, p. 8, pl. 2; *arundinaceus*, Gm.; *fluvialis*, Savig.; *balbuzardus*, Dumt.; *alticeps*, *planiceps*, Brm.; *indicus*, Hodgs.; *albigularis*, *minor*, *fasciatus*, Brm.	Europe et Asie jusqu'au 68° l. N., Afrique.
2897. *Var.* CAROLINENSIS (Gm.), *S. N.* I, p. 263; Audub., *B. N. Am.*, pl. 81; Bd., Brew. et Rid., *B. N. Am.* III, p. 182; *cayennensis*, Gm.; *piscatrix* et *americana*, Vieill., *Ois. Am. sept.* I, pp. 29, 31, pl. 4.	Amérique du 65° l. N. au 18° l. S.
2898. *Var.* LEUCOCEPHALA, Gould, *Syn. B. Austr.* III, pl. 6; id., *B. Austr.* I, pl. 6; Schl., *Vog. Ned. Ind.*, pp. 12, 52, pl. 3, f. 3; *gouldi*, Kp.	Australie, Océanie, Malacca.

1618. POLIOAËTUS

Ichthyaëtus, Lafr. (1839 sans indication du type); *Polioaëtus*, Kaup (1850).

10.704. ICHTHYAETUS (Hors.), *Tr. Linn. Soc.*, 1822, p. 136; id., *Zool. Res. Java*, pl. 34; Schl., *Vog. Ned. Ind.*, pp. 13, 62, pl. 5, ff. 1, 2; *unicolor*, Gray, *Ill. Ind. Zool.* I, pl. 19; *plumbeus*, Hodgs.; *bicolor*, Gray; *horsfieldi*, Blyth; *lucarius*, Hodgs.	Inde, Ceylan, Indo-Chine, Malacca, grandes îles de la Sonde, Célèbes, Philippines.
10.705. HUMILIS (Müll. et Schl.), *Verh. Nat. Ges. Natuurk. Comm.*, *Aves*, 1839-44, p. 47, pl. 6; Sharpe, *Cat.*, p. 454; *nanus*, Blyth; *plumbeus humilis*, Mey. et Wg., *Abh. Mus. Dresd.*, 1896, n° 2, p. 7.	Cachar, Birmanie, Malacca, Bornéo, Célèbes, Peling.
2899. *Var.* MAJOR, Mey. et Wg., *B. Celebes*, p. 44.	Rég. subhimalayenne, de l'Afgh. à l'Assam.

FAM. VI. — ASIONIDÆ (1)

SUBF. I. — ASIONINÆ

1619. ASIO

Asio, Briss. (1760); *Otus*, Cuv. (1799); *Nyctalops*, Wagl. (1832); *Brachyotus*, Gould (1837); *Phasmoptynx*, Kp. (1848); *Rhinoptynx*, Kp. (1852); *Nisuella*, (pt.), Bp. (1854).

10.706. OTUS (Lin.); Dress., *B. Eur.* V, p. 251, pl. 303;	Europe et Asie jus-

(1) Voy.: Sharpe, *Catalogue Birds Brit. Mus.* II (1875).

Dubois, *Fne. Ill.*, *Ois.* I, p. 128, pl. 29; *albicollis, italicus*, Daud.; *O. asio*, Leach; *europæus*, Steph.; *vulgaris*, Flem.; *communis*, Less.; *aurita*, Ren.; *sylvestris, arboreus, gracilis, major, minor, assimilis*, Brm.; *verus*, Finsch. — qu'au 64° l. N., et l'Himalaya au S., Japon, Afrique N.

2900. *Var.* Canariensis, Madar., *Orn. Monatsb.*, 1901, p. 54. — Canaries.

2901. *Var.* Wilsoniana (Less.), *Traité*, p. 110; Baird, *B. N. Am.*, p. 53; *otus*, Wils. (nec Lin.); Audub., *B. Am.*, pl. 383; *americanus*, Steph.; *zonurus*, Kp.; *peregrinator*, Strickl. — Amérique sept. tempérée jusqu'au plateau Mexicain.

10.707. clamator, Vieill., *Ois. Am. sept.*, p. 52, pl. 20; Salv. et Godm., *Biol. Centr.-Am.*, *Aves*, II, p. 5; *mexicana*, Gm.; Sharpe, *Cat.* II, p. 231; *maculata*, Vieill.; *longirostris*, Spix; *americanus*, Burm., *Th. Bras.* II, p. 123. — Amérique mérid., du Brésil à Panama.

2902. *Var.* Midas (Licht.), *Nomencl. Av.*, p. 6; Schleg., *Mus. P.-B., Oti*, p. 2. — Brésil S., E., Argentine.

10.708. madagascariensis (Smith), *S. Afr. Q. Journ.* II, p. 316; Puch., *Arch. du Mus.* IV, p. 328, pl. 23; M.-Edw. et Grand., *H. Madag.*, *Ois.*, pl. 38. — Madagascar.

10.709. accipitrinus (Pall.), *Reise Russ. Reichs*, I, p. 455; Dress., *B. Eur.* V, p. 257, pl. 304; Dubois, *Fne. Ill.*, *Ois.* I, p. 131, pl. 30; *minor*, Gm.; *brachyotus*, Forst.; *arctica*, Sparrm.; *palustris*, Bechst.; *tripennis*, Schr.; *caspia*, Shaw; *ægolius*, Pall.; *microcephalus*, Leach; *brachyura*, Nilss.; *sandwichensis*, Bloxh.; *ulula*, Less.; *palustris, agrarius, leucopsis*, Brm.; *breviarius*, Licht.; *cassinii*, Brew.; *gmelini*, Malm.; *mcilhennyi*, Stone. — Cosmopolite.

2903. *Var.* Portoricensis, Ridgw., *Pr. U. S. Nat. Mus.* IV, 1882, p. 366. — Porto-Rico.

2904. *Var.* Galapagoensis (Gould), *P. Z. S.*, 1837, p. 10; Darw., *Voy. Beagl.*, *B.* III, p. 32, pl. 3; *accipitrinus* (pt.), Sharpe. — Iles Galapagos.

10.710. capensis (Smith), *S.-Afr. Q. Journ.* II, 1835, p. 316; id., *Zool. S. Afr.*, pl. 67; Dress., *B. Eur.* V, p. 265, pl. 305; *nisuella*, Daud. (teste Rchw.) — Afrique, Espagne S.

2905. *Var.* Major (Schl.), *Mus. P.-B.*, *Rev. Accip.*, p. 5; M.-Edw. et Grand., *H. Madag.*, *Ois.*, pl. 37. — Madagascar.

10.711. butleri, Hume, *Str. Feath.* VII, p. 316, VIII, p. 416. — Mékran, Sinaï.

10.712. stygius (Wagl.), *Isis*, 1832, p. 1221; Sharpe, *l. c.*, p. 241; *siguapa*, d'Orb., in *Ram. de la Sagra*, — Amérique trop., Cuba.

H. N. Cuba, p. 31, pl. 2; *melanopsis*, Licht.

10.713. ?MACRURUS (Kaup), *Tr. Z. S.* IV, p. 232; Sharpe, *Cat.* II, p. 242. — Mexique.

1620. PSEUDOSCOPS

Pseudoscops, Kaup (1848).

10.714. GRAMMICUS (Gosse), *B. Jamaica*, p. 19, pl. 4; Kp., *Isis*, 1848, p. 769; Sharpe, *Cat.* II, p. 242. — Jamaïque.

SUBF. II. — KETUPINÆ

1621. KETUPA

Ketupa, Less. (1831); *Cultrunguis*, Hodgs. (1836); *Smilonyx*, Sundev. (1872).

10.715. CEYLONENSIS (Gm.), *S. N.* I, p. 287; Gr., *Gen. B.* I, p. 38; Schl., *Mus. P.-B.*, *Oti*, p. 19; Sharpe, *l. c.*, p. 4; *leschenaulti*, Tem., *Pl. Col.* 20; *hardwickii*, Gray, *Ill. Ind. Zool.* II, pl. 31; *dumeticola*, Tick.; *nigripes*, Hodgs. — Palestine, Inde, Ceylan, Indo-Chine, Chine S.

10.716. FLAVIPES (Hodgs.), *J. A. S. B.* V, p. 364; Gr., *Gen. B.* I, p. 38; Sharpe, *l. c.*, p. 5; *magnifica*, Swinh., *Ibis*, 1873, p. 127. — Himalaya, Chine.

10.717. JAVANENSIS, Less., *Traité d'Orn.*, p. 114; Schl., *l. c.*, p. 18; *ketupa*, Horsf.; *ceylonensis*, Tem., *Pl. Col.* 74 (nec Gm.) — Ténassérim, Malacca, Java, Sum., Bornéo.

10.718. MINOR, Büttik., *Notes Leyd. Mus.* XVIII, 1896, p. 165. — Ile Nias.

1622. SCOTOPELIA

Scotopelia, Bp. (1850); *Megapelia*, Kaup (1851); *Scotoglaux*, Heine (1860).

10.719. PELI, Bonap., *Consp.* I, p. 44; Gurn., *Ibis*, 1859, p. 445, pl. 15; Fch. et Hartl., *Vög. Ost-Afr.*, p. 100; Sharpe, *l. c*, p. 10; *typica*, Bp. — De Sénégambie au Gabon et Afrique S.-E.

10.720. USSHERI, Sharpe, *Ibis*, 1871, pp. 101, 417, pl. 12; id., *Cat.* II, p. 11. — Côte d'Or.

2906. *Var.* OUSTALETI, Rochebr., *Bull. Soc. Philom.* VII, 1883, p. 165. — Sénégambie.

10.721. BOUVIERI, Sharpe, *Ibis*, 1875, p. 261; id., *Cat.* II, p. 11, pl. 1. — Gabon.

SUBF. III. — BUBONINÆ

1632. BUBO

Bubotus, Rafin. (1815, teste Gray); *Bubo,* Cuv. (1817); *Ascalaphia,* Geof. St.-Hil. (1830); *Heliaptex,* Sw. (1837); *Urrua,* Hodgs. (1837); *Mesomorpha,* Hodgs. (1841); *Aibryas, Nyctaetus,* Glog. (1842); *Megaptynx, Pachyptynx, Nisuella* (pt.), Bp. (1854).

10.722. IGNAVUS, Forst., *Syn. Cat. Brit. B.*, p. 3; Dress., *B. Eur.* V, p. 339, pl. 315; Dubois, *Fne. Ill., Ois.* I, p. 124, pl. 28; *Str. bubo,* Lin.; *microcephalus,* Steph.; *maximus,* Flem.; *europæus,* Less.; *germanicus, septentrionalis, grandis, melanotus,* Brm.; *atheniensis,* Bp.	Europe.
2907. *Var.* SIBIRICA, Licht., *Nomencl. Av.*, p. 7; Menzb., *Ibis*, 1885, p. 262; Dub., *Ois. Eur.* I, p. et pl. 29ª; *turcomanus* (pt.), auct. plur. (nec Eversm.); *scandiacus,* Cab.; *pallidus,* Brm.	Sibérie N.-W., Baskiria.
2908. *Var.* TURCOMANA (Eversm.), *Add. Pall. Zoogr.*, p. 3; Sharpe, *Cat.* II, p. 17 (pt.); Menzb., *Ibis*, 1885, p. 262; *cinereus,* Gray, *Gen. B.* I, pl. 13; *hemachalana,* Hume; *maximus* (pt.), Dav. et Oust., *Ois. Chine*, p. 39.	Sibérie S.-W. au N. jusqu'au 54°, Turkestan, Pamir, Thibet, Himalaya, Chine.
10.723. ASCALAPHUS, Savig., *Descr. Égypte*, p. 295, pl. 3, f. 2; Gould, *Ois. Eur.* I, pl. 37; Tem., *Pl. Col.* 57; *savignyi,* Géoff.; *ascalaphus barbarus* et *desertorum,* Erlang., *Orn. Monatsb.*, 1897, p. 192; id., *J. f. O.*, 1898, pl^s 12 et 13.	Afrique N. et N.-E.
10.724. BENGALENSIS (Frankl.), *P. Z. S.*, 1831, p. 115; Gould, *Cent. B. Himal.*, pl. 3; Schl., *l. c.*, p. 8; *cavearia,* Hodgs.	Inde.
10.725. CAPENSIS, Smith, *S. Afr. Q. Journ.* II, 1, p. 317; id., *Ill. Zool. S. Afr.*, pl. 70; *dilloni,* Prév. et Des M.; id., in *Lef., Voy. Abyss. Zool.*, p. 73, pl. 3; *ascalabotes,* Licht.	Afrique S.
10.726. MACKINDERI, Sharpe, *Ibis,* 1900, p. 364; id., *P. Z. S.*, 1900, pl. 43.	Mt Kenia (Afrique E.)
10.727. ABYSSINICUS (Guér.-Men.), *Rev. Zool.*, 1843, p. 321; id. et Lafr., *Voy. Abyss.* III, *Ois.*, p. 185, pl. 3; Heugl., *Orn. N.-O. Afr.*, p. 107; Gurn., *Ibis,* 1890, p. 262; *montanus,* Heugl.	Abyssinie, Choa, Somaliland.
2909. *Var.* MILESI, Sharpe, *Ibis,* 1886, p. 163, pl. 7.	Arabie S.-E.
10.728. MACULOSUS (Vieill.), *N. Dict.* VII, p. 44: id., *Gal. Ois.* I, pl. 23bis; Bp., *Consp.* I, p. 49; ? *nisuella,* Daud.; *africana,* Tem., *Pl. Col.* 50.	Afrique S. jusqu'au 12° l. S. environ.
10.729. LETTII, Büttik., *Notes Leyd. Mus.* XI, pp. 34, 115, pl. 6.	Libéria (Afrique W.)

10.730. MAGELLANICUS (Gm.), *S. N.* I, p. 286; *Pl. Enl.* 385; Sharpe, *Cat.* II, p. 29; *nacurutu*, Vieill.; *crassirostris*, Burm., *Th. Bras.* II, p. 121; *virginianus*, Scl. et Salv. (pt.).	S. de l'Amérique mérid. jusqu'au 14° l. S. environ.
10.731. VIRGINIANUS (Gm.), *S. N.* I, p. 287; Wils., *Am. Orn.* VI, p. 52, pl. 50, f. 1; Audub., *B. N. Am.* I, p. 143, pl. 39; *wapacuthu*, Gm.; *maximus*, Bartr.; *ludovicianus*, Daud.; *pinicola*, Vieill., *Ois. Am. sept.*, pl. 19; *crassirostris*, V.; *macrorhyncha*, Tem., *Pl. Col.* 62; *atlanticus*, Cass.	Amérique N.-E., Amérique centr. jusqu'au Costa-Rica.
2910. *Var.* PALLESCENS, Stone, *Amer. Nat.*, 1897, p. 273; *subarcticus*, *A. O. U. Check-l.*, p. 148 (1895, nec Hoy); *occidentalis*, Stone.	États-Unis W., Colombie angl., Manitoba.
2911. *Var.* MAYENSIS, Nels., *Pr. Biol. Soc. Wash.*, 1901, p. 170.	Yucatan.
2912. *Var.* ARCTICA, Sw., *Faun. Bor.-Am.*, p. 86, pl. 30 (*arcticus*); *subarcticus*, Hoy, *Pr. Ac. N. Sc. Phil.* VI, p. 211; Allen, *Auk*, 1898, p. 71; *virginianus* (pt.), Sharpe.	Amérique arctique, États-Unis N.-W.
2913. *Var.* SATURATA, Ridgw., *Man. N. Am. B.*, 1896, p. 263 (*saturatus*).	Du Labrad. à l'Alaska, Californie S.
2914. *Var.* PACIFICA, Cass., *B. N. Am.*, p. 49; Ridgw., *B. N. Am.* III, p. 65; *virginianus* (pt.), Shpe.	Amérique N.-W.
2915. *Var.* NIGRESCENS, Berl. et Tacz., *P. Z. S.*, 1884, p. 309.	Ecuador.
10.732. COROMANDUS (Lath.), *Ind. Orn.* I, p. 53; Sharpe, *l. c.*, p. 35; *umbrata*, Blyth; *sinensis*, Heude.	Inde, Chine.
10.733. CINERASCENS, Guér.-Men., *Rev. Zool.*, 1843, p. 321; Des M., in *Lefeb.*, *Voy. Abyss.*, *Zool.*, p. 74, pl. 4; Gurn., *Ibis*, 1868, p. 149; *africanus*, Rüpp. (nec Tem.); *maculosus*, Horsf. et Moore (nec V.); Fch. et Hartl., *Vög. Ostafr.*, p. 103; *melanotus* et *selenotis*, Heugl.	Afrique N.-E. et W.
10.734. LACTEUS (Tem.), *Pl. Col.* 4; Schl., *Mus. P.-B.*, *Oti*, p. 11; Sharpe, *l. c.*, p. 33; *sultaneus*, Less.	Afrique S.
2916. *Var.* VERREAUXI, Bonap., *Consp.* I, p. 49; Buckl., *Ibis*, 1874, p. 362; Gurn., in *Anders. B. Dam.*, p. 41; *lacteus* (pt.), Sharpe.	Afrique N.-E., Niger.

1624. HUHUA

Huhua, Hodgs. (1836); *Etoglaux*, Hodgs. (1841); *Ptiloskelos*, Tick. (1859).

10.735. ORIENTALIS (Horsf.), *Tr. Linn. Soc.* XIII, p. 140; Schl., *Mus. P.-B.*, *Oti*, p. 12; Sharpe, *Cat.* II, p. 39; *sumatrana*, Raffl.; *strepitans*, Tem., *Pl. Col.* 174, 229.	Ténassérim S., Malacca, Java, Sumatra, Bornéo.

2917. *Var.* MINOR (Schl.), *Mus. P.-B.*, *Oti*, p. 13; id., *Rev. Accip.*, p. 5.	Bangka.
10.736. SHELLEYI, Sharpe et Uss., *Ibis*, 1872, p. 182; Sharpe, *Cat.* II, p. 37, pl. 2.	Côte d'Or (Afr. W.)
10.737. POENSIS (Fras.), *P. Z. S.*, 1853, p. 13; Sharpe, *Ibis*, 1869, p. 194, pl. 4; *fasciolatus*, Hartl., *J. f. O.*, 1855, p. 354; Sclat., *P. Z. S.*, 1863, p. 376, pl. 33.	De la Côte d'Or au Gabon.
10.738. LEUCOSTICTA (Hartl.), *J. f. O.*, 1855, p. 354; id., *Orn. W. Afr.*, p. 18; Schl., *l. c.*, p. 16; Sharpe, *Cat.* II, p. 41.	De la Côte d'Or au Gabon.
10.739. NIPALENSIS (Hodgs.), *As. Res.* XIX, p. 172; id., *J. A. S. B.* VI, p. 362; Sharpe, *l. c.*, p. 37; *pectoralis*, Jerd., *Madr. Journ.* X, p. 89, pl. 1; *orientalis*, Blyth (nec Horsf.)	Himalaya, Inde S. et Ceylan (Montag^nes^).

1625. PSEUDOPTYNX

Pseudoptynx, Kaup (1848).

10.740. PHILIPPENSIS (Gray), *Cat. Accipitr.*, 1844, p. 45; Kaup, *Contr. Orn.*, 1852, p. 117; Wald., *Tr. Z. S.* IX, p. 144, pl. 25, f. 2; *philippinensis*, Schl.; Sharpe, *l. c.*, p. 43.	Ile Luçon (Philipp.)
10.741. GURNEYI, Tweed., *P. Z. S.*, 1878, p. 940.	Mindanao (Philipp.)
10.742. BLAKISTONI (Seeb.), *P. Z. S.*, 1883, p. 466.	Japon (Yéso).
10.743 DOERRIESI (Seeb.), *B. B. O. C.* V, p. 4; id., *Ibis*, 1896, p. 133.	Sibérie E., Ussuri S.-W.

1626. SCOPS

Scops, Savig. (1809); *Ephialtes*, Keys. et Bl. (1840); *Pisorhina*, *Megascops*, *Acnemis*, *Ptilopsis*, Kaup (1848); *Lempijius*, Bp. (1854); *Scototheres*, Heine (1890).

10.744. GIU (Scop.), *Ann.* I, p. 19; Dress., *B. Eur.* V, pl. 314; Dubois, *Fne. Ill.*, *Ois.* I, p. 135, pl. 31; *S. scops*, Lin.; *zorca*, *carniolica*, *pulchella*, Gm.; *ephialtes*, Savig.; *aldrovandi*, Flem.; *europæus*, Less.; *senegalensis*, Sw.; *longipennis*, Kp.; *kamtschatkensis*, Bp.; *minor*, *rupestris*, *rufescens*, *pygmæa*, Brm.; *vera*, Fch.	Europe mérid., occid. centr., Asie centr., Asie Mineure, Afrique N., N.-E. et N.-W.
2918. *Var.* SOCOTRANA, Grant et Forb., *Bull. Liverp. Mus.* II, p. 2.	Ile Socotra.
2919. *Var.* CAPENSIS, Smith, *S.-Afr. Q. Journ.*, ser. 2, n° 4, 1, p. 314; Sharpe, *Cat.* II, p. 52, pl. 3, f. 1; *latipennis*, Kp.; *senegalensis*, auct. plur. (nec Sw.); *fazoglensis*, Würt.; *S. zorca africanus*, Schl.	Afrique trop. et mérid.

2920. *Var.* UGANDÆ (Neum.), *J. f. O.*, 1898, p. 500. Uganda.

2921. *Var.* HENDERSONI (Cass.), *Pr. Philad. Acad.*, 1852, p. 186; Hartl., *Orn. W. Afr.*, p. 20; Sharpe, *l. c.*, p. 52. Angola.

2922. *Var.* PENNATA, Hodgs., *J. A. S. Beng.* VI, p. 369; Jerd., *B. Ind.* I, p 136; Sharpe, *l. c.*, p 53. Himalaya, Inde.

2923. *Var.* STICTONOTA, Sharpe, *l. c.*, p. 54, pl. 3, f. 2; *bakkamœna*, Swinh., *Ibis*, 1860, p. 47 (nec Forst.); *japonicus*, Swinh., *Ibis*, 1863, p. 89; *sunia*, Swinh., *P. Z. S.*, 1871, p. 343. Sibérie E., Japon, Chine, Indo-Chine, Himalaya E.

2924. *Var.* RUFIPENNIS, Sharpe, *l. c.*, p. 60; *pennatus*, Jerd., *Madr. Journ.* XIII, p. 119, pl. 2 (nec Hodgs.) Madras.

2925. *Var.* ELEGANS (Cass.), *Pr. Philad. Acad.*, 1852, p. 185; Sharpe, *l. c.*, p. 87 (part.); *japonicus*, Sharpe (nec Tem. et Schl.), *l. c.*, p. 56. Japon, îles Liu Kiu.

2926. *Var.* MALAYANA, Hay, *Madr. Journ.* XIII, 2, p. 147; *gymnopodus*, Gray (*descr. nulla*); Kp., *Contr. Orn.*, 1852, p. 111; Sharpe, *l. c.*, pp. 58, 65, pl. 4, ff. 1, 2. De Malacca jusqu'en Chine.

2927. *Var.* NICOBARICA (Hume), *Str. Feath.*, 1876, p. 283. Iles Nicobar.

2928. *Var.* MINUTA, Legge, *Ann. Mag. N. H.*, 1878, p. 175. Ceylan.

10.745. BRUCEI (Hume), *Str. Feath.* I, p. 8; Sharpe, *l. c.*, p. 62; *obsoletus*, Cab., *J. f. O.*, 1875, p. 126. Transcasp., Asie centr., Afghanistan, Sindh., Inde centr.

10.746. SPILOCEPHALA (Blyth), *J. A. S. B.* XV, p. 8; Sharpe, *l. c.*, p. 63; *pennata* (pt.), Hodgs.; *nepalensis*, Gray; *gymnopodus*, Hume (nec Gr.) Himalaya, Birmanie (montagnes).

2929. *Var.* HAMBROECKI (Swinh.), *Ann. N. H.*, sér. 4, VI, p. 153; id., *P. Z. S.*, 1871, p. 344; Sharpe, *l. c.*, p. 64; *japonicus*, Swinh., *Ibis*, 1865, p. 348 (nec T. et Schl.) Formose.

10.747. SUNIA, Hodgs., *As. Research.* XIX, p. 175; Jerd., *Ill. Ind. Zool.*, pl. 41; *bakkamœna*, Blyth, *Ibis*, 1866, p. 255 (nec Forst.); *pennatus* (pt.), Gould; *giu* (pt.), Blanf., *F. B. I., B.* III, p. 292. Inde, Indo-Chine W., Malacca.

10.748. NOVÆ-ZEELANDIÆ, Bonap. ex Schl., *Consp.* I, p. 47; Schl., *Mus. P.-B., Oti*, p. 27; ?*parvissima*, Ellm., *Zoologist*, 1861, p. 272. Nouv.-Zélande.

10.749. SCAPULATA, Bocage, *Jorn. Sc. Lisb.*, 1888, p. 229. St-Thomas (Afr. W.)

10.750. LEUCOPSIS (Hartl.), *Rev. Zool.*, 1849, p. 496; id., *Beitr. Orn. W.-Afr.*, p. 16, pl. 1; Shpe, *l. c.*, p. 311. St-Thomas (Afr. W.)

10.751. MEGALOTIS, Gray, *Cat. Accip.*, 1844, p. 45; Wald., *Tr. Z. S.* IX, p. 145, pl. 25, f. 3; Sharpe, *l. c.*, p. 69. Philippines.

10.752. PODARGINA (Hartl. et Fsch.), *P. Z. S.*, 1872, p. 90; Iles Pelew.

Finsch, *Journ. Mus. Godeffr.*, p. 2, pl. 1; Sharpe, *l. c.*, pp. 151, 313.

10.753. BECCARII, Salvad., *Ann. Mus. Civ. Gen.*, 1875, p. 906; id., *Orn. Pap.* I, p. 77. — Ile Misori.

10.754. MENADENSIS (Quoy et Gaim.), *Voy. Astrol., Ois.* I, p. 170, pl. 2, f. 1; Bp., *Consp.* I, p. 47; Mey. et Wg., *B. Cel.*, p. 103. — Célèbes.

2930. *Var.* MAGICA (Müll.), *Nat. Gesch. Land u. Vogelk.*, p. 110; Schl., *Mus. P.-B.*, *Oti*, p. 22; Sharpe, *l. c.*, p. 70, pl. 5. — Céram, Amboine.

2931. *Var.* LEUCOSPILA (Gray), *P. Z. S.*, 1860, p. 344; Sharpe, *l. c.*, p. 72, pl. 6; *magicus* (pt.), Schl. — Halmahera, Batjan.

3932. *Var.* BOURUENSIS, Sharpe, *l. c.*, p. 73, pl. 7, f. 2; *leucospila* (pt.), Salvad.; *magicus* (pt.), Schl. — Ile Bouru.

2933. *Var.* MOROTENSIS, Sharpe, *l. c.*, p. 75, pl. 7, f. 1. — Ile Morty.

2934. *Var.* BROOKEI, Sharpe, *Bull. B. O. Club*, I, p. 4 (1892); Mey. et Wg., *B. Cel.*, p. 107. — Bornéo N.-W.

2935. *Var.* SIBUTUENSIS, Sharpe, *Bull. B. O. C.* II, p. 9 (1893); Mey. et Wg., *l. c.* — Iles Soulou.

2936. *Var.* SIAOENSIS, Schl., *Mus. P.-B.*, *Rev. Accip.*, p. 13. — Sanghir.

2937. *Var.* RUTILA (Puch.), *Rev. Zool.*, 1849, p. 29; Sharpe, *Cat.* II, p. 80; *menadensis* (pt.), auct. plur.; M.-Edw. et Grand., *H. Madag.*, *Ois.*, p. 133, pl. 40. — Madagascar.

2938. *Var.* CAPNODES, Gurn., *Ibis*, 1889, p. 104. — Anjouan (Comores).

2939. *Var.* ALBIVENTRIS, Sharpe, *l. c.*, p. 78, pl. 8, f. 1. — Flores.

10.755. SULAENSIS (Hart.), *Novit. Zool.* V, 1898, p. 126. — Ile Soula.

10.756. SYLVICOLA, Wall., *P. Z. S.*, 1863, p. 487; Sharpe, *l. c.*, p. 82; Hart., *Novit. Zool.* V, pl. 1, f. 1. — Flores.

10.757. PRYERI, Gurn., *Ibis*, 1889, p. 302. — Iles Liu Kiu (Japon).

10.758. SEMITORQUES (Tem. et Schl.), *Faun. Jap.*, p. 25, pl. 8; Schl., *Mus. P.-B.*, *Oti*, p. 23; Sharpe, *l. c.*, p. 83. — Japon.

10.759. PLUMIPES (Hume), *Rough Notes*, II, p. 397; id., *Nests and Eggs Ind. B.* I, p. 68; *semitorques*, Jerd. — Himalaya.

10.760. BAKKAMÆNA (Forst), Blanf., *Faun. Br. Ind.*, *B.* III, p. 297; *malabaricus*, Jerd.; Sharpe, *l. c.*, p. 94; *griseus*, Jerd.; *lettoides*, Blyth; *jerdoni*, Wald.; *bakkamuna*, Holdsw. — Inde S., Ceylan.

10.761. LETTIA, Hodgs., *As. Research*, XIX, p. 176; Sharpe, *l. c.*, p. 85; *lempiji*, Gray (nec Horsf.) — Himalaya.

10.762. GLABRIPES (Swinh.), *Ann. N. H.*, ser. 4, VI, p. 152; id., *P. Z. S.*, 1872, p. 343; id., *Ibis*, 1874, p. 269; *elegans* (pt.), Sharpe (nec Cass.) — Chine, Formose.

2940. *Var.* ERYTHROCAMPA (Swinh.), *Ibis*, 1874, p. 269; — Chine.

Sharpe, *l. c.*, p. 89; *lempiji*, Scl., *Ibis*, 1861, p. 29 (nec Horsf.)	
10.763. LEMPIJI (Horsf.), *Tr. Linn. Soc.* XIII, p. 140; Blyth, *J. A. S. B.* XV, 1, p. 182; *noctula*, Tem., *Pl. Col.* 99; Schl., *l. c.*, p. 24; *javanicus*, Less.; *indicus*, Bp.	Indo-Chine, Malacca, Java, Bornéo, Sumatra.
2941. *Var.* UMBRATILIS (Swinh.), *Ibis*, 1870, p. 342; id., *P. Z. S.*, 1871, p. 344; Sharpe, *l. c.*, p. 93.	Haïnan.
10.764. EVERETTI, Tweed., *P. Z. S.*, 1878, p. 492; *fuliginosa*, Sharpe, *Ibis*, 1888, p. 197.	Mindanao, Palawan, Samar (Philipp.)
10.765. MANTANANENSIS, Sharpe, *Bull. B. O. Club*, I, 1892, p. 4.	Ile Mantanani (Bornéo N.-W.)
10.766. SOLOKENSIS (Hart.), *Bull. B. O. Club*, II, 1893, p. 39.	Solok (Sumatra W.)
10.767. LONGICORNIS, Grant, *Bull. B. O. Club*, III, 1894, p. 51.	Luçon (Philippines).
10.768. MINDORENSIS, Whiteh., *Ibis*, 1899, p. 98.	Mindoro (Philippines).
10.769. WHITEHEADI, Grant, *Bull. B. O. Club*, IV, 1895, p. 40; id., *Ibis*, 1895, pp. 440, 485.	Luçon.
10.770. ALFREDI, Hart., *Nov. Zool.* IV, p. 527, V, pl. 1, f. 1.	Flores.
10.771. LEUCOTIS (Tem.), *Pl. Col.* 16; Schl., *l. c.*, p. 17; Sharpe, *Cat.* II, p. 97.	Afrique tropicale.
10.772. SAGITTATA (Cass.), *Journ. Ac. Philad.* II, p. 96, pl. 12; Sharpe, *l. c.*, p. 98.	Ténassérim S., Malacca.
10.773. BALLI (Hume), *Str. Feath.* I, p. 407; Sharpe, *l. c.*, p. 100; *spilocephalus*, Ball., *Str. Feath.* I, p. 53.	Iles Andaman.
10.774. RUFESCENS (Horsf.), *Tr. Linn. Soc.* XIII, p. 140; Schl., *Rev. Accip.*, p. 10; Sharpe, *l. c.*, p. 102; *mantis*, Tem. et Schl.	Malacca, Sumatra, Java, Bornéo.
10.775. ICTERORHYNCHA, Shell., *Ibis*, 1873, p. 138; Sharpe, *l. c.*, p. 103.	Côte d'Or.
10.776. LATOUCHEI, Rick., *Ibis*, 1900, p. 535.	Fohkien (Chine).
10.777. IDAHOENSIS, Merr., *N. Am. Faun.*, nº 5, p. 96, pl. 1.	Idaho.
10.778. BARBARA, Scl. et Salv., *P. Z. S.*, 1868, p. 57; id., *Exot. Orn.*, p. 101, pl. 51; Sharpe, *l. c.*, p. 107.	Guatémala.
2942. *Var.* ASPERSA (Brewst.), *Auk*, 1888, p. 87 (*Megascops aspersus*).	Chihuahua (Mexique).
10.779. BRASILIANA (Gm.), *S. N.* I, p. 289; Bp., *Consp.* I, p. 46; Schl., *l. c.*, p. 21; *choliba*, Vieill.; *decussata*, Licht.; *crucigera*, *undulata*, Spix, *Av. Bras.* I, pp. 22, 23, plˢ 9 et 10; *lophotes*, *portoricensis*, Less.; *watsoni*, Cass.; *argentina*, Licht.	Amérique mérid. de l'Uruguay à la Colombie et jusqu'au Costa-Rica, Vénézuéla, Guyane.
2943. ?*Var.* ATRICAPILLA (Tem.), *Pl. Col.* 45; Burm., *Th. Bras.* II, p. 128.	Brésil S. et E.
2944. *Var.* USTA, Scl., *Tr. Z. S.* IV, p. 265, pl. 61; Sharpe, *l. c.*, p. 111.	Haut-Amazone.
2945. *Var.* GUATEMALÆ, Sharpe, *Cat.* II, p. 112, pl. 9; *marmoratus*, Nels, *Auk*, XV, p. 49; *vermi-*	Amérique centr., du Mexique à Panama.

culatus, Ridgw., *Pr. U. S. Nat. Mus.*, 1887, p. 267.

2946. *Var.* ROHAIMÆ, Salv., *Ibis*, 1897, p. 441. — Guyane angl.

2947. *Var.* SANCTÆ-CATHARINÆ, Salv., *Ibis*, 1897, p. 440. — Brésil S.

2948. *Var.* CASSINI, Ridgw., *Pr. U. S. Nat. Mus.*, 1878, I, p. 102. — Vera-Cruz (Mexique).

2949. *Var.* HASTATA, Ridgw., *Pr. U. S. Nat. Mus.*, 1887, p. 268. — Mexique W.

10.780. INGENS, Salv., *Ibis*, 1897, p. 440. — Ecuador.

10.781. ASIO (Lin.); Wils., *Am. Orn.* VI, pl. 42, f. 1; Tem., *Pl. Col.* 80; *nævia*, Gm.; *striatus*, Vieill. — Amérique N.-E., au S. jusqu'en Géorgie.

2950. *Var.* FLORIDANA, Ridgw., *B. N. Am.* III, p. 51; Coues, *Birds N.-W.*, p. 303; Sharpe, *l. c.*, p. 118. — Basse-Géorgie, Floride, etc.

2951. *Var.* TRICHOPSIS, Wagl., *Isis*, 1832, p. 276; Salv. et Godm., *Biol. Centr.-Am.* III, pl. 62; *maccallii*, Cass., *B. Calif. Tex.*, p. 180; *enano*, Lawr. — Texas, Mexique E.

2952. *Var.* RIDGWAYI (Nels. et Palm.), *Auk*, 1894, p. 40. — Michoacan (Mexique).

2953. *Var.* PINOSA (Nels. et Palm.), *Auk*, 1894, p. 39. — Vera-Cruz (Mexique).

2954. *Var.* CINERACEA (Ridgw.), *Auk*, XII, p. 390; *trichopsis*, Sharpe et auct. plur. (nec Wagl.) — Arizona, Mexique N. et centr.

2955. *Var.* AIKENI (Brewst.), *Auk*, 1891, p. 139. — Colorado.

2956. *Var.* BENDIREI (Brewst.), *Bull. Nutt. Orn. Club*, VII, 1882, p. 31. — Californie.

2957. *Var.* KENNICOTTI, Ell., *Pr. Philad. Acad.*, 1867, p. 69; id., *B. N. Am.*, pl. 27; Ridgw., *B. N. Am.* III, p. 53. — Amérique N.-W., de l'Orégon à Sitka.

2958. *Var.* MAXWELLIÆ (Ridgw.), *Field and Forest*, 1877, pp. 210, 213. — M[gues] Rocheuses, du Color. au Montana.

2959. *Var.* MACFARLANEI (Brewst.), *Auk*, 1891, p. 140; *saturatus*, Brewst., *l. c.*, p. 141. — S. de la Colombie angl. jusqu'à l'Orégon centr. et le Montana.

2960. *Var.* VINACEA (Brewst.), *Auk*, 1888, p. 88. — Chihuahua (Mex. N.)

2961. *Var.* COOPERI (Ridgw.), *Pr. U. S. Nat. Mus.* I, p. 116. — Mex. W., Salvador, Nicarag., Costa-Rica.

1627. LOPHOSTRIX

Lophostrix, Less. (1837); *Scops* (pt.), auct. plur.

10.782. CRISTATA (Daud.), *Traité*, II, p. 207; Levaill., *Ois. d'Afr.* I, pl. 43; Sharpe, *Cat.* II, p. 122; *superciliosa*, Shaw; *griseatus*, Cuv.; Schl., *Mus. P.-B.*, *Oti*, p. 16. — Bas-Amaz. et Guyane jusqu'à l'Ecuador.

10.783. STRICKLANDI, Scl. et Salv., *Ibis*, 1859, p. 229; Sharpe, *l. c.*, p. 124; *cristata var.*, Strickl., *Contr. Orn.*, 1852, p. 60, pl. 10. — Amérique centr. du Mexique à Panama.

1628. PSILOSCOPS

Psiloscops, Coues (1898).

10.784. FLAMMEOLA (Kp. ex Licht.), *Tr. Z. S.* IV, p. 226; Scl. et Salv., *Exot. Orn.*, pl. 50; Ell., *B. N. Am.* I, pl. 28; Sharpe, *l. c.*, p. 105. — De la Californie au Guatémala.

10.785. NUDIPES (Vieill.), *Ois. Am. sept.*, pl. 22; Sharpe, *l. c.*, p. 121; *psilopoda*, Vieill. — Du Costa-Rica à Panama.

1629. HETEROSCOPS

Heteroscops, Sharpe (1889).

10.786. LUCIÆ, Sharpe, *Ibis*, 1888, p. 478, 1889, p. 77, pl. 3. — Bornéo N.-W.

1630. GYMNOSCOPS

Gymnoscops, Tristr. (1880).

10.787. INSULARIS, Tristr., *Ibis*, 1880, p. 356, pl. 14. — Ile Mahé (Seychelles).

1631. SCELOGLAUX

Sceloglaux, Kaup (1848).

10.788. ALBIFACIES (Gray), *Voy. Ereb. and Ter.*, *B.*, p. 2; Kp., *Isis*, 1848, p. 768; Bull., *B. New Zeal.*, pl. 20; Sharpe, *Voy. Ereb. and Ter.*, 2e éd., *B.*, p. 23, pl. 1; *haasti*, Bull.; *ejulans*, Potts. — Nouv.-Zélande.

1632. NINOX

Ninox, Hodgs. (1837); *Hieracoglaux*, *Spiloglaux*, Kp. (1848); *Cephaloptynx*, *Ctenoglaux*, Kp. (1852); *Rhabdoglaux*, Bp. (1854).

10.789. SCUTULATA (Raffl.), *Tr. Linn. Soc.* XIII, p. 280; Sharpe, *l. c.*, p. 156; *hirsuta*, Tem., *Pl. Col.* 289; *malaccensis*, Eyt. — Inde S., Ceylan.

2962. *Var.* LUGUBRIS (Tick.), *J. A. S. B.* II, p. 573; Sharpe, *l. c.*, p. 154; *nipalensis*, Hodgs., *Madr. Journ.* V, p. 24, pl. 14; *jeridius*, Hodgs.; *scutellatus*, Blyth; *hirsuta*, *madagascariensis*, Bp.; *burmanica*, Hume. — Himalaya, Malabar, Birmanie, Malacca.

2963. *Var.* BORNEENSIS (Bp.), *Conspect. Av.* I, p. 41; id., *Rev. et Mag. de Zool.*, 1854, p. 543; Schl., *Mus. P.-B.*, *Strig.*, p. 25; *scutulata* (pt.), Sharpe. — Bornéo, Java.

2964. *Var.* JAPONICA (Tem. et Schl.), *Faun. Jap.*, p. 29, pl. 9; Bp., *Rev. et Mag. de Zool.*, 1854, p. 543; — Japon, Chine, Corée, Bornéo N., Célèbes, *scutulata* (pt.), Sharpe ; *florensis*, Wall. ; *macroptera*, W. Blas., *Ornis*, 1888, p 545. — Sanghir, Soula, Ternate.

2965. *Var.* Affinis, Beavan, *Ibis*, 1867, pp. 316, 334 ; Walden, *Ibis*, 1874, p. 129, pl. 5. — Iles Andaman, Nicobar.

10.790. ochracea (Schl.), *Ned. Tijdschr. Dierk.* IV, p. 183 ; Sharpe, *Cat. B.* II, p. 167, pl. 11, f. 2 ; Mey. et Wg., *B. Cel.*, p. 94, pl. 4. — Célèbes.

10.791. philippensis, Bp., *C. R.* XLI, p. 654 ; Wald., *Tr. Z. S.* IX, p. 144, pl. 25, f 1 ; Schl., *l. c*, p. 26 ; Sharpe, *l. c.*, p. 167. — Philippines.

10.792. everetti, Sharpe, *Bull. B. O. C.* VI, p. 47 ; id., *Ibis*, 1897, p. 449. — Ile Siassi (Soulou).

10.793. spilocephala, Tweedd., *P. Z. S.*, 1878, p. 940. — Mindanao, Basilan.

10.794. spilonota, Bourns et Worc, *Occ. Pap. Minnes. Acad.* I (1894), p. 8. — Cebu, Mindanao.

10.795. reyi, Oust., *Bull. Ass. Sc. France*, 1880, n° 39, p. 206. — Iles Soulou.

10.796. mindorensis, Grant, *Ibis*, 1896, p. 463. — Mindoro (Philippines).

10.797. boobook (Lath.), *Ind. Orn. Suppl.* II, p. 15 ; Gould, *B. Austr.* I, pl. 32 ; Sharpe, *Ibis*, 1875, p. 258 ; *marmorata*, Gould. — Australie.

2966. *Var.* Albaria, Rams., *Tab. List Austr. B.*, p. 37 (1888). — Ile Lord Howe.

2967. *Var.* Ocellata (Hombr. et Jacq.), *Voy. Pôle Sud, Zool.* III, p. 51, pl. 3, f. 2 ; Sharpe, *Ibis*, 1875, p. 258 ; id., *Cat.*, p. 170. — Australie N.-W.

10.798. rosseliana, Tristr., *Ibis*, 1889, p. 557. — Ile Rossel (Louisiades).

10.799. fusca (Vieill.), *N. Dict.* VII, p. 22 ; Sharpe, *Cat.* II, p. 172, pl. 12, f. 1 ; *maugei*, Tem., *Pl. Col.* 46 ; *guteruhi*, Müll. — Timor.

10.800. novæ-zealandiæ (Gm.), *S. N.* I, p. 296 ; Sharpe, *l. c.*, p. 173 ; *fulva*, Lath. ; *zelandica*, Quoy et G., *Voy. Astr.* I, p. 168, pl. 2, f. 1 ; *venatica*, Peale. — Nouv.-Zélande.

10.801. maculata (Vig. et Horsf.), *Tr. Linn. Soc.* XV, p. 189 ; Gould, *B. Austr.* I, pl. 33 ; Sharpe, *l. c.*, p. 174 ; Gurn., *Ibis*, 1885, p. 139. — Tasmanie, Australie S. et S.-E., île Norfolk.

10.802. dimorpha (Salvad.), *Ann. Mus. Civ. Genov.*, 1874, VI, p. 308 ; Sharpe, *Ibis*, 1875, p. 258 ; Salvad., *Orn. Pap.* I, p. 83. — Nouv.-Guinée.

10.803. connivens (Lath.), *Ind. Orn. Suppl.* II, p. 12 ; Gould, *B. Austr.* I, pl. 34 ; Sharpe, *l. c.*, p. 175 ; *frontata*, Less. ; *fortis*, Gould. — Australie.

2968. *Var.* Occidentalis, Rams., *Pr. Linn. Soc. N. S. W.*, 2e sér., I, p. 1086. — Australie N.-W.

2969. *Var.* Peninsularis, Salvad., *Ann. Mus. Civ. Gen.*, 1875, p. 992. — Cap York (Austr. N.)

10.804. RUFISTRIGATA (Gray), *P. Z. S.*, 1860, p. 344; Sharpe, *l. c.*, p. 177. — Halmahéra.

10.805. ASSIMILIS, Salvad. et D'Alb., *Ann. Mus. Civ. Gen.*, 1875, p. 809; *albomaculata*, Rams., *Pr. Linn. Soc. N. S. W.*, 1879, p. 249. — Nouv.-Guinée S.-E.

10.806. THEOMACHA (Bonap.), *C. R.* XLI, p. 654; Wall., *Ibis*, 1868, p. 24; Sharpe, *l. c.*, p. 178; *hoedtii*, Schl., *N. T. D.* IV, p. 3. — Nouv.-Guinée, Mysol, Waigiou.

2970. *Var.* OBSCURA, Hume, *Str. Feath.* I, pp. 11, 421; Wald., *Ibis*, 1874, p. 129, pl. 4. — Iles Andaman, Nicobar.

10.807. GOODENOVIENSIS, De Vis, *Ann. Rep. Brit. New-Guin.*, p. 58 (1890). — Ile Goodenough.

10.808. STRENUA (Gould), *P. Z. S.*, 1837, p. 142; id., *B. Austr.* I, pl. 35; Schl., *Mus. P.-B., Str.*, p. 40; *rufa*, Gould, *l. c.*, pl. 36. — Australie.

10.809. HUMERALIS (Bp.), *Consp.* I, p. 40; Hombr. et Jacq., *Voy. Pôle Sud, Zool.* III, p. 53, pl. 4, f. 1; Salvad., *Orn. Pap.* I, p. 84; *fransenii*, Schl., *N. T. D.* III, p. 256; *undulata*, Rams. — Nouv.-Guinée, Waigiou.

10.810. ARUENSIS (Schl.), *Ned. Tijdschr. Dierk.* III, p. 329; Sharpe, *l. c.*, p. 181; Salvad., *Orn. Pap.* I, p. 86. — Iles Arou.

10.811. ODIOSA, Scl., *P. Z. S.*, 1877, p. 108; Salvad., *Orn. Pap.* I, p. 86. — Nouv.-Bretagne.

10.812. SUPERCILIARIS (Vieill.), *N. Dict.* VII, p. 33; M.-Edw. et Grand., *H. Madag.*, pl. 39; *sonnerati*, Tem., *Pl. Col.* 21; *polleni*, Schl.; id. et Pol., *Faun. Mad., Ois.*, p. 49, pl. 17. — Madagascar.

10.813. PUNCTULATA (Quoy et Gaim.), *Voy. de l'Astrol., Zool.* I, p. 165, pl. 1, f. 1; Schl., *M. P.-B., Str.*, p. 29; Sharpe, *Cat.*, p. 183; Mey. et Wg., *B. Cel.*, p. 109. — Célèbes.

2971. *Var.* PLATENI, W. Blas. (in Litt.); Hartl., *Abh. nat. Ver. Brem.* XVI, 1899, p. 270. — Mindoro (Philippines).

10.814. GRANTI, Sharpe, *P. Z. S.*, 1888, p. 183; *punctulata*, Rams. (nec Q. et G.). — Guadalcanar (Salomon).

10.815. HYPOGRAMMA (Gray), *P. Z. S.*, 1860, p. 344; Sharpe, *Cat.* II, p. 183, pl. 10; Salvad., *Orn. Pap.* I, p. 87. — Batjan, Halmahera, Ternate.

10.816. SQUAMIPILA (Bp.), *Consp.* I, p. 41; Sharpe, *l. c.*, p. 184, pl. 12, f. 2; Salvad., *Orn. Pap.* I, p. 89. — Céram, Mysol.

10.817. VARIEGATA (Quoy et Gaim.), *Voy. Astrol., Zool.* I, p. 166, pl. 1, f. 2; Salvad., *l. c.*, p. 88; Sharpe, *l. c.*, p. 185; *novæ-britanniæ*, Rams., *Pr. Linn. Soc. N. S. W.*, 1877, p. 105. — Nouv.-Irlande, Nouv.-Bretagne.

2972. *Var.* SOLOMONIS, Sharpe, *P. Z. S.*, 1876, p. 637, pl. 62. — Iles Salomon.

10.818. RUDOLFI, A.-B. Mey., *Ibis*, 1882, p. 232, pl. 6. — Ile Sumba.

10.819. HANTU (Wall.), *P. Z. S.*, 1863, p. 22; Sharpe, *Cat.*, p. 185, pl. 11, f. 1; Salvad., *l. c.*, p. 90. — Ile Bourou.
10.820. FORBESI, Scl., *P. Z. S.*, 1883, p. 51. — Ile Ténimber.
10.821. NATALIS, Lister, *P. Z. S.*, 1888, p. 525. — Ile Christmas.
10.822. JACQUINOTI (Bp.), *Consp.* I, p. 42; Hombr. et Jacq., *Voy. Pôle Sud*, pl. 3, f. 1; Salvad., *l. c.*, p. 84; *tæniata*, Jacq. et Puch., *Voy. Zool.* III, p. 50; Sharpe, *l. c.*, p. 186. — Iles Salomon.
10.823. TERRICOLOR, Rams., *Pr. Linn. Soc. N. S. W.*, 1879, p. 466; Salvad., *Orn. Pap.* III, p. 511; *goldiei*, Gurn., *Ibis*, 1883, p. 169. — Nouv.-Guinée S.-E.

SUBF. IV. — SYRNIINÆ

1633. SYRNIUM

Syrnium, Savig. (1809); *Ulula*, Cuv. (1817); *Aluco*, Kp. (1829); *Bulaca*, Hodgs. (1836); *Mescidus*, Hodgs. (1841); *Ptynx*, Bp. (1850); *Myrtha, Macabra*, Bp. (1854); *Tybo*, Heine (1890).

10.824. ALUCO (Lin.); Dress., *B. Eur.* V, pl. 306; Dubois, *Fne. ill. Vert. Belg.*, *Ois.* I, p. 115, pl. 26; *stridula*, Lin.; *sylvestris, rufa*, Scop.; *soloniensis*, Gm.; *sylvatica*, Steph.; *ululans*, Savig.; *ædium, rufescens*, Brm. — Europe, Asie Mineure, Afrique N.
2973. *Var.* NIVICOLA (Hodgs.), in *Gray's Zool. Misc.*, p. 82; *nivicolum*, Blyth, *J. A. S. Beng.* XIV, pp. 185, 550. — Himalaya, Chine.
2974. *Var.* WILLKOUSKII, Menzb., *Ibis*, 1897, p. 113. — Transcaucasie.
10.825. BIDDULPHI, Scully, *Ibis*, 1881, p. 423, pl. 14. — Asie centr., Inde N.-W., Afghanistan.
10.826. DAVIDI, Sharpe, *Ibis*, 1875, p. 256; id., *Cat.*, p. 251; *fuscescens*, Dav. (nec Tem.); *fulvescens*, Swinh. (nec Tem. et Schl.) — Moupin (Chine).
10.827. URALENSE (Pall.), *Reise*, I, p. 455; Tem., *Pl. Col.* 27; Dress., *B. Eur.* V, pl. 307; *liturata*, Tengm.; *macroura*, Mey. et Wolf.; *macrocephala*, Meisn. — Europe N., Sibérie.
2975. *Var.* FUSCESCENS, Tem. et Schl., *Faun. Jap., Aves*, pl. 10; *rufescens*, T. et S., *l. c.*, p. 30; Schl., *Mus. P.-B., Str.*, p. 11. — Japon.
10.828. NEBULOSUM (Forst.), *Phil. Trans.* XXII, p. 386; Vieill., *Ois. Am. sept.*, pl. 17; Audub., *B. Am.*, pl. 46; Dubois, *Ois. Eur.*, pl. 27[a]; *varius*, Bart. — Canada E., États-Unis E. jusqu'au Texas.
2976. *Var.* ALLENI, Ridgw., *Pr. U. S. Nat. Mus.*, 1880, p. 8. — Caroline S.
2977. *Var.* HELVEOLA, Bangs, *Pr. New Eng. Zool. Club*, 1899, p. 31. — Texas S.

2978. *Var.* Sartorii, Ridgw., *N. Am. B.* III, p. 29. — Mexique E.

10.829. occidentale, Xant., *Pr. Philad. Acad.*, 1859, p. 193; Baird, *B. N. Am., App.*, pl. 66; Sharpe, *l. c.*, p. 260. — États-Unis S.-W., Californie, Mexique.

2979. *Var.* Caurina, Merr., *Auk*, 1898, p. 39. — Colombie angl., Washington (État).

10.830. fulvescens, Scl. et Salv., *P. Z. S.*, 1868, p. 58; Sharpe, *l. c.*, p. 258; Salv. et Godm., *Biol. Centr. Am.* III, pl. 61. — Mexique S., Guatémala.

10.831. rufipes (King), *Zool. Journ.* III, p. 426; Sharpe, *l. c.*, p. 261; *fasciata*, Des M., *Icon. Orn.*, pl. 37. — Chili, Patagonie.

10.832. seloputo (Horsf.), *Tr. Linn. Soc.* XIII, p. 140; Schl., *Mus. P.-B., Str.*, p. 22; *sinensis*, Lath.; Sharpe, *l. c.*, p. 261; *orientalis*, Shaw; *pagodarum*, Tem., *Pl. Col.* 230. — Indo-Chine, Malacca, Java, Sumatra.

10.833. ocellatum, Less., *Rev. Zool.*, 1839, p. 289; Gould, *B. As.*, pt. XXII, pl.; *sinensis*, Gr. et Hardw., *Ill. Ind. Zool.* I, pl. 21 (nec Lath.); Schl., *l. c.*, p. 21. — Inde.

10.834. whiteheadi, Sharpe, *Ibis*, 1888, p. 196, pl. 3; *wiepkeni*, W. Blas., *Ornis*, 1888, p. 304. — Palawan (Philippines).

10.835. leptogrammicum (Tem.), *Pl. Col.* 525; Schl., *l. c.*, p. 20; Sharpe, *l. c.*, p. 264. — Bornéo.

10.836. myrtha (Bonap.), *Consp.* I, p. 44; Salvad., *Ucc. Bornéo*, p. 21; Schl., *l. c.*, p. 19; *leptogrammicum*, Cass. (nec Tem.); *sumatrana*, Bp., *Rev. et Mag. de Zool.*, 1854, p. 541. — Sumatra.

10.837. niasense, Salvad., *Ann. Mus. Civ. Genov.*, 1887, p. 526. — Ile Nias.

10.838. woodfordi (Smith), *S. Afr. Q. Journ.*, ser. 2, pt. 1, p. 312; id., *Ill. Zool. S. Afr.*, pl. 71; Heugl., *Orn. N.-O. Afr.* I, p. 122. — Afrique S. du Cap au Nyassaland.

2980. *Var.* Suahelica, Rchw., *Mittl. Hochl. N. Deutsch. Ost-Afr.*, 1898, p. 272. — Afrique E. allem.

2981. *Var.* Umbrina, Heugl., *J. f. O.*, 1863, p. 12; *woodfordi* (pt.), Sharpe. — Afrique N.-E.

2982. *Var.* Zansibarica, Rchw., *Mittl. Hochl. N. Deutsch. Ost-Afr.*, p. 272. — Zanzibar.

10.839. nuchale, Sharpe, *Ibis*, 1870, p. 487; id., *Cat.*, p. 265; *woodfordi*, Hartl. (nec Smith). — De la Côte d'Or à l'Angola (Afr. W.)

10.840. bohndorffi, Sharpe, *Journ. Linn. Soc., Zool.*, 1884, p. 439. — Niam-Niam.

10.841. nigricantium, Sharpe, *Ibis*, 1897, p. 449. — Afrique E. allem.

10.842. newarense (Hodgs.), *Asiat. Research.* XIX, p. 168; Swinh., *P. Z. S.*, 1871, p. 344; Sharpe, *Cat.*, p. 281; *indrance*, Gray (nec Syk.); *indrani*, Schl., *l. c.*, p. 19; *caligatus*, Swinh. — Himalaya, Birmanie, Formose.

2983. *Var.* Maingayi, Hume, *Str. Feath.*, 1878, p. 27; Sharpe, *P. Z. S.*, 1887, p. 478. — Malacca.

10.843. indrani (Sykes), *P. Z. S.*, 1832, p. 82 (*indranee*); Sharpe, *l. c.*, p. 282; *monticola*, Jerd.; *ochrogenys*, Hume, *Str. Feath.*, 1873, p. 431. — Inde, Ceylan.

1634. SCOTIAPTEX

Scotiaptex, Swains. (1837).

10.844. cinerea (Gm.), *S. N.* I, p. 291; Sw. et Rich., *Faun. Bor.-Am.*, p. 77, pl. 31; Audub., *B. N. Am.*, pl. 351; *acclamator*, Bartr. — Amérique arctique, États-Unis.

10.845. lapponica (Retz.), *Faun. Suec.*, p. 79; Naum., *Vög. Deutschl.*, pl. 349; Dress., *B. Eur.* V, pl. 308; *barbata*, Pall.; *cinereum*, Bp. (nec Gm.); *microphthalmos*, Tyzenh. — Nord de l'Europe, Sibérie.

1635. PULSATRIX

Pulsatrix, Kaup (1848).

10.846. perspicillata (Lath.), *Ind. Orn.* I, p. 58; Sharpe, *Cat. B.*, p. 277 (pt.); *personata* et *torquata*, Daud., *Traité*, II, pp. 192-3; Levaill., *Ois. d'Afr.* I, pls 42, 44; Tacz., *Orn. Pér.* I, p. 180; *larvata*, Shaw et Nod,, *Nat. Misc.* XIX, p. 801; *melanota*, Puch. (nec Tsch.) — Amérique tropicale.

10.847. maximiliani, Dubois (1); *Strix pulsatrix*, Max., *Reise Bras.* I, p. 366; id., *Beitr. z. Naturg. Bras.* III, 268; Schl., *Mus. P.-B.*, *Strig.*, p. 17 (en note). — Brésil.

10.848. melanonota (Tschudi), *Arch. f. Nat.*, 1844, p. 267; id., *Faun. Per.*, p. 114, pl. 4; Sharpe, *l. c.*, p. 280; Tacz., *Orn. Pér.* I, p. 184. — Pérou, Brésil.

10.849. fasciativentris, Salvad. et Festa, *Boll. Musei Torino*, XV, no 368, p. 32. — Ecuador.

(1) C'est bien à tort que certains auteurs ont réuni le *Strix pulsatrix* du Prince de Wied au *perspicillata* avec lequel il n'a aucun rapport. Le *pulsatrix* est d'une taille plus forte, ses teintes générales sont d'un brun roussâtre fauve; la raie sourcilière peu distincte, et les parties ventrales sont d'un roux jaunâtre; à la gorge existe une tâche blanche peu développée. Les doigts n'ont que deux écailles nues, tandis qu'il y en a trois chez le *perspicillata*. Longueur totale 46 centimètres; ailes 35; queue 20; tarses 5.

D'après Schlégel, deux sujets de cette espèce se trouvent au Musée du Prince de Wied à Frankfort, et un au Musée de Bruxelles; c'est probablement ce dernier qui a servi à la description de Schlégel; j'en donne une figure sur l'une des planches de mon *Synopsis*. Comme le terme *Pulsatrix* est devenu générique, je dédie l'espèce à Maximilien Prince de Wied, qui l'a découverte et décrite pour la première fois.

1336. CICCABA

Ciccaba, Wagl. (1832).

10.850. ALBIGULARIS (Cass.), *Pr. Philad. Ac.* IV, p. 124; id., *Journ. Philad. Ac.* II, p. 52, pl. 4; Sharpe, *l. c.*, p. 270; *albipunctatum*, Kp.; *macabrum*, Bp. — Colombie, Ecuador.
10.851. SUPERCILIARIS (Pelz.), *Verh. z.-b. Wien*, 1863, p. 1125; Sharpe, *l. c.*, p. 271; *zonocercum*, Scl. et Salv., *P. Z. S.*, 1867, p. 590 (nec Gr.); *polygrammicum*, Gr. — Brésil, Amazone.
10.852. SUINDA (Vieill.), *N. Dict.* VII, p. 34; Sharpe, *l. c.*, p. 272; *dominicensis*, Tsch.; *cayennensis* (pt.), Schl. — Brésil.
10.853. VIRGATA (Cass.), *Pr. Philad. Ac.* IV, p. 124; id., *Journ. Ph. Ac.* II, p. 51, pl. 3; Schl., *Mus. P.-B., Strig.*, p. 15; *zonocercum*, Gray; *cayennensis* (pt.), Kp.; *lineatum*, Lawr. — Amérique centr., Colombie, Vénézuéla.
2984. *Var.* SQUAMULATA (Bp., ex Licht.), *Consp.* I, p. 53. — Mexique.
10.854. HUHULA (Daud.), *Traité*, II, p. 190; Levaill., *Ois. d'Afr.* I, pl. 41; Wagl., *Isis*, 1832, p. 1222; Schl., *l. c.*, p. 17; *lineata*, Shaw; *albomarginata*, Spix, *Av. Bras.*, pl. 10ª. — Guyane, Brésil.
10.855. NIGROLINEATA (Scl.), *Tr. Z. S.* IV, p. 268, pl. 63; Scl. et Salv., *Nomencl.*, p. 117; Shpe, *l. c.*, p. 276. — Amérique centr.
2985. *Var.* SPILONOTA, Sharpe, *Cat.* II, p. 277 (ex Gray). — Colombie.

SUBF. IV. — SURNIINÆ

1637. GISELLA

Gisella, Bonap. (1854).

10.856. HARRISI (Cass.), *Pr. Philad. Ac.* IV, p. 157; id., *Tr. Phil. Ac.* II, p. 53, pl. 5; Schl., *l. c.*, p. 9; *lathami*, Bp.; *albipunctatus*, Bp. (nec Kp.) — Colombie.
10.857. JHERINGI, Sharpe, *Ibis*, 1899, p. 439; v. Jhering, *Ibis*, 1900, p. 217. — St-Paul, Rio-Grande do Sul (Brésil S.-E.)

1638. NYCTALA

Nyctala, Brehm (1828); *Ægolius*, Kp. (1829); *Scotophilus*, Sw. (1837).

10.858. TENGMALMI (Gm.), *S. N.* I, p. 291; Dress., *B. Eur.* V, pl. 313; Dubois, *Fne. Ill. Vert. Belg., Ois.* I, p. 106, pl. 24; *dasypus*, Bechst.; *planiceps*, *pinetorum*, *abietum*, Brm.; *funerea*, Bp.; *minor*, *bædekeri*, Brm. — Europe sept. et centr., Sibérie.
2986. *Var.* RICHARDSONI, Bp., *Comp. List B. Eur. and N. Am.*, p. 7; Ridgw., *Am. Nat.*, 1871, p. 285. — Amérique arctiq., Canada, États-Unis N.

10.859. ACADICA (Gm.), *S. N.* I, p. 296; Audub., *B. Am.*, pl. 199; Bp., *l. c.*, p. 7; *passerina*, Penn.; Wils., *Am. Orn.* IV, p. 66, pl. 34, f. 1; *acadiensis*, Lath.; *albifrons*, Shaw; *wilsoni*, Boie; *frontalis*, Licht.; *kirtlandi*, Hoy. — États-Unis, Mexique.

1639. SURNIA

Surnia, Dumér. (1806); *Nycthierax*, Sund. (1872).

10.860. ULULA (Lin.); Dress., *B. Eur.* V, pl. 311; Dubois, *Fne. Ill., Ois.* I, p. 101, pl. 23; *funerea*, Lin.; *nisoria*, Mey. et Wg.; *uralensis*, Shaw; *doliata*, Pall. — Europe N., Sibérie, Kamtsch., Alaska.

2987. *Var.* CAPAROCH (P. L. S. Müll., nec *caparacoch*), *S. N., Suppl.*, p. 69; Stejn., *Auk*, 1884, p. 362; *canadensis*, Briss.; *funerea*, auct. plur. (nec Lin.); Dress., *B. Eur.* V, pl. 312; *hudsonia*, Gm.; *borealis*, Less.; *ulula*, Cass. (nec L.) — Amérique sept., N. des États-Unis.

1640. NYCTEA

Nyctea, Steph. (1826); *Nyctia*, Sw. (1837); *Leuchybris*, Sund. (1872).

10.861. SCANDIACA (Lin.); Dress., *B. Eur.* V, pl^s 309, 310; *S. nyctea*, Lin.; Audub., *B. Am.*, pl. 121; *arctica*, Bartr.; *nivea*, Thunb.; *albus*, Daud.; *candida*, Lath.; *erminea*, Shaw; *nivea europæa* et *nivea americana*, Brm.; *var. arctica*, Ridgw. — Toute la zone arctique, en hiver dans la zone plus tempérée.

1641. ATHENE

Noctua, Savig. (1809, nec Fabr.); *Athene*, Boie (1822); *Carine*, Kp. (1829).

10.862. NOCTUA (Scop.), *Ann.* I, p. 22; Dress., *B. Eur.* V, pl. 317; Dubois, *Fne. Ill., Ois.* I, p. 110, pl. 25; *passerina*, Gm.; *psilodoctyla*, *nudipes*, Nilss.; *indigena*, Brm.; *veterum*, Schl.; *minor*, Degl. et Gerbe; ?*chiaradiæ*, Gigl. — Europe centr. et mérid.

2988. *Var.* GLAUX (Savig.), *Descr. de l'Égypte, Ois.*, p. 287; Dress., *l. c.*, pl. 318; *persica*, Vieill.; *meridionalis*, Less.; *bactriana*, Hutt.; *numida*, Levaill. jun.; *noctua*, *passerina* et *veterum* (pt.), auct. plur. — Les contrées côtoyant la Méditerranée, Asie S.-W.

2989. *Var.* BACTRIANA, Blyth, *J. A. S. Beng.*, 1847, p. 771; Blanf., *Faun. Brit. Ind., Birds*, III, p. 303; *plumipes*, Swinh., *P. Z. S.*, 1870, p. 448; *persica*, Dav. (nec Vieill.); *orientalis*, Severtz. — Mongolie, Chine N., Thibet, Turkestan et Afghanistan.

10.863. SPILOGASTRA, Heugl., *J. f. O.*, 1863, pp. 14-15; id., *Orn. N.-O. Afr.*, p. 119, pl. — Afrique N.-E.

10.864. BRAMA (Tem.), *Pl. Col.* 68; Schl., *Mus. P.-B., Strig.*, p. 29; Sharpe, *l. c.*, p. 138; *indica*, Frankl.; *tarayensis*, Hodgs. — Inde.

2990. *Var.* PULCHRA, Hume, *Str. Feath.* I, p. 469, III, p. 39; Sharpe, *l. c.*, p. 140. — Birmanie, Pégou.

1642. HETEROGLAUX

Heteroglaux, Hume (1873).

10.865. BLEWITTI, Hume, *Str. Feath.* I, p. 468; Sharpe, *l. c.*, p. 141. — Inde centr.

1643. SPEOTYTO

Speotyto, Glog. (1842); *Pholeoptynx*, Kp. (1848).

10.866. CUNICULARIA (Mol.), *Stor. Chil.*, p. 343; Audub., *B. N. Am.*, pl. 422; *grallaria*, Spix; Tem., *Pl. Col.* 146; *urucurea*, Less.; *socialis*, Gamb. — Amérique mérid.

2991. *Var.* FLORIDANA, Ridgw., *A. O. U. Check-liste*, 2e éd., 1895, p. 150; Palm., *Auk*, 1896, p. 99, pl. 2; *bahamensis*, Cory, *Auk*, 1891, p. 348. — Floride, îles Bahama.

2992. *Var.* CAVICOLA, Bangs, *Auk*, 1900, p. 287; *bahamensis*, Mayn. (nec Cory). — Nouv.-Providence (Bahama).

2993. *Var.* HYPOGÆA (Bp.), *Amer. Orn.* I, p. 72; Cass., *B. Cal. and Texas*, p. 118; id., *B. N. Am.*, p. 59; *cunicularia* (pt.), Sharpe et auct. plur.; *obscura*, Steph., *Auk*, 1895, p. 272. — Amérique N.-W. et centr.

2994. *Var.* DOMINICENSIS (Gm.), *S. N.* I, p. 296; Cory, *Bull. Nutt. Orn. Club*, VI, p. 154 (1881). — Haïti et St-Domingue.

2995. *Var.* GUADELOUPENSIS, Ridgw., *B. N. Am.* III, p. 90; Sharpe, *l. c.*, p. 147. — Petites Antilles.

2996. *Var.* AMAURA, Lawr., *Pr. U. S. Nat. Mus.*, 1878, p. 234. — Antigua (pet. Antilles).

2997. *Var.* ROSTRATA, Towns., *Pr. U. S. Nat. Mus.*, 1890, p. 133. — Ile Clarion (Basse-Californie).

2998. *Var.* BRACHYPTERA, Richm., *Pr. U. S. Nat. Mus.*, 1896, p. 663. — Ile Margarita.

2999. *Var.* TOLIMÆ, Stone, *Pr. Acad. Philad.*, 1899, p. 303. — Tolima (Colombie).

1644. GYMNASIO

Gymnasio, Bonap. (1854); *Gymnoglaux*, Cab. (1855).

10.867. NUDIPES (Daud.), *Traité*, II, p. 199; Vieill., *Ois. Am. sept.* I, p. 45, pl. 16; Bp., *Rev. et Mag. de* — Petites Antilles.

Zool., 1854, p. 543; Newt., *Ibis*, 1859, p. 64, pl. 1; *newtoni*, Lawr.; *krugi*, Gundl.

10.868. LAWRENCEI (Scl. et Salv.), *P. Z. S.*, 1868, p. 328, pl. 29; *nudipes*, Lemb., *Aves Cuba*, p. 23, pl. 4, f. 2 (nec Daud.) — Cuba.

1645. GLAUCIDIUM

Glaucidium, Boie (1826); *Nyctipetes*, Sw. (1837); *Tænioptynx*, *Microglaux*, Kaup (1848); *Microptynx*, Kp. (1852); *Phalænopsis*, Bonap. (1854).

10.869. NANUM (King), *Zool. Journ.* III, p. 427 (*Str. nana*); Boie, *Isis*, 1826, p. 970; Gray, *Gen. B.* I, pl. 12; *ferox*, Fras. (nec V.); *leucolaima*, Bp.; *chilensis*, Licht. — Chili, Patagonie.

10.870. PASSERINUM (Lin.); Boie, *Isis*, 1826, p. 976; Dress., *B. Eur.* V, pl. 316; *pusilla*, Daud.; *pygmæa*, Bechst.; *acadica*, Tem. (nec Gm.); *microrhynchum*, Brm. — Europe sept. et centr.

3000. *Var.* ORIENTALIS, Tacz., *Mém. Acad. St.-Pétersb.* XXXIX, p. 128 (1891). — Sibérie.

10.871. SIJU (D'Orb.), in *Ram. Sagra, H. N. Cuba, Ois.*, p. 33, pl. 3; Shpe, *l. c.*, p. 193; *havanensis*, Licht. — Cuba.

10.872. GNOMA, Wagl., *Isis*, 1832, p. 275; Sharpe, *Ibis*, 1875, pp. 38, 259, pl. 1, ff 1, 2; id., *Cat.*, p. 194; *passerinoides*, Audub.; *infuscatum*, Cass. — Amérique N.-W., de la Colombie angl. aux M^gnes Rocheuses et le plateau mexicain.

3001. *Var.* CALIFORNICA, Scl., *P. Z. S.*, 1857, pp. 4, 126; Ridgw., *Pr. Bost. Soc. N. H.* XVI, p. 95; *gnoma* (pt.), Sharpe. — Amér. N.-W., des côtes de la Colombie angl. à celles de la Calif.

3002. *Var.* HOSKINSI, Brewst., *Auk*, 1888, p. 136. — Basse-Californie.

3003. *Var.* FISHERI, Nels. et Palm., *Auk*, 1894, p. 41; *gnoma* (pt.), Salv. et Godm., *Biol.*, *Aves*, II, p. 35. — Puebla, Mexique.

3004. *Var.* PALMARUM, Nels., *Auk*, 1901, p. 46. — San Blas (Mexique).

3005. *Var.* COBANENSIS, Sharpe, *Ibis*, 1875, p. 259; id., *Cat.*, p. 199, pl. 13, f. 1; *gnoma* (pt.), Salv. et Godm., *l. c.*, p. 35. — Guatémala.

10.873. GRISEICEPS, Sharpe, *Ibis*, 1875, pp. 41, 259, pl. 2, f. 2; id., *Cat.*, p. 196; *pumilum* (pt.), auct. plur. — Amérique centr.

10.874. PUMILUM (Tem.), *Pl. Col.* 39; Kp., *Contr. Orn.*, 1852, p. 103; Sharpe, *l. c.*, p. 198; *minutissima*, Max.; *ferox*, Strickl. (nec V.) — Brésil.

10.875. FEROX (Vieill.), *N. Dict.* VII, p. 22; Sharpe, *l. c.*, p. 200; *ferruginea*, Max.; Tem., *Pl. Col.* 199; *passerinoides*, Tem., *l. c.*, pl. 344; *infuscata*, Tem.; *phalænoides* (pt.), Scl. et Salv. — Amérique mérid. trop.

3006. *Var.* PHALÆNOIDES (Daud.), *Traité*, II, p. 206; Sharpe, *l. c.*, p. 203; *ferrugineum*, Tayl.; *infuscata*, Finsch. — Trinidad.

3007. *Var.* RIDGWAYI, Sharpe, *Ibis*, 1875, pp. 55, 259; id., *Cat.*, p. 205; *infuscata, jardinii, gnoma, phalænoides* (pt.), auct. plur. — Texas, Nouv.-Mex., Arizona, Mexique, Amérique centr.

10.876. JARDINEI (Bonap.), *C. R.* XLI, p. 654; Cab., *J. f. O.*, 1869, p. 208; Sharpe, *l. c.*, p. 207; *langsbergii*, Ridgw. (nec Bp.) — Vénézuéla, Ecuador, Colombie jusqu'au Costa-Rica.

10.877. TEPHRONOTUM (Sharpe), *Ibis*, 1875, p. 260; id., *Cat.*, p. 211, pl. 13, f. 2. — ? (Amérique mérid.)

10.878. PERLATUM (Vieill.), *N. Dict.* VII, p. 26; Sharpe, *l. c.*, p. 209; *occipitalis*, Tem., *Pl. Col.* 34; *licua*, Licht.; *pusilla*, Heugl.; *capensis*, Schl.; *senegalensis*, Chapm. — Afrique N.-E., E. et S.

10.879. KILIMENSE, Rchw., *Orn. Monatsb.*, 1893, p. 178. — Kilima-Ndjaro.

10.880. SJOESTEDTI (*sjöstedti*), Rchw., *Orn. Mon.*, 1893, p. 65. — Caméron.

10.881. BRODIEI (Burton), *P. Z. S.*, 1835, p. 152; Schl., *Mus. P.-B., Strig.*, p. 35; Jerd., *B. Ind.* I, p. 146; *tubiger, badia*, Hodgs.; *minutilla*, Gould, *B. Asia*, pt. XXII, pl. — Himalaya, Assam, Ténassérim, Malacca et le S. de la Chine.

10.882. PARDALOTUM (Swinh.), *Ibis*, 1863, p. 216; Sharpe, *Ibis*, 1875, p. 259; id., *Cat.*, p. 214. — Formose.

10.883. SYLVATICUM (Bp. ex Müll.), *Consp.* I, p. 40; Schl., *Mus. P.-B., Strig.*, p. 36; Sharpe, *l. c.*, p. 215; Büttik., *Notes Leyd. Mus.* XXI, pl. 13; *borneense*, Sharpe, *Bull. B. O. C.* I, p. 55. — Sum., Bornéo N.-W.

1646. TÆNIOGLAUX

Tænioglaux, Kaup (1848); *Smithiglaux*, Bp. (1854).

10.884. CAPENSIS (Smith), *S. Afr. Q. Journ.* (2), nº 4, 1, p. 313; id., *Ill. Zool. S. Afr.*, pl. 33; Kp., *Isis*, 1848, p. 769; Sharpe, *l. c.*, p. 223. — Afrique S. du Cap au Nyassaland.

10.885. CASTANEA (Rchw.), *Orn. Monatsb.*, 1893, p. 62. — Andundi (Afr. centr.)

10.886. CASTANOPTERA (Horsf.), *Tr. Linn. Soc.* XIII, p. 140; Tem., *Pl. Col.* 98; Kp., *Contr. Orn.*, 1852, p. 106. — Java.

10.887. CASTANONOTA (Blyth), *Cat. B. Mus. A. S. B.*, p. 39; Bp., *Rev. et Mag. de Zool.*, 1854, p. 544; Schl., *l. c.*, p. 34. — Ceylan.

10.888. RADIATA (Tick.), *J. A. S. Beng.* II, p. 572; Bp., *l. c.*, p. 544; Schl., *l. c.*, p. 34; *perlineata*, Hodgs.; *erythroptera*, Gould; *undulata*, Blyth. — Inde.

3008. *Var.* MALABARICA (Blyth), *J. A. S. Beng.* XV, p. 280; Sharpe, *l. c.*, p. 218; *radiata* (pt.), — Inde S., Ceylan.

Blanf., *Faun. Br. Ind.*, *B.* III, p. 306; *cuculoides, spadicea*, Jerd.

10.889. CUCULOIDES (Gould), *Cent. Himal. B.*, pl. 4; Schl., *l. c.*, p. 33; *auribarbis*, Hodgs. — Himalaya, Assam, Birmanie.

10.890. WHITELYI (Blyth), *Ibis*, 1867, p. 313; Sharpe, *l. c.*, p. 222; *cuculoides*, Swinh. (nec Gould). — Chine, Haïnan.

1647. MICROPALLAS

Micrathene, Coues (1866, nec Sundev.); *Micropallas*, Coues (1889).

10.891. WHITNEYI (Coop.), *Pr. Calif. Acad. Sc.*, 1861, p. 118; Coues, *Pr. Philad. Acad.*, 1866, p. 15; Elliot, *B. N. Am.*, pl. 29. — États-Unis S.-W., Mexique, Basse-Californie.

10.892. GRAYSONI (Ridgw.), *Auk*, 1886, p. 333; *socorroensis*, Sharpe, *Hand-List* I, p. 299. — Ile Socorro (Mex. W.)

SUBF. V. — PHODILINÆ

1648. PHODILUS

Phodilus, J. Géof. St.-Hil. (1831); *Photodilus*, Gurn. (1894),

10.893. BADIUS (Horsf.), *Zool. Research. Java*, pl. 37; Tem., *Pl. Col.* 318; Géof. St.-Hil., *Ann. Sc. Nat.* XXI, p. 201; Schl., *l. c.*, p. 23; *nipalensis*, Hume. — Himalaya E., Indo-Chine W., Malacca, Java, Bornéo.

10.894. ASSIMILIS, Hume, *Str. Feath.*, 1877, p. 138. — Ceylan.

FAM. VII. — STRIGIDÆ

1649. HELIODILUS

Heliodilus, Milne-Edw. (1878).

10.895. SOUMAGNEI, Grandid., *Bull. Soc. Philom.*, 1878, p. 65; M.-Edw. et Grand., *H. Madag.*, *Ois.*, p. 112, pl^s 36*a*, *b* et *c*. — Madagascar.

1650. STRIX

Strix, Lin. (1766); *Aluco*, Flem. (1828); *Hybris*, Nitzsch (1840); *Stridula*, Selys (1842); *Eustrinx*, Webb et Berth. (1844); *Megastrix*, Kp. (1848); *Glaux*, Blyth (1850); *Scelostrix, Dactylostrix*, Kp. (1852); *Glyphidiura*, Rchb. (?).

10.896. FLAMMEA (Lin.); Naum., *Vög. Deutschl.*, pl. 47, f. 2; Dubois, *Fne. Ill.*, *Ois.* I, p. 119, pl. 27; *alba*, Scop.; *guttata*, Brm.; *bakkamma*, Forst.; *adspersa, vulgaris, obscura*, Brm. — Scandinavie S., Europe centr. jusqu'en France.

3009. *Var.* Kirchhoffi, Brm., *Naumannia*, 1858, p. 219; *paradoxa* et *splendens*, Brm.; *meridionalis*, Koen.; ?*africana*, Bp.; *flammea* (pt.), Dress., *B. Eur.* V, pl. 302.	Iles Britanniques, Europe mérid., Afrique N., îles Canaries.
3010. *Var.* Maculata, Brm., *Naum.*, 1855, p. 270; *margaritata*, Brm.	Soudan, Afrique N.-E.
3011. *Var.* Ernesti, Kleinsch., *Orn. Monatsb.*, 1901, p. 168.	Sardaigne.
3012. *Var.* Schmitzi, Hart., *Novit. Zool.* VII, p. 534.	Madeire.
3013. *Var.* Insularis, Pelz., *J. f. O.*, 1872, p. 23.	Iles du Cap Vert.
3014. *Var.* Poensis, Fras., *P. Z. S.*, 1842, p. 189; *affinis*, Layard, *B. S. Afr.*, p. 42.	Fernando-Po, Afrique austr., Madagascar.
3015. *Var.* Javanica, Gm., *S. N.* I, p. 295; Jerd., *B. Ind.* I, p. 177; *indica*, Blyth, *Ibis*, 1860, p. 251; Gould, *B. Asia*, pt. XXIV, pl.; ?*pusilla*, Blyth.	Inde, Indo-Chine, îles de la Sonde.
3016. *Var.* Sumbaensis, Hart., *Nov. Zool.* IV, p. 270.	Ile Sumba.
3017. *Var.* Perlata, Licht., *Verz. Doubl.*, p. 59; D'Orb., *Voy. Am. mér., Ois.*, p. 135; Burm., *Th. Bras.* II, p. 137; *var. guatemalæ*, Ridgw.	Amérique centr. et mérid.
3018. *Var.* Pratincola, Bp., *Comp. List*, p. 7; De Kay, *Zool. N. Y.*, *B.*, p. 31, pl. 13, f. 28.	Amér. sept. temp., au S. jusqu'au 41° l. N.
3019. *Var.* Furcata, Tem., *Pl. Col.* 432; Gundl., *J. f. O.*, 1871, p. 377.	Jamaïque.
3020. *Var.* Contempta, Hart., *Nov. Zool.* V, p. 500.	Ecuador N.-W.
3021. *Var.* Bargei, Hart., *Bull. B. O. C.* I, p. 13.	Ile Curaçao.
3022. *Var.* Punctatissima, Gould, in *Darw. Zool. Beagle*, *B.*, p. 34, pl. 4; Bp., *Consp.* I, p. 55.	Iles Galapagos.
3023. *Var.* Nigrescens, Lawr., *Pr. U. S. Nat. Mus.* I (1878), p. 64.	Ile Dominica (Antilles).
3024. *Var.* Glaucops, Kaup, *Contr. Orn.*, 1852, p. 118; *dominicensis*, Cory, *Bull. Nutt. O. C.*, 1883, p. 95.	St-Domingue.
3025. *Var.* Deroepstorffi, Hume, *Str. Feath.*, 1875, p. 390.	Iles Andaman.
3026. *Var.* Delicatula, Gould, *P. Z. S.*, 1836, p. 140; id., *B. Austr.* I, pl. 31.	Australie, Nouv.-Calédonie, Nouv.-Hébrides, îles Loyalty.
3027. *Var.* Lulu, Peale, *U. S. Expl. Exp.*, *B.*, 1848, p. 74, pl. 21.	Iles Tahiti, Tonga et Samoa.
3028. *Var.* Rosenbergi, Schl., *Ned. Tijdschr. Dierk.* III, p. 181; Mey. et Wg., *B. Cel.*, p. 109 (1).	Célèbes.

(1) Dans son *Cat. of Birds* (II, p. 291), M. Sharpe réunit ces variétés au type spécifique et ne reconnaît qu'une espèce très variable. Je pense cependant qu'il y a lieu de distinguer ces différentes formes climatériques. Dans son *Hand-list* (1899), M. Sharpe tombe dans un excès contraire : il considère toutes ces variétés comme autant d'espèces distinctes.

10.897. INEXPECTATA, Schl., *Notes Leyd. Mus.* I, p. 59; Mey. et Wg., *B. Cel.*, p. 112. — Célèbes N.

10.898. NOVÆ HOLLANDIÆ, Steph., *Gen. Zool.* XIII, 2, p. 61; Sharpe, *l. c.*, p. 303; *personata*, Vig.; Gould, *B. Austr.* I, pl. 29; *cyclops*, Gould, *Syn. B. Austr.*, pt. 3, pl. 50, f. 2. — Australie, Nouv.-Calédonie, îles Loyalty.

3029. *Var.* CAYELII, Hart., *Nov. Zool.* VII, p. 228. — Bourou (Kayeli).

10.899. SORORCULA, Scl., *P. Z. S.*, 1883, p. 52. — Ile Ténimber.

10.900. CASTANOPS, Gould, *P. Z. S.*, 1836, p. 140; id., *B. Austr.* I, pl. 28; Schl., *Mus. P.-B.*, *Strig.*, p. 7. — Tasmanie.

10.901. AURANTIA, Salvad., *Atti R. Acc. Torino*, XVI, 1881, p. 619; id., *Orn. Pap.* III, p. 512. — Nouv.-Bretagne.

10.902. TENEBRICOSA, Gould, *P. Z. S.*, 1845, p. 80; id., *B. Austr.* I, pl. 30; Schl., *l. c.*, p. 7. — Australie.

10.903. ARFAKI, Schl., *Notes Leyd. Mus.* I, p. 101 (1879). — Nouv.-Guinée (Monts Arfak).

10.904. CAPENSIS, Smith, *S.-Afr. Q. Journ.*, ser. 2, n° 4, pt. 1, p. 317; id., *Ill. Zool. S. Afr.*, pl. 45; Schl., *l. c.*, p. 6; *punctata*, Licht.; Shell., *Ibis*, 1875, p. 66. — Afrique S.

10.905. CABRÆ, Dubois, *sp. nov.* (1). — Congo indépendant.

10.906. CANDIDA, Tick., *J. A. S. Beng.* II, p. 572; Jerd., *Ill. Ind. Orn.*, pl. 30; Schl., *l. c.*, p. 6; *longimembris*, Jerd.; *amauronota*, Cab.; *pithecops*, Swinh.; *walleri*, Digg.; *oustaleti*, Hartl., *P. Z. S.*, 1879, p. 295. — Inde, Indo-Chine, Formose, Philippines, Célèbes, Australie E. et S.-E., Fidji.

10.907. THOMENSIS, Hartl., *Rev. et Mag. de Zool.*, 1852, p. 2; id., *Orn. W.-Afr.*, p. 21; de Müll., *Descr. de nouv. Ois. d'Afr.*, pl. 15. — Ile St-Thomas (Afrique W.)

ORD. XI. — HERODIONES (2)

FAM. I. — IBIDIDÆ (3)

1651. IBIS

Ibis, Cuv. (1817); *Threskiornis*, Gray (1842); *Pseudibis*, Hodgs. (1844); *Carphibis*, *Inocotis*, *Nipponia*, Rchb. (1852); *Craptocephalus*, Elliot (1877).

10.908. ÆTHIOPICA (Lath.), *Ind. Orn.* II, p. 706; Rüpp., — Afrique, Asie S.-W.

(1) *Supra nigricante-brunnea, maculis albis notata; facie alba, regione periophthalmica nigra; corpore subtus rufo, maculis cordiformibus nigricantibus; subcaudalibus albis; rectricibus brunneis, lateralibus albis immaculatis.* Taille : 37 centimètres; ailes 30; queue 10; tarses 87 millimètres. — Cette espèce est dédiée au Commandant Alph. Cabra, qui l'a découverte au sud des Cataractes en octobre 1901. Le type se trouve au Musée du Congo, à Tervueren.

(2) Voy. : Sharpe, *Catalogue Birds Brit. Mus.* XXVI, pp. 1-327 (1898).

(3) Voy. aussi : Elliot, *P. Z. S*, 1877, pp. 477-510.

S. U., p. 122; *religiosa*, Cuv.; Dub., *Ois. Eur.* II, pl. 145; *egretta*, Tem.; *sacer*, Böhm.

3030. *Var.* BERNIERI, Bp., *Consp.* II, p. 151; Schl. et Pol., *Faun. Madag.* II, p. 126; Milne-Edw. et Grand., *H.-N. Madag.* II, p. 531, pl^s 218-221. — Madagascar.

3031. *Var.* ABBOTTI, Ridgw., *Pr. U. S. Nat. Mus.*, 1893, p. 599; Sharpe, *Cat.* XXVI, p. 264. — Ile Aldabra.

10.909. MELANOCEPHALA (Lath.), *Ind. Orn.* II, p. 709; Jard. et Sel., *Ill. Orn.* III, pl. 120; Schl., *Mus. P.-B.*, *Ibis*, p. 15; *leucon*, Tem., *Pl. Col.* 481; *macei*, Wagl.; *bengala*, Cuv.; *aimolene*, Hodgs.; *propinqua*, Swinh., *P. Z. S.*, 1870, p. 428. — Inde, Ceylan, Indo-Chine, Chine, Japon, Java.

10.910. MOLUCCA, Cuv., *Règn. an.* I, p. 520; Salvad., *Orn. Pap.* III, p. 380; *strictipennis*, Gould; id., *B. Austr.* VI, pl. 46; *stricticollis*, Jerd. (err.) — Australie, Nouv.-Guinée, Salawati, Waigiou, Céram.

10.911. SPINICOLLIS, James., *Edinb. New-Phil. Journ.*, 1835, p. 213; Jerd. et Sel., *Ill. Orn.*, 1837, pl. 17; Schl., *l. c.*, p. 12; Gould, *B. Austr.* VI, pl. 45. — Australie.

10.912. PAPILLOSA, Tem., *Pl. Col.* 304; Schl., *l. c.*, p. 11; *papillata*, Wagl. — Inde, Bornéo.

10.913. DAVISONI (Hume), *Str. Feath.*, 1875, p. 300; *papillosus*, Oust. (nec Tem.); *armandi*, Oust. — Indo-Chine.

10.914. NIPPON, Tem., *Pl. Col.* 551; id. et Schl., *Fna. Jap.*, p. 117, pl. 71; *temmincki*, Rchb. — Sibér. E., Mandchour., Japon, Form., Haïn.

3032. *Var.* SINENSIS, David, *C. R.* LXXV, p. 64; id. et Oust., *Ois. Chine*, p. 454, pl. 117. — Chine.

10.915. GIGANTEA, Oust., *Bull. Soc. Philom.*, 1877, p. 25. — Cochinchine.

1652. GERONTICUS

Geronticus, Wagl. (1832); *Comatibis*, Rchb. (1852).

10.916. CALVUS (Bodd.), *Tabl. Pl. Enl.*, p. 52; Wagl., *Isis*, 1832, p. 1232; *Pl. Enl.* 867; *niger*, Gm.; *gonocephala*, Wag. — Afrique S.

10.917. COMATUS (Ehr.); Rüpp., *Neue Wirb.*, p. 49; Schl., *l. c.*, p. 9; Dress., *B. Eur.* VI, p. 329, pl. 408; ?*eremita* (Lin.), Rothsch., Hart. et Kleinschm., *Novit. Zool.* IV, pp. 371-377, pl^s 8, 9, 10; *calvus* (pt.), Levaill., Blanf., Danf. — Asie mineure, Afrique N.-E.

1653. BOSTRYCHIA

Bostrychia, Rchb. (1852).

10.918. CARUNCULATA (Rüpp.), *Neue Wirb.*, p. 49, pl. 19; Schl., *l. c.*, p. 10; Rchb., *Grallæ*, pl. 83, f. 1011. — Afrique N.-E.

1654. HAGEDASHIA

Hagedashia, Bp. (1855); *Parnopio,* Heine et Rchw. (1890).

10.919. CAFFRENSIS (Licht.), Cat. Mus. Hamb.; Bp., *Consp.* II, p. 152; *hagedash* et *chalcoptera,* Vieill.; id., *Gal. Ois.*, pl. 246; *leucocephalus,* Rchw., *Vög. Deut.-Ost Afr.*, p. 55. — Afrique tropicale et S.

1655. THERISTICUS

Theristicus, Wagl. (1832).

10.920. CAUDATUS (Bodd.), *Tabl. Pl. Enl.*, p. 57; *Pl. Enl.* 976; Salvad., *Ibis,* 1900, p. 506; *albicollis,* Gm.; *mandurria,* Drap.; *melanopis* (pt.), auct. plur. (nec Gm.); *columbianus,* Finsch, *Not. Leyd. Mus.* XXI, p. 23 (juv.); *melanopsis* (pt.), Sharpe. — Guyane, Vénézuéla, Colombie, Brésil, Bolivie, Paraguay, Uruguay, Argent. N.

10.921. MELANOPIS (Gm.), *S. N.* 1, 2, p. 653; Salvad., *Ibis,* 1900, p. 511; *albicollis,* Less. (nec Gm.); *Voy. Coq.* 1, p. 242; *melanops,* Darw.; *melanopsis,* Bibra; *caudatus* (pt.), auct. plur. (nec Bodd.) — Magellan, Patagonie, Argentine S., Chili, Pérou W.

10.922. BRANICKII, Berl. et Stolzm., *Ibis,* 1894, p. 404; Salvad., *Ibis,* 1900, p. 515, pl^s 9 et 10; *melanopis* (pt.), auct. plur.; *caudatus* (pt.), Ell., Tacz.; *melanopsis* (pt.), Sharpe, *Hand.-l.* I, p. 186. — Haut-Pérou, Ecuador.

1656. HARPIPRION

Harpiprion, Wagl. (1832); *Molybdophanes,* Rchb. (1852).

10.923. CAYENNENSIS (Gm.), *S. N.* I, p 652; *Pl. Enl.* 820; Schl., *l. c.*, p. 8; Tacz., *Orn. Pér.* III, p. 420; *sylvatica,* Vieill.; *dentirostris,* Wagl. — Brésil, Guyane, Vénézuéla, Colombie, Ecuador.

10.924. CÆRULESCENS (Vieill.), *N. Dict.* XVI, p. 18; Schl., *l. c.*, p. 9; Tacz., *Orn. Pér.* III, p. 419; *plumbea,* Tem., *Pl. Col.* 235. — Du Brésil centr. au Paraguay et Argentine.

1657. PHIMOSUS

Phimosus, Wagl. (1832).

10.925. INFUSCATUS (Licht.), *Verz. Doubl.*, p. 75; Burm., *Th. Bras.* III, p. 422; *nudifrons,* Spix, *Av. Bras.* II, p. 69, pl. 86. — Argentine, Brésil jusqu'en Colombie.

1658. LOPHOTIBIS

Lophotibis, Rchb. (1852).

10.926. CRISTATA (Bodd.), *Tabl.*, p. 51; *Pl. Enl.* 841; Schl., *l. c.*, p. 6; M.-Edw. et Grand., *H.-N. Madag.*, p. 536, pl^s 222-25. — Madagascar E. et N.-E.

10.927. OLIVACEA (Du Bus), *Bull. Acad. Brux.*, 1837, p. 105; id., *Esq. Orn.*, pl. 3; ?Büttik., *Notes Leyd. Mus.* VII, p. 243; *ochracea*, Bp. (1). — Guinée, île Principe, ? Gabon.

1659. LAMPRIBIS

Lampribis, Elliot (1877).

10.928. RARA, Rothsch., Hart. et Kleinschm., *Novit. Zool.* IV, p. 377; *olivacea*, Ell. (nec Du Bus), *P. Z. S.*, 1877, p. 507, pl. 51. — Afrique W. (Libéria?).

1660. CERCIBIS

Cercibis, Wagl. (1832).

10.929. OXYCERCA (Spix), *Av. Bras.*, p. 69, pl. 87; Schl., *l. c.*, p. 8; Wagl., *Isis*, 1832, p. 1232. — Amazone, Guyane.

1661. PLEGADIS (2)

Plegadis, Kaup (1829); *Tantalides*, Wagl. (1832); *Falcinellus*, Gray (1841, nec Bechst., 1803, nec Vieill., 1816); *Plegadornis*, Brm. (1855).

10.930. FALCINELLUS (Lin.); Dress., *B. Eur.* VI, p. 335, pl. 409; *castaneus*, Briss.; Dubois, *Fne. ill., Ois.* II, p. 376, pl. 241; *rufa*, Scop.; *igneus, viridis*, Gm.; *sacra*, Tem.; *chichi*, Dumt.; *mexicanus*, Ord.; *cuprea*, Brm.; *ordi, bengalensis, peregrina*, Bp.; *major*, *minor*, Brm.; *erythrorhynchus*, Cab.; *autumnalis*, Doderl. — Europe S., acc. centr., Asie S., Australie, îles de la Sonde, Afrique, États-Unis E. jusqu'en Floride, Jamaïque, Cuba.

3033. *Var.* GUARAUNA (Lin.); Burm., *Th. Bras.* III, p. 425; Bd., Cass. et Lawr., *B. N. Am.*, pl. 87; *mexicanus*, Gm.; *chichi*, Vieill.; *chalcopterus*, Tem., *Pl. Col.* 51; *erythrorhyncha*, Gould; *ordi*, auct. plur. (nec Bp.); *brevirostris*, Peale; *falcinellus* (pt.), auct. plur.; *igneus*, Scl. et Salv. (nec Gm.); *thalassina*, Ridgw. — De l'Orégon au S. des États-Unis, grandes Antilles, Amérique centr. et mérid. jusqu'en Patagonie, îles Sandwich.

(1) MM. Rothschild, Hartert et Kleinschmidt pensent que l'*Ibis olivacea* de Du Bus n'est autre chose qu'un *Hagedashia caffrensis*, tandis que l'Ibis décrit et figuré sous le même nom par M. Elliot est une autre espèce pour laquelle ils proposent le nom de " *rara* " (*Novit. Zool.* IV, pp. 376-77). Le type de l'*Ibis olivacea* est au Musée de Bruxelles et n'a que fort peu de rapport avec l'Hagedash, mais il diffère également de l'oiseau figuré dans le mémoire de M. Elliot (*Proc. Zool. Soc.*, 1877, pl. 51). Les deux espèces sont donc parfaitement distinctes quoique provenant toutes deux de l'Afrique occidentale; mais comme elles ont été confondues jusqu'ici, il n'est pas encore possible de dire exactement l'habitat de chacune d'elles. M. le Cte Salvadori m'informe qu'il a reçu de M. Fea un Ibis provenant de l'île Principe, qui est parfaitement semblable à celui figuré par Du Bus; ceci tranche définitivement la question.

(2) Voir la note à la page 520 au sujet du terme de *Falcinellus* adopté par beaucoup d'auteurs.

3034. *Var.* Ridgwayi (Allen), *Bull. Mus. C.-Z.*, 1876, p. 355; Tacz., *Orn. Pérou*, III, p. 416; *ordi*, *falcinellus* et *igneus*, auct. plur. (pt.) — Pérou, Bolivie.

3035. *Var.* Humeralis, De Vis, *Rep. Brit. New-Guin.*, 1898, p. 90. — Nouv.-Guinée S.-E.

1662. EUDOCIMUS

Eudocimus, Wagl. (1832); *Guara*, *Leucibus*, Rchb. (1852).

10.931. albus (Lin.); Wagl., *Isis*, 1832, p. 1232; Audub., *B. Am.* VI, p. 54, pl. 360; Burm., *Th. Bras.* III, p. 426; *coco*, Jacq.; *griseus*, Gm.; *longirostris*, Wagl. — États-Unis du S., Amér. centr., Amazone, Pérou, gr. Antilles.

10.932. ruber (Lin.); Audub., *B. Am.* VI, p. 53, pl. 359; Dubois, *Orn. Gal.*, p. 35, pl. 23; *fuscus* et *minutus*, Lin.; *leucopygus*, Spix, *Av. Bras.*, p. 70, pl. 88. — Haut-Amazone, Brésil N., Guyane, grandes Antilles et S. des États-Unis.

FAM. II. — PLATALEIDÆ

1663. PLATALEA

Platea, Briss. (1760); *Platalea*, Lin. (1766); *Spatherodia*, *Leucerodia*, Rchb. (1852); *Platibis*, Bp. (1855).

10.933. leucerodia, Lin.; Dress., *B. Eur.* VI, p. 319, pl. 407; Dubois, *Fne. Ill., Ois.* II, p. 371, pl. 240; *leucopodius*, Gm.; *nivea*, Cuv.; *leucerodius*, Naum.; *pyrrhops*, Hodgs.; *major*, Tem. et Schl., *F. J.*, p. 119, pl. 75. — Europe centr. et mér., Afrique E., Asie centr., Chine, Japon, Inde.

10.934. regia, Gould, *P. Z. S.*, 1837, p. 106; id., *B. Austr.* VI, pl. 50; *melanorhynchos*, Rchb.; *latirostrum*, Ellm.; *intermedia*, Grant, *Ibis*, 1889, p. 52, pl. 1, ff. 2, 2ª. — Australie jusqu'aux Moluques.

10.935. tenuirostris, Tem., *Man. d'Orn.* I, p. 103 (1820); Heugl., *Orn. N.-O. Afr.* II, p. 1126, pl. 50, f. 1; M.-Edw. et Grand., *H. N. Madag., Ois.*, p. 524, plˢ 215-17; ?*alba* et ?*cristata*, Scop.; *nivea*, Burch.; *chlororhynchos*, Drap.; *telfairii*, Vig.; *nudifrons*, Less.; *luzoniensis*, Bp. — Afrique, Madagascar.

10.936. minor, Tem. et Schl., *Faun. Jap.*, p. 120, pl. 76; Sharpe, *Cat.* XXVI, p. 50; Grant, *Ibis*, 1889, p. 54, pl. 1; ff. 3, 3ª, 6; *japonica*, Rchw., *J. f. O.*, 1877, p. 159. — Corée, Chine, Japon, Formose.

10.937. FLAVIPES, Gould, *P. Z. S.*, 1837, p. 106; id., *B. Austr.* VI, pl. 49; Schl., *Mus. P.-B.*, *Ciconii*, p. 24; Sharpe, *l. c.*, p. 51. — Australie.

1664. AJAJA

Ajaja, Rchb. (1852); *Mystrorhamphus*, Heine (1890).

10.938. MEXICANA (Gamb.), *Journ. Phil. Acad.* I, 1849, p. 222; *ajaja*, Lin.; Audub., *B. Am.* VI, p. 72, pl. 362; Tacz., *Orn. Pér.* III, p. 412; *rosea*, Rchb. (ex Briss.); Rchw., *J. f. O.*, 1877, p. 157. — États-Unis S.-E., Amérique centr. et mér. jusqu'à l'Argentine.

FAM. III. — CICONIIDÆ

SUBF. I. — TANTALINÆ

1665. TANTALUS

Tantalus, Lin. (1766); *Tantalides*, Rchb. (1852); *Tantalops*, Coues (1884).

10.939. LOCULATOR, Lin.; Audub., *B. Am.* VI, p. 64, pl. 361; Schl., *Mus. P.-B.*, *Ciconiæ*, p. 17; *nandapoa*, Vieill.; *plumicollis*, Spix. — S. des États-Unis, Amérique centr. et mér.

1666. PSEUDOTANTALUS

Pseudotantalus, Ridgw. (1883).

10.940. LEUCOCEPHALUS (Forst.), *Ind. Zool.*, p. 20, pl. 10; Vieill., *Gal. Ois.* II, p. 125, pl. 247; Schl., *l. c.*, p. 17; *rodopteron*, Hodgs.; *indicus*, Cuv.; *longimembris*, Swinh. — Inde, Indo-Chine, Chine.

10.941. CINEREUS (Raffl.), *Tr. Linn. Soc.* XIII, 1822, p. 327; Sharpe, *Cat.*, p. 326; *lacteus*, Tem., *Pl. Col.* 352; Schl., *l. c.*, p. 18. — Malacca, Java, Sumatra.

10.942. IBIS (Lin.); *Pl. Enl.* 389; Schl., *l. c.*, p. 18; Fch. et Hartl., *Vög. Ostafr.*, p. 729; *rhodinopterus*, Wagl.; *longirostris*, Brm. — Afrique trop., Madagascar.

SUBF. II. — CICONIINÆ

1667. CICONIA

Ciconia, Briss. (1760); *Sphenorhynchus*, Hempr. et Ehr. (1832, nec Max., 1831) *Melanopelargus*, Rchb. (1852); *Abdimia*, Bp. (1855).

10.943. ALBA, Bechst., *Naturg. Deutschl.* IV, p. 82 (1793); Dress., *B. Eur.* VI, p. 297, pl. 405; Dubois, *Fne.* — Europe centr. et mér., Asie S.-W. jusqu'au

Ill., *Ois.* II, p. 358, pl. 238; *A. ciconia*, Lin.; *albescens*, *nivea*, *candida*, *major*, Brm.; *asiatica*, *azretti*, *orientalis*, *mycteriorhyncha*, Severtz.; *azreth*, Bogd. — N.de l'Inde, Afrique.

10.944. BOYCIANA, Swinh., *P. Z. S.*, 1873, p. 513; Scl., *P. Z. S.*, 1874, pp. 2, 306, pl. 1; Dav. et Oust., *Ois. Chine*, p. 450. — Sibérie E., Corée, Japon.

10.945. NIGRA (Lin.); Dress., *B. Eur.* VI, p. 309, pl. 406; *fusca*, Briss.; Dubois, *Fnc. Ill.*, *Ois.* II, p. 366, pl. 239; *Melanop. niger*, Rchb.; *chrysopelargus*, Licht. — Europe, à l'E. jusqu'en Mongolie, Chine et Inde; Afrique.

10.946. ABDIMII, Licht., *Verz. Doubl.*, p. 76; Cretzchm. in *Rüpp. Atl.*, p. 11, pl. 8; Empr. et Ehr., *Symb. Phys.*, fol. F, pl. 5; Schl., *Mus. P.-B.*, *Ciconiæ*, p. 5; *sphenorhyncha*, Bp. — Afrique trop., Arabie (accid. Espagne).

1668. DISSOURA

Dissoura, Cab. (1850); *Diplocercus*, Jerd., ex Blyth (1864); *Dissura*, Butl. (1879).

10.947. EPISCOPUS (Bodd.), *Tabl.*, p. 54; *Pl. Enl.* 906; *leucocephala*, Gm.; Schl., *l. c.*, p. 9; *umbellata*, Wagl.; *biclavata*, Hodgs.; *bicaudata*, Tick.; *microscelis*, Gray; *pruyssenaerii*, Heugl., *J. f. O.*, 1863, p. 29. — Afrique tropic., Inde, Ceylan, Indo-Chine, Malacca, îles Indo-Malaises, Célèbes.

3036. *Var.* STORMI (W. Blas.), *Geogr. Ges. u. Naturh. Mus. Lübeck*, II, 1896, p. 90; id., *Orn. Monatsb.*, 1896, p. 180. — Bornéo S.

1669. EUXENURA

Euxenura, Ridgw. (1878).

10.948. MAGUARI (Gm.), *S. N.* I, p. 623; Vieill., *Gal. Ois.*, p. 138, pl. 254; Gould, *B. Eur.* IV, pl. 285; *pillus*, Mol.; *jaburu*, Spix; *dicrura*, Rchw., *J. f. O.*, 1877, p. 169. — Amérique mérid. jusqu'au Chili et Argentine.

1670. ANASTOMUS

Anastomus, Bonn. (1790); *Hians*, Lacép. (1801); *Rynchoschasme*, Herm. (1804); *Empharis*, Raf. (1815); *Chænorhamphe*, Dumt. (1817); *Chenorhamphus*, Gray (1848); *Hiator*, Rchb. (1852).

10.949. OSCITANS (Bodd.), *Tabl.*, p. 55; *Pl. Enl.* 932; Jerd., *B. Ind.* III, p. 765; *coromandeliana*, Gm.; Vieill., *Gal. Ois.* II, p. 133, pl. 251; *pondiceriana*, Gm.; *albus*, *cinereus*, Vieill.; *indicus*, Less.; *typus*, Tem. — Inde, Ceylan, Cochinchine.

10.950. LAMELLIGERUS, Tem., *Pl. Col.* 236; *capensis*, Less. — Afrique tropicale.
3037. *Var.* MADAGASCARIENSIS, M.-Edw., *C. R.* XCI, p. 1037 (1881); id. et Grand., *H. N. Madag.*, p. 519, pl^s 211-14. — Madagascar.

1671. XENORHYNCHUS

Xenorhynchus, Bonap. (1855).

10.951. ASIATICUS (Lath.), *Ind. Orn.* II, p. 670; Hume et Davis., *Str. F.*, 1878, p. 469; *indica*, Lath.; *australis*, Shaw; Gr. et Hardw., *Ill. Ind. Zool.* I, pl. 64; Gould, *B. Austr.* VI, pl. 51; *leucoptera* et *xenorhynchus*, Wagl. — Inde, Birmanie, Malacca, Nouv.-Guin., Australie N.

1672. EPHIPPIORHYNCHUS

Ephippiorhynchus, Bonap. (1855).

10.952. SENEGALENSIS (Shaw), *Tr. Linn. Soc.* V, p. 35, pl. 3; Vieill., *Gal. Ois.* II, p. 139, pl. 255; *ephippiorhyncha*, Tem.; Cretzschm., in *Rüpp. Atl.*, p. 5, pl. 3. — Afrique tropicale.

1673. MYCTERIA

Mycteria, Lin. (1766).

10.953. AMERICANA, Lin.; *Pl. Enl.* 817; Schl., *l. c.*, p. 11; Tacz., *Orn. Pérou*, III, p. 411; *C. mycteria*, Licht. — Amér. mérid. et centr. jusqu'au Texas.

1674. LEPTOPTILUS

Leptoptilos, Less. (1831); *Argala*, Hodgs. (1838); *Cranopelargus*, Glog. (1842); *Osteorophea*, Hodgs. (1844).

10.954. DUBIUS (Gm.), *S. N.* I, p. 624; *argala*, Lath.; Schl., *l. c.*, p. 13; *marabou*, Tem., *Pl. Col.* 300; *migratoria*, Hodgs.; *nudifrons*, Jerd.; *immigratoria*, Hodgs. — Inde, Indo-Chine.
10.955. JAVANICUS (Horsf.), *Tr. Linn. Soc.* XIII, p. 188; Dav. et Oust., *Ois. Chine*, p. 449; *crinita*, Buch.; *capillata*, Tem., *Pl. Col.* 312; *nudifrons*, *cristata*, Mc Clell.; *calva*, Jerd. — Inde, Ceylan, Chine S., Indo-Chine, Malac., gr. îles de la Sonde.
10.956. CRUMENIFERUS, Less. (ex Cuv.), *Traité d'Orn.*, p. 585; Heugl., *Orn. N.-O. Afr.*, p. 1114; *argala*, Tem., *Pl. Col.* 301 et auct. plur. (nec Lath.); *marabou*, Denh. et Clapp.; *vetula*, Sund. — Afrique tropicale.
3038. *Var.* RUPPELLI, Wirth., *Naum.*, 1852, pl. 2, p. 56; Rchw., *J. f. O.*, 1877, p. 165. — Région du Nil Blanc.

FAM. IV. — PHŒNICOPTERIDÆ (1)

1675. PHOENICOPTERUS

Phœnicopterus, Lin. (1766); *Phœnicorodias*, *Phœniconaias*, Gray (1869).

10.957. RUBER (Lin., pt.); Wils., *Am. Orn.* VIII, p. 45, pl. 66; Audub., *B. Am.* VI, p. 169, pl. 375; *bahamensis*, Less.; *americanus*, Max.; *erythræus* (pt.), Verr.; Gray, *Ibis*, 1869, p. 442, pl. 14, f. 6; *glyphorhynchus*, Gr., *l. c.*, pl. 14, f. 5; ?*ignipalliatus*, Berl. — Amérique trop. et subtrop., du Sud des États-Unis au Para et les îles Galapagos.

10.958. ROSEUS, Pall. (ex Barr., 1745), *Zoogr. Rosso-As.* II, p. 207; Dress., *B. Eur.* VI, p. 343, pl. 410; *ruber* (pt.), Lin. et auct. plur.; *major*, Dum.; *europæus*, Sw.; *ignipalliatus*, Gray (nec d'Orb.); *antiquus*, Tem.; *plinii*, Rchb.; *erythræus* (pt.), Verr. et auct. plur.; *platyrhynchus*, *minor*, *pygmæus*, Brm.; *antiquorum*, Gray; *andersoni*, Brooks; *roseus*, *var. parva*, Severtz. — Europe mérid. jusqu'en Asie centr. et le lac Baïkal, Inde, Ceylan, Afrique.

10.959. CHILENSIS, Mol., *Hist. Nat. Chili*, p. 214; *Pl. Enl.* 63; Schl., *Mus. P.-B.*, *Anseres*, p. 117; *ruber* (pt.), Vieill.; *ignipalliatus*, d'Orb. et Géoff. St.-Hil., *Ann. Sc. Nat.* XVII, 1829, p. 454; id., *Mag. de Zool.*, 1832, pl. 2; Tacz., *Orn. Pér.* III, p. 422. — Sud de l'Amér. mérid., au N. jusqu'à l'Uruguay, le Chili et le Pérou central.

10.960. MINOR, Géoffr., *Bull. Sc. Soc. Philom.*, 1798, p. 98, pl., ff. 1, 2, 3; Vieill., *Gal. Ois.* II, p. 183, pl. 273; Tem, *Pl. Col.* 419; *parvus*, Vieill.; *capensis*, Smith; *blythi*, Bp.; *erythræus*, Hartl. et auct. plur. (nec Verr.); *rubidus*, Feild. — Afrique S.-E. et N.-E., Madagascar, Inde N.-W.

1676. PHŒNICOPARRUS

Phœnicoparrus, Bonap. (1856); *Lipocentrus*, Sundev. (1872); *Phœnicoparra*, Stejn. (1885).

10.961. ANDINUS (Philippi), *Anal. Univ. de Chile*, 1854, p. 337; id., *Reise Wüste Atacama*, p. 164, *Zool.*, pl^s 4, 5, f. *a*; Scl., *Argent. Orn.* II, p. 119; Salvad., *Cat. B.*, p. 21. — Chili.

10.962. JAMESI (Rahmer), *Anal. Univ. de Chile*, 1886, p. ?; Sclat., *P. Z. S.*, 1886, p. 399, pl. 36; Salvad., *l. c.*, p. 22; *andinus* (pt.), auct. plur. (nec Philippi). — Tarapacá (Chili), Pérou S.

(1) Voy. : Salvadori, *Catalogue Birds Brit. Mus.* XXVII, pp. 8-22 (1895).

FAM. V. — SCOPIDÆ (1)

1677. SCOPUS

Scopus, Gm. (1788); *Cepphus*, Wagl. (1827).

10.963. UMBRETTA, Gm., *S. N.* I, p. 618; *Pl. Enl.* 796; Schl., *Mus. P.-B.*, *Ciconiæ*, p. 15; Fsch. et Hartl., *Vög. Ostafr.*, p. 727; M.-Edw. et Grand., *H. N. Madag.*, *Ois.*, p. 514, pl. 208; *Cepphus scopus*, Wagl.; *fusca*, Forst. — Afrique trop., Arabie, Madagascar.

FAM. VI. — BALÆNICEPIDÆ

1678. BALÆNICEPS

Balæniceps, Gould, 1851.

10.964. REX, Gould, *P. Z. S.*, 1851, p. 1, pl. 35; Jard., *Contr. Orn.*, 1851, p. 11, pl. 68; Park., *Tr. Z. S.* IV, pp. 269-351, pls 64-67. — Haut-Nil Blanc.

FAM. VII. — ARDEIDÆ

SUBF. I. — ARDEINÆ

1679. ARDEA

Ardea, Lin. (1766); *Lepterodas*, Hemp. et Ehr. (1832); *Demiegretta*, Blyth (1846); *Typhon*, *Agamia*, Rchb. (1852); *Ardeomega*, *Audubonia*, Bonap. (1855); *Florida*, *Hydranassa*, Baird (1858); *Megerodius*, Heine (1860); *Pyrrherodias*, Fch. et Hartl. (1870); *Doryphorus*, Rchw. (1877); *Dichromanassa*, Ridgw. (1878); *Phoyx*, Stejn. (1887); *Glaucerodius*, *Lepterodius*, *Doriponus*, Heine et Rchw. (1890); *Melanophoyx*, Sharpe (1894); *Notophoyx*, Sharpe (1898).

10.965. GOLIATH, Cretzchm., in *Rüpp. Atl.*, p. 39, pl. 36; Tem., *Pl. Col.* 474; *nobilis*, Blyth; *gigantodes*, Licht. — Afrique, Madagascar, ? Inde.

10.966. SUMATRANA, Rafll., *Tr. Linn. Soc.* XIII, 1822, p. 325; Jerd., *B. Ind.* III, p. 740; *typhon*, Tem., *Pl. Col.* 475; *rectirostris*, Gould, *B. Austr.* VI, pl. 54; *robusta*, *nobilis*, Bp.; *temmincki*, Rchb. — Aracan, Ténass., Malac., îles de la Sonde, Célèbes, Australie.

10.967. INSIGNIS, Hodgs., *Icon. ined. Grall.*, pl. 61, f. 2; Sharpe, *Cat.*, p. 70; *nobilis*, Gray (nec Blyth). — Himalaya E.

(1) Voy.: Sharpe, *Catalogue Birds Brit. Mus.* XXVI (1898).

10.968. HUMBLOTI, M.-Edw. et Grand., *Hist. N. Madag., Ois.*, p. 546. — Madagascar E.

10.969. MELANOCEPHALA, Vig. et Childr., in *Denh. et Clapp. Voy.* II, *App.*, p. 201 ; Dress., *B. Eur.* VI, p. 225, pl. 397 ; *atricollis*, Wagl. ; Des M., *Ic. Orn.*, pl. 30. — Afrique (accid. Europe S.)

10.970. COCOI, Lin. ; Tacz., *Orn. Pér.* III, p. 390 ; *cærulescens, coco* et *fuscicollis*, Vieill. ; *plumbea*, Merr. ; *maguari*, Spix, *Av. Bras.*, pl. 90 ; *major*, Fras. ; *palliata*, Hartl. — Amérique mérid.

10.971. CINEREA, Lin. ; Dress., *B. Eur.* VI, p. 207, pl. 395 ; Dubois, *Fne. Ill., Ois.* II, p. 315, pl. 230 ; *major*, Lin. ; *johannæ*, Gm. ; *shenana*, Sand. ; *vulgaris*, Bechst. ; *brag*, Géoff. ; *leucophæa*, Gould ; *cineracea, minor*, etc., Brm. — Europe, Asie, Archipel Indien, Afrique, Madagascar, Australie.

10.972. HERODIAS, Lin. ; Audub., *B. Amer.* VI, p. 122, pl. 369 ; *hudsonius*, Lin. — Amér. du N. et centr., Ant., Vén., Colomb.

3039. *Var.* WURDEMANNI, Baird, *B. N. Am.*, p. 669, pl. 86 ; *occidentalis* (pt.), B., Br. et Rid., *Wat. B. N. Am.*, p. 6. — Floride S.

3040. *Var.* WARDI, Ridgw., *Bull. Nutt. Orn. Cl.* VII, p. 5 ; Ridgw., *Man. N.-Am. B.*, p. 129. — Floride.

10.973. OCCIDENTALIS, Audub., *B. Am.*, pl. 281 ; id., *B. Am.* in-8°, VI, p. 110, pl. 368 ; Ridgw., *Man. N. Am. B.*, p. 128. — Floride S., grandes Antilles.

10.974. PURPUREA, Lin. ; Dress., *B. Eur.* VI, p. 217, pl. 396 ; *purpurascens*, Briss. ; Dubois, *Fne. Ill., Ois.* II, p. 321, pl. 231 ; *rufa, variegata*, Scop. ; *caspia, purpurata, botaurus, badia*, Gm. ; *monticola*, La Peyr. ; *pharaonica*, Bp. — Europe centr. et mér., Asie S.-W., Afrique, Madagascar.

3041. *Var.* MANILLENSIS, Meyen, *Acta Acad. Leop.-Car.* XVI, *Suppl.*, p. 102 ; Sharpe, *Cat.* XXVI, p. 63, pl. 1 ; *purpurea* (pt.), auct. plur. — Inde, Ceylan, Chine, Malacca, gr. îles de la Sonde, Célèbes.

10.975. CÆRULEA, Lin. ; *Pl. Enl.* 349 ; Audub., *B. Am.* VI, p. 148, pl. 372 ; Schl., *Mus. P.-B. Ardeæ*, p. 22 ; ? *thula*, Mol. ; ? *ohula*, Gm. ; *cyanopus*, Gm. ; ? *plumbea*, Brown ; *cærulescens*, Lath. ; *chalybea*, Steph. ; *ardesiaca*, Less. (nec Wagl.) ; ? *nivea*, Gosse ; *poucheti*, Bp. — États-Unis E., Amér. centr., Antilles, Colombie, Vénézuéla, Guyane, Brésil, Ecuador.

10.976. ARDESIACA, Wagl., *Syst. Av., Ardea*, p. 189, sp. 20 ; Schl. et Pol., *Faune de Madag.* II, p. 122 ; *albicollis*, Vieill. (fem.) ; *calceolata*, Du Bus, *Bull. Acad. Brux.* IV, 1838, p. 40, pl. 2 ; *flavimana*, Sund. ; *concolor, puella*, Heugl. — Afrique trop., Madagascar.

3042. *Var.* VINACEIGULA (Sharpe), *Cat. B.* XXVI, p. 105 ; pl. 1ª ; *ardesiaca* (pt.), Gurn., *Ibis*, 1871, p. 264. — Transvaal.

10.977. RUFA, Bodd., *Tabl.*, p. 54; *Pl. Enl.* 902; Schl., *l. c.*, p. 21; ? *æquinoctialis*, Lin.; *rufescens*, Gm.; *pealei*, Bp.; id., *B. Am.* IV, p. 96, pl. 26, f. 1; *cubensis*, Lemb., *Av. Cuba*, p. 84, pl. 13, f. 1. — Sud des États-Unis, Mexique, Guatém., grandes Antilles.

10.978. NOVÆ-HOLLANDIÆ, Lath., *Ind. Orn.* II, p. 701; Gould, *B. Austr.* VI, pl. 53; Schl., *l. c.*, p. 28; Salvad., *Orn. Pap.* III, p. 342; *leucops*, Wagl. — Austr., Nouv.-Zélande, Nouv.-Calédonie, Nouv.-Guinée, Mol.

10.979. PACIFICA, Lath., *Ind. Orn.*, *Suppl.*, p. 65; Jard. et Sel., *Ill. Orn.*, pl. 90; Gould, *B. Austr.* VI, pl. 52; *bullaragang*, Wagl. — Australie.

10.980. ARUENSIS, Gray, *P. Z. S.*, 1858, pp. 188, 197 (*juv.*); Salvad., *Orn. Pap.* III, p. 344; Sharpe, *Cat.*, p. 113, pl. 1[b]; *picata*, Gould (nec Raffl.); id., *B. Austr.* VI, pl. 62; Mey. et Wg., *B. Cel.*, p. 816; *landsbergi*, Schl., *Notes Leyd. Mus.* I, p. 113 (*juv.*); *flavirostris*, Sharpe, *l. c.*, p. 654. — Australie N., Nouv.-Guinée, îles Arou, Ténimber, Timorl., Amboine, Célèbes.

10.981. GULARIS, Bosc, *Act. de la Soc. d'H. N. de Paris*, I, 1792, p. 4, pl. 2; Schl., *l. c.*, p. 23; M.-Edw. et Grand., *H. N. Madag.*, *Ois.*, p. 551; *albicollis*, Vieill. (mas.); *jugularis* (pt.), Less.; *schistacea*, Hempr. et Ehr., *Symb. Phys. Zool.* II, fol. 1, pl. 6; *affinis*, Gray; *cineracea*, Cab. (nec Brm.), *Von der Deck. Reis.* III, p. 49, pl. 17. — Afrique trop., Madagascar.

3043. *Var.* ASHA, Syk., *P. Z. S.*, 1832, p. 157; Jerd., *B. Ind.* III, p. 747; *gularis*, auct. plur. (nec Bosc.) — Asie S.-W., de la Perse jusqu'à Ceyl. (côtes).

10.982. TRICOLOR, P.-L.-S. Müll., *S. N.*, *Anh.*, p. 111; *Pl. Enl.* 350; Sharpe, *l. c.*, p. 126; *leucogaster*, Bodd.; Schl., *l. c.*, p. 9. — Guyane, Brésil, ? Vénézuéla.

3044. *Var.* RUFICOLLIS (Gosse), *B. Jam.*, p. 338, pl. 93 (*juv.*); *ludoviciana*, auct. plur. (nec Gm.); Wils., *Am. Orn.* VIII, p. 13, pl. 64, f. 1; *leucogaster*, d'Orb.; *leucoprymna*, Licht.; *tricolor*, auct. plur. (nec Müll.); *cyanirostris*, Cory. — États-Unis tempér. E., Amérique centrale, Antilles.

10.983. AGAMI, Gm., *S. N.* I, p. 629; *Pl. Enl.* 858 et 859; Tacz., *Orn. Pér.* III, p. 396; *fusca*, Lath.; *gamia*, Sw.; *picta*, Rchb. — Amérique centr., Colombie, Guyane, Amazone, Pérou.

10.984. SACRA, Gm., *S. N.* I, p. 640; *Pl. Enl.* 926; Bull., *B. New Zeal.*, p. 228, pl. 24, f. 1; *novæ-guineæ*, Gm.; *matook*, Vieill.; *nigerrima*, Wagl.; *jugularis*, Forst. et auct. plur.; Schl., *l. c.*, p. 25; *æquinoctialis*, *novæ-hollandiæ*, Forst.; *greyi*, Gray; Gould, *B. Austr.* VI, pl. 61; *concolor*, Blyth; *atra*, Cuv.; *albolineata*, Gray; *andamanensis*, Beav.; *ringeri*, Stejn. — Australie, Nouv.-Zélande, Océanie, Archipel Indien, Asie S.-E., îles Andaman et Nicobar.

1680. HERODIAS

Herodias, Boie (1822); *Garzetta*, Kaup (1829); *Egretta*, Bp. (1830); *Casmerodius*, Glog. (1842); *Leucophoyx, Mesophoyx*, Sharpe (1894).

10.985. ALBA (Lin.); Dress., *B. Eur.* VI, p. 231, pl. 398; Dubois, *Fne. Ill., Ois.* II, p. 323, pl. 232; *candida*, Briss.; *egrettoides*, Gm.; *egretta*, Bechst.; *flavirostris, melanorhynchos*, Wagl.; *modesta*, Gray; *torra*, Frankl.; *orientalis, nigrirostris*, Bp.; *victoriæ*, Macg.; *latiefii* et *brachyrhynchus*, Brm. — Europe S. et centr., Asie centr. et S., Afrique, Madagascar.

3045. *Var.* TIMORIENSIS (Less.), *Traité d'Orn.*, p. 575; Sharpe, *l. c.*, p. 98; *flavirostris*, auct. plur. (nec Vieill.); *longicollis*, Meyen; *syrmatophorus*, Gould, *B. Austr.* VI, pl. 56; *egretta*, auct. plur. (pt., nec Gm.); *alba*, auct. plur. (pt., nec Lin.); *intermedia*, Fsch. (nec Wagl.); *modesta*, Swinh. (nec Gray); *torra*, Salvad. (nec Frankl.) — Chine N., Japon, Formose, Archipel Indien, Nouv.-Guin., Australie, Tasman., Nouv.-Zélande.

10.986. EGRETTA (Gm.), *S. N.* I. p. 629; Wils., *Am. Orn.* VII, p. 106, pl. 61, f. 4; Audub., *B. Am.* VI, p. 132, pl. 370; ?*galatea*, Mol.; ?*thula*, Gm.; *leuce*, Licht.; *americana*, Sw.; *alba* (pt.), auct. plur. (nec L.); *californica*, Bd., Cass. et Lawr. — Amérique tempérée, centr. et mérid. jusqu'en Patagonie.

10.987. INTERMEDIA (Wagl.), *Isis*, 1829, p. 659; Fsch. et Hartl., *Vög. N.-O. Afr.*, p. 686; Mey. et Wg., *B. Cel.*, p. 832; Sharpe, *l. c.*, p. 85; *melanopus*, Wagl.; *egrettoides*, Tem. (nec Gm.); *plumiferus*, Gould; id., *B. Austr.* VI, pl. 57; Sharpe, *l. c.*, p. 87; *brachyrhynchos*, Brm.; Sharpe, *l. c.*, p. 87. — Afrique N.-E., E. et S., Asie mérid., Japon, Arch. Indien, Philipp., Célèbes, Mol., Nouv.-Guin., Austr.

10.988. EULOPHOTES, Swinh., *Ibis*, 1860, p. 64; id., *P. Z. S.*, 1863, p. 320; Mey. et Wg., *B. Cel.*, p. 824, pl. 44; ?*melanopus*, Blyth (nec Wagl.); *nivea* (pt.), Rchw.; *sacra* (pt.), Sharpe; ?*immaculata*, Mey. et Wg. (syn.) — Japon, Formose, Chine S., Ténass., Andam., Céléb., Nouv.-Guin. S., Australie, Tasm.

10.989. GARZETTA (Lin.); Dress., *B. Eur.* VI, p. 239, pl. 399; Dubois, *Fne. Ill., Ois.* II, p. 331, pl. 233; *nivea*, Gm.; *xanthodactyla*, Raf.; *orientalis*, Gray; *jubata, lindermayeri*, Brm.; *nigrirostris*, Hodgs. (nec Gr.) — Europe mérid., Asie centr. et S., Japon, Philipp., Afrique.

3046. *Var.* NIGRIPES (Tem.), *Man. d'Orn.* IV, p. 376 (1840); Sharpe, *l. c.* p. 122; *immaculata*, Gould, *B. Austr.* VI, pl. 58; *garzetta* (pt.), auct. plur.; *melanopus*, Bp. — Java, Archipel Malais, Australie.

10.990. CANDIDISSIMA (Gm.), *S. N.* I, p. 633; Audub., *B. Am.* VI, p. 163, pl. 374; Tacz., *Orn. Pérou*, III, p. 393; *nivea*, Jacq. (nec Gm.); *carolinensis*, Ord.; *lactea*, Less.; ?*thulæ*, Bp. — États-Unis, Amérique centr. et mérid. jusqu'au Chili et Argentine.

1681. BUBULCUS

Bubulcus, Bp. (1854).

10.991. LUCIDUS (Rafin.), *Caratteri*, p. 3; Salvad., *Ucc. Ital.*, p. 243; Sharpe, *Cat.* XXVI, p. 213; *ibis*, Lin. (pt.); *ruficapilla*, Vieill.; *A. bubulcus*, Aud.; Dress., *B. Eur.* VI, p. 245, pl. 400, f. 1; *veranii*, Roux; *russata*, Wagl. (pt.); Gould, *B. Eur.* IV, pl. 278; *coromanda* (pt.), auct. plur. (nec Bodd.); *coromandelica*, Rüpp.; *ruficrista*, Bp. — Europe mérid. jusqu'en Asie centr., Afrique, Madagascar.

10.992. COROMANDUS (Bodd.), *Tabl.*, p. 54; *Pl. Enl.* 910; Schl., *Mus. P.-B.*, p. 30; Dav. et Oust., *Ois. Chine*, p. 441; *coromandeliensis*, Steph.; *affinis*, Horsf.; *flavirostris*, Vieill.; *russata* (pt.), Wagl.; *caboja*, Frankl.; *flavicans*, Hodgs.; *coromandensis*, Bp.; *coromandelianus*, Swinh. — Asie orient., Inde, Ceylan, Moluques, Célèbes, îles de la Sonde, Japon S., Formose, Philipp.

1682. ARDEOLA

Ardeola, Boie (1822); *Buphus*, Boie (1826); *Erythrocnus*, Sharpe (1894).

10.993. RALLOIDES (Scop.), *Ann.* I, p. 88; Dress., *B. Eur.* VI, p. 251, pl. 400, f. 2; Dubois, *Fne. Ill.*, *Ois.* II, p. 335, pl. 234; *marsigli* et *pumila*, Lép.; *comata*, Pall.; *castanea*, Gm.; *grisea*, Bodd. (nec L.); *squaiotta*, *senegalensis*, ?*erythropus*, Gm.; *botaurulus*, Schr.; *griseo-alba*, Bosc; *audax*, Lap.; *deaurata*, Merr.; *illyricus*, Brm.; *subralloides*, Würt.; *leucoptera*, Chapm.; *luteus*, Dod. — Europe mérid. accid. centr., à l'E. jusqu'à la Mer Caspienne, Afrique.

3047. *Var.* IDÆ (Hartl.), *J. f. O.*, 1860, p. 167; *elegans*, Roch et Newt., *Ibis*, 1863, p. 170; *leucoptera*, Schl. (nec Bodd.) — Madagascar.

10.994. GRAYI (Syk.), *P. Z. S.*, 1832, p. 158; Gr. et Hardw., *Ill. Ind. Zool.* II, pl. 48; Sharpe, *l. c.*, p. 207; ?*leucoptera*, Bodd.; ?*malaccensis*, Gm.; *macronata*, Hodgs.; *leucoptera*, auct. plur. — Asie S.-W., Inde, Ceylan, Indo-Chine, Malacca.

10.995. BACCHUS (Bp.), *Consp. Av.* II, p. 127; Sharpe, *l. c.*, p. 211; *leucoptera* (pt.), auct. plur; *prasinoscelis*, Swinh., *Ibis*, 1860, p. 64. — Sibér. E., Japon, Chine, Birm., Malac., Bornéo, Andaman.

10.996. SPECIOSA (Horsf.), *Trans. Linn. Soc.* XIII, p. 189; id., *Zool. Research. in Java*, pl. 62; Mey. et Wg., *B. Cel.*, p. 838; *pseudoralloides*, Brm.; *malaccensis*, Less.; *A. leucoptera speciosa*, Schl. — Java, Lombock, Sumbawa, Sumba, Bornéo, Célèbes.

10.997. RUFIVENTRIS (Sundev.), *Œfvers. K. Vet.-Akad., Stockh.*, 1850, p. 110; Ayres, *Ibis*, 1871, p. 265, pl. 9; *semirufa*, Schl., *l. c.*, p. 35. — Afrique S. jusqu'au Zambèze, Damara.

1683. ARDETTA

Ardetta, Gray (1842); *Erodiscus*, Glog. (1842); *Nannocnus*, Stejn. (1887).

10.998.	MINUTA (Lin.); Dress., *B. Eur.* VI, p. 259, pl. 401; Dubois, *Fne. Ill., Ois.* II, p. 339, pl. 235; *pusillus*, Brm. (nec V.)	Europe centr. et mér., Asie S.-W., Afrique.
3048.	*Var.* PAYESI (Hartl. ex Verr.), *J. f. O.*, 1858, p. 42; Neum., *J. f. O.*, 1898, p. 283.	Afrique W. et S.
3049.	*Var.* PODICEPS (Bp.), *Consp. Av.* II, p. 134; Fsch. et Hartl., *Vög. Ostafr.*, p. 708; M.-Edw. et Grand., *H. Madag. Ois.*, p. 559, pl^s 229^a, 230, 230^a; *minuta* (pt.), auct. plur. (nec Lin.); *australis*, Schl., *l. c.*, p. 39; *pusilla*, Rchw. (nec V.); *podicipes*, Shpe, *l. c.*, p. 225.	Afrique E. et centr., Madagascar.
10.999.	SINENSIS (Gm.), *S. N.* I, p. 642; Schl., *l. c.*, p. 40; Dav. et Oust., *Ois. Chine*, p. 448; *lepida*, Horsf.; *melanophis, melanoptera*, Cuv.; *pulchra*, Hume.	Japon, Corée, Chine, Inde, Ceylan, Indo-Chine, Malacca, Archipel Malais, Nouv.-Guin., Austr.
11.000.	EXILIS (Gm.), *S. N.* I, p. 645; Wils., *Am. Orn.* VIII, p. 37, pl. 65, f. 4; Audub., *B. Am.* VI, p. 100, pl. 366; ? *spadicea*, Gm.	Amér. sept., au N. jusqu'aux gr. lacs, Am. centr., gr. Antilles.
3050.	*Var.* NEOXENA, Cory, *Auk*, 1886, p. 262; Sharpe, *l. c.*, p. 233; *neoxerius*, Scott, *Auk*, 1892, p. 141.	Du Canada E. à la Floride.
11.001.	ERYTHROMELAS (Vieill.), *N. Dict.* XIV, p. 422; Burm., *Th. Bras.* III, p. 413; *exilis* (pt.), Gr., Scl. et Salv.; *variegata*, Léot. (nec Scop.); *involucris*, Tacz. (nec V.), *Orn. Pér.* III, p. 399.	Amérique mérid., de Panama et Guyane au S. du Brésil.
11.002.	PUSILLA (Vieill.), *N. Dict.* XIV, p. 432; Gould, *B. Austr.* VI, pl. 68; *maculata*, Lath. (nec Bodd.) et auct. plur.; *punctata*, Gray; *novæ-zelandiæ*, Purdie.	Australie, Nouv.-Zélande.
11.003.	INVOLUCRIS (Vieill.), *Enc. méth.* III, p. 1127; Scl. et Salv., *P. Z. S.*, 1869, p. 634; Scl. et Huds., *Argent. Orn.* II, p. 101, pl. 17; *exilis* (pt.), Gr.; *erythromelas* (pt.), Hartl., Burm., Rchw.	Brésil S., Paraguay, Chili, Patagonie N., Argentine.
11.004.	CINNAMOMEA (Gm.), *S. N.* I, p. 643; Gr. et Hardw., *Ill. Ind. Zool.*, pl. 66, f. 1 (*juv.*); Schl., *l. c.*, p. 40; Schrenck, *Reis. Amurl.*, p. 447, pl. 14, ff. 1, 2; *nebulosa*, Horsf.	Inde, Ceylan, Nicobar, Sib. E., Chine, Indo-Ch., Form., Phil., Cél., îles de la Sonde.
11.005.	EURHYTHMA, Swinh., *Ibis*, 1873, p. 73, pl. 2; Mey. et Wg., *B. Cel.*, p. 856, pl. 45; *cinnamomea*, Schr., *Reis. Amurl.* II, p. 447, pl. 13, f. 3 (*juv.*); *sinensis*, Tacz. (nec Gm.); *riedeli*, Mey. et Wg.	Japon, Sibérie E., Chine, Cochinchine, Bornéo N., Célèbes N., Java.

1684. ARDEIRALLA

Ardeiralla, Verr. (1855); *Dupetor*, Heine (1890); *Xanthocnus* et *Erythrophoyx*, Sharpe (1894); *Ardeirallus*, Sharpe (1898).

11.006. STURMI (Wagl.), *Syst. Av., Ardea*, p. 191, sp. 37; Gray, *Gen. B.* III, pl. 150; Schl., *l. c.*, p. 45; *gutturalis*, Smith, *Ill. Zool. S. Afr.*, pl. 91; *plumbea*, Sw.; *gularis*, Rchb.; *pusilla*, Heugl. (nec V.); *eulopha*, Heugl., *J. f. O.*, 1862, p. 407. — Afrique trop., Canaries.

11.007. FLAVICOLLIS (Lath.), *Ind. Orn.* II, p. 701; Gr. et Hardw., *Ill. Ind. Zool.* I, pl. 66, f. 2; Jerd., *Ill. Ind. Orn.*, pl. 16; Schl., *l. c.*, p. 45; Salvad., *Orn. Pap.* III, p. 364; *nigra*, Vieill.; *picata*, Raffl.; *australis*, *bilineata*, Less. ex Cuv. — Inde, Ceylan, Chine S. et centr., Indo-Ch., Malacca, gr. îles de la Sonde, Célèbes.

3051. *Var.* GOULDI (Bonap.), *Consp. Av.* II, p. 132; Finsch, *Neu-Guin.*, p. 183; Sharpe, *Cat.*, p. 249; *flavicollis*, Gould, *B. Austr.* VI, pl. 65 (et auct. plur., nec Lath.); *australis*, Schl., *l. c.*, p. 46; *javanica*, Scl. (nec Horsf.) — Australie.

3052. *Var.* NESOPHILA (Sharpe), *Bull. B. O. C.* III, n°XVI, p. 32; id., *Cat. B.* XXVI, p. 250, pl. 3, f. 1; *flavicollis* (pt.), Scl., Finsch. — Archipel Bismarck.

3053. *Var.* MELÆNA (Salvad.), *Atti R. Accad. Sc. Torino*, XIII, 1877-78, p. 1186; id., *Orn. Pap.* III, p. 367; *flavicollis* (pt.), auct. plur.; *melas*, Sharpe, *l. c.*, p. 251, pl. 3, f. 2. — Moluques.

11.008. WOODFORDI, Grant, *P. Z. S.*, 1888, p. 202; Sharpe, *l. c.*, p. 252, pl. 4. — Iles Salomon.

11.009. PRÆTERMISSA (Sharpe), *B. O. Cl.* III, n° XI, p. 4; id., *Cat.*, p. 253, pl. 5. — Batjan, Céram (Moluques).

1685. ZEBRILUS

Zebrilus, Bonap. (1855); *Microcnus*, Rchw. (1877).

11.010. PUMILUS (Bodd.), *Tabl.*, p. 54; *Pl. Enl.* 763; Scl. et Salv., *Nomencl.*, p. 126; Sharpe, *l. c.*, p. 241; Forb., *Bull. Liverp. Mus.* III, pl^s 1, 2; *undulata*, Gm.; Schl., *l. c.*, p. 56; *philippensis*, Gm.; *radiolata*, Wagl. — Guyane, Brésil.

1686. BUTORIDES

Butorides, Blyth (1849); *Ocniscus*, Cab. (1856).

11.011. ATRICAPILLA (Afzel.), *Acta Acad. Stockh.* XXV, 1804, p. 264; Schl., *l. c.*, p. 42; Fsch. et Hartl., *Vög. Ostafr.*, p. 701; *thalassina*, Sw.; *sturmi*, Licht., Brm., Hartl. (nec Wagl.) — Afrique tropicale.

3054. *Var.* RUTENBERGI (Hartl.), *P. Z. S.*, 1880, p. 39; M.-Edw. et Grand., *H. N. Madag.*, p. 557, pl. 227 *d*; *atricapilla* (pt.), Sharpe. — Madagasc., ?Comores.

3055. *Var.* BREVIPES (Hempr. et Ehr.), *Symb. Phys.*, fol. *m*, note 2; Bp., *Consp.* II, p. 129; Sharpe, *l. c.*, p. 278; *atricapilla* (pt.), auct. plur. (nec Afzel.) — Côtes de la mer Rouge, Arabie, Socotra.

11.012. STRIATA (Lin.); *Pl. Enl.* 908; Bd., Br. et Ridgw., *Water. B. N. Am.* I, p. 50; Sharpe, *l. c.*, p. 175; *grisea*, Bodd.; *torquata*, Shaw; *cyanura*, *fuscicollis*, Vieill.; *scapularis*, Licht.; Schl., *l. c.*, p. 42. — Amérique mérid. trop. jusqu'à l'Argentine.

3056. *Var.* ROBINSONI, Richm., *Pr. U. S. Nat. Mus.*, 1895, p. 655. — Ile Margarita.

11.013. JAVANICA (Horsf.), *Tr. Linn. Soc.* XIII, p. 190; Schl., *l. c.*, p. 43; Dav. et Oust., *Ois. Chine*, p. 422; Salvad., *Orn. Pap.* III, p. 359; *chloriceps* vel *virescens*, Hodgs., *Icon. ined. Grallæ*, *App.*, pl. 42; *thalassina*, Kel. (nec Sw.); *atricapilla* (pt.), E. Newt. — Inde, Ceylan, Chine S., Indo-Ch., Malacca, Philippines, îles de la Sonde, Célèbes.

3057. *Var.* AMURENSIS (Schrenck), *Reis. Amurl.* I, p. 441; Sharpe, *Cat.* XXVI, p. 181; *scapularis*, Tem. et Schl., *F. J.*, p. 116 (nec Licht.); *macrorhyncha*, auct. plur. (nec Gould); *javanica*, Swinh. (nec Horsf.); *griseus*, Blak. et Pryer; *schrenkii*, Bogd. — Amour, Japon, Chine (Philippines, Formose, gr. îles de la Sonde en hiver).

3058. *Var.* SPODIOGASTRA, Sharpe, *Bull. B. O. Club*, III, p. 17; id., *Cat.*, p. 182, pl. 2; *javanica* (pt.), auct. plur. — Iles Andaman et Nicobar.

3059. *Var.* STAGNATILIS (Gould), *P. Z. S.*, 1847, p. 221; id., *B. Austr.* VI, pl. 67; *macrorhyncha*, Gould, *l. c.*, pl. 66; *patruelis*, Peale; *viridiceps*, Gray; *javanica* (pt.), auct. plur. — Austr., Nouv.-Guin., Mol., Timor, Flores, îles Salom., Nouv.-Caléd., Fidji, etc.

3060. *Var.* ALBOLIMBATA, Rchw., *Orn. Mon.*, 1900, p. 140. — Iles Chagos.

11.014. SUNDEVALLI (Rchw.), *J. f. O.*, 1877, p. 253; Sharpe, *l. c.*, p. 185; *javanicus*, Scl. et Salv. (1870, nec Horsf.); *plumbea*, auct. plur. (nec Merr.) — Iles Galapagos.

11.015. VIRESCENS (Lin.); *Pl. Enl.* 909 et 912; Audub., *B. Am.* VI, p. 105, pl. 367; Schl., *l. c.*, p. 41; *chloroptera*, *maculata*, Bodd.; *ludoviciana*, Gm. — Amérique du Nord et centr., Vénézuéla, Antilles.

3061. *Var.* FRAZARI (Brewst.), *Auk*, 1888, p. 83. — Basse-Californie.

3062. *Var.* ANTHONYI (Mearns), *Auk*, 1895, p. 257. — Ét.-Unis S.-W., Mex.

3063. *Var.* BAHAMENSIS (Brewst.), *Auk*, 1888, p. 83. — Iles Bahama.

3064. *Var.* SATURATA, Ridgw., *Pr. U. S. Nat. Mus.*, 1887, p. 577. — Ile Swan (mer Caraïbe).

3065. *Var.* BRUNNESCENS (Lemb.), *Av. Cuba*, p. 84; Rchw., *J. f. O.*, 1877, p. 255; *virescens* (pt.), Sharpe. — Cuba.

1687. SYRIGMA

Syrigma, Ridgw. (1878); *Syricter,* Heine et Rchw. (1890).

11.016. SIBILATRIX (Tem.), *Pl. Col.* 271 ; Burm., *Th. Bras.* III, p. 407 ; Schl., *l. c.*, p. 36 ; *cyanocephalus,* Heine et Rchw. (nec Mol.) ; *cyanocephalum,* Sharpe, *l. c.*, p. 170. — Brésil S., Uruguay, Paraguay, Argentine.

1688. NYCTICORAX

Nycticorax, Rafin. (1815) ; *Nyctiardea,* Sw. (1837) ; *Scotæus,* Keys. et Blas. (1840) ; *Nycterodius,* Macg. (1842) ; *Calherodius,* Bp. (1855).

11.017. GRISEUS (Lin.) ; Dress., *B. Eur.* VI, p. 269, pl. 402 ; Dubois, *Fne. Ill., Ois.* II, p. 351, pl. 237 ; *Ard. nycticorax,* Lin. ; *kwakwa* et *ferruginea,* S. Gm. ; *nævia,* Bodd. ; *jamaicensis, hoactli, gardeni, maculata,* Gm. ; *europæus,* Steph. ; *vulgaris, brevipes,* Ehr. ; *orientalis, badius, meridionalis,* Brm. ; *discors,* Nutt. ; *americana,* Bp. ; *ardeola,* Tem. ; *guttatus,* Heugl. ; *ægyptius,* Gurn. — Europe centr. et mér., Asie centr. et mér., Japon, les îles de la Sonde jusqu'à Célèbes, Afrique, Madagascar, Amér. du 50° l. N. à l'Ecuador.

11.018. CYANOCEPHALUS (Molina), *Saggio St. Chili,* p. 260 ; Sharpe, *l. c.*, p. 156 ; *nycticorax,* Kittl., *Kupf. Vög.*, pt. 3, p. 26, pl. 35, f. 1 (nec L.) ; *americanus,* Gould (nec Bp.) ; *gardeni* et *nævius* (pt.), Gr. ; *obscurus,* Licht. ; Schl., *l. c.*, p. 59. — Du Chili à Magellan.

3066. *Var.* TAYAZUGUIRA (Vieill.), *N. Dict.* XIV, p. 417 ; Sharpe, *l. c.*, p. 155 ; *gardeni* (pt.), Gr. et auct. plur. ; *americanus,* Tsch., *Faun. Per.*, pp. 50, 297 (nec Bp.) ; *obscurus,* Scl. et auct. plur. (nec Licht.) ; Tacz., *Orn. Per.* III, p. 406 ; Scl. et Huds., *Arg. Orn.* II, p. 105. — Brésil centr., Pérou jusqu'en Patagonie et les îles Malouines.

11.019. LEUCONOTUS (Wagl.), *Syst. Av., Ardea,* p. 189, sp. 33 ; Heugl., *Orn. N.-O. Afr.*, p. 1088 ; Cab. in *v. d. Deck. Reis.* III, p. 50, pl. 18 ; *cucullata,* Wagl. ; Schl., *l. c.*, p. 60 ; *ocularia,* Müll., *Naum.*, 1851, Heft 4, p. 29. — Afrique tropicale.

11.020. MAGNIFICUS, Grant, *Ibis,* 1899, p. 586 ; id., *P. Z. S.*, 1900, pl. 33. — Haïnan.

11.021. CALEDONICUS (Gm.), *S. N.* I, p. 626 ; Schl., *l. c.*, p. 59 ; Gould, *B. Austr.* VI, pl. 63 ; Mey. et Wg., *B. Cel.*, p. 841 ; *maculata,* Lath. ; *novæ-hollandiæ, australis,* Vieill. ; *sparmanni,* Wagl. ; *ferruginea,* Forst. ; *australasiæ,* Gray ; *manillensis* (pt.), Gr. ; Hartl. et Finsch., *P. Z. S.*, 1872, pp. 89, 117. — Australie, îles de l'Amirauté et Pelew, Célèbes.

3067. *Var.* Crassirostris, Vig., *Voy. Blossom, Zool.*, p. 27; Seeb., *P. Z. S.*, 1889, p. 586; Sharpe, *l. c.*, p. 161; *caledonica*, Kittl., *Kupf. Vög.* III, p. 27, pl. 35, f. 2 (nec Gm.) — Iles Bonin.

11.022. manillensis, Vig., *P. Z. S.*, 1831, p. 98; Fras., *Zool. Typ.*, pl. 66; Schl., *l. c.*, p. 60; Mey. et Wg., *B. Cel.*, p. 845; *caledonica*, Meyen (nec Gm.); *minahassæ*, Mey. et Wg., *J. f. O.*, 1894, p. 115. — Philippin., Bornéo N., Labuan, Célèbes N.

3068. *Var.* Mandibularis, Grant, *P. Z. S.*, 1888, p. 203; Sharpe, *l. c.*, p. 161; *manillensis* (pt.), auct. plur.; *caledonicus*, Salvad., *Orn. Pap.* III, p. 372 (pt., nec Gm.) — Iles Salomon et Archipel Bismarck.

1689. NYCTANASSA

Nycterodius, Rchb. (1852, nec Macg.); *Nyctanassa*, Stejn. (1887).

11.023. violacea (Lin.); *Pl. Enl.* 899; Audub., *B. Am.* VI, p. 89, pl. 364; *jamaicensis*, *cayennensis*, Gm.; *sexsetacea*, Vieill.; *callocephala*, Wagl. — Amér. N.-E. et centr., Antilles, Amér. mérid. jusqu'au Brésil.

11.024. pauper (Scl. et Salv.), *P. Z. S.*, 1870, pp. 323, 327; Sharpe, *Cat.*, p. 134, pl. 1ᶜ; *violaceus*, Gould (nec L.) — Iles Galapagos.

1690. GORSACHIUS

Gorsachius, Puch. (1851); *Gorsakius*, Bp. (1855); *Butio*, Rchw. (1877).

11.025. melanolophus (Raffl.), *Tr. Linn. Soc.* XIII, p. 326; Blyth, *Ibis*, 1865, p. 38, 1867, p. 173; Sharpe, *l. c.*, p. 166; *limnophilax*, Tem., *Pl. Col.* 581; *limnicola*, Rchb.; *typus*, Puch.; *philippensis*, Mart.; *goisagi*, Hartl. et Fsch. (nec Tem.); *kutteri*, Cab. — Assam, Indo-Chine, Inde, Ceylan, îles Nicobar, Andaman, de la Sonde, Philip., Haïnan, Formose.

11.026. goisagi (Tem.), *Pl. Col.* 582; id. et Schl., *Faun. Jap.*, p. 116, pl. 70; *melanolophus*, auct. plur. (nec Raffl.) — Japon (Philippines et Formose en hiver).

1691. BOTAURUS

Botaurus, Briss. (1760); *Butor*, Sw. (1837).

11.027. stellaris (Lin.); Dress., *B. Eur.* VI, p. 281, pl. 403; Dubois, *Fne. Ill., Ois.* II, p. 345, pl. 236; *lacustris*, *arundinaceus*, Brm.; *tarayensis*, Hodgs. — Eur., Asie et Afr., du 59° au 20° env. l. N., plus au S. en Afr.

3069. *Var.* Capensis (Schl.), *Mus. P.-B.*, *Ardeæ*, p. 48; Ayres, *Ibis*, 1869, p. 300; *stellaris* (pt.), auct. plur. (nec Lin.) — Afrique australe.

11.028. POECILOPTILUS (Wagl.), *Syst. Av.*, *Ardea*, sp. 28; Bp., *Consp.* II, p. 135; Bull., *B. New Zeal.* (éd. 2), II, p. 142, pl. 37; *melanotus*, Gray; *australis*, Gould, *B. Austr.* VI, pl. 64; *poiocelopter a*, Hutt.; *pœcilopterus*, Walk. — Australie, Nouv.-Zélande, Nouv.-Calédonie.

11.029. LENTIGINOSUS (Montag.), *Orn. Dict.*, *Suppl.*; Gould, *B. Eur.* IV, pl. 281; Dress., *B. Eur.* VI, p. 289, pl. 404; *stellaris, var.* Gm.; *minor*, Wils.; Audub., *B. Am.* VI, p. 94, pl. 365; *mokoho*, Vieill.; *hudsonius*, Merr.; *americana*, Sw.; *mugitans*, Cab.; *adspersus*, Licht.; *freti hudsonis*, Schl., *l. c.*, p. 49. — Amérique septentr. et centr. jusqu'au 58° l. N. (accidentellement aux îles Britanniques).

11.030. PINNATUS (Wagl., ex Licht.), *Isis*, 1829, p. 663; Schl., *l. c.*, p. 49; Scl. et Salv., *Exot. Orn.*, p. 181, pl. 91; *brasiliensis*, Max. (nec Lin.); *lentiginosus*, Burm., *Th. Bras.* III, p. 408 (nec Mont.) — Brésil, Guyane (accid. Nicaragua).

1692. TIGRISOMA

Tigrisoma, Swains. (1828); *Heterocnus*, *Tigrornis*, Sharpe (1898).

11.031. BRASILIENSE (Lin.); *Pl. Enl.* 790 (*juv.*) et 860; Gr., *List Grall. Br. Mus.*, p. 81; Tacz., *Orn. Pér.* III, p. 401; Rchw., *J. f. O.*, 1877, p. 250; *cocoi* et *lineata*, Bodd.; *lineatum*, Sharpe, *l. c.*, p. 194; *tigrina*, *flava*, Gm. — Guyane, Amazone jusqu'au Pérou, Ecuador, Colombie, Trinidad.

11.032. EXCELLENS, Ridgw., *Pr. U.S. Nat. Mus.*, 1887, p. 595. — Costa-Rica, Honduras.

11.033. MARMORATUM (Vieill.), *N. Dict.* XIV, p. 415; Berl., *J. f. O.*, 1887, pp. 30, 123; Scl. et Huds., *Argent. Orn.* II, p. 104; *bratiliense*, Hartl., White (nec L.); *tigrina*, Hartl. (nec Gm.); *fasciatum*, Salv. (nec Such). — Paraguay, Argentine.

11.034. BAHIÆ, Sharpe, *Cat. B.* XXVI, p. 196, pl. 2ᵃ; *tigrinum*, Bp., *Consp.* II, p. 556 (nec Gm.) — Bahia (Brésil).

11.035. FASCIATUM, Such, *Zool. Journ.* II, p. 117; Scl. et Salv., *Exot. Orn.*, pl. 92; *lineata*, Max. (nec Gm.); Schl., *l. c.*, p. 53. — Brésil S., E.

11.036. SALMONI, Scl. et Salv., *P. Z. S.*, 1875, p. 38, 1879, p. 542; Tacz., *Orn. Pér.* III, p. 402. — Colombie, Ecuador, Pérou.

11.037. CABANISI, Heine, *J. f. O.*, 1859, p. 407; Scl. et Salv., *Exot. Orn.*, p. 95, pl. 48; Schl., *l. c.*, p. 51; *tigrinum*, Scl. (1858-60); *brasiliense*, Moore (nec L.) — Amérique centr., du Mexique à Panama.

11.038. LEUCOLOPHUM, Jard., *Ann. Mag. N. H.*, 1846, p. 86; Hartl., *Orn.-W. Afr.*, p. 225; Schl., *l. c.*, p. 50. — Afrique W.

1693. ZONERODIUS

Zonerodius, Salvad. (1882).

11.039. HELIOSYLUS (Less.), *Voy. Coq., Zool.* I, p. 722, pl. 44; id., *Traité d'Orn.*, p. 572; Salvad., *Orn. Pap.* III, pp. 368, 565; *phaethon*, Rchw. — Nouv.-Guinée, Salawati, ? îles Arou.

1694. COCHLEARIUS

Cochlearius, Briss. (1760); *Cancroma*, Lin. (1766); *Cymbops*, Wagl. (1827).

11.040. CANCROPHAGUS (Lin.); *Pl. Enl.* 38, 869; Heine et Rchw., *Nomencl. Mus. Hein.*, p. 310; *Cancroma cochlearia*, Lin.; Vieill., *Gal. Ois.* II, p. 129, pl. 249; Sharpe, *Cat.*, p. 163. — Amérique mérid. trop.

3070. *Var.* ZELEDONI (Ridgw.), *Pr. U.S. Nat. Mus.*, 1885, p. 93; Stejn., *Stand. Nat. Hist.* IV, p. 178; Sharpe, *l. c.*, p. 165; *cochlearia* (pt.), auct. plur. (nec L.) — Amérique centr. du Mexique à Panama.

ORD. XII. — GRALLATORES

SUBORD. I. — ALECTORIDES (1)

FAM. I. — ARAMIDÆ

1695. ARAMUS

Aramus, Vieill. (1816); *Notherodius*, Wagl. (1829).

11.041. SCOLOPACEUS (Gm.), *S. N.* I, p. 647; *Pl. Enl.* 848; Vieill., *N. Dict.* VIII, p. 301; Audub., *B. Am.*, pl. 377; Tacz., *Orn. Pér.* III, p. 387; *carau*, V.; *gigas*, Licht. (1823); *ardeoides*, Spix; *guarauna*, Max. — Amérique mérid., des Guyane, Vénézuéla et Pérou jusqu'au N. de l'Argentine.

11.042. PICTUS (Bartr.), *Trav. Florida*, p. 291 (1792); Coues, *Pr. Philad. Acad.*, 1875, p. 354; *scolopaceus* (pt.), auct. plur. (nec Gm.); Vieill., *Gal. Ois.* II, p. 134, pl. 252; *giganteus*, Bp., *Journ. Acad. Philad.*, 1825, p. 31 (nec Licht.); *guarauna*, Wagl. (nec Max.); *holostictus*, Cab. — Floride S., Amérique centr., gr. Antilles, Colombie, Ecuador.

(1) Voy. : Sharpe, *Catalogue Birds Brit. Mus.* XXIII (1894).

FAM. II. — EURYPYGIDÆ

1696. EURYPYGA

Eurypyga, Illig. (1811); *Helias*, Rafin. (1815).

11.043. HELIAS (Pall.), *Neue Nord. Beytr.* II, p. 48, pl. 3 (1781); *Pl. Enl.* 782; Illig., *Prodr.*, p. 257; Schl., *Mus. P.-B., Ralli*, p. 73; Tacz., *Orn. Pér.* III, p. 388; *solaris*, Bodd.; *phalænoides*, Vieill.	Vénézuéla, Guyane, Amazone, Bolivie, Brésil.
11.044. MAJOR, Hartl., *Syst. Verz. Mus. Bremen*, p. 108; Schl., *l. c.*, p. 74; Sharpe, *Cat.*, p. 242; *helias*, Scl. et Salv. (nec Pall.)	Amérique centr., Colombie, Ecuador.

FAM. III. — RHINOCHETIDÆ

1697. RHINOCHETUS

Rhinochetus, Verr. et Des M. (1860).

11.045. JUBATUS, Verr. et Des M., *Rev. et Mag. de Zool.*, 1860, p. 440, pl. 21; Bartl., *P. Z. S.*, 1868, p. 115, pl. 12; Sharpe, *l. c.*, p. 246.	Nouv.-Calédonie.

FAM. IV. — GRUIDÆ

1698. GRUS

Grus, Pall. (1767); *Megalornis*, Gray (1841); *Antigone*, Rchb. (1852); *Leucogeranus*, Bp. (1855); *Limnogeranus, Sarcogeranus, Pseudogeranus*, Sharpe (1893).

11.046. COMMUNIS, Bechst., *Naturg. Deutschl.* III, p. 60 (1793); Dress., *B. Eur.* VII, p. 337, pl. 505; Dubois, *Fne. Ill., Ois.* II, p. 308, pl. 229; *A. grus*, L.; *cinerea*, Mey. et W.; *vulgaris*, Pall.; *canorus*, Forst.; *cineracea*, Brm.; *nostras*, Olphe-Gal.	Europe jusqu'au 65° l. N., Afrique N. et N.-E.
3071. *Var.* LILFORDI, Sharpe, *Cat. B. Br. Mus.* XXIII, p. 252; *cinerea* et *communis* (pt.), auct. plur.; *longirostris*, Blyth (nec Tem. et S.); *cineracea*, Severtz., *J. f. O.*, 1875, p. 182 (nec Brm.); *orientalis*, Tegetm. (nec Frankl.)	Sibérie orient. à l'ouest jusqu'à l'Obi, Chine, Inde N.-W.
11.047. CANADENSIS (Lin.); Sw. et Rich., *Faun. Bor.-Am.*, p. 373; Schl., *Mus. P.-B., Ralli*, p. 2; Sharpe, *l. c.*, p. 256; *fusca*, Vieill.; *americana*, Gr. (nec L.); *fraterculus*, Cass. (*juv.*)	Sibérie N.-E., Amér. arct., Alaska, États-Unis W.

3072. *Var.* MEXICANA (P. L. S. Müll.), *S. N., Suppl.*, p. 110; Ridgw., *Pr. U. S. Nat. Mus.*, 1885, p. 356; *pratensis*, Bartr.; *poliophæa*, Wagl.; *americana* (pt.), Audub., *B. Am.*, pl. 261 (*juv.*); *longirostris*, Tem. et Schl., *Faun. Jap.*, p. 117, pl. 72; *canadensis* (pt.), auct. plur.; *schlegeli*, Blyth; *cinerea*, Seeb. (nec Mey. et W.)	États-Unis, Mexique.
11.048. MONACHUS, Tem., *Pl. Col.* 555; Tem. et Schl., *Faun. Jap.*, p. 119, pl. 75; Schl., *l. c.*, p. 4; Dav. et Oust., *Ois. Chine*, p. 434.	Sibérie orient., Chine, Japon.
11.049. NIGRICOLLIS, Przew., in *Rowl. Orn. Misc.* II, p. 436, pl. 9; Tegetm., *Monogr. Cranes*, p. 70, pl. 1; Sharpe, *l. c.*, p. 258.	Kokonoor.
11.050. JAPONENSIS (P. L. S. Müll.), *S. N., Suppl.*, p. 110; Seeb., *B. Japan. Emp.*, p. 351; *viridirostris*, Vieill.; Dav. et Oust., *Ois. Chine*, p. 435; *collaris*, Tem. (nec Bodd.); *montignesia*, Bp.; Scl. in *Wolf's Zool. Sket.*, ser. I, pl. 46; *leucauchen*, Blak. et Pr. (nec Tem.)	Sibérie orient., Corée, Chine, Japon.
11.051. AMERICANA (Lin.); *Pl. Enl.* 889; Audub., *B. Am.* V, p. 188, pl. 313; Schl., *l. c.*, p. 4; Sharpe, *l. c.*, p. 259; *struthio*, Wagl.; *hoyanus*, Dudl.	Amérique du N., du Saskatchewan au Mexique centr.
11.052. LEUCOGERANUS, Pall., *Reis. Russ. Reichs*, II, *Anh.*, p. 714, pl. F; id., *Zoogr.* II, p. 103; Tem., *Pl. Col.* 467; Dress., *B. Eur.* VII, p. 359, pl. 507; *gigantea*, Gm.; *polii*, Yule.	Europe S.-E., Asie centr., Jap., Chine, Inde N.-W.
11.053. ANTIGONE (Lin.); *Pl. Enl.* 865; Schl., *l. c.*, p. 3; *collaris*, Bodd.; Sharpe, *l. c.*, p. 262; *torquata*, Vieill.; *orientalis*, Frankl.	Asie centr., Inde N. et centr.
3073. *Var.* SHARPEI, Blanf., *Bull. Br. O. Cl.* V, 1895, p. 6; id., *Ibis*, 1896, p. 136; *antigone*, Sharpe, *Cat.*, p. 264 (pt., nec Lin.)	Indo-Chine, Malacca.
11.054. AUSTRALASIANA, Gould, *B. Austr.* VI, pl. 48; Schl., *l. c.*, p. 3.	Australie E.
11.055. LEUCAUCHEN, Tem., *Pl. Col.* 449; Dav. et Oust., *Ois. Chine*, p. 435; *antigone*, Pall. (nec Lin.); ? *vipio*, Pall.; Schl., *l. c.*, p. 3.	Japon, Sibérie E. jusque dans la Chine centrale.

1699. BUGERANUS

Bugeranus, Glog. (1842); *Laomedontia*, Rchb. (1852).

11.056. CARUNCULATUS (Gm.), *S. N.* I, p. 643; Vieill., *Gal. Ois.* II, *Suppl.*, pl. 20; Gray, *Gen. B.* III, pl. 149; Heugl., *Orn. N.-O. Afr.*, p. 1253; *palearis*, Forst.	Afr. S., du Benguéla au Zambèze, Afr. E. jusqu'au Choa.

1700. TETRAPTERYX

Anthropoides! Vieill. (1816); *Tetrapteryx,* Thunb. (1818); *Philorchemon,* Glog. (1842); *Scops!* Gray (1845); *Geranus,* Bp. (1854).

11.057. PARADISEA (Licht.), *Cat. Rer. Rariss. Hamb.*, p. 28 (1793); Schl., *l. c.*, p. 6; *capensis,* Thunb.; *stanleyanus,* Vig., *Zool. Journ.*, 1826, p. 234, pl. 8; *caffra,* Fritsch.	Afrique S. du Cap au 20° l. S.
11.058. VIRGO (Lin.); *Pl. Enl.* 241; Naum., *Vög. Deutschl.* IX, p. 386, pl. 232; Dress., *B. Eur.* VII, p. 353, pl. 506; Dav. et Oust., *Ois. Chine,* p. 436; *ornata,* Brm.	Europe S., Asie centr. jusqu'au N. de la Chine et le N.-W. de l'Inde, Afrique N. et N.-E.

1701. BALEARICA

Balearica, Briss. (1760); *Geranarchus,* Glog. (1842).

11.059. PAVONINA (Lin.); Vieill., *Gal. Ois.* II, pl. 257 (*juv.*); Schl., *l. c.*, p. 7; Fsch. et Hartl., *Vög. Ostafr.*, p. 667; *G. balearica,* Vieill.	Afrique W. jusqu'au N.-E. et équator.
3074. *Var.* REGULORUM (Benn.), *P. Z. S.*, 1833, p. 118; Gray, *Knowsl. Menag.*, pl. 13; *Pl. Enl.* 265; *chrysopelargus,* Teget. (nec Licht.); Sharpe, *l. c.*, p. 274 (1); *pavonina,* Chapm. (nec L.)	Afrique S. jusqu'au Zambèze.
3075. *Var.* GIBBERICEPS, Rchw., *J. f. O.*, 1892, p. 125; *regulorum,* Böhm, *J. f. O.*, 1885, p. 52 (nec Ben.); *pavonina,* Rchw., *J. f. O.*, 1887, p. 48 (nec L.); *chrysopelargus,* Shell. (nec Sharpe).	Afrique E.

FAM. V. — PSOPHIIDÆ

1702. PSOPHIA (2)

Psophia, Lin. (1766).

11.060. CREPITANS, Lin.; *Pl. Enl.* 169; Vieill., *Gal. Ois.* III, pl. 162; Tacz., *Orn. Pér.* III, p. 385; Sharpe, *l. c.*, p. 279.	Guyane, Amazone jusqu'à Yquitos.
3076. *Var.* NAPENSIS, Scl. et Salv., *Nomencl. Av. Neotrop.*, pp. 141, 162; Sharpe, *l. c.*, p. 280.	Ecuador.

(1) Le Dr Reichenow fait remarquer que l'*Ardea chrysopelargus,* Licht., ne se rapporte pas à la Grue royale, mais à la *Ciconia nigra,* L. (*Orn. Mon.*, 1898, p. 119.)

(2) Voy. aussi : W. Blasius, *Journ. für Orn.*, 1884, pp. 203-210.

11.061. LEUCOPTERA, Spix, *Av. Bras.* II, p. 67, pl. 84; Gray, *Gen. B.* III, pl. 148; Pelz., *Orn. Bras.*, pp. 299, 455. — Haut-Amazone, Pérou.

3077. *Var.* OCHROPTERA, Pelz. (ex Natt.), *Sitz. k. Akad. Wien*, 1857, p. 371; Scl. et Salv., *P. Z. S.*, 1867, p. 592. — Rio-Négro.

11.062. VIRIDIS, Spix, *Av. Bras.* II, p. 66, pl. 83; Pelz., *Orn. Bras.*, pp. 299, 455; Sharpe, *l. c.*, p. 281. — Amazone.

11.063. OBSCURA, Pelz. (ex Natt.), *Sitz. k. Akad. Wien*, 1857, p. 373; Scl. et Salv., *P. Z. S.*, 1867, p. 592; Scl., *Ibis*, 1898, p. 520, pl. 11; Finsch, *Notes Leyd. Mus.* XX, p. 81; *viridis* (pt.), Sharpe. — Amazone.

11.064. ? CANTATRIX, W. Blas., *J. f. O.*, 1884, p. 203. — Bolivie.

FAM. VI. — CARIAMIDÆ

1703. CARIAMA

Cariama, Briss. (1760); *Microdactylus*, Géoffr. (1809); *Dicholophus*, Illig. (1811); *Lophorhynchus*, Vieill. (1816); *Sariama*, Bp. (1857); *Chunga*, Rchb. (1860); *Chunnia*, Burm. (1861).

11.065. CRISTATA (Lin.); Tem., *Pl. Col.* 237; Sharpe, *Cat. B.* I, p. 42; *marcgravii*, Géoffr., *Ann. du Mus.* XIII, 1809, p. 370, pl. 26; *saurophaga*, Vieill., *Gal. Ois.* II, p. 148, pl. 259. — Brésil, Paraguay.

11.066. BURMEISTERI (Hartl.), *P. Z. S.*, 1860, p. 335; Scl., *P. Z. S.*, 1870, p. 666, pl. 36; Burm., *La-Plata Reis.* II, p. 508. — Argentine N.

FAM. VII. — OTIDÆ

1704. AFROTIS

Lophotis, Rchb. (1849, nec *Lophotes*, Less.); *Afrotis*, Bonap. (1854); *Compsotis*, Heine (1890).

11.067. RUFICRISTA (Smith), *Ill. Zool. S. Afr., B.*, pl. 4; Schl., *Mus. P.-B. Cursores*, p. 5; Shpe, *l. c.*, p. 291. — Afrique S. jusqu'au Transv. et Benguela.

11.068. GINDIANA (Oust.), *Bull. Soc. Phil.*, 1881, p. 163; Sharpe, *l. c.*, p. 292; *fulvicrista*, Cab., *Orn. Centralbl.*, 1882, p. 14; *maculipennis*, Shell. (1889, nec Cab.) — Somaliland, Afrique équatoriale jusqu'au Kilima-Ndjaro.

11.069. AFRA (Forst.), *Icon. ined. in Brit. Mus.*, n° 134; Rchb., *Handb., Gall.*, pl. 254, ff. 2165-67; Sharpe, *l. c.*, p. 294. — Afrique S.

3078. *Var.* Afroides (Smith), *Ill. Zool. S. Afr.*, pl. 19; *leucoptera*, Rchb., *l. c.*, ff. 2168-70; Sharpe, *l. c.*, p. 294; *afra*, Barr. (nec Forst.); *atra*, Bryd.	Afrique S.-E.

1705. HETEROTETRAX

Hèterotis, Sharpe (1893, nec Ehrenb.); *Heterotetrax*, Sharpe (1894).

11.070. vigorsi (Smith), *P. Z. S.*, 1830, p. 11; Schl., *l. c.*, p. 5; Sharpe, *l. c.*, p. 296; *scolopacea*, Tem., *Pl. Col.* 576.	Afrique S.
11.071. ruppelli (Wahlb.), *J. f. O.*, 1857, p. 1; Sharpe, *l. c.*, p. 297; *picturata*, Hartl., *P. Z. S.*, 1865, p. 88, pl. 6.	Afrique S.-W.
11.072. humilis (Blyth), *J. A. S. Beng.*, 1856, p. 305; Fsch. et Hartl., *Vög. Ostafr.*, p. 618.	Somaliland.

1706. OTIS

Otis, Lin. (1766); *Tetrax*, Leach (1816); *Lissotis, Trachelotis*, Rchb. (1849); *Neotis*, Sharpe (1893).

11.073. tarda, Lin.; Dress., *B. Eur.* VII, p. 369, pl. 508; Dubois, *Fne. Ill., Ois.* II, p. 84, pl^{s} 179, 179^{b}; *major*, Brm.; *barbata*, C. Dub.	Europe centr. et mér., Asie centr., Inde N.-W., Afrique N.
3079. *Var.* Dybowskii, Tacz., *J. f. O.*, 1874, p. 331; Bogd., *Consp. Av. Imp. Ross.*, p. 61; Menzb., *Orn. Turkest.*, pl. 64; Sharpe, *l. c.*, p. 286; *tarda* (pt.), auct. plur. (nec Lin.)	Sibérie E., Mandchourie, Corée, Japon.
11.074. tetrax, Lin.; Dress., *l. c.*, p. 382, pl. 509; Dubois, *l. c.*, p. 89, pl^{s} 180, 180^{b}; *campestris*, Leach; *tetrao*, Macg.; *minor*, Brm.	Europe S., Afrique N., Asie centr. jusqu'au N.-W. de l'Inde.
11.075. ludwigi, Rüpp., *Mus. Senck.* II, p. 223, pl. 14; Schl., *l. c.*, p. 7; Shpe, *l. c.*, p. 299; *colei*, Smith.	Afrique S.
11.076. burchelli (Heugl., ex Württ.), *J. f. O.*, 1867, p. 301; id., *Orn. N.-O. Afr.*, p. 943, pl. 31.	Afrique N.-E.
11.077. caffra, Licht., *Cat. Rer. Nat. Hamb.*, p. 36; Schl., *l. c.*, p. 7; Bryden, *Kloof and Karroo*, pl. 14, f. 1; *stanleyi*, Gray; *ruficollis*, Wagl.	Afrique S., à l'Ouest jusqu'au Benguela, à l'Est jusqu'à l'Équateur.
11.078. denhami, Childr., in *Denh. and Clapp. Trav.* II, *App.*, p. 199; Gray, *Gen. B.* III, pl. 141; *caffra* (pt.), Rüpp.; *arabs*, Ant. (nec L.)	Soudan, Kordofan, Sennaar.
11.079. heuglini, Hartl., *Ibis*, 1859, p. 344, pl. 11; Fsch. et Hartl., *Vög. Ostafr.*, p. 613; Sharpe, *l. c.*, p. 303.	Somaliland.
11.080. nuba, Rüpp., *Atl., Vög.*, p. 1, pl. 1; Heugl., *Orn. N.-O. Afr.*, p. 945; Sharpe, *l. c.*, p. 305.	Afrique N.-E.

11.081. MELANOGASTER, Rüpp., *Mus. Senckenb.* II, p. 240; id., *Neue Wirb., Vög.*, p. 16, pl. 7; Schl., *l. c.*, p. 9; Heugl., *Syst. Uebers.*, p. 53. — Afrique tropicale, à l'E. jusqu'au Natal.

11.082. LOVATI (Grant), *Bull. Br. Orn. Club*, X, p. 39; id., *Ibis*, 1900, p. 326. — Abyssinie.

11.083. HARTLAUBI, Heugl., *J. f. O.*, 1863, p. 1; id., *Orn. N.-O. Afr.*, p. 954, pl. 32; Fsch. et Hartl., *Vög. Ostafr.*, p. 616. — Afrique N.-E., E. jusqu'au Natal.

11.084. MACULIPENNIS, Cab., *J. f. O.*, 1868, p. 413; id., in *Vonder Deck. Reis.* III, p. 45, pl. 15; Fsch. et Hartl., *Vög. Ostafr.*, p. 616. — Afrique E.

11.085. CÆRULESCENS, Vieill., *Enc. méth.* I, p. 334; Tem., *Pl. Col.* 532; Schl., *l. c.*, p. 4; *veroxii* et *ferox*, Smith; *cana*, Licht. — Afrique S.

11.086. CANICOLLIS, Rchw., *Orn. Centralbl.*, 1881, p. 79; id., *J. f. O.*, 1881, p. 334; Sharpe, *l. c.*, p. 309. — Afrique N.-E. et E.

11.087. SENEGALENSIS, Vieill., *Enc. méth.* I, p. 333; Heugl., *Orn. N.-O. Afr.*, p. 959; *rhaad*, Rüpp., *Mus. Senckenb.* II, p. 230, pl. 15; *semitorquata*, Heugl. — De Sénégambie à l'Afrique N.-E.

11.088. BARROVII, Gray, in *Griff. An. Kingd., Birds*, III, p. 302; Sharpe, *l. c.*, p. 311; *torquata*, Cuv. (*descr. nulla*); Schl., *l. c.*, p. 4; *senegalensis*, auct. plur. (nec Vieill.); *cærulescens*, Butl., Feild. et Reid (nec Vieill.) — Afrique S., du Natal au Zambèze.

1707. SYPHEOTIS

Sypheotides, Less. (1839); *Comatotis*, Rchb. (1850); *Sypheotis*, Bonap. (1856); *Houbaropsis*, Sharpe (1893).

11.089. INDICA (Gm.), *S. N.* I, p. 725; *aurita*, Lath.; Tem., *Pl. Col.* 533; Less., in *Bélang. Voy.*, pl. 10; Jard. et Sel., *Ill. Orn.*, pl^s 40 (mas.), 92 (fem.); Sharpe, *Cat.*, p. 313; *atriceps*, Gr.; *marmorata*, Gr. et Hardw., *Ill. Ind. Zool.* I, pl. 60; *fulva*, Syk. — Inde.

11.090. BENGALENSIS (Gm.), *S. N.* I, p. 724; Hume et Marsh., *Game B. Ind.* I, p. 23, pl. 5; *delicosa*, Gr. et Hardw., *Ill. Ind. Zool.* I, pl^s 61, 62; *himalayanus*, Gould, *Cent. B. Him.*, pl^s 73-75. — Inde.

1708. HOUBARA

Houbara, Bp. (1831); *Chlamydotis*, Less. (1839).

11.091. MACQUEENII (Gr. et Hardw.), *Ill. Ind. Zool.* II, pl. 47; C. Dub., *J. f. O.*, 1856, p. 301, pl. 3; Dress., *B.* — Asie S.-W. jusqu'au N.-W. de l'Inde

Eur. VII, p. 395, pl. 511; Dubois, *Fne. Ill. Vert. Belg., Ois.* II, p. 95, pl. 181; *O. houbara,* auct. plur. (nec Desf.); *undulata,* Gr. (1863), (nec Jacq.) — (accid. Europe centrale, Belgique).

11.092. UNDULATA (Jacq.), *Beytr.*, p. 24, pl. 9 (1784); Dress., *B. Eur.* VII, p. 391, pl. 510; *O. houbara,* Desf., *Mém. Acad. R. Sc.*, 1787, p. 496, pl. 10; *ornata,* Brm. — Les contrées entourant la Méditerranée, à l'E. jusqu'en Arménie.

3080. *Var.* FUERTAVENTURÆ, Rothsch. et Hart., *Nov. Zool.* I, p. 689, II, p. 54. — Ile Fortaventura (Canaries).

1709. EUPODOTIS

Eupodotis, Less. (1839); *Choristis,* Bp. (1854).

11.093. ARABS (Lin.); Rüpp., *Atlas,* pl. 16; Levaill. jun., *Expl. sc. de l'Alg., Ois.*, pl. 10; Schl., *l. c.*, p. 8; *abyssinica,* Gr.; ?*rhaad,* Lath., *Ind. Orn.* II, p. 660. — Afrique N., N.-E. et Arabie.

11.094. KORI (Burch.), *Trav. S. Afr.* I, pp. 393, 402; Rüpp., *Mus. Senckenb.* II, p. 213, pl. 13; Sharpe, *l. c.*, p. 324; *cristata,* Gray (nec Scop.?) — Afr. S. jusqu'au Benguela à l'O., le Somal. et le Choa à l'E.

11.095. EDWARDSI (Gr. et Hardw.), *Ill. Ind. Zool.* I, pl. 59; Schl., *l. c.*, p. 8; Hume et Marsh., *Game B. Ind.* I, p. 7, pl. 3; *migriceps,* Vig.; Gould, *Cent. B. Himal.*, pl. 72; *leuconiensis,* Gr. — Inde.

11.096. AUSTRALIS (Gray), in *Griff. ed. Cuv., An. Kingd., Birds,* III, p. 305; Schl., *l. c.*, p. 9; *australasiana,* Gould, *B. Austr.* VI, pl. 4. — Australie.

SUBORD. II. — LIMICOLÆ (1)

FAM. VIII. — ŒDICNEMIDÆ

1710. OEDICNEMUS

OEdicnemus, Tem. (1815); *Fedoa,* Leach (1816).

11.097. SCOLOPAX (Gm.), *Reis. Russl.* III, p. 87, pl. 16; Dress., *B. Eur.* VII, p. 401, pl. 512; Dubois, *Fne. Ill., Ois.* II, p. 100, pl. 182; *illyricus,* Pill.; *crepitans,* Tem.; *griseus,* Koch; *europæus,* Vieill.; *belonii,* Roux; *desertorum, arenarius,* Brm.; *indicus,* Salvad.; *senegalensis,* Severtz. (nec Sw.) — Europe centr. et mérid., Asie centrale W., Inde, Birmanie, Ceylan, Afr. N.-E.

3081. *Var.* SAHARÆ, Rchw., *J. f. O.*, 1894, p. 102. — Sahara.

(1) Voy.: Sharpe, *Catalogue Birds Brit. Mus.* XXIV (1896); Seebohm, *The geographical distribution of the Charadriidæ* (1887).

11.098. SENEGALENSIS, Swains., *B. W. Afr.* II, p. 228; Seeb., *Geogr. Distr. Charadr.*, p. 78; *crepitans* (pt.), auct. plur. (nec Tem.); *inornatus*, Salvad.; Heugl., *Orn. N.-O. Afr.*, p. 989. — Sénégambie, Gabon, Afrique N.-E. jusqu'en Égypte.

11.099. VERMICULATUS, Cab., *J. f. O.*, 1868, p. 413; id., in *Von der Deck. Reis.* III, p. 46, pl. 16; Seeb., *Geogr. Distr. Charadr.*, p. 80; *natalensis*, Gr. (*descr. nulla*); *senegalensis* (pt.), auct. plur. (nec Sw.) — Afrique S.E-. et S.-W. jusqu'au Congo, à l'E. jusqu'au Victoria-Nyanza.

11.100. BUTTIKOFERI, Rchw., *Orn. Monatsb.*, 1898, p. 182; *vermiculatus*, Büttik. (nec Cab.) — Libéria (Afrique W.)

11.101. BISTRIATUS (Wagl.), *Isis*, 1829. p. 648; Seeb., *l. c.*, p. 85; *vocifer*, L'Herm., *Magas. de Zool.*, 1837, pl. 84; *americanus*, Sw.; *mexicanus*, Licht. — Amérique centrale et méridionale jusqu'à l'Amazone.

3082. *Var.* DOMINICENSIS, Cory, *Journ. Bost. Zool. Soc.*, 1883, p. 46; id., *Auk*, 1884, p. 4; id., *B. S. Domingo*, p. 140, pl. 19. — Saint-Domingue.

11.102. SUPERCILIARIS, Tschudi, *Arch. f. Naturg.*, 1843, 1, p. 387; Scl. et Salv., *Exot. Orn.*, p. 59, pl. 30; Tacz., *Orn. Pér.* III, p. 333. — Pérou W.

11.103. CAPENSIS, Licht., *Verz. Doubl.*, p. 69; Seeb., *l. c.*, p. 81; *maculosus*, Tem., *Pl. Col.* 292; *macrocnemus*, Licht.; *affinis*, auct. plur. (nec Rüpp.) — Afrique S., S.-W. et E.

3083. *Var.* AFFINIS, Rüpp., *Mus. Senck.* II, p. 210; id., *Syst. Uebers.*, p. 117, pl. 42; Heugl., *Orn. N.-O. Afr.*, p. 990; Seeb., *l. c.*, p. 82. — Afrique N.-E. et équat.

3084. *Var.* DODSONI, Grant, *Ibis*, 1900, p. 193. — Arabie S.

1711. BURHINUS

Burhinus, Illig. (1811).

11.104. GRALLARIUS (Lath.), *Ind. Orn.*, *Suppl.*, p. 66; Rchb., *Av. Syst. Nat.*, p. 17; Gould, *B. Austr.* VI, pl. 5; Seeb., *l. c.*, p. 83; *magnirostris*, Lath. (nec Vieill.); *frenatus*, Lath.; *longipes*, Vieill.; *novæhollandiæ*, Steph.; *giganteus*, Licht.; *australis*, Scl. — Australie.

1712. ESACUS

Esacus, Less. (1831); *Carvanaca*, Hodgs. (1836); *Pseudops*, Hodgs. (1841); *Orthorhamphus*, Salvad. (1874).

11.105. RECURVIROSTRIS (Cuv.), *Règ. An.* I, p. 500; Less., *Tr. d'Orn.*, p. 547; Gray, *Gen. B.* III, pl. 143; *grisea*, Hodgs.; id., *Icon. ined. in Br. Mus.*, *Grallæ*, pl. 45. — Inde, Ceylan, Birmanie, Ténassérim.

11.106. MAGNIROSTRIS (Vieill.), *N. Dict.* XXIII, p. 231 ; Tem., *Pl. Col.* 387 ; Gould, *B. Austr.* VI, pl. 6 ; *major*, Brm. — Australie jusqu'à l'archipel Bismarck et Bornéo.

FAM. IX. — DROMADIDÆ

1713. DROMAS

Dromas, Payk. (1805) ; *Erodia*, Salt (1814).

11.107. ARDEOLA, Payk., *K. Vet.-Akad. Handl. Stockh.*, 1805, pp. 182, 188, pl. 8 ; Tem., *Pl. Col.* 362 ; Sharpe, *Cat.* XXIV, p. 28 ; *amphilensis*, Salt ; *charadrioides*, Jerd. — Les côtes et les îles de la mer Rouge et de l'Océan Indien (Afr. E., Madag., Inde, Ceylan, etc.).

FAM. X. — GLAREOLIDÆ

1714. STILTIA

Stiltia, Bonap. (1856) ; *Rhimphalea*, Heine et Rchw. (1890).

11.108. ISABELLA (Vieill.), *Analyse*, p. 69 ; id., *Gal. Ois.* II, p. 159, pl. 263 ; Salvad., *Orn. Pap.* III, p. 286 ; *grallaria*, Tem. ; Gould, *B. Austr.* VI, pl. 22 ; *australis*, Leach. — Austr., Nouv.-Guinée, Arou, Key, Moluques, Céléb., Flores, Java, Bornéo.

1715. GLAREOLA

Glareola, Briss. (1760) ; *Trachelia*, Scop. (1769) ; *Pratincola*, Degl. (1843, nec Koch) ; *Dromochelidon*, Landl. (1846) ; *Galachrysia*, Bp. (1856) ; *Galactochrysea*, H. et Rchw. (1890).

11.109. PRATINCOLA (Lin.) ; Dress., *B. Eur.* VII, p. 411, pl. 513, f. 1 ; *torquata*, Briss. ; Dubois, *Fne. Ill. Vert. Belg., Ois.* II, p. 143, pl. 192 ; *fusca*, L. ; *austriaca*, *senegalensis*, *nævia*, Gm. ; *natrophila*, Landb. ; *limbata*, Gray. — Europe mérid., Asie centr., Inde N.-W., Afrique.

11.110. MELANOPTERA, Nordm., *Bull. Soc. I. Nat. Moscou*, 1842, p. 314, pl. 2 ; Gould, *B. Asia*, VII, pl. 63 ; Dress., *B. Eur.* VII, p. 419, pl. 513, f. 2 ; *pratincola*, Pall. (nec L.) ; *nordmanni*, Fisch. ; *pallasi*, Bruch. — Europe S.-E., Caucase, Afrique.

11.111. ORIENTALIS, Leach, *Tr. Linn. Soc.* XIII, p. 132, pl. 13 ; Gould, *B. Austr.* VI, pl. 23 ; Salvad., *Orn. Pap.* III, p. 284 ; *torquata*, Jerd. (nec Briss.) ; *thermophila vel longipes*, Hodgs. ; *pratincola*, Radde (nec L.) — Asie orientale jusqu'à l'Inde et Ceylan, archipel Malais, Australie.

11.112. OCULARIS, Verr., *S. Afr. Q. Journ.*, 1833, p. 80; Schl. et Pol., *Faune Madag., Ois.*, p. 130, pl. 38; M.-Edw. et Grand., *H. N. Madag., Ois.*, p. 645, pl[s] 256-58; *geoffroyi*, Puch., *Mag. Zool.*, 1845, pl. 57. — Afrique E., Madagascar.

11.113. MARCHEI, Oust., *Bull. Soc. Philom.*, 1877, p. 104; *megapoda*, Gr. (*descr. nulla*); *nuchalis*, Hartl. (nec Gr.); *G. nuchalis liberiæ*, Schl., *Notes Leyd. Mus.*, 1881, p. 58; Sharpe, *Cat.* XXIV, p. 63, pl. 5, f. 1. — Afrique W., de Libéria au Niger.

11.114. EMINI, Shell., *P. Z. S.*, 1888, p. 49; Seeb., *Geogr. Distr. Charadr.*, p. 209; Sharpe, *l. c.*, p. 64, pl. 5, f. 2. — Afrique équatoriale.

11.115. NUCHALIS, Gray, *P. Z. S.*, 1849, p. 63, pl. 9; Heugl., *Orn. N.-O. Afr.*, p. 984; Seeb., *l. c.*, p. 266. — Haut-Nil Blanc.

11.116. CINEREA, Fras., *P. Z. S.*, 1843, p. 26; Gray, *Gen. B.* III, pl. 144; Seeb., *l. c.*, p. 265. — Afrique W., du Niger au Congo.

11.117. LACTEA, Tem., *Man. d'Orn.* II, p. 503 (1820); id., *Pl. Col.* 399; Gould, *B. Asia*, VII, pl. 64; *orientalis*, Jerd. (nec Leach); *nipalensis vel cinerascens* et *gangetica*, Hodgs. — Inde jusqu'à l'Assam et Manipour, Ceylan.

FAM. XI. — CURSORIIDÆ

1716. ORTYXELUS

Ortyxelus, Vieill. (1834); *Torticella*, *Psilocnemis*, Glog. (1842); *Helortyx*, Agass. (1846); *Oxytelus*, Rchb. (1852).

11.118. MEIFFRENI (Vieill.), *N. Dict.* XXXV, p. 49; Tem., *Pl. Col.* 60, f. 1; Vieill., *Gal. Ois.* II, p. 92, pl. 300; *nivosus*, Sw., *Zool. Ill.* III, pl. 163; *isabellinus*, Heugl., *Syst. Uebers.*, p. 52. — Afrique W., N.-E. et équatoriale.

1717. PLUVIANUS

Pluvianus, Vieill. (1816); *Hyas*, Glog. (1827); *Ammoptila*, Sw. (1837); *Cheilodromas*, Rüpp. (1837).

11.119. ÆGYPTIUS (Lin.); Dress., *B. Eur.* VII, p. 521, pl. 527; *melanocephalus*, Gm.; *africanus*, Lath.; *chlorocephalus*, Vieill.; *charadrioides*, Wagl.; *ægyptiacus*, Brm. — Contrées entourant la Méditerranée, Afrique W. et N.-E.

1718. CURSORIUS

Cursorius, Lath. (1790); *Tachydromus*, Illig. (1811); *Cursor*, Wagl. (1827).

11.120. GALLICUS (Gm.), *S. N.* I, p. 692; Dress., *B. Eur.* VII, p. 425, pl. 514; Dubois, *Fne. Ill., Ois.* II, — Afrique N., Asie S.-W. jusqu'à l'Inde N.-W.,

p. 714, pl. 182[b]; *europæus*, Lath.; *corrira*, Bonn.; *isabellinus*, Mey.; *pallidus, brachydactylus*, Brm.; *jamesoni*, Jerd.; *bogolulovi*, Zarudn. — Iles Canaries et du Cap Vert (accid. Europe, Belgique).

11.121. SOMALENSIS, Shell., *Ibis*, 1885, p. 415; Seeb., *Geogr. Distr. Charadr.*, p. 237, pl. 11. — Somaliland.

11.122. RUFUS, Gould, *P. Z. S.*, 1836, p. 81; id., *Icon. Av.*, pl. 10; Schl., *l. c.*, p. 13; Seeb., *l. c.*, p. 238; *capensis, burchelli*, Sw. — Afrique S.

11.123. COROMANDELICUS (Gm.), *S. N.* I, p. 692; *Pl. Enl.* 892; Gould, *B. Asia*, VII, pl. 65; Seeb., *l. c.*, p. 241; *asiaticus*, Lath.; *orientalis*, Sw.; *taragensis*, Hodgs. — Inde, Ceylan.

11.124. TEMMINCKI, Swains., *Zool. Ill.* II, pl. 106; *senegagalensis*, Licht.; Sw., *B. W. Afr.* II, pl. 24; Seeb., *l. c.*, p. 239. — Afrique trop.

1719. RHINOPTILUS

Rhinoptilus, Strickl. (1850); *Macrotarsius*, Blyth (1848, nec Lacép.); *Chalcopterus*, Rchb. (1852); *Hemerodromus*, Heugl. (1863).

11.125. BICINCTUS (Tem.), *Man. d'Orn.* II, p. 515 (1820); Jard. et Sel., *Ill. Orn.* I, pl. 48; Seeb., *l. c.*, p. 242; *africanus*, Tem.; *collaris*, Vieill.; *grallator*, Leadb. — Afrique S.

3085. *Var.* BISIGNATA (Hartl.), *P. Z. S.*, 1865, p. 87; Sharpe, *Cat.*, p. 45, pl. 1; *gracilis*, Fisch. et Rchw., *J. f. O.*, 1884, p. 178; *bicinctus gracilis*, Seeb., *l. c.*, p. 244. — Afrique E. et S.-W.

3086. *Var.* HARTINGI, Sharpe, *Bull. B. O. C.* III, p. 14; id., *Cat.*, p. 46, pl. 2. — Somaliland.

11.126. CINCTUS (Heugl.), *Syst. Uebers.*, p. 54; id., *Orn. N.-O. Afr.*, p. 792; Seeb., *l. c.*, p. 245; Sharpe, *Cat.*, p. 46, pl. 3, f. 2; *bicinctus* (pt.), Schl., Salvad. — Afrique N.-E. et E.

3087. *Var.* SEEBOHMI, Sharpe, *Bull. B. O. C.* III, p. 13; id., *Cat.*, p. 47, pl. 3, f. 1; *cinctus* (pt.), auct. plur. (nec Heugl.); Seeb., *l. c.*, p. 245 (pt.), pl. 12. — Afrique S.-W.

11.127. CHALCOPTERUS (Tem.), *Pl. Col.* 298; Sharpe, *Cat.*, p. 48, pl. 4, f. 1; *temmicki*, Rchb.; *superciliaris*, Heugl., *J. f. O.*, 1865, p. 98. — De Sénégamb. au N.-E. de l'Afrique, Afr. E., S. et S.-W.

3088. *Var.* ALBOFASCIATA, Sharpe, *Bull. B. O. C.* III, p. 14; id., *Cat.*, p. 49, pl. 4, f. 2; *chalcopterus* (pt.), auct. plur. — Natal, Transvaal, Damara, Benguéla.

11.128. BITORQUATUS (Blyth), *J. A. S. Beng*, 1848, p. 254; Jerd., *B. Ind.* III, p. 628; Seeb., *l. c.*, p. 247, pl. 13. — Inde centr.

FAM. XII. — CHARADRIIDÆ (1)

SUBF. I. — HÆMATOPODINÆ

1720. HÆMATOPUS

Hæmatopus, Lin. (1758); *Ostralega*, Briss. (1760); *Melanibyx*, Rchb. (1852).

11.129. OSTRALEGUS, Lin.; Dress., *l. c.* VII, p. 567, pl. 533; Dubois, *l. c.* II, p. 137, pl. 190; *pica*, Scop.; *europæa, vulgaris*, Less.; *bathicus, orientalis*, Brm. — Europe, Asie S.-W. et centr., Afr. N. et E. jusqu'au Mozamb.

11.130. OSCULANS, Swinh., *P. Z. S.*, 1871, p. 405; Dav. et Oust., *Ois. Chine*, p. 432; Seeb., *l. c.*, p. 303; *ostralegus* (pt.), auct. plur. (nec L.); *longirostris* (pt.), Swinh. (1863). — Sibérie E., Kamtschatka, Japon, Formose, Chine, Birmanie.

11.131. LONGIROSTRIS, Vieill., *N. Dict.* XV, p. 410; Gould, *B. Austr.* VI, pl. 7; Seeb., *l. c.*, p. 304; *picatus*, Vig.; *australasianus*, Gould; *finschi*, Mart., *Orn. Monatsb.*, 1897, p. 190 (aberr.) — Australie, Tasmanie, Nouv.-Zél., Nouv.-Guin. et Moluques.

11.132. REISCHEKI, Rothsch., *Ibis*, 1900, p. 181. — Nouv.-Zél. (Kaiparu).

11.133. LEUCOPUS (Garn. et Less.), *Voy. Coq.* I, p. 721; Seeb., *l. c.*, p. 306; *leucopodus*, Garn.; *luctuosus*, Cuv.; *arcticus*, Jard., ed. *Wils. Am. Orn.* III, p. 35, pl. 64; id. et Selby, *Ill. Orn.*, pl. 125. — Magellan, îles Malouines.

11.134. PALLIATUS, Tem., *Man. d'Orn.* II (1829), p. 532; Audub., *B. Am.* V, p. 236, pl. 324; Jard. et Scl., *Ill. Orn.*, pl. 7; Seeb., *l. c.*, p. 305; *ostralegus*, Wils. (nec L.); *brasiliensis*, Licht. — États-Unis, Amérique centr., Antilles, Amér. mérid. jusqu'au S. du Brésil.

3089. *Var.* GALAPAGENSIS, Ridgw., *Auk*, 1886, p. 331; Sharpe, *l. c.*, p. 116; *palliatus*, Scl. et Salv. (nec Tem.); *leucopus galapagensis*, Seeb., *l. c.*, p. 307. — Iles Galapagos.

3090. *Var.* FRAZARI, Brewst., *Auk*, 1888, p. 84; Sharpe, *l. c.*, p. 117; *palliatus* (pt.), Scl. et Salv.; Tacz., *Orn. Pér.* III, p. 350. — Du S. de la Californie jusqu'au Chili, îles Tres-Marias.

3091. *Var.* DURNFORDI, Sharpe, *Cat. B.* XXIV, p. 117, pl. 6; *palliatus* (pt.), Durnf.; Scl. et Huds., *Arg. Orn.* II, p. 176. — Patagonie.

11.135. UNICOLOR, Wagl., *Isis*, 1832, p. 1230; Gray, *Voy. Er. and Terr. B.*, p. 12, pl. 10; Seeb., *l. c.*, p. 308; *fuliginosus*, Gould, *B. Austr.* VI, pl. 8; *niger*, Ellm.; *ophthalmicus*, Rams. — Australie, Nouv.-Zélande.

(1) Voy. aussi : Seebohm, *The Geographical distribution of the Charadriidæ* (1887).

3092. *Var.* Capensis (Licht.), *Verz. Doubl.*, p. 73; Seeb., *l. c.*, p. 309; *niger*, auct. plur. (nec Pall.); Gray, *Gen. B.* III, pl. 146; *moquini*, Bp.; Heugl., *Orn. N.-O. Afr.*, p. 1041; Sharpe, *l. c.*, p. 119. — Afrique, Canaries, Madeire.

11.136. niger, Pall., *Zoogr. Rosso-As.* II, p. 131; Seeb., *l. c.*, p. 310; Sharpe, *l. c.*, p. 120; *bachmani*, Audub., *B. Am.* V, p. 243, pl. 325. — Amér. N.-W. des îles Aléoutes et de l'Alaska jusqu'en Calif.

3093. *Var.* Atra (Less.), *Traité d'Orn.*, p. 548; Vieill., *Gal. Ois.* II, p. 88, pl. 230; Seeb., *l. c.*, p. 311; *niger*, Q. et G. (nec Pall.); *townsendi*, Audub., *B. Amer.*, pl. 427, f. 3; id., *B. Am.* V, p. 245, pl. 326. — Du S. du Pérou jusqu'en Patagonie (côte W.) et îles Malouines.

SUBF. II. — CHARADRIINÆ

1721. OREOPHILUS

Oreophilus, Jard. et Selby (1835); *Dromicus*, Less. (1844).

11.137. ruficollis (Wagl.), *Isis*, 1829, p. 653; Tacz., *Orn. Pér.* III, p. 347; Scl. et Huds., *Argent. Orn.* II, p. 174; *totanirostris*, Jard. et Sel., *Ill. Orn.* III, pl. 151; Seeb., *l. c.*, p. 111, pl. 4; *lessoni*, Bp. — Pérou, Chili, Argentine, Patagonie, Malouines.

1722. ERYTHROGONYS

Erythrogonys, Gould (1837).

11.138. cinctus, Gould, *P. Z. S.*, 1837, p. 155; id., *B. Austr.* VI, pl. 21; *rufiventer*, Less.; *rufiventris*, Seeb., *l. c.*, p. 108. — Australie.

1723. SARCIOPHORUS

Sarciophorus, Strickl. (1841); *Xiphidiopterus*, *Tylibyx*, Rchb. (1852); *Lobipluvia*, Bp. (1856); *Dilobus*, Heine et R. (1890); *Zonifer*, *Anomalophrys*, Shpe (1896).

11.139. tectus (Bodd.), *Tabl.*, p. 51; *Pl. Enl.* 834; Seeb., *l. c.*, p. 197; *pileatus*, Gm.; Schl., *Mus. P.-B.*, *Cursores*, p. 65. — Sénégambie, Afrique N.-E.

3094. *Var.* Latifrons, Rchw., *J. f. O.*, 1881, p. 334; id., *Vög. Deusch Ost-Afr.*, p. 36. — Du Somalil. à la région du Teita (Afrique E.)

11.140. tricolor (Vieill.), *N. Dict.* XXVII, p. 147; Strickl., *P. Z. S.*, 1841, p. 33; *pectoralis*, Wagl.; Gould, *B. Austr.* VI, pl. 11; Seeb., *l. c.*, p. 200; *vanelloides*, Peale. — Australie, Tasmanie.

11.141. SUPERCILIOSUS (Rchw.), *J. f. O.*, 1886, p. 116, pl. 3, f. 2, 1890, p. 107, 1891, p. 372; Shpe, *l. c.*, p. 156. — Afr. W. du Togoland au Congo et le Tangan.

11.142. MELANOCEPHALUS (Rüpp.), *Syst. Ueb.*, p. 115, pl. 44, Seeb., *l. c.*, p. 194; Sharpe, *l. c.*, p. 153. — Afrique N.-E.

11.143. ALBICEPS (Gould), *P. Z. S.*, 1834, p. 45; Fras., *Zool. Typ.*, pl. 64; Seeb., *l. c.*, p. 195, pl. 8; *speciosus*, Antin. — Afr. W. de Libéria au Congo, à l'E. jusqu'au Nil Blanc.

11.144. MALABARICUS (Bodd.), *Tabl.*, p. 53; *Pl. Enl.* 880; Seeb., *l. c.*, p. 198; Sharpe, *l. c.*, p. 130; *bilobus*, Gm.; *myops*, Less.; *fuscus*, Hodgs, *Icon. ined. Grall.*, pl. 50. — Inde, Ceylan.

1724. LOBIVANELLUS

Lobivanellus, Strickl. (1841); *Sarcogrammus*, Rchb. (1852); *Lobibyx*, Heine et Rchw. (1890); *Microsarcops*, Sharpe (1896).

11.145. LOBATUS (Lath.), *Ind. Orn., Suppl.*, p. 65; Gould, *B. Austr.* VI, pl. 9; Seeb., *l. c.*, p. 190; *novæ-hollandiæ*, Steph.; *gallinaceus*, Wagl.; *personatus*, Kirk (nec Gould). — Australie.

11.146. MILES (Bodd.), *Tabl.*, p. 51; *Pl. Enl.* 835; Schl., *l. c.*, p. 66; *ludoviciana*, Gm.; *callæas*, Wagl.; *personatus*, Gould, *B. Austr.* VI, pl. 10; Seeb., *l. c.*, p. 188. — Australie, Nouv.-Guinée, îles Arou et Moluques.

11.147. SENEGALUS (Lin.); *Pl. Enl.* 362; Schl., *l. c.*, p. 68; *senegalensis*, Müll.; Heugl., *Orn. N.-O. Afr.*, p. 1000; Seeb., *l. c.*, p. 191; *albicapillus*, Vieill.; id., *Gal. Ois.* II, p. 100, pl. 236; *strigilatus*, Sw. — Afrique W. et N.-E.

11.148. LATERALIS (Smith), *Ill. Zool. S. Afr. B.*, pl. 23; Fsch. et Hartl., *Vög. Ostafr.*, p. 643; Seeb., *l. c.*, p. 193; *senegalensis*, Kirk (nec L.). — Afrique S.-W. et S.-E. jusqu'au Vict.-Nyanza et le Benguéla.

11.149. CUCULLATUS (Tem.), *Pl. Col.* 505; Seeb., *l. c.*, p. 187; Sharpe, *l. c.*, p. 148; *tricolor*, Horsf. et auct. plur. (nec V.); *macropterus*, Wagl. — Java, Sumatra, Bornéo, Timor.

11.150. INDICUS (Bodd.), *Tabl.*, p. 50; *Pl. Enl.* 807; Schl., *l. c.*, p. 68; Seeb., *l. c.*, p. 184; *goensis*, Gm.; Gould, *Cent. B. Him.*, pl. 78; *atrogularis*, Wagl. — Arabie, Asie S.-W., Inde, Ceylan.

3095. *Var.* ATRONUCHALIS, Jerd., *B. Ind.* III, p. 648; Seeb., *l. c.*, p. 186; Sharpe, *l. c.*, p. 152. — Indo-Chine, Malacca, Sumatra.

11.151. CINEREUS (Blyth), *J. A. S. Beng.*, 1842, p. 587; id., *Cat. B. Mus. As. Soc.*, p. 261; Schl., *l. c.*, p. 69; Seeb., *l. c.*, p. 183; *inornatus*, Tem. et Schl., *Faun. Jap.*, p. 106, pl. 63. — Asie orient., Japon, à l'Ouest jusqu'au Bengale.

1725. HOPLOPTERUS

Hoplopterus, Bonap. (1831); *Hoploxypterus*, Bonap. (1856).

11.152. SPINOSUS (Lin.); *Pl. Enl.* 801; Dress., *B. Eur.* VII, p. 539, pl. 530; Seeb., *l. c.*, p. 219; *persicus*, Bonn.; *senegalensis*, Steph. (nec L.); *cristatus*, Steph. (nec Mey.); *melasomus*, Sw., *B. W. Afr.* II, p. 237, pl. 26; *armatus*, Brm.	Europe S.-E., Afrique W., N.-E. et E.
11.153. VENTRALIS (Wagl.), *Syst. Av.*, *Charadrius*, p. 59, sp. 11; Gray et Hardw., *Ill. Ind. Zool.* I, pl. 50; *duvaucellii*, Less.; *bicolor*, Tem.	Inde, Indo-Chine, Haïnan.
11.154. SPECIOSUS (Wagl.), *Isis*, 1829, p. 649; Finsch et Hartl., *Vög. Ostafr.*, p. 639; Seeb., *l. c.*, p. 221; *albiceps*, Tem., *Pl. Col.* 526 (nec Gd.); *armatus*, Jard. et Sel., *Ill. Orn.* I, pl. 54.	Afrique S.-E. et E.
11.155. CAYANUS (Lath.), *Ind. Orn.* II, p. 749; *Pl. Enl.* 833; Tacz., *Orn. Pér.* III, p. 335; Seeb., *l. c.*, p. 229, pl. 10; *stolatus*, Wagl.; *spinosus*, Max. (nec L.)	Amérique méridionale jusqu'au S. du Brésil.

1726. BELONOPTERUS

Belonopterus, Rchb. (1852).

11.156. CAYENNENSIS (Gm.), *S. N.* I, p. 706; *Pl. Enl.* 836; Seeb., *l. c.*, p. 216; Sharpe, *l. c.*, p. 163; *lampronotus*, Wagl.	Amér. mérid. de la Colombie et la Guyane jusqu'à l'Uruguay.
3096. *Var.* CHILENSIS (Mol.), *Sag. St. Chili*, p. 239; Seeb., *l. c.*, p. 218; *cayennensis*, auct. plur. (nec Gm.); *occidentalis*, Harting, *P. Z. S.*, 1874, p. 451; *griseescens*, Praz., *Orn. Monatsb.*, 1896, p. 23.	Pérou, Chili, Patagonie, îles Malouines.

1727. PTILOSCELIS

Ptiloscelis, Bonap. (1856).

11.157. RESPLENDENS (Tschudi), *Arch. f. Nat.*, 1843, p. 388; id., *Faun. Per.*, pp. 49, 295; Tacz., *Orn. Pér.* III, p. 336; Seeb., *l. c.*, p. 228; *ptiloscelis*, Gray, *Gen. B.* III, pl. 145.	Amérique S.-W. de l'Ecuador au Chili.

1728. VANELLUS

Vanellus, Briss. (1760).

11.158. CAPELLA, Schaeff., *Mus. Orn.*, p. 49 (1789); Bd., Br. et Ridgw., *Water. B. N. Am.* I, p. 130; *T.*	Europe, Asie et Afrique, entre le 65° et

vanellus, Lin.; *vulgaris*, Bechst.; Dress., *B. Eur.* VII, p. 545, pl. 531; Dubois, *Fne. Ill. Vert. Belg.*, *Ois.* II, p. 129, pl. 189; *cristatus*, Mey. et Wolf; *gavia*, Leach; *bicornis*, etc., Brm.; *candidus*, *pallidus*, *varius*, Naum. (aberr.) — le 30° l. N.

1729. CHÆTUSIA

Chætusia, Bonap. (1841); *Hemiparra*, De Fil. (1865); ***Defilippia***, **Salvad. (1865, nec Lioy, 1864)**; *Limnetes*, Fsch. et Hartl. (1870); *Nomusia*, Heugl. (1873); *Eurypterus*, Sharpe (1896, nec De Kay, 1826); *Euhyas*, Sharpe (1896, nec Fitz., 1843); *Zapterus*, Oberh. (1899).

11.159. GREGARIA (Pall.), *Reis. Russ. Reichs*, I, p. 456; Dress., *B. Eur.* VII, p. 527, pl. 528; Seeb., *l. c.*, p. 211; *fasciata*, Gm.; *keptuschka*, Lepech.; *coronatus*, Rüpp.; *ventralis*, Jerd. (nec Wagl.); *pallidus*, Heugl.; *wagleri*, Gr. — Europe S.-E., Asie centrale jusqu'à l'Altaï, Inde, Afrique N.-E.

11.160. LEUCURA (Licht.), *Verz. Doubl.*, p. 70; Dress., *B. Eur.* VII, p. 531, pl. 529; Seeb., *l. c.*, p. 213; *villotæi*, Sav., *Descr. Eg.*, pl. 6, f. 2; *flavipes* et *grallarius*, Less.; *aralensis*, Eversm. — Europe S.-E., Asie S.-W. jusqu'à l'Inde, Égypte.

11.161. CRASSIROSTRIS, De Fil., in Hartl., *J. f. O.*, 1855, p. 427; De Fil., *Atti Soc. Ital. Sc. N.*, 1865, p. 370; Heugl., *Orn. N.-O. Afr.*, p. 994, pl. 33; Seeb., *l. c.*, p. 214; Sharpe, *l. c.*, p. 126, pl. 7, f. 2; *macrocercus*, Heugl.; *nivifrons*, Ogd. — Afrique N.-E. et du Haut-Nil Blanc jusqu'au Victoria Nyanza.

11.162. LEUCOPTERA (Rchw.), *J. f. O.*, 1889, p. 265; Sharpe, *l. c.*, p. 127, pl. 7, f. 1; *crassirostris*, auct. plur. (nec De Fil.); *albiceps*, Hol. et Pelz. (nec Gd.); *burrowsii*, Sharpe. — Afrique S.-E. et E.

1730. STEPHANIBYX

Stephanibyx, Rchb. (1852).

11.163. CORONATUS (Bodd.), *Tabl.*, p. 49; *Pl. Enl.* 800; Schl., *l. c.*, p. 82; Seeb., *l. c.*, p. 222; *atricapillus*, Gm.; *dinghami*, Verr. — Afrique S.-W., S. et E. jusqu'au Somaliland et le Choa.

11.164. MELANOPTERUS (Cretzschm.), in Rüpp., *Atlas*, p. 46, pl. 31; Heugl., *Orn. N.-O. Afr.*, p. 1010; Seeb., *l. c.*, p. 224; *spixii*, Wagl.; *frontalis*, Sundev.; *inornatus*, Shell. (nec Sw.) — Afrique N.-E. et E., Arabie.

11.165. INORNATUS (Sw.), *B. W. Afr.* II, p. 239; Schl., *l. c.*, p. 63; Seeb., *l. c.*, p. 225; Bocage, *Orn. Angola*, p. 425; *melanopteroides*, Tem. — De Libéria au Congo, et du Natal à Zanzibar.

1731. SQUATAROLA

Squatarola, Leach (1816).

11.166. HELVETICA (Lin.); Dress., *B. Eur.* VII, plˢ 517-519; Dubois, *Fne. Ill., Ois.* II, p. 125, pl. 184; *varia* et *squatarola*, Lin.; *hypomelas*, *pardela*, Pall.; *nævius*, Gm.; *melanogaster*, Bechst.; *apricarius*, Wils. (nec L.); *grisea*, Leach; *cinerea*, Flem.; *wilsoni*, Licht.; *longirostris*, etc., Brm.; *rhynchochomega*, Bp.; *subtridactyla*, Gr.; *megalorhynchus*, Rchw.; *australis*, Olphe-Gal.
Presque cosmopolite.

1732. CHARADRIUS

Charadrius, Lin. (1758); *Pluvialis*, Briss. (1760); *Ochthodromus*, Rchb. (1852); *Cirrepidesmus*, *Pluviorhynchus*, Bonap. (1856); *Podasocys*, Coues (1866); *Hyetoceryx*, Heine (1890).

11.167. PLUVIALIS, Lin.; Dress., *B. Eur.* VII, p. 435, pl. 515, f. 1; *apricarius*, L.; *aureus*, Briss.; Dubois, *Fne. Ill., Ois.* II, p. 105, pl. 183; *auratus*, Suck.; *altifrons*, Brm.
Europe et Asie occidentale jusqu'à la Nouvelle-Zemble et l'Islande.

11.168. DOMINICUS, P. L. S. Müll., *S. N., Anhang.*, p. 116; *pluvialis*, Wils., *Am. Orn.* VII, p. 71, pl. 59, f. 5 (nec L.); *virginicus*, Licht.; Baird, *B. N. Am.*, p. 690; *marmoratus*, Wagl.; *americanus*, Schl., *l. c.*, p. 53; Seeb., *l. c.*, p. 100.
Amérique septentrionale, centrale et méridionale jusqu'au Chili, Antilles.

3097. *Var.* FULVA, Gm., *S. N.* I, p. 687; Dress., *B. Eur.* VII, p. 443, plˢ 516, 517, ff. 2, 3; *xanthocheilus*, Wagl.; Gould, *B. Austr.* VI, pl. 13; *taitensis*, Less.; *glaucopus*, Licht.; *orientalis* et *longipes*, Tem.
Asie orientale, Japon, Archipel Indien, Australie, Océanie.

14.169. OBSCURUS, Gm., *S. N.* I, p. 686; Bull., *B. New Zeal.*, p. 208; Seeb., *l. c.*, p. 151, pl. 6; Bull., *B. New Zeal.*, 2ᵉ éd., II, p. 1, pl. 25, f. 1; *glareola*, Licht.
Nouvelle-Zélande.

11.170. BICINCTUS, Jard. et Sel., *Ill. Orn.* I, pl. 28; Schl., *l. c.*, p. 37; Bull., *l. c.*, p. 9; Seeb., *l. c.*, p. 149.
Austr., Tasmanie, îles Norfolk, Lord Howe.

11.171. WILSONI, Ord., in *Wils. Am. Orn.* IX, p. 77, pl. 73, f. 5; Seeb., *l. c.*, p. 154; *wilsonius*, Vieill.; Audub., *B. Am.* V, p. 214, pl. 319; *crassirostris*, Spix; *rufinuchus*, Ridgw.
Amérique N.-E., centrale et méridionale jusqu'au Pérou et Brésil.

11.172. GEOFFROYI, Wagl., *Syst. Av.*, *Charadr.*, p. 61, nº 19; Kittl., *Kupfert. Vög.*, p. 26, pl. 34, f. 2; Heugl., *Orn. N.-O. Afr.*, p. 1020, pl. 34, f. 3; *leschenaulti*, Less.; *columbinus*, Wagl.; *griseus*,
Asie orientale, Japon, Formose, Haïnan, Chine, Inde, Archipel Malais, Austra-

Less.; *rufinus*, Blyth; *inornata* (pt.), Gould, *B. Austr.* VI, pl. 19; *fuscus*, Puch.; *gigas*, Brm.; *asiaticus*, Tristr. (nec Pall.); *crassirostris*, Severtz. (nec Spix); *magnirostris*, Severtz. — lie, Afrique, Madagascar.

11.173. MONGOLICUS, Pall., *Zoogr.* II, p. 136; Middend., *Reis. Sibir.*, *Zool.*, p. 211, pl. 19, ff. 2, 3; Seeb., *l. c.*, p. 147; *mongolus*, Pall., *Reis. R. R.* III, p. 700; Sharpe, *l. c.*, p. 223; *cirrhepidesmus*, *gularis*, Wagl.; *sanguineus*, Less.; *inornata*, Gould, *B. Austr.* VI, pl. 19 (fig. de droite); *mastersi*, Rams. — Asie N.-E., côtes de la mer de Béring, Alaska, Chine, Japon, Archipel Malais, Australie.

3098. *Var.* PYRRHOTHORAX, Gould, *B. Eur.* IV, pl. 299; Sharpe, *Cat.*, p. 226; *leschenaulti* (nec Less.) et *rufinellus*, Blyth; *subrufinus*, Hodgs.; *ruficollis*, Schl.; *mongolicus*, auct. plur. (nec Pall.); *pamirensis*, Richm., *Pr. U. S. Nat. Mus.*, 1895, p. 590. — Asie centrale, Inde W., Indo-Chine W., Malacca, Java, Bornéo, Afrique N.-E.

11.174. ASIATICUS, Pall., *Reis. Russ. Reichs*, II, p. 715; Schl., *l. c.*, p. 38; Dress., *B. Eur.* VII, p. 479, pl^s 520, f. 1, 522; Seeb., *l. c.*, p. 144; *caspius*, Pall.; *jugularis*, Wagl.; *damarensis*, Strickl.; Heugl., *Orn. N.-O. Afr.*, p. 1018, pl. 34, ff. 1, 2. — Asie centrale, Inde W., Afrique.

11.175. MONTANUS, Towns., *Journ. Acad. Philad.*, 1837, p. 192; Audub., *B. Am.* V, p. 213, pl. 318; Seeb., *l. c.*, p. 153; *asiaticus* (pt.), Schl., *l. c.*, p. 38. — États-Unis W., Mexique, Basse-Californie.

11.176. VEREDUS, Gould, *P. Z. S.*, 1848, p. 38; id., *B. Austr.* VI, pl. 14; Seeb., *l. c.*, p. 115; *xanthocheilus*, Bp. (nec Wagl.); *asiaticus* (pt.), Schl.; Harting, *Ibis*, 1870, p. 209, pl. 6. — Mongolie, Chine jusqu'aux Moluques et l'Australie.

1733. EUDROMIAS

Eudromias, Brm. (1831); *Zonibyx*, Rchb. (1852); *Morinellus*, Bp. (1856); *Peltohyas*, Sharpe (1896).

11.177. MORINELLUS (Lin.); Dress., *B. Eur.* VII, p. 507, pl. 526; Dubois, *Fne. Ill.*, *Ois.* II, p. 109, pl. 185; *tartaricus*, Pall.; *anglus*, Müll.; *sibiricus*, Lepech.; *montana*, *stolida*, Brm. — Europe, Asie et Afrique N. du 30° l. N. au Spitzberg et à la Nouvelle-Zemble.

11.178. MODESTUS (Licht.), *Verz. Doubl.*, p. 71; Scl. et Huds., *Argent. Orn.* II, p. 171; *urvillii*, Garn.; *cincta*, Less., *Voy. Coq.* I, p. 126, pl. 43; *nebulosus*, Less.; *rubecola*, King.; Jard. et Sel., *Ill. Orn.* II, pl. 110; *fusca*, Gould. — Argentine, Chili, Patagonie, îles Malouines.

11.179. AUSTRALIS, Gould, *P. Z. S.*, 1840, p. 174; id., *B. Austr.* VI, pl. 15; Seeb., *l. c.*, p. 110. — Australie.

1734. OXYECHUS

Oxyechus, Rchb. (1852).

11.180. VOCIFERUS (Lin.); Audub., *B. Am.* V, p. 207, pl. 317; Seeb., *l. c.*, p. 120; Rchb., *Grall.*, p. 18, pl. 172, ff. 725-26; *torquatus*, L.; ?*jamaicensis*, Müll. — Amérique sept. temp., Amérique centr. et mérid. (accidentellement Europe W.)

11.181. TRICOLLARIS (Vieill.), *N. Dict.* XXVII, p. 147; Heugl., *Orn. N.-O. Afr.*, p. 1027, pl. 34, f. 5; Seeb., *l. c.*, p. 134; *indicus*, Lath.; *bitorquatus*, Licht.; *cinereicollis*, Heugl., *Syst. Uebers.*, p. 56. — Afrique N.-E., E. et S.

11.182. BIFRONTATUS (Cab.), *Orn. Centralbl.*, 1882, p. 14; id., *J. f. O.*, 1882, p. 112, 1885, pl. 6, f. 5; Seeb., *l. c.*, p. 137; *tricollaris* (pt.), auct. plur. (nec Vieill.) — Madagascar.

11.183. FORBESI (Shell.), *Ibis*, 1883, p. 560, pl. 14; Seeb., *l. c.*, p. 136; *tricollaris* (pt.), auct. plur. (nec V.); *indica*, Schl.; *nigris*, Harting. — Afrique W. de Sénégambie au Gabon.

1735. ÆGIALEUS

Ægialeus, Rchb. (1852).

11.184. SEMIPALMATUS (Bonap.), *Obs. Wils.*, 1825, n° 219; Audub., *B. Am.* V, p. 218, pl. 320; Seeb., *l. c.*, p. 123; *hiaticula*, Wils. (nec L.); *brevirostris*, Max. — Amérique septentrionale, centrale et méridionale, Groenland, Sibérie N.-E.

1736. ÆGIALITIS

Ægialitis, Boie (1822); *Leucopolius*, Bp. (1856); *Ægialophilus*, Gould (1865).

11.185. HIATICULA (Lin.); Dress., *B. Eur.* VII, p. 467, pl. 525; *torquatus*, Briss.; Dubois, *Fne. Ill., Ois.* II, p. 113, pl. 186; *ægyptiacus*, L.; *septentrionalis*, Brm.; *annulata*, Gr.; *arabs*, Licht.; ?*homeyeri*, Brm.; *auritus*, *hiaticuloides*, Heugl; *intermedius*, Gurn. (nec Ménétr.); *hiaticula major*, Seeb., *l. c.*, p. 126. — Europe jusqu'au Spitzberg, à l'E. jusqu'au Baikal et le N.-W. de l'Inde, Groenland, Afrique.

11.186. PLACIDA (Gray), *Cat. Mam., etc., Nepal pres. Hodgs.*, p. 70; Dav. et Oust., *Ois. Chine*, p. 428; Seeb., *l. c.*, p. 307; *indicus*, Schl.; *longipes*, Dav. (nec T. et S.); *hartingi*, Swinh.; *hiaticula*, Blyth (nec L.); *tenuirostris*, Hume, *Str. F.* I, p. 17. — Japon, Sibérie E., Mandchourie, Corée, Chine, Himalaya E.

11.187. DUBIA (Scop.); Dubois, *Fne. Ill., Ois.* II, p. 117, pl. 187; *curonicus*, Gm.; Dress., *B. Eur.* VII, p. 491, pl. 524; *philippinus*, Lath.; *minor*, Mey. et Wolf; *fluviatilis*, Bechst.; *minutus*, Pall.; *pusillus*, Horsf.; *hiaticuloides*, Frankl.; *interme-* — Europe et Asie entre le 60° et le 20° l. N., Japon, Philippines, Afrique.

dius, Ménétr. ; *zonatus*, Sw. ; *alexandrinus*, Thien. (nec L.); *simplex*, Licht. ; *gracilis*, *pygmæus*, Brm. ; *microrhynchus*, Ridgw. ; *hiaticula*, Rams. (nec L.)

3099. *Var.* Jerdoni, Legge, *P. Z. S.*, 1880, p. 39; id., *B. Ceylon*, p. 956; Salvad., *Orn. Pap.* III, p. 303; Seeb., *l. c.*, p. 132. — Inde, Ceylan, Indo-Ch., îles de la Sonde, Nouvelle-Guinée.

11.188. peroni (Bonap.), *C. R.* XLIII, p. 417; Schl., *l. c.*, p. 33; Swinh , *P. Z. S.*, 1870, p. 139; Wald., *Tr. Z. S.* VIII, p. 90, pl. 10, f. 2; *alexandrinus*, Motl. et Dillw. (nec L.); *philippinus*, Pelz. — Grandes îles de la Sonde jusqu'à Célèbes.

11.189. alexandrina (Lin.); Blyth et Wald., *B. Burma*, p. 154; *cantianus*, Lath.; Dress., *B. Eur.* VII, p. 483, pl. 523; Dubois, *Fne. Ill., Ois.* II, p. 121, pl. 188; *albifrons*, Mey. et Wolf; *littoralis*, Bechst.; *albigularis*, Brm.; *niveifrons*, Blanf.; *marginatus*, Fsch.; *cantianus minutus*, Seeb., *l. c.*, p. 169. — Europe, Asie et Afrique (côtes), au N. jusqu'au 60° l. N.

3100. *Var.* Dealbata, Swinh., *Ibis*, 1870, p. 361; Dav. et Oust., *Ois. Chine*, p. 431 ; Seeb., *l. c.*, p. 170; *alexandrina* (pt.), Sharpe. — Chine S., Formose, Haïnan.

3101. *Var.* Nivosa, Baird, Cass. et Lawr., *B. N. Am.*, p. 696; Coues, *Check-l. N. Am. B.*, p. 97; Stejn., *P. U. S. Nat. Mus.*, 1883, p. 35; *cantianus* et *tenuirostris* (pt.), auct. plur. — Côtes de l'Amérique occidentale de la Californie jusqu'au Chili.

11.190. occidentalis, Cab., *J. f. O.*, 1872, p. 158, 1885, pl. 6, f. 1 ; Seeb., *l. c.*, p. 174. — Chili N.

11.191. marginata (Vieill.), *N. Dict.* XXVII, p. 138 ; Gurn., *Ibis*, 1860, p. 218; Seeb., *l. c.*, p. 161 ; *leucopolius*, Wagl. ; *nivifrons*, Cuv.; *albidipectus*, Ridgw. — Afrique S.

3102. *Var.* Mechowi, Cab., *J. f. O.*, 1884, p. 437, 1885, pl. 6, ff. 2^a, 2^b. — Angola.

3103. *Var.* Pallida (Strickl.), *Contr. Orn.*, 1852, p. 158 ; Sharpe, *Cat.*, p. 284 ; *marginata* (pt.), auct. plur. (nec V.); *tenellus*, Hartl., *Faun. Madag.*, p. 72 ; *niveifrons*, Schl. (nec Cuv.); *marginatus var. tenellus*, M.-Edw. et Grand., *H. N. Madag., Ois.*, p. 509 ; Seeb., *l. c.*, p. 163, pl. 7. — Afrique tropicale, Madagascar.

11.192. venusta (Fisch. et Rchw.), *J. f. O.*, 1884, p. 178, 1885, pl. 6, ff. 4^a, 4^b ; Cab., *J. f. O.*, 1884, p. 437 ; Sharpe, *l. c.*, p. 286. — Afrique E.

11.193. rufocincta (Rchw.), *Orn. Monatsb.*, 1900, p. 123. — Afrique S.-W.

11.194. rufocapilla (Tem.), *Pl. Col.* 147, f. 2; Gould, *B. Austr.* VI, pl. 17 ; *canus*, Gould, *P. Z. S.*, 1837, p. 154. — Austr., Tasm., Nouv.-Zél., Nouv.-Guin. S.

11.195. collaris (Vieill.), *N. Dict.* XXVII, p. 136; Tacz., — Amérique centrale et

Orn. Pér. III, p. 344; Seeb., *l. c.*, p. 173; *azaræ*, Tem., *Pl. Col.* 184; *larvatus*, Less.; *nivosa*, Salv. (nec Cass.); *gracilis*, Cab.; Rchw., *J. f. O.*, 1885, pl. VI, ff. 3[a], 3[b]. — méridionale jusqu'à l'Argentine, petites Antilles.

11.196. MELODA (Ord.), in Wils., *Amer. Orn.* VII, p. 71; Audub., *B. Amer.* V, p. 223, pl. 321; Seeb., *l. c.*, p. 121; *hiaticula var.*, Wils.; *okeni*, Wagl. — Amérique N.-E., du S. du Labrador aux Antilles.

3104. *Var.* CIRCUMCINCTA, Coues, *Check-l. N. Am. B.*, 1873, p. 133; Seeb., *l. c.*, p. 122. — Vallée du Mississippi, au N. jusqu'au lac Winnipeg.

11.197. FALKLANDICA (Lath.), *Ind. Orn.* II, p. 747; Scl., *P. Z. S.*, 1860, p. 386; Scl. et Huds., *Arg. Orn.* II, p. 172; Seeb., *l. c.*, p. 156; *trifasciatus*, Licht.; *pyrocephalus*, Garn.; *annuligerus*, Wagl.; *bifasciata*, Fras. — Chili, Argentine, Patagonie, îles Malouines.

11.198. PECUARIA (Tem.), *Pl. Col.* 183; Heugl., *Orn. N.-O. Afr.*, p. 1033, pl. 34, f. 7; Seeb., *l. c.*, p. 158; *varius*, Vieill. (nec L.); Harting, *Ibis*, 1873, p. 262, pl. 8; *pastor*, Cuv.; *kitlittzi*, Rchb.; *isabellinus*, Müll.; *pectoralis*, *frontalis*, Licht.; *longipes*, Heugl. — Afrique, au N. jusqu'au Delta du Nil.

3105. *Var.* SANCTÆ-HELENÆ, Harting, *Ibis*, 1873, p. 266, pl. 9; Seeb., *l. c.*, p. 160; *pecuarius*, auct. plur. (nec Tem.). — Ile Ste-Hélène.

11.199. THORACICA, Richm., *Pr. Biol. Soc. Wash.*, 1896, p. 53. — Madagascar.

11.200. MELANOPS (Vieill.), *N. Dict.* XXVII, p. 139; Sharpe, *l. c.*, p. 300; *nigrifrons*, Tem., *Pl. Col.* 47, f. 1; Gould, *B. Austr.* VI, pl. 20; Seeb., *l. c.*, p. 138; *russatus*, Jerd., *Madr. Journ.* XII, p. 213. — Australie.

11.201. CUCULLATA (Vieill.), *N. Dict.* XXVII, p. 136; Sharpe, *l. c.*, p. 302; *monachus*, Wagl.; Gould, *B. Austr.* VI, pl. 18; Seeb., *l. c.*, p. 127, pl. 15. — Australie, Tasmanie.

1737. PLUVIANELLUS

Pluvianellus, Jacq. et Pucher. (1853).

11.202. SOCIABILIS, Jacq. et Puch., *Voy. Pôle Sud, Zool.* III, p. 125, pl. 30; Seeb., *l. c.*, p. 107, pl. 2. — Patagonie.

1738. THINORNIS

Thinornis, Gray (1846).

11.203. NOVÆ-ZEALANDIÆ (Gm.), *S. N.* I, p. 684; Gray, *Voy. Ereb. and Terr.*, *B.*, p. 12, pl. 2; Bull., *B. N. Zeal.*, p. 214, pl. 23; Seeb., *l. c.*, p. 128; *dudoroa*, Wagl.; *torquatula*, Forst., *Icon. ined.*, pl. 121; ? *atricinctus*, Ellm. — Nouv.-Zélande, île Chatham.

3106. *Var.* Rossi, Gray, *Voy. Ereb. and Terr.*, *B.*, p. 12, pl. 11; Sharpe, *l. c.*, p. 305; *novæ-zealandiæ* (pt.), Seeb., *l. c.*, p. 129. — Iles Auckland.

1739. ANARHYNCHUS

Anarhynchus, Quoy et Gaim. (1830).

11.204. frontalis, Quoy et Gaim., *Voy. de l'Astrol.*, *Zool.* I, p. 252, pl. 31, ff. 2-5; Bull., *B. New Zeal.*, 2e éd., p. 9, pl. 26, f. 2; Seeb., *l. c.*, p. 152; *albifrons*, Rchb. — Nouv.-Zélande.

FAM. XIII. — SCOLOPACIDÆ

SUBF. I. — HIMANTOPODINÆ

1740. HIMANTOPUS

Himantopus, Briss. (1760); *Macrotarsus*, Lacép. (1801); *Himantellus*, Rafin. (1815); *Hypsibates*, Nitzsch (1827).

11.205. plinii, Gerini, *Orn. meth. Dig.* IV, p. 67 (1773); Dubois, *Fne. Ill.*, *Ois.* II, p. 274, pl. 221; *Char. himantopus*, Lin.; *hæmatopus*, Bodd.; *candidus*, Bonn. (1790); Dress., *B. Eur.* VII, p. 587, pls 535, 536; *vulgaris, rufipes*, Bechst.; *atropterus, melanopterus*, Mey.; *albicollis*, Vieill.; *asiaticus*, Less.; *intermedius*, Blyth; *longipes, melanocephalus*, etc., Brm.; *minor*, Natt.; *autumnalis*, Fsch. (ex Hasselq.); *nigricollis*, Severtz. — Europe centrale et méridionale, Asie centrale et méridionale, Afrique, Madagascar.

11.206. brasiliensis, Brm., *Vög. Deutschl.*, p 684; Seeb., *l. c.*, p. 281; Scl. et Huds., *Argent. Orn.* II, p. 179; *melanurus!* Vieill.; Sharpe, *l. c.*, p. 316; *mexicanus*, Max. (nec Müll.); *nigricollis*, Gould (nec V.); Tacz., *Orn. Pér.* III, p. 382. — Brésil, Chili, Argentine.

11.207. leucocephalus, Gould, *P. Z. S.*, 1837, p. 26; id., *B. Austr.* VI, pl. 24; Seeb., *l. c.*, p. 283; *melanopterus*, S. Müll. (nec Mey.); *novæ-hollandiæ*, Bp.; *rufipes*, Mart. (nec Bechst.); *autumnalis*, Wald. (nec Hasselq.) — Australie, Nouv.-Guinée, Moluques, îles de la Sonde.

3107. *Var.* Picata, Ellm., *Zool.*, 1861, p. 7470; *picatus*, Seeb., *l. c.*, p. 284; *novæ-zealandiæ*, Rchb. (nec Gould); *leucocephalus*, auct. plur. (nec Gould); *albicollis*, Bull. (nec V.) — Nouv.-Zélande.

11.208. MEXICANUS (P. L. S. Müll.), *S. N., Anh.*, p. 117; Lath., *Ind. Orn.* II, p. 741; Seeb., *l. c.*, p. 279; *himantopus*, Wils. (nec L.); *nigricollis*, Vieill. et auct. plur.; Audub., *B. Am.* VI, p. 31, pl. 354; *leucurus*, Vieill. — États-Unis, Amérique centrale et méridionale jusqu'au Pérou et Amazone, Antilles, Galapagos.

11.209. KNUDSENI, Stejn., *P. U. S. Nat. Mus.*, 1887, p. 81, pl. 6, f. 2; Seeb., *l. c.*, p. 280; Rothsch., *Avif. Lays.*, pl. 67; *nigricollis*, Pelz. (nec V.); *candidus*, Dole (nec Bonn.) — Iles Sandwich.

11.210. MELAS, Hombr. et Jacq., *Ann. Sc. Nat.* XVI, 1841, p. 320; Seeb., *l. c.*, p. 285; *novæ-zealandiæ*, Gould; id., *B. Austr.* VI, pl. 25; Bull. *New-Zeal.*, éd. 2, p. 24, pl. 27, f. 1; *niger*, Ellm. — Nouvelle-Zélande.

1741. CLADORHYNCHUS

Leptorhynchus, Du Bus (1835, nec Ménétr., 1832); *Cladorhynchus*, Gray (1841); *Xiphidiorhynchus*, Rchb. (1845).

11.211. LEUCOCEPHALUS (Vieill.), *N. Dict.* III, p. 103; id., *Gal. Ois.* II, pl. 271; Salv., *Ibis*, 1874, p. 252, note; *orientalis*, Cuv.; *pectoralis*, Du Bus, *Bull. Acad. R. Belg.*, 1835, 2, p. 420, pl. 7; Gould, *B. Austr.* VI, pl. 26; *palmatus*, Gd. — Australie.

1742. RECURVIROSTRA

Recurvirostra, Lin. (1752); *Avocetta*, Briss. (1766); *Himantopus*, Seeb. (pt., 1887).

11.212. AVOCETTA, Lin.; Dress., *B. Eur.* VII, p. 577, pl. 534; Dubois, *Fne. Ill., Ois.* II, p. 270, pl. 220; *Avoc. recurvirostris*, Bodd.; *europæa*, Dum.; *tephroleuca*, Vieill.; *fissipes*, etc., Brm.; *sinensis*, Swinh. — Europe centrale et méridionale, Asie centrale, Inde, Ceylan, Afrique, Madagascar.

11.213. AMERICANA, Gm., *S. N.* I, p. 693; Audub., *B. Am.* VI, p. 24, pl. 353; Seeb., *l. c.*, p. 291; *occidentalis*, Vig. — Amérique sept. tempérée, Amér. centr., grandes Antilles.

11.214. NOVÆ-HOLLANDIÆ, Vieill., *N. Dict.* III, p. 103; Bull., *B. New Zeal.*, ed. 2, II, p. 20, pl. 27, f. 1; *rubricollis*, Tem.; Gould, *B. Austr.* VI, pl. 27; Seeb., *l. c.*, p. 292. — Australie, Nouvelle-Zélande.

11.215. ANDINA, Phil. et Landb., *Arch. f. Naturg.*, 1863, p. 131; Harting, *Ibis*, 1874, p. 257, pl. 9; Tacz., *Orn. Pér.* III, p. 384; Seeb., *l. c.*, p. 286. — Chili (Andes).

SUBF. II. — TOTANINÆ

1743. IBIDORHYNCHUS

Ibidorhynchus, Vig. (1830); *Clorhynchus*, Hodgs. (1835); *Falcirostra*, Severtz. (1873).

11.216. STRUTHERSI, Vig., *P. Z. S.*, 1830, p. 174; Gould, *B. Himalaya*, pl. 79; id., *B. Asia*, VII, pl. 61; *strophiatus*, Hodgs.; *kaufmanni*, *longipes*, Severtz. — Himalaya, Asie centr. jusqu'en Mongolie et le N. de la Chine.

1744. NUMENIUS

Numenius, Briss. (1760); *Phæopus*, Cuv. (1817); *Cracticornis*, Gray (1841); *Mesoscolopax*, Sharpe (1896).

11.217. ARQUATUS (Lin.); Dress., *B. Eur.* VIII, p. 243, pl. 563; Dubois, *Fne. Ill., Ois.* II, p. 249, pl. 215; *madagascariensis*, Lin.; *major*, Steph.; *virgatus*, Cuv. — Europe, Asie S.-W., Afrique, Madagascar.

3108. *Var.* LINEATA, Cuv., *Règ. An.* I, p. 521; Seeb., *l. c.*, p. 324; *nasicus*, Tem.; *arquatula*, Hodgs.; *cassini*, Swinh., *Ibis*, 1867, p. 398. — Asie orientale, centrale et méridionale, Archipel Malais.

11.218. TENUIROSTRIS, Vieill., *N. Dict.* VIII, p. 802; Dress., *B. Eur.* VIII, p. 237, pl. 562; Dubois, *l. c.* II, p. 254, pl. 216; Seeb., *l. c.*, p. 325; *syngenicos*, v. d. Mühl., *Orn. Griechenl.*, p. 111. — Europe méridionale et centrale, Afrique N., région Aralo-Caspienne.

11.219. CYANOPUS, Vieill., *N. Dict.* VIII, p. 306; Salvad., *Orn. Pap.* III, p. 330; *australis*, Gould; id., *B. Austr.* VI, pl. 42; *major*, Tem. et Schl., *Faun. Jap.*, p. 110, pl. 66; *rostratus*, Licht.; *australasianus*, Gr.; *rufescens*, Gd.; *tahitiensis*, Swinh., *P. Z. S.*, 1871, p. 410 (nec Gm.) — Asie orientale, Japon, Archipel Indien, Australie.

11.220. LONGIROSTRIS, Wils., *Am. Orn.* VIII, p. 23, pl. 64, f. 4; Audub., *B. Am.* VI, p. 35, pl. 355; *melanopus*, Vieill.; *occidentalis*, Woodh. — Amérique sept. tempérée, Amér. centr., grandes Antilles.

11.221. PHÆOPUS (Lin.); Dress., *l. c.*, VIII, p. 227, pl. 561; Dubois, *l. c.* II, p. 257, pl. 217; *minor*, Leach; *vulgaris*, Flem.; *islandicus*, Brm.; *melanorhynchus*, Bp.; *hæsitatus*, Hartl., *Orn. W. Afr.*, p. 233. — Europe, Islande, Groenland, Afrique, Inde, Indo-Chine, Malacca.

3109. *Var.* VARIEGATA (Scop.), *Del Fl. et Faun. Insubr.* II, p. 92; Salvad., *Orn. Pap.* III, p. 332; *luzoniensis*, Gm.; *phæopus* (pt.), auct. plur. (nec L.); *atricapillus*, V.; *uropygialis*, Gould; id., *B. Austr.* VI, pl. 43; *tahitensis*, Cass. (nec Gm.); *minor*, Rosenb. (nec Leach); *melanorhynchus*, Tacz. (nec Bp.) — Asie orientale, Japon, Archipel Indien, Australie.

11.222. HUDSONICUS, Lath., *Ind. Orn.* II, p. 712; Audub., *B. Am.* VI, p. 42, pl. 356; *borealis*, Gm. (nec Forst.); *rufiventris*, Vig.; *brasiliensis*, Max.; *intermedius*, Nutt.; *phæopus* (pt.), Cab.; Pelz., *Orn. Bras.*, p. 308.	Amérique septentrionale, centrale et méridionale.
11.223. TAHITIENSIS (Gm.), *S. N.* I, p. 656; Seeb., *l. c.*, p. 332; *femoralis*, Peale, *U.S. Exped.*, *B.*, 1848, p. 233, pl. 64; *phæopus* (pt.), Schl.; *australis*, Dole (nec Gd.); *tibialis*, Layard.	Amérique N.-W., îles Hawaï et autres du Pacifique.
11.224. BOREALIS (Forst.), *Phil. Trans.*, 1772, pp. 411, 431; Audub., *B. Am.* VI, p. 45, pl. 357; Dress., *B. Eur.* VIII, p. 221, pl. 560; Dubois, *Ois. Eur.* II, p. et pl. 144[a]; *brevirostris*, Licht.; Tem., *Pl. Col.* 381; *microrhynchus*, Phil. et Landb.	Amérique septentrionale, centrale et méridionale.
11.225. MINUTUS, Gould, *P. Z. S.*, 1840, p. 176; id., *B. Austr.* VI, pl. 49; Tem. et Schl., *Faun. Jap.*, p. 111, pl. 67; Sharpe, *Cat.* XXIV, p. 371; *minor*, S. Müll. et auct. plur. (nec Leach).	Asie orientale, Japon, Archipel Indien, Australie.

1745. LIMOSA

Limosa, Briss. (1760); *Limicula*, Vieill. (1816); *Fedoa*, Steph. (1824).

11.226. LAPPONICA (Lin., 1758); Dress., *l. c.* VIII, p. 203, pl[s] 558, f. 1, 559, f. 2; *rufa*, Briss.; Dubois, *Fne. Ill.*, *Ois.* II, p. 244, pl. 214; *ægocephala*, Lin.; *leucophæa*, Lath.; *gregaria*, Otto; *ferrugineus*, Mey.; *meyeri*, Leisl.; *noveboracensis*, Leach; *pectoralis*, Steph.	Europe et Sibérie occidentale jusqu'au 74° latitude N., Afrique N. et N.-W.
3110. *Var.* BAUERI, Naum., *Vög. Deutschl.* VIII, p. 429 (1836); Dav. et Oust., *Ois. Chine*, p. 459; Salvad., *Orn. Pap.* III, p. 329; *brevipes*, *australasiana*, Gr.; *novæ-zealandiæ*, Gray; *uropygialis*, Gould; id., *B. Austr.* VI, pl. 29; *foxii*, Peale; *rufa* et *lapponica* (pt.), auct. plur.; *punctata*, Ellm.; *melanuroides*, Tristr., *Ibis*, 1876, p. 265 (nec Gd.)	Alaska, Asie orientale, Japon, Archipel Indien, Australie, Nouvelle-Zélande, îles Fidji et Samoa.
11.227. BELGICA (Gm.), *S. N.* I, p. 663; Salvad., *Elenco Ucc. Ital.*, p. 228; Saund., *Man. Br. B.*, p. 609; *S. limosa*, Lin.; *ægocephala*, auct. plur. (nec Lin.); Dress., *l. c.* II, pl[s] 558, f. 2, 559, f. 1; *melanura*, Leisl.; Dubois, *l. c.* II, p. 240, pl. 213; *islandica*, Brm.	Europe jusqu'au 68° 1/2 latitude N., Islande, Groenland, Asie occidentale, Inde, Ceylan, Afrique N. et N.-E.
3111. *Var.* MELANUROIDES, Gould, *P. Z. S.*, 1846, p. 84; id., *B. Austr.* VI, pl. 28; *ægocephala*, Pall. (nec L.); *melanura*, Horsf. (nec Leisl.); *brevipes*, auct. plur. (nec Gr.)	Asie or. jusqu'au 55° l. N., Japon, à l'Ouest jusqu'au Jenisseï, Arch. Indien, Austr.

11.228. HUDSONICA (Lath.), *Ind. Orn.* II, p. 720; Audub., *B. Am.* V, p. 335, pl. 349; *edwardsi*, Sw.; *australis*, Gr.; *hæmastica*, Coues, et auct. plur. amer. — Amér. sept., centr. et mérid., de l'Alaska aux Malouines.

11.229. FEDOA (Lin.); Audub., *B. Am.* V, p. 331, pl. 348; *marmorata*, Lath.; Vieill., *Gal. Ois.* II, p. 115, pl. 343; *americana*, Steph.; *adspersa*, Naum. — Amérique septentr. de l'Alaska au Guatémala et Cuba.

1746. MACRORHAMPHUS

Macrorhamphus, Leach (1816); *Limnodromus*, Max (1833); *Pseudoscolopax*, Blyth (1859).

11.230. GRISEUS (Gm.), *S. N.* I, p. 658; Dress., *B. Eur.* VIII, p. 187, pl. 556; *noveboracensis*, Gm.; Audub., *B. Am.* VI, p. 10, pl. 351; *ferrugineicollis*, *leucophæa*, Vieill. (nec Lath.); *paykullii*, Nilss.; *scolopacea*, Say; *punctatus*, Less.; *longirostris*, Bell. — Sibérie E., Amérique septentrionale et centrale, au S. jusqu'au Brésil.

11.231. TACZANOWSKII, Verr., *Rev. et Mag. de Zool.*, 1860, p. 206, pl. 14; Seeb., *Geogr. Distr. Charadr.*, p. 399; *semipalmatus*, auct. plur. (nec Gm.) — Sibérie E., Bengale N.-E., Birmanie, Bornéo.

1747. MICROPALAMA

Hemipalma, Bp. (1827, nec 1826); *Micropalama*, Baird (1858).

11.232. HIMANTOPUS (Bonap.), *Ann. Lyc. N. Y.*, 1826, p. 157; Audub., *B. Am.* V, p. 271, pl. 334; Baird, *B. N. Am.*, p. 726; *douglasii*, Sw.; *auduboni*, Nutt.; *multistriata*, Gray; *multifasciata*, Licht. — Amérique N.-E., centrale et Antilles, au Sud jusqu'au Chili et l'Uruguay.

1748. SYMPHEMIA

Symphemia, Rafin. (1819); *Catoptrophorus*, Bp. (1826); *Hodites*, Kp. (1829).

11.233. SEMIPALMATA (Gm.), *S. N.* I, p. 659; Audub., *l. c.* V, p. 324, pl. 347; Seeb., *l. c.*, p. 358; *crassirostris*, Vieill.; *atlantica*, Rafin.; *speculifera* Cuv., *Règ. Anim.* I, p. 531; Seeb., *l. c.*, p. 359; *inornata*, Brewst., *Auk*, 1887, p. 145. — Amér. sept. jusqu'au 56° l. N., Amér. centr. et Nord de l'Amér. mérid., Antilles (accidentellement Europe W.)

1749. TOTANUS

Totanus, Bechst. (1803); *Glottis*, Koch (1816); *Limicola*, Leach (1816); *Gambetta*, *Erythroscelis*, *Helodromas*, *Rhyacophilus*, Kp. (1829); *Heteroscelus*, Baird (1858, nec Lath.); *Pseudototanus*, Hume (1878); *Heteractitis*, *Pseudoglottis*, Stejn. (1884); *Ægialodes*, Heine (1890).

11.234. FUSCUS (Lin.); Dress., *B. Eur.* VIII, p. 165, pls 568, ff. 2, 3, 569, f. 1; Dubois, *Fne. Ill.*, *Ois.* II, — Europe et Asie jusqu'au 70° lat. N.,

p. 197, pl. 204; *maculata*, Tunst.; *cantabrigiensis*, Lath.; *nigra, curonica*, Gm.; *atra*, Sand.; *natans*, Otto; *longipes*, Leisl.; *raii*, Leach; *indicus*, Rchb.; *ocellatus*, Bp.; *obscurus*, C. Dub. — Japon, Afrique N.

11.235. CALIDRIS (Lin.); Dress., *l. c.*, p. 157, pl^s 568, f. 1, 569, f. 2; Dubois, *l. c.*, p. 202, pl. 205; *striata, gambetta*, Lin.; *littoralis*, etc., Brm. — Europe jusqu'au 70° et en Asie jusqu'au 55° l. N., Archipel Malais, Afrique.

11.236. STAGNATILIS, Bechst., *Orn. Taschenb.* II, p. 292; Dress., *l. c.*, p. 151, pl. 566; Dubois, *l. c.*, p. 193, pl. 203; *tenuirostris*, Horsf.; *guinetta*, Pall.; *lathami*, Gr. et Hardw.; *gracilis*, Brm. — Europe et Asie jusqu'au 50° l. N., Archipel Malais, Australie.

11.237. MELANOLEUCUS (Gm.), *S. N.* I, p. 659; Audub., *Orn. Biogr.* IV, p. 68, pl. 308; Tacz., *Orn. Pér.* III, p. 365; *vociferus*, Wils., *Am. Orn.* VII, p. 57, pl. 58, f. 5; *solitarius*, Vieill. (nec Wils.); *chilensis*, Phil.; *vociferans*, Heine et Rchw. — Amérique septentrionale, centrale et méridionale, Antilles.

11.238. FLAVIPES (Gm.); Audub., *B. Am.* V, p. 313, pl. 344; *natator, fuscocapillus*, Vieill. — Amér., du cercle arctique au Chili et Argent. (acc. Europe.)

11.239. OCHROPUS (Lin.); Dress., *l. c.*, p. 135, pl. 564; Dubois, *l. c.*, p. 211, pl. 207; *leucurus, rivalis*, Brm.; *punctulatus*, C. Dub., *Pl. Col., Ois. Belg.* II, p. 186 (1857). — Europe et Asie jusqu'au cercle polaire, Afrique.

11.240. SOLITARIUS (Wils.), *Amer. Orn.* VII, p. 53, pl. 58, f. 3; Audub., *B. Am.* V, p. 309, pl. 343; *chloropygius, punctatus*, Vieill.; *caligatus*, Licht.; *glareola*, Ord. (nec L.); *macroptera*, Spix. — Amérique sept., centr. et mérid., du cercle polaire arctique à l'Argent., Antilles.

11.241. INCANUS (Gm.), *S. N.* I, p. 658; Seeb., *Geogr. Distr. Charadr.*, p. 360; *glareola*, Pall. (nec L.); *solitarius*, Blox. (nec Wils.); *fuliginosus*, Gould; *undulata, pacifica*, Forst.; *polynesiæ*, Peale, *U. S. Expl. Exped.*, p. 237, pl. 65, f. 1; *oceanicus*, Less.; *brevipes*, Cass. (nec V.); Baird, *B. N. Am.*, p. 734, pl. 88. — Amérique N.-W. jusqu'au Mexique, Galapagos, Océanie.

3112. *Var.* BREVIPES, Vieill., *N. Dict.* VI, p. 410; Seeb., *l. c.*, p. 361; *pulverulentus*, Müll.; Tem. et Schl., *Faun. Jap.*, p. 109, pl. 65; *griseopygius*, Gould, *B. Austr.* VI, pl. 38; *incanus* (pt.), auct. plur. (nec Gm.) — Asie E. jusqu'au Kamtschatka, Japon, Archipel Malais, Australie.

11.242. GUTTIFER, Nordm., in *Erman's Reise um die Erde*, p. 17; Stejn., *Zeitschr. ges. Orn.* I, p. 223, pl. 10; Seeb., *l. c.*, p. 354; *haughtoni*, Armstr., *Str. F.* IV, p. 344; Harting, *Ibis*, 1883, p. 133, pl. 4. — Kamtschatka, Asie E., Birmanie, Bengale N.-E., Haïnan.

11.243. GLOTTIS (Lin., 1758); Dubois, *Fne. Ill., Ois.* II, p. 188, pl. 202; *nebularius*, Gunn. (1767); Sharpe, — Europe et Asie jusqu'au cercle polaire,

Cat. B. XXIV, p. 481; *cineracea,* Lath.; *canescens,* Gm.; Dress., *B. Eur.* VIII, p. 173, pl. 570; *fistulans, griseus,* Bechst.; *chloropus,* Mey.; *natans,* Koch; *glottoides,* Vig.; Gould, *B. Austr.* VI, pl. 36; *horsfieldi,* Syk.; *floridanus,* Bp.; *vigorsi,* Gr.; *nivigula,* Hodgs.; *albicollis,* Brm.; *littoreus,* Rchw. — Japon, Archipel Malais, Australie, Afrique (accidentellement Amérique).

3113. *Var.* EURHINA, Oberh., *Pr. U. S. Nat. Mus.*, 1900, p. 207. — Asie centrale.

11.244. GLAREOLA (Gm.), *S. N.* I, p. 677; Dress., *l. c.* VIII, p. 143, pl. 565; Dubois, *l. c.* II, p. 207, pl. 206; *littorea,* Pall.; *grallatoris,* Mont.; *affinis,* Horsf.; *sylvestris, palustris,* etc., Brm.; *glareoloides,* Hodgs. — Europe et Asie jusqu'au 70° latitude N., Japon, Archipel Malais, Afrique.

1750. ACTITIS

Actitis, Ill. (pt., 1811); *Tringoides!* Bp. (1831); *Guinetta,* Gr. (1840).

11.245. HYPOLEUCA (Lin.); Illig., *Prodr.*, p. 262; Dress., *l. c.* VIII, p. 127, pl. 563; *guinetta,* Briss.; Dubois, *l. c.*, p. 215, pl. 208; *leucoptera,* Pall.; *cinclus, stagnatilis,* etc., Brm.; *empusa,* Gould; id., *B. Austr.* VI, pl. 35; *schlegeli,* Bp. — Europe et Asie jusqu'au cercle polaire, Océanie, Australie, Afrique, Madagascar.

11.246. MACULARIA (Lin.); Audub., *B. Am.* V, p. 303, pl. 342; Dubois, *Fne. Ill., Ois.* II, p. 218, pl. 208[b]; *notata,* Bp.; *hypoleucos, var. macularius,* Ridgw.; *T. solitarius cinnamomeus,* Brewst. — Amérique, du cercle polaire arctique au 20° l. S. (accid. Europe W., Belgique.)

1751. TEREKIA

Xenus, Kaup (1829, nec Ross.); *Terekia,* Bp. (1838); *Simorhynchus,* Keys. et Blas. (1840); *Rhynchosimus,* Heine et Rchw. (1890).

11.247. CINEREA (Güld.), *Nov. Comm. Petrop.* XIX, p. 473, pl. 19; Dress., *B. Eur.* VIII, p. 195, pl. 572; *recurvirostra,* Pall.; *javanicus,* Horsf.; *sumatrana,* Raffl.; *terek,* Vieill.; *terekensis,* Steph.; *indiana,* Less.; *terekius,* Seeb., *l. c.*, p. 369. — Europe N.-E., Asie, Archipel Indien, Australie, Afrique.

1752. PAVONCELLA

Pavoncella, Leach (1816); *Machetes,* Cuv. (1817); *Philomachus,* Gray (1841).

11.248. PUGNAX (Lin.); Dress., *l. c.* VIII, p. 87, pl[s] 557, 558; Dubois, *l. c.* II, p. 183, pl[s] 201, 201[b]; *littorea,* L.; *grenovicensis, equestris,* Lath.; *alticeps, planiceps,* Brm.; *indica, hardwickii,* Gray; *optatus,* Hodgs.; *cinerea,* Butl. — Europe jusqu'au 70° l. N., en Asie depuis la mer Caspienne jusqu'au Kamtschatka, au S. jusqu'à l'Inde (pas en Chine et Indo-Ch.), Afrique.

1753. BARTRAMIA

Bartramia, Less. (1831); *Actidurus,* Bp. (1831); *Euliga,* Nutt. (1834); *Actiturus,* Bp. (1838).

11.249. LONGICAUDA (Bechst.), *Kurze Uebers. Lath.*, p. 453, pl. 184; Dress., *l. c.*, p. 119, pl. 562; *bartramia,* Wils., *Am. Orn.* VII, p. 63, pl. 59, f. 2; Audub., *B. Am.* V, p. 248, pl. 327; *variegatus, melanopygius,* Vieill.; *laticauda,* Less. — Amérique septentrionale, centrale et méridionale jusqu'à l'Uruguay (accid. Europe W.)

1754. EREUNETES

Ereunetes, Illig. (1811); *Hemipalama,* Bp. (1825); *Heteropoda,* Nutt. (1834).

11.250. PUSILLUS (Lin.); Cass., *Pr. Acad. Philad.*, 1860, p. 196; *petrificatus,* Ill.; *semipalmata,* Wils., *Amer. Orn.* VII, p. 131, pl. 63, f. 4; Audub., *B. Am.* V, p. 277, pl. 336; *brevirostris,* Spix; *brissoni,* Less.; *minor,* Lemb. — Amérique septentr., centrale et méridionale jusqu'au 43° latitude Sud.

3114. *Var.* MAURI (Bp.), *Comp. List B.*, p. 49; Gundl., *J. f. O.*, 1856, p. 419; *cabanisi,* Licht.; *occidentalis,* Lawr., *Pr. Ac. N. Sc. Philad.*, 1864, p. 107. — Amérique N.-W. de l'Alaska à l'Amérique centrale (côtes), Sibérie N.-E.

SUBF. III. — SCOLOPACINÆ

1755. ARENARIA

Arenaria, Briss. (1760); *Morinella,* Mey. et Wolf (1810); *Strepsilas,* Illig. (1811); *Cinclus,* Gr. (1841).

11.251. INTERPRES (Lin.); Dress., *B. Eur.* VII, p. 555, pl. 532; Dubois, *Fne. Ill. Vert. Belg. Ois.* II, p. 133, pl. 191; *morinella,* Lin.; *hudsonica,* P. L. S. Müll.; *collaris,* Mey. et Wolf; *cinclus,* Pall.; *oahuensis,* Blox.; *borealis, littoralis,* etc., Brm.; *cinerea,* Ol.-Gal. — Cosmopolite.

11.252. MELANOCEPHALA (Vig.), *Zool. Journ.*, 1829, p. 356; Cass., *B. N. Am.*, p. 702, pl. 7; Seeb., *Geogr. Distr. Charadr.*, p. 411; *interpres, var. melanocephalus,* Coues, *Key N. Am. B.*, p. 247; Stejn., *Auk,* 1884, p. 129. — Amérique N.-W., de l'Alaska à la Californie.

1756. APHRIZA

Aphriza, Audub. (1839).

11.253. VIRGATA (Gm.), *S. N.* I, p. 674; Gr., *Gen. B.* III, pl. 147; Seeb., *Geogr. Distr. Charadr.*, p. 412; — Amérique W., de l'Alaska au Chili.

borealis, Gm.; *townsendi*, Audub., *B. Amer.*, pl. 428; *winterfeldti*, Tchudi; id., *Faun. Per.*, p. 296, pl. 34.

1757. TRYNGITES

Tryngites, Cab. (1856).

11.254. SUBRUFICOLLIS (Vieill.), *N. Dict.* XXXIV, p. 465; Turn., *Contr. Nat. Hist. Alaska*, p. 189; *rufescens*, Vieill., *l. c.*, p. 470; Audub., *B. Am.* V, p. 264, pl. 331; Dress., *B. Eur.* VIII, pl. 561; *brevirostris*, Licht.; *nævius*, Heerm.; *squalida*, Natt. — Amérique, de la zone arctique jusqu'au Paraguay (accidentellement Europe).

1758. CALIDRIS

Calidris, Cuv. (1800), Illig. (1811); *Arenaria*, Bechst. (1803, nec Briss. (1860).

11.255. ARENARIA (Lin.); Dress., *B. Eur.* VII, p. 555, pl. 532; Dubois, *Fne. Ill., Ois.* II, p. 150, pl. 193; *calidris*, L.; *rubidus*, Gm.; *vulgaris*, *grisea*, Bechst.; *tridactyla*, Pall.; *tringoides*, Vieill.; *americana*, *mulleri*, Brm. — Europe, Asie, Amérique jusqu'au 82° latit. N., Afrique, Madagascar (côtes), presque cosmopol.

1759. EURHYNORHYNCHUS

Eurhynorhynchus, Nilss. (1821).

11.256. PYGMÆUS (Lin.); Boie, *Isis*, 1826, p. 979; Gray, *Gen. B.* III, p. 580, pl. 156; Harting, *Ibis*, 1869, p. 427, pl. 12; *griseus*, Nilss.; *orientalis*, Blyth. — Asie N.-E. jusqu'en Chine, Inde et Birm., Japon, Amér. N.-W.

1760. TRINGA

Tringa, Lin. (1758); *Erolia*, Vieill. (1816); *Pelidna*, Cuv. (1817); *Falcinellus*, Cuv. (1829, nec Vieill.); *Leimonites*, *Ancylocheilus*, *Actodromas*, Kp. (1829); *Canutus*, Brm. (1831); *Schœniclus*, Gray (1844); *Arquatella*, Baird (1858); *Delopygia*, *Heteropygia*, Coues (1861); *Limnocinclus*, Gould (1865); *Actia*, H. et Rchw. (1890).

11.257. SUBARQUATA (Guld.), *Nov. Comm. Petrop.* XIX, p. 471; Dress., *B. Eur.* VIII, p. 59, pl. 553; Dubois, *Fne. Ill., Ois.* II, p. 162, pl. 196; *africana*, *pygmæa*, Gm.; *dethardingi*, Siemss.; *islandica*, Retz.; *pusillus*, Bechst.; *ferrugineus*, Mey.; *falcinella*, Pall.; *variegata*, *varia*, Vieill.; *cursorius*, Tem., *Pl. Col.* 510; *macrorhyncha*, *arquata*, Brm.; *chinensis*, Gr.; *cuvieri*, Bp. — Europe, Asie, Afrique, Archipel Indien, Australie (sur les côtes et les rives des fleuves; accidentellement Amérique N.-W.)

11.258. CANUTUS, Lin.; Dress., *l. c.*, p. 77, pl^s 555, 556; Dubois, *l. c.*, p. 154, pl. 194; *cinerea*, Brünn.; *calidris* et *islandica*, Lin.; *australis*, *nævia*, Gm.; — Zone arctique, côtes de l'Europe, de l'Afr. N. et W., Amér. E.

ferruginea, Mey. et Wolf; *rufa*, Wils.; *rufescens*, Brm.; *lomatina*, Licht.; *cooperi*, Bd., Cass. et Lawr., *B. N. Am.*, p. 716. — jusqu'au 32° l. S., Asie E., Archip. jusqu'à la Nouv.-Zél.

11.259. CRASSIROSTRIS, Tem. et Schl., *Faun. Jap.*, p. 107, pl. 64; Dav. et Oust., *Ois. Chine*, p. 468; Salvad., *Orn. Pap.* III, p. 312; *magnus*, Gould; id., *B. Austr.* VI, pl. 33; *tenuirostris*, Swinh. (nec Horsf.) — Asie orientale, Japon, Inde, Archipel Malais, Australie.

11.260. ALPINA, Lin.; Dress., *l. c.*, p. 21, pl. 548; *cinclus*, Briss.; Dubois, *l. c.*, p. 166, pl. 197; *variabilis*, Bechst.; *schinzi*, Brm.; *minor*, Schl.; *torquata*, Degl. — Europe, Asie entre le 20° et le 72° latitude N., Afrique N. et N.-E.

3115. *Var.* PACIFICA, Coues, *Pr. Ac. N. Sc. Philad.*, 1861, p. 189; *variabilis, cinclus, alpina* (pt.), auct. plur.; Audub., *B. Am.* V, p. 266, pl. 332; *americana*, Baird., Cass. et Lawr., *B. N. Am.*, p. 719 (nec Brm.) — Amérique septentrionale et centrale, Sibérie E. jusqu'en Chine.

11.261. MARITIMA, Brünn., *Orn. bor.*, p. 54 (1764); Gm., *S. N.* I, p. 678; Dubois, *l. c.*, p. 159, pl. 195; *lincolniensis, canadensis*, Lath.; *nigricans*, Mont.; *arquatella*, Pall.; *striata*, Flem. (nec Lin.); Dress., *l. c.*, p. 69, pl. 554; *littoralis*, Brm. — Europe jusqu'au Spitzberg, Sibér. N.-W., Groenland, Amérique N.-E.

3116. *Var.* COUESI (Ridgw.), *Bull. Nutt. Orn. Club*, 1880, p. 160; Seeb., *l. c.*, p. 430; *maritima* (pt.), auct. plur. — Amérique N.-W., îles Aléoutiennes.

3117. *Var.* PTILOCNEMIS, Coues, *Birds N.-W.*, p. 491; Seeb., *l. c.*, p. 431; *crassirostris*, Dall (nec T. et S.); *gracilis*, Harting. — Iles Pribilov et de la mer de Behring, Alaska en hiver.

11.262. TEMMINCKI, Leisl., in *Bechst., Naturg. Deutschl., Nachtr.* II, p. 78; Dress., *l. c.*, pls 549, f. 1, 551, f. 2; Dubois, *l. c.*, p. 175, pl. 199; *gracilis*, Brm.; *damacensis*, Tacz. (1882). — Europe et Asie jusqu'au 70° lat. N., Japon, Afrique N. et N.-E.

11.263. MINUTA, Leisl., in *Bechst., Naturg. Deutschl., Nachtr.* I, p. 74; Dress., *l. c.*, p. 29, pls 549, f. 1, 550, f. 1, 551, f. 1; Dubois, *l. c.*, p. 171, pl. 198; *pusilla* (pt.), Mey. et W. (nec L.); *damacensis*, Tacz. (1876); *orientalis*, Tacz. (1893). — Europe jusqu'à la Nouvelle-Zemble, Asie occidentale, Inde, Ceylan, Afrique.

3118. *Var.* RUFICOLLIS, Pall., *Reis. Russ. Reichs.* III, p. 700; Dav. et Oust., *Ois. Chine*, p. 742; Seeb., *l. c.*, p. 437, pl. 15; *salina*, Pall.; *albescens*, Tem., *Pl. Col.* 41; *australis*, Less.; *minuta* (pt.), auct. plur. (nec Leisl.); *damacensis*, Swinh.; *minutilla*, Bean (nec V.) — Asie orientale, Japon, Indo-Chine, Archipel Malais jusqu'à l'Australie.

11.264. SUBMINUTA, Middend., *Reis. in N. u. O. Sibir., Zool.* II, p. 222, pl. 19, f. 6; Seeb., *l. c.*, p. 438; ? *damacensis*, Horsf.; Sharpe, *Cat.*, p. 553 et auct. plur. (nec Horsf.); *minuta*, Blyth (nec Leisl.); — Asie orientale, îles de la mer de Behring, Japon, Indo-Chine, Bengale, Archipel

salina, Gr. (nec Pall.); *ruficollis*, Wald. (nec Pall.); Dav. et Oust., *Ois. Ch.*, p. 472. — Malais jusqu'en Australie.

11.265. MINUTILLA, Vieill., *N. Dict.* XXXIV, p. 466; Dress., *l. c.*, p. 51, pl. 552, ff. 2, 3; *pusilla*, Wils. (nec Lin.); Audub., *B. Am.* V, p. 280, pl. 337; *wilsoni*, Nutt.; *temmincki*, D'Orb. (nec Leisl.); *nana*, *georgica*, Licht. — Amérique septentr., centr. et mérid. jusqu'au Brésil, Antilles (accidentellement Europe).

11.266. MACULATA, Vieill., *N. Dict.* XXXIV, p. 465; Dress., *l. c.*, p. 11, pl. 536; *pectoralis*, Say; Gould, *B. Eur.* IV, pl. 327; *fuscicollis*, Tsch. (nec Vieill.); *dominicensis*, Degl.; *maculosa*, Moore. — Amérique sept., centr. et mérid., de l'Alaska à la Patagonie (accid. Europe).

11.267. ACUMINATA (Horsf.), *Tr. Linn. Soc.*, 1821, p. 192; Swinh., *P. Z. S.*, 1863, p. 316; Salvad., *Orn. Pap.* III, p. 313; Seeb., *l. c.*, p. 441; *australis*, Jard. et Sel., *Ill. Orn.* II, pl. 91 (nec Gm.); Gould, *B. Austr.* VI, pl. 30; *subarquata*, S. Müll. (nec Güld.); *rufescens*, Midd. (nec V.) — Asie orientale, Japon, Archipel Indien, Australie, Nouvelle-Zélande, Alaska.

11.268. BAIRDI (Coues), *Pr. Ac. N. Sc. Philad.*, 1861, p. 194; Tacz., *Orn. Pérou*, III, p. 359; Seeb., *l. c.*, p. 444; *schinzi*, Gr. (nec Brm.); *pectoralis*, Cass. (nec Say); *dorsalis*, Licht.; *bonapartii*, Baird. — Amérique W. de l'Alaska au Chili.

11.269. FUSCICOLLIS, Vieill., *N. Dict.* XXXIV, p. 461; Dress., *B. Eur.* VIII, p. 15, pl. 547; *schinzi*, Bp. (nec Brm.); *bonapartii*, Schl.; Seeb., *l. c.*, p. 444; *americana*, Brm.; *melanotos*, Bp. (nec V.) — Amérique N.-E., Antilles, Amér. centr. et mérid. E. jusqu'aux îles Malouines.

1761. LIMICOLA

Limicola, Koch (1816); *Tringa* (pt.), auct. plur.

11.270. PLATYRHYNCHA (Tem.), *Man. d'Orn.*, p. 398 (1815); Dress., *B. Eur.* VIII, p. 3, pl. 545; Dubois, *Fne. Ill., Ois.* II, p. 179, pl. 200; *pygmæus*, Bechst. (nec Lath.); *pusillus*, Bechst. (nec L.); *eloroides*, Vieill.; *hartlaubi*, Verr.; *sibirica*, Dress. — Europe sept. et Sibérie, hiverne dans le N. de l'Afrique, le S. de l'Asie et dans l'Archipel Indien.

1762. GALLINAGO

Gallinago, Leach (1816); *Telmatias*, Boie (1826); *Pelorhynchus*, Kp. (1829); *Nemoricola*, Hodgs. (1837); *Homoptilura*, Gray (1840); *Xylocota*, Bp. (1855); *Cœnocorypha*, Gray (1855); *Spilura*, Bp. (1856).

11.271. STENURA (Kuhl), in *Bp.*, *Ann. Stor. Nat. Bolog.* IV, 1830, p. 335; Dav. et Oust., *Ois. Chine*, p. 478; Seeb., *l. c.*, p. 477; *stenoptera*, Kl.; *horsfieldi*, Gray; id. et Hardw., *Ill. Ind. Zool.* II, pl. 54, f. 3; *heterura*, *biclavus*, Hodgs.; *pectinicauda*, Peale; *indica*, Licht (nec Hodgs.); *sthenura*, Le Mess.; *heterocerca*, Prjev. nec Cab.) — Asie orientale, à l'ouest jusqu'au Jenisseï et l'Inde.

11.272. MEGALA, Swinh., *Ibis*, 1861, p. 343; Schl., *Mus. P.-B.*, *Scolop.*, p. 12; Dav. et Oust., *Ois. Chine*, p. 479; Salvad., *Orn. Pap.* III, p. 337; *solitaria*, Swinh. (1860, nec Hodgs.); *uniclavus*, Gr. (1860, (nec Hodgs.); *stenura*, Radde, *Reis. Sibir.* II, p. 334, pl. 13 (nec Kl.); *burka* et *australis*, Fsch. (nec Lath.); *heterura*, Cab. (nec Hodgs.); *heterocerca*, Cab., *J. f. O.*, 1870, p. 235. — Sibérie E., Japon, Chine, Philippines, Bornéo, Moluques.

11.273. MEDIA (Frisch), *Vorst. Vög. Deutschl.*, pl. 228 (1763); Gerini, *Orn. Meth. Dig.* IV, p. 59, pl. 446 (1773); Dubois, *Fne. Ill.*, *Ois.* II, p. 223, pl. 209; *major*, Gm.; Dress., *B. Eur.* VII, p. 631, pl. 541; *paludosa*, Retz.; *palustris*, Pall.; *leucurus*, Sw.; *nisoria*, etc., Brm.; *montagui*, Bp. — Europe jusqu'au 70° latitude N., Sibérie occidentale jusqu'au Jenisseï, Afrique.

11.274. NIGRIPENNIS, Bonap., *Icon. Faun. Ital.*, *Ucc.*, p. 4; Fsch. et Hartl., *Vög. Ostafr.*, p. 769; *æquatorialis*, Rüpp.; Seeb., *l. c.*, p. 500; *angolensis*, Bocage. — Afrique tropicale jusqu'au Cap de Bonne-Espérance.

3119. *Var.* MACRODACTYLA, Bp., *Icon. Faun. Ital.*, *Ucc.*, p. 3 (1832); id., *C. R.* XLIII, p. 579; Sharpe, *Cat.*, p. 649; *elegans*, *mauritiana*, Desj.; *bernieri*, Puch., *Rev. Zool.*, 1845, p. 279; *nigripennis* (pt.), Fsch. et Hartl.; *nigripennis*, *var. bernieri*, M.-Edw. et Grand., *H. N. Madag.*, *Ois.*, p. 637, pl. 260. — Madagascar, île Maurice.

11.275. GALLINARIA, O. F. Müll., *Zool. Dan. Prodr.*, p. 23 (1776); *Scolopax gallinago*, Lin.; *cœlestis*, Frenz. (1801); Dress., *B. Eur.* VII, p. 641, pls 542, 543; Dubois, *Fne. Ill.*, *Ois.* II, p. 226, pl. 211; *media*, Leach et auct. plur. (nec Frisch); *sakhalina*, Vieill.; *brehmi*, Kp.; *sabinii*, Vig.; *faeroeensis*, etc., Brm.; *delamottii*, *pygmæa*, Bail.; *uniclavus*, Hodgs.; *scolopacina*, *burka*, Bp.; *peregrina*, Tem.; *latipennis*, Hartl.; *vulgaris*, C. Dub.; *russata*, Gould; *wilsoni*, Swinh. (nec Tem.) — Europe, Asie jusqu'au 70° latitude Nord, Islande, Afrique N. et N.-E., Sénégambie.

11.276. DELICATA (Ord.), ed. *Wils. Amer. Orn.* IX, p. 218 (1825); Turn., *Contr. N. H. Alaska*, p. 146; Sharpe, *Cat.*, p. 642; *gallinago*, Wils. (nec L.); *wilsoni*, Tem.; Audub., *B. Amer.* V, p. 339, pl. 350; *drummondi*, *douglasii*, Sw.; *gallinaria*, *var. wilsoni*, Ridgw. — Amérique septentrionale jusqu'au cercle arctique, Amérique centrale et Nord de l'Amérique méridionale.

11.277. PARAGUAYÆ (Vieill.), *N. Dict.* III, p. 356 (1816); Schl., *Mus. P.-B.*, *Scolop.*, p. 11; Sharpe, *Cat.*, p. 650 (part.); *frenata*, Ill. (*descr. nulla*); Burm., *Th. Bras.* III, p. 377; Seeb., *l. c.*, p. 494; *longirostris*, Cuv.; *wilsoni*, Léot. (nec Tem.); *S. frenata brasiliensis*, Seeb. — Amérique méridionale jusque l'Argentine.

3120. *Var.* ANDINA (Tacz.), *P. Z. S.*, 1874, p. 561; id., *Orn. Pér.* III, p. 375; *frenata* (pt.), auct. plur. — Pérou.

3121. *Var.* MAGELLANICA (King), *Zool. Journ.*, 1833, p. 93; Seeb., *l. c.*, p. 496; Deichl., *J. f. O.*, 1897, p. 152; *paraguayæ*, Sharpe, *l. c.*, p. 650 (nec Vieill.) — Magellan, Malouines.

3122. *Var.* CHILENSIS (Seeb.), *Geogr. Distr. Charadr.*, p. 496; Deichl., *J. f. O.*, 1897, p. 152. — Chili, Patagonie.

11.278. NOBILIS, Scl., *P. Z. S.*, 1856, p. 31; Schl., *l. c.*, p. 9; Scl. et Salv., *Exot. Orn.*, p. 196, pl. 98; *granadensis*, Bp. — Colombie, Ecuador.

11.279. AUSTRALIS (Lath.), *Ind. Orn., Suppl.*, p. 65; Gould, *B. Austr.* VI, pl. 40; Seeb., *l. c.*, p. 473; *hardwickii*, Gray. — Japon, Formose, Australie, Tasmanie.

11.280. DUBIA, Deichl., *J. f. O.*, 1897, p. 151. — Japon.

11.281. SOLITARIA, Hodgs., *Glean. in Science*, III, p. 238; id., *Icon. ined. in Br. Mus., Grall.*, pl. 104, *App.*, pl. 48; Sharpe, *Cat.*, p. 654 (pt.); *hyemalis*, Eversm., *Bull. Soc. Mosc.*, 1845, p. 257, pl. 6. — Himalaya, du Turkestan à l'Altaï au S. jusqu'à l'Assam.

3123. *Var.* JAPONICA (Bp.), *C. R.* XLIII, p. 715 (1856); Swinh., *Ibis*, 1873, p. 364; Seeb., *Ibis*, 1886, p. 129; id., *Geogr. Distr. Charadr.*, p. 476; Stejn., *Pr. U. S. Nat. Mus.*, 1887, p. 129; *solitaria* (pt.), auct. plur.; Dav. et Oust., *Ois. Chine*, p. 476, pl. 122. — Japon, Sibérie S.-E., Chine.

11.282. NEMORICOLA, Hodgs., *P. Z. S.*, 1836, p. 8; id., *Icon. ined. Br. Mus., Grall.*, pl[s] 96[b], 97, 98; Schl., *l. c.*, p. 16; Hume et Marsh., *Game B. Ind.* III, p. 325, pl.; *nepalensis*, Bp. — Himalaya, Inde, Assam, Birmanie.

11.283. GIGANTEA (Tem.), *Pl. Col.* 403; Schl., *l. c.*, p. 8; *lacunosa*, Licht.; *undulata gigantea*, Seeb., *l. c.*, p. 493. — Brésil, Paraguay.

11.284. UNDULATA (Bodd.), *Tabl.*, p. 54; *Pl. Enl.* 895; Scl. et Salv., *Exot. Orn.*, p. 196; Seeb., *l. c.*, p. 492; *paludosa*, Gm.; Schl., *l. c.*, p. 8. — Guyane.

11.285. STRICKLANDI, Gray, *List Grall. Brit. Mus.*, p. 112; id., *Voy. Erebus and Terr.*, *B.*, pl. 23; Schl., *l. c.*, p. 15; *meridionalis*, Peale; *spectabilis*, Hartl.; *paludosa*, Scl. (1857, nec Gm.); *nobilis*, Oust. (1891, nec Scl.) — Du Chili à Magellan.

11.286. JAMESONI (Bp.), *C. R.* XLI, p. 660; Scl. et Salv., *Exot. Orn.*, p. 196; Tacz., *Orn. Pér.* III, p. 376; Seeb., *l. c.*, p. 489. — Colombie, Ecuador, Pérou, Bolivie.

11.287. AUCKLANDICA (Gray), *List Grall. Br. Mus.*, p. 112; id., *Voy. Ereb. and Terr.*, p. 13, pl. 13; Seeb., *l. c.*, p. 472; *holmesii*, Peale; *tristrami*, Rothsch. — Iles Auckland et Antipodes.

3124. *Var.* Huegeli, Tristr., *Bull. Br. Orn. Club,* I, 1893, p. 47; id., *Ibis,* 1893, p. 447. — Ile Snares.

3125. *Var.* Pusilla, Bull., *Ibis,* 1869, p. 41; id., *B. New Zeal.,* ed. 2, II, p. 33, pl. 28, f. 1; Forb., *Ibis,* 1893, p. 529, pl. 14; *aucklandica* (pt.), auct. plur. (nec Gr.) — Ile Chatham.

11.288. imperialis, Scl. et Salv., *P. Z. S.,* 1869, p. 419; id., *Exot. Orn.*, p. 193, pl. 97; Seeb., *l. c.,* p. 491. — Colombie.

1763. LIMNOCRYPTES

Limnocryptes, Kaup (1829); *Philolimnos,* Brm. (1831); *Ascalopax,* Keys. et Blas. (1840).

11.289. gallinula (Lin.); Dress., *B. Eur.* VII, p. 653, pl. 544; Dubois, *Fne. Ill., Ois.* II, p. 231, pl. 210; *stagnatilis* et *minor,* Bechst.; *minima,* Leach. — Europe et Asie jusqu'au 70° latit. N., Afrique N.

1764. SCOLOPAX

Scolopax, Lin. (1766); *Rusticola,* Vieill. (1816); *Neoscolopax,* Salvad. (1882).

11.290. rusticola, Lin.; Dress., *l. c.,* p. 615, pl. 540; Dubois, *l. c.,* p. 234, pl. 212; *rusticula,* Bodd.; *vulgaris,* Vieill.; *major,* Leach (nec Gm.); *pinetorum, sylvestris, orientalis,* etc., Brm.; *europæa,* Less.; *indicus,* Hodgs.; *communis,* Selby; *scoparia,* Bp. — Europe et Asie jusqu'au 60° latit. N. à l'E. et jusqu'au cercle polaire à l'Ouest, Afrique N.

11.291. saturata, Horsf., *Tr. Linn. Soc.* XIII, p. 191; id., *Zool. Research., Java,* pl. 63; Seeb., *l. c.,* p. 506, pl. 21; *javanica,* Less.; *russata,* Blyth; *rosenbergi,* Schl.; Salvad., *Orn. Pap.* III, p. 335. — Java, Nouvelle-Guinée.

11.292. rochusseni, Schl., *Nederl. Tijdschr. Dierk.* III, p. 254; Seeb., *l. c.,* p. 505, pl. 20; Salvad., *Orn. Pap.* III, p. 336. — Ile Obi (Moluques).

1765. PHILOHELA

Microptera, Nutt. (1834, nec *Micropterus,* Less. 1831); *Philohela,* Gray (1841).

11.293. minor (Gm.), *S. N.* I, p. 661; Wils., *Am. Orn.* VI, p. 40, pl. 48, f. 2; Vieill., *Gal. Ois.* II, p. 112, pl. 242; *americana,* Audub., *B. Am.* VI, p. 15, pl. 352. — Amérique septentrionale jusqu'au 50° latitude Nord.

1766. PHEGORNIS

Leptopus, Fras. (1844, nec Rafin., 1815); *Leptodactylus*, Fras. (1844, nec Fitz., 1826); *Leptoscelis*, Des M. (1846, nec Hall., 1833); *Phegornis*, Gray (1847); *Prosobonia*, Bp. (1850); *Æchmorhynchus*, Coues (1874).

11.294. MITCHELLI (Fras.), *P. Z. S.*, 1844, p. 157; id., *Zool. Typ.*, pl. 63; Des Murs, *Icon. Orn.*, pl. 41; Seeb., *Geogr. Distr. Char.*, p. 450, pl. 16. — Chili, Bolivie, Pérou.

11.295. CANCELLATUS (Gm.), *S. N.* I, p. 675; Seeb., *l. c.*, p. 451, pl. 17; *parvirostris*, Peale, *U. S. Expl. Exp., B.*, p. 235, pl. 66, f. 2; *rufescens, var.* β., Bp. — Iles Paumotu et Christmas.

11.296. LEUCOPTERA (Gm.), *S. N.* I, p. 678; Schl., *Handl. Dierk.* I, p. 435, pl. 7, f. 89; Seeb., *l. c.*, p. 452, pl. 18; *pyrrhetræa*, Licht. — Ile Tahiti.

1767. RHYNCHÆA (1)

Rostratula, Vieill. (1816); *Rhynchœa*, Cuv. (1817).

11.297. CAPENSIS (Lin.), *Pl. Enl.* 881, 922; Cuv., *Règ. An.* I, p. 488 (1817); Shell., *B. Egypt.*, p. 250, pl. 11; Dav. et Oust., *Ois. Chine*, p. 480; *bengalensis*, L.; *chinensis*, *madagascariensis*, Bodd.; *indica*, *maderaspatana*, Gm.; *sinensis*, Lath.; *viridis*, *alba*, Vieill.; *orientalis*, Horsf.; *africana*, Less.; *picta*, Gr.; *variegata*, Vieill., *Gal. Ois.* II, p. 109, pl. 240; *variabilis*, Tem.; *caffra*, Licht. — Afrique, Madagascar, Asie méridionale jusqu'en Chine et Japon, îles de la Sonde.

11.298. AUSTRALIS, Gould, *P. Z. S.*, 1837, p. 155; id., *B. Austr.* VI, pl. 41; Stejn., *Stand. N. H.* IV, *Birds*, p. 110. — Australie.

11.299. SEMICOLLARIS (Vieill.), *N. Dict.* VI, p. 402; Schl., *Mus. P.-B., Scolop.*, p. 18; Seeb., *l. c.*, p. 459, pl. 19; *atricapilla*, Vieill.; *hilarea*, Valenc.; Less., *Ill. Zool.*, pl. 18; *occidentalis*, King.; *hilærea* et *hilarii*, Burm.; *curvirostris*, Licht. — Amérique méridionale au S. jusqu'à l'Argentine.

SUBF. VI. — PHALAROPINÆ

1768. CRYMOPHILUS

Phalaropus (pt.), auct. plur.; *Crymophilus*, Vieill. (1816).

11.300. FULICARIUS (Lin.); Dress., *B. Eur.* VII, p. 606, pl^s 538, 539, f. 1; Dubois, *Fne. Ill., Ois.* II, — Zone arctique jusqu'au 82 $^1/_2$° latitude N.,

(1) Le terme générique de *Rostratula* a priorité sur celui de *Rhynchæa*, mais ce dernier a été adopté par tous les auteurs, même par Vieillot après 1816. Il me semble donc qu'il n'y a pas lieu de ressusciter une dénomination abandonnée par son propre auteur, comme l'ont fait MM. Stejneger et Sharpe.

p. 261, pl[s] 218 et 219, f. 1; *lobatus*, auct. plur. (nec L.); *glacialis*, Gm.; *hyperboreus*, Lath. (nec L.); *rufus*, Bechst.; *platyrhynchus*, Tem.; *griseus*, Leach; *rufescens*, Keys. et Blas.; *platyrostris*, Nordm. — en hiver dépasse rarement vers le Sud le 50° lat. N.

1769. PHALAROPUS

Phalaropus, Briss. (1760); *Lobipes*, Cuv. (1817); *Steganopus*, Vieill. (1819); *Holopodius*, Bp. (1828).

11.301. HYPERBOREUS (Lin.); Dress., *l. c.* VII, p. 597, pl[s] 537, 539, f. 2; *lobata*, L.; *cinereus*, Briss.; Dubois, *l. c.*, p. 266, pl[s] 218 et 219, f. 2; *fusca*, Gm.; *vulgaris*, Bechst.; *williamsii*, Sim.; *ruficollis*, *cinerascens*, Pall.; *angustirostris*, Naum.; *lobipes*, Keys. et Bl.; *australis*, *moluccensis*, Tem.; *asiaticus*, *tropicus*, Hume. — Zone arctique jusqu'au 75° l. N., en hiver au S. jusqu'au 45° en Europe, à l'E. jusqu'à la Nouv.-Guinée et en Amérique jusqu'au Guatémala.

11.302. TRICOLOR (Vieill.), *N. Dict.* XXXII, p. 136; Stejn., *Auk*, 1885, p. 183; *lobatus*, Wils. (nec L.); *wilsoni*, Sabine; Sw. et Rich., *Faun. Bor.-Am.* II, p. 405, pl. 69; Gray, *Gen. B.* III, pl. 158; *fimbriatus*, Tem., *Pl. Col.* 370; *frenatus*, Vieill.; *incanus*, Jard. et S.; *stenodactylus*, Wagl. — Amérique : au N. jusqu'au lac Winnipeg, descend vers le S. en hiver jusqu'en Patagonie.

SUBORD. III. — FULICARIÆ

FAM. XIV. — PARRIDÆ (1)

1770. HYDROPHASIANUS

Hydrophasianus, Wagl. (1832); *Hydrophasis*, Sharpe (1896).

11.303. CHIRURGUS (Scop.), *Del. Flor. et Faun. Insubr.* II, p. 92; Dav. et Oust., *Ois. Chine*, p. 483; *luzoniensis*, *sinensis*, Gm.; Gould, *B. Asia*, VII, pl. 68; *indica*. Hodgs., *Icon. ined.*, *Grall.*, pl. 109, f. 1 (nec Lath.) — Inde, Ceylan, Indo-Chine, Malacca, îles de la Sonde, Philippines, Formose.

1771. METOPIDIUS

Metopidius, Wagl. (1832).

11.304. INDICUS (Lath.), *Ind. Orn.* II, p. 765; Schl., *Mus. P.-B.*, *Ralli*, p. 67; Jerd., *B. Ind.* III, p. 708; *cuprea*, Valent.; *cristata*, Vieill.; *ænea*, Cuv.; *superciliosa*, Horsf.; id., *Zool. Res. Java*, pl. 64; *phœnicura*, Hodgs.; *arata*, Tick.; *melanochloris*, *melanoviridis*, Vieill. — Inde, Indo-Chine, grandes îles de la Sonde.

(1) Voy. : Sharpe, *Catalogue of Birds Brit. Mus.* XXIV, pp. 68-89 (1896).

1772. ACTOPHILUS

Phyllopezus, Sharpe (1896, nec Peters, 1877); *Actophilus*, Oberh. (1899).

11.305. AFRICANUS (Gm.), *S. N.* I, p. 709; Sw., *Zool. Ill.*, ser. 2, pl. 6; Schl., *l. c.*, p. 69; M.-Edw. et Grand., *H. N. Madag.*, *Ois.*, p. 581. — Afrique.

11.306. ALBINUCHA (I. Géoff.), *Mag. de Zool.*, 1832, *Aves*, pl. 6; Schl., *l. c.*, p. 70; M.-Edw. et Grand., *H. N. Madag.*, *Ois.*, p. 579, pls 237-239; *atricollis*, Sw. — Madagascar.

1773. HYDRALECTOR

Hydralector, Wagl. (1832).

11.307. GALLINACEUS (Tem.), *Pl. Col.* 464; Gould, *B. Austr.* VI, pl. 75; *cristatus*, Rchb. (nec V.); Schl., *l. c.*, p. 68; *novæ-hollandiæ*, Salvad., *Orn. Pap.* III, p. 309. — Australie, Célèbes, Bornéo S.

3126. *Var.* NOVÆ-GUINEÆ (Rams.), *Pr. Linn. Soc. N. S. W.*, 1878, p. 298; Sharpe, *Cat.*, p. 81; *gallinacea* et *cristata* (pt.), auct. plur. — Nouvelle-Guinée.

1774. PARRA

Parra, Lin. (1766); *Jacana*, Schäff. (1774); *Asarcia*, Sharpe (1896).

11308. JACANA, Lin.; *Pl. Enl.* 322; Schl., *l. c.*, p. 66; Tacz., *Orn. Pér.* III, p. 331; *jassana*, Cab.; *intermedia*, Scl.; *spinosa*, Ridgw. (nec L.) — Amérique méridionale.

11309. MELANOPYGIA, Scl., *P. Z. S.*, 1856, p. 283; Sharpe, *l. c.*, p. 84. — Colombie, Panama.

11.310. NIGRA, Gm., *S. N.* I, p. 708; Schl., *l. c.*, p. 65; *hypomelæna*, Gray, *Gen. B.* III, pl. 159; Scl., *P. Z. S.*, 1856, p. 283. — Panama, Colombie, Vénézuéla.

11.311. GYMNOSTOMA, Wagl., *Isis*, 1831, p. 517; Schl., *l. c.*, p. 66; Ridgw., *Man. N. Am. B.*, p. 183; ? *variabilis*, Lin.; Sharpe, *l. c.*, p. 86; ?*spinosa*, L.; Ell., *Auk*, 1888, p. 297; Coues, *Auk*, 1897, p. 88; *cordifera*, Less.; Des Murs, *Icon. Orn.*, pl. 42; *punicea*, Licht.; *violacea*, Cory. — Du Texas au Costa-Rica et grandes Antilles.

1775. MICROPARRA

Microparra, Cab. (1877); *Aphalus*, Elliot (1888).

11.312. CAPENSIS (Smith), *Ill. Zool. S. Afr.*, *B.*, pl. 32; Cab., *J. f. O.*, 1877, p. 350; Elliot, *Auk*, 1888, p. 301; Sharpe, *Cat.*, p. 89. — Afrique S. et E.

FAM. XV. — MESŒNATIDÆ (1)

1776. MESOENAS

Mesites, Géoff. St-Hil. (1838, nec Schönh.); *Mesitornis*, Bp. (*ubi?* teste Gray); *Mesœnas*, Rchb. (1850).

11.313. VARIEGATA (Géoff. St-Hil.), *C. R.* VI (1838), p. 443; id., *Rev. Zool.*, 1838, p. 50; id., *Mag. de Zool.*, 1839, p. 10, pl[s] 5 et 6; Des M., *Ic. Orn.*, pl. 11; M.-Edw. et Grand., *H. Madag., Ois.*, p. 601, pl[s] 246-251; *unicolor*, Des M., *l. c.*, pl. 12. — Madagascar.

FAM. XVI. — RALLIDÆ (1)

SUBF. I. — RALLINÆ

1777. RALLUS

Rallus, Lin. (1766); *Biensis*, Pucher. (1845); *Limnopardalus*, Cab. (1856); *Pardirallus*, Bp. (1856); *Ortygonax*, Heine et Rchw. (1890).

11314. ELEGANS, Audub., *B. Am.*, pl. 213; id., *B. Am.* 8°, V, p. 160, pl. 309; Baird, *B. N. Am.*, p. 746; *crepitans*, Wils. (nec Gm.) — Amérique septentr., du Canada au Texas et Floride, Cuba.

3127. *Var.* BELDINGI, Ridgw., *Pr. U. S. Nat. Mus.*, 1882, p. 345; Bd., Brew. et Ridgw., *Water-B. N. Am.* I, p. 356. — Basse-Californie.

3128. *Var.* TENUIROSTRIS, Ridgw., *Amer. Nat.* VII, 1874, p. 14; id., *Man. N. Am. B.*, p. 138. — Mexique.

11.315. LEVIPES, Bangs, *P. New Engl. Zool. Club*, I, p. 45. — Californie.

11.316. LONGIROSTRIS, Bodd., *Tabl.*, p. 52; *Pl. Enl.* 849; Schl., *l. c.*, p. 11; *crepitans*, Cab. (nec Gm.); *cypereti*, Tacz., *P. Z. S.*, 1877, p. 747; id., *Orn. Pér.* III, p. 315. — Des Guyanes au Pérou.

3129. *Var.* CRASSIROSTRIS, Lawr., *Ann. Lyc. N. Y.*, 1869, p. 19; *longirostris* (pt.), auct. plur. — Brésil.

3130. *Var.* CREPITANS, Gm., *S. N.* I, p. 713; Audub., *B. Am.* V, p. 165, pl. 310; Ridgw., *Bull. Nutt. Orn. Club* V, 1880, p. 140; *longirostris* (pt.), auct. plur. (nec Bodd.) — Amérique N.-E.

3131. *Var.* WAYNEI, Brewst., *Bull. New Engl. Zool. Club*, I, p. 49. — Géorgie.

3132. *Var.* CARIBÆA, Ridgw., *Bull. Nutt. Orn. Club*, V, 1880, p. 140; Bd., Brew. et Ridgw., *Water-B. N. Am.* I, p. 359; *longirostris*, auct. plur. — Antilles.

(1) Voy. : Sharpe, *Catalogue Birds Brit. Mus.* XXIII (1894).

(nec Bodd.); *crepitans*, auct. plur. (nec Gm.); *elegans*, March (nec Audub.)

3133. *Var.* CUBANA, Chapm., *Bull. Amer. Mus. N. H.*, 1892, p. 288. — Cuba.

3134. *Var.* CORYI, Mayn.; Cory, *B. W. Ind.*, p. 254; North., *Auk*, 1891, p. 77; Cory, *Auk*, 1891, p. 291; *caribæus* (pt.), Sharpe, *Cat.*, p. 13. — Iles Bahama.

3135. *Var.* SCOTTI, Sen., *Auk*, 1888, p. 305. — Floride.

3136. *Var.* SATURATA, Ridgw., *Bull. Nutt. Orn. Club*, 1880, p. 140; Bd., Br. et Ridgw., *Water-B. N. Am.* I, p. 359; Sharpe, *l. c.*, p. 13, pl. 1; *crepitans*, Tayl. (nec Gm.); *scottii*, auct. plur. (nec Sen.) — Louisiane (côtes).

3137. *Var.* OBSOLETA, Ridgw., *Amer. Nat.* VIII, 1871, p. 211; id., *Bull. Nutt. Orn. Club*, 1880, p. 139; *elegans*, Newb. (nec Audub.) — Amérique N.-W. de l'État de Washington à la Californie.

11.317. VIRGINIANUS, Lin.; Aud., *B. Am.* V, p. 174, pl. 311; Schl., *l. c.*, p. 10; Sharpe, *Cat.*, p. 17, pl. 2, f. 2; *limicola*, Vieill. — Amérique du Nord et centrale jusqu'au Guatémala.

3138. *Var.* ÆQUATORIALIS, Sharpe, *Cat. B.* XXIII, p. 18, pl. 2, f. 1; *virginianus* (pt.), auct. plur. (nec L.) — Colombie, Ecuador, Pérou.

11.318. SEMIPLUMBEUS, Sclat., *P. Z. S.*, 1856, p. 31; Schl., *l. c.*, p. 11; Tacz., *Orn. Pér.* III, p. 314; Sharpe, *l. c.*, p. 19, pl. 3. — Colombie.

11.319. ANTARCTICUS, King, *Zool. Journ.*, 1828, p. 93; Scl., *P. Z. S.*, 1867, p. 333, 1868, p. 445; Sclat. et Huds., *Argent. Orn.* II, p. 148; *rufopennis*, Gray; *uliginosus*, Phil. — Chili, Argentine, Patagonie.

11.320. PERUVIANUS, Tacz., *Orn. Pérou*, III, p. 313. — Pérou.

11.321. AQUATICUS, Lin.; Dress., *B. Eur.* VII, p. 257, pl. 495; Dubois, *Fne. Ill., Ois.* II, p. 279, pl. 222; *obscura*, Gm.; *sericeus*, Leach; *germanicus*, *minor*, *fuscilateralis*, Brm. — Europe W. jusqu'au 66° l. N., Islande, Eur. E. et Asie W. jusqu'au 55°, Afr. N.

3139. *Var.* INDICA, Blyth, *J. A. S. Beng.*, 1849, p. 820; Dav. et Oust., *Ois. Chine*, p. 489; Hume et Marsh., *Game B. Ind.* III, p. 257, pl. 44; *aquaticus* (pt.), auct. plur. (nec L.); *var. japonicus*, Bp. — Sibérie E., Japon, Chine, Indo-Chine, Inde E., Ceylan.

11.322. CÆRULESCENS, Gm., *S. N.* I, p. 716; Schl., *l. c.*, p. 9; Fsch. et Hartl., *Vög. Ostafr.*, p. 777; *caffer*, Forst., *Icon. ined.*, f. 129; *aquaticus*, Gurn. (1859, nec L.) — Afrique S., jusque l'Angola à l'Ouest et le Tanganika à l'Est.

11.323. MADAGASCARIENSIS, Verr., *S. Afr. Q. Journ.* II, p. 80; Schl., *l. c.*, p. 10; M.-Edw. et Grand., *H. N. Madag., Ois.*, p. 568, pl^s 230^b, f. 1, 231; *poliocephalus*, Gray; *typus*, Puch.; *bernieri*, Gray. — Madagascar.

11.324. MACULATUS, Bodd., *Tabl.*, p. 48; *Pl. Enl.* 775; Schl., *l. c.*, p. 13; Scl. et Huds., *Argent. Orn.* II, p. 148, pl. 19; *variegatus*, Gm.; Burm., *Th. Bras.* III, p. 382; *nivosus*, Sw.; Gundl., *Orn. Cuba*, p. 361. — Argentine, Paraguay, Brésil, Guyane, Vénézuéla, Colombie.

11.325. RYTIRHYNCHUS, Vieill., *N. Dict.* XXIII, p. 549; Scl. et Huds., *Argent. Orn.* II, p. 149; *setosus*, King.; *cæsius*, Tsch. (nec Spix); *zelebori*, Pelz. — Brésil S., Argentine, Mendoza, Pérou central.

3140. *Var.* SANGUINOLENTA, Sw., *An. in Menag.*, p. 335; Sharpe, *l. c.*, p. 30; *cæsius*, Cass. (nec Spix); Schl., *l. c.*, p. 8; *bicolor*, Gray; *ricordi*, Bp.; *rytirhynchus*, Scl. et Salv. (nec V.); Oust., *Miss. Sc. Cap Horn, Zool.* VI, *Ois.*, p. 131, pl. 2. — Du Chili central au Pérou.

3141. *Var.* VIGILANTIS, Sharpe, *l. c.*, p. 31, pl. 4; *rytirhynchus* (pt.), auct. plur. (nec V.); *antarcticus*, Sharpe, *P. Z. S.*, 1881, p. 14. — Magellan.

11.326. NIGRICANS, Vieill., *N. Dict. d'H. N.* XXVIII, p. 560; Schl., *l. c.*, p. 8; Tacz., *Orn. Pér.* III, p. 317; *immaculatus*, Licht.; *cæsia*, Spix, *Av. Bras.* II, p. 73, pl. 95. — Brésil jusqu'au Pérou et la Colombie.

1778. HYPOTÆNIDIA

Hypotænidia, Rchb. (1852); *Lewinia*, Bp. (1856); *Donacias*, Heine et Rchw. (1890).

11.327. STRIATA (Lin.); Jerd., *B. Ind.* III, p. 726; Schl., *l. c.*, p. 24; Dav. et Oust., *Ois. Chine*, p. 488; Mey. et Wg., *B. Cel.*, p. 692; Hume et Marsh., *Game B. Ind.* II, p. 245, pl. 43, f. 2; *gularis*, Horsf.; *albiventer*, Sw.; *indicus*, Rchb. (nec Blyth); *celebensis*, Pelz. (nec Q. et G.); *jouyi*, Stejn. — Inde S., Ceylan, Indo-Chine, Malacca, Formose, Archipel Indo-Malais, Célèbes.

3142. *Var.* OBSCURIOR, Hume, *Str. F.* II, 1874, p. 302, 1879, p. 113; id. et Marsh., *Game B. Ind.* II, p. 253, pl. 43, f. 1; *striata* (pt.), auct. plur. (nec L.); *ferrea*, Wald; *abnormis*, Hume. — Iles Andaman.

11.328. OWSTONI, Rothsch., *Nov. Zool.* II, p. 481; *marchei*, Oust., *Arch. Mus. Paris*, VIII, 1896, p. 32. — Iles Mariannes.

11.329. PACIFICA (Gm.), *S. N.* I, p. 717; Forst., *Icon. incd.*, pl. 128. — Tahiti (*éteint*).

11.330. BRACHYPUS (Sw.), *An. in Menag.*, p. 336; Gould, *Handb. B. Austr.* II, p. 336; *pectoralis*, Less. (nec Gould); *lewini*, Sw.; Gould, *B. Austr.* VI, pl. 77. — Australie, Tasmanie, îles Auckland.

3143. *Var.* EXSUL, Hart., *Nov. Zool.* V, p. 50. — Flores.

11.331. MUELLERI (Rothsch.), *Bull. Brit. Orn. Club*, VIII, p. 40 (1893); Sharpe, *l. c.*, p. 330. — Iles Auckland, Nouvelle-Zélande S.

11.332. PHILIPPENSIS (Lin.); *Pl. Enl.* 774; Bull., *B. N. Zeal.*, p. 176, pl. 20, f. 2; id., *l. c.*, éd. 2, II, — Archipel Malais, Australie, Nouvelle-

p. 95, pl. 33, f. 2; *assimilis*, Gray; *pacificus, var.* Forst.; *pectoralis*, Gould, *B. Austr.* VI, pl. 76 (nec Cuv.); *forsteri*, Hartl.; *etorques*, Bp.; *R. hypotænidia*, Verr. et Des M.; *rufopes*, Ellm.; *hypoleucus*, Hartl. et Fsch.; *pictus*, Potts; *australis*, Pelz. — Zélande et îles du Pacifique.

3144. *Var.* MACQUARIENSIS (Hutton), *Ibis*, 1879, p. 454; Scl., *P. Z. S.*, 1881, p. 968. — Ile Macquarie.

11.333. TORQUATA (Lin.); Mey., *N. Acta Acad., C. L.-C. Cur.* XXVI, *Suppl.* I, p. 108, pl. 19; Schl., *l. c.*, p. 22; *lineatus*, Less. — Philippines.

11.334. CELEBENSIS (Quoy et Gaim.), *Voy. de l'Astrol. Zool.* I, p. 250, pl. 24, f. 2; Schl., *l. c.*, p. 22; Mey. et Wg., *B. Cel.*, p. 697. — Célèbes.

11.335. SATURATA, Salvad., *M. S.*; Scl., *Ibis*, 1880, p. 310, note; Salvad., *Ann. Mus. Gen.*, 1882, p. 319; id., *Orn. Pap.* III, p. 260. — Nouvelle-Guinée N.-W., Salawati.

11.336. SULCIROSTRIS (Wall.), *P. Z. S.*, 1862, p. 346; Scl., *Ibis*, 1880, p. 311, pl. 6; Sharpe, *l. c.*, p. 46. — Iles Soula.

3145. *Var.* JENTINKI, Sharpe, *Notes Leyd. Mus.*, 1893, XV, p. 268; id., *Cat.*, p. 330; *sulcirostris* (pt.), Hart., *Nov. Zool.* V, p. 136; Mey. et Wg., *B. Cel.*, p. 698. — Ile Soula-Mangola.

11.337. INSIGNIS, Scl., *P. Z. S.*, 1880, pp. 66 et 312, pl. 8; Salvad., *Orn. Pap.* III, p. 261. — Nouvelle-Bretagne.

1779. CABALUS

Cabalus, Hutton (1873); *Nesolimnas*, Andr. (1896).

11.338. DIEFFENBACHI (Gray), in *Dieffenb. Trav. N. Zeal.* II, *App.*, p. 197; Gray, *Voy. Erebus and Terror, B.*, p. 14, pl. 15; Bull., *B. N. Zeal.*, p. 179, pl. 20, f. 2. — Ile Chatham (*éteint*).

11.339. MODESTUS, Hutton, *Ibis*, 1872, p. 247, 1873, p. 349; id., *Tr. N. Zeal. Inst.* VI, 1874, p. 108; *dieffenbachi (juv.)*, Sharpe, *Cat. B. Br. Mus.* XXIII, p. 47, pl. 6; *pygmæus*, Forb. — Ile Mangare (Chatham).

11.340. SYLVESTRIS (Scl.), *P. Z. S.*, 1869, p. 472, pl. 35; Sharpe, *l. c.*, p. 48. — Ile Lord Howe.

1780. EULABEORNIS

Eulabeornis, Gould (1844); *Tricholimnas*, Sharpe (1893).

11.341. CASTANEIVENTRIS, Gould, *P. Z. S.*, 1844, p. 56; id., *B. Austr.* VI, pl. 78; Salvad., *Orn. Pap.* III, p. 267. — Australie N., îles Arou.

11.342. POECILOPTERUS (Hartl.), *Ibis*, 1866, p. 171; Fsch. et Hartl., *Faun. Centralpolyn.*, p. 156, pl. 12, f. 1; Sharpe, *l. c.*, p. 50. — Iles Fidji.

11.343. WOODFORDI (Og.-Grant), *Ann. Mag. N. H.*, 1889, p. 320; Sharpe, *l. c.*, p. 50, pl. 7. Iles Salomon.

11.344. LAFRESNAYANUS (Verr. et Des M.), *Rev. et Mag. de Zool.*, 1860, p. 437; Gray, *Cruise of Curaçoa*, pl. 21; Sharpe, *l. c.*, p. 51. Nouvelle-Calédonie.

1781. GYMNOCREX

Gymnocrex, Salvad. (1875); *Schizoptila*, Brüggem. (1876).

11.345. ROSENBERGI (Schl.), *Ned. Tydschr. Dierk.* III, p. 212; Brügg., *Abh. Nat. Ver. Bremen*, V, p. 94; Mey. et Wg., *B. Cel.*, p. 689, pl. 42, f. 1. Célèbes.

11.346. PLUMBEIVENTRIS (Gray), *P. Z. S.*, 1861, pp. 432, 438; Schl., *Mus. P.-B.*, *Ralli*, p. 17; Salvad., *Orn. Pap.* III, p. 268; *hoeveni*, Rosenb.; *intactus*, Scl., *P. Z. S.*, 1869, p. 120, pl. 10. Halmahera, Morotai, Nouvelle-Guinée, Mysol, îles Arou et Salomon.

1782. ARAMIDOPSIS

Aramidopsis, Sharpe (1893).

11.347. PLATENI (W. Blas.), in *Russ.*, *Isis*, 1886, p. 103; Sharpe, *Cat.*, p. 331; Mey. et Wg., *B. Cel.*, p. 690, pl. 42, f. 2. Célèbes.

1783. ARAMIDES

Aramides, Pucher. (1845); *Ortygarchus*, Cab. (1848).

11.348. MANGLE (Spix), *Av. Bras.* II, p. 74, pl. 97; Burm., *Th. Bras.* III, p. 385; Sharpe, *l. c.*, p. 54; *ruficollis*, Bp. (nec Gm.); Schl., *l. c.*, p. 15. Brésil.

11.349. WOLFI, Berl. et Tacz., *P. Z. S.*, 1883, p. 576; Sharpe, *l. c.*, p. 55. Ecuador.

11.350. AXILLARIS, Lawr., *Pr. Philad. Acad.*, 1863, p. 107; Sharpe, *l. c.*, p. 56; *mangle*, Cab. (nec Spix); ?*ruficollis*, Licht. (nec Gm.) Colombie, Vénézuéla, Guyane, Honduras, Mexique S.

11.351. GUTTURALIS, Sharpe, *Cat. B. Br. Mus.* XXIII, p. 57, pl. 5; ?*ruficollis*, Gm. et auct. plur.; *ruficeps* (pt.), Gray (nec Spix). Pérou.

11.352. CAYANEA (P. L. S. Müll.), *S. N.*, *Suppl.*, p. 119; *Pl. Enl.* 352; *major*, Bodd.; *cayennensis*, Gm. et auct. plur.; *ruficeps* (pt.), Gr.; *maximus*, Schl., *l. c.*, p. 14. Colombie, Guyane anglaise, Brésil N.

3146. *Var.* CHIRICOTE (Vieill.), *N. Dict.* XXVIII, p. 551; Sharpe, *l. c.*, p. 58; *maximus*, V.; *ruficollis*, *var.*, Sw., *Zool. Ill.* III, pl. 173; *ruficeps*, Spix, *Av. Bras.* II, p. 74, pl. 96; *cayennensis* (pt.), auct. plur. (nec Gm.) Brésil, Amazone, Pérou jusqu'à Panama.

3147. *Var.* ALBIVENTRIS, Lawr., *Proc. Philad. Acad.*, 1867, p. 234; Sharpe, *l. c.*, p. 59; *cayennensis* (pt.), auct. plur. — Mexique, Guatémala, Honduras anglais.

3148. *Var.* PLUMBEICOLLIS, Zeledon, *Ann. Mus. Nac. Costa-Rica* I, p. 131, II, p. 3; Sharpe, *l. c.*, p. 332. — Honduras, Costa-Rica, Nicaragua.

11.353. YPACAHA (Vieill.), *N. Dict.* XXVIII, p. 568; Scl. et Huds., *Argent. Orn.* II, p. 150; *melampyga*, Licht.; *gigas*, Spix, *Av. Bras.* II, p. 75, pl. 99; Burm., *Th. Bras.* III, p. 383; Schl., *l. c.*, p. 14. — Brésil S., Argentine.

11.354. SARACURA, Spix, *Av. Bras.* II, p. 75, pl. 98; Scl. et Salv., *P. Z. S.*, 1868, p. 449; Tacz., *Orn. Pér.* III, p. 319; *nigricans*, Bp. (nec V.); *melanurus*, Bp.; *plumbea*, Max. — Brésil, Pérou.

11.355. CALLOPTERA, Scl. et Salv., *P. Z. S.*, 1878, p. 439, pl. 28. — Ecuador.

1784. MEGACREX

Megacrex, D'Alb. et Salvad. (1879).

11.356. INEPTA, D'Alb. et Salvad., *Ann. Mus. Civ. Genov.*, 1879, p. 130; Gould, *B. New-Guin.* V, pl. 69; Salvad., *Orn. Pap.* III, p. 272. — Nouvelle-Guinée S.-E.

1785. HABROPTILA

Habroptila, Gray (1860).

11.357. WALLACEI, Gray, *P. Z. S.*, 1860, p. 365, pl. 172; Schl., *l. c.*, p. 78; Salvad., *Orn. Pap.* III, p. 271. — Halmahera (Moluques).

1786. OCYDROMUS

Ocydromus, Wagl. (1830); *Gallirallus*, Lafr. (1841).

11.358. AUSTRALIS (Sparrm.), *Mus. Carls.* I, pl. 14; Gray, *Voy. Ereb. and Terr.*, p. 13, pl. 14; Schl., *l. c.*, p. 73; Bull., *B. N. Zeal.*, ed. 2, II, p. 116, pl. 35, f. 1; *troglodytes*, Forst. (*descr. nulla*); *brachypterus*, Schl., *l. c.*, p. 73 (nec Lafr.); *hectori*, Hutt.; *earli*, Fsch. (nec Gr.) — Nouvelle-Zélande (île S.)

11.359. EARLI, Gray, *Ibis*, 1862, p. 328; Bull., *B. N. Zeal.*, p. 165, pl. 19, f. 1; Sharpe, *l. c.*, p. 66; *greyi*, Bull., *B. N. Zeal.*, ed. 2, II, p. 105, pl. 34, f. 1. — Nouvelle-Zélande (îles N. et S.)

11.360. BRACHYPTERUS (Lafr.), *Rev. Zool.*, 1841, p. 243; id., *Mag. de Zool.*, 1842, pl. 24; *fuscus*, Du Bus, *Esq. Orn.*, pl. 2; *nigricans*, Bull.; *finschi*, Hutt. — Nouvelle-Zélande (île S.)

1787. HIMANTORNIS

Himantornis, Hartl. (1855); *Psammocrex*, Oust. (1884).

11.361. HÆMATOPUS, Hartl., *J. f. O.*, 1855, p. 357; id., *Orn. W. Afr.*, p. 242; Schl., *l. c.*, p. 28; *himantopus*, Schl., *Handl. Dierk.* II, p. 448, pl. 7; *Psammocrex petiti*, Oust., *Le Nat.* II, 1884, p. 509. — Afrique W., de Libéria au Bas-Congo.

1788. ROUGETIUS

Rougetius, Bp. (1856); *Calamodromus*, Rchw. (1890); *Dryolimnas*, Sharpe (1893)

11.362. ABYSSINICUS (Rüpp.), *Syst. Uebers.*, p. 127, pl. 46; Schl., *l. c.*, p. 16; *rougeti*, Guér., *Rev. Zool.*, 1843, p. 322; Des M., in *Lef.*, *Voy. Abyss.*, p. 167, pl. 13. — Abyssinie, Choa.

11.363. CUVIERI (Puch.), *Rev. Zool.*, 1845, p. 279; Sharpe, *l. c.*, p. 70; *gularis*, Less. (nec Horsf.); Guér.-Mén., *Icon. Règ. An. Ois.*, pl. 58, f. 1; M.-Edw. et Grand., *H. N. Madag.*, *Ois.*, p. 569, pl. 232; *bernieri*, Bp.; *kioloides*, Roch et Newt. (nec Puch.) — Madagascar, île Maurice.

3149. *Var.* ALDABRANA (Günt.), *Ann. Mag. N. H.*, 1879, p. 164; Sharpe, *l. c.*, p. 71. — Ile Aldabra.

1789. CANIRALLUS

Canirallus, Bp. (1856, *descr. nulla*); Hartl. (1877).

11.364. OCULEUS (Hartl.), *J. f. O.*, 1855, p. 357; id., *Orn. W. Afr.*, p. 241; Bp., *C. R.* XLIII, p. 600; Hartl., *Faun. Madag.*, p. 80; Schl., *l. c.*, p. 20. — Afrique W., de Libéria à la Côte d'Or.

3150. *Var.* BATESI, Sharpe, *Bull. Br. O. Club*, LXX, 1900, p. 56. — Congo français et Caméron.

11.365. KIOLOIDES (Pucher.), *Rev. Zool.*, 1845, p. 279; Bp., *l. c.*, p. 600; Schl. et Pol., *Faun. Madag. Ois.*, p. 135, pl. 36; *griseifrons*, Gray, *Gen. B.* III, pl. 161; M.-Edw. et Grand., *H. N. Madag.*, *Ois.*, p. 571, pl. 233. — Madagascar.

1790. RALLINA

Rallina, Rchb. (1846); *Euryzona*, Bp. (1856); *Limnobœnus*, Sund. (1872); *Castanolimnas*, Sharpe (1893).

11.366. FASCIATA (Rafll.), *Tr. Linn. Soc.* XIII, p. 328; Schl., *l. c.*, p. 19; Hume et Marsh., *Game B. Ind.* II, p. 235, pl.; Oates, *Handb. B. Br. Burm.* II, p. 341; *euryzona*, Tem.; *ruficeps*, Cuv. — Indo-Chine, Malacca, Archipel Indo-Malais, Halmahera, îles Pelew.

11.367. SUPERCILIARIS (Eyt.), *Ann. Mag. N. H.*, 1845, p. 230; Hodgs., *Icon. ined. in Br. Mus.*, *Grallæ*, pl. 116; Salvad., *Orn. Pap.* III, p. 275; *nigrolineata*, Gray (*descr. nulla*); *ceylonica*, Blyth (nec Gm.); *amauroptera*, Jerd.; *euryzonoides*, Bp. et auct. plur. (nec Lafr.); *telmatophila*, Hume. — Inde, Ceylan, Indo-Chine, Malacca.

11.368. EURYZONOIDES (Lafr.), *Rev. Zool.*, 1845, p. 368; Tweedd., *P. Z. S.*, 1877, p. 767; Sharpe, *Cat.*, p. 78, pl. 8, f. 1. — Philippines.

3151. *Var.* MINAHASA (Wall.), *P. Z. S.*, 1862, pp. 335, 346; Sharpe, *l. c.*, p. 78, pl. 8, f. 2; Mey. et Wg., *B. Cel.*, p. 699; *tricolor* (pt.), Schl. — Célèbes, îles Soula.

11.369. SEPIARIA (Stejn.), *Pr. U. S. Nat. Mus.*, 1887, p. 395. — Liu Kiu (Japon).

11.370. FORMOSANA, Seeb., *Ibis*, 1895, pp. 146, 211. — Formose.

11.371. TRICOLOR, Gray, *P. Z. S.*, 1858, p. 188; Schl., *l. c.*, p. 18; Gould, *B. Austr.*, *Suppl.*, pl. 78; Salvad., *Orn. Pap.* III, p. 265. — Arou, Waigiou, Mysol, Nouv.-Guinée, Duc York, Austr. N.-E.

3152. *Var.* VICTA, Hart., *Nov. Zool.* VIII, p. 175. — Ile Ténimber.

11.372. CANNINGI (Blyth), *Ibis*, 1863, p. 119; Shpe, *l. c.*, p. 80. — Iles Andaman.

11.373. FUSCA (Lin.); *Pl. Enl.* 773; Hume et Marsh., *Game B. Ind.* II, p. 217, pl.; Schl., *l. c.*, p. 20; *rubiginosus*, Tem., *Pl. Col.* 357; *flammiceps*, Hodgs. — Inde, Ceylan, Indo-Ch., Bornéo, Java, Philippines, Christmas.

3153. *Var.* ERYTHROTHORAX (Tem. et Schl.), *Faun. Jap.*, *Aves*, p. 121, pl. 78; Dav. et Oust., *Ois. Chine*, p. 486; Seeb., *Ibis*, 1892, p. 490; *fusca* (pt.), auct. plur. (nec L.) — Chine, Japon, Formose.

3154. *Var.* PHÆOPYGA (Stejn.), *Pr. U. S. Nat. Mus.*, 1887, p. 394; Sharpe, *l. c.*, p. 148. — Ile Liu Kiu.

11.374. PAYKULLI (Ljungh.), *Sver. Vet.-Akad. Handl.*, 1813, p. 258; Hume, *Str. F.*, 1879, p. 406; *erythrothorax*, Radde (nec T. et S.); *rufigenis*, Wall.; *mandarina*, Swinh., *Ann. Mag. N. H.*, 1870, p. 173; id., *P. Z. S.*, 1871, p. 415; Dav. et Oust., *Ois. Chine*, p. 488, pl. 123. — Sibérie E., Chine, Indo-Chine, Malacca, Java, Bornéo, Philippines.

11.375. MARGINALIS (Bp.), *C. R.* XLIII, p. 599 (*descr. nulla*); Hartl., *Orn. W. Afr.*, p. 241; Sharpe, *l. c.*, pp. 92, 335; *suahelensis*, Tristr., *P. Z. S.*, 1882, p. 93; Sharpe, *l. c.*, p. 150. — Afrique tropicale.

1791. CREX

Crex, Bechst. (1803); *Ortygometra*, Leach (1816); *Crecopsis*, Sharpe (1893).

11.376. PRATENSIS, Bechst., *Ornith. Taschenb.*, p. 337 (1803); Dress., *B. Eur.* VII, p. 291, pl. 499; Dubois, *Fne. Ill.*, *Ois.* II, p. 283, pl. 223; *crex*, Lin.; *herbarum*, *alticeps*, Brm. — Europe jusqu'au cercle pol. à l'Ouest, Sibérie W. jusq. Jenisseï, Asie S.-W., Afrique.

11.377. EGREGIA, Peters, *M. B. k. Akad. Berl.*, 1854, p. 134; Heugl., *Orn. N.-O. Afr.*, p. 1241; *fasciata*, Heugl.; *angolensis*, Hartl.; Sharpe, *P. Z. S.*, 1870, p. 147; id., *Cat.*, p. 81. — Afrique tropicale.

1792. STICTOLIMNAS

Stictolimnas, Büttik. (1893).

11.378. SHARPEI, Büttik., *Notes Leyd. Mus.*, 1893, p. 274. — Amér. mérid. (loc. ign.)

1793. PORZANA

Porzana, Vieill. (1816); *Zapornia*, Leach (1816); *Phalaridion*, Kp. (1829); *Mustelirallus*, Bp. (1856); *Neocrex*, Scl. et Salv. (1868); *Phalaridium*, Sund. (1872); *Galeolimnas*, Heine (1890); *Amaurolimnas*, *Poliolimnas*, *Anurolimnas*, Sharpe (1893).

11.379. FULICULA (Scop.), *Ann.* I, p. 108; Salvad., *Elench. Ucc. Ital.*, p. 234; *R. porzana*, Lin.; *maruetta*, Leach; Dress., *B. Eur.* VII, p. 267, pl. 496; Dubois, *Fne. Ill.*, *Ois.* II, p. 287, pl. 204; *maculata*, *punctata*, *leucothorax*, *gracilis*, Brm. — Eur. jusqu'au 65° l. N., Sibér. occ. jusq. 55° l. N.; Asie S.-W. et S. jusq. Birmanie, Afrique.

11.380. CAROLINA (Lin.); Audub., *B. Am.* V, p. 145, pl. 306; Baird., Cass. et Lawr., *B. N. Am.*, p. 749; Schl., *l. c.*, p. 28; *stolidus*, Vieill. — Amérique septentrion. et centr., Antilles, Colombie, Ecuador.

11.381. FLUMINEA, Gould, *P. Z. S.*, 1842, p. 139; id., *B. Austr.* VI, pl. 79; *novæ-hollandiæ*, Cuv., *M. S.* — Australie.

11.382. ALBICOLLIS (Vieill.), *N. Dict.* XXVIII, p. 561; Schl., *l. c.*, p. 34; *olivaceus*, V.; *mustelina*, Licht.; *gularis*, Jard. et Sel., *Ill. Orn.* I, pl. 39. — Brésil, Guyane, Vénézuéla, Trinidad.

11.383. PUSILLA (Pall.), *Reise Russ. Reichs*, III, *App.*, p. 700; Dubois, *Fne. Ill.*, *Ois.* II, p. 294, pl. 226; *minuta*, Pall. (pt.); *intermedius*, Herm.; Sharpe, *Cat.*, p. 103; *bailloni*, Vieill.; Dress., *l. c.*, pl. 497; *stellaris*, Tem.; *pygmæa*, Brm. et auct. plur.; *foljambei*, Eyt. — Europe jusqu'au 55° l. N., à l'E. jusqu'au lac Baïkal, Afrique, Madagascar.

3155. *Var.* AURICULARIS, Rchw., *J. f. O.*, 1898, p. 139; *pusilla*, Sharpe (nec Pall.), *Cat.*, p. 106; *pygmæa*, auct. plur. (nec Brm.); *minuta*, Radde; *bailloni*, auct. plur. (nec V.) — Sibér. E., Japon, Chine, Birm., Inde, Ceylan, Philippines, Bornéo.

3156. *Var.* AFFINIS (Gray), *Voy. Ereb. and Terr.*, *B.*, p. 14; Bull., *B. New Zeal.*, p. 182, pl. 22, f. 1; *punctatus*, Ellm.; *pygmæa*, Fsch. (nec Brm.) — Nouvelle-Zélande.

3157. *Var.* OBSCURA, Neum., *Orn. Mon.*, 1897, p. 191. — Massaïland (Afr. E.)

11.384. PALUSTRIS, Gould, *P. Z. S.*, 1842, p. 139; id., *B. Austr.* VI, pl. 80. — Australie.

11.385. PARVA (Scop.), *Ann.* I, p. 108; Dress., *B. Eur.* VII, p. 283, pl. 498; Dubois, *Fne. Ill., Ois.* II, p. 291, pl. 225; *pusillus*, Gm. (nec Pall.); *mixtus*, Lapeyr.; *minuta, foljambii*, Mont.; *peyrousei*, V.; *olivacea*, Leach; *minutissima*, Brm. — Europe centr. et mér., Turkest., Afghanistan jusqu'à l'Inde N.-W., Afr. N.-W.

11.386. SPILOPTERA, Durnf., *Ibis*, 1877, p. 194, pl. 3; *salinazi*, Scl. et Huds., *Argent. Orn.* II, p. 155 (nec Phil.) — Argentine.

11.387. FLAVIVENTRIS (Bodd.), *Tabl.*, p. 52; *Pl. Enl.* 847; Schl., *l. c.*, p. 31; Scl. et Salv., *P. Z. S.*, 1868, p. 455; *minutus*, Gm. (nec Pall.); Gosse, *B. Jam.*, p. 372, pl. 104; *superciliaris*, Vieill.; *gossii*, Bp. — Cuba, Jamaïque, Guyane, Brésil.

11.388. TABUENSIS (Gm.), *S. N.* I, p. 717; Sharpe, *Cat.*, p. 111 (pt.); Finsch, *MT. Orn. Ver. Wien*, XVII, p. 4; ?*umbrina*, Cass.; ?*minor*, Ellm. — Ile Tongatabu (*éteint?*)

11.389. PLUMBEA (Gray), in *Griff. ed. Cuv.* III, p. 410; *immaculata*, Sw.; Gould, *B. Austr.* VI, pl. 82; *vitiensis*, Hartl.; *tabuensis* (pt.), Sharpe, *Cat.*, p. 111, 335. — Iles Philipp., Samoa, Fidji, Nouv.-Hébr., Nouv.-Cal., Austr., Nouv.-Zél., Chath.

11.390. TAHITIENSIS (Gm.), *S. N.* I, p. 717; Hartl., *Arch. f. Naturg.*, 1852, p. 136; id., *J. f. O.*, 1854, p. 169; Fsch. et Hartl., *Orn. Centralpol.*, p. 170; *minutus*, Forst. (pt., nec Pall.) — Tahiti.

11.391. GALAPAGOENSIS, Sharpe, *Cat. B. Br. Mus.* XXIII, p. 113; *spilonota* (pt.), Salv., *Tr. Z. S.* IX, p. 500. — Iles Galapagos.

11.392. BICOLOR, Wald., *Ann. Mag. N. H.*, 1872, p. 47; Hume et Marsh., *Game B. Ind.* II, p. 223, pl. 38, f. 1; *elwesi*, Hume, *Str. F.*, 1875, p. 283. — Himalaya E. jusqu'à Manipour.

11.393. CONCOLOR (Gosse), *B. Jamaica*, p. 369, pl. 103; Scl. et Salv., *P. Z. S.*, 1868, p. 452; *castaneus*, Cuv. (*descr. nulla*); *boecki*, Bp.; *cayennensis*, Moore (nec Gm.); *guatemalensis*, Lawr. — Jamaïque, Guatémala jusqu'au Pérou W., le Brés. et la Guyane.

11.394. CASTANEICEPS, Scl. et Salv., *P. Z. S.*, 1868, p. 453; id., *Exot. Orn.*, pl. 78; Sharpe, *l. c.*, p. 88; *verreauxii*, Bp. (*descr. nulla*). — Ecuador.

11.395. HAUXWELLI, Scl. et Salv., *Exot. Orn.*, p. 105, pl. 53; Tacz., *Orn. Pér.* III, p. 324; *sclateri*, Bp. (*descr. nulla*); *fasciata*, Scl. et Salv. (1867, nec Raffl.) — Haut-Amazone.

11.396. CINEREA (Vieill., nec *Rallus cinereus*), *N. Dict.* XXVIII, p. 29; Schl., *l. c.*, p. 32; *quadristrigatus*, Horsf.; *leucosoma*, Sw.; *tannensis*, Forst.; *quadristriata*, Licht.; *ocularis*, Gr.; *sandwichensis*, Rchb. (nec Gm.); *leucophrys*, Gould; id., *B. Austr.* VI, pl. 81; *var. media* et *minima*, Bp.; *superciliaris*, Fsch. (nec V.) — Malacca, Philippines, archipel Indien, Australie et la plupart des îles du Pacifique.

11.397. ERYTHROPS, Scl., *P. Z. S.*, 1867, p. 343, pl. 21; Tacz., *Orn. Pérou*, III, p. 325; *schomburgki*, Schl., *l. c.*, p. 37 (nec Cab.)	De l'Argentine au Vénézuéla et Pérou.
11.398. UNIFORMIS (Hart.), *Nov. Zool.* VIII, p. 369.	Ecuador N.-W.
11.399. COLOMBIANA (Bangs), *Pr. Biol. Soc. of Washington*, 1898, p. 171.	Colombie.

1794. PENNULA

Pennula, Dole (1879); *Kittlitzia*, Hartl. (1892, nec Hart.); *Aphanolimnas*, Sharpe (1892).

11.400. ECAUDATA (King), in *Cook's Voy. Pacif. Ocean*, III, p. 119; Hartl., *Abh. nat. Ver. Brem.*, 1892, p. 396; Sharpe, *l. c.*, p. 114 (pt.); *obscurus*, Gm.	Hawaï (Sandwich).
11.401. SANDWICHENSIS (Gm.), *S. N.* I, p. 325; Hartl., *l. c.*, p. 397; Rothsch., *Avif. Lays.*, pl. 76; *millsi*, Dole, *Haw. Ann.*, 1879, p. 14; *ecaudata* (pt.), Sharpe, *l. c.*, p. 114; *wilsoni*, Fsch., *Notes Leyd. Mus.* XX, p. 79.	Iles Sandwich.
11.402. MONASA (Kittl.), *Denkw. Reis. russ. Amer.* II, p. 30; Hartl., *Abh. nat. Ver. Brem.*, 1892, p. 391; Sharpe, *Bull. Br. Orn. Cl.*, 1892, p. 20; id., *Cat.*, p. 115.	Ile Kushai.

1795. SAROTHRURA

Alechthelia, Sw. (1837, nec Less., 1831); *Corethrura*, Rchb. (1849, nec Gray, 1846); *Sarothrura*, Heine et Rchw. (1890).

11.403. PULCHRA (Gray) in *Griff. ed. Cuv.*, *Aves*, pp. 410, 542; Sharpe, *Cat.*, p. 116, pl. 9; *cinnamomeus*, Less.; Hartl., *Orn. W. Afr.*, p. 242.	Afrique W. (de Sénégambie au Congo) et Afrique équator.
11.404. INSULARIS (Sharpe), *P. Z. S.*, 1870, p. 400, 1871, p. 31; M.-Edw. et Grand., *H. N. Madag.*, *Ois.*, p. 575, pl. 236.	Madagascar.
11.405. LINEATA (Sw.), *An. in Menag.*, p. 339; Sharpe, *l. c.*, p. 118; *jardinii*, Smith, *Ill. Zool. S. Afr.*, pl. 21; Schl., *l. c.*, p. 27; *ruficollis* (pt.), Gr.; Lay., *B. S. Afr.*, p. 339.	Afrique S., de Knysna au Natal.
11.406. WATERSI (Bartl.), *P. Z. S.*, 1879, p. 772, pl. 63; M.-Edw. et Grand., *H. N. Madag.*, *Ois.*, p. 577, pl. 234.	Madagascar.
11.407. ELEGANS (Smith), *Ill. Zool. S. Afr.*, *Aves*, pl. 22; Rchb., *Handb.*, *Fulicariæ*, pl. 125, f. 1221; Sharpe, *l. c.*, p. 120; *pulchra* (pt.), Gray.	Afrique S., de Knysna au Natal.
3158. *Var.* REICHENOWI, Sharpe, *Cat. B. Br. Mus.* XXIII, p. 121; *elegans*, Rchw., *J. f. O.*, 1892, p. 178.	Caméron.

11.408. RUFA (Vieill.), *N. Dict.* XXVIII, p. 564; Sharpe, *l. c.*, p. 121; *dimidiata*, Tem.; Smith, *Ill. Zool. S. Afr.*, pl. 20; Schl., *l. c.*, p. 27; *ruficollis*, Gray (nec V.) — Afrique S. et S.-W., du Cap au Transvaal.

3159. *Var.* LUGENS (Boehm), *J. f. O.*, 1884, pp. 176, 244; Matsch., *J. f. O.*, 1887, pp. 139, 145. — Lac Tanganika.

11.409. BONAPARTEI (Bp. ex Hartl.), *C. R.* XLIII, p. 599; Hartl., *Orn. W. Afr.*, p. 242; Sharpe, *l. c.*, p. 123. — Gabon.

1796. RALLICULA

Rallicula, Schl. (1871); *Corethruropsis*, Salvad. (1875).

11.410. RUBRA, Schl., *Ned. Tydschr. Dierk.* IV, p. 55; Salvad., *Orn. Pap.* III, p. 270; Guillem., *P. Z. S.*, 1885, p. 664, pl. 39. — Nouv.-Guinée N.-W., (Monts Arfak).

11.411. LEUCOSPILA, Salvad., *Ann. Mus. Civ. Gen.*, 1875, p. 975, 1878, p. 346; id., *Orn. Pap.* III, p. 270. — Nouv.-Guinée N.-W., (Monts Arfak).

11.412. FORBESI, Sharpe, in *Gould's B. New Guin.* V, pl. 70; id., *Cat.*, p. 124; *rubra*, Sharpe (1886, nec Schl.) — Nouv.-Guinée S.-E.

1797. THYRORHINA

Thyrorhina, Scl. et Salv. (1868).

11.413. SCHOMBURGKI (Cab.), in *Schomb. Reis. Guian.* III, p. 760; Scl. et Salv., *P. Z. S.*, 1868, p. 458; id., *Exot. Orn.*, pl. 67; Sharpe, *l. c.*, p. 125. — Guyane, Vénézuéla, Brésil.

1798. COTURNICOPS

Coturnicops, Bp. (1856); *Ortygops*, Heine et Rchw. (1890).

11.414. NOVEBORACENSIS (Gm.), *S. N.* I, p. 701; Audub., *B. Amer.* V, p. 152, pl. 307; Bd., Cass. et Lawr., *B. N. Am.*, p. 750; *hudsonica*, Lath.; *ruficollis*, Vieill. — Amérique septentr., Cuba, Bermudes.

11.415. EXQUISITA (Swinh.), *Ann. Mag. N. H.*, 1873, p. 376; id., *Ibis*, 1875, p. 135, pl. 3; *erythrothorax*, auct. plur. (nec Tem. et Schl.); *undulata*, Tacz., *J. f. O.*, 1874, p. 333. — Sibérie E., Chine N.-E., Japon.

11.416. NOTATA (Gould), *Voy. Beagle, B.*, p. 132, pl. 48; Scl. et Huds., *Argent. Orn.* II, p. 155; Sharpe, *Cat.*, p. 128. — Uruguay, Argentine, Patagonie.

11.417. AYRESI, Gurn., *Ibis*, 1877, p. 352, pl. 7; Sharpe, *l. c.*, p. 129. — Afrique S.-E.

1799. PORZANULA

Porzanula, Frohawk (1892).

11.418. PALMERI, Froh., *Ann. Mag. N. H.*, 1892, p. 247; Hartl., *Abh. nat. Ver. Brem.* XII, p. 399. — Ile Laysan (Pacif. N.)

1800. CRECISCUS

Creciscus, Cab. (1856); *Rufirallus*, *Laterirallus*, Bp. (1856); *Donacophilus*, *Erythrolimnas*, Heine et Rchw. (1890).

11.419. JAMAICENSIS (Gm.), *S. N.* I, p. 718; Audub., *B. Am.* V, p. 157, pl. 308; Schl., *l. c.*, p. 67; Bd., Br. et Ridgw., *Water-B. N. Am.* I, p. 377; *pygmæa*, Blackw. — Amérique sept. temp., Amérique centrale, grandes Antilles.

3160. *Var.* SALINAZI (Phil.), *Arch. f. Nat.*, 1857, p. 262; Sharpe, *l. c.*, p. 136; *chilensis*, Bp. (*descr. nulla*); *jamaicensis* (pt.), auct. plur. (nec Gm.); Tacz., *Orn. Pér.* III, p. 321. — Chili, Pérou.

3161. *Var.* COTURNICULUS (Ridgw.), *Amer. Nat.* VIII, p. 111; id., *Pr. U. S. Nat. Mus.*, 1881, pp. 202, 222; Coues, *B. N.-West*, p. 540. — Iles Faralon (Californie).

11.420. SPILONOTUS (Gould), in *Darw.*, *Voy. Beagle*, *B.*, p. 132, pl. 49; Scl. et Salv., *P. Z. S.*, 1868, p. 456, 1871, p. 323; Sharpe, *Cat.*, p. 137. — Iles Galapagos.

3162. *Var.* SHARPEI, Rothsch. et Hart., *Nov. Zool.* VI, p. 185; *spilonotus* (pt.), auct. plur. — Ile Indéfatigable (Galapagos).

11.421. CINEREUS (Vieill.), *N. Dict.* XXVIII, p. 556 (nec *Porphyrio cinereus*); Scl. et Salv., *P. Z. S.*, 1868, p. 456; Tacz., *Orn. Pér.* III, p. 322; *exilis*, Tem., *Pl. Col.* 523; Schl., *l. c.*, p. 35; Sharpe, *l. c.*, p. 138; *ruficollis*, Sw. — De l'Amazone à la Guyane, Trinidad.

3163. *Var.* VAGANS (Ridgw.), *Pr. U. S. Nat. Mus.*, 1887, p. 595. — Honduras.

11.422. MELANOPHÆUS (Vieill.), *N. Dict.* XXVIII, p. 549 (*melanophaius*); Schl., *l. c.*, p. 35; Scl. et Salv., *Exot. Orn.*, p. 107, pl. 54; *lateralis*, Licht.; *albifrons*, Sw. — Brésil.

3164. *Var.* ÆNOPS (Scl. et Salv.), *P. Z. S.*, 1880, p. 161; Sharpe, *l. c.*, p. 140. — Ecuador.

11.423. ALBIGULARIS (Lawr.), *Ann. Lyc. N. Y.*, 1861, p. 302; Scl. et Salv., *Exot. Orn.*, p. 109, pl. 55. — Colombie jusqu'au Véragua.

3165. *Var.* ALFARI (Ridgw.), *Pr. U. S. Nat. Mus.*, 1887, p. 111. — Costa-Rica.

3166. *Var.* CINEREICEPS, Lawr., *Ann. Lyc. N. Y.*, 1875, p. 90; Ridgw., *Pr. U. S. Nat. Mus.*, 1887, — Costa-Rica E., Nicaragua N.-E.

p. 111; Sharpe, *l. c.*, p. 337; *leucogastra*, Ridgw., *l. c.*, 1883, p. 408, 1887, p. 111.

11.424. LEUCOPYRRHUS (Vieill.), *N. Dict.* XXVIII, p. 550; Burm., *Reise La Plata*, II, p. 505; Scl. et Huds., *Argent. Orn.* II, p. 154; *hypoleucos*, Licht. — Brésil S., Paraguay, Argentine.

11.425. LEVRAUDI (Scl. et Salv.), *P. Z. S.*, 1868, p. 452, pl. 35, 1873, p. 512; Sharpe, *l. c.*, p. 142. — Vénézuéla.

11.426. RUBER (Scl. et Salv.), *P. Z. S.*, 1860, p. 300; id., *Exot. Orn.*, p. 31, pl. 16; Sharpe, *l. c.*, p. 143. — Du Yucatan au Guatémala.

11.427. CAYANENSIS (Bodd.), *Tabl.*, p. 22; *Pl. Enl.* 368 et 753; *cayennensis*, Gm.; Burm., *Th. Bras.* III, p. 386; Tacz., *Orn. Pér.* III, p. 323; *viridis*, Müll.; *kiolo*, Vieill.; *aurita*, Gr.; *pileata*, Max.; *ecaudata*, Sw. (nec King); *poliotis*, Tem. — Brésil, Amazone, Guyane, Vénézuéla, Colombie.

11.428. FACIALIS (Tschudi), *Faun. Per.*, pp. 52, 301; Scl. et Salv., *P. Z. S.*, 1868, p. 443; Tacz., *Orn. Pér.* III, p. 324. — Pérou.

1801. LIMNOCORAX

Limnocorax, Peters (1854).

11.429. NIGER (Gm.), *S. N.* I, p. 717; Schl., *l. c.*, p. 34; Gurn., *Ibis*, 1868, p. 470; Sharpe, *Layard's B. S. Afr.*, p. 618; *carinata*, Sw.; *flavirostra*, Sw., *B. W. Afr.* II, p. 244, pl. 28; *æthiops*, Forst.; *capensis*, *senegalensis*, *mosambicus*, Peters.; *erythropus*, *aterrima*, Heugl. — Afrique tropicale et méridion., Madeire.

1802. AMAURORNIS

Amaurornis, *Erythra*, Rchb. (1852); *Pisynolimnas*, Heine (1890); *OEnolimnas*, Sharpe (1894).

11.430. OLIVACEA (Meyen), *Nova Acta C. L.-C. Acad. Nat. Cur.* XVI, *Suppl.*, 1, p. 109, pl. 20; Wald., *Tr. Z. S.* IX, p. 231, pl. 33, f. 2; Sharpe, *l. c.*, p. 153. — Philippines.

11.431. MOLUCCANA (Wall.), *P. Z. S.*, 1865, p. 480; Salvad., *Orn. Pap.* III, p. 276; *olivacea*, Schl. (nec Mey.), *l. c.*, p. 43; *ruficrissa*, Gould; id., *Suppl. B. Austr.*, pl. 79; *frankii*, Schl., *Notes Leyd. Mus.* I, p. 163. — Moluques, Nouvelle-Guinée, archipel Bismarck, Australie N.-E.

11.432. AKOOL (Syk.), *P. Z. S.*, 1832, p. 164; Jerd., *B. Ind.* III, p. 722; Sharpe, *l. c.*, p. 155; *niger*, Frankl.; *modesta*, Sw.; *griseopectus*, Gr.; Hodgs., *Icon. ined.*, *Grallæ*, *App.*, pl. 183; *coccineipes*, Scl., *Ibis*, 1891, p. 44. — Inde jusqu'aux montagnes de l'Assam.

11.433. PHOENICURA (Forst.), *Zool. Ind.*, p. 19, pl. 9 (1781); Schl., *l. c.*, p. 41; Gould, *B. Asia*, VII, pl. 67; Mey. et Wg., *B. Cel.*, p. 708; *chinensis*, Bodd.; *erythrura*, Bechst.; *javanica*, Horsf.; *sumatranus*, Raffl.; *leucomelæna*, S. Müll.; *thermophila*, Hodgs.; *major*, Bp. — Inde, Ceylan, Chine, Indo-Chine, Malac., Formose, îles de la Sonde, Célèbes.

3167. *Var.* INSULARIS, Sharpe, *Cat. B. Br. Mus.* XXIII, p. 162; *phœnicura*, Hume (nec Forst.) — Iles Andaman et Nicobars.

11.434. ISABELLINA (Bp.), *C. R.* XLIII, p. 599 (*descr. nulla*); Schleg., *Mus. P.-B.*, *Ralli*, p. 16; Mey. et Wg., *B. Cel.*, p. 712, pl. 43, f. 2. — Célèbes.

SUBF. II. — GALLINULINÆ

1803. TRIBONYX

Tribonyx, Du Bus (1840); *Brachyptrallus*, Lafr. (1840); *Microtribonyx*, Sharpe (1893).

11.435. MORTIERI, Du Bus, *Bull. Acad. Roy. Brux.* VII, 1840, p. 214, pl. 2; id., *Esq. Orn.*, pl. 5; Gould, *B. Austr.* VI, pl. 71; *ralloides*, Lafr.; *gouldi*, Scl. — Australie S., Tasmanie.

11.436. VENTRALIS, Gould, *P. Z. S.*, 1836, p. 85; id., *B. Austr.* VI, pl. 72; Sharpe, *Cat.* XXIII, p. 165. — Australie N., W. et S.

1804. PAREUDIASTES

Pareudiastes, Hartl. et Finsch. (1871).

11.437. PACIFICUS, Hartl. et Fsch., *P. Z. S.*, 1871, p. 25, pl. 2; Fsch., *J. f. O.*, 1872, pp. 33, 54. — Iles Samoa.

1805. PORPHYRIORNIS

Porphyriornis, Allen (1892).

11.438. NESIOTIS (Scl.), *P. Z. S.*, 1861, p. 261, pl. 30; Allen, *Bull. Am. Mus. N. H.* IV, art. VI, p. 58. — Ile Tristan d'Acunha.

3168. *Var.* COMERI, Allen, *Bull. Am. Mus. N. H.* IV, art. VI, p. 57. — Ile Gough.

1806. GALLINULA

Gallinula, Briss. (1760); *Hydrogallina*, Lacép. (1801); *Stagnicola*, Brm. (1831).

11.439. TENEBROSA, Gould, *P. Z. S.*, 1846, p. 20; id., *B. Austr.* VI, pl. 73. — Australie E. et S., Nouvelle-Guinée S.

11.440. FRONTATA, Wall., *P. Z. S.*, 1863, pp. 35, 487; Salvad., *Orn. Pap.* III, p. 279; Mey. et Wg., *B. Cel.*, pl. 43, f. 1; *tenebrosa*, Bp., Rams. (nec Gould); *hæmatopus*, Tem. (*descr. nulla*). — Austr., Nouv.-Guin., Moluques, Célèbes, Born. S.-E., Flores.

11.441. ? LEPIDA, Brügg., *Alhandl. nat. Ver. Bremen*, 1877, p. 91.	?
11.442. CHLOROPUS (Lin.); Dress., *B. Eur.* VII, p. 313, pl. 303; Dubois, *Fne. Ill., Ois.* II, p. 298, pl. 227; *fusca*, L.; *fistulans*, Gm.; *septentrionalis*, *minor*, *flavipes*, Brm.; *akool*, Jerd. (nec Syk.); *parvifrons*, *burnesi*, Blyth.	Europe, Asie, Afrique.
3169. ? *Var.* ORIENTALIS, Horsf., *Tr. Z. S.* XIII, p. 195 (1820); Salvad., *Ucc. Born.*, p. 342; Blas., *J. f. O.*, 1884, p. 218.	Asie S.-E., Malacca, Bornéo.
3170. *Var.* PYRRHORHOA, A. Newt., *P. Z. S.*, 1861, p. 18; M.-Edw. et Grand., *H. N. Madag.*, *Ois.*, p. 241, pl. 240.	Madagascar, îles Maurice et Réunion.
11.443. GALEATA (Licht.), *Verz. Doubl.*, p. 80; Bp., *Amer. Orn.* IV, p. 128, pl. 37, f. 1; *chloropus*, Audub., *B. Am.*, pl. 224 (nec L.); Tacz., *Orn. Pér.* III, p. 327; Scl. et Huds., *Argent. Orn.* II, p. 156.	La majeure partie de l'Amérique, Antill.
3171. *Var.* GERMANI, Allen, *Bull. Mus. C. Z.*, 1876, p. 357; Hart., *Nov. Zool.* V, p. 63.	Lac Titicaca, Chili.
11.444. SANDWICHENSIS, Streets, *Ibis*, 1877, p. 25; Stejn., *Pr. U. S. Nat. Mus.*, 1887, p. 78, 1889, p. 380; Hart., *l. c.* V, p. 63; *chloropus*, auct. plur. (nec L.)	Iles Sandwich.
11.445. ANGULATA, Sundev., *Œfv. K. Vet.-Akad. Förh. Stockh.*, 1850, p. 110; Schl., *Mus. P.-B.*, *Ralli*, p. 49; *pumila*, Scl., *Ibis*, 1859, p. 249, pl. 7; *minor*, Hartl.	Afrique tropicale.

1807. PORPHYRIOPS

Porphyriops, Pucher. (1845); *Hydrocicca*, Cab. (1847).

11.446. MELANOPS (Vieill.), *N. Dict.* XXVIII, p. 553; Cab., *Arch. f. Nat.*, 1847, p. 351; Scl. et Salv., *P. Z. S.*, 1868, p. 461; Tacz., *Orn. Pér.* III, p. 326; *crassirostris*, Gray, in *Grif. An. Kingd. B.* III, p. 542, pl.; *femoralis*, Tschudi; *leucopterus*, Salvad.	Amérique méridionale, de l'Argentine et le Chili jusqu'en Colombie.

1808. GALLICREX

Gallicrex, Blyth (1849); *Hypnodes*, Rchb. (1852); *Gallinulopha*, Bp. (1854).

11.447. CINEREA (Gm.), *S. N.* I, p. 702; Wald., *Ibis*, 1873, p. 317; Dav. et Oust., *Ois. Chine*, p. 484; *G. cristata*, Lath. (nec *Fulica cristata*); Schl., *l. c.*, p. 39; *plumbea*, Vieill.; *gularis*, *lugubris*, Horsf.; Gray, *Fasc. B. China*, pl. 10; *nævia*, *porphyrioides*, Less.; *rufescens*, Jerd.	Inde, Ceylan, Chine, Japon, Indo-Chine, Malacca, grandes îles de la Sonde.

1809. PORPHYRIOLA

Porphyrula, Blyth (1849, *descr. nulla*); *Ionornis, Glaucestes,* Rchb. (1852); *Hydrornia,* Hartl. (1857); *Porphyriola,* Sundev. (1872, *porphyrula* rect.); *Ionocicca,* Salvad. (1887).

11.448. ALLENI (Thomps.), *Ann. Mag. N. H.*, 1842, p. 204; Gray, *Gen. B.* III, pl. 162; Dress., *B. Eur.* VII, p. 307, pl. 502; *chloronotus,* Blyth; *mutabilis,* Sundev.; *porphyrio,* Bp.; *variegatus,* Guir.	Afrique tropicale, Madagascar, Rodriguez (accident. Europe S. et Canaries).
11.449. MARTINICA (Lin.); Aud., *B. Amer.* V, p. 128, pl. 303; Schl., *l. c.*, p. 38; *martinicensis,* Gm.; *cyanicollis,* Vieill.; *porphyrio,* Wils., *Amer. Orn.* IX, p. 67, pl. 73, f. 2; *tavoua,* Vieill., *Gal. Ois.* II, p. 170, pl. 267.	Texas, Floride, Amérique centrale, Antilles, Amérique méridionale tropicale.
11.450. PARVA (Bodd.), *Tabl.*, p. 54; *Pl. Enl.* 897; Schl., *l. c.*, p. 39; *flavirostris,* Gm.; *simplex,* Gould.	Guyane, Amazone, Brésil.

1810. PORPHYRIO

Porphyrio, Briss. (1760); *Cæsarornis,* Rchb. (1852).

11.451. CÆRULEUS (Vandelli), *Mem. Acad. Real. Lisb.* I, 1797, p. 37; Scl, *Ibis,* 1879, p. 187; *hyacinthus,* Tem.; Gould, *B. Eur.* IV, pl. 340; *chlorynothus,* Roux (nec V.); *antiquorum,* Bp.; *veterum,* Gr. (nec Gm.); Dress., *B. Eur.* V, p. 299, pl. 500; *cæsius,* Schl., *l. c.*, p. 52.	Europe méridionale, Mésopotamie, Afrique N.
11.452. MADAGASCARIENSIS (Lath.), *Ind. Orn. Suppl.*, p. 68; Gray, *Gen. B.* III, p. 598; *F. porphyrio,* Lin.; *chloronothos,* Vieill.; *smaragnotus,* Tem.; M.-Edw. et Grand., *H. N. Madag., Ois.*, p. 587, pl^s 242-244; *erythropus,* Steph.; *hyacinthinus,* Rüpp. (nec Tem.); *ægyptiacus,* Heugl.; *smaragdonotus,* Gurn.	Afrique jusq. Égypte, Madagascar.
11.453. VETERUM, S. G. Gm., *Reis. Russl.* III, p. 79, pl. 12; Radde, *Orn. Cauc.*, pp. 40, 380, pl. 24; *poliocephala,* Lath.; *F. porphyrio,* Pall. (nec L.); *poliocephalus,* Vieill.; Jerd., *B. Ind.* III, p. 713; Sharpe, *l. c.*, p. 179; *hyacinthinus,* Nordm. (nec Tem.); *indicus,* Gr. (nec Horsf.); *neglectus,* Schl., *l. c.*, p. 53.	Caucase, Mésopotamie, Afghanistan, Inde, Ceylan, Birmanie.
11.454. BEMMELENI, Büttik., *Notes Leyd. Mus.* XI, p. 191.	Sumatra.
11.455. CALVUS, Vieill., *N. Dict.* XXVIII, p. 28; Mey. et Wg., *B. Cel.*, p. 717; *indicus,* Horsf.; Schl., *l. c.*, p. 55; Salvad., *Ucc. Born.*, p. 342.	Java, Sumatra, Bornéo, Célèbes S.

3172. *Var.* Edwarsi, Ell., *Ann. N. H.*, 1898, p. 98 ; *calvus*, Kelh. (nec V.)	Indo-Chine, Malacca.
3173. *Var.* Ellioti, Salvad., *Atti R. Accad. Torino*, 1879, p. 1168; id., *Orn. Pap.* III, p. 283 ; *indicus* et *calvus*, Scl. (pt.)	Iles de l'Amirauté.
3174. *Var.* Neobritannica, Mey., *Abhandl. Mus. Dresd.*, 1891, n° 4, p. 15.	Nouvelle-Bretagne.
3175. *Var.* Palliata, Brüggem., *Abhandl. nat. Ver. Bremen*, 1876, p. 89.	?
11.456. bellus, Gould, *P. Z. S.*, 1840, p. 176; id., *B. Austr.* VI, pl. 70.	Australie W.
3176. *Var.* Chathamensis, Sharpe, *Ibis*, 1893, p. 351 ; id., *Cat.*, p. 202.	Ile Chatham.
11.457. smaragdinus, Tem., *Pl. Col.* 421 ; *vitiensis*, Peale, *U. S. Expl., Exp., B.*, 1848, p. 221, pl. 62, f. 2 ; *melanopterus*, Bp. ; *melanotus*, Fsch. (nec Tem.); *aneiteumensis*, Tristr. ; *samoensis*, Fsch. (nec Peale) ; *indicus*, Lenz (nec Horsf.)	Célèbes, petites îles de la Sonde, Nouvelle-Guinée, archipel Bismarck, îles Fidji, etc.
3177. *Var.* Samoensis, Peale, *U. S. Expl. Exp., B.*, 1848, p. 220, pl. 62, f. 1 ; Sharpe, *l. c.*, p. 204; *indicus* (pt.), auct. plur. (nec Horsf.)	Iles Samoa.
11.458. melanonotus, Tem., *Man. d'Orn.* II, p. 701 (1820) ; Gould, *B. Austr.* VI, pl. 69 ; Bull., *B. New Zeal.*, ed. 2, II, p. 79, pl. 31 ; *stanleyi*, Rowl. ; *cyanocephalus*, Ell.	Australie, Tasmanie, Nouv.-Zélande, îles Norfolk, Lord Howe, Nouv.-Guinée.
3178. *Var.* Pelewensis, Hartl. et Fisch., *P. Z. S.*, 1872, p. 107 ; *melanotus*, Hartl. et Fsch. (1868, nec Tem.)	Iles Pelew.
11.459. pulverulentus, Tem., *Pl. Col.* 405; Mey. et Wg., *B. Cel.*, p. 721 ; *poliocephalus*, Schl., *l. c.*, p. 54 (nec Lath.)	Philippines, Karkellang.

1811. NOTORNIS

Notornis, Owen (1848).

11.460. mantelli, Owen, *Trans. Z. S.* III, p. 377, pl. 56, ff. 7-11 ; Gould, *B. Austr., Suppl.*, pl. 76.	Nouvelle-Zélande.
11.461. hochstetteri, Mey., *Abbild. Vog.-Skel.*, pls 34-37 ; id., *Zeitschr. ges. Orn.* II, p. 45, pl. 1.	Nouvelle-Zélande (île Sud).
11.462. parkeri, Forb., *Tr. N. Z. Inst.* XXIV, 1892, p. 187.	Nouvelle-Zélande (île Nord, éteint).
11.463. cærulescens (Sél.-Longch.), *Rev. Zool.*, 1848, p. 294 ; *erythrorhynchus*, Bp., *Consp.* II, p. 3.	Ile de la Réunion (éteint).
11.464. alba (White), *Journ. Voy. N. S. W.*, p. 238, pl. (1790) ; Salv., *Ibis*, 1873, p. 295, pl. 10 ; *P. melanotus var. alba*, Gray.	Iles Norfolk et de Lord Howe (éteint).

SUBF. III. — FULICINÆ

1812. FULICA

Fulica, Lin. (1735); *Phalaria*, *Lysca*, *Lupha*, Rchb. (1853); *Lycornis*, Bp. (1854); *Lophophalaris*, Heine (1890).

11.465. ATRA, Lin.; Dress., *B. Eur.* VII, p. 327, pl. 504, f. 2; Dubois, *Fne. Ill., Ois.* II, p. 304, pl. 228; *aterrima*, L.; *fuliginosa* et *albiventris*, Scop.; *leuconyx* et *æthiops*, Sparrm.; *atrata*, *pullata*, Pall.; *lugubris*, Müll.; *platyuros*, Brm.; *japonica*, Tem. et Schl., *Faun. Jap.*, p. 120, pl. 77.	Europe et Asie jusqu'au 68° latitude N., Japon, Philippines, Java, Sumatra, Célèbes, Afrique N.
3179. *Var.* AUSTRALIS, Gould, *P. Z. S.*, 1845, p. 2; id., *B. Austr.* VI, pl. 74; *tasmanica*, Grant; *atra* (pt.), Schl., Seeb.	Australie, Tasmanie.
11.466. ? NOVÆ-ZEALANDIÆ, Colenso, *Tasm. Journ. N. Sc.*, 1845, p. 283.	Nouvelle-Zélande.
11.467. CRISTATA, Gm., *S. N.* I, p. 704; Vieill., *Gal. Ois.*, pl. 269; Dress., *B. Eur.* VII, p. 323, pl. 504, f. 1; *mitrata*, Licht.	Afrique, Madagascar, Europe S.-W.
11.468. CORNUTA, Bonap., *C. R.* XXXVIII, p. 925, XLIII, p. 600; Scl. et Salv., *P. Z. S.*, 1868, p. 463.	Potosi (Bolivie).
11.469. ARDESIACA, Tschudi, *Arch. f. Naturg.*, 1831, p. 389; id., *Faun. Per.*, p. 303; Scl. et Salv., *Exot. Orn.*, p. 113, pl. 57; Tacz., *Orn. Pér.* III, p. 328; *chilensis*, Des M. in Gay, *Faun. Chil.* VIII, p. 474, pl. 11.	Ecuador, Pérou, Bolivie, Chili N.
11.470. ARMILLATA, Vieill., *N. Dict.* XII, p. 47; Burm., *Th. Bras.* III, p. 390; Scl. et Salv., *Exot. Orn.*, p. 115, pl. 58; *chloropoides*, King; *frontata*, Gr.; *chilensis*, Landb. (nec Des M.); *leucopyga*, Sharpe (1880, nec Licht.)	Brésil S., Bolivie et Chili jusqu'en Patagonie.
11.471. GIGANTEA, Eyd. et Soul., *Voy. Bonite*, p. 102, pl. 8; Scl. et Salv., *Exot. Orn.*, p. 120; Tacz., *Orn. Pér.* III, p. 329; *gigas*, Rchb.; *maxima*, Brm.	Pérou, Bolivie, Chili N.
11.472. RUFIFRONS, Phil. et Landb., *Arch. f. Naturg.* XXVIII, 1862, p. 223; *leucopyga*, auct. (nec Wagl.); Schl., *l. c.*, p. 64; Scl. et Salv., *Exot. Orn.*, p. 117, p. 59; Sharpe, *Cat.*, p. 220; *leucopygia*, Hartl.; *chloropoides*, Abb. (nec King).	De la Patagonie jusqu'au 24° latitude S., îles Malouines.
11.473. AMERICANA, Gm., *S. N.* I, p. 704; Audub., *B. Am.* V, p. 138, pl. 305; Sharpe, *l. c.*, p. 222; *wilsoni*, Steph.; *atra*, D'Orb. (nec L.)	Amérique du Nord et centrale, Antilles.
3180. *Var.* CARIBÆA, Ridgw., *P. U. S. Nat. Mus.*, 1884, p. 358.	Petites Antilles.

11.474. LEUCOPTERA, Vieill., *N. Dict.* XII, p. 48; Scl. et Salv., *Exot. Orn.*, p. 119, pl. 60; *gallinuloides*, King; *leucopyga*, Wagl. (1831, nec auct.); *strick-landi*, Hartl.; *chloropoides*, Landb. (nec King). — Amérique méridionale, de la Patagonie jusque vers le 10° latitude S.

11.475. ALAI, Peale, *U. S. Expl. Exp.*, *B.*, p. 224 (1848); Cass., *U. S. Expl. Exp.*, *B.*, p. 306, pl. 36 (1852); Sharpe, *l. c.*, p. 225; *atra*, Bloxh. (nec L.) — Iles Sandwich.

1813. LEGUATIA

Leguatia, Schl. (1858).

11.476. GIGANTEA, Schl., *Ibis*, 1866, pp. 146-168; id., *Ann. Sc. Nat.*, ser. 5, VI, pp. 25-49, pl. 1, ff. 1, 2. — Ile Maurice (éteint).

FAM. XVII. — HELIORNITHIDÆ (1)

1814. PODICA

Podica, Less. (1831); *Rhigelura*, Wagl. (1832); *Podoa*, Bp. (1855, nec Illig.)

11.477. SENEGALENSIS (Vieill.), *N. Dict.* XIV, p. 277; id., *Gal. des Ois.* II, pl. 280; Less., *Tr. d'Orn.*, p. 596; Gray, *Gen. B.* III, pl. 173; Schl., *Mus. P.-B.*, *Urinatores*, p. 49; *josephina*, *pucherani*, Bp. — Afrique W., de Sénégambie au Congo.

3181. *Var.* PETERSI, Hartl., *Abh. nat. Ver. Hamburg*, II, p. 62; Finsch. et Hartl., *Vög. Ostafr.*, p. 790; Sharpe, in Lay., *B. S. Afr.*, p. 625, pl. 12; *mosambicana*, Pet.; *impipi*, Licht. — Afrique S.-E., E. et Damaraland.

11.478. CAMERUNENSIS, Sjöst., *Svenska Ak. Handl.* XXVII, n° 1, p. 29, pl. 1. — Caméroun.

1815. HELIOPAIS

Heliopais, Sharpe (1893); *Podica* (pt.), auct.

11.479. PERSONATA (Gray), *P. Z. S.*, 1848, p. 90, pl. 4; Schl., *l. c.*, p. 49; Sharpe, *Cat.*, p. 232. — Indo-Chine, Malacca, Sumatra.

1816. HELIORNIS

Heliornis, Bonn. (1790); *Podoa*, Illig. (1811).

11.480. FULICA (Bodd.), *Tabl.*, p. 54; *Pl. Enl.* 893; Gray, *Gen. B.* III, p. 634; Schl., *l. c.*, p. 48; *surinamensis*, Gm.; Burm., *Th. Bras.* III, p. 391; *fulicarius*, Bonn. — Brésil, Amaz., Guyane, Vénéz., Colombie jusque l'Honduras.

(1) Voy.: Sharpe, *Catalogue Birds Brit. Mus.* XXIII, p. 229 (1894).

ORD. XIII. — PALAMEDEÆ (1)

FAM. I. — PALAMEDEIDÆ

1817. PALAMEDEA

Palamedea, Moehr. (1752), Lin. (1766); *Anhima*, Briss. (1760).

11.481. CORNUTA, Lin.; Vieill., *Gal. Ois.* II, p. 154, pl. 261; Burm., *Thier. Bras.* III, p. 396; Salvad., *Cat. B. Br. Mus.* XXVII, p. 3; *bispinosa*, Humb. — Guyane, Vénézuéla, Amazone, Ecuador, Pérou.

1818. CHAUNA

Chauna, Illig. (1811); *Chavaria*, Rafin. (1815); *Opistholophus*, Vieill. (1816); *Ischyrornis*, Rchb. (1852); *Ischyornis*, Bp. (1856).

11.482. CHAVARIA (Lin.); Salvad., *l. c.*, p. 4; *fidelis* (pt.), Vieill.; *derbiana*, Gray, *Gen. B.* III, p. 591, pl. 160; Schl., *Mus. P.-B.*, *Ralli*, p. 72; *nigricollis*, Sclat., *P. Z. S.*, 1864, p. 75, pl. 11. — Vénézuéla, Colombie.

3182. *Var.* CRISTATA, Sw., *Classif. B.* II, p. 351; Salvad., *l. c.*, p. 6; *chavaria* (pt.), auct. plur.; Tem., *Pl. Col.* 219; Scl. et Huds., *Argent. Orn.* II, p. 119; *fidelis* (pt.), Vieill.; *lophyra*, Natt. — Brésil S., Uruguay, Paraguay, Argentine.

ORD. XIV. — ANSERES (1)

FAM. I. — ANATIDÆ

SUBF. I. — ANSERANATINÆ

1819. ANSERANAS

Anseranas, Less. (1828); *Choristopus*, Eyt. (1838).

11.483. SEMIPALMATA (Lath.), *Tr. Linn. Soc.*, 1798, p. 103; Eyt., *Mon. Anat.*, p. 78; *melanoleuca*, Lath.; Gould, *B. Austr.* VII, pl. 2; Schl., *Mus. P.-B.*, *Anseres*, p. 92. — Australie, Tasmanie.

(1) Voy.: Salvadori, *Catalogue of Birds Brit. Mus.* XXVII (1895).

SUBF. II. — CEREOPSINÆ

1820. CEREOPSIS

Cereopsis, Lath. (1801).

11.484. NOVÆ-HOLLANDIÆ, Lath., *Ind. Orn., Suppl.*, p. 67; Tem., *Pl. Col.* 206; Gould, *B. Austr.* VII, pl. 1; Schl., *l. c.*, p. 115; *cinereus*, Vieill., *Gal. Ois.* II, p. 211, pl. 284; *griseus*, V.; *australis*, Sw. — Australie S., Tasmanie.

SUBF. III. — PLECTROPTERINÆ

1821. PLECTROPTERUS

Plectropterus, Steph. (1824); *Plectrophanes*, Griff. (1829).

11.485. GAMBENSIS (Lin. ex Briss.); Shaw., *Mus. Lever.*, p. 229, pl. 56; Lafr., *Mag. de Zool.*, 1834, pl[s] 29, 30; Steph., *Gen. Zool.* XII, 2, p. 7, pl. 36; *spinosus*, Bonn.; *sclateri*, Sousa. — Afrique W. et E.

3183. *Var.* RÜPPELLI, Sclat., *P. Z. S.*, 1859, p. 132, pl. 153, f. 1; *gambensis*, Rüpp. et auct. plur. (nec Lin.); ? *brevirostris*, Brm. — Afrique N.-E. et équatoriale.

11.486. NIGER, Sclat., *P. Z. S.*, 1877, p. 47, pl. 7, 1880, p. 498; *gambensis* (pt.), auct. plur.; *gariepensis*, Eckl. (nom. nud.) — Afrique S.-E.

3184. *Var.* SCIOANA, Salvad., *Ann. Mus. Civ. Gen.*, 1884, p. 239, 1888, p. 318; id., *Cat.*, p. 51. — Choa.

1822. CAIRINA

Cairina, Flem. (1822); *Moschatus*, Less. (1828); *Gymnathus*, Nutt. (1834); *Carina*, Eyt. (1838); *Hyonetta*, Sund. (1872).

11.487. MOSCHATA (Lin.); Flem., *Phil. of Zool.* II, p. 260; Dub., *Ois. Eur.* II, pl. 178; Tacz., *Orn. Pér.* III, p. 472; Scl. et Huds., *Argent. Orn.* II, p. 129; *indica*, Ger.; *regia*, Mol.; *merianæ*, Shaw, *Nat. Misc.* II, pl. 69; *sylvestris*, Steph. (1). — Amérique tropicale du Mexique au Paraguay.

1823. SARCIDIORNIS

Sarkidiornis, Eyt. (1838); *Sarcidiornis*, Agass. (1846).

11.488. MELANONOTA (Penn.), *Ind. Zool.*, p. 12, pl. 11; *Pl. Enl.* 937; Vieill., *Gal. Ois.* II, p. 213, pl. 285; *tricolor*, Bodd.; *melanotos*, Gm.; *regia*, Hartl. (nec Mol.); *africanus*, Eyt. — Inde, Ceylan, Birmanie, Afrique au S. du Sahara, Madagascar.

(1) Hybrides : *Anas bicolor*, Donov.; *purpureo-viridis*, Schinz; *æneo-rufa*, Bp.; *maxima*, Gosse; *viola*, Bell; *viridi-ænea*, Bp.; *iopareia*, Phil.

11.489. CARUNCULATA (Licht.), *Abh. Ak. Berl.*, 1816-17, p. 176 ; Scl. et Salv., *P. Z. S.*, 1876, pp. 377, 695, pl. 68 ; *regius* (pt.), Eyt. ; *melanotus*, Burm. (nec Penn.) — Brésil, Paraguay, Argentine N.

1824. ASARCORNIS

Asarcornis, Salvad. (1895).

11.490. SCUTULATA (S. Müll.), *Verh. Land- en Volkenk.*, p. 159 ; Schl., *l. c.*, p. 64 ; Salvad., *Cat.*, p. 60. — Sumatra, Java.

3185. *Var.* LEUCOPTERA (Blyth), *J. A. S. B.*, 1849, p. 820 ; Jard., *Contr. Orn.*, 1850, p. 141, pl. 64 ; Hume et Marsh., *Game-B. Ind.* III, pp. 147, 172, pl. 20 ; Oates, *Man. Game-B. Ind.* II, p. 139. — De l'Assam à Malacca.

1825. RHODONESSA

Rhodonessa, Rchb. (1852).

11.491. CARYOPHYLLACEA (Lath.), *Ind. Orn.* II, p. 866 ; Gray, *Gen. B.* III, pl. 167 ; Jerd., *Ill. Ind. Orn.*, pl. 34 ; Schl , *l. c.*, p. 62 ; Hume et Marsh., *Game-B. Ind.* III, pp. 174, 435, pl. 23 ; *erythrocephala*, Bonn. — Inde.

1826. PTERONETTA

Pteronetta, Salvad. (1895).

11.492. HARTLAUBI (Cass.), *Pr. Ac. Philad.*, 1859, p. 175 ; Oust., *Nouv. Arch. Mus.* II, 1879, p. 122, pl. 6 ; Salvad., *Cat.*, p. 63 ; *cyanoptera*, Tem. (nec V.) ; *cuprea*, Schl., *Mus. P.-B., Anserrs*, p. 62. — Afrique W. et équatoriale.

1827. NETTOPUS

Nettapus, Brandt (1836) ; *Anserella*, Sw. (1837) ; *Cheniscus*, Eyt. (1838, nec Moehr.) ; *Microcygna*, Gray (1840) ; *Nettopus*, Agass. (1846).

11.493. AURITUS (Bodd.), *Tabl.*, p. 48 ; *Pl. Enl.* 770 ; M.-Edw. et Grand., *H. N. Madag.*, *Ois.*, p. 714, pl. 264 ; *madagascariensis*, Gm. ; *minuta*, C. Dub., *Orn. Gal.*, p. 110, pl. 70. — Afrique tropicale, Madagascar.

11.494. PULCHELLUS, Gould, *P. Z. S.*, 1841, p. 89 ; id., *B. Austr.* VII, pl. 4 ; Scl., *P. Z. S.*, 1880, p. 505 ; Salvad., *Orn. Pap.* III, p. 384. — Australie, Nouvelle-Guinée, Moluques, Ténimber, Célèbes.

11.495. COROMANDELIANUS (Gm.), *S. N.* I, 2, p. 522 ; *Pl. Enl.* 949, 950 ; Schl., *l. c.*, p. 76 ; Dav. et Oust., *Ois. Chine*, p. 501 ; *coromandelica*, Bonn. ; *girra*, Gr., in *Hardw. Ill. Ind. Zool.*, pl. 68 ; *affinis*, Jerd. ; *kopschii*, Swinh. — Inde, Indo-Chine, Chine, Philippines, grandes îles de la Sonde, Célèbes.

3186. *Var.* Albipennis, Gould, *B. Austr.* VII, texte de la pl. 5; Schl., *l. c.*, p. 77; Scl., *P. Z. S.*, 1880, p. 505; *coromandelianus*, Gould, *B. Austr.* VII, pl. 5; *bicolor*, Less. — Australie E.

1828. ÆX

Aix, Boie (1828); *Dendronessa*, Sw. (1831); *Lampronessa*, Wagl. (1832); *Cosmonessa*, Rchb. (1852, nec Kp.); *Æx*, Scl. (1883).

11.496. sponsa (Lin.); Audub., *B. Am.* VI, p. 271, pl. 391; Schl., *l. c.*, p. 71; Salvad., *Cat.*, p. 73; *promissa*, Brm., *Nauman.*, 1855, p. 298. — Amérique septentrionale jusqu'au Mexique, gr. Antilles.

11.497. galericulata (Lin.); Vieill., *Gal. Ois.* II, p. 217, pl. 287; Schl., *l. c.*, p. 70; Gould, *B. Asia*, VII, pl. 69; Dav. et Oust., *Ois. Chine*, p. 501. — Sibérie S.-E., Chine, Japon, Formose.

SUBF. IV. — ANSERINÆ

1829. CHEN

Chen, Boie (1822); *Chionochen*, Rchb. (1852); *Exanthemops*, Ell. (1868).

11.498. cærulescens (Lin.); Gundl., *Rep. Fis.-Nat.* I, p. 387; Ell., *B. N. Am.*, pl. 43; *hyperboreus* (pt.), auct. plur. (nec Pall.) — Amérique N.-E.; en hiver les îles Bahama et Cuba.

11.499. hyperboreus (Pall.), *Spic. Zool.* VI, p. 25; Dress., *B. Eur.* VI, pl. 417; *albatus*, Cass.; Ell., *New and unfig. B. N. Am.* II, pl. 42; Dress., *l. c.*, f. 2. — Asie N., Japon, Amérique N.-W., États-Unis S.-W. en hiver.

3187. *Var.* Nivalis (Forst.), *Phil. Trans.*, 1772, p. 413; Ridgw., *Pr. Biol. Soc. Wash.* II, p. 107; *hyperboreus* (pt.), auct. plur. — Amérique N.-E. jusqu'au S.-E. des Etats-Unis en hiver.

11.500. rossi (Cass.), *Pr. Acad. Philad.*, 1861, p. 73; Schleg., *l. c.*, p. 108; Ell., *Ill. Am. B.* IV, pl. 44. — Amérique arctique, en hiver jusqu'en Calif.

1830. ANSER

Anser, Briss. (1760); *Anseria*, Rafin. (1815); *Marilochen*, *Eulabeia*, Rchb. (1852); *Eulabia*, Newt. (1893); *Melanonyx*, Boutourl. (1901).

11.501. ferus, Schaeff., *Mus. Orn.*, p. 67 (1789); Steph., *Gen. Zool.* XII, 2, p. 28, pl. 41; *cinereus*, Mey. et W. (nec Bonn.); Dress., *B. Eur.* VI, p. 355, pl. 411; Dubois, *Fne. Ill. Vert. Belg.*, *Ois.* II, p. 393, pl. 244; *Anas anser*, Lin.; *vulgaris*, Pall.; *palustris*, Flem.; *sylvestris*, Brm. (nec Briss.) — Europe jusqu'au cercle polaire, Palestine, Algérie, Maroc.

3188. *Var.* Rubrirostris, Hodgs., *Icon. Ined. in Mus. Brit.*, pl. 579; Tacz., *Bull. Soc. Zool. Fr.*, 1877, p. 41; *ferus*, Adams; *cinereus* (pt.), auct. plur. (nec Mey. et W.); *subalbifrons*, Severtz., *J. f. O.*, 1875, p. 184. — Sibérie, en hiver jusqu'au N. de l'Inde et le S. de la Chine.

11.502. ALBIFRONS (Scop.), *Ann. I. Hist. Nat.*, p. 69; Dress., *l. c.* VI, p. 375, pl. 414; Dubois, *l. c.* II, p. 405, pl. 247; *lombardella*, Gerini; *albicans*, Gm.; *erythropus*, Flem. (nec Lin.); *medius*, Bruch (nec Mey.); *bruchii*, Brm.; *intermedius*, Naum., *Vög. Deutschl.* XI, p. 340, pl. 288; *roseipes*, Schl.; *pallipes*, de Sélys.	Europe, Islande, Sibérie, Groenland; en hiver Europe S., Inde et Chine.
3189. *Var.* GAMBELI, Hartl., *Rev. et Mag. de Zool.*, 1852, p. 7; Baird, *B. N. Am.*, p. 761; Coues, *Key*, p. 282; *albifrons* (pt.), auct. plur.; *erythropus* (pt.), Eyt.; *frontalis*, Baird.	Amérique sept., en hiv. jusqu'au Mex. et Cuba, la Côte or. de l'Asie jusqu. Japon.
11.503. ERYTHROPUS (Lin.); Dress., *l. c.*, p. 383; Dubois, *l. c.* II, p. 405, pl. 247ᵇ; *finmarchicus*, Gunn.; *albifrons* (pt.), auct. ant.; *temminckii*, Boie; *cineraceus*, *brevirostris*, Brm.; *minutus*, Naum., *Vög. Deutschl.* XI, p. 364, pl. 290.	Europe N. et Sibérie W., en hiver Europe W., Inde N.
3190. *Var.* RHODORHYNCHUS, Boutourl., *Dukie iycu*, p. 19. — *Les Oies sauvages*, etc. (en russe).	Sibérie, en hiver Inde, Chine, Japon.
11.504. NEGLECTUS, Suschk., *Ibis*, 1896, p. 135, 1897, p. 8, pl. 2, f. 1; *segetum* (pt.), auct. plur.	Russie orientale (lac Thoungak).
11.505. SYLVESTRIS, Briss.; Dubois, *l. c.* II, p. 398, pl. 245; *salvatica*, Ger.; *fabalis*, Lath.; *segetum*, Gm.; Dress., *l. c.*, pl. 412; *rufescens*, *platyuros*, *arvensis*, etc., Brm.; *paludosus*, Strickl.	Europe sept., en hiver dans le Midi jusqu'au N. de l'Afrique.
3191. *Var.* SERRIROSTRIS (Swinh. ex Gould), *P. Z. S.*, 1871, p. 417; *segetum* (pt.), auct. plur.	Sibérie, Corée et Chine.
3192. *Var.* MIDDENDORFFI, Severtz., *Turkest. Jevotn.*, pp. 70, 149; *grandis*, Midd. (nec Gm.); id., *Reise Sibir.* II, 2, p. 225, pl. 20, f. 1; *segetum* et *serrirostris* (pt.), auct. plur.	Sibérie E., île Behring, en hiver Asie centr., Chine et Japon.
3193. *Var.* MENTALIS, Oates, *Man. Game-B. Ind.* II, p. 77.	Japon.
11.506. CARNEIROSTRIS, Boutourl., *Dukie iycu*, etc. — *Les Oies sauvages de l'Emp. russe*, p. 28 (en russe).	Nouvelle-Zemble, en hiver Russie.
11.507. BRACHYRHYNCHUS, Baill., *Mém. Soc. R. d'Abbev.*, 1833, p. 74; Dress., *l. c.* VI, p. 369, pl. 413; Dubois, *l. c.*, p. 401, pl. 246; *phœnicopus*, Bartl.; *segetum* (pt.), auct. ant.; *cinereus*, Thor.; *rufescens*, Palm. (nec Brm.)	Spitzberg; Europe W. en hiver.
11.508. INDICUS (Lath.), *Ind. Orn.* II, p. 839; Gould, *Cent. Him. B.*, pl. 80; *undulata*, Bonn.; *melanocephalus*, Vieill.; *skorniakovi*, Severtz., *Turkest. Jevotn.*, pp. 70, 149, pl. 10, ff. 3, 4; id., *J. f. O.*, 1873, pp. 346, 377.	Asie centrale, en hiver Inde.

1831. CYGNOPSIS

Cygnopsis, Brandt (1836); *Cycnopsis,* Heine et Rchw. (1890).

11.509. CYGNOIDES (Lin.); Pall., *Zoogr.* II, p. 218, pl. 64; Schl., *l. c.,* p. 106; Tem. et Schl., *Faun. Jap.,* pl. 81; *australis* et *orientalis,* Lin.; *moscoviticus, guineensis,* Briss.; *sinensis,* Steph.; *ferus,* Rchb.; *tuberculosus,* Schust. — Sibérie E., Chine, Japon.

11.510. ? GRANDIS (Gm.), *S. N.* I, 2, p. 504; Pall., *Zoogr.* II, p. 221; Salvad., *Cat.,* p. 107 (en note). — Sibérie.

1832. PHILACTE

Philacte, Bann. (1870).

11.511. CANAGICA (Sevast.), *Nova Acta Ac. St.-Petersb.,* 1800, p. 346, pl. 10; Schl., *Mus. P.-B., Anseres,* p. 115; Elliot, *Ill. Am. B.,* pl. 45; *pictus,* Pall. — Asie N.-E., Amérique N.-W., en hiver jusqu'en Californie.

1833. BRANTA

Branta, Scop. (1769); *Bernicla,* Boie (1822); *Leucopareia,* Rchb. (1852); *Rufibrenta,* Bp. (1856); *Leucoblepharon,* Baird (1858); *Brenthus,* Sund. (1872); *Ptocas,* Heine et Rchw. (1890); *Nesochen,* Salvad. (1895).

11.512. CANADENSIS (Lin.); *Pl. Enl.* 346; Audub., *B. Am.* VI, p. 178, pl. 376; Bann., *Pr. Ac. Phil.,* 1870, p. 131; ?*parvipes,* Cass.; ?*leucolæma,* Murr.; ?*barnstoni,* Ross. — Amérique sept. tempérée, en hiver jusqu'au Mexique.

3194. *Var.* HUTCHINSI (Rich.), *Faun. Bor.-Am.* II, p. 470; Audub., *B. Am.* VI, p. 198, pl. 377; Schl., *l. c.,* p. 105; *canadensis,* Pall. (nec L.); *leucopareius,* Brandt; *leucoparia,* Blak. et Pr. — Amérique arctique et subarctique, Sibérie N.-E., en hiver les Ét.-Unis et le Japon.

3195. *Var.* OCCIDENTALIS (Baird), *B. N. Am.,* p. 766; Ridgw., *Pr. U. S. Nat. Mus.,* 1885, p. 22; *canadensis* (pt.), Cass. (nec L.); *leucopareia,* Coues. — Amér. N.-W. jusqu'à Sitka au N. et la Californie au S. en hiv.

3196. *Var.* MINIMA, Ridgw., *Pr. U. S. Nat. Mus.,* 1885, pp. 22, 355; *leucopareia,* Cass., *Ill. B. Cal., Tex.,* p. 272, pl. 45 (nec Brandt) et auct. plur.; *munroii,* Rothsch.; id., *Avif. Lays.,* pl. 80. — Amérique N.-W. jusqu'en Californie, iles Sandwich.

11.513. LEUCOPSIS (Bechst.), *Orn. Taschenb.* II, p. 424; Dress., *l. c.* VI, p. 397, pl. 415, f. 1; Dubois, *l. c.* II, p. 385, pl. 242; *erythropus,* Gm. (nec L.); *bernicla,* Pall. (nec L.) — Groenl., Islande, Spitzberg, Nouv.-Zemble, en hiver Europe W. (accid. Amér. N.-E.)

11.514. BERNICLA (Lin.); Scop., *Ann. I. H. N.,* p. 67; *brenta,* Briss.; Dress., *l. c.* VI, p. 389, pl. 415, — Taimyr, Nouv.-Zemb., Terre de François-

f. 2; Dubois, *l. c.* II, p. 388, pl. 243; *monachus*, Beseke; *torquatus*, Bechst.; *platyuros*, *pallida*, Brm.; *melanopsis*, Macg. — Joseph, Spitzberg, en hiver Europe N. et W.

3197. *Var.* GLAUCOGASTER, C. L. Brm., *Isis*, 1830, p. 996; id., *Vög. Deutschl.*, p. 849; *micropus*, *collaris*, Brm.; *bernicla* (pt.), auct. plur. — Amérique N.-E., Groenland W.

3198. *Var.* NIGRICANS (Lawr.), *Ann. Lyc. N. H.*, 1846, p. 171, pl. 12; Cass., *Ill. B. Calif.*, p. 52, pl. 10; Coues, *Key*, p. 284; *bernicla* (pt.), auct. plur. — Amérique N.-W. jusqu'en Californie, Sibér. N.-E., Japon.

11.515. RUFICOLLIS (Pall.), *Spic. Zool.* VI, p. 21, pl. 5; Naum., *Vög. Deutschl.* XI, p. 408, pl. 293; Dress., *l. c.*, pl. 416; *torquata*, Gm.; *minor*, Lepech. — Sibérie W., Turkestan N., en hiver la mer Caspienne (acc. Eur.)

11.516. SANDVICENSIS (Vig.), *List of Anim. in the Gard. Z. S.*, 1833, p. 4; id., *P. Z. S.*, 1833, p. 65; Jard. et Sel., *Ill. Orn.*, ser. 2, pl. 8; *havaiiensis*, Eyd. et Soul., *Voy. Bonite, Zool.* I, p. 104, pl. 10; *hauaiensis*, Peale, *U. S. Expl. Exp., B.*, p. 249, pl. 59. — Iles Sandwich.

SUBF. V. — CHENONETTINÆ

1834. CHLOËPHAGA

Chloëphaga, Eyt. (1838); *Tænidiestes*, Rchb. (1852); *Oressochen*, *Chloetrophus*, Bann. (1870); *Chloophaga*, Sund. (1872); *Tænidiesthes*, Heine (1890).

11.517. MELANOPTERA (Eyt.), *Mon. Anat.*, p. 93; Gould, *Voy. Beagle*, p. 134, pl. 50; Schl., *l. c.*, p. 100; Tacz., *Orn. Pér.* III, p. 467; *montana* et *anticola*, Tschudi. — Amérique S.-W., du Pérou et Bolivie à Magellan.

11.518. HYBRIDA (Mol.), *Sagg. Stor. Nat. Chili*, p. 213; Salvad., *Cat.*, p. 130; *magellanica*, Sparrm.; *antarctica*, Gm.; Less., *Voy. Coq.* I, p. 331, pl. 50 (fem.); Cass., *U. S. Astron. Exp.* II, p. 200, pl. 23; *ganta*, Forst. — Patagonie, Magellan, Terre-de-Feu, îles Malouines.

11.519. MAGELLANICA (Gm.), *S. N.* I, 2, p. 505; Brown, *Ill.*, pl. 40 (mas.); *Pl. Enl.* 1006 (fem.); Schl., *l. c.*, p. 99; Salvad., *Cat.*, p. 132; *leucoptera*, Gm. — Patagonie, Magellan, Terre-de-Feu, Malouines.

3199. *Var.* INORNATA (King.), *P. Z. S.*, 1830-31, p. 15; Bp., *C. R.* XLIII, p. 648; Sharpe, *Zool. Ereb. and Terr., B.*, p. 37, pl. 30; ?*picta*, Gm.; *magellanica* (pt.), auct. plur. (nec Gm.); *dispar*, Ph. et Landb.; Scl. et Huds., *Arg. Orn.* II, p. 123 (pt.) — Chili centr. et S., Argentine S. jusqu'à Magellan.

11.520. RUBIDICEPS, Scl., *P. Z. S.*, 1860, pp. 387, 415, pl. 173; *inornata*, Gray (nec King.) — Iles Malouines.

11.521. POLIOCEPHALA, Sclat. (ex Gray), *P.Z.S.*, 1857, p. 128; Scl., *Argent. Orn.* II, p. 124; *inornata*, Gr. (nec King.), *Gen. B.* III, pl. 165; ? *leucopterus*, Licht. (nec Gm.); *chiloensis*, Ph. et Landb.
Chili S., Argentine S., Patagon., île Chiloe.

1835. CYANOCHEN

Cyanochen, Bonap. (1856); *Cyanauchen*, Schl. (1867).

11.522. CYANOPTERUS (Rüpp.), *Syst. Uebers.*, pp. 129, 137, pl. 49; Des M., in *Lef.*, *Voy. Abyss.* VI, p. 169, pl. 14; Bp., *C. R.* XLIII, p. 648; Schl., *l. c.*, p. 96.
Abyssinie, Choa.

1836. CHENONETTA

Chenonetta, Brandt (1836); *Chlamydochen*, Bp. (1856).

11.523. JUBATA (Lath.), *Ind. Orn.*, *App.*, p. 69; Gould, *B. Austr.* VI, pl. 18; Schl., *l. c.*, p. 97; *lophotus*, Brandt.
Australie.

SUBF. VI. — CYGNINÆ

1837. CYGNUS

Cygnus, Briss. (1760); *Olor*, Wagl. (1832); *Sthenelus*, Stejn. (1882); *Sthenelides*, Stejn. (1885).

11.524. FERUS, Briss.; Sal., *Orn.*, p. 405 (1767); Dubois, *l. c.* II, p. 410, pl. 248; Dav. et Oust., *Ois. Chine*, p. 493; *musicus*, Bechst.; Dress., *B. Eur.* VI, p. 433, pl. 419, f. 4; *canorus*, Humb.; *melanorhynchus*, Mey.; *olor*, Pall. (nec Gm.); *islandicus*, Brm.; *xanthorhinus*, Naum.; *linnæi*, Malm.
Europe et Asie du 33° au 74 1/2° l. N., Afrique N.

11.525. BEWICKI, Yarr., *Tr. Linn. Soc.*, 1830, II, p. 453; Dress., *l. c.* VI, p. 441, pl. 419, f. 3; Dubois, *l. c.* II, p. 414, pl. 250; *minor*, Keys. et Bl.; *melanorhinus*, Naum.; *ferus*, Gr. (nec Briss.); *americanus*, Hartl. (nec Sharpl.); *altumi*, Baedeck.; *islandicus*, C. Dub. (nec Brm.)
Asie, au N. jusqu'à la Nouv.-Zemble, au S. jusqu'en Chine et Japon (accid. Europe, Belgique).

3200. ? *Var.* DAVIDI, Swinh., *P. Z. S.*, 1870, p. 430; Dav. et Oust., *Ois. Chine*, p. 494.
Chine N.

11.526. COLUMBIANUS (Ord.), *Guthr. Geogr.*, 2ᵉ Am. ed., p. 319 (1815); Coues, *Bull. U. S. Geol. Surv. Terr.*, 1876, p. 444; *musicus*, Bp. (nec Bechst.); *bewickii*, Sw. et Rich. (nec Yarr.); *ferus*, Shr.; *americanus*, Sharpl.; Audub., *B. Am.* VI, p. 226, pl. 384.
Amérique septentr.

11.527. BUCCINATOR, Rich., *Faun. Bor.-Am.* II, p. 464; Audub., *B. Am.* VI, p. 219, plˢ 382, 383; *passmori*, Hincks.
Amérique N.-W. jusqu'en Californie.

11.528. MANSUETUS, Salerne, *Orn.*, p. 404 (1767 ex Lin.); Dubois, *l. c.* II, p. 416, pl. 249; *olor*, Gm.; Dress., *l. c.* VI, p. 419, pl^s 418, 419, ff. 5, 6; *gibbus*, Bechst.; *sibilus*, Pall.; *mutus*, Forst.; *gibbosus*, Kuhl; *sibilans*, Nilss.; *tuberculirostris*, C. Dub.; *immutabilis*, Pelz. (nec Yarr.); *unwini*, Hume; *pelzelni*, Stejn.; *immutabilis*, Yarr. (race domestique). — Suède S., Danemark, Russie S., Caspien., Turk., Mong. (acc. Eur. centr. et mér. et dans le N.-W. de l'Inde); domestique partout en Europe.

11.529. MELANOCORYPHUS (Mol.), *Sagg. Stor. Nat. Chili*, p. 207; Salvad., *Cat.*, p. 39; *nigricollis*, Gm.; Des M., in *Gay*, *Hist. Chile*, I, p. 445, pl. 14; Schl., *l. c.*, p. 79; *melanocephala*, Gm. — Amérique mérid. du 20° l. S. à Magellan et Malouines.

1838. CHENOPIS

Chenopis, Wagl. (1832); *Chenopsis*, Rchb. 1852).

11.530. ATRATA (Lath.), *Ind. Orn.* II, p. 834; Vieill., *Gal. Ois.* II, p. 215, pl. 286; Schl., *l. c.*, p. 80; *novæhollandiæ*, Bonn.; *plutonia*, Shaw. — Australie, Tasmanie.

1839. COSCOROBA

Coscoroba, Rchb. (1852); *Pseudolor*, Gray (1855); *Pseudocycnus*, Sund. (1872).

11.531. CANDIDA (Vieill.), *N. Dict.* XXIII, p. 331; Rchb., *Av. Syst. Nat.*, p. 10; Scl., *Argent. Orn.* II, p. 126; *A. coscoroba*, Mol., *Sagg. Stor. Nat. Chili*, p. 207; Gray, *Gen. B.* III, pl. 166; *anatoides*, King.; *hyperboreus*, D'Orb.; *chionis*, Illig. — Paraguay, Uruguay, Argentine, Chili, Patagonie, Malouines.

SUBF. VII. — ANATINÆ

1840. DENDROCYGNA

Dendronessa, Wagl. (1832, nec Sw., 1831); *Dendrocygna*, Sw. (1837); *Leptotarsis*, Eyt. (1838); *Dendrocycna*, Scl. (1880).

11.532. VIDUATA (Lin.); *Pl. Enl.* 808; Eyt., *Mon. Anat.*, p. 110; C. Dub., *Orn. Gal.*, p. 71, pl. 44; Schl., *l. c.*, p. 90; Tacz., *Orn. Pér.* III, p. 471; *leucopsis*, Vieill. (nec Bechst.); *personata*, Württ.; ?*multicolor*, Scop.; ?*manillensis*, Gm. — Antilles, Amérique mérid. jusqu'à l'Argentine, Afrique au S. du Sahara, Madagascar.

11.533. FULVA (Gm.), *S. N.* I, p. 530; Hartl., *Syst. Verz. Ges. Mus.*, p. 118; Baird, *B. N. Am.*, 1860, pl. 63, f. 1; Heugl., *Orn. N.-O. Afr.*, p. 1301; Hume et Marsh., *Game B.* III, p. 119, pl. 16; *bicolor*, Vieill.; *virgata*, Max.; *major*, Jerd.; M.-Edw. et Grand., *H. N. Madag.*, *Ois.*, p. 731, pl. 272; *arcuata*, Gray (nec Horsf.); *africana*, Bp. — États-Unis S., Amérique trop.; Inde, Birmanie, Afrique trop., Madagascar.

11.534. ARCUATA (Horsf. ex Cuv.), *Zool. Res. in Java*, pl. 65 ; Gould, *B. Austr.* VII, pl. 14 ; Salvad., *Orn. Pap.* III, p. 385 ; *badia*, S. Müll. ; *vagans*, Eyt. ; *gouldi*, Bp. ; *javanica*, Jerd. (nec Horsf.) — Philip., Céléb., Born., Java, Timor, Sumba, Moluques, Nouv.-Guinée, Australie, Nouv.-Caléd., Fidji.

11.535. JAVANICA (Horsf.), *Tr. Linn. Soc.* XIII, p. 199 ; Rchb., *Syn. Av., Natatores*, pl. 89, ff. 171-72 ; Hume et Marsh., *Game Birds*, III, p. 109, pl. 15 ; *arcuata* (pt.), auct. plur. ; *awsuree*, Syk. ; *caryophyllacea*, Sund. ; *var. minor*, Bp. — Inde, Ceylan, Indo-Chine, Malacca, Sumatra, Bornéo, Java.

11.536. AUTUMNALIS (Lin.) ; Baird, *B. N. Amer.*, p. 770, pl. 63, f. 2 ; id., *Mex. B. Surv.* II, 2, p. 26, pl. 25 ; Cory, *B. W. Ind.*, p. 261. — Du Texas à Panama.

3201. *Var.* DISCOLOR, Scl. et Salv., *Nomencl. Av. Neotrop.*, pp. 129, 161 ; Tacz., *Orn. Pér.* III, p. 469 ; *autumnalis* (pt.), auct. plur. (nec L.) — Amérique méridionale tropicale.

11.537. ARBOREA (Lin.) ; *Pl. Enl.* 804 ; Schl., *l. c.*, p. 84 ; Cory, *B. W. Ind.*, p. 50 ; Salvad., *Cat.*, p. 162 ; ?*jacquini*, Gm. — Antilles et Bahama.

11.538. GUTTULATA, Wall., *P. Z. S.*, 1863, p. 36 ; *guttata*, Forst., *M. S.* ; Schl., *l. c.*, p. 85 ; Salvad., *Cat.*, p. 164, pl. 1 ; *punctata*, Finsch ; *arcuata*, Rosenb. (nec Horsf.) ; *vagans*, Rosenb. (nec Eyt.) — Mindanao, Célèbes, Moluques, Nouv.-Guinée.

11.539. EYTONI (Eyt. ex Gould), *Mon. Anat.*, p. 111 ; Gould, *B. Austr.* VII, pl. 15 ; *versicolor*, Hartl. — Australie, Nouv.-Zélande W.

1341. ALOPOCHEN

Chenalopex, Steph. (1824, nec Vieill., 1819) ; *Alopochen*, Stejn. (1885).

11.540. ÆGYPTIACA (Lin.) ; *Pl. Enl.* 379, 982, 983 ; Steph., *Gen. Zool.* XII, p, 43, pl. 42 ; Gould, *B. Eur.*, pl. 353 ; Shell., *B. of Egypt*, p. 279 ; Stejn., *Stand. N. H. B.*, p. 141, f. 66 ; *africanus*, Bonn. ; *merganser*, Naum. ; *varia*, Bechst. ; *varius*, Brm. — Afrique, Palestine.

11.541. JUBATA (Spix), *Av. Bras.* II, p. 84, pl. 108 ; Tacz., *Orn. Pér.* III, p. 468 ; *polycomos*, Less. ex Cuv. ; *pollicaris*, Licht. — Amérique méridionale tropicale.

1842. TADORNA

Tadorna, Flem. (1822) ; *Vulpanser*, Keys. et Blas. (1840) ; *Radjah*, Rchb. (1852) ; *Gennæochen*, Heine (1890).

11.542. CORNUTA (S. G. Gm.), *Reis. Russl.* II, p. 185, pl. 19 (1774) ; Dress., *B. Eur.* VI, p. 451, pl. 420 ; Dubois, *Fne. Ill. Vert. Belg., Ois.* II, p. 423, pl. 251 ; *A. tadorna*, L. ; *damiatica*, Gm. ; *fami-* — Europe, Sibérie S., Chine N., Japon, en hiver le N. de l'Inde, le S. de la Chine et *liaris*, Boie; *bellonii*, Steph.; *vulpanser*, Flem.; *gibbera*, etc., Brm. — le N. de l'Afrique.

11.543. RADJAH (Garn.), *Voy. Coq.*, *Zool.* I, 2, p. 302, *Atlas*, pl. 49; Schl., *l. c.*, p. 69; Gould, *B. Austr.* VII, pl. 8; Salvad., *Orn. Pap. e Mol.* III, p. 391; *eytoni*, Rchb.; *leucomelas*, Bp. — Moluques, îles Papous, Australie.

1843. STICTONETTA

Stictonetta, Rchb. (1852).

11.544. NÆVOSA (Gould), *P. Z. S.*, 1840, p. 177; id., *B. Austr.* VII, pl. 10; Schl., *l. c.*, p. 63; Salvad., *Cat.*, p. 324. — Australie S. et W., Tasmanie.

1844. CASARCA

Casarca, Bonap. (1838); *Nettalopex*, Heine et Rchw. (1890).

11.545. RUTILA (Pall.), *Nov. Comm. Petrop.* XIV, 1, p. 579, pl. 22, f. 1; Dress., *l. c.* VI, p. 641, pl. 421; *casarca*, L.; *rubra*, Brm. — Eur. S. et E., Afr. N. et N.-E., Asie centr., Jap., Inde N., Birm.

11.546. CANA (Gm.), *S. N.* I, 2, p. 510; Schl., *l. c.*, p. 67; Salvad., *Cat.*, p. 182; *ferrugineus*, Bonn.; *montana*, Forst., *Icon. ined.*, pl^s 69, 70; *rutila* (pt.), Gray, Layard, Holub. — Afrique S., du Cap au Transvaal.

11.547. VARIEGATA (Gm.), *S. N.* I, 2, p. 505; Gray, *Zool. Ereb. and Terr.*, *B.*, p. 15, pl. 16; Scl., *P. Z. S.*, 1864, p. 191, pl. 19; Bull., *B. New Zeal.*, p. 241, pl. 25; *picta*, Vieill. (nec Gm.); *castanea*, Eyt.; *cheneros*, Forst. — Nouv.-Zélande.

11.548. TADORNOIDES (Jard. et Selby), *Ill. Orn.* II, pl. 62; Gould, *B. Austr.* VII, pl. 7; *kasarkoides*, Lafr.; *tadornina*, Heine et Rchw. — Australie S. et W., Tasmanie.

1845. ANAS

Anas, Lin. (1766); *Anassus*, Rafin. (1815); *Boschas*, Sw. (1831); *Elasmonetta*, Salvad. (1895); *Polionetta*, Oates (1899).

11.549. BOSCAS, Lin.; Dress., *B. Eur.* VI, pl. 422; Dubois, *Fne. Ill., Ois.* II, p. 432, pl. 253; *fera*, *domestica*, Briss.; *boschas*, *adunca*, L.; *monacha*, Scop.; *curvirostra*, Pall.; *cirrhata*, *persica*, *major*, *grisea*, *nævia*, *nigra*, Gm. (Aberr.); *archiboschas*, etc., Brm.; *pallescens*, Ol.-Gall. (1). — Europe et Asie entre le 30° et le 70° l. N., Islande, Groenland, Amér. du 10° au 70° l. N., Afr. N. et N.-E.

(1) Hybrides: *A. brewèri*, Aud., *Orn. Biogr.* IV, p. 302, pl. 338; = *auduboni*, Bp.; *maxima*, Gosse, *B. Jam.*, p. 399.

11.550. WYVILLIANA, Sclat., *P. Z. S.*, 1878, p. 350; id., *Voy. Chall., B.*, p. 98, pl. 22 (*juv.*); Rothsch., *Avif. Lays.*, pl^{s} 78, 79; *boschas* (pt.), auct. plur.; *superciliosa*, Dole (nec Gm.); *sandwichensis*, Bp. (*nom. nudum*).	Iles Sandwich.
11.551. LAYSANENSIS, Rothsch., *Bull. B. O. Club*, n° 4, 1892, p. 17; id., *Ibis*, 1893, p. 250; id., *Avif. Lays.*, pl. 80.	Ile Laysan (Sandwich).
11.552. MELLERI, Sclat., *P. Z. S.*, 1864, p. 487, pl. 34; M.-Edw. et Grand., *H. N. Madag., Ois.*, p. 724, pl. 269; *xanthorhynchus*, Roch et Newt. (nec Forst.); *erythrorhyncha*, Scl., 1863 (nec Gm.); *morelii*, Grand.; *mascarina*, Vins.	Madagascar.
11.553. OBSCURA, Gm., *S. N.* I, 2, p. 541; Audub., *B. Am.* VI, p. 244, pl. 386; Schl., *l. c.*, p. 41.	Amérique N.-E., Bermudes.
3202. *Var.* RUBRIPES, Brewst., *Auk*, 1902, p. 184.	De Terre-Neuve à la Virginie.
11.554. FULVIGULA, Ridgw., *Am. Nat.* VIII, 1874, p. 111; id., *Pr. U. S. Nat. Mus.* I, p. 251; *obscura* (pt.), auct. plur.	Floride, ? Antilles.
3203. *Var.* MACULOSA, Senn., *Auk*, 1889, p. 263; Salvad., *Cat.*, p. 203; *obscura* et *fulvigula* (pt.), auct. plur.	Du Texas E. au Kansas.
11.555. DIAZI, Ridgw., *Auk*, 1886, p. 332; id., *Man. N. Am. B.*, p. 32.	Mexique.
11.556. ABERTI, Ridgw., *Pr. U. S. Nat. Mus.* I, p. 250, IX, p. 173; Salvad., *l. c.*, p. 204.	Mazatlan (Mexique).
11.557. LUZONICA, Fras., *P. Z. S.*, 1839, p. 113; id., *Zool. Typ.*, pl. 67; Schl., *l. c.*, p. 42; *luconica*, Fsch.	Philippines.
11.558. SUPERCILIOSA, Gm., *S. N.* I, p. 537; Gould, *B. Austr.* VII, pl. 9; *leucophrys*, Forst. (nec V.); *mulleri*, Bp.	Iles de la Sonde, Nouv.-Guinée, Australie, Nouv.-Zélande.
3204. *Var.* PELEWENSIS, Hartl. et Fsch., *P. Z. S.*, 1872, p. 108; Fsch., *Journ. Mus. Godeffr.*, Heft VIII, p. 40; *superciliosa* (pt.), auct. plur.	Iles Pelew.
11.559. OUSTALETI, Salvad., *Bull. Br. O. Club*, XX, p. 1; id., *Cat.*, p. 189 (en note); ? *freycineti*, Bp.	Iles Mariannes.
11.560. POECILORHYNCHA, Forst., in *Penn. Zool. Ind.*, p. 23, pl. 13, f. 1; Gray et Hardw., *Ill. Ind. Zool.* I, pl. 67; Schl., *l. c.*, p. 43; Hume et Marsh., *Game B. Ind.* III, p. 168, pl. 22; *pœkilorhyncha*, Gm.; *erythrorhyncha*, Vieill. (nec Gm.)	Inde, Ceylan, Birmanie.
11.561. ZONORHYNCHA, Swinh., *Ibis*, 1866, p. 394; Dav. et Oust., *Ois. Chine*, p. 496; Seeb., *B. Jap. Emp.*, p. 243; *pœcilorhyncha*, auct. plur. (nec Forst.); Tem. et Schl., *Faun. Jap.*, p. 126, pl. 82.	Sibérie E., Mongolie, Chine, Japon, îles Kouriles.
11.562. UNDULATA, C. Dubois, *Orn. Gal.*, p. 119, pl. 77	Afrique S., à l'Ouest

(1839); Salvad., *Cat.*, p. 212; *flavirostris*, Smith (nec Vieill.); id., *Ill. Zool. S. Afr.*, *B.*, pl. 96; *xanthorhyncha*, Forst.; Schl., *l. c.*, p. 43; *capensis*, Licht. (nec Gm.); *rueppelli*, Blyth. — jusqu'à Angola, à l'E. jusqu'à l'Abyssinie.

11.563. SPARSA, Smith, *Cat. S. Afr. Mus.*, p. 36; id., *Ill. Zool. S. Afr.*, *B.*, pl. 97; *leucostigma*, Rüpp., *Syst. Uebers.*, pp. 130, 138, pl. 48; *guttata*, Licht. — Afrique S. et E. jusqu'à l'Abyssinie.

11.564. SPECULARIS (King), *Zool. Journ.*, 1828, p. 98; Jard. et Sel., *Ill. Orn.* IV, pl. 40; *chalcoptera*, Kittl., *Mém. Acad. St-Pétersb.* II, 1835, p. 471, pl. 5; Schl., *l. c.*, p. 46. — Du Chili central à Magellan.

11.565. CRISTATA, Gm., *S. N.* I, p. 540; Schl., *l. c.*, p. 39; Tacz., *Orn. Pérou*, III, p. 473; *specularioides*, King; *pyrrhogastra*, Meyen; *lophyra*, Forst., *Icon. Ined.*, pl. 78. — Du Pérou à Magellan, Malouines.

11.566. CHLOROTIS, Gray, *Voy. Ereb. and Terr.*, *B.*, p. 15, pl. 20; Bull., *Man. B. New Zeal.*, p. 68; id., *Hist. B. New Zeal.*, 2e éd. II, p. 257, pl. 42; Salvad., *Cat.*, p. 287; *aucklandica*, Hect. (nec Gr.) — Nouvelle-Zélande, Chatham.

1846. EUNETTA

Eunetta, Bonap. (1856).

11.567. FALCATA (Georgi), *Reise Russ. Reichs*, I, p. 167; Dress., *B. Eur.* VI, p. 525, pl. 429; Hume et Marsh., *Game B. of Ind.* III, p. 231, pl. 30; *falcaria*, Pall.; *javana*, Bodd.; *javanensis*, Bonn.; *drepanopteros*, Mess.; *major*, Gm.; *multicolor*, Swinh. (nec Scop.) — Sibérie, Japon, Chine, Inde (accidentellement Europe).

1849. CHAULELASMUS

Chauliodus, Sw. (1831, nec Bloch, 1801); *Chauliodes*, Eyt. (1838, nec Latr., 1798); *Chaulelasmus*, Gray (1838); *Ktinorhynchus*, Eyt. (1838); *Ctenorhynchus*, Agass. (1846).

11.568. STREPERUS (Lin.); Dress., *l. c.*, p. 487, pl. 424; Dubois, *Fne. Ill.*, *Ois.* II, p. 438, pl. 254; *cinerea*, *kekuschka*, Gm.; *canapiglia*, Ger.; *americanus*, Brm. — Europe, Asie, Afrique entre le 60° et le 20° l. N., en Amérique du 55° au 20° l. N.

3205. *Var.* COUESI, Streets, *Bull. Nutt. Orn. Club*, I, p. 46; id., *Bull. U. S. Nat. Mus.*, 1877, no 7, p. 21; Salvad., *Cat.*, p. 226. — Iles Fanning.

1848. MARECA

Mareca, Steph. (1824); *Penelops*, Kp. (1829).

11.569. PENELOPE (Lin.); Dress., *l. c.*, p. 541, pls 432-33; — Europe et Asie, au S.

Dubois, *l. c.*, p. 441, pl. 225; *fistularis*, Briss.; *cogolca*, Gm.; *marigiana*, Ger.; ? *melanura*, Gm.; *kagolca*, *fistulans*, Brm.; *bimaculata*, Gray (Hybride).
jusqu'à Bornéo, Afrique N. et N.-E. (accidentellement Amérique N.-E.)

11.570. AMERICANA (Gm.), *S. N.* I, p. 526; Wils., *Am. Orn.* VIII, p. 86, pl. 69; Audub., *B. Am.* VI, p. 259, pl. 389; Steph., *Gen. Zool.* XII, 2, p. 135.
Amérique septentr. et centr., Antilles (accident. Sibérie E.)

11.571. SIBILATRIX (Poepp.), *Fror. Not.* XXXI, p. 10; Scl. et Salv., *P. Z. S.*, 1876, p. 395; Scl. et Huds., *Argent. Orn.* II, p. 135; *chiloensis*, King; Schl., *Mus. P.-B.*, *Anseres*, p. 46; *parvirostris*, Merr.
Chili, Paraguay, Argentine, Patagonie, Malouines.

1849. QUERQUEDULA

Querquedula, Steph. (1824); *Nettion*, Kp. (1829); *Cyanopterus*, Eyt. (1838, nec Halid., 1835); *Pterocyanea*, Bp. (1841); *Punanetta*, Bp. (1856); *Virago*, Newt. (1871); *Adelonetta*, Heine (1890).

11.572. VERSICOLOR (Vieill.), *N. Dict.* V, p. 109; Schl., *l. c.*, p. 57; Scl. et Huds., *Argent. Orn.* II, p. 131; *maculirostris*, Licht.; Rchb., *Syn. Av.*, *Natat.*, pl. 89, f. 181; *fretensis*, King.
Paraguay, Uruguay, Argentine, Chili, Patagonie, Malouines.

11.573. PUNA (Licht.), *Mus. Ber.*; Tsch., *Arch. f. Naturg.*, 1844, I, p. 315; Scl. et Salv., *Exot. Orn.*, p. 197, pl. 99; Tacz., *Orn. Pér.* III, p. 478.
Pérou, Bolivie, Chili N.

11.574. CIRCIA (Lin.); Dress., *B. Eur.* VI, p. 513, pl. 429; Dubois, *Fne. Ill. Vert.*, *Ois.* II, p. 448, pl. 257; *A. querquedula*, L.; *balbul*, Gm.; *glaucopterus*, *scapularis*, Brm.; *humeralis*, S. Mull.; *vulgaris*, Hodgs.; *pterocyanea*, Goeld.
Europe et Asie jusqu'au 60° latitude N., Japon, Archipel Malais, Afrique N. et N.-E.

11.575. DISCORS (Lin.); *Pl. Enl.* 966 et 403; Audub., *B. Am.* VI, p. 287, pl. 393; Schl., *l. c.*, p. 50; *inornatus*, Gosse, *B. Jam.*, *Ill.*, pl. 111 (fem.)
Amér. sept. et centr., Antilles, Colombie, Ecuador, Pérou.

11.576. CYANOPTERA (Vieill.), *N. Dict.* V, p. 104; Schl., *l. c.*, p. 51; *rafflesii*, King., *Zool. Journ.* IV, p. 97, *Suppl.*, pl. 29 (1828); Jard. et Sel., *Ill. Orn.*, 1838, pl. 23; *cæruleata*, Fras., *P. Z. S.*, 1843, p. 118.
Amér. N.-W., Mexique, Amér. S.-W., Argentine, Patagonie, Malouines.

11.577. FORMOSA (Georgi), *Reise Russ. Reich.*, p. 168; Dress., *l. c.* VI, p. 521, pl. 428; Dubois, *l. c.* II, p. 456, pl. 258^b; *glocitans*, Pall.; *baikal*, Bonn.; *torquata*, Messer.; *picta*, Stel.; *perpulchra*, Yarr.; *cucullata*, Fisch.
Asie orientale jusqu'au 70° l. N., Japon, au S. jusqu'au 28° l. N. (accid. Asie W., Europe, Belgique).

11.578. CRECCA (Lin.); Dress., *l. c.*, pl. 426; Dubois, *l. c.* II, p. 452, pl. 258; *subcrecca*, *creccoides*, Brm.; *bimaculata*, Penn. (hybride).
Europe et Asie jusqu'au 70° l. N., au S. jusqu'à Ceylan, Japon, Afrique N.

3206. *Var.* CAROLINENSIS (Gm.), *S. N.* I, p. 533; Jard. et Sel., *Ill. Orn.* III, pl. 146; Audub., *B. Am.* VI, p. 281, pl. 392; *americana*, Bonn.; *migratoria*, Bartr.; *crecca*, auct. plur. (nec L.); *sylvatica*, Vieill.; *groenlandica*, Brm.	Amérique, de l'Honduras au 70° latitude N., Groenland, Antilles (accidentellement Europe).
11.579. CASTANEA (Eyt.), *Mon. Anat.*, p. 119, pl. 22; A. Newt., *P. Z. S.*, 1871, p. 649; *punctata*, Cuv. (nec Burch.); Gould, *B. Austr.* VII, pl. 11.	Australie, Tasmanie, Nouvelle-Zélande.
11.580. SALVADORII, Büttik., *Notes Leyd. Mus.*, 1896, p. 59.	Ile Sumba.
11.581. GIBBERIFRONS (S. Müll.), *Verh. Land- en Volkenk.*, p. 159; Finsch, *Neu-Guin.*, p. 183; Schl., *l. c.*, p. 58; Scl., *P. Z. S.*, 1882, p. 453, pl. 33; Salvad., *Orn. Pap.* III, p. 398; id., *Cat.*, p. 254, pl. 2, f. 2; *punctata*, Gould; *gracilis*, Bull.; *castanea*, auct. plur. (nec Eyt.)	Célèbes, îles de la Sonde, Nouv.-Guinée, Nouv.-Calédonie, Australie, Nouv.-Zélande.
3207. *Var.* ALBOGULARIS (Hume), *Str. Feath.* I, p. 303; Salvad., *Cat.*, p. 257, pl. 2, f. 1; *andamanensis*, Tytl. (*descr. nulla*); *gibberifrons*, auct. plur. (nec Müll.)	Iles Andaman.
11.582. BERNIERI, Hartl. (ex J. Verr.), *J. f. O.*, 1860, p. 173; id., *Vög. Madag.*, p. 363; M.-Edw. et Grand., *H. Madag.*, *Ois.*, p. 726, pl. 270; *assimilis* (pt.), Schl.; *vinsoni*, Grand.; *gibberifrons*, Grand. (nec Müll.)	Madagascar.
11.583. CAPENSIS (Gm.), *S. N.* I, 2, p. 527; Sharpe, *Lay. B. S. Afr.*, p. 758; *larvata*, Cuv.; *georgica*, Gr. (nec Gm.); *assimilis*, Forst., *Icon. ined.*, pl. 75.	Afrique S. jusqu'à l'Angola à l'Ouest et le Choa à l'Est.
11.584. FLAVIROSTRIS (Vieill.), *N. Dict.* V, p. 107; Scl. et et Huds., *Argent. Orn.* II, p. 131; *creccoides*, King.; Cass., *U. S. Astron. Exped.* II, p. 203, pl. 26; *oxyptera*, Hartl. (nec Meyen).	Brésil S., Argentine, Chili, Patagonie, îles Malouines.
3208. *Var.* OXYPTERA (Meyen), *Nov. Act.* XVI, *Suppl.*, p. 121, pl. 26; Tsch., *Faun. Per.*, pp. 55, 309; Tacz., *Orn. Pér.* III, p. 476; *creccoides* (pt.), Gr.; *angustirostris*, Ph. et Landb. (nec Ménétr.); *flavirostris* (pt.), Schl.	Chili septentrional et Pérou (Andes).
11.585. ANDIUM, Scl. et Salv., *Nomencl. Av. Neotrop.*, pp. 129, 162; id., *P. Z. S.*, 1875, p. 237, 1876, p. 387, pl. 34.	Ecuador et Vénézuéla (Andes).
11.586. GEORGICA (Gm.), *S. N.* I, 2, p. 516; *N. georgicum*, Salvad., *Cat.*, p. 264; *xanthorhyncha*, Forst., *Icon. ined.*, pl. 71; *eatoni*, Cab. (nec Sharpe); *antarctica*, Cab., *J. f. O.*, 1888, p. 118, pl. 1.	Géorgie S.
11.587. PUNCTATA (Burch.), *Travels.* I, p. 283 (1822); Scl., *P. Z. S.*, 1880, pp. 522, 534; *hottentota*, Smith (1837); id., *Ill. S. Afr. Zool.*, pl. 105; *pileata*,	Afrique S., à l'Ouest jusqu'à l'Angola, à l'Est jusqu'au Choa,

Licht. ; *madagascariensis,* Grand. ; *cyanorhyncha*, Böhm. — Madagascar.

11.588. BRASILIENSIS (Briss.); Gm., *S. N.* I, 2, p. 517 ; Burm., *Th. Bras.* III, p. 439 ; Schl., *l. c.*, p. 61 ; *mareca,* Bonn. ; *ipecutiri,* Vieill. ; *paturi,* Spix, *Av. Bras.* II, p. 85, pl. 109 ; *erythrorhyncha,* Eyt. (nec Gm.); *novæ-hispaniæ,* Rchb. (nec Gm.) — Amérique méridionale de la Colombie et des Guyanes à Magellan.

11.589. TORQUATA (Vieill.), *N. Dict.* V, p. 110 (nec Briss. neque Gm.); Schl., *l. c.*, p. 61 ; Scl., *Argent. Orn.* II, p. 132 ; *leucophrys,* Vieill. ; *manillensis,* Eyt. (nec Gm.) ; *rubidoptera,* C. Dub., *Orn. Gal.*, p. 90, pl. 57 ; *rhodopus,* Merr. — Brésil S., Paraguay, Uruguay, Argentine.

1850. DAFILA

Dafila, Leach (1824); *Trachelonetta,* Kp. (1829); *Phasianurus,* Wagl. (1832); *Pœcilonitta,* Eyt. (1838); *Pœcilonetta,* Agass. (1842-46); *Daphila,* Coues (1874); *Dafilula,* Coues (1897).

11590. ACUTA (Lin., 1758); Dress., *B. Eur.* VI, p. 531, pl[s] 430, 431 ; Dubois, *Fnc. Ill., Ois.* II, p. 445, pl. 256 ; *longicauda,* Briss. ; *subulata,* Gm. ; *alandica,* Sparrm. ; *sparrmanni,* Lath. ; *caudacuta,* Pall. ; *tzitzihoa,* Vieill. ; *caudata,* Brm. ; *americana,* Bp. ; ?*modesta,* Tristr., *P. Z. S.*, 1886, p. 79, pl. 7. — Europe, Asie et Amérique entre le 70° et le 10° lat. N., Afrique N., Groenland, Islande, Japon.

11.591. SPINICAUDA (Vieill.), *N. Dict.* V, p. 135 ; Schl., *l. c.*, p. 38 ; Sclat., *P. Z. S.*, 1870, p. 665, pl. 38 ; *oxyura,* Licht. ; *urophasianus* (Scl., 1860, nec Vig.) ; *caudacuta,* Burm. (nec Pall.) — Du S. du Brésil et du Pérou jusqu'à Magellan et les îles Malouines.

11.592. EATONI (Sharpe), *Ibis,* 1875, p. 328 ; id., *Trans. Ven. Exp., Zool., Birds,* p. 5, pl. 6 ; Salvad., *Cat.*, p. 278, pl. 3 ; Coues, *Auk,* 1897, p. 207. — Iles Kerguelen et Crozette.

11.593. BAHAMENSIS (Catesb.), *Carolina,* I, p. 93, pl. 93 (1754) ; Lin., *S. N.* (1766) ; Tacz., *Orn. Pér.* III, p. 482 ; *ilathera,* Bonn. ; *rubrirostris,* Vieill. ; *urophasianus,* Vig. ; id., *Zool. Beechey's Voy.*, *Orn.*, p. 31, pl. 14 ; *vigorsii,* Wagl. ; *fimbriata,* Merr. — Bahama, Antilles, Amérique méridionale, îles Malouines.

3209. *Var.* GALAPAGENSIS (Ridgw.), *Pr. U. S. Nat. Mus.*, 1889, p. 115 ; *bahamensis* (pt.), auct. plur. — Iles Galapagos.

11.594. ERYTHRORHYNCHA (Gm.), *S. N.* I, 2, p. 517 ; Smith, *Ill. S. Afr. Zool., B.*, pl. 104 ; Schl., *l. c.*, p. 56 ; *melanura,* Vieill. (nec Gm.) ; *punctata,* Rchb. (nec Burch.) ; *pyrrhorhyncha,* Holub. — Sud de l'Afrique jusqu'à l'Angola à l'Ouest et l'Abyssinie à l'Est, Madagascar.

1851. NESONETTA

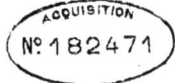

Nesonetta, Gray (1844).

11.595. AUCKLANDICA, Gray, *Gen. B.* III, p. 627; id., *Voy. Ereb. and Terr.*, *B.*, p. 16, pl. 17; Salvad., *Cat.*, p. 289. — Ile Auckland.

1852. SPATULA

Spatula, Boie (1822); *Rhynchaspis*, Steph. (1824); *Spatulea*, Flem. (1828); *Clypeata*, Less. (1828); *Rhynchasmus!* Koenig, 1893.

11.596. CLYPEATA (Briss., 1760; Lin. 1766); Dress., *B. Eur.* VI, p. 497, pl. 425; Dubois, *Fne. Ill.*, *Ois.* II, p. 428, pl. 252; *mestolone*, Ger.; *rufigaster*, Lath.; *mexicana*, *rubens*, Gm.; *macrorhynchos*, etc., Brm.; *virescens*, Syk.; *spathulata*, C. F. Dub. — Europe, Asie et Amérique du 10° latitude N. au cercle polaire, Afrique N. et N.-E.

11.597. RHYNCHOTIS (Lath.), *Ind. Orn.*, *Suppl.*, p. 70; Schl., *l. c.*, p. 35; Gould, *B. Austr.* VI, pl. 12; Legge, *B. Ceyl.*, p. 1088; *variegata*, Gould; id., *B. Austr.*, *Suppl.*, pl. 80. — Australie, Tasmanie, Nouvelle-Zélande.

11.598. PLATALEA (Vieill.), *N. Dict.* V, p. 157; Schl., *l. c.*, p. 35; Tacz., *Orn. Pér.* III, p. 480; *maculatus*, Jard. et Sel., *Ill. Orn.* III, pl. 147; *cæsioscapula*, Rchb.; *cæsioscapulata*, Bibra; *mexicana*, Licht. (nec Gm.) — Amérique méridionale, du Pérou et du Paraguay à Magellan et Malouines.

11.599. CAPENSIS (Smith), *Cat. S. Afr. Mus.*, p. 36; id., *Ill. S. Afr. Zool.*, *B.*, pl. 98; Boc., *Orn. Angola*, p. 504; *clypeata* (pt.), Schl.; *smithii*, Hart. — Afrique S. jusqu'à l'Angola et le Transvaal.

1853. MALACORHYNCHUS

Malacorhynchus, Sw. (1831).

11.600. MEMBRANACEUS (Lath.), *Ind. Orn.*, *Suppl.*, p. 69; Sw., *Journ. R. Inst.* II, n° IV, p. 18; Gould, *B. Austr.* VI, pl. 13; *fasciata*, Shaw.; *iodotis*, Less.; *malacorhyncha*, Schl., *l. c.*, p. 36 (nec Gm.) — Australie, Tasmanie.

1854. MARMARONETTA

Marmaronetta, Rchb. (1852); *Marmonetta* (laps.), Mart. (1868).

11.601. ANGUSTIROSTRIS (Ménétr.), *Cat. rais. Cauc.*, p. 58; Schl., *l. c.*, p. 63; Dress., *B. Eur.* VI, p. 479, pl. 423; *marmorata*, Gould; id., *B. Eur.* V, pl. 373; Dub., *Ois. Eur.* II, p. et pl. 182. — Canaries, Eur. S.-W., Afrique N., Palestine, Caucase, Perse jusqu'à l'Inde.

1855. HETERONETTA

Heteronetta, Salvad. (1865).

11.602. MELANOCEPHALA (Vieill.), *N. Dict.* V, p. 163; Cass., *U. S. Astron. Exp.* II, p. 202, pl. 25; Salvad., *Atti Soc. Ital. Sc. Nat.* VIII, p. 374; Scl. et Huds., *Argent. Orn.* II, p. 130; *atricapilla*, Merr.; Salvad., *Cat.*, p. 325; *nigriceps*, Licht. — Brésil S., Uruguay, Argentine, Chili.

SUBF. VIII. — FULIGULINÆ

1856. NETTA

Branta, Boie (1822, nec Scop., 1769); *Netta*, Kaup (1829); *Callichen*, Brm. (1830); *Mergoides*, Eyt. (1836).

11.603. RUFINA (Pall.), *Reise*, II, *App*, p. 713; Dress., *B. Eur.* VI, p. 559, pl. 435; Dubois, *Fne. Ill., Ois.* II, p. 462, pl. 259; *cinerea*, Gm.; *ruficeps*, Pall.; *subrufinus*, *micropus*, Brm.; *ruficrista*, C. Dub. — Europe méridionale et centrale, et de la mer Caspienne au Turkestan jusqu'au N.-W. de l'Inde.

1857. METOPIANA

Metopiana, Bonap. (1856); *Metopias*, Heine (1890).

11.604. PEPOSACA (Vieill.), *N. Dict.* V, p. 132; Bp., *C. R.* XLIII, p. 649; Scl., *P. Z. S.*, 1870, p. 666, pl. 37; Scl. et Huds., *Argent. Orn.* II, p. 137; *metopias*, Pöpp.; *albipennis*, Licht. — Brésil S., Paraguay, Uruguay, Argentine, Chili.

1858. AETHYIA

Aythia, Boie (1822); *Nyroca*, Flem. (1822); *Aethyia*, Agass. (1846); *Marila*, Rchb. (1852); *Aristonetta*, Baird (1858); *Ilyonetta*, Heine (1890).

11.605. FERINA (Lin.); Dress., *l. c.*, p. 551, pl. 434; Dubois, *l. c.*, p. 472, pl. 262; *ruficollis*, Scop.; *erythrocephala*, S. Gm.; *rufa*, Gm.; *ruficeps*, Brm. (1). — Europe et Asie du 62° au 20° l. N., Japon (accident. Islande); Afrique N. et N.-E.

3210. *Var.* AMERICANA (Bp.), fide Eyt., *Mon. Anat.*, p. 155; *ferina* (pt.), Gm. et auct. plur.; Audub., *B. Am.* VI, p. 311, pl. 396; *erythrocephala*, Bp. (nec Brm.) — Du Mexique au 55° latitude N., Antilles, Bahama.

(1) Hybrides : *marilloides*, Yarr.; *ferinoides*, Bartl.; *leucoptera*, A. Newt.; *homeyeri*, Bäd.; *intermedia*, Jaub.

11.606. BAERI (Radde), *Reis. S. O. Sibir.* II, p. 376, pl. 15; *Ibis*, 1866, p. 118; Salvad., *Cat.*, p. 344; Dav. et Oust., *Ois. Chine*, p. 507; *leucophthalmos*, Kittl. (nec Borkh.); *ferina*, Swinh. (err.); *nyroca*, Dav. (nec Güld.); *ferruginea*, Blak. et Pry. (nec Gm.)	Asie orientale du Kamtschatka jusqu'en Chine et Japon et le N.-E. du Bengale.
11.607. NYROCA (Güld.), *Nov. Comm. Petrop.* XIV, 1, p. 403 (1769); Dubois, *l. c.* II, p. 477, pl. 263; *rutila*, *scandiaca*, Lath.; *africana*, *ferruginea*, Gm.; Dress., *l. c.* VI, p. 581, pl. 438; *ægyptiaca*, Bonn.; *leucophthalmus*, Borkh.; *leucopis*, Naum.; *glaucion*, Pall. (nec L.); *obsoleta*, Brm.	Europe, Asie et Afrique entre le 20° et le 56° latitude N., rarement plus au Nord.
3211. *Var.* INNOTATA (Salvad.), *Bull. Br. Orn. Club*, 1894, p. 2; id., *Ibis*, 1895, p. 136; id., *Cat.*, p. 350, pl. 4; *nyroca*, A. M.-Edw. (nec Güld.)	Madagascar.
11.608. AUSTRALIS (Eyt.), *Mon. Anat.*, p. 160; Gould, *B. Austr.* VII, pl. 16; Schl., *l. c.*, p. 30; *baeri*, Rothsch. et Hart., *Zool. Res.* I, p. 684 (nec Radde).	Australie, Tasmanie, Nouv.-Zél., Nouv.-Guinée, Waigiou.
11.609. ERYTHROPHTHALMA (Max.), *Beitr.* IV, p. 929; Burm., *Syst. Uebers. Th. Bras.* III, p. 438; Salvad., *Ibis*, 1896, p. 99.	Brésil S. et central.
3212. *Var.* NATIONI (Scl. et Salv.), *P. Z. S.*, 1877, p. 522, 1878, p. 477, pl. 32; Tacz., *Orn. Pér.* III, p. 484.	Pérou.
3213. *Var.* BRUNNEA (Eyt.), *Mon. Anat.*, p. 161, pl. 23; Salvad., *Cat.*, p. 351; *capensis*, Cuv. (nec Gm.); Schl., *Mus. P.-B.*, *Anseres*, p. 31; *mariloides*, Blyth (nec Yarr.); *meridionalis*, Hart.	Afrique S. jusqu'à l'Angola et le Choa.
11.610. VALLISNERIA (Wils.), *Am. Orn.* VIII, p. 108, pl. 70, f. 5; Audub., *B. Am.* VI, p. 299, pl. 395; *erythrocephala*, Licht. (nec Brm.); *valisneriana*, Schl., *l. c.*, p. 25.	Amérique septentrionale et centrale, de l'Alaska au Guatémala et Antilles.

1859. FULIGULA

Fuligula, Steph. (1824); *Fulix*, Sundev. (1836); *Marila*, Bp. (1856, nec Rchb., 1852); *Nettarion*, Baird (1858).

11.611. MARILA (Lin.); Dress., *l. c.* VI, p. 565, pl. 436; Dubois, *l. c.* II, p. 468, pl. 261; *frenata*, Sparrm.; *islandica*, *leuconotos*, Brm.; *gesneri*, Eyt.; *marina*, Sw.; *mariloides*, Vig.; *marila nearctica*, Stejn.	Europe, Asie, Amérique et Afrique du 20° au 70° latit. N.
3214. *Var.* AFFINIS, Eyt., *Mon. Anat.*, p. 157; Baird, *Birds N. Amer.*, p. 791; Schl., *l. c.*, p. 28; *marila* (pt.), auct. plur.; Audub., *B. Am.* VI, p. 316, pl. 397; *minor*, Bell; *marila americana*, Schl.; *mariloides*, auct. plur. (nec Vig.)	Amérique septentrionale et centrale du Guatémala et des Antilles au 70° latitude N.

11.612. CRISTATA (Leach), *Syst. Cat. M. and B. Br. Mus.*, p. 39; Dress., *l. c.*, VI, p. 573, pl. 437; Dubois, *l. c.* II, p. 465, pl. 260; *A. fuligula*, L.; ? *colymbis*, Pall.; *vulgaris*, Hodgs.; *patagiata*, Brm.; *latirostris*, Bp.; *arctica*, Degl. et G.; *linnei*, Malm. — Europe, Asie et Afrique du 10° au 70° l. N., Philippines, gr. îles de la Sonde, Mariannes et Pelew.

11.613. NOVÆ-ZEALANDIÆ (Gm.), *S. N.* I, 2, p. 542; Gray, *Voy. Ereb. and Terr.*, *B.*, p. 16, pl. 18; Schl., *l. c.*, p. 29; Bull., *Hist. B. New Zeal.*, p. 259, pl. 27, f. 2; *atricilla*, Forst. — Nouvelle-Zélande.

11.614. COLLARIS (Donov.), *Brit. B.* VI, pl. 147; Schl., *l. c.*, p. 26; *fuligula*, Wils. (nec L.); *rufitorques*, Bp.; Audub., *B. Am.* VI, p. 320, pl. 398. — Amér. sept. et centr. jusqu'au Guatémala et les Antilles.

1860. TACHYERES

Micropterus, Less. (1828, nec Lacép., 1802); *Tachyeres*, Owen (1875).

11.615. CINEREUS (Gm.), *S. N.* I, 2, p. 506; Scl. et Salv., *P. Z. S.*, 1876, p. 402; *brachyptera*, Lath.; Quoy et Gaim., *Voy. Uran.*, *Zool.*, p. 139, pl. 39; *patachonica*, King; *pteneros*, Forst.; *macropterus*, Gigl. — Du Chili à Magellan et îles Malouines.

1861. CLANGULA

Clangula, Leach (1819); *Glaucion*, Kp. (1829, nec Oken, 1816); *Bucephala*, Baird (1859); *Glaucionetta*, *Charitonetta*, Stejn. (1885).

11.616. GLAUCION (Lin.); Dress., *l. c.* VI, p. 595, pl. 440; Dubois, *l. c.* II, p. 482, pl. 264; *A. clangula*, L.; *peregrina*, S. Gm.; *melanocephala*, Herm. (nec Gm.); *hyemalis*, Pall. (nec L.); *chrysophthalmos*, Steph.; *vulgaris*, Flem.; *peregrina*, *leucomelas*, Brm. (1). — Europe et Asie du 30° au 71° l. N., Japon.

3215. *Var.* AMERICANA, Bp., *Comp. List*, p. 58; Baird, *B. N. Am.*, p. 796; *clangula* et *glaucion* (pt.), auct. plur. — Amérique septentrionale du 70° l. N. au Mexique et Cuba.

11.617. ISLANDICA (Gm.), *S. N.* I, 2, p. 541; Dress., *l. c.* VI, p. 603, pl. 441; Dub., *l. c.* II, p. 486, pl. 265; *scapularis*, Brm.; *barrowi*, Sw. et Rich., *Faun. Bor.-Am.* II, p. 456, pl. 70. — Islande, Groenland, Amérique arctique, jusqu'au centre des États-Unis en hiver.

11.618. ALBEOLA (Lin.); Dress., *l. c.* VI, p. 589, pl. 439; Audub., *B. Am.* VI, p. 369, pl. 408; *bucephala*, *rustica*, Lin. — Amér. sept. de l'Alaska et du Labrador jusqu'au Mexique (accident. Europe).

(1) Hybrides : *anatarius*, Eimb.; *angustirostris*, Brm.; *mergoides*, Kjärb.; *mergiformis*, Cabot.

1862. HARELDA

Harelda, Steph. (1824); *Pagonetta*, Kp. (1829); *Crymonessa*, Macg. (1842); *Melonetta*, Sundev. (1872).

11.619. GLACIALIS (Lin.); Dress., *l. c.* VI, p. 617, pl[s] 443, 444; Dubois, *l. c.* II, p. 489, pl. 267; *hyemalis*, Lin.; *miclonia*, Bodd.; *brachyrhynchos*, Beseke; *leucocephala*, Bechst.; *longicauda*, Leach; *faberi*, etc., Brm. — Zone arctique jusqu'au Spitzberg et la Nouv.-Zemble, descend en hiver jusque vers le 40° l. N.

1863. HISTRIONICUS

Histrionicus, Less. (1828); *Cosmonessa* et *Cosmonetta*, Kp. (1829); *Phlyaconetta*, Brandt (1847); *Phylaconetta*, Baird (1858).

11.620. MINUTUS (Lin.); Dress., *B. of Eur.* VI, p. 613; *histrionica*, Lin.; Dubois, *Fne. Ill. Vert., Ois.* II, p. 488, pl. 266; *histrionis*, Midd.; *torquata*, Brm. — Islande (accid. Europe), Asie N.-E., Japon, Amér. arct. jusqu'au centre des Ét.-Unis.

1864. OEDEMIA

Oidemia, Flem. (1822); *Melanitta*, Boie (1822); *Ania*, Leach (1824); *Maceranas*, *Macrorhamphus*, Less. (1828); *Pelionetta*, Kp. (1829); *OEdemia*, Strickl. (1841); *Melanonetta*, Sundev. (1872).

11.621. NIGRA (Lin.); Dress., *l. c.* VI, p. 663, pl. 449; Dubois, *l. c.* II, p. 500, pl. 270; ?*cinerea*, S.Gm.; *cinerascens*, Bechst.; *atra*, Pall.; *nigripes*, etc., Brm. — Europe et Asie jusqu'au 74° l. N.; dépasse rarem. le 50° en hiv.

3216. *Var.* AMERICANA, Sw. et Rich., *Faun. Bor.-Am.* II, p. 450; Baird, *B. N. Amer.*, p. 807; *nigra* (pt.), auct. plur. (nec L.); Wils., *Am. Orn.* VIII, p. 135, pl. 72; *wilsoni*, Gieb.; *nigra, var. americana*, Ridgw. — Amérique septentrionale et N.-E. de l'Asie, en hiver jusqu'en Californie et le Japon.

11.622. FUSCA (Lin.); Dress., *l. c.* VI, p. 657, pl. 448; Dubois, *l. c.* II, p. 503, pl. 271; *notata*, Bodd.; *carbo*, Pall.; *fuliginosa*, Bechst.; *hornschuchii*, *megapus*, etc., Brm.; *lugubris*, C. Dub. — Europe et Sibérie W. jusqu'au Spitzberg et Nouv.-Zemble, au S. jusq. 40° en hiv.

3217. *Var.* DEGLANDI, Bonap., *Rev. crit.*, p. 108; *fusca*, auct. plur. (nec L.); *velvetina*, Cass.; Baird, *B. N. Am.*, p. 805; *bimaculata*, Bd. — Amérique septentrionale, en hiver jusqu'au 40° l. N.

3218. *Var.* STEJNEGERI, Ridgw., *Man. N. Am. B.*, p. 112; Seeb., *B. Jap. Emp.*, p. 250; *fusca*, *deglandi*, *velvetina* (pt.), auct. plur.; *carbo*, Salvad., *Cat.*, p. 411 (nec Pall.) — Asie N.-E., en hiver Chine et Japon; ? Amérique N.-W.

11.623. PERSPICILLATA (Lin.); Dress., *l. c.*, p. 669, pl. 450; Dubois, *l. c.* II, p. 506, pl. 272; *latirostris*, Bodd.; *trowbridgii*, Baird, *B. N. Am.*, p. 806. — Amér. jusq. 70° l. N., en hiver jusqu'à la Jamaïque et la Basse Calif.; Asie N.-E. (accid. Eur. N.-W.)

1865. CAMPTOLÆMUS

Kamptorhynchus, Eyt. (1838, nec Cuv.); *Camptorhynchus*, Bp. (1838); *Camptolaimus*, Gray (1841); *Camptolæmus*, Licht. (1854).

11.624. LABRADORIUS (Gm.), *S. N.* I, 2, p. 537; *labradora*, Lath.; Aud., *B. Am.* VI, p. 329, pl. 400; Schl., *l. c.*, p. 19; *grisea*, Leib. (*juv.*); *labradorica*, Hall. — Amér. N.-E., en hiver jusqu'à la Nouv.-Jersey et les grands lacs (*éteint*).

1866. SOMATERIA

Somateria, Leach (1819); *Ganza*, Merr. (1819); *Platypus* (pt.), Brm. (1824); *Macropus*, Nutt. (1834, nec Spix, 1824); *Polysticta*, Eyt. (1836); *Eniconetta*, Gray (1840); *Stelleria*, Bp. (1842); *Heniconetta*, Agass. (1846); *Erionetta*, Coues (1884).

11.625. MOLLISSIMA (Lin.); Dress., *l. c.* VI, p. 629, pl. 445; Dubois, *l. c.* II, p. 493, pl. 268; *septentrionalis*, Ger.; *cuthberti* (pt.), Pall.; *lanuginosus*, Leach; *danica*, etc., Brm.; *thulensis*, Malmgr. — Europe arct. et N.-W., en hiver jusque sur les côtes de Belgique et de France.

3219. ? *Var.* BOREALIS (Brm.), *Lehrb. eur. Vög.*, p. 813; *leisleri* et *planifrons*, Brm.; *mollissima* (pt.), auct. plur. (nec L.) — Amér. arct., Groenland, en hiver jusq. côtes N.-E. des Ét.-Unis.

3220. *Var.* DRESSERI, Sharpe, *Ann. and Mag. N. H.*, 1877, p. 51, f. 2 (tête); Dress., *l. c.* VI, p. 642, f. 2 (tête); Coues, *B. N.-West*, p. 580; Salvad., *Cat.*, p. 424; *mollissima* (pt.), auct. plur. — Amérique N.-E., en hiver les côtes orientales des États-Unis et les grands lacs.

11.626. V-NIGRA, Gray, *P. Z. S.*, 1855, p. 212, pl. 107; Baird, *B. N. Am.*, p. 810; Ell., *Ill. Am. B.*, pl. 48; *cuthberti* (part.), Pall.; *mollissima*, Tacz. (nec L.) — Amérique N.-W., Asie N.-E.

11.627. SPECTABILIS (Lin.); Dress., *l. c.* VI, p. 643, pl. 446; Dubois, *l. c.* II, p. 499, pl. 269; *beringii*, Gm.; *megarhynchus*, etc., Brm.; *superba*, Leach. — Europe arct. W. et acc. Europe N.-W.; Amér. arct., en hiv. jusqu'aux gr. lacs.

11.628. STELLERI (Pall.), *Spic. Zool.*, fasc. VI, p. 35, pl. 5; id., *Zoogr.* II, p. 238, pl. 68; Dress., *l. c.* VI, p. 649, pl. 447; *dispar*, Sparrm.; *occidua*, Bonn. — Zone arct. et subarct.: Alaska, Groenland, Islande, Norwège jusq. Kamtschatka.

1867. LAMPRONETTA

Lampronetta, Brandt (1849); *Arctonetta*, Gray (1855).

1.629. FISCHERI, Brandt, *Mém. Acad. St-Pétersb.*, 1849, pp. 6, 10, 14, pl. 1, ff. 1-4; Gray, *P. Z. S.*, 1855, p. 211, pl. 108; Baird, *B. N. Am.*, p. 803. — Côtes de l'Alaska, mer de Behring, Asie N.-E. jusqu'au Delta de la Lena.

SUBF. IX. — ERISMATURINÆ

1868. THALASSIORNIS

Thalassornis, Eyt. (1838); *Thalassiornis*, Gray (1844).

11.630. LEUCONOTA (Smith), *Cat. S. Afr. Mus.*, p. 37; Eyt., *Mon. Anat.*, p. 168; Gray, *Gen. B.* III, pl. 169, f. 1; Smith, *Ill. S. Afr. Zool.*, pl. 107; *brevipennis*, Licht. — Afrique S. jusqu'au Loango à l'Ouest et le Choa à l'Est.

3221. *Var.* INSULARIS, Richm., *Pr. U. S. Nat. Mus.*, 1897, p. 678; *leuconotus* (pt.), auct. plur. (nec Smith). — Madagascar.

1869. NOMONYX

Nomonyx, Ridgw. (1880).

11.631. DOMINICUS (Lin.); *Pl. Enl.* 967, 968; Burm., *Th. Bras.* III, p. 439; Baird, *B. N. Am.*, pp. 811, 925; id., ed. 1860, pl. 92; Ridgw., *Pr. U. S. Nat. Mus.*, 1880, p. 15; *spinosa*, Gm.; *ortygoides*, Gosse, *B. Jam.*, p. 406. — Amér. trop., Antilles, au S. jusqu'au Chili et l'Argentine (accidentellement États-Unis E.)

1870. ERISMATURA

Oxyura, Bp. (1828, nec Sw., 1827); *Erismatura*, Bonap. (1832); *Cerconectes*, Wagl. (1832); *Gymnura*, Nutt. (1834); *Undina*, Gould (1837); *Bythonessa*, Glog. (1842).

11.632. LEUCOCEPHALA (Scop.), *Ann. I. Hist. Nat.*, p. 65; Savig., *Descr. de l'Égypte*, I, 4, p. 315, pl. 10, f. 2; Shell., *B. of Eg.*, p. 291, pl. 12; *mersa*, Pall.; *hyberna*, Ger.; *ruthenica*, Holl.; *unifasciata*, Eyt., *Mon. Anat.*, pl. 24, f. 1. — Afrique N., Europe S. jusqu'au Turkestan, le S. de la Sibérie et le N.-W. de l'Inde.

11.633. JAMAICENSIS (Gm.), *S. N.* I, 2, p. 519; *rubida*, Wils., *Am. Orn.* VIII, p. 128, pl. 71, ff. 5, 6; Audub., *B. Am.* VI, p. 324, pl. 399; Schl., *l. c.*, p. 11; *ferruginea*, Frantz. — Amérique septentr., de la baie d'Hudson jusqu'à la Colombie et Antilles.

11.634. MACCOA (Smith), *Cat. S. Afr. Mus.*, p. 37; id., *Ill. Zool. S. Afr.*, pl[s] 108, 109; Eyt., *Mon. Anat.*, p. 169; Schl., *l. c.*, p. 10; *africana*, Rchb. — Afrique S., à l'E. jusqu'au Choa.

11.635. FERRUGINEA, Eyt., *Mon. Anat.*, p. 170; Gray, *Gen. B.* III, pl. 169; Tacz., *Orn. Pér.* III, p. 484. — Bolivie, Pérou.

3222. *Var.* ÆQUATORIALIS, Salvad., *Cat. B. Br. Mus.* XXVII, p. 450. — Ecuador.

3223. *Var.* VITTATA, Phil., *Arch. f. Naturg.*, 1860, 1, p. 26; Salvad., *l. c.*, p. 450; *ferruginea*, auct. plur. (nec Eyt.); Scl., *Argent. Orn.* II, p. 138; *cyanorhyncha*, Licht. — Chili, Uruguay, Argentine, Patagonie.

11.636. AUSTRALIS, Gould, *P. Z. S.*, 1836, p. 85; id., *B. Austr.* VII, pl. 17; Eyt., *Mon. Anat.*, p. 172; Schl., *l. c.*, p. 11. — Australie S. et W., Tasmanie.

1871. BIZIURA

Biziura, Steph. (1824); *Hydrobates*, Tem. (1826).

11.637. LOBATA (Shaw), *Nat. Misc.* VIII, pl. 255; Tem., *Pl. Col.* 406; Gould, *B. Austr.* VII, pl. 18; *carunculata*, Vieill.; *novæ-hollandiæ*, Steph. — Australie, Tasmanie.

SUBF. X. — MERGANETTINÆ

1872. SALVADORINA

Salvadorina, Rothsch. et Hart. (1894).

11.638. WAIGIUENSIS, Rothsch. et Hart., *Novit. Zool.* I, p. 683, II, p. 22, pl. 3; Salvad., *Cat.*, p. 454. — Waigiou.

1873. HYMENOLÆMUS

Malacorhynchus, Wagl. (1832, nec Sw., 1831); *Hymenolaimus*, Gray (1843); *Hymenolæmus*, Agass. (1846).

11.639. MALACORHYNCHUS (Gm.), *S. N.* I, 2, p. 526; Gray, *Ann. and Mag. N. H.*, 1843, p. 370; id., *Gen. B.* III, pl. 168; Bull., *B. New Zeal.*, ed. 2, p. 276, pl. 45; *forsterorum*, Wagl. — Nouvelle-Zélande.

1874. MERGANETTA

Merganetta, Gould (1841); *Raphipterus*, Gay (1844).

11.640. ARMATA, Gould, *P. Z. S.*, 1841, p. 95; Gray, *Gen. B.* III, pl. 170 (mas.); Des M., *Icon. Orn.*, pl. 48 (fem.); *chilensis*, Gay; Des M., *l. c.*, pl. 5 (mas.) — Chili (Andes).

3224. *Var.* FRÆNATA, Salvad., *Cat. B.* XXVII, p. 458, pl. 5. — Chili central.

11.641. TURNERI, Sclat. et Salv., *P. Z. S.*, 1869, p. 600; id., *Exot. Orn.*, p. 199, pl. 100. — Andes du S. du Pérou.

11.642. GARLEPPI, Berl., *Orn. Monatsb.*, 1894, p. 110; Salvad., *l. c.*, p. 460; *leucogenys* (pt.), Rchw. (1882). — Bolivie et Tucuman (Andes).

11.643. LEUCOGENYS (Tsch.), *Arch. f. Nat.*, 1843, 1, p. 390, 1844, 1, p. 316; id., *Faun. Per.*, pp. 53, 311, pl. 36; Tacz., *Orn. Pér.* III, p. 486; *armata* (pt.), auct. plur. — Pérou (Andes).

11.644. COLUMBIANA, Des Murs, *Rev. Zool.*, 1845, p. 179; id., *Icon. Orn.*, pl. 6; Salvad., *Cat.*, p. 462; *armata* et *leucogenys* (pt.), auct. plur. — Vénézuéla, Colombie, Ecuador (Andes).

SUBF. XI. — MERGINÆ

1875. MERGUS

Mergus, Lin. (1766); *Mergellus*, Selby (1840).

11.645. ALBELLUS, Lin.; Dress., *B. Eur.* VI, p. 699, pl^s 454, 455; Dubois, *Fne. Ill., Ois.* II, p. 509, pl. 273; *glacialis*, Brünn.; *minutus*, Lin.; *albulus*, *pannonicus*, Scop.; *cinereus*, *minor*, Ger.; *furcifer*, Bes.; *mustelinus*, *panocicus*, *maculatus*, Bechst. — Europe et Asie jusq. cercle polaire, au S., en hiver, jusq. 30° l. N., Afr. N., Japon (accid. Amér. sept.)

1876. LOPHODYTES

Lophodytes, Rchb. (1852).

11.646. CUCULLATUS (Lin.); Audub., *B. N. Am.* VI, p. 402, pl. 413; Schl., *l. c.*, p. 5; Baird, *B. N. Am.*, p. 816; Gould, *B. Gr. Brit.* V, pl. 36; *fuscus*, Steph. — Amér. sept., du Groenland et de l'Alaska au Mexique et Cuba (acc. Europe occid.)

1877. MERGANSER

Merganser, Briss. (1760); *Mergus* (pt.), auct. plur.; *Prister*, Heine (1890).

11.647. CASTOR (Lin.); Schaeff., *Mus. Orn.*, p. 67; *merganser*, Lin.; Dress., *B. Eur.* VI, p. 685, pl. 452; Dubois, *Fne. Ill., Ois.* II, p. 513, pl. 274; *gulo*, Scop.; *asiaticus*, S. Gm.; *rubricapillus*, Gm.; *raucedula*, *æthiops*, Schaeff.; *raii*, Leach; *orientalis*, Gould (pt.); *aldrovandi*, Rchb.; *major*, C. F. Dub.; *pusillus*, Eyt. — Europe et Asie jusqu'au 70° latit. N.; en hiver dans le S. de l'Europe, en Chine et au Japon.

3225. *Var.* COMATA, Salvad., *Cat. B.*, p. 475; *serrator*, Hodgs. (nec L.); *orientalis* (pt.), Gould; *castor* et *merganser* (pt.), auct. plur. (nec L.); Hume et Marsh., *Game B. of Ind.* III, p. 299, pl. 40. — Asie centrale, Himalaya jusqu'à l'Assam, Mongolie W.

3226. *Var.* AMERICANA (Cass.), *Pr. Ac. Philad.*, 1853, p. 187; Baird, *B. N. Am.*, p. 813; Stejn., *Orn. Expl. Kamtsch.*, p. 177; *merganser*, Wils. (nec L.); Audub., *B. Am.* VI, p. 387, pl. 411; *castor*, Bp. (nec L.) — Amérique septentrionale jusqu'au 70° latitude N., en hiver jusqu'au 30° (accid. Bermudes).

11.648. SQUAMATUS (Gould), *P. Z. S.*, 1864, p. 184; Dav. et Oust., *Ois. Chine*, p. 511; Salvad., *Cat.*, p. 478; Grant, *Ibis*, 1900, p. 602, pl. 12. — Chine S.

11.649. SERRATOR (Lin.); Dress., *l. c.* VI, p. 693, pl. 453; Dubois, *l. c.* II, p. 518, pl. 275; *leucomelas*, *niger*, Gm.; *cristatus*, Leach (ex Briss.) — Europe, Asie, Amér. du 70° au 33° l. N. (accid. Afrique N.)

11.650. AUSTRALIS (Hombr. et Jacq.), *Ann. Sc. Nat.*, 1841, p. 320; id., *Voy. Pôle S., Ois.*, pl. 31, f. 2; Bull., *Hist. B. New-Zeal.*, ed. 2, II, p. 279; *aucklandica* (pt.), Gray. — Iles Auckland.

11.651. BRASILIANUS (Vieill.), *Gal. Ois.* II, p. 209, pl. 283; Burm., *Th. Bras.* III, p. 441; *octosetaceus* et *octosetælus*, Vieill.; *lophotes*, Cuv. — Brésil S.-E.

ORD. XV. — STEGANOPODES (1)

FAM. I. — PHAËTHONTIDÆ

1878. PHAËTON

Phaëton, Lin. (1766); *Phaëthon*, Illig. (1811); *Tropicophilus*, Steph. (1826); *Phœnicurus*, Bp. (1855).

11.652. RUBRICAUDA, Bodd., *Tabl.*, p. 57; *Pl. Enl.* 979; Schl., *Mus. P.-B., Pelec.*, p. 44; Heugl., *Orn. N.-O. Afr.*, p. 1472; M.-Edw. et Grand., *H. N. Madag., Ois.*, p. 697, pls 281, 281a; *phœnicurus*, Gm.; Vieill., *Gal. Ois.* II, p. 199, pl. 279; *melanorhynchus*, Gm.; *æthereus*, auct. plur. (nec L.); *novæ-hollandiæ*, Brandt; *candidus*, Verr.; *rubricaudatus*, Fsch. et Hartl. — La partie tropicale du Pacifique et Océan Indien.

3227. *Var.* ERUBESCENS, Banks, *Icon. ined.*, pl. 31; Rothsch., *Avif. Lays.*, part. III, p. 296. — Iles Kermadek, Norfolk, Lord Howe.

11.653. LEPTURUS, Lacép. et Daud., in *Buff. Hist. Nat.* XVI (1799), p. 280; *candidus*, Tem., *Man. d'Orn.* I, p. 112 (1820); Gray, *Gen. B.* III, pl. 183; M.-Edw. et Grand., *H. Madag., Ois.*, p. 699, pls 279, 280; *albus*, Schinz; *flavirostris*, *edwardsii*, Brandt; *leucurus*, Dub., *Ois. Eur.* II, p. et pl. 155b. — Zone tropicale des océans Atlantique, Indien et Pacifique.

3228. *Var.* AMERICANA, Grant, *Bull. B. O. Club*, 1897, p. 23; id., *Cat.*, p. 456; *æthereus*, Audub., *B. Am.* VII, p. 223, pl. 427; *flavirostris*, auct. plur. (nec Brandt). — Côte E. de l'Amérique septentrionale, des Bermudes aux Antilles.

11.654. FULVUS, Brandt, *Mém. Acad. St.-Pétersb.* V, 2, 1840, p. 269; Grant, *l. c.*, p. 455; *flavirostris*, Rchb.; *flavo-aurantius*, Lawr., *Ann. Lyc. N. York*, 1862, p. 142. — Ile Christmas, Océan Indien.

11.655. ÆTHEREUS, Lin.; Brandt, *Mém. Acad. St.-Pét.* V, 2, 1840, p. 257, pl. 2; Schl., *l. c.*, p. 43; Tacz., *Orn. Pér.* III, p. 436; *catesbyi*, Brandt, *l. c.*, p. 270. — Partie tropicale des océans Pacifique et Atlantique.

(1) Voy.: Ogilvie-Grant, *Catalogue of Birds Brit. Mus.* XXVI, pp. 330-483 (1898).

11.656. INDICUS, Hume, *Str. F.*, 1876, p. 481; Legge, *B. Ceyl.* III, p. 1173; Grant, *l. c.*, p. 459, pl. 6; *æthereus*, auct. plur. (nec L.); *rubricauda*, Blanf. (nec Bodd.) — Océan Indien.

FAM. II. — PELECANIDÆ (1)

1879. PELECANUS

Pelecanus, Lin. (1735); *Onocrotalus*, Briss. (1766); *Cyrtopelicanus*, *Leptopelicanus* et *Catoptropelicanus*, Rchb. (1853).

11.657. ONOCROTALUS, Gm., *S. N.* I, 2, p. 569; Dress., *B. Eur.* VI, p. 193, pl. 393; Dub., *Ois. Eur.* II, p. et pl. 157 et 157ª; *brissonii*, Childr.; *phœnix*, Less.; *longirostris*, Hume. — Europe, Afrique N., Asie S.-W. jusqu'au N.-W. de l'Inde.

3229. *Var.* ROSEA (Gm.), *S. N.* I, 2, p. 570; Grant, *l. c.*, p. 466; *manillensis*, Gm.; *javanicus*, Horsf.; *minor*, Rüpp.; id., *Vög. N.-O. Afr.*, p. 132, pl. 49; *mitratus*, Licht.; Dav. et Oust., *Ois. Chine*, p. 531; *calirhynchus*, Hodgs.; *onocrotalus* (pt.), auct. plur.; *pygmæus*, Brm.; *megalophus*, Heugl.; *onocrotalus var. minor*, A. Dub., *Consp. Av. Eur.*, p. 31, nº 499; *rufescens*, Pelz. (nec Gm.) — Inde, Chine, Indo-Chine, Java, Bornéo, Sumatra, Philippines, Afrique (accidentellement Europe S.-E.)

3230. *Var.* SHARPEI, Barb., *P. Z. S.*, 1870, pp. 173, 409; Sclat., *P. Z. S.*, 1871, pl. 51; Dub., *Bull. Mus. R. H. N. Belg.*, 1883, p. 8; ? *giganteus*, A.-E. Brm., *J. f. O.*, 1855, p. 94. — Angola, Congo Indépendant.

11.658. CRISPUS, Bruch, *Isis*, 1832, p. 1109; Wern., *Atl. Ois. d'Eur.*, pl. 86; Dress., *l. c.* VI, p. 199, pl. 394; Dub., *Ois. Eur.* II, p. et pl. 158; *onocrotalus*, Pall. (nec L.); *patagiatus*, Brm.; *orientalis*, Wright. — Europe S.-E. jusqu'au N.-W. de l'Inde, la Mongolie et la Chine.

11.659. PHILIPPENSIS, Gmel., *S. N.* I, 2, p. 571; Schl., *l. c.*, p. 33; Dav. et Oust., *Ois. Chine*, p. 531; *gangeticus*, Hodgs.; id., *Icon. ined.*, pl. 149; *brevirostris*, Bp.; *philippinensis*, Blyth et Wald.; *manillensis*, Oat. (nec Gm.); *rufescens* (pt.), Hume (nec Gm.) — Inde, Ceylan, Chine Indo-Chine, Malacca, Haïnan, Philippines.

3231. *Var.* RUFESCENS, Gm., *S. N.* I, 2, p. 571; Cretzschm., in *Rüpp. Atl.* II, p. 31, pl. 21; Heugl., *Orn. N.-O. Afr.*, p. 1503; *cristatus*, Less.; *phæospilus*, Wagl.; *philippensis* (pt.), Schl.; *philippensis var. rufescens*, A. Dub., *Bull. Mus. H. N. Belg.*, 1883, p. 9. — Afrique tropicale, Madagascar.

(1) Voy. aussi : A. Dubois, *Remarques sur les Oiseaux du genre Pélican* (*Bull. Mus. R. H. N. Belg.*, 1883, pp. 1-11.

11.660. ERYTHRORHYNCHUS, Gm., *S. N.* I, 2, p. 571 ; Baird, *B. N. Am.*, p. 868 ; Schl., *l. c.*, p. 35 ; *onocrotalus*, Forst. (nec L.) ; *trachyrhynchus*, Lath. ; *hernandezii*, Wagl. ; *americanus*, Audub., *Orn. Biogr.* IV, p. 88, pl. 311 ; id., *B. Am.* VII, pp. 20, 179, pl. 422 ; *brachydactylus*, Licht. ; *occipitalis*, Ridgw. — Amérique du Nord jusqu'au 50° latit. N., en hiver l'Amérique centrale.

11.661. CONSPICILLATUS, Tem., *Pl. Col.* 276 ; Gould, *B. Austr.* VII, pl. 74 ; *australis*, Steph. — Australie, Tasmanie, Nouvelle-Guinée.

11.662. FUSCUS, Gm., *S. N.* I, 2, p. 570 ; Audub., *B. Am.* VII, pp. 32, 191, pls 423, 424 ; Schl., *l. c.*, p. 28 ; *carolinensis*, Gm. ; *occidentalis*, Richm., *Auk*, 1899, p. 178. — Côtes du golfe du Mexique et Antilles.

3232. *Var.* CALIFORNICUS, Ridgw., *Auk*, 1886, p. 267 ; Grant, *l. c.*, p. 478 ; *fuscus* (pt.), auct. plur. — États-Unis W., Amérique centr. jusqu'à Panama, Galapagos.

3233. *Var.* MOLINÆ, Gray, *List of Birds*, pt. III, p. 189 ; Scl., *P. Z. S.*, 1868, p. 269 ; Ell., *P. Z. S.*, 1869, p. 588, pl. 44 ; Tacz., *Orn. Pér.* III, p. 424 ; *thagus*, auct. plur. (nec Mol.) ; Grant, *Cat.*, p. 480, pl. 5b (1) ; *barbieri*, Oust., *Bull. Soc. Phil.*, 1878, p. 208 ; *fuscus*, *var. molinæ*, A. Dub., *l. c.*, p. 11. — Chili, Pérou, ? îles Galapagos.

FAM. III. — PHALACROCORACIDÆ

SUBF. I. — PHALACROCORACINÆ

1880. PHALACROCORAX

Phalacrocorax, Briss. (1760) ; *Carbo*, Lacép. (1801) ; *Halieus*, Ill. (1811) ; *Gulosus*, Mont. (1813) ; *Carbonarius*, Rafin. (1815) ; *Hydrocorax*, Vieill. (1816, nec Briss., 1760) ; *Cormoranus*, Baill. (1833) ; *Graucalus*, Gray (1841, nec Cuv., 1817) ; *Gracalus*, Gray (1845) ; *Graculus*, *Hypoleucus*, Rchb. (1850-52) ; *Stictocarbo*, *Urile*, *Leucocarbo*, *Microcarbo*, Bp. (1855) ; *Halietor*, Heine (1860) ; *Melanocarbo*, Bernst. (1883) ; *Compsohalieus*, Ridgw. (1884) ; *Gripeus*, *Enygrothreres*, Heine (1890).

11.663. CARBO (Lin.) ; Dress., *B. Eur.* VI, p. 151, pl. 388 ; Dubois, *Fne. Ill., Ois.* II, p. 529, pl. 277 ; *vulgaris*, Lacép. ; *sinensis*, Shaw et Nod. ; *cormora-* — Europe, Islande, Asie jusqu'au delà du 60° l. N., Groenland,

(1) C'est bien à tort que certains auteurs ont adopté pour ce Pélican la dénomination de *thagus*, car l'oiseau décrit sous ce nom par Molina est évidemment un oiseau imaginaire, puisque Molina dit « que le corps n'est pas plus grand que celui d'une Bécasse, les pieds hauts de 22 pouces, la poche gulaire couverte de fines plumes grises, et que les bords des mandibules sont dentelés dans toute leur étendue. » — Comme on le voit, ces caractères ne peuvent se rapporter au Pélican qui nous occupe.

nus, Mey. et W. ; *crassirostris*, Baill. ; *gracilis*, *leucogaster*, Meyen ; *medius*, Nilss. ; *albiventris*, Tick. ; *leucocephala*, *raptensis*, Hodgs. ; *americanus*, Rchb. ; *flavirostris*, *major*, Ellm. ; *nudigula*, Brandt ; *continentalis*, Severtz. — Amérique N.-E., Afrique.

3234. *Var.* NOVÆ-HOLLANDIÆ, Steph., in *Shaw*, *Gen. Zool.* XIII, 1, p. 93 ; Bull., *B. N. Zeal.*, ed. 2, II, p. 145 ; *carboides*, Gould ; id., *B. Austr.* VII, pl. 66. — Australie, Tasmanie, Nouvelle-Zélande.

11.664. FILAMENTOSUS (Tem. et Schl.), *Faun. Jap.*, p. 129 ; Swinh., *Ibis*, 1861, p. 264 ; *capillatus*, Tem. et Schl., *l. c.*, pl[s] 83 et 83[b]. — Sibérie orient., Chine, Japon.

11.665. LUCIDUS (Licht.), *Verz. Doubl.*, p. 86 ; Schl., *Mus. P.-B.*, *Pelec.*, p. 12 ; *melanogaster*, Cuv. ; *macrorhynchos*, Less. ; *lugubris*, Rüpp., *Vög. N.-O. Afr.*, pp. 134, 140, pl. 50 ; *lalandii*, Pucher. ; *gutturalis*, Rchw., *J. f. O.*, 1892, pp. 5, 133. — Afrique tropicale, îles du Cap Vert.

11.666. CAPENSIS (Sparrm.), *Mus. Carls.* III, pl. 61 ; Schl., *l. c.*, p. 19 ; *cristatus*, Puch. (nec Gm.) ; *tenuirostris*, Tem. et S. — Arique S. jusqu'au Natal et le Bas-Congo.

11.667. NIGROGULARIS, Grant et Forb., *Bull. Liverp. Mus.* II, p. 3. — Socotra.

11.668. GAIMARDI (Garn.), *Voy. Coq.*, p. 601, pl. 48 ; Tacz., *Orn. Pér.* III, p. 431 ; *cirriger*, King. — Amérique S.-W. du Pérou à Magellan.

11.669. PUNCTATUS (Sparrm.), *Mus. Carls.* I, pl. 10 ; Bull., *B. N. Zeal.*, ed. 2, II, p. 164, pl. 39, f. 1 ; Schl., *l. c.*, p. 21 ; *nævius*, Gm. ; *dilophus*, Vieill. ; *cirrhatus*, Ellm. — Nouvelle-Zélande.

11.670. FEATHERSTONI, Bull., *Ibis*, 1873, p. 90 ; id., *B. N. Zeal.*, ed. 2, II, p. 166, pl. 39, f. 2 ; *africanus*, Hutt. (nec Gm.) — Iles Chatham.

11.671. PERSPICILLATUS, Pall., *Zoogr. Rosso-As.* II, p. 305 ; Gould, *Zool. Voy. Sulph.*, p. 49, pl. 32 ; Schl., *l. c.*, p. 17 ; *urile* (pt.), Gm. et auct. plur. — Ile Behring (éteint).

11.672. BICRISTATUS, Pall., *Zoogr.* II, p. 301, pl. 75 ; *urile* (pt.), Gm. et auct. plur. ; *violaceus*, Gm. (nec Penn. ?) ; Tacz., *Bull. Soc. Zool. Fr.*, 1883, p. 342. — Sibérie orient., Kamtschatka, îles Kouriles, Alaska.

11.673. PELAGICUS, Pall., *Zoogr.* II, p. 303, pl. 76 ; Dav. et Oust., *Ois. Chine*, p. 533 ; *violaceus*, Rchb. et auct. plur. (nec Gm.) ; Schl., *l. c.*, p. 17 ; *bicristatus*, Tem. et Schl., *Faun. Jap.*, p. 130, pl[s] 84 et 84[b] (nec Pall.) ; *æolus*, Swinh. — Kamtschatka, îles Aléoutes, Kouriles, Japon N., Chine.

3235. *Var.* ROBUSTA, Bd., Br. et Ridgw., *Water-B. N. Am.* II, p. 160 ; *violaceus* et *pelagicus* (pt.), auct. plur. ; ? *leucurus*, Audub. — Amérique N.-W., de l'Alaska à l'État de Washington.

3236. *Var.* RESPLENDENS, Aud., *Orn. Biog.* V, p. 148, — Amérique N.-W. de

pl. 412, f. 1; Bd., Br. et Ridgw., *Water-B. N. Am.* II, p. 160; *bairdi*, Coop., *Pr. Ac. Phil.*, 1865, p. 5; Ell., *B. N. Am.* II, pl. 49. — l'État de Washington au Mexique W.

11.674. PENICILLATUS (Brandt), *Bull. Acad. St.-Pétersb.*, III, p. 55; Heerm., *P. Ac. Phil.*, 1854, p. 178; *townsendi*, Aud., *Orn. Biog.* V, p. 150, pl. 412, f. 2; id., *B. N. Am.* VII, p. 149, pl. 418. — Amérique N.-W. de la Colombie britannique à la Californie.

11.675. GRACULUS (Lin.); Dress., *B. Eur.* VI, p. 163, pl. 389; Dubois, *Fne. Ill., Ois.* II, p. 535, pl. 278; *cristatus*, Gm.; *brachyuros*, Brm.; *linnæi*, Gray. — Europe W. (côtes), de la Laponie russe et cap N. au Portugal, îles Britanniques, Foeroé et Islande.

3237. *Var.* DESMARESTI, Payraud., *Ann. Sc. Nat.* VIII, 1826, p. 464; Gould, *B. Eur.* V, pl. 411; *graculus*, *cristatus* (pt.), auct. plur.; *leucogaster*, Cara, Glog. (nec Vieill.); *croaticus*, Brus., *Orn. Jahrb.*, 1891, p. 22. — Côtes et îles de la Méditerranée et des mers Noire et Caspienne.

11.676. CHALCONOTUS (Gray), *Voy. Ereb. and Terr., B.*, p. 20, pl. 21; Bull., *B. N. Zeal.*, ed. 2, II, p. 162; ? *ater*, Less.; *glaucus*, Rchb.; Jacq. et Puch., *Voy. Pôle S., Zool.* III, p. 127, *Atl.*, pl. 31, f. 1. — Nouvelle-Zélande.

11.677. AURITUS (Less.), *Traité d'Orn.*, p. 605; Grant, *Cat.*, p. 370; *dilophus*, Vieill. (1825, nec V., 1817), *Gal. Ois.* II, pl. 275 (nec descr.); Aud., *B. Am.* VII, p. 134, pl. 416; *floridanus*, Aud., *Orn. Biog.* III, p. 387, pl. 252; *brasiliensis*, Bp. (nec Gm.) — Amérique N.-E. du Labrador à la Floride, à l'Ouest jusqu'au Texas, Amérique centrale, Antilles.

3238. *Var.* CINCINATA (Brandt), *Bull. Ac. St.-Pét.*, 1837, p. 55; Baird, *B. N. Am.*, p. 877; Schl., *l. c.*, p. 22; Ell., *B. N. Am.* II, pl. 51; *dilophus* (pt.), auct. plur.; *albociliatus*, Ridgw. — Amérique N.-W., de l'Alaska au Mexique W., îles Aléoutes.

11.678. NEGLECTUS (Wahlb.), *J. f. O.*, 1857, p. 4; Sharpe, in *Lay. B. S. Afr.*, p. 779. — Afrique S.

11.679. FUSCICOLLIS, Steph., *Gen. Zool.* XIII, 1, p. 91; Legge, *B. Ceyl.* III, p. 1182; *leucotis*, Blyth; *sinensis*, Blyth; Jerd., *B. Ind.* II, p. 862; *egretta*, Bp. — Inde, Ceylan, Indo-Chine.

11.680. SULCIROSTRIS (Brandt), *Bull. Ac. St.-Pét.*, 1837, p. 56; Gould, *B. Austr.* VII, pl. 67; Salvad., *Orn. Pap.* III, p. 408; *purpuragula*, Peale; *stictocephalus*, Bp. — Australie, Nouvelle-Zélande, archipel Austro-Malais jusqu'au S. de Bornéo.

11.681. VIGUA (Vieill.), *N. Dict.* VIII, p. 90; Ridgw., *P. U. S. Nat. Mus.*, 1889, p. 138; *graculus*, Tem. (nec L.); *brasiliànus*, Licht.; Spix, *Av. Bras.* II, p. 83, pl. 106; Schl., *l. c.*, p. 22; Tacz., *Orn. Pér.* III, p. 429; Scl. et Huds., *Arg. Orn.* II, p. 91; *niger*, King; *mystacalis*, Less.; *magellanicus*, Rchb. — Côtes de l'Amérique méridionale et centrale, au nord jusqu'au Texas.

11.682. MEXICANUS (Brandt), *Bull. Acad. St.-Pét.*, 1837, — Vallée du Bas-Missis-

p. 56; Baird, *B. N. Am.*, p. 879; *graculus*, D'Orb. (nec L.); *resplendens* et *townsendi*, Lemb. (nec Aud.); *lacustris*, Gundl. — sipi jusqu'au Mexique occid., Guatémala, Nicaragua.

11.683. CARUNCULATUS (Gm.), *S. N.* I, 2, p. 576; Forst., *Icon. ined.*, pl. 104; Bull., *Tr. N. Zeal. Inst.* IX, p. 338, pl. 15, f. 2; *purpurascens*, Brandt; *cirrhatus*, Gr. (nec Gm.) — Nouvelle-Zélande (Détroit de la reine Charlotte).

11.684. ONSLOWI, Forb., *Ibis*, 1893, p. 533; Grant, *Cat.*, p. 385; *carunculatus*, Hutt. (nec Gm.); *cirrhatus*, Bull. (nec Gm.); *imperialis*, Bull., *B. N. Zeal.*, ed. 2, II, p. 153, pl. 38, f. 2 (nec King). — Iles Chatham.

11.685. STEWARTI, Grant, *Cat. B.* XXVI, p. 385, pl. 5ª; *cirrhatus* (pt.), auct. plur.; *carunculatus* et *colensoi* (pt.), Bull. — Nouvelle-Zélande, île Sud, île Stewart.

11.686. COLENSOI, Bull., *B. N. Zeal.*, ed. 2, II, p. 160; Forb., *Ibis*, 1893, pp. 538-40; Grant, *l. c.*, p. 386; *rothschildi*, Forb. — Ile Auckland.

11.687. CAMPBELLI (Filhol), *Bull. Soc. Philom.*, 1878, p. 132; Grant, *l. c.*, p. 387; *magellanicus*, Hutt. (nec Gm.); *nycthemerus*, Bp. (*descr. nulla*). — Ile Campbell.

11.688. BOUGAINVILLEI (Less.), *Voy. Thét. et de l'Espér.* II, p. 331; Tacz., *Orn. Pér.* III, p. 430; *albigula*, Brandt; *atriceps*, Cass. (nec King). — Pérou, Chili.

11.689. MAGELLANICUS (Gm.), *S. N.* I, 2, p. 576; Forst., *Icon. ined.*, pl. 105; Hombr. et Jacq., *Voy. Pôle S., Ois.*, pl. 31bis; *leucogaster*, Vieill.; *sarmientonus*, *erythrops*, King; *leucotis*, Less.; *mentalis*, Bp.; *penicillatus*, Schl. (pt.) — Sud de l'Amérique méridionale et îles Malouines.

11.690. ATRICEPS, King, *Zool. Journ.*, 1828, p. 102; Grant, *Cat.*, p. 390, f. 5 (tête); *imperialis*, King; Scl. et Salv., *Voy. Chall.*, *Zool.*, pt. VIII, p. 120, pl. 25, f. 1; *carunculatus*, Gould (nec Gm.); Schl., *l. c.*, p. 20; *cirrhatus*, Gray; *elegans*, Phil. — Amérique méridionale S.-W.

3239. *Var.* TRAVERSI, Rothsch., *Ibis*, 1899, p. 302. — Iles Macquaries.

3240. *Var.* VERRUCOSA (Cab.), *J. f. O.*, 1875, p. 540, 1876, pl. 1, f. 1; Scl. et Salv., *P. Z. S.*, 1878, p. 652; id., *Voy. Chall.*, *Zool.*, pt. VIII, p. 122, pl. 26; *carunculatus*, Coues et Kid. (nec Gm.) — Iles Kerguelen.

3241. *Var.* ALBIVENTRIS (Less.), *Traité d'Orn.*, p. 604; Scl. et Salv., *Voy. Chall.*, *Zool.*, pt. VIII, p. 157, pl. 25, f. 2; *cirrhatus*, Gray (nec Gm.); *purpurascens*, Bp.; *carunculatus*, auct. plur. (nec Gm.); *verrucosus*, Burm. (nec Cab.) — Magellan, îles Malouines.

11.691. ?EUMEGETHES, Phil., *Arch. f. Naturg.*, 1899, p. 173. — Chili.

11.692. ?PROMAUCANUS, Phil., *Arch. f. Naturg.*, 1899, p. 173. Chili.

11.693. VARIUS (Gm.), *S. N.* I, 2, p. 576; Bull., *B. N. Zeal.*, ed. 2, II, p. 149, pl. 38; Schl., *l. c.*, p. 20; *fuscescens*, Vieill.; *pica*, Forst., *Icon. ined.*, pl. 106; *fucosus*, Peale; *hypoleucus*, Cass. (nec Brandt); *leucogaster*, Cass. (nec Vieill.); ?*huttoni*, Bull. Nouvelle-Zélande.

11.694. HYPOLEUCUS (Brandt), *Bull. Ac. St.-Pét.*, 1837, p. 55; Gould, *B. Austr.* VII, pl. 68; Grant, *Cat.*, p. 397, f. 9 (tête); *varius*, auct. plur. (nec Gm.) Australie W.

3242. *Var.* GOULDI (Salvad.), *Orn. Pap.* III, p. 413; Grant, *Cat.*, p. 396, f. 8 (tête); *leucogaster*, Gould et auct. plur. (nec Vieill.); Gould, *B. Austr.* VII, pl. 69; Schl., *l. c.*, p. 20. Australie E. et S., Tasmanie, archipel de Louisiade.

11.695. MELANOLEUCUS (Vieill.), *N. Dict.* VIII, p. 88; Gould, *B. Austr.* VII, pl. 70; Schl., *l. c.*, p. 15; *dimidiatus*, Less.; *flavirhynchus*, Gould; *flavirostris*, Gray; *melanurus*, Bernst. Australie, Nouv.-Zélande, Nouv.-Guinée, Moluques, petites îles de la Sonde.

11.696. BREVIROSTRIS, Gould, *P. Z. S.*, 1837, p. 26; Bull., *Man. B. N. Zeal.*, p. 94, pl. 34, f. 2; *melanoleucus*, Gr. (nec V.); *flavagula*, Peale; *carboides*, Ellm.; *finschii*, Sharpe, *Voy. Ereb. and Terr.*, *B.*, *App.*, p. 34. Nouvelle-Zélande et îles Chatham.

11.697. JAVANICUS (Horsf.), *Tr. Linn. Soc.*, 1822, p. 197; Jerd., *B. Ind.* II, 2, p. 863; *africanus*, Less. (nec Gm.); *pygmæus*, Gray, *Ill. Ind. Zool.* II, pl. 56 (nec Gm.); Schl., *l. c.*, p. 13; *melanognathos*, *nudigula*, Brandt; *indicus*, Rchb.; *niger*, Bp. Inde, Ceylan, Indo-Chine, Malacca, Java, Bornéo, Sumatra.

11.698. PYGMÆUS (Gm.), *S. N.* I, 2, p. 574; Shell., *B. Egypt.*, p. 295; Dress., *B. Eur.* VI, p. 173, pl. 391 (pt.); *algiriensis*, Rchb.; *niepcii*, Malh.; *pumilio*, Bp. Europe centr. et méridion., Afrique N., Asie S.-W. et centr.

11.699. AFRICANUS (Gm.), *S. N.* I, 2, p. 577; Heugl., *Orn. N.-O. Afr.*, p. 1493; Dress., *B. Eur.* VI, p. 169, pl. 390; *africanoides*, Smith; *longicaudus*, Sw.; *coronatus*, Wahlb. Afrique, Madagascar.

1881. NANNOPTERUM

Phalacrocorax (pt.), Rothsch.; *Nannopterum*, Sharpe (1899).

11.700. HARRISI (Rothsch.), *Bull. B. O. Club*, VII, 1898, p. 52; id., *Ibis*, 1898, p. 436; Sharpe, *Hand-list*, I, p. 235. Ile Narborough (Galapagos).

SUBF. II. — PLOTINÆ

1882. PLOTUS

Anhinga, Briss. (1760); *Plotus*, Lin. (1766).

11.701. RUFUS, Lacép. et Daud., in *Buff.*, *Hist. nat.*, 1799, Afrique jusque vers le

Ois. XVII, p. 81 ; Grant, *Cat.*, p. 412 ; *congensis*, Cranch ; *levaillantii*, Licht. ; Tem., *Pl. Col.* 120 ; *melanogaster*, Childr. (nec Gm.) ; *capensis*, Lay. ; *chantrei*, Oust. — 20° lat. N., Madagascar, Syrie N. (lac Antioch).

11.702. MELANOGASTER, Gm., *S. N.* I, 2, p. 580 ; Schl., *Mus. P.-B.*, *Pelec.*, p. 26 ; Legge, *B. Ceyl.* III, p. 1194 ; *levaillanti*, Griff. (nec Licht.) ; *novæ-hollandiæ*, Gray, *Gen. B.* III, pl. 184 (nec Gould). — Mésopotamie, Inde, Ceylan, Indo-Chine, Malacca, Bornéo, Célèbes, Philippin.

11.703. NOVÆ-HOLLANDIÆ, Gould, *P. Z. S.*, 1847, p. 34 ; id., *B. Austr.* VII, pl. 75 ; Salvad., *Orn. Pap.* III, p. 406 ; *melanogaster*, Schl. (nec Gm.) — Australie, Nouvelle-Zélande, Nouvelle-Guinée S.-E.

11.704. ANHINGA, Lin. ; Audub., *Orn. Biogr.* IV, p. 136, pl. 316 ; id., *B. Am.* VII, p. 154, pl. 420 ; Tacz., *Orn. Pérou*, III, 434 ; *melanogaster*, Wils. (nec Gm.) ; *leucogaster*, Vieill. — Amérique tropicale et subtropicale.

FAM. IV. — SULIDÆ

1883. SULA

Sula, Briss. (1760) ; *Dysporus*, Ill. (1811) ; *Plaucus*, *Sularius*, Rafin. (1815) ; *Moris*, Leach (1816) ; *Morus*, Vieill. (1817) ; *Piscatrix*, Rchb. (1850) ; *Abeltera*, Heine (1890).

11.705. BASSANA (Lin.) ; Dress., *Birds. Eur.* VII, p. 181, pl. 392 ; Dubois, *Fne. Ill.*, *Ois.* II, p. 524, pl. 276 ; *maculatus*, Gm. ; *major*, *vulgaris*, Lacép. et Daud. ; *alba*, Mey. et W. ; *melanura*, Gould, *B. Eur.* V, pl. 413 ; *americana*, Bp. ; *lefevrii*, Bald. — Côtes de l'Atlantique jusqu'au 70° l. N., en hiver le golfe du Mex., le N. de l'Afr., Madeire, Canaries.

11.706. SERRATOR, Gray, *Voy. Ereb. and Terr.*, *B.*, p. 19 ; Schl., *l. c.*, p. 38 ; *australis*, Gould (nec Steph.) ; id., *B. Austr.* VII, pl. 76 ; *plumigula*, Natt. — Côtes de l'Australie et de la Nouvelle-Zélande.

11.707. CAPENSIS (Licht.), *Verz. Doubl.*, p. 86 ; Schl., *l. c.*, p. 39 ; Fsch. et Hartl., *Vög. Ost-Afr.*, p. 842 ; *melanura*, Macg. (nec Gould.) — Afrique S. jusqu'à Zanzibar à l'Est et le Loango à l'O. (côtes).

11.708. CYANOPS (Sundev.), *Physiogr. Sällsk. Tidsk.* I, p. 218 ; Bp., *Consp. Avium*, II, p. 166 ; Schl., *l. c.*, p. 39 ; Salvad., *Orn. Pap.* III, p. 416 ; ? *dactylatra*, Less. ; *personata*, Gould ; id., *B. Austr.* VII, pl. 77 ; *bassana*, Newb. (nec L.) ; *elegans*, Bryant ; *melanops*, Heugl. — Mers australes tropicales.

3243. *Var.* ABBOTTI, Ridgw., *Pr. U.S. Nat. Mus.*, 1893, p. 599 ; *cyanops* (pt.), Grant. — Iles de l'Assomption et Christm. (Oc. Ind.).

11709. PISCATRIX (Lin.) ; Rchb., *Natat.*, pl. 29[c], ff. 2294-5 ; Schl., *l. c.*, p. 40 ; Seeb., *B. Jap.*, p. 213 ; *piscator*, L. ; Gould, *B. Austr.* VII, pl. 79 ; *fiber*, L. ; *candida*, Steph. ; *erythrorhyncha*, Less. ; *rubripes*, — Atlantique tropical et subtropical, Océan Indien, Océanie.

Gould; *rubripeda*, Peale; *brasiliensis*, Rchb. (nec Spix); *hernandezi*, Gundl.; *coryi*, Mayn.

11.710. WEBSTERI, Rothsch., *Bull. B. O. Club*, VII, p. 53; *Ibis*, 1898, p. 437. — Ile Clarion (Galapagos).

11.711. ? NESIOTES, Hell. et Snodg., *Condor*, III, p. 75. — Ile Clipperton.

11.712. VARIEGATA (Tschudi), *Faun. Per.*, p. 313; Tacz., *Orn. Pér.* III, p. 433; *cyanops*, Rchb. (nec Sund.) — Côtes du Chili et du Pérou.

11.713. NEBOUXI, M.-Edw., *Ann. Sc. Nat.* XIII, 1882, art. 4, p. 37, pl. 14; Grant, *Cat.*, p. 435; *gossi*, Goss (ex Ridgw.), *Auk*, 1888, p. 241; Rchw. et Schal., *J. f. O.*, 1883, p. 400. — Côtes de l'Amérique occidentale, de la Basse-Californie au Chili.

11.714. LEUCOGASTRA (Bodd.), *Tabl.*, p. 57; *Pl. Enl.* 973; Scl. et Salv., *P. Z. S.*, 1878, p. 651; Salvad., *Orn. Pap.* III, p. 421; *sula*, L.; Grant, *Cat.*, p. 436; *parvus*, Gm.; *brasiliensis*, Spix, *Av. Bras.* II, p. 83, pl. 107; *fusca*, Vieill.; *australis*, Steph.; *fulica*, Less.; *fiber*, auct. plur. (nec Lin.); *sinicadvena*, Swinh. — Côtes des mers tropicales et subtropicales, excepté les côtes américaines du Pacifique.

3244. *Var.* BREWSTERI, Goss, *Auk*, 1888, p. 242; Grant, *Cat.*, p. 440; *leucogastra* (pt.), auct. plur. — Des côtes de la Californ. aux îles Galapagos.

FAM. V. — FREGATIDÆ

1884. FREGATA

Fregata, Briss. (1760); *Tachypetes*, Vieill. (1816); *Attagen*, Kp. (1829).

11.715. AQUILA (Lin.); Vieill., *Gal. Ois.* II. p. 187, pl. 274; Audub., *B. Am.* VII, p. 169, pl. 421; *minor*, *leucocephalus* et *palmerstoni*, Gm.; *caroliniana*, Less.; *strumosa*, Kittl. — Mers tropicales et subtropicales.

11.716. ARIEL (Gould), in *Gray's Gen. B.* III, p. 669, pl. 184; id., *B. Austr.* VII, pl. 72; *minor*, auct. plur. (nec Gm.); Schl., *l. c.*, p. 3; Salvad., *Orn. Pap.* III, p. 404; *chambeyroni*, Montr. — Océans Indien et Pacifique tropicaux et subtropic.

ORD. XVI. — GAVIÆ (1)

FAM. I. — STERNIDÆ

SUBF. I. — STERNINÆ

1885. HYDROCHELIDON

Hydrochelidon, Boie (1822); *Viralva*, Steph. (1826); *Pelodes*, Kaup (1829).

11.717. LEUCOPTERA (Meisn. et Schinz), *Vög. der Schweiz*, p. 264, pl.; Dress., *B. Eur.* VIII, p. 321, pls 590, — Europe centr. et mérid. jusqu'au 53° l. N.;

(1) Voy.: How. Saunders, *Catalogue of the Birds Brit. Mus.* XXV, pp. 1-834 (1896).

591 ; Dubois, *Fne. Ill. Vert. Belg., Ois.* II, p. 568, pl. 287; *fissipes*, Pall. (nec L.); *grisea*, Horsf.; *nigra*, auct. plur. (nec Lin.); *subleucoptera*, Brm.; *javanica*, Swinh. (nec Horsf.); *hybridus*, Tacz. (nec Pall.) — Asie centr. jusqu'en Chine, Australie, Nouv.-Zélande et l'Afrique en hiver.

11.718. HYBRIDA (Pall.), *Zoogr. Rosso-As.* II, p. 338; Dress., *l. c.*, p. 315, plˢ 588, 589; Dubois, *l. c.*, p. 571, pl. 288; *leucopareia*, Tem.; *javanica*, Horsf.; *delamotta*, Vieill.; *indica*, Steph.; *similis*, Gray; *fluviatilis*, Gould, *B. Austr.* VII, pl. 31; *similis*, *leucogenys*, Boie; *marginata*, Blyth; *meridionalis*, *nilotica*, Brm.; *delalandii*, Bp.; *innotata*, Beav.; *melanogastra*, Salvad. — Europe et Asie centrale et méridionale jusque vers le 55° latitude N., Archipel Indien, Australie, Afrique.

11.719. NIGRA (Lin.); Dress., *l. c.*, p. 327, pl. 592; Dubois, *l. c.*, p. 565, pl. 286; *nævia*, *fissipes*, L.; *merulinus*, Scop.; *nubilosa*, Sparrm.; *boysii*, Lath.; *obscura*, *nigricans*, *pallida*, Brm.; *minuta*, Feild. — Europe et Asie occid. jusqu'au 60° l. N.; en hiver, l'Afrique jusqu'au 25° l. N.

3245. *Var.* SURINAMENSIS (Gm.), *S. N.* I, p. 604; Bd., Brew. et Rid., *Water-B. N. Am.* II, p. 318; *plumbea*, Wils., *Am. Orn.* VII, p. 83, pl. 60, f. 3; *nigra*, auct. plur. (nec L.); *exilis*, Tsch.; *frenata*, Salv.; *fissipes*, auct. plur.; *lariformis*, Coues, *B. N.-West*, p. 704. — États-Unis, Amérique centrale et méridionale jusqu'au 40° latitude S.

1886. PHAËTHUSA

Phaëtusa, Wagl. (1832); *Thalassites*, Sw. (1837).

11.720. MAGNIROSTRIS (Licht.), *Verz. Doubl.*, p. 81; Spix, *Av. Bras.* II, p. 81, pl. 104; Schl., *Mus. P.-B.*, *Stern.*, p. 12; Tacz., *Orn. Pér.* III, p. 438; ?*simplex*, Gm.; ?*chloripoda* et ?*brevirostris*, Vieill.; *speculifera*, Less.; *albifrons*, Cuv. — Amérique méridionale tropicale.

1887. GELOCHELIDON

Gelochelidon, Brm. (1831); *Laropis*, Wagl. (1832).

11.721. ANGLICA (Mont.), *Orn. Dict. Suppl.*, 1813; Dress., *l. c.*, p. 295, pl. 585; Dubois, *l. c.* II, p. 545, pl. 280; ?*nilotica*, Gm.; *aranea*, Wils., *Am. Orn.* VIII, p. 143, pl. 72, f. 6; *affinis*, Horsf.; *risoria*, *meridionalis*, *balthica*, *agraria*, Brm.; *macrotarsa*, Gould, *B. Austr., Suppl.*, pl. 81; *palustris*, Macg.; *nuttalli*, Boie; *nilotica*, auct. plur. — Europe et Asie jusqu'au 55° l. N., Archip. Indien, Australie, Afrique N., côtes occident. de l'Amérique du 50° l. N. au 40° l. S.

1888. HYDROPROGNE

Thalasseus (pt.), Boie (1822); *Hydroprogne*, Kp. (1829); *Sylochelidon*, Brm. (1831); *Helopus*, Wagl. (1832).

11.722. CASPIA (Pall.), *Nov. Comm. Petrop.* XIV, 1, p. 582, pl. 22; Dress., *l. c.*, p. 289, pl. 584; Dubois, *l. c.*, p. 541, pl. 279; *tschegrava*, Lep.; *atricilla*, S. G. Gm.; *caspica*, Sparrm.; *megarhynchos*, Mey. et Wolf.; *schillingi*, Brm.; *melanotis*, Sw.; *macrorhyncha*, Boie; *strenuus*, Gould; *cayana*, Rich.; *major*, Ellm.; *imperator*, Coues.
Europe et Asie jusqu'au 60° l. N., Malaisie, Australie, Nouvelle-Zélande, Afrique, Amérique septentr. et centr. jusqu'au 60°.

1889. SEENA

Seena, Blyth (1849); *Potamochelidon*, Heine (1890).

11.723. AURANTIA, J. E. Gray, *Hardw. Ill. Ind. Zool.* I, pl. 69, f. 2; Blyth, *Cat. B. Mus. As. Soc.*, 1849, p. 291; Jerd., *B. Ind.* III, p. 838; *Sterna seena*, Syk., *P. Z. S.*, 1832, p. 171; Legge, *B. Ceyl.*, p. 1003; *brevirostris*, Gray, *l. c.*, pl. 69, f. 1; *roseata*, Hodgs.
Inde, Ceylan, Indo-Chine, Malacca.

1890. STERNA

Sterna, Lin. (1766); *Thalasseus* (pt.) et *Sternula*, Boie (1822); *Actochelidon*, *Thalassæa*, Kp. (1829); *Pelecanopus*, *Onychoprion*, *Planetis*, *Haliplana*, Wagl. (1832); *Hydrocecropis* (pt.), Boie (1844); *Thalassipora*, Rüpp. (1845).

11.724. MELANOGASTER, Tem., *Pl. Col.* 434; Schl., *l. c.*, p. 21; Gould, *B. Asia*, VII, pl. 70; *javanica*, Horsf.; *acuticauda*, Gray; *minuta*, *jerdoni*, Beav.
Afghanistan, Inde, Indo-Chine.

11.725. FORSTERI, Nutt., *Man. Orn.* II, p. 274; Bd., Brew. et Rid., *Water-B. N. Am.* II, p. 292; *hirundo*, Sw. et Rich. (nec L.); *havelli*, Aud., *B. N. Am.* VIII, p. 103, pl. 434.
Amérique septentrionale et centrale.

11.726. ALBISTRIATA (Gray), *Voy. Ereb. and Terr.*, *B.*, p. 19, pl. 21; Saund., *Cat.*, p. 48; *antarctica*, Wagl. (nec Less.); Bull., *B. N. Zeal.*, ed. 2, II, p. 70, pl. 30; *cinerea*, Ellm.; *breviunguis*, Pelz.
Nouvelle-Zélande, île Norfolk.

11.727. VIRGATA, Cab., *J. f. O.*, 1875, p. 449; Saund., *P. Z. S.*, 1876, p. 646; id., *Cat.*, p. 50; ?*australis*, Gm.; *macrura* (pt.), Gray; *meridionalis*, Lay. (nec Brm.); *vittata*, Coues (nec Gm.)
Iles Kerguelen, Crozet.

11.728. VITTATA, Gm., *S. N.* I, p. 609; Saund., *Cat.*, p. 51; *coronata*, Bonn.; *macrura*, Gr. (pt.); *melanorhyncha*, Gould (pt.); *sancti-pauli*, Gould; *melanoptera*, Vél.
Iles du S. de l'Atlantique (St-Paul, Amsterdam, Kerguelen, etc.)

11.729. HIRUNDINACEA, Less., *Traité*, p. 621; Tacz., *Orn. Pér.* III, p. 440; *hirundo*, Max; *acutirostris*, Tsch.; *antarctica*, Peale (nec Less.); *wilsoni*, Burm.; *meridionalis*, Cass. (nec Brm.); Schl., *l. c.*, p. 15; *cassinii*, Scl., *P. Z. S.*, 1860, p. 391.
Amérique méridionale.

11.730. FLUVIATILIS, Naum., *Isis*, 1819, p. 1847; Dress., *B. Eur.* VIII, p. 263, pl. 580; Dubois, *Fne. Ill., Ois.* II, p. 554, pl. 284; *hirundo* (pt.), Lin. et auct. plur.; *bicolor*, *sterna*, Scop.; *nitzschii*, Kp.; *pomarina*, Brm.; *marina*, Eyt; *senegalensis*, Sw.; *wilsoni*, Bp.; ?*nilotica*, Rüpp.; *blasii*, Brm.; *macrodactyla* et *macroptera*, Blas.; *dougalli*, Lay.; *major*, Ol.-Gal.
Europe, Asie tempérée W. et Amér. jusq. Texas à l'Ouest; en hiver: Inde, Ceylan, Afrique et l'Amér. mér. jusqu'à Bahia (pas du côté du Pacifique).

3246. *Var.* TIBETANA, Saund., *P. Z. S.*, 1876, p. 649; Hume, *Str. Feath.*, 1877, p. 485, 1879, p. 158.
Asie centrale jusqu'en Mandchourie; Malacca en hiver.

11.731. PARADISEA, Brünn., *Orn. Bor.*, p. 46 (1764); Schl., *Mus. P.-B., Stern.*, p. 15; Dubois, *l. c.* II, p. 551, pl. 282; *hirundo* (pt.), Lin. et auct. plur.; Dress., *l. c.*, p. 255, pl. 579; *macrura*, Naum.; *arctica*, Tem.; *argentata*, Brm.; *brachytarsa*, Graba; *brachypus*, Sw.; *coccineirostris*, Rchb.; *pikei*, Lawr.; *longipennis*, Coues; *portlandica*, Ridgw.; ?*atrofasciata*, Phil. et Landb.
Zone arctique (côtes) jusqu'au 82° l. N.; descend en hiver dans l'Atlantique jusqu'au 35° l. S., et dans le Pacifique jusqu'au Chili.

11.732. LONGIPENNIS, Nordm., in *Erm. Verz. v. Th. u. Pfl.*, p. 17; Middend., *Reis. Sib., Zool.*, p. 246, pl. 25, f. 4; Dav. et Oust., *Ois. Ch.*, p. 526; ?*camtschatica*, Pall.; *glacialis*, Kittl.; *melanorhyncha*, Fsch.
Asie orientale, Kamtschatka, Japon, Chine jusqu'à la Nouv.-Guin. en hiv.

11.733. ALBIGENA, Licht., *Nomencl. Av.*, p. 98; Schl., *l. c.*, p. 20; Fsch. et Hartl., *Vög. Ost-Afr.*, p. 834, pl. 10, f. 2; *senegalensis*, Heugl. (nec Sw.)
Mer Rouge, Mékran, Laccadives, Malabar (côtes).

11.734. DOUGALLI, Mont., *Orn. Dict. Suppl.*; Dress., *l. c.* VIII, p. 273, pl. 581; Dubois, *l. c.* II, p. 558, pl. 283; *paradisea*, auct. plur. (nec Brünn); *macdougalli*, Macg.; *bicuspis*, *tenuirostris*, Licht.; *douglasii*, Schl., *l. c.*, p. 24; *melanorhyncha*, E. Newt.; *korustes*, Hume.
Côtes et îles de l'Eur. W. jusqu'au 57° lat. N., de l'Afrique, de l'Asie, de l'Amérique N.-E. et des Antilles.

3247. *Var.* GRACILIS, Gould, *P. Z. S.*, 1845, p. 76; id., *B. Austr.* VII, pl. 27; Rchw., *Orn. Monatsb.*, 1896, p. 113; *dougalli* (pt.), Saund.
Côtes de l'Australie.

11.735. CANTIACA, Gm., *S. N.* I, p. 606; Dress., *l. c.* VIII, p. 301, pl. 586; Dubois, *l. c.* II, p. 548, pl. 281; *sandvicensis*, *boysii*, Lath.; *stubberica*, Bechst.; ?*columbina*, Schr.; *canescens*, Mey. et W.; *candicans*, Brm.; *acuflavida*, Cabot.
Côtes de l'Atlant. jusque vers le 60° l. N., au Sud jusqu'au cap de B.-Esp. et le Honduras; Méditerr., mers Noire, Casp. et Rouge, golfe Persiq.

11.736. MAXIMA, Bodd., *Tabl.*, p. 58; *Pl. Enl.* 988; Scl. et Salv., *P. Z. S.*, 1871, p. 567; Tacz., *Orn. Pér.* III, p. 439; Scl. et Huds., *Argent. Orn.* II, p. 195; *cayana*, Lath.; Audub., *B. Am.* VII, p. 76, pl. 429; *cayennensis*, Gm.; *galericulata*, Licht.; Schl., *l. c.*, p. 7; *erythrorhynchos*, Max.; *cristata*, Sw., *B. W. Afr.* II, p. 247, pl. 30; *regia*, Gamb.; *bergii*, Hartl.; *elegans*, Léot. — Amérique septentrionale jusqu'au 50° l. N. et Antilles; en hiver jusqu'au Brésil et l'Afrique occidentale jusqu'à l'Angola.

11.737. ELEGANS, Gamb., *Pr. Philad. Ac.*, 1848, p. 129; Bd., Cass. et Lawr., *B. N. Amer.*, p. 860 et ed. 1860, *Atl.*, pl. 94; Tacz., *Orn. Pér.* III, p. 442; ?*gayi*, Bp.; *comata*, Phil. et Landb.; *galericulata*, auct. plur. (nec Licht.) — Côtes américaines du Pacifique, de Californie au Chili, et côte du Texas.

11.738. EURYGNATHA, Saund, *P. Z. S.*, 1876, p. 654; id., *Cat.*, p. 85; *cayennensis* (pt.), Gray; *galericulata* (pt.), Pelz.; *elegans* (pt.), H. et Rchw. — Côtes améric. de l'Atlantique du Vénézuéla au 47°30' l. S.

11.739. MEDIA, Horsf., *Tr. Linn. Soc.*, 1820, p. 198; Fsch. et Hartl., *Vög. Ost-Afr.*, p. 830; Dress., *l. c.* VIII, p. 285, pl. 583; *affinis*, Cretzs., in *Rüpp. Atl*, p. 23, pl. 14; *bengalensis*, Less.; *arabica*, Ehrenb.; *torresii*, Gould; id., *B. Austr.* VII, pl. 25; *maxuriensis*, Licht. — Côtes de la Méditerranée, de l'Afrique et du Sud de l'Asie jusqu'à Célèbes et l'Australie.

11.740. BERGII, Licht., *Verz. Doubl.*, p. 80; Schl., *l. c.*, p. 11; Salvad., *Orn. Pap.* III, p. 432; *novæ-hollandiæ*, *cristata*, Steph.; *velox*, Cretzs., in *Rüpp. Atl.*, p. 21, pl. 13; *pelecanoides*, King.; Gould, *B. Austr.* VII, pl. 23; Schl., *l. c.*, p. 9; *longirostris*, Less.; *poliocerca*, Gould; Schl., *l. c.*, p. 12; *rectirostris*, Peale; *nigripennis*, Bp.; *bergeri*, Rams. — Côtes de l'Afrique (E. et W.), du Sud de l'Asie jusque Chine et Japon, Australie, Polynésie et les îles du Pacifique jusqu'aux îles Sandwich.

11.741. BERNSTEINI, Schl., *Mus. P.-B.*, *Stern.*, p. 9; Salvad., *Orn. Pap.* III, p. 435; Saund., *Cat.*, p. 96; *maxima*, M.-Edw. et Grand. (nec Bodd.) — Iles Mascareigne, Seychelles, Bornéo N., Halmahera.

11.742. FRONTALIS, Gray, *Zool. Voy. Ereb. and Terr.*, p. 19, pl. 20; Bull., *B. New Zeal.*, ed. 2, II, p. 68, pl. 30, f. 2; ?*striata*, Gm.; *albifrons*, Peale; *melanorhyncha*, Gould, *B. Austr.* VII, pl. 26; *atripes*, Ellm.; *longipennis* (pt.), Fsch. et Hartl. — Nouvelle-Zélande, Australie.

11.743. ALEUTICA, Baird, *Trans. Chicago Acad.*, 1869, p. 321, pl. 31, f. 1; Saund., *Cat.*, p. 98; *camtschatica*, Fsch. (nec Pall.) — Alaska, détroit de Behring jusqu'au Japon.

11.744. LUNATA, Peale, *U. S. Expl. Exp.*, *B.*, p. 277; Schl., *l. c.*, p. 27; Fsch. et Hartl., *Faun. Centralpolyn.*, p. 231, pl. 13, f. 3; Rothsch., *Avif. Laysan*, I, p. 37, pl. — Iles du Pacifique jusqu'aux Moluques.

11.745. ANÆSTHETA, Scop., *Del Faun. et Fl. Ins.* I, p. 92; — Antilles, golfe du Mexi-

Salvad., *Orn. Pap.* III, p. 449; M.-Edw. et Gr., *H. N. Madag., Ois.*, p. 658; *panayensis*, Gm.; Schl., *l. c.*, p. 26; *panaya*, Lath.; Gould, *B. Austr.* VII, pl. 33; *antarctica*, Less.; *melanoptera*, Sw.; ?*keri*, Boie; *fuligula*, Licht.; *infuscata*, Heugl. (nec Licht.); *discolor*, Coues; *nubilosa*, Sund. (nec Sparrm.) — que, Afrique, Madagascar, Asie S. jusqu'au Japon, Moluques, Australie N. et îles du Pacifique.

11.746. FULIGINOSA, Gm., *S. N.* I, p. 605; Audub., *B. N. Am.* VII, p. 90, pl. 432; Dress., *B. Eur.* VIII, p. 307, pl. 587; ?*fuscata*, L.; *spadicea*, Gm.; *infuscata*, Licht.; *oahuensis*, Blox.; *serrata*, *guttatus*, Wagl.; *melanura*, Gould; *herminieri*, Less.; *gouldi*, Rchb.; *luctuosa*, Phil. et Landb.; *somalensis*, Heugl. — Côtes de toutes les mers tropicales et subtropicales (accidentellement Europe et Amérique septentr.)

3248. *Var.* CRISSALIS, Baird, *Pr. Bost. Soc. N. H.*, 1871, pp. 285, 301; Lawr., *Mem. Bost. Soc. N. H.*, 1874, p. 318; *fuliginosa* (pt.), Saund. — Tres Marias, Socorro, Mexique W.

11.747. BALÆNARUM (Strickl.), *Contr. Orn.*, 1852, p. 160; Boc., *Orn. Angola*, p. 490; Saund., *Cat.*, p. 111. — Sud de l'Afrique.

11.748. NEREIS (Gould), *P. Z. S.*, 1842, p. 140; id., *B. Austr.* VII, pl. 29; *parva*, Ellm.; *minuta*, Fsch. (nec L.); *alba*, Potts; *placens*, Lay. (nec Gd.) — Nouvelle-Zélande, Australie, Nouvelle-Calédonie.

11.749. SINENSIS, Gm., *S. N.* I, p. 608; Dav. et Oust., *Ois. Chine*, p. 527; Salvad., *Orn. Pap.* III, p. 445; *minuta*, auct. plur. (nec L.); *pusilla*, Tem.; *placens*, Gould; id., *B. New Guin.* V, pl. 72; *inconspicua*, Mast. — Golfe du Bengale, mer de Chine, Japon, Archipel Indien jusqu'à l'Australie.

11.750. MINUTA, Lin.; Dress., *l. c.* VIII, p. 279, pl. 582; Dubois, *l. c.* II, p. 561, pl. 285; *metopoleucos*, S. Gm.; *fissipes*, *pomarina*, *danica*, etc., Brm.; *orientalis*, Licht.; *gouldi*, Hume (nec Rchb.) — Europe jusq. 60° l. N., Asie centr. jusq. N. de l'Inde; en hiver, Birm., Java, Afr.

3249. *Var.* SAUNDERSI, Hume, *Str. Feath.*, 1877, p. 324; Legge, *B. Ceyl.*, p. 1023; *minuta*, auct. plur. (nec L.); *sumatrana*, Saund. (nec Rafll.); *balænarum*, E. Newt. (nec Strickl.); ?*novella*, Hartl. — Mer Rouge, Afrique E. jusq. Natal, Madag., Mascar., Seychelles, golfe Persique, Inde, Ceylan, Birmanie.

3250. *Var.* INNOMINATA, Jar. et Loud., *Orn. Mon.*, 1902, p. 150. — Béloutchistan.

11.751. ANTILLARUM (Less.), *Descr. Mam. et Ois.*, p. 256; Coues, *Pr. Phil. Acad.*, 1862, p. 552; Saund., *Cat.*, p. 122; *minuta*, auct. plur. (nec L.); Audub., *B. Am.* VII, p. 119, pl. 439; *argentea*, Nutt. (nec Max.); *melanorhyncha*, Less.; *frenata*, Gamb.; *superciliaris*, Cab. (nec Vieill.); *minuta americana*, Sund. — Amérique septentrionale et centrale, au N. jusqu'à Terre-Neuve et Labrador; Antilles, Afrique W. en hiver.

3251. *Var.* AUSTRALIS (Licht.), *Nomencl. Av.*, p. 98; — Afrique S.

Rchw., *Orn. Monatsb.*, 1896, p. 113; *antillarum* (pt.), Saund.

11.752. SUPERCILIARIS, Vieill., *N. Dict.* XXXII, p. 126; Tacz., *Orn. Pérou*, III, p. 444; Scl. et Huds., *Argent. Orn.* II, p. 197; *maculata*, V.; *argentea*, Max.; Burm., *Th. Bras.* III, p. 542. — Amérique méridionale.

11.753. LORATA, Phil. et Landb., *Arch. f. Naturg.*, 1863, 1, p. 124; Saund., *Cat.*, p. 126; *exilis*, Scl. (nec Tschudi), *P. Z. S.*, 1867, pp. 336, 344, 1871, p. 572; Tacz., *Orn. Pér.* III, p. 445; *loricata*, Gray. — Côtes du Chili et du Pérou.

11.754. MELANAUCHEN, Tem., *Pl. Col.* 427; Gould, *B. Austr.* VII, pl. 28; *marginata*, Blyth; *decorata*, Hartl.; *sumatranus*, Salvad.; *cinereus*, Layard. — Iles Mascar., Seychell., Nicobar, Andaman, Ténassér., Malacca, Australie N., îles du Pacif. jusq. Liu-Kiu.

11.755. TRUDEAUI, Audub., *Orn. Biogr.* V, p. 125; id., *B. N. Am.* VII, p. 105, pl. 435; Schl., *l. c.*, p. 29; Tacz., *Orn. Pérou*, III, p. 443; *sellovii*, Licht.; *frobeenii*, Phil. et Landb.; ? *chloropoda*, Heine et Rchw. — Amérique méridionale.

1891. NÆNIA

Nænia, Boie (1844); *Sternolophota*, Less. (teste Gray, 1871); *Larosterna*, Blyth (1849); *Inca*, Jard. (1850).

11.756. INCA (Less.), *Voy. Coquille*, p. 731, *Atl.*, pl. 47; Tacz., *l. c.* III, p. 446; Saund., *Cat.*, p. 132; *mystacalis*, Jard., *Contr. Orn.*, 1850, p. 33. — Côtes du Pérou et du Chili.

1892. ANOUS

Anous, Steph. (1826); *Megalopterus*, Boie (1826); *Stolida*, Less. (1831); *Gavia*, Sw. (1837); *Aganaphron*, Glog. (1842); *Procelsterna*, Lafr. (1842); *Micranous*, Saund. (1895).

11.757. STOLIDUS (Lin.); Gould, *B. Eur.* V, pl. 421; Degl. et Gerbe, *Orn. Eur.* II, p. 445; *senex*, Leach; *niger*, Steph.; *tenuirostris*, Boie (nec Tem.); *unicolor*, Nordm.; *leucoceps*, Sw.; *superciliosus* et *plumbeigularis*, Sharpe. — Les mers tropicales et subtropicales de l'Atlantique.

3252. *Var.* PILEATA (Scop.), *Del Faun. et Flor. Insubr.* II, p. 92; Hart., *Novit. Zool.* VII, p. 9; *stolidus* (pt.), auct. plur.; Gould, *B. Austr.* VII, pl. 34; Dav. et Oust., *Ois. Chine*, p. 529; Salvad., *Orn. Pap.* III, p. 453; *philippina*, Lath.; *rousseaui*, Hartl., *Beitr. Orn. Madag.*, — Mers tropicales et subtropicales du Pacifique et de l'Océan Indien.

p. 86; *frater,* Coues; *stolidus rousseaui,* Ridgw. (1).

3253. *Var.* RIDGWAYI, Anth., *Auk,* 1898, p. 36. — Iles Cocos et Socorro.

11.758. GALAPAGENSIS, Sharpe, *Phil. Tr.* CLXVIII, p. 469; Salv., *P. Z. S.*, 1883, p. 430; Saund., *Cat.*, p. 143. — Iles Galapagos.

11.759. CÆRULEUS (F. D. Benn.), *Narr. Whaling-Voy.* I, p. 385, II, p. 248; Saund., *P. Z. S.*, 1876, p. 671, 1878, p. 211; *teretirostris,* Lafr.; *tereticollis,* Lafr., *Mag. de Zool.*, 1842, p. et pl. 29; *cinerea,* Néb., *Voy. Vénus, Atl.*, pl. 9; *parvulus,* Gould; *plumbeus,* Peale; *tephrodes,* Rchb.; *cinereus,* Prév. et Des M. (nec Gould). — Iles Paumotu, Marquises, Société, Ellice, Phœnix et Fannigs (Polynésie centr.)

11.760. CINEREUS, Gould, *P. Z. S.*, 1845, p. 104; id., *B. Austr.* VII, pl. 37; Schl., *l. c.*, p. 38; *pelecanoides,* Gr. (nec King); *albivitta,* Bp.; *albivittatus,* Fsch.; *cæruleus* (pt.), Saund. (1876), Rams. et Tristr. — Australie, Nouvelle-Zélande, îles Lord Howe, Norfolk, Kermadec; Ambrosio (non loin du Chili).

11.761. PULLUS, Bangs., *Bull. Mus. Harvard,* XXXVI, p. 258. — Iles Liu-Kiu.

11.762. TENUIROSTRIS (Tem.), *Pl. Col.* 202; Schl., *l. c.*, p. 37; Saund., *P. Z. S.*, 1876, p. 670, pl. 61, f. 1; id., *Cat.*, p. 144; *melanops,* Gould; id., *B. Austr.* VII, pl. 35; *senex,* Bp. (nec Leach). — Seychelles, Madagascar, Mascareignes, Australie W., détroit de Torres.

11.763. LEUCOCAPILLUS, Gould, *P. Z. S.*, 1845, p. 103; id., *B. Austr.* VII, pl. pl. 36; Salvad., *Orn. Pap.* III, p. 457; *tenuirostris,* auct. plur. (nec Tem.); *melanogenys,* Gray, *Gen. B.* III, p. 661, pl. 182; *leucocephalus,* Rchb.; *senex,* Hume (nec Leach); *atrofuscus,* Stone. — Mer des Antilles, Afrique S., Océan Indien jusqu'au Nord de l'Australie et les îles de la Société.

11.764. DIAMESUS (Hell. et Snodg.), *Condor,* III, p. 76. — Il. Cocos et Clipperton.

11.765. HAWAIIENSIS, Rothsch., *Bull. Br. Orn. Club,* n° X, 1893, p. 17; id., *Ibis,* 1893, p. 571; id., *Avif. Laysan,* pt. I, p. 43, pl.; *tenuirostris,* Gr. (nec Tem.); *melanogenys,* Stejn. (nec Gr.) — Iles Sandwich ou Hawaï.

1893. GYGIS

Gygis, Wagl. (1832).

11.766. ALBA (Sparrm.), *Mus. Carls.* II, fasc. 1, n° 11; Schl., *l. c.*, p. 35; Hartl., *Vög. Madag.*, p. 389; *candida,* Gm.; Gould, *B. Austr.* VII, pl. 30; Dav. et Oust., *Ois. Chine,* p. 529; *semi-alba,* Bonn.; *pacifica,* Less.; *nivea,* F. D. Benn. — Iles du S. de l'Atlantique, Océan Indien jusqu'à l'Australie et les îles du Pacifique.

(1) La plupart des auteurs ont confondu la var. *Pileata* et son type *stolidus.* D'après M. Hartert, la var. *Pileata* a la queue plus longue et plus étagée, le dessus de la tête plus gris, le plumage général plus fuligineux et moins brun, les rémiges généralement plus longues.

3254. *Var.* Kittlitzi, Hart., *Katal. Vogelsam. Senck.*, p. 237; id., *Nov. Zool.* V, p. 67; *candida* (pt.), Saund. — Iles Carolines.

11.767. microrhyncha, Saund., *P. Z. S.*, 1876, p. 668; id., *Cat.*, p. 152. — Iles Marquises.

SUBF. II. — RHYNCHOPINÆ

1894. RHYNCHOPS

Rynchops, Lin. (1758); *Rhynchopsalia*, Briss. (1760); *Psalidoramphos*, *Anisoramphos*, Dumt. (1826).

11.768. nigra, Lin.; *Pl. Enl.* 357; Audub., *B. N. Am.* VII, p. 67, pl. 428; Ridgw., *Man. N. Amer. B.*, p. 49; ?*fulva*, Lin.; *borealis*, Sw. — Amérique septentrionale et centrale, Antilles.

3255. *Var.* Intercedens, Saund., *Bull. Br. Orn. Club*, n° XXV, p. 26 (1895); id., *Cat.*, p. 155; *nigra* (pt.), auct. plur. (nec L.); *melanura*, Scl. et Huds., *Argent. Orn.* II, p. 193 (nec Sw.) — Côtes orientales de l'Amérique méridionale entre le 20° et le 40° l. S.

3256. *Var.* Melanura, Sw., *Classif. B.* II, p. 373; Tacz., *Orn. Pér.* III, p. 437; *nigra* (pt.), auct. plur. (nec L.); *cinerascens* et *brevirostris*, Spix, *Av. Bras.* II, p. 80, pl[s] 102, 103. — Amérique méridionale et centrale jusqu'au Yucatan.

11.769. flavirostris, Vieill., *N. Dict.* III, p. 383; id., *Gal. Ois.* II, p. 237, pl. 291; Schl., *l. c.*, p. 40; Fsch. et Hartl., *Vög. Ostafr.*, p. 837; *albirostris*, Licht.; *orientalis*, Cretzschm., in *Rüpp. Atlas*, p. 37, pl. 24. — Afrique, au N. jusqu'à l'Égypte et la Mer Rouge.

11.770. albicollis, Sw., *An. in Menag.*, p. 360; Gray, *Gen. B.* III, pl. 181; Schl., *l. c.*, p. 40; Legge, *B. Ceyl.*, p. 1004; *nigra*, Burg. (nec L.) — Inde, Ceylan, Birmanie.

FAM. II. — LARIDÆ

1895. XEMA

Xema, Leach (1819); *Creagrus*, Bp. (1854); *Chema*, Rchw. (1889).

11.771. sabinei (J. Sab.), *Trans. Linn. Soc.*, 1818, p. 520, pl. 29; Audub., *B. N. Am.* VII, p. 127, pl. 441; Dress., *B. Eur.* VIII, p. 337, pl. 593; *collaris*, Sab.; *minutus*, Bolsm. — Amérique arctique, Sibérie E.; en hiver jusqu'au Pérou.

11.772. furcata (Néboux), *Voy. Venus*, pl. 10; Bruch, *J. f. O.*, 1853, p. 103; Saund., *P. Z. S.*, 1878, p. 213, 1882, p. 523, pl. 34; Tacz., *Orn. Pér.* III, p. 457; *furcatus* et *furcatum* suivant les auteurs. — Des îles Galapagos au Pérou.

1896. RHODOSTETHIA

Rossia, Bp. (1838, nec Owen 1835); *Rhodostethia*, Macg. (1842); *Rhodestethia*, Tacz. (1893).

11.773. ROSEA (Macg.), *Mem. Wern. Soc.* V, 1824, p. 249; Jard. et Sel., *Ill. Orn.* I, pl. 14; Dress., *B. Eur.* VIII, p. 343, pl. 594; *rossii*, Rich.; *richardsoni*, Less. — Régions arctiques.

1897. LARUS

Larus, Lin. (1766); *Gavia*, Gm. (1770); *Leucus, Hydrocolæus, Ichthyaëtus*, Kp. (1829); *Laroides*, Brm. (1830); *Chroicocephalus*, Eyt. (1837); *Plautus*, Rchb. (1852); *Glaucus, Dominicanus, Adelarus, Blasipus*, Bruch (1853); *Gavina, Gelastes, Atricilla, Melagavia, Cirrhocephala*, Bp. (1854); *Bruchigavia, Clupeilarus*, Bp. (1857); *Lambruschinia*, Salvad. (1864); *Adelolarus, Einalia, Melanolarus, Epitelolarus*, Heine et Rchw. (1890).

11.774. MINUTUS, Pall., *Reise Russ. Reichs*, III, p. 702; Dress., *B. Eur.* VIII, p. 373, pl. 599; Dubois, *Faune Ill., Ois.* II, p. 602, pl. 296; *atricilloides*, Falck.; *d'orbignyi*, Audouin, *H. N. de l'Égypte*, pl. 9, f. 3; *nigrotis*, Less.; *pygmæus*, Gr. — Europe et Sibér. jusq. 62° l. N. environ (pas en Scandin.); Turkest., côtes des mers Casp. et Méditerr.

11.775. ICHTHYAËTUS, Pall., *Reise Russ. Reichs*, II, p. 713; Dress., *l. c.* VIII, p. 369, pl. 598; Shell., *B. Egypt*, p. 307, pl. 13; *ridibunda phœnicopos*, S. Gm.; *leucomelas*, Less. (nec V.); *kroicocephalus*, James.; *pallasi*, Bp.; *minor*, Schl., *Mus. P.-B., Lari*, p. 34; *innominatus*, Hume; *affinis*, Bidd. — Europe S.-E., Méditerranée E., Asie centrale jusqu'au Koko-nor; en hiver l'Inde.

11.776. MELANOCEPHALUS, Natt., *Isis*, 1818, p. 816; Schl., *l. c.*, p. 43; Heugl., *Orn. N.-O. Afr.* II, p. 1407; Dress., *l. c.* VIII, p. 365, pl. 597, f. 2; *atricilla*, Natt. (nec L.); *plumbiceps*, Kp.; *caniceps*, Brm.; *michahelli, leucophthalmus*, v. d. Mühle; *affinis*, Nardo. — Côtes de la Mer Noire, de la Méditerranée et du S.-W. de l'Europe.

11.777. SAUNDERSI (Swinh.), *P. Z. S.*, 1871, pp. 273, 421; Dav. et Oust., *Ois. Chine*, p. 522; Saund., *P. Z. S.*, 1878, p. 205; *kittlitzii*, Swinh. (1860, nec Bruch); *schimperi*, Schl., *l. c.*, p. 40 (nec Bruch). — Corée, Chine N., Mongolie, Japon.

11.778. PHILADELPHIA (Ord.), in *Guthrie's Geogr.*, 2ᵉ ed. *Amer.* II, p. 319; Baird., Cass. et Lawr., *B. N. Amer.*, p. 852; Gould, *B. Gr. Brit.* V, pl. 65; *minutus*, Sab. (nec Pall.); *capistratus*, Bp. (nec Tem.); *melanorhynchus*, Tem., *Pl. Col.* 504; *bonapartii*, Sw. et Rich.; Audub., *B. Am.* VII, p. 131, pl. 442; *subulirostris*, Bruch. — Amérique du Nord.

11.779. SERRANUS, Tsch., *Arch. f. Naturg.*, 1844, 1, p. 314; Tacz., *Orn. Pér.* III, p. 452; Saund., *Cat.*, p. 188; *cirrhocephalus*, Peale (nec Vieill.); *personatus*, Bruch; *glaucotes*, Cass. (nec Meyen). — Ecuador, Pérou, Chili.

11.780. FRANKLINI, Swains. et Rich., *Faun. Bor.-Am., B.*, p. 424, pl. 71; Audub., *B. Amer.* VII, p. 145; Schl., *l. c.*, p. 36; Tacz., *Orn. Pér.* III, p. 451; *pipixcan*, Wagl.; *cucullatus*, Rchb.; *kittlitzii*, Bruch (nec Swinh.); *schimperi*, Bruch (nec Schl.); *cinereo-caudatus*, Phil. et Landb. — Amérique septentrionale et centrale; en hiver longe les côtes améric. du Pacifique jusqu'au Chili.

11.781. ATRICILLA, Lin.; Audub., *Orn. Biogr.* IV, p. 118, pl. 314; Tacz., *Orn. Pér.* III, p. 450; *ridibundus*, Wils. (nec L.); *catesbyi*, *megalopterus*, *micropterus*, Bruch; *catesbœi*, *macroptera*, *minor*, Bp. — Amérique septentr. et centr., Antilles; en hiver jusqu'au Brésil et Pérou.

11.782. CIRRHOCEPHALUS, Vieill., *N. Dict.* XXI, p. 502; id., *Gal. Ois.* II, p. 223, pl. 289; Tacz., *Orn. Pér.* III, p. 455; *poliocephalus*, Tem.; *poiocephalus*, Sw.; *phæocephala*, Strickl.; *plumbiceps*, Bruch; *major*, Bp.; *maculipennis*, Burm. (nec Licht.); *polionotus*, Pelz.; ? *hartlaubi*, Rochebr. — Amérique méridionale, Afrique.

11.783. MACULIPENNIS, Licht., *Verz. Doubl.*, p. 83; Bruch, *J. f. O.*, 1853, p. 105; Scl. et Huds., *Argent. Orn.* II, p. 198; Saund., *Cat.*, p. 200; *cirrhocephalus* (pt.), auct. plur. (nec V.); *serranus*, Burm. (nec Tschudi); *glaucodes* (pt.), Saund. — Amérique méridionale.

11.784. GLAUCODES, Meyen, *Nov. Act. Acad. Cæs. Leop.* XVI, p. 115, pl. 24; id., *Beitr. Zool.*, p. 239, pl. 34; Saund., *Cat.*, p. 203; *ridibundus*, King (nec L.); *albipennis*, Gr. (nec Licht.); *roseiventris*, Gould; *cirrhocephalus* (pt.), auct. plur. (nec V.) — Du Cap Horn au 38° l.S., îles Malouines.

11.785. RIDIBUNDUS, Lin.; Naum., *Vög. Deutschl.* X, p. 264, pl. 260; Dress., *l. c.* VIII, p. 357, pl^s 596 et 597, f. 1; Dubois, *l. c.* II, p. 598, pl. 295; ? *cinerarius*, L.; *erythropus*, Gm.; *atricilla*, Retz. (nec L.); *canescens*, Bechst.; *nævius*, Pall.; *capistratus*, Tem.; *pileatum*, Brm.; *minor*, Schl.; *pallida*, Hodgs.; *brunneicephalus*, Gray (pt.); *cahiricus* et *cahirinus*, Saund. — Europe, Asie et Afrique entre le 60° et le 10° latitude N., Philippines, Japon.

11.786. BRUNNEICEPHALUS, Jerd., *Madr. Journ.*, 1840, p. 25; Schl., *Mus. P.-B., Lari*, p. 35; Legge, *B. Ceyl.*, p. 1049; Hume et Henders., *Lahore to York*, p. 300, pl. 32; Dav. et Oust., *Ois. Chine*, p. 521; *brunneiceps*, Cab.; *lacrymosus*, Licht.; *tibetanus*, Gould. — Asie centrale, du Turkestan au Thibet et Mongolie; en hiver Inde, Ceylan et Indo-Chine W.

11.787. LEUCOPHTHALMUS, Tem., *Pl. Col.* 366; Schl., *l. c.*, p. 32; Shell., *B. Egypt*, p. 308; *masauanus*, Heugl. — Europe S.-E., côtes de la Mer Rouge.

11.788. HEMPRICHI (Bruch), *J. f. O.*, 1853, p. 106, 1855, p. 278; Schl., *l. c.*, p. 32; Finsch, *Tr. Zool. Soc.* VII, p. 302, pl. 27; Heugl., *Orn. N.-O. Afr.* II, 2, p. 1399, pl. 36, f. 2; Saund., *Cat.*, p. 221; *crassirostris*, Boie (nec V.) — Côtes de la Mer Rouge, de l'Afrique E., du Béloutchistan et de l'Inde.

11.789. FULIGINOSUS, Gould, in *Darw. Voy. Beagle, B.*, p. 141; Salv., *Tr. Zool. Soc.* IX, p. 505, pl. 87; Saund., *Cat.*, p. 222; *neptunus*, Bp.; *belcheri*, Blas. (pt., nec Vig.); *heermanni* (pt.), Gr. — Iles Galapagos.

11.790. MODESTUS, Tschudi, *Arch. f. Naturg.*, 1843, 1, p. 389; id., *Faun. Per.*, pp. 53, 306, pl. 35; Tacz., *Orn. Pér.* III, p. 449; *bridgesi*, Fras.; id., *Zool. Typ.*, pl. 69; *polios*, Natt. — Côtes du Chili et du Pérou.

11.791. HEERMANNI, Cass., *Pr. Phil. Acad.*, 1852, p. 187; id., *B. Calif.*, p. 28, pl. 5; Bd., Brew. et Ridgw., *Water-B. N. Am.* II, p. 252; *belcheri*, Scl. (nec Vig.) — Amérique N.-W. de l'île Vancouver à la Basse-Calif., en hiv. jusqu'au Guatémala.

11.792. BELCHERI, Vig., *Zool. Journ.*, 1829, p. 358; Tacz., *Orn. Pér.* III, p. 448; *melanurus*, Licht. (nec Tem.); *fuliginosus*, Cass. (nec Gd.); *frobeenii*, Phil. et Landb. — Côtes du Chili et du Pérou jusqu'au 12° latitude S.

11.793. CRASSIROSTRIS, Vieill., *N. Dict.* XXI, p. 508; Schl., *l. c.*, p. 8; David et Oust., *Ois. Chine*, p. 519; *melanurus*, Tem., *Pl. Col.* 459; T. et Schl., *Faun. Jap.*, p. 132, pl. 88; *fuscus*, Pelz. (nec L.) — Côtes des mers de Chine et du Japon.

11.794. GELASTES, Thien., *Fortpflanz. Vög. Eur.*, pt. V, p. 22; Shell., *B. Egypt.*, p. 306; Dress., *l. c.* VIII, p. 389, pl. 601, f. 2; *genei*, Brème; *leucocephalus*, Boiss.; *tenuirostris*, Tem.; *lambruschini*, Bp.; *columbinus*, Golow.; *rubriventris*, Bp.; *subroseus*, *brehmi*, Heugl.; *arabicus*, Hempr. et Ehr. — Méditerranée, mers Noire, Caspienne et Rouge, et Nord de l'Océan Indien.

11.795. BULLERI, Hutt., *Cat. B. N. Zeal.*, p. 41; Bull., *B. N. Zeal.*, ed. 2, II, p. 58, pl. 29, f. 1; Saund., *Cat.*, p. 233; *pomare*, Bruch (1855, nec 1853); *melanorhynchus*, Bull. (nec Tem.) — Nouvelle-Zélande.

11.796. NOVÆ-HOLLANDIÆ, Steph., *Gen. Zool.* XIII, pt. 1, p. 196; Saund., *l. c.*, p. 235; *scopulinus, var. major*, Forst.; *jamesoni*, J. Wils., *Ill. Zool.*, pl. 23; Gould, *B. Austr.* VII, pl. 20; *pomare*, Bruch (1853); *andersonii*, Bruch; *gouldi*, *corallinus*, Bp.; *longirostris*, Mast. — Australie, Tasmanie, Nouvelle-Calédonie.

11.797. SCOPULINUS, Gray, in *Dieffenb. N. Zeal.* II, *App.*, p. 200; Schl., *l. c.*, p. 28; Bull., *B. N. Zeal.*, ed. 2, II, p. 55, pl. 29, f. 2; *novæ-hollandiæ*, auct. plur. (nec Steph.); *jamesoni* et *andersoni* (pt.), Gray. — Nouvelle-Zélande, îles Chatham et Auckland.

11.798. HARTLAUBI (Bruch), *J. f. O.*, 1853, p. 102, 1855, p. 286; Saund., *P. Z. S.*, 1874, p. 293, 1878, p. 188; *poiocephalus*, Lay. (nec Sw.); *cirrhocephalus*, Hartl. (nec V.); *ridibundus*, Schl. et Pol. (nec L.), *Faune Madag.*, *Ois.*, p. 146. — Afrique S. du Cap au Natal, Madagascar.

11.799. MARINUS, Lin.; Dress., *l. c.* VIII, p. 427, pl. 604; Dubois, *l. c.* II, p. 583, pl. 291; *nævius*, L.; *maculatus*, Bodd.; *giganteus*, Ben.; *maximus*, Leach; *mülleri*, *fabricii*, Brm.; *nigripallus*, C. Dub., *Pl. Col. Ois. Belg.* III, p. et pl. 240. — Côtes de l'Eur. N. et W. jusq. Cap Nord et la Petschora, Islande, Groenl., Amér. N.-E. jusq. Flor., en hiv. Canar. et Méditerr.

3257. *Var.* SCHISTISAGA, Stejneg., *Auk*, 1884, p. 231 (*schistisagus*); id., *Pr. U. S. Nat. Mus.*, 1887, p. 119, pl. 8, f. 1 (rémiges); *argentatus* (pt.), Midd.; *cachinnans*, Kittl. (nec Pall.); *marinus* (pt.), auct. plur.; *pelagicus*, Tacz. (nec Bruch); *marinus schistisagus*, Seeb., *B. Jap.*, p. 291. — Mers de Behring, d'Okhotsk, N. du Pacifique, îles Kouriles, Japon N.

11.800. DOMINICANUS, Licht., *Verz. Doubl.*, p. 82; Gray, *Gen. B.* III, pl. 180; Schl., *l. c.*, p. 12; Bull., *B. N. Zeal.*, p. 270, pl. 28, f. 1; Tacz., *Orn. Pér.* III, p. 205; *marinus*, Lath. (pt., nec L.); *fuscus* (pt.), auct. plur. (nec L.); *littoreus*, Forst.; *antipodus*, Gr.; *pelagicus*, *vetula*, *vociferus*, *fritzei*, Bruch; *verreauxi*, *azaræ*, Bp.; *antarcticus*, Ellm.; *pacificus*, Lay. — Afrique S., Amérique méridionale du 10° latitude S. aux régions antarctiques, îles Kerguelen, Nouvelle-Zélande.

11.801. FUSCUS, Lin.; Dress., *l. c.*, p. 421, pl. 603; Dubois, *l. c.* II, p. 587, pl. 292; *flavipes*, Mey. et W.; *melanotus*, *harengorum*, *graellsii*, Brm.; *fuscescens*, Bruch (part.) — Europe occid. jusqu'au Cap N. et mer Blanche; Méditerranée, Mer Rouge.

11.802. AFFINIS, Reinh., *Vidensk. Meddel.*, 1853, p. 78; id., *Ibis*, 1861, p. 17; Saund., *P. Z. S.*, 1878, p. 171; Dress., *l. c.* VIII, p. 417; *fuscus* (pt.), auct. plur. (nec L.); *cachinnans*, auct. plur. (nec Pall.); *rufescens*, *fuscescens*, Bp.; *leucophæus*, Heugl. (nec Licht.); *occidentalis*, Hume (nec Audub.) — Russie N., Sibérie W. jusqu'au Jenissei; en hiver l'Océan Indien et les côtes E. et N.-E. de l'Afrique.

11.803. OCCIDENTALIS, Audub., *Orn. Biogr.* V, p. 320; id., *B. N. Amer.* VII, p. 161; Schl., *l. c.*, p. 15; Ell., *New and Unfig. B. N. Am.* II, pl. 52; *argentatus*, *var. occidentalis*, Coues. — Côtes de l'Amérique N.-W. de l'État de Washington à la Basse-Californie.

11.804. ARGENTATUS, Brünn., *Orn. bor.*, p. 44; Dress., *l. c.* VIII, p. 399, pl. 602, f. 2; Dubois, *l. c.* II, p. 590, pl. 293; *varius*, Brünn.; *fuscus*, Pen. (nec L.); *glaucus*, Retz. (nec Brünn., nec Fabr.); *argenteus*, Boie; *argentatoides*, *americanus*, etc., Brm.; *marinus*, Lemb. (nec L.) — Europe, Amér. N.-E.

3258. *Var.* Smithsoniana, Coues, *Key N. Am. B.*, p. 312 ; Ridgm., *Man. N. Amer. B.*, p. 31 ; *argentatus* (pt.), Saund.	Sud des États-Unis, Basse - Californie, golfe du Mexique.
3259. *Var.* Cachinnans, Pall., *Zoogr. Rosso-As.* II, p. 318 ; Heugl., *Orn. N.-O. Afr.* II, 2, p. 1392 ; *argentatus* (pt.), auct. plur. ; *leucophæus*, Licht., *Nomencl. Av.*, p. 99 ; Dress., *l. c.* VIII, p. 411, pl. 602, f. 1 ; *michahellesii*, Bruch ; *epargyrus*, Licht. ; *fuscescens*, Scl.	Europe S., Mer Noire jusqu'au lac Baïkal, Afrique W., Mer Rouge jusqu'au N.-W. de l'Inde.
3260. *Var.* Vegæ, Palm., *Vega Exped.*, *Vetensk.* V, p. 370 ; Stejn., *Auk*, 1888, p. 310 ; *argentatus* et *cachinnans* (pt.), auct. plur. ; ? *borealis*, Bruch, Bp., Baird ; *occidentalis*, Swinh. (nec Audub.) ; Dav. et Oust., *Ois. Chine*, p. 520.	Sibérie arctique, mer de Behring, en hiver jusqu'aux côtes de Chine.
11.805. audouini, Payraud., *Ann. Sc. Nat.* VIII, 1826, p. 462 ; Gould, *B. Eur.* V, pl. 438 ; Dress., *l. c.* VIII, p. 395, pl. 601, f. 1 ; *atricilla* (pt.), Tem. (1820) ; *payraudei*, Vieill.	Méditerranée W.
11.806. delawarensis, Ord, *Guthr. Geogr.*, 2e amer. ed. II, p. 319 ; Bd., Br. et Ridgw., *Water-B. N. Am.* II, p. 244 ; Saund., *Cat.*, p. 273 ; *argentatoides*, Bp. (nec Brm.) ; *zonorhynchus*, Rich. et Sw., *Faun. Bor.-Am.*, *B.*, p. 421 ; Audub., *B. N. Am.* VII, p. 152, pl. 446 ; *occidentatis*, Bruch (nec Aud.) ; *bruchi*, *mexicanus*, Bp.	Amérique septentr., en hiver le Mexique et la Basse-Californie (accid. Cuba et Bermude.)
11.807. californicus, Lawr., *Ann. Lyc. N. Y.* VI, 1854, p. 79 ; Ell., *New and Unfig. B. N. Am.* II, pl. 52 ; Coues, *Key N. Am. B.*, p. 313.	Amérique N.-W., en hiver Mexique W.
11.808. canus, Lin. (1758) ; Dress., *l. c.* VIII, p. 381, pl. 600 ; Dubois, *Faune Ill. Ois.* II, p. 594, pl. 294 ; *cinereus*, Scop. ; *hybernus*, Tunst. ; *procellosus*, Bechst. ; *cyanorhynchus*, Mey. et W. ; *niveus*, Pall. (nec Bodd.) ; *major*, Midd., *Reis. Sib.*, *Zool.*, p. 243, pl. 24, f. 4 ; *lacrymosus*, Bruch (nec Licht.) ; *heinei*, Hom. ; *kamtchatchensis*, *farroensis*, *islandicus*, Bp. ; *suckleyi*, Schl. (nec Lawr.) ; *audouini* (pt.), Tristr.	Europe jusqu'au Cap N. et l'Islande, en Asie jusqu'au 65° l. N., en hiver la Méditer., le N. de l'Afr. jusqu'au golfe Persiq., la Chine et le Japon.
11.809. brachyrhynchus, Rich., *F. Bor. Am.*, *B.*, p. 422 ; Ell., *New and Unfig. B. N. Am.* II, pl. 53 ; *canus*, Rich. et Sw. (nec L.) ; *suckleyi*, Lawr. ; *septentrionalis*, Lawr., *var. brachyrhynchus*, Coues.	Amérique W. arct. et subarct., en hiver les côtes du Pacifique jusqu'en Californie.
11.810. glaucescens, Naum., *Vög. Deutschl.* X, p. 351 ; Coues, *B. N.-West*, p. 622 ; Seeb., *B. Japan. Emp.*, p. 290 ; ? *glaucopterus*, Kittl. ; *chalcopterus*, Bd., Cass. et Lawr. (nec Licht.)	Nord du Pacifique, en hiver Japon et Californie S.
11.811. nelsoni, Hensh., *Auk*, 1884, p. 250 ; Ridgw., *Man.*	Amérique N.-W.,

N. Am. B., p. 27; Saund., *Cat.*, p. 287; *chalcopterus*, Bp.; *glaucescens* (pt.), Gr.
Alaska.

3261. *Var.* Kumlieni, Brewst., *Bull. Nutt. Orn. Club*, 1883, p. 216; Baird, Br. et Ridgw., *W.-B. N. Am.* II, p. 219; *glaucescens*, Kuml.
Amérique N.-E., en hiver Terre-Neuve jusqu'à New-York.

11.812. glaucus, Brünn., *Orn. Bor.*, p. 44; Fabr., *Faun. Groenl.*, p. 100; Dress., *l. c.* VIII, p. 433, pl. 605; Dubois, *l. c.* II, p. 577, pl. 289; *hyperboreus*, Gunn.; *maximus*, O'Reil. (nec Leach); *consul*, Boie; *islandicus*, Edm.; *leucopterus*, auct. plur. (nec Fab.); *glacialis*, Brm.; *hutchinsi*, Rich.; *barrovianus*, Ridgw.; *glaucescens*, Tacz. (nec Naum.)
Zone arctique, en hiver les côtes jusqu'au 40° l. N.

11.813. leucopterus, Faber, *Prodr. Isl. Orn.*, p. 91; Dress., *l. c.* VIII, p. 439, pl. 606; Dubois, *l. c.* II, p. 580, pl. 290; *glaucoides*, Mey.; *arcticus*, Macg.; *islandicus*, Edm. (pt.); *minor*, *subleucopterus*, Brm.; *glacialis*, Bruch; *chalcopterus*, Licht.
Ile Jean Mayen, Groenland, Amér. N.-E., Islande, Europe W. (rare au S. du 60° l. N.)

1898. GABIANUS

Gabianus, Bruch (1853).

11.814. pacificus (Lath.), *Ind. Orn., Suppl.*, p. 68; Gould, *B. Austr.* VII, pl. 19; Schl., *l. c.*, p. 7; *frontalis*, *leucomelas*, Vieill.; *bathyrinchus*, Macg.; *georgii*, King.
Australie, Tasmanie.

1899. LEUCOPHÆUS

Leucophæus, Bruch (1853); *Procellarus*, *Epitelarus*, Bp. (1854).

11.815. scoresbyi (Traill.), *Mem. Wern. Soc.* IV, p. 514; Schl., *l. c.*, p. 33; Oust., *Miss. Sc. Cap Horn*, VI, p. 179, pl. 3; *hæmatorhynchus*, Vig.; Jard. et Sel., *Ill. Orn.* II, pl. 106; *neglectus*, Bp.
Patagonie, Magellan, Cap Horn, Malouines, île Chiloë.

1900. PAGOPHILA

Pagophila, Kaup (1829); *Cetosparactes*, Macg. (1842); *Catosparactes*, Gray (1846); *Gavia* (pt.), auct. plur.

11.816. eburnea (Phipps), *Voy. N. Pole, App.*, p. 187; Dress., *l. c.* VIII, p. 349, pl. 595; Dubois, *l. c.* II, p. 610, pl. 299; *candidus*, Müll.; *niveus*, Bodd.; *albus*, Schäff.; *brachytarsus*, Holb.
Zone arctique, Europe N.-W. et Amérique N.-E.

1901. RISSA

Rissa, Steph. (1826); *Cheimonea*, Kp. (1829); *Laroides*, Brm. (1830).

11.817. TRIDACTYLA (Lin.); Dress., *l. c.* VIII, p. 447, pl. 593; Dubois, *l. c.* II, p. 606, pl. 298; *L. rissa* et *nævius*, L.; *riga*, Gm.; *torquatus*, *gavia*, Pall.; *brunnichii*, Steph.; *minor*, *borealis*, Brm.; *cinerea*, Eyt.; *kotzebui*, Bp.; *pollicaris*, Stejn. — Zone arctique jusqu'au 80° l. N., descend en hiver jusqu'au 30° l. N.

11.818. BREVIROSTRIS (Bruch), *J. f. O.*, 1853, p. 103; Baird, Br. et Ridgw., *Water-B. N. Am.* II, p. 207; *brachyrhynchus*, Gould (nec Rich.); *nivea*, Gr. (nec L., nec Pall.); Ell., *New and Unf. B. N. Am.* II, pl. 54; *citrirostris*, Bruch; *warnecki*, Coinde. — Mer de Behring, Kamtschatka, îles Aléoutes et Prybiloff.

FAM. III. — STERCORARIIDÆ

1902. MEGALESTRIS

Catharacta, Brünn. (1764, nec Moehr., 1752); *Lestris* (pt.), Illig. (1811); *Catàractes*, Flem. (1822); *Megalestris*, Bp. (1856); *Buphagus*, Coues (1863).

11.819. SKUA (Brünn.), *Orn. Bor.*, p. 33; Coues, *B. N.-West.*, p. 604; *fuscus*, Briss.; *catarrhactes*, L.; Dress., *B. Eur.* VIII, p. 457, pl. 609; Dubois, *Fne. Ill.*, *Ois.* II, p. 611, pl. 300; *vulgaris*, Flem.; *pomarinus*, Vieill. (nec Tem.); *minor*, Brm. — Europe N.-W., Islande, Groenland, Amérique N.-E.

11.820. CHILENSIS (Bp.), *Consp. Av.* II, p. 207; Saund., *P. Z. S.*, 1876, p. 323, pl. 24; Tacz., *Orn. Pér.* III, p. 458; *antarcticus*, Gay (nec Less.); *catarractes*, Licht. (nec L.) — Côtes de l'Amér. mér., de Rio-de-Janeiro à Magellan et de là au Pérou.

11.821. ANTARCTICA (Less.), *Traité d'Orn.*, p. 616; Bull., *B. N. Zeal.*, ed. 2, II, p. 63; M.-Edw. et Grand., *H. N. Madag.*, *Ois.*, p. 643; *catarrhactes*, auct. plur. (nec L.); Gould, *B. Austr.* VII, pl. 21. — Iles de l'océan antarct.: des Malouines aux Kerguelen et Nouv.-Zél., Madagascar.

3262. *Var.* MACCORMICKI, Saund., *Bull. Br. Orn. Club*, III, 1893, p. 12; id., *Cat.*, p. 321, pl. 1. — Zone antarctique du 71° au 76° l. S.

1903. STERCORARIUS

Stercorarius, Briss. (1760); *Lestris* (pt.), Illig. (1811); *Labbus*, Rafin. (1815); *Prædatrix*, Vieill. (1816); *Oceanus*, Kaup (1816); *Coprotheres*, Rchb. (1852).

11.822. POMARINUS (Tem.), *Man. d'Orn.*, p. 514 (1815); Dubois, *l. c.* II, p. 615, pl. 301; *parasiticus*, Mey. et W. (nec L.); *parasita*, *var. camtschatica*, Pall.; *sphæriuros*, Brm.; *striatus*, Eyt.; *pomatorhinus*, Scl., *Ibis*, 1862, p. 297; Dress., *l. c.* VIII, p. 463, pl. 595; *pomarhinus*, Prey. — Zone pol. arct. jusqu'au 82° l. N.; en hiver sur presque toutes les côtes jusqu'au Pérou, l'Afrique et l'Australie.

11.823. CEPPHUS (Brünn.), *Orn. Bor.*, p. 36 (1764); *coprotheres*, Brünn., *l. c.*, p. 38; *crepidatus*, Banks; Dress., *l. c.* VIII, p. 471, pl^s 596 et 597, f. 2; Dubois, *l. c.*, II, p. 619, pl. 302; *parasiticus*, Bodd. et auct. plur. (nec L.); *boji*, *schleepi*, *benickii*, Brm.; *richardsoni*, Sw.; Audub., *B. N. Am.* VII, p. 190, pl. 452; *spinicauda*, Hardy; *thuliaca*, Prey.; *tephras*, Malmgr.; *asiaticus*, Hume. — Zone pol. arct. jusqu'au 82° l. N.; en hiver jusque sur les côtes du Brésil, du S. de l'Afrique et de la Nouvelle-Zélande.

11.824. PARASITICUS, Lin. (1758); Dress., *Birds Eur.* VIII, p. 481, pl. 97, f. 1; *longicauda*, Briss., *Orn.* VI, p. 155 (1760); Dubois, *l. c.* II, p. 622, pl. 303; *cepphus*, auct. plur. (nec Brünn.); *buffonii*, Boie; *microrhynchos*, Brm.; *lessoni*, Less.; *longicaudata*, Rchb.; *hardyi*, Bp. — Zone pol. arct. jusqu'au 80° l. N.; dépasse rarement en hiver le 40° l. N.

ORD. XVII. — TUBINARES (1)

FAM. I. — PROCELLARIIDÆ

1904. PROCELLARIA

Procellaria, Lin. (1758); *Hydrobates*, Boie (1822); *Thalassidroma*, Vig. (1825).

11.825. PELAGICA, Lin.; Dubois, *Fne. Ill., Ois.* II, p. 638, pl. 305; Dress., *B. Eur.* VIII, p. 491, pl. 599, f. 1; *pelagina*, Kuhl; *foeroensis*, Brm.; *melitensis*, Schembri; *lugubris*, Natt.; *minor*, Kjærb.; *tenuirostris* et *albifasciata*, Brm. — Europe N.-W. jusqu'au 69° l. N. et vers le S. jusqu'à la Méditerranée et l'Afrique occid.

11.826. TETHYS, Bonap., *J. f. O.*, 1853, p. 47; id., *Consp.* II, p. 197; Salv., *Trans. Z. S.* IX, p. 507, pl. 88, f. 2; id., *Cat.*, p. 346. — Iles Galapagos et côtes occid. de l'Amérique méridionale.

1905. HALOCYPTENA

Halocyptena, Coues (1864).

11.827. MICROSOMA, Coues, *Pr. Ac. Philad.*, 1864, pp. 79, 90; Ell., *B. of N. Amer.* II, pl. 61, f. 2; Salv., *Cat.*, p. 346. — Amérique W., de la Basse-Californie à Panama.

1906. OCEANODROMA

Oceanodroma, Rchb. (1852); *Cymochorea*, Coues (1864).

11.828. LEUCORRHOA (Vieill.), *N. Dict.* XXV, p. 422; Schl., *Mus. P.-B., Procellariæ*, p. 3; Dress., *l. c.* VIII, — Mers de l'hémisphère boréale.

(1) Voy.: Osb. Salvin, *Catalogue of the Birds Brit. Mus.* XXV, pp. 340-458 (1896).

p. 497, pl. 599, f. 2; Dubois, *l. c.* II, p. 642, pl. 306; *leachi*, Tem.; Gould, *B. Eur.* V, pl. 447; *bullocki*, Flem.; *scapulata*, Kittl.

3263. *Var.* KAEDINGI, Anth., *Auk*, 1898, p. 37. — Iles Socorro, Clarion, Basse-Californie.

11.829. CASTRO (Harc.), *A Sketch of Madeira*, pp. 123, 166 (1851); id., *Ann. Mag. N. H.*, 1855, p. 436; Grant, *Ibis*, 1898, p. 314; *cryptoleucura*, Ridgw., *Pr. U. S. Nat. Mus.*, 1882, p. 337; Salv., *Cat.*, p. 350. — Iles du Cap Vert, S. de l'Atlantique jusqu'à Madeire, Galapagos et îles Sandwich.

11.830. MACRODACTYLA, Bryant, *Bull. Calif. Ac. Sc.* II, p. 276; Salv., *Cat.*, p. 351. — Ile Guadalupe, Basse-Californie.

11.831. SOCORROENSIS, Towns., *Pr. U. S. Nat. Mus.*, 1890, p. 134; Salv., *l. c.*, p. 352. — Ile Socorro (Mexique).

11.832. FULIGINOSA (Gm.), *S. N.* I, p. 562; Štejn., *Pr. U. S. Nat. Mus.*, 1893, p. 620; Salv., *l. c.*, p. 352. — Mers du Japon.

11.833. MELANIA (Bonap.), *C. R.* XXXVIII, p. 662; id., *Consp.* II, p. 196; Ell., *B. N. Am.* II, pl. 61, f. 1; *townsendi*, Ridgw. — Californie.

11.834. MARKHAMI (Salv.), *P. Z. S.*, 1883, p. 430; Tacz., *Orn. Pér.* III, p. 462; Ridgw., *Man. N. Am. B.*, p. 71. — Pérou.

11.835. TRISTRAMI, Stejn., *MS.*; Salv., *Cat. Birds*, p. 354; *melania*, Seeb. (nec Bp.), *B. Jap. Emp.*, p. 270; *markhami*, Stejn., *Pr. U. S. Nat. Mus.*, 1893, p. 621 (nec Salv.) — Japon.

11.836. HOMOCHROA (Coues), *Pr. Ac. Philad.*, 1864, pp. 77, 90; Baird., Br. et Ridgw., *Water-B. N. Am.* II, p. 411; *melania*, Lawr. — Californie.

11.837. MONORHIS (Swinh.), *Ibis*, 1867, p. 386, 1869, p. 348; David et Oust., *Ois. Chine*, p. 515; Salv., *Cat.*, p. 356, pl. 2. — Chine et Japon.

11.838. HORNBYI (Gray), *P. Z. S.*, 1853, p. 62; Bp., *Consp.* II, p. 195; Salv., *Cat.*, p. 356, pl. 3. — Amérique N.-W.

11.839. FURCATA (Gm.), *S. N.* I, p. 561; Gould, *Zool. Voy. Sulphur*, p. 50, pl. 33; Gray, *Gen. B.* III, pl. 178; Schl., *l. c.*, p. 3; *orientalis*, Pall. — N. du Pacifique, au S. jusqu'à l'Orégon.

1907. OCEANITES

Oceanites, Keys. et Blas. (1840); *Garrodia*, Forb. (1881).

11.840. OCEANICUS (Kuhl), *Beitr.*, p. 136; Bp., *Consp.* II, p. 199; Dress., *l. c.* VIII, p. 505, pl. 614; *wilsoni*, Bp.; Audub., *B. N. Am.* VIII, p. 106, pl. 460; Dub., *Ois. Eur.* II, p. et pl. 164. — Océans Atlantique et Indien jusqu'aux mers antarct., Australie, Nouv.-Zél.

11.841. GRACILIS (Ell.), *Ibis*, 1859, p. 391; Coues, *Pr. Ac. Phil.*, 1864, p. 85; *wilsoni*, Gigl. (nec Bp.) — Côtes occid. de l'Amérique méridionale.

11.842. NEREIS (Gould), *P. Z. S.*, 1840, p. 178; id., *B. Austr.* VII, pl. 64; Cab., *J. f. O.*, 1875, p. 449. — Des îles Kerguelen à la Nouv.-Zélande et les îles Malouines.

1908. PELAGODROMA

Pelagodroma, Rchb. (1852); *Pealea*, Ridgw. (1886).

11.843. MARINA (Lath.), *Ind. Orn.* II, p. 826; Vieill., *Gal. Ois.* II, p. 230, pl. 292; Gould, *B. Austr.* VII, pl. 61; *hypoleuca*, Moq.-Tand.; *fregata*, Bp.; Schl., *l. c.*, pp. 5, 6; *æquorea*, Sol. — Mers australes au N. jusqu'aux Canaries (accid. Gr. Bret. et Massachusetts.)

11.844. LINEATA (Peale), *U. S. Expl. Exp.* VIII, pp. 293, 337, pl. 79 (1848); Cass., *Op. cit.*, ed. 2, p. 403, pl. 39; Salv., *Cat.*, p. 364. — Upolu (îles Samoa).

1909. FREGETTA

Fregetta, Bonap. (1855); *Cymodroma*, Ridgw. (1884).

11.845. MELANOGASTER (Gould), *Ann. and Mag. N. H.*, 1844, XIII, p. 367; id., *B. Austr.* VII, pl. 62; Bp., *Consp.* II, p. 198; *tropica*, Gould, *Ann. Mag. N. H.*, 1844, p. 366. — Mers australes, dans l'Atlantique jusqu'au 10° l. N.

11.846. GRALLARIA (Vieill.), *N. Dict.* XXV, p. 418; Salvad., *Orn. Pap.* III, p. 459; *fregetta*, Gray; *leucogaster*, Gould, *B. Austr.* VII, pl. 63; *segethi*, Phil. et Landb.; ? *fregata*, L.; ? *lawrencii*, Bp. — Mers australes, au N. jusqu'en Floride.

11.847. ALBIGULARIS (Finsch), *P. Z. S.*, 1877, p. 722; Salv., *P. Z. S.*, 1879, p. 130; *tropica*, Bp. (nec Gould); *torquata*, Gray (nec Macg.) — S. du Pacifique (Nouv.-Hébrides, Phœnix, etc.)

11.848. MOESTISSIMA, Salv., *P. Z. S.*, 1879, p. 130; id., *Cat.*, p. 367. — Iles Samoa.

FAM. II. — PUFFINIDÆ

SUBF. I. — PUFFININÆ

1910. PUFFINUS

Puffinus, Briss. (1760); *Nectris*, Kuhl (1820); *Thyellas*, Glog. (1827); *Thiellus*, Gray (1840); *Cymotomus*, Macg. (1842); *Ardenna*, Rchb. (1852); *Thyellodroma*, Stejn. (1888); *Zalias*, Heine (1890).

11.849. LEUCOMELAS, Tem., *Pl. Col.* 587; Tem. et Schl., *Faun. Jap.*, p. 131, pl. 85; Salvad., *Orn. Pap.* III, p. 461. — Côtes du Japon, Corée, Philipp., Moluques, Bornéo, Austral. N.

11.850. CUNEATUS, Salv., *Ibis*, 1888, p. 353; Seeb., *Ibis*, 1891, p. 191; *knudseni*, Stejn., *Pr. U. S. Nat. Mus.*, 1888, p. 93. — N. du Pacif., des Sandwich au S. du Japon.

11.851. BULLERI, Salv., *Ibis*, 1888, p. 354; Bull., *B. N. Zeal.*, ed. 2, II, p. 240, pl. 41, f. 2; *zealandicus*, Sand. — Nouv.-Zélande.

11.852. CHLORORHYNCHUS, Less., *Tr. d'Orn.*, p. 612; M.-Edw. et Grand., *H. Mag., Ois.*, p. 680, pl^s 297, 298; *sphenurus*, Gould; id., *B. Austr.* VII, pl. 58; *gama*, Bp.; *carneipes*, Cheesem. (nec Gould). — Océan Indien, Austr., N.-Zél. jusqu'aux îles Société, Pacifique centr.

11.853. GRAVIS (O'Reil.), *Voy. to Greenl.*, etc., p. 140, pl. 12, f. 1 (1818); Salv., *Cat.*, p. 373; *major*, Fab.; Gould, *B. Gr. Brit.* V, pl. 88; Dress., *B. Eur.* VIII, p. 527, pl. 616, f. 2; *cinereus*, Nutt.; Audub., *B. N. Am.* VII, p. 212, pl. 456. — Océan Atlantique, des îles Fœroé et Groenland au Cap Bonne-Espér., Malouines.

11.854. KUHLI (Boie), *Isis*, 1835, p. 257; Bp., *Consp.* II, p. 202; Dress., *l. c.* VIII, p. 513, pl. 615, f. 2; *cinereus*, Gould, *B. Eur.*, pl. 445; *flavirostris*, Gould; *macrorhyncha*, Heugl. — Méditerranée, océan Atlant., de Madeire aux Canaries, îles Kerguelen.

3264. *Var.* BOREALIS, Cory, *Bull. Nutt. Orn. Club*, 1881, p. 84; Bd., Br. et Ridgw., *Water-B. N. Am.* II, p. 379; *kuhli* (pt.), Salv. — Nouv.-Angleterre.

3265. *Var.* MARIÆ, Alex., *Ibis*, 1898, p. 93. — Iles du Cap Vert.

11.855. CREATOPUS, Coues, *Pr. Ac. Phil.*, 1864, pp. 131, 144; Bd., Br. et Ridgw., *Water-B. N. Am.* II, p. 383; Salv., *Cat.*, p. 376. — Amérique W. de Californie au Chili.

11.856. ANGLORUM, Briss. (1760); Tem. (1820); Dress., *l. c.* VIII, p. 517, pl. 615, f. 1; Dubois, *l. c.* II, p. 645, pl. 307; *arcticus*, Faber. — Atlantique, depuis l'Islande jusqu'au Brésil.

3266. *Var.* YELKOUANA, Salv., *Cat.*, p. 379; *yelkouan*, Acerbi, *Bibl. Ital.*, 1827, p. 294; Bp., *Consp.* II, p. 205; Degl. et Gerbe, *Orn. Eur.* II, p. 379; *anglorum* (pt.), auct. plur. — Méditerran. jusqu'aux côtes Britanniques.

11.857. OPISTHOMELAS, Coues, *Pr. Ac. Phil.*, 1864, pp. 139, 144; id., *Key N. Am. B.*, p. 331; Salv., *Cat.*, p. 380; *gavia*, Ridgw., *Pr. U. S. Nat. Mus.*, 1880, pp. 12, 230. — Basse-Californie, île Santa-Barbara.

11.858. AURICULARIS, Towns., *Pr. U. S. Nat. Mus.*, 1890, p. 133; Salv., *Cat.*, p. 380. — Ile Clarion (Mex. W.)

11.859. NEWELLI, Hensh., *Auk*, 1900, p. 246. — Iles Sandwich.

11.860. GAVIA (Forst.), *Descr. An.*, p. 148; Hutt., *Ibis*, 1867, p. 189; Bull., *B. New-Zeal.*, ed. 2, II, p. 236; Salv., *Cat.*, p. 381. — Côtes de Nouv.-Zél. et d'Australie.

11.861. OBSCURUS (Gm.), *S. N.* I, p. 559; Salv., *Cat.*, p. 382 (pt.); Rothsch. et Hart., *Nov. Zool.* VI, p. 194; *dichrous*, Hartl. et Fsch., *P. Z. S.*, 1872, p. 108; *opisthomelas, var. minor*, Hartl., *P. Z. S.*, 1867, — Océan Pacifique centr.: îles Fanning, Christmas, Pelew, Carolines (? Nouv.-Hép.382; *tenebrosus*, Pelz. (ex Natt.), *Ibis*, 1873, p. 47. — brides et Samoa).

3267. *Var.* Subalaris, Ridgw. (ex Towns., *MS.*), *Pr. U. S. Nat. Mus.*, 1896, p. 650; Rothsch. et Hart., *Nov. Zool.* VI, p. 194; *tenebrosus*, Towns. (nec Pelz.); *obscurus* (pt.), Salv. — Iles Galapagos.

3268. *Var.* Auduboni, Fsch., *P.Z.S.*, 1872, p. 111; Bd., Br. et Ridgw., *Water-B. N. Am.* II, p. 386; *obscurus* (pt.), auct. plur.; Audub., *B. N. Am.* VII, p. 99, pl. 458. — Amérique N.-E., de Nouv.-Jersey à la Floride, Antilles, Bermudes.

3269. *Var.* Bailloni, Bp., *C. R. Ac. Sc.* XLII, p. 769; id., *Consp.* II, p. 205; *obscurus* (pt.), auct. plur.; *gama*, Hartl. (nec Bp.); *assimilis* (pt.), Salv. (nec Gould); *elegans*, Gigl. et Salvad., *Ibis*, 1869, p. 67; Salv., *l. c.*, p. 385; id., in *Rowl. Orn. Mis.* I, p. 256, pl. 34. — Côtes d'Afrique, îles Madeire, Canaries, du Cap Vert, Madagascar, Seychelles, Maurice, etc.

3270. *Var.* Assimilis, Gould, *P. Z. S.*, 1837, p. 156; id., *B. Austr.* VII, pl. 59; *nugax*, Bp. — Nouv.-Zélande, Australie.

11.862. persicus, Hume, *Stray F.* I, p. 5, V, p. 292, VIII, p. 115; Salv., *Cat.*, p. 381, pl. 4. — Golfe Persique.

11.863. carneipes, Gould, *P. Z. S.*, 1844, p. 57; id., *B. Austr.* VII, pl. 57; Bull., *B. New-Zeal.*, ed. 2, II, p. 234; Salv., *l. c.*, p. 385. — Nouv.-Zélande, Australie jusqu'au Japon.

11.864. griseus (Gm.), *S. N.* I, p. 564; Finsch, *J. f. O.*, 1874, p. 209; Dress., *B. Eur.* VIII, p. 523, pl. 616; *tristis*, Forst.; *fuliginosus* et *chilensis*, Bp.; *carneipes*, Schl. (nec Gould); *amaurosoma*, Coues. — Atlantique et Pacifique, au S. jusqu'à l'Australie et Magellan.

3271. *Var.* Fuliginosa, Strickl., *P. Z. S.*, 1832, p. 129; Degl. et Gerbe, *Orn. Eur.* II, p. 381; *stricklandi*, Ridgw.; *griseus* (pt.), Salv. — Nord de l'Atlantique.

11.865. tenuirostris (Tem.), texte de la *Pl. Col.* 587; T. et Schl., *Faun. Jap.*, p. 131, pl. 86; Salvad., *Orn. Pap.* III, p. 462; *brevicaudus*, Brandt; *curilicus*, Bp.; *brevicaudatus*, Fsch. — Austral. et Nouv.-Zél., au N. jusqu'au Japon et Alaska; Samoa.

3272. *Var.* Nativitatis (Streets), *Bull. U. S. Nat. Mus.*, nº 7, p. 29; Ridgw., *Man. N. Am. B.*, p. 62; List., *P. Z. S.*, 1891, pp. 295, 300. — Pacifique centr. N., de Christmas aux îles Krusenst. et Phœnix

11.866. ? munda, Kuhl, *Beitr. Zool. Procel.*, p. 148; Bp., *Consp.* II, p. 205; Banks, *Icon.*, pl. 24. — Océan Pacifique.

1911. PRIOFINUS

Priofinus, Hombr. et Jacq. (1844); *Adamastor*, Bp. (1855).

11.867. cinereus (Gm.), *S. N.* I, p. 563; Smith, *Ill. Zool. S. Afr., Aves*, pl. 56; ? *gelida*, Gm.; *melanura*, Vieill.; *hæsitata*, Forst. (nec Kuhl); Gould, *B. Austr.* VII, pl. 47; *typus*, Bp.; *kuhli*, Cass.; *adamastor*, Schl., *Mus. P.-B., Procel.*, p. 23. — Mers australes.

1912. THALASSOECA

Thalassœca, Rchb. (1852) ; *Acipetes,* Forb. (1882).

11.868. ANTARCTICA (Gm.), *S. N.* I, p. 565 ; Schl., *l. c.*, p. 15 ; Bull., *B. N.-Zeal.*, ed. 2, II, p. 229 ; Sharpe, *Voy. Ereb. and Terr., Birds, App.*, p. 37, pl. 33. — Mers australes.

1913. PRIOCELLA

Priocella, Hombr. et Jacq. (1844).

11.869. GLACIALOIDES (Smith), *Ill. Zool. S. Afr., Av.*, pl. 51 ; Gould, *B. Austr.* VII, pl. 48 ; *glacialis, var.* β, Gm. ; *antarcticus,* Steph. (nec Gm.) ; *tenuirostris,* Audub. (nec Tem.) ; *garnoti,* Hombr. et J., *Voy. Pôle S.* III, p. 148, pl. 32 ; *polaris,* Bp. ; *smithi,* Schl., *l. c.*, p. 22. — Mers australes, dans le Pacifique jusqu'aux côtes N.-W. des États-Unis.

1914. MAJAQUEUS

Majaqueus, Rchb. (1852) ; *Cymatobulus,* Heine (1890).

11.870. ÆQUINOCTIALIS (Lin.) ; Burm., *S. U. Thiere Bras.* III, p. 445 ; Schl., *l. c.*, p. 18 ; M.-Edw. et Grand., *H. Madag., Ois.*, p. 671 ; *nigra,* Forst. — Mers australes, au N. jusqu'au 30° l. S. environ.

3273. *Var.* CONSPICILLATA (Gould), *Ann. Mag. N. H.*, 1844, p. 362 ; id., *B. Austr.* VII, pl. 46 ; Schl., *l. c.*, p. 20 ; *æquinoctialis* (pt.), Salv. — Mers australes.

11.871. PARKINSONI (Gray), *Ibis,* 1862, p. 245 ; Coues, *Pr. Ac. Phil.*, 1866, p. 192 ; Salv., *Cat.*, p. 397, pl. 5. — Mers de la Nouv.-Zélande.

1915. OESTRELATA

Æstrelata, Cookilaria, Pterodroma, Bonap. (1855) ; *OEstrelata,* Newt. (1870).

11.872. MACROPTERA (Smith), *Ill. Zool. S. Afr., Av.*, pl. 52 ; Coues, *Pr. Ac. Phil.*, 1866, pp. 155, 171 ; *fuliginosa,* Kuhl et auct. plur. (nec Gm.) ; Schl., *l. c.*, p. 8 ; *atlantica,* Gd. ; *pacificus,* Gray ; *gouldi,* Hutt. — Mers australes.

11.873. ATERRIMA (Bp.), *C. R.* XLII, p. 768 ; id., *Consp. Av.* II, p. 191 ; Schl., *l. c.*, p. 9 ; Coues, *l. c.*, pp. 158, 171. — Iles Mascareignes (océan Indien W.)

11.874. LESSONI (Garnot), *Ann. Sc. Nat.*, 1826, p. 54, pl. 4 ; Gould, *B. Austr.* VII, pl. 49 ; *sericeus,* Less. ; *leucocephala,* Forst. — Côtes de l'Australie et de la Nouvelle-Zélande.

11.875. HÆSITATA (Kuhl), *Beitr.*, p. 142 ; Tem., *Pl. Col.* 416 ; Gould, *B. Austr.* VII, pl. 47 ; *diabolica,* Lafr. ; *meridionalis,* Lawr. ; *rubritarsi,* Gould. — Mer des Antilles.

11.876. JAMAICENSIS (Bancr.), *Zool. Journ.*, 1826, p. 81; Newt., *Handb. Jamaica*, p. 117; *caribbœa*, Carte, *P. Z. S.*, 1866, p. 93, pl. 10; Gigl. et Salvad., *Ibis*, 1869, p. 66.	Jamaïque.
11.877. ROSTRATA (Peale), *U. S. Expl. Exp.* VIII, pp. 296, 338, pl. 82; Bp., *Consp.* II, p. 189; Salv., *Cat.*, p. 404.	Pacifique central (Tahiti).
11.878. PARVIROSTRIS (Peale), *U. S. Expl. Exp.* VIII, pp. 298, 338, pl. 83; Coues, *Pr. Ac. Phil.*, 1866, pp. 146, 170; Salv., *l. c.*, p. 405.	Pacifique central (Phœnix).
11.879. INCERTA (Schl.), *Mus. P.-B.*, *Procel.*, p. 9; Coues, *l. c.*, pp. 147, 170; Bull., *B. New Zeal.*, ed. 2, II, p. 220; *incexpectata*, Bp. (nec Forst.)	Sud de l'Atlantique (Cap Bonne-Espér.)
11.880. MOLLIS (Gould), *Ann. Mag. N. H.*, 1844, p. 363; id., *B. Austr.* VII, pl. 50; *philippi*, Saund. (nec Gray); ?*melanopus*, Gm.	Mers australes, au N. de l'Atlant. jusqu'à Madeire.
3274. *Var.* FEÆ, Salvad., *Ann. Mus. Civ. Gen.* XX (1899), p. 305; id., *Ibis*, 1900, p. 302.	Iles du Cap Vert.
11.881. MAGENTÆ, Gigl. et Salvad., *Ibis*, 1869, pp. 61, 66; Salv., in *Rowl. Orn. Misc.* I, p. 251, pl. 30; id., *Cat.*, p. 407.	Sud du Pacifique.
3275. *Var.* WORTHENI, Rothsch., *Bull. B. O. Club*, XII, p. 62.	Pacifique (Galapagos).
11.882. PHÆOPYGIA, Salv., *Trans. Zool. Soc.* IX, p. 507, pl. 88, f. 1; id., *Cat.*, p. 407; ?*alba*, Bloxh.; ?*rostrata*, Mosel.; *sandwichensis*, Ridgw., *Pr. U. S. Nat. Mus.*, 1886, p. 95.	Pacifique, des îles Galapagos aux Sandwich.
11.883. BREVIPES (Peale), *U. S. Expl. Exp.* VIII, pp. 294, 337, pl. 80; Stejn., *Pr. U. S. Nat. Mus.*, 1893, p. 617; *torquata*, Macg.; *cooki*, Cass.; *desolata*, Schl., *l. c.*, p. 13; *aneiteimensis*, Gray; *leucoptera*, Salv., *Ibis*, 1876, p. 393; Salvad., *Orn. Pap.* III, p. 466.	Pacifique W.: Nouv.-Hébrides, Fidji jusqu'au 68° lat. S. (accid. Europe).
3276. *Var.* HYPOLEUCA, Salv., *Ibis*, 1888, p. 359; id., *Cat.*, p. 409; Seeb., *B. Japan. Emp.*, p. 269.	N. du Pacif. (îles Bonin, Krusenst., Japon).
11.884. NIGRIPENNIS, Rothsch., *Bull. B. O. Club*, 1893, p. 57; id., *Ibis*, 1893, p. 571; Salv., *Cat.*, p. 409; *cooki*, Cheesem. (nec Gray).	Sud du Pacifique (îles Kermadec).
11.885. BREVIROSTRIS (Less.), *Tr. d'Orn.*, p. 611; Salv., in *Rowl. Orn. Misc.* I, p. 235; *lugens*, Banks (apud Kuhl); *grisea*, Kuhl (nec Gm.); Schl., *l. c.*, p. 12; *unicolor*, *macroptera*, Bp. (nec Smith); *kidderi*, Coues; *mollis*, Cab. et Rchw. (nec Gould).	Sud de l'Atlantique et de l'océan Indien.
11.886. SOLANDERI (Gould), *P. Z. S.*, 1844, p. 57; id., *Handb. B. Austr.* II, p. 450; Salv., *Cat.*, p. 410; *melanopus*, Natt. (nec Gm.)	Côtes de l'Australie.

11.887. EXTERNA, Salv., *Ibis*, 1875, p. 373; id., *Cat.*, p. 411; Ridgw., *Man. N. Am. B.*, p. 68. — Côtes du Chili (île Masafuera).

3277. *Var.* CERVICALIS, Salv., *Ibis*, 1891, p. 192; id., *Cat.*, p. 411, pl. 6. — Sud du Pacifique (îles Kermadek).

11.888. NEGLECTA (Schl.), *Mus. P.-B.*, *Procel.*, p. 10; Coues, *l. c.*, pp. 147, 170; Salvad., *Orn. Pap.* III, p. 465; ? *alba*, Gm.; ? *grisea*, ? *variegata*, Bonn.; *raoulensis*, Bp. (*descr. nulla*); *philippi*, Gray; *mollis*, Finsch (nec Gould); *leucophrys*, Hutt., *P. Z. S.*, 1893, p. 752, pl. 63. — Sud du Pacifique (îles Kermadek, Juan Fernandez).

11.889. ARMINJONIANA, Gigl. et Salvad., *Ibis*, 1869, pp. 62, 66; Salv., in *Rowl. Orn. Misc.* I, pp. 234, 252, pl. 31; *sandaliata*, Sol.; *mollis*, Saund. (nec Gould). — Sud de l'Atlantique (île Trinidad).

3278. *Var.* WILSONI, Shpe. *Bull. B. O. Club*, XII, p. 49. — S. de l'Atl. (Trinidad).

11.890. TRINITATIS, Gigl. et Salvad., *Ibis*, 1869, p. 65; Ridgw., *Man. N. Am. B.*, p. 67; Salv., in *Rowl. Orn. Misc.* I, p. 253, pl. 32. — Sud de l'Atlantique (Trinidad).

11.891. HERALDICA, Salv., *Ibis*, 1888, p. 357; id., *Cat.*, p. 414; *leucoptera*, Schl. (nec Gould); *philippi*, Gray (1871, nec 1862). — Pacifique W. (îles Chesterfield).

11.892. GULARIS (Peale), *U. S. Expl. Exp.*, p. 299; Bp., *C. R.* XLII, p. 768; *mollis*, Cass. (nec Gd).; *affinis*, Bull.; id., *B. New Zeal.*, ed. 2, II, p. 223, pl. 41. — Mers australes (Nouv.-Zélande).

11.893. FISHERI, Ridgw., *Pr. U. S. Nat. Mus.*, 1882, p. 656; id., *Auk*, 1895, p. 319, pl. 4; Salv., *l. c.*, p. 415. — Nord du Pacifique (Alaska).

3279. ? *Var.* SCALARIS, Brewst., *Auk*, 1886, p. 390, Ridgw., *Man. N. Am. B.*, p. 68; *gularis*, Brewst. (1881). — ? (accid. New-York.)

11.894. LEUCOPTERA (Gould), *P. Z. S.*, 1844, p. 57; id., *Handb. B. Austr.* II, p. 454; *cooki*, Gould, *B. Austr.* VII, pl. 51 (nec Gr.) — Australie E.

3280. *Var.* DEFILIPPIANA, Gigl. et Salvad., *Ibis*, 1869, pp. 63, 66; Salv., in *Rowl. Orn. Misc.* I, p. 255, pl. 33. — Pacifique (côtes du Chili).

11.895. COOKI (Gray), in *Dieffenb. N. Zeal.* II, p. 99; id., *Voy. Ereb. and Terr.* I, *Birds*, p. 17, pl. 35; Bull., *B. New-Zeal.*, p. 307; *velox*, Bp. — Nouv.-Zélande.

11.896. LONGIROSTRIS, Stejn., *Pr. U. S. Nat. Mus.*, 1893, p. 618; Salv., *l. c.*, p. 418; *leucoptera*, Stejn. (1891). — Pacifique N. (Japon).

11.897. AXILLARIS, Salv., *Ibis*, 1893, p. 264; id., *Cat.*, p. 418, pl. 7. — Iles Chatham.

1916. PAGODROMA

Pagodroma, Bonap. (1855).

11.898. NIVEA (Gm.), *S. N.* I, p. 562; Bp., *Consp. Av.* II, — Mers australes.

p. 192; Sharpe, *Voy. Ereb. and Terr.* I, *Birds, App.*, p. 37, pl. 34; *candida*, Peale; *major, minor* et *nævia*, Bp.; *novægeorgica*, Stein.

1917. BULWERIA

Bulweria, Bonap. (1842).

11.899.	COLUMBINA (Webb et Berth.), *H. N. Canar.* II, p. 44, pl. 4, f. 2; Dress., *B. Eur.* VIII, p. 551, pl. 614; *bulweri*, Jard. et Sel., *Ill. Orn.* II, pl. 65.	Zone tempérée bor. de l'Atlantique et du Pacifique.
11.900.	MACGILLIVRAYI (Gray), *Cat. B. trop. Is. Pac.*, p. 56; Fsch. et Hartl., *Faun. Centralpol.*, p. 242.	Océan Pacifique centr. (Fidji).

SUBF. II. — FULMARINÆ

1918. OSSIFRAGA

Ossifraga, Hombr. et Jacq. (1844).

11.901.	GIGANTEA (Gm.), *S. N.* I, p. 563; Gould, *B. Austr.* VII, pl. 45; Schl., *l. c.*, p. 18; *ossifraga*, Forst.	Mers australes, au N. jusqu'au 30° l. S.

1919. FULMARUS

Fulmarus, Steph. (1826); *Rhantistes*, Kp. (1829); *Wagellus*, Gray (1840).

11.902.	GLACIALIS (Lin.); Dress., *l. c.* VIII, p. 535, pl. 617; Dubois, *Fne. Ill., Ois.* II, p. 633, pl. 304; *hiemalis, borealis*, Brm.; *minor*, Bp.	Atlantique du 80° au 50° l. N.
3281.	*Var.* COLUMBA, Anth., *Auk*, 1895, p. 105.	Côtes de Californie.
3282.	*Var.* GLUPISCHA, Stejn., *Auk*, 1884, p. 234; id., *Bull. U. S. Nat. Mus.*, n° 29, p. 91, pl. 6, ff. 1, 2; *glacialis*, Pall. (nec L.); *pacifica*, Aud. et auct. plur. (nec Gm.)	Nord du Pacifique, au S. jusqu'aux côtes occid. du Mexique.
3283.	*Var.* RODGERSI, Cass., *Pr. Ac. Phil.*, 1862, p. 290; Baird, *Trans. Chic. Ac. Sc.*, 1869, p. 323, pl. 34, f. 1; Coues, *Check-l. N. Am. B.*, p. 125; Nels., *Rep. N. H. Alaska*, p. 62, pl. 2, f. 2.	Nord du Pacifique jusqu'au détroit de Béhring.

1920. DAPTION

Daption, Steph. (1826); *Calopetes*, Sund. (1872); *Daptrion*, Tacz. (1886).

11.903.	CAPENSIS (Lin.); Gould, *B. Austr.* VII, pl. 53; Schl., *l. c.*, p. 14; Tacz., *Orn. Pér.* III, p. 465; *punctata*, Ellm.	Mers australes (accid. Ceylan et Pérou).

1921. HALOBÆNA

Halobæna, Is. Geoffr. St-Hil. (1836); *Zaprium*, Coues (1875).

11.904. CÆRULEA (Gm.), *S. N.* I, p. 560; Gould, *B. Austr.* VII, pl. 52; Bp., *C. R.* XLII, p. 768; *forsteri*, Smith, *Ill. Zool. S. Afr.*, pl. 54 (nec Lath.); *similis*, Forst.; *typica*, Bp. — Mers australes, du 40° au 60° l. S.

1922. PRION

Prion, Lacép. (1801); *Pachyptila*, Illig. (1811); *Priamphus*, Rafinesq. (1815); *Pseudoprion*, Coues (1866).

11.905. VITTATUS (Gm.), *S. N.* I, p. 560; Schl., *l. c.*, p. 16; Gould, *B. Austr.* VII, pl. 55; *forsteri*, Lath.; *latirostris*, Bonn.; *magnirostris*, Gould; *australis*, Potts. — Mers australes du 60° au 42° l. S.

11.906. BANKSI, Gould, *Ann. Mag. N. H.*, 1844, p. 366; Smith, *Ill. Zool. S. Afr.*, pl. 55; Schl., *l. c.*, p. 17; *rossii*, Gray. — Mers australes jusque près de l'Équateur.

11.907. DESOLATUS (Gm.), *S. N.* I, p. 562; Salv., *P. Z. S.*, 1878, p. 738; *turtur*, Banks; Smith, *Ill. Zool. S. Afr.*, pl. 54; Gould, *B. Austr.* VII, pl. 54; *fasciata*, Bonn. — Mers australes entre le 35° et le 66° l. S.

11.908. ARIEL, Gould, *Ann. Mag. N. H.*, 1844, p. 366; id., *Handb. B. Austr.* II, p. 473; Schl., *l. c.*, p. 18; *brevirostris*, Gould, *P. Z. S.*, 1835, p. 88, pl. 93. — Mers australes du 35° au 66° l. S. (accid. Madeire).

FAM. II. — HALODROMIDÆ

1923. HALODROMA

Pelecanoides!, Lacép. (1801); *Haladroma*, Illig. (1811); *Puffinuria*, Less. (1826); *Halodroma*, Sund (1872).

11.909. URINATRIX (Gm.), *S. N.* I, p. 560; Schl., *l. c.*, p. 37; Gould, *B. Austr.* VII, pl. 60; *berardi*, Tem., *Pl. Col.* 517; *tenuirostris*, Eyt.; *tridactyla*, Forst. — Australie, Nouv.-Zélande, Malouines, cap Horn (côtes).

3284. *Var.* EXSUL (Salv.), *Cat.*, p. 439; *urinatrix* (pt.), auct. plur. — Sud de l'océan Indien (des îles Crozettes aux Kerguelen).

11.910. GARNOTI (Less.), *Voy. Coquille*, I, 2, p. 730, pl. 46; Tschudi, *Faun. Per., Orn.*, p. 54; Schl., *l. c.*, p. 37; Tacz., *Orn. Pérou*, III, p. 465. — S.-E. du Pacifique (Pérou, Chili).

FAM. III. — DIOMEDEIDÆ

1924. DIOMEDEA

Diomedea, Lin. (1766); *Phœbastria, Thalassarche*, Rchb. (1852); *Thalassogeron*, Ridgw. (1884).

11.911. EXULANS, Lin.; *Pl. Enl.* 237; Vieill., *Gal. Ois.* II, p. 234, pl. 293; Dubois, *Fne. Ill., Ois.* II, p. 627, pl. 303^{b}; *spadacea*, Gm.; *epomophera*, Less.; *albatros*, Forst.; *adusta*, Tsch.	Mers australes (accid. au N. de l'Équateur, Belgique).
3285. *Var.* REGIA, Bull., *Trans. N. Zeal. Inst.*, 1891, p. 230; *exulans* (pt.), Bull. (1890).	Sud du Pacifique (Nouv.-Zélande).
3286. *Var.* CHIONOPTERA, Salv., *Cat.*, p. 443; Hall, *Ibis*, 1900, p. 12; *exulans* (pt.), auct. plur.	S. de l'Océan Ind. (îles Marion et Kerguel.)
11.912. ALBATRUS, Pall., *Spic. Zool.* V, p. 28; id., *Zoogr.* II, p. 308; *Pl. Enl.* 963; Dav. et Oust., *Ois. Chine*, p. 516; *chinensis*, Tem.; *brachyura*, Tem., *Pl. Col.* 554; Schl., *l. c.*, p. 32; Gould, *B. Austr.* VII, pl. 39; *derogata*, Swinh., *P. Z. S.*, 1873, p. 786.	Nord du Pacifique.
11.913. IRRORATA, Salv., *P. Z. S.*, 1883, p. 430; id., *Cat.*, p. 445, pl. 8; Tacz., *Orn. Pér.* III, p. 461.	Côtes du Pérou et des Galapagos.
11.914. NIGRIPES, Audub., *Orn. Biogr.* V, p. 327; id., *B. Amer.* VII, p. 198; Cass., *B. Calif., Tex.*, p. 210, pl. 39; Schl., *l. c.*, p. 33; *brachyura*, auct. plur. (nec Tem.); *chinensis*, Rothsch. (nec Tem.)	N. du Pacifique (île Laysan, Basse-Californie).
11.915. IMMUTABILIS, Rothsch., *Bull. Br. Orn. Club*, I, p. 48; id., *Ibis*, 1893, p. 448; id., *Avif. of Laysan*, etc., p. 57, pl.	Ile Laysan et îles voisines.
11.916. MELANOPHRYS, Tem., *Pl. Col.* 456; Gould, *B. Austr.* VII, pl. 43; Schl., *l. c.*, p. 33; *gilliana*, Coues.	Mers australes (accid. N. de l'Atlantique).
11.917. BULLERI, Rothsch., *Bull. Br. Orn. Club*, I, p. 58; id., *Ibis*, 1893, p. 572; Salv., *Cat.*, p. 448; *culminata*, Bull. (nec Gould).	Côtes de la Nouvelle-Zélande.
11.918. PLATEI, Rchw., *Orn. Monatsb.*, 1898, p. 190; id., *J. f. O.*, 1899, p. 119.	Côtes du Chili.
11.919. CAUTA, Gould, *P. Z. S.*, 1840, p. 177; id., *B. Austr.* VII, pl. 40; Schl., *l. c.*, p. 34; Ridgw., *Man. N. Am. B.*, p. 53.	Côtes de Tasmanie.
3287. *Var.* SALVINI (Rothsch.), *Bull. Br. Orn. Club*, I, p. 58; id., *Ibis*, 1893, p. 572; *cauta*, Bull. (nec Gould).	Côtes de la Nouvelle-Zélande.
3288. *Var.* LAYARDI (Salv.), *Cat. B. Br. Mus.* XXV, p. 450.	Cap Bonne-Espérance.
11.920. CULMINATA, Gould, *Ann. Mag. N. H.*, 1844, p. 361; id., *B. Austr.* VII, pl. 41; Schl., *l. c.*, p. 35; *chlororhynchos*, Audub. (nec Gm.)	Mers australes jusqu'aux côtes de l'Amér. centr. W.

11.921. CHLORORHYNCHA, Gm., *Syst. Nat.* I, p. 568; Tem., *Pl. Col.* 468; Gould, *B. Austr.* VII, pl. 42; *chrysostoma,* Forst.; *olivaceorhyncha,* Gould; *olivaceirostris,* Bp., *profuga,* Gray. — Mers australes.

3289. *Var.* EXIMIA (Verrill), *Tr. Connect. Ac.,* 1895, p. 440, pl. 8, ff. 1, 2. — Sud de l'Atlantique (île Gough).

1925. PHOEBETRIA

Phœbetria, Rchb. (1852).

11.922. FULIGINOSA (Gm.), *S. N.* I, p. 568; Tem., *Pl. Col.* 469; Gould, *B. Austr.* VII, pl. 44; *spadacea,* Less.; *fusca,* Audub.; *palpebrata,* Forst.; *var. cornicoides,* Hutt.; *antarctica,* Sol. (1). — Mers australes.

ORD. XVIII. — PYGOPODES (2)

FAM. I. — COLYMBIDÆ

1926. COLYMBUS

Colymbus, Lin. (pt., 1758); *Gavia,* Forst. (1788, nec Gm., 1770); *Urinator,* Cuv. (1799); *Eudytes,* Ill. (1811).

11.923. SEPTENTRIONALIS, Lin.; Dress., *B. Eur.* VIII, p. 621, pl. 628; Dubois, *Fne. Ill., Ois.* II, p. 678, pl. 315; *lumme,* Gunn.; *borealis* et *stellatus,* Brünn.; *claudicans,* Scop.; *nævia,* Tunst.; *striatus, bailloni,* Lac. et Daud.; *rufogularis,* Mey. et Wolf.; *microrhynchus,* Brm. — Zone polaire arctique, en hiver jusqu'au 35° latit. N.

11.924. ARCTICUS, Lin. (1758); Dress., *l. c.* VIII, p. 615, pl. 627; Dubois, *l. c.* II, p. 674, pl. 314; *ignotus, leucopus,* Bechst.; *atrogularis,* Mey. et Wolf; *balthicus,* Horn. et Schil.; *macrorhynchus,* Brm. — Nord de l'Europe et de l'Asie jusqu'au 70°, dépasse rarement en hiver le 50° l. N.

3290. *Var.* PACIFICA, Lawr., in *Baird, B. N. Am.,* p. 889; Ross, *Nat. Hist. Rev.,* 1862, p. 289; *arcticus* (pt.), auct. plur.; *striatus,* Bonn. — Amér. N. et N.-W., en hiver jusqu'en Californie (acc. Japon).

11.925. GLACIALIS, Lin.; Dress., *l. c.,* p. 609, pl. 626; Dubois, *l. c.* II, p. 671, pl. 313; *imber,* Gunn.; *immer,* Lin.; *torquatus,* Brünn.; *hyemalis, maximus,* Brm. — Amérique N., Groenl., Islande, Fœroé, Eur. N.-W. dét. de Behr.

(1) Les Procellariens suivants sont douteux : *Procellaria brasiliana,* Gm., *S. N.* I, p. 564; *Thalassidroma fasciolata* et *dubia,* Tsch., *J. f. O.,* 1856, pp. 180, 190; *Puffinus bicolor,* Tsch., *l. c.,* p. 187; *Procellaria nigra, lugubris, maculata,* Tsch., *l. c.,* pp. 185, 190; *Diomedea gibbosa,* Gould, *Ann. Mag. N. H.,* 1844, p. 361; *D. leptorhyncha,* Coues, *Pr. Ac. Phil.,* 1866, p. 178.

(2) Voy. : Og.-Grant, *Cat. Birds Brit. Mus.* XXVI, pp. 485-558 (1898).

3291. *Var.* ADAMSI, Gray, *P. Z. S.*, 1859, p. 167; Coll., *Ibis,* 1894, p. 269, pl. 8; Dress., *l. c.* IX, *Suppl.*, p. 413, pl. 721. — Amér. et Asie polaires, en hiver Japon N. (accid. Norwège).

FAM. II. — PODICIPEDIDÆ

1927. PODICIPES (1)

Podicipes, Salerne (1767); *Podiceps,* Lath. (1787); *Dytes, Pedetaithya, Proctopus, Lophaithyia,* Kaup (1829); *Dasyptilus,* Sw. (1837); *Poliocephalus,* Selby; *Pedeaithyia,* Gr. (1846); *Tachybaptus, Otodytes,* Rchb. (1852); *Calipareus,* Bp. (1855); *Rollandia,* Bp. (1856); *Centropelma,* Scl. et Salv. (1869); *Colymbetes,* Heine (1890).

11.926. FLUVIATILIS (Tunst.), *Orn. Brit.*, p. 3 (1771); Dress., *B. Eur.* VIII, p. 659, pl. 633; *minutus, hebridalis,* Lath.; *minor,* Gm. (ex Briss.); Dubois, *Fne. Ill., Ois.* II, p. 698, pl. 320; *hebridicus,* Gm.; *erythrocephalus,* Herm.; *pygmæus, pallidus,* Brm.; *europæus,* Macg.; *philippensis,* Swinh. (nec Bonn.); *nigricans,* Stejn. — Europe mérid. et centr. jusqu'au 62° lat. N., Asie centr., Japon.

3292. *Var.* PHILIPPENSIS (Bonn.), *Tabl. Encycl. Méth.* I, p. 58, pl. 46; Dav. et Oust., *Ois. Chine,* p. 512; *minor* et *fluviatilis* (pt.), auct. plur.; *noctivagus,* Tem. — Chine S., Birmanie, Formose, Haïnan, Bornéo, Philipp.

3293. *Var.* CAPENSIS, Licht., *Nomencl.*, p. 104; Grant, *Cat.*, p. 513, pl^s 7 et 8; *pandubia,* Hodgs.; *philippensis, minor* et *fluviatilis* (pt.), auct. plur.; *albipennis,* Sharpe. — Afrique, Madagascar, Asie S.-W., Inde, Ceylan, Birmanie.

3294. *Var.* TRICOLOR, Gray, *P. Z. S.*, 1860, p. 366; Mey. et Wg., *B. Cel.*, p. 915; *minor*, Wald., Rosenb. et Mey. (nec Gm.); *gularis,* Rosenb. (nec Gd.) — Nouv.-Guinée, Arou, Moluques, Célèbes, Flores, Timor.

11.927. ALBESCENS, Blanf., *Str. F.*, 1877, p. 486; id., *Faun. Br. Ind. B.* IV, p. 476; Grant, *Cat.*, p. 518. — Sikhim.

11.928. PELZELNI, Hartl., *Orn. Madag.*, p. 83; Schl. et Pol., *Rech. Madag.* II, pp. 151, 160, pl. 40; Grant, *l. c.*, p. 518. — Madagascar.

11.929. NOVÆ-HOLLANDIÆ, Steph., *Gen. Zool.* XIII, 1, p. 18; *gularis,* Gould; id., *B. Austr.* VII, pl. 81; Mey. et Wg., *B. Cel.*, p. 917. — Austr., Tasm., Nouv.-Caléd., Nouv.-Guin., Sangi, Talaut, Java.

11.930. DOMINICUS (Lin.); Spix, *Av. Bras.* II, p. 78, pl. 101; Baird, *B. N. Am.*, pl. 99, f. 1; Schl., *Mus. P.-B., Urinat*, p. 47; *dominicensis,* D'Orb. — Amérique centr. et mérid. jusqu'en Patagonie, Antilles.

(1) *Podiceps* est une contraction vicieuse du mot *Podicipes* (pieds au derrière), de *podex, podicis* et de *pes.*

3295. *Var.* Brachyrhyncha, Chapm., *Bull. Amer. Mus.* XII, p. 255. — Matto Grosso (Brésil).

3296. *Var.* Brachyptera, Chapm., *Bull. Am. Mus.* XII, p. 256. — Texas.

11.931. poliocephalus, Jard. et Sel., *Ill. Orn.* I, p. 13, pl. 13; Gould, *B. Austr.* VII, pl. 82; *nestor,* Gould. — Australie, Tasmanie.

11.932. rufipectus, Gray, in *Dieff., Trav. N. Z. App.*, p. 198; id., *Voy. Ereb. and Terr., B.*, p. 16, pl. 19; Bull., *B. N. Zeal.*, ed. 2, II, p. 280. — Nouv.-Zélande.

11.933. americanus, Garn., *Voy. Coquille, Zool.* I, p. 599; Schl., *l. c.*, p. 42; *chiliensis,* Garn., *l. c.*, p. 601; *albicollis,* Less.; *rollandi,* auct. plur. (nec Q. et G.); Tacz., *Orn. Pér.* III, p. 494; Scl. et Huds., *Arg. Orn.* II, p. 204; *micra,* Bp.; *leucotis,* Tacz. — Pérou, Chili, Paraguay, Argentine jusqu'au détroit de Magellan.

3297. *Var.* Rollandi, Gould (pt., ex Q. et G.); Quoy et Gaim., *Voy. Uranie*, p. 133, pl. 36; Gould, *Voy. Beagle*, III, p. 137 (pt.); Schl., *l. c.*, p. 42. — Iles Malouines ou Falkland.

11.934. calipareus, Less., *Voy. Coq., Zool.* I, p. 727, pl. 45; Tacz., *Orn. Pér.* III, p. 493; *occipitalis,* Less. — Du Pérou et Argentine au détroit de Magellan; Malouines.

3298. *Var.* Juninensis, Berl. et Stolzm., *Ibis,* 1894, p. 112; Grant, *Cat.*, p. 538. — Pérou central et S.

3299. *Var.* Taczanowskii, Berl. et Stolzm., *Ibis,* 1894, p. 109. — Pérou central.

11.935. auritus (Lin.); Dress., *l. c.* VIII, p. 645, pl. 631; *nigricans,* Scop.; *duplicatus,* Müll.; *cornutus,* Gm. (ex Briss.); Dubois, *l. c.* II, p. 695, pl. 319; *obscurus, caspicus,* Gm.; *comosus,* Bonn.; *arcticus,* Boie; *ambiguus,* Less.; *bicornis,* Brm.; *sclavus,* Bp.; *korejevi,* Zarud. et Har. — Europe, Asie et Amérique sept., entre le 65° et le 40° latit. N. environ.

11.936. nigricollis, Brm., *Handb. Vög. Deutschl.*, p. 963; Dress., *l. c.* VIII, p. 651, pl. 632; Dubois, *l. c.* II, p. 692, pl. 318; *auritus,* auct. plur. (nec Lin.); *recurvirostris,* Brm. — Europe centr. et mér., Asie centr. jusqu'au Japon; l'Afr. en hiv.

3300. *Var.* Californica, Heerm., *Pr. Ac. Phil.*, 1854, p. 179; Baird, *B. N. Am.*, p. 896; Ell., *B. N. Am.* II, pl. 64; *auritus,* Aud. (nec L.), *B. Am.* VII, p. 322, pl. 482. — Amér. N.-W. jusqu'au 60° l. N.; en hiver Mexique, Guatémal.

11.937. micropterus, Gould, *P. Z. S.*, 1868, p. 220; *micropterum,* Scl. et Salv., *Exot. Orn.*, p. 189, pl. 95; Tacz., *Orn. Pér.* III, p. 497. — Pérou S. (lac Titicaca).

11.938. cristatus (Lin.); Dress., *l. c.* VIII, p. 629, pl. 619; Dubois, *l. c.* II, p. 683, pl. 316; *urinator,* L.; *cornutus,* Bonn. (nec Gm.); *mitratus, patagiatus,* Brm.; *australis,* Gould; id., *B. Austr.* VII, pl. 80; *hectori,* Bull.; *widhalmi,* Goeb.; *rostratus,* Mans.-Pley.; *infuscatus,* Salvad. — Europe et Asie centr., jusqu'au Japon sans dépasser le 63° l. N., Afrique, Australie, Tasmanie, Nouv.-Zélande.

11.939. GRISEIGENA (Bodd.), *Tabl. Pl. Enl.*, p. 55; Dress., *l. c.* VIII, p. 639, pl. 620; Dubois, *l. c.* II, p. 688, pl. 317; *subcristatus*, Jacquin; *parotis*, Sparrm.; *ruficollis*, Lath.; *rubricollis*, Gm.; *longirostris*, Bonn.; *cucullatus*, *nævius*, Pall.; *canogularis*, Brm. — Europe et Asie W. jusqu'au cercle arct.; au S. jusqu'au N. de l'Afrique et les mers Noire et Caspienne.

3301. *Var.* HOLBOELLI, Reinh., *Vidensk. Meddel.*, 1853, p. 76; id., *Ibis*, 1861, p. 14; *cristatus* et *rubricollis* (pt.), auct. plur. amer.; *cucullatus* (pt.), Pall.; *major*, Tem. et Schl., *Faun. Jap.*, p. 122, pl. 78ᵇ; *subcristatus*, Schr., *Reis. Amurl.*, p. 493, pl. 15, f. 3; *griseigena*, Baird (nec Bodd.); *cooperi*, Lawr.; *affinis*, Salvad.; *occidentalis*, Tristr. (nec Lawr.) — Amérique septentr. et Groenland jusqu'au Cercle arct., Sibérie E., Japon, au S. jusque vers le 42° latit. N.

1928. ÆCHMOPHORUS

Æchmophorus, Coues (1862).

11.940. MAJOR (Bodd.), *Tabl. Pl. Enl.*, p. 24; Schl., *l. c.*, p. 38; Tacz., *Orn. Pér.* III, p. 492; Scl. et Huds., *Arg. Orn.* II, p. 202; *cayennensis*, Gm.; *cayanus*, Lath.; *bicornis*, Licht.; *leucopterus*, King.; Jard. et S., *Ill. Orn.*, pl. 107; *longirostris*, Bp.; *salvadorii*, Stejn. — Amérique mérid., du N. du Pérou à Magellan.

11.941. OCCIDENTALIS (Lawr.), in *Baird's B. N. Am.*, p. 894; Coop. et Suckl., *N. H. Wash. Terr.*, p. 281, pl. 38; Coues, *Pr. Ac. Phil.*, 1862, p. 229; *clarkii*, Lawr. — Amérique N.-W. au S. jusqu'au Mexique.

1929. PODILYMBUS

Podilymbus, Less. (1831); *Sylbeocyclus*, Bp. (1832); *Hydroka*, Nutt. (1834); *Nexiteles*, Glog. (1842).

11.942. PODICEPS (Lin.); Baird, *B. N. Am.*, p. 898; *ludovicianus*, Bodd.; *thomensis*, Gm.; *carolinensis*, Lath.; Spix, *Av. Bras.* II, p. 78, pl. 100; Aud., *B. Am.* VII, p. 324, pl. 483; *antarcticus*, Less.; *brevirostris*, Gr.; *anisodactylus*, Rchb.; *lineatus* Heerm. — Amérique sept., centr. et mérid., Antilles.

FAM. III. — ALCIDÆ (1)

SUBF. I. — ALCINÆ

1930. ALCA

Alca, Lin. (1758); *Plautus*, Brünn. (1772); *Pinguinus*, Bonn. (1790); *Torda*,

(1) Voy.: Og.-Grant, *Cat. Birds Brit. Mus.* XXVI, pp. 559-622 (1898).

Dumér. (1806); *Utamania*, Leach (1816); *Chenalopex*, Vieill. (1819); *Matæoptera*, Glog. (1842); *Gyralca*, Steenstr. (1855).

11.943. IMPENNIS, Lin.; Gould, *B. Eur.* V, pl. 400; id., *B. Gr. Brit.* V, pl. 46; Dress., *B. Eur.* VIII, p. 563, pl. 620; *borealis*, Forst.; *major*, Merr. — Nord de l'Atlantique (*éteint*).

11.944. TORDA, Lin.; Dress., *l. c.* VIII, p. 557, pl. 619; Dubois, *Fne. Ill., Ois.* II, p. 662, pl. 311; *unisulcata*, *balthica*, Brünn.; *pica*, L.; *glacialis*, *islandica*, *microrhynchos*, Brm. — Europe W., du Cap N. à la Méditerranée, Islande, Groenland, Amér. N.-E. (côtes).

1931. MERGULUS

Alle! Link (1806); *Mergulus*, Vieill. (1816, ex Ray, 1713); *Arctica*, Gray (1844).

11.945. ALLE (Lin.); Dress., *l. c.* VIII, p. 591, pl. 624; Dubois, *l. c.* II, p. 659, pl. 310; *alce*, Gm.; *nigricans*, Link; *melanoleucos*, Leach; *minor*, Merr.; *arcticus*, Brm. — N. de l'Atlant. jusqu'au 81° l. N., dépasse rarement en hiver vers le S. le 55°.

1932. URIA

Uria, Briss. (1760); *Cepphus*, Pall. (1769); *Grylle*, Leach (1819); *Lomvia*, Brandt (1837); *Cataractes*, Gray (1841); *Pseuduria*, Sharpe (1899).

11.946. TROILE (Lin.); Dress., *l. c.* VIII, p. 567, pl. 621; Dubois, *l. c.* II, p. 655, pl^s 309 et 309^b; *minor*, Tunst.; *ringvia* et *alga*, Brünn.; *lomvia*, auct. plur. (nec Pall.); *leucophthalmos*, Fab.; *lacrimans*, Valenc.; *leucopsis* et *norwegica*, Brm.; *intermedia*, Nilss.; *leucotis*, C. Dub. — Eur. jusqu'au cap N., Islande, Groenland, Amér. N.-E., descend vers le Sud en hiver jusque vers le 40° l. N.

3302. *Var.* CALIFORNICA (Bryant), *Pr. Bost. Soc.* VIII, p. 142, ff. 3, 5; Bd., Brew. et Ridgw., *Water-B. N. Am.* II, p. 483. — Amérique N.-W., en hiver Californie.

11.947. LOMVIA (Pall.), *Zoogr., Rosso-As.* II, p. 345; *svarbag*, Brünn.; *brunnichi*, Sab., *Tr. Linn. Soc.*, 1817, p. 538; Aud., *B. Am.* VII, p. 265, pl. 472; Dress., *l. c.* VIII, p. 575, pl. 622; *francsii*, Leach; *polaris*, Brm. — Mers arctiques, Nord de l'Atlantique.

3303. *Var.* ARRA (Pall.), *Zoogr.* II, p. 347; Naum., *Vög. Deutschl.* XII, p. 535, pl. 333; *lomvia* (pt.), Grant. — Nord de l'Océan Pacifique.

11.948. GRYLLE (Lin.); Dress., *l. c.* VIII, p. 581, pl. 623; Dubois, *l. c.* II, p. 651, pl. 308; *grylloides*, *balthica*, Brünn.; *lacteolus*, Pall.; *gryllus*, Müll.; *nivea*, Bonn.; *leucoptera*, Vieill.; *arctica*, Brm.; — Nord de l'Atlantique, descend en hiver jusque sur les côtes du N. de la France

motzfeldi, Benick.; *unicolor*, Faber; *scapularis*, Steph.; *groenlandicus*, Gray; *variegata*, Rchb.; *carbo*, Newt. (nec Pall.); *columba*, Fitz. (nec Pall.); *mansfeldi*, Seeb. — et du Massachusetts.

3304. *Var.* MANDTI, Licht., in *Mandt, Observat., etc.*, p. 30; Dress., *l. c.* VIII, p. 587; *glacialis*, Brm.; ?*meisneri*, Brm.; *grylle* (pt.), auct. plur. (nec L.) — Terres entourant le Pôle arctique.

11.949. COLUMBA (Pall.), *Zoogr.* II, p. 348; Ridgw., *Man. N. Am. B.*, p. 17; Baird, *B. N. Am.*, p. 912, pl. 96, f. 1; *grylle*, Kittl. (nec L.) — Nord du Pacifique, du détr. de Behring et des îles Aléoutes à la Californ., Sibérie E.

3305. *Var.* SNOWI (Stejn.), *Auk*, 1897, p. 201; *columba* (pt.), auct. plur. (nec Pall.) — Iles Kouriles, Kamtschatka, Japon.

11.950. CARBO (Pall.), *Zoogr.* II, p. 350, pl. 79; Gould, *B. Asia*, VII, pl. 71; Baird, *B. N. Am.*, p. 913, pl. 97; Schl., *l. c.*, p. 17. — Nord du Pacifique jusqu'au Japon au S.

1933. BRACHYRHAMPHUS

Brachyramphus, Apobapton, Brandt (1837); *Anobapton*, Bp. (1856).

11.951. MARMORATUS (Gm.), *S. N.* I, p. 583; Brandt, *Bull. Acad. St-Pétersb.*, 1837, p. 346; *wrangelii*, Brandt, *l. c.*; *townsendi*, Aud., *Orn. Biogr.* V, p. 251, pl. 429; id., *B. Am.* VII, p. 278, pl. 475. — Côtes de l'Amérique N.-W., de l'Alaska à la Californie.

11.952. PERDIX (Pall.), *Zoogr.* II, p. 351, pl. 80; Stejn., *Zeitschr. ges. Orn.* III, p. 213, pl. 7; *marmoratus* et *wrangelii* (pt.), auct. plur.; *kittlitzi*, Swinh. (nec Brandt). — Côtes du N.-E. de l'Asie, Kouriles, Kamtschat., Japon.

11.953. BREVIROSTRIS (Vig.), *Zool. Journ.* IV, p. 357; Stejn., *Zeitschr. ges. Orn.* III, p. 211; Seeb., *B. Jap.*, p. 279; *kittlitzii*, Brandt; Nels., *Rep. N. H. Alaska*, p. 44, pl. 1; *antiqua*, Aud. (nec Gm.), *Orn. Biogr.* V, pl. 402, f. 2. — Nord du Pacifique : détroit de Behring, Kamtschatka, Aléoutes, Japon.

1934. ENDOMYCHURA

Micruria, Grant (1898, nec Reit., 1875); *Endomychura*, Oberh. (1899).

11.954. HYPOLEUCUS (Xantus), *Pr. Ac. Phil.*, 1859, p. 299; Ell., *B. N. Am.* II, pl. 72; Oberh., *Pr. Ac. Phil.*, 1899, p. 201. — Basse-Californie.

11.955. ?CRAVERI (Salvad.), *Atti Soc. Ital.* VIII, 1865, p. 387; Bd., Br. et Ridgw., *Water-B. N. Am.* II, p. 502. — Basse-Californie.

1935. SYNTHLIBORHAMPHUS

Synthliboramphus, Brandt (1837).

11.956. ANTIQUUS (Gm.), *S. N.* I, p. 554; Aud., *Orn. Biogr.* V, p. 100, pl. 402, f. 1; Tem. et Schl., *Faun. Jap.*, p. 124, pl. 80; Brandt, *Bull. Ac. St. Pétersb.*, 1837, p. 347; *senicula*, Pall.; *brachypterus*, Brt.; *cirrhocephalus*, Vig.; *cana*, Kittl.; *temmincki*, Coop. et Suckl. (nec Brt.)	Nord du Pacifique : Asie N.-E., Amérique N.-W., Japon
11.957. WUMIZUSUME (Tem.), *Pl. Col.* 121; *umizusume*, Tem. et Schl., *Faun. Jap.*, p. 123, pl. 79; *temminckii*, Brt.; Ell., *B. N. Am.* II, pl. 71.	Côtes du Japon.

SUBF. II. — FRATERCULINÆ

1936. PTYCHORHAMPHUS

Ptychoramphus, Brandt (1837).

11.958. ALEUTICUS (Pall.), *Zoogr.* II, p. 370; Brt., *Bull. Ac. St-Pétersb.*, 1837, p. 347; Ell., *B. N. Am.* II, pl. 69; *cassini*, Gamb.	Côtes de l'Am. N.-W., des îles Aléoutes à la Basse-Californie.

1937. SIMORHYNCHUS

Simorhynchus, Ersch. et Grub. (1819); *Tyloramphus*, Brand (1837); *Ciceronia*, Rchb. (1852).

11.959. CRISTATELLUS (Pall.), *Spicil. Zool.*, fasc. V, p. 18, pl^{s} 3 et 5, ff. 7-9; id., *Zoogr.* II, p. 370, pl. 86; Aud., *Orn. Biogr.* V, p. 102, pl. 402; id., *B. Am.* VII, pl. 467; Schl., *Mus. P.-B. Urinat.*, p. 25; *tetracula*, *dubia*, Pall.; *cristata*, Müll.; *superciliosa*, Bp.; *superciliata*, Aud.	Nord du Pacifique : détroit de Behring, Alaska, Kamtschatka, Kouriles, Japon.
11.960. PYGMÆUS (Gm.), *S. N.* I, p. 555; Brt., *Mél. Biol.* VII, p. 228; *kamtschatica*, Lepech.; Baird, *B. N. Am.*, p. 908; Schl., *l. c.*, p. 25; *crinita*, *mystacea*, Pall.; *cristatella*, auct. plur. (nec Pall.); Tem., *Pl. Col.* 122; *superciliosa*, Licht. (nec Bp.); *cassini*, Coues.	Nord du Pacifique : détroit de Behring, Alaska, Kamtschatka, Japon, etc.
11.961. PUSILLUS (Pall.), *Zoogr.* II, p. 373, pl. 90; Ell., *B. N. Amer.* II, pl. 68; *corniculatus*, Esch.; *microceros*, Brt.; *occidentalis*, Vig.; *nodirostris*, Bp.; *pygmæus*, Schl. (nec Gm.), *l. c.*, p. 23.	Nord du Pacifique : Alaska, Kamtschatka, Japon, etc.

1938. PHALERIS

Phaleris, Tem. (1820); *Cyclorrhynchus*, Kp. (1829); *Ombria*, Eschs. (1831).

11.962. PSITTACULA (Pall.), *Spicil. Zool.*, fasc. V, p. 13, pls 2 et 5, ff. 4-6; id., *Zoogr.* II, p. 366, pl. 84; Schl., *l. c.*, p. 24; Dub., *Ois. Eur.* II, p. et pl. 175c. — Nord du Pacifique : des Kouriles à l'Alaska.

1939. CERATORHYNCHA

Cerorhinca, Bp. (1826); *Chimerina*, Eschs. (1829); *Ceratorrhina*, Bp. (1830); *Cerorhina*, Brt. (1837); *Ceratorhyncha* et *Cerorhynca*, Bp. (1838).

11.963. MONOCERATA (Pall.), *Zoogr.* II, p. 362; Cass., in *Perry Exped. Jap.* II, p. 233; Schl., *l. c.*, p. 26; *Cerorhyncha occidentalis*, Bp.; Aud., *B. Am.* VII, p. 264, pl. 471; *cornuta*, Eschs.; *orientalis*, Brt.; *suckleyi*, Cass. — Nord du Pacifique : du dét. de Behring et Japon, etc., à la Basse-Californie en hiver.

1940. LUNDA

Lunda, Pall. (1811); *Gymnoblepharum*, Brt. (1837); *Sagmatorrhina*, Bp. (1851); *Cheniscus*, Gray (1871).

11.964. CIRRHATA (Pall.), *Spicil. Zool.*, fasc. V, p. 7; id., *Zoogr.* II, p. 363, pl. 82; Vieill., *Gal. Ois.* II, p. 240, pl. 296; Schl., *l. c.*, p. 27; *carinata*, Vig.; *lathami*, Bp.; *labradoria*, Cass. — Nord du Pacifique : Kamtsch., Alaska jusqu. Basse-Calif., Japon, etc., Groenl. (accid. Maine).

1941. FRATERCULA

Fratercula, Briss. (1760); *Mormon*, Ill. (1811); *Larva*, Vieill. (1816); *Ceratoblepharum*, Brandt (1837).

11.965. ARCTICA (Lin., 1758); Dress., *l. c.* VIII, p. 599, pl. 625; Dubois, *l. c.* II, p. 666, pl. 312; *deleta*, Brünn.; *labradorica*, Gm.; *labradora*, Lath.; *canogularis*, Mey. et Wolf.; *polaris* et *gravæ*, Brm. — Nord de l'Atlantique : Europe N. et W., Amér. N.-E., Groenland, Islande.

3306. *Var.* GLACIALIS (Naum.), *Isis*, 1821, p. 782, pl. 7, f. 2; Elliot, *B. N. Am.* II, pl. 65; *arcticus*, Malmgr. (nec L.); *corniculata*, Degl. et Gerbe (nec Naum.) — Zone polaire jusqu'au 80° l. N., Spitzberg, Nouv.-Zemble, etc.

11.966. CORNICULATA (Naum.), *Isis*, 1821, p. 782, pl. 7, ff. 3, 4; Gray, *Gen. B.* III, pl. 174; Ridgw., *Man. N. Am. B.*, p. 11; Seeb., *B. Japan*, p. 280; *arctica*, Pall. (nec L.); *septentrionale*, Kittl.; *glacialis*, auct. plur. (nec Naum.); Gould, *B. Eur.* V, pl. 404. — Nord du Pacifique, en hiver Japon et Colombie anglaise.

ORD. XIX. — IMPENNES (1)

FAM. SPHENISCIDÆ

1942. APTENODYTES

Aptenodytes, Forst. (1781); *Apterodita*, Scop. (1786); *Pinguinaria*, Shaw (1792).

11.967. PATAGONICA, Forst., *Comment. Gotting.* III, p. 137, pl. 2; id., *Icon. ined.*, pl. 81 *(patachonica)*; *longirostris*, Scop.; Bull., *B. N. Zeal.*, ed. 2, II, p. 306; *pennantii*, Gray; id., *Voy. Ereb. and Terr.*, *B.*, pl. 32; *rex*, Bp.; *forsteri*, Scl. (pt.) — Magellan, îles Malouines, Géorgie du S., Marion, Kerguelen, Macquarie, Snares et Stewart.

11.968. FORSTERI, Gray, *Ann. Mag. N. H.*, 1844, p. 315; id., *Gen. B.* III, pl. 176, f. 2; id., *Voy. Ereb. and Terr.*, *B.*, pl. 31; *imperator*, Bp.; *patagonicus*, Schl., Coues (nec Forst.) — Mers antarctiques.

1943. PYGOSCELIS

Pygoscelis, Wagl. (1832); *Dasyrhamphus*, Hombr. et Jacq. (1853); *Pygoscelys*, Bp. (1856).

11.969. PAPUA (Forst.), *Comment. Gotting.* III, p. 140, pl. 3; Rchb., *Natat.*, pl. 2, f. 738; Gray, *Voy. Ereb. and Terr.*, *B.*, pl. 25; Schl., *l. c.*, p. 5; *tæniata*, Peale; *wagleri*, Sclat. — Iles Malouines, Géorgie du S., Marion, Kerguelen, Heard, Macquarie, etc.

11.970. ADELIÆ (Hombr. et Jacq.), *Ann. Sc. Nat.*, 1841, p. 320; id., *Voy. Pôle Sud*, *Zool.* III, p. 155, pl. 33, f. 1; Gray, *Voy. Ereb. and Terr.*, *B.*, pl. 28; Schl., *l. c.*, p. 4; *brevirostris*, Gray; *longicaudata*, Peale, *Zool. U. S. Expl. Exp.*, *B.*, p. 261, pl. 70, f. 2; *herculis*, Finsch. — Terres antarctiques.

11.971. ANTARCTICA (Forst.), *Comment. Gotting.* III, p. 141, pl. 4; id., *Icon. ined.*, pl. 82; Gray, *Voy. Ereb. and Terr.*, *B.*, pl. 26; Schl., *l. c.*, p. 5. — Iles Malouines, Weddell, Géorgie du S., Seymour.

1944. CATARRHACTES

Catarractes, Briss. (1760); *Eudyptes*, Vieill. (1816); *Chrysocoma*, Steph. (1825); *Microdyptes*, M.-Edw. (1880).

11.972. CHRYSOCOME (Forst.), *Comment. Gotting.* III, p. 135, pl. 1; Vieill., *Gal. Ois.* II, p. 245, pl. 298; Gould, *B. Austr.* VII, pl. 83; *demersus*, L. (nec *Diom. demersa*); *catarractes*, Forst.; *gorfua*, Bonn.; *cirrhata*, *cristata*, Shaw; *saltator*, Steph.; *chryso-* — Terre de Feu, Malouines, Géorgie du S. et îles voisines, Cap B.-Esp., Austr. S., Tasmanie, Nouv.-

(1) Voy.: Ogilvie-Grant, *Catalogue of Birds Brit. Mus.* XXVI, pp. 623-653 (1898).

lopha, Rchb.; *nigrivestis*, Gould; *filholi*, Hutt.; *serresiana*, Oust. — Zélande.

11.973. PACHYRHYNCHUS (Gray), *Voy. Ereb. and Terr.*, *B.*, p. 17; id., *Gen. B.* III, pl. 176; Bull., *B. N. Zeal.*, ed. 2, II, p. 287; *chrysocome* (pt.), auct. plur. (nec Forst.); *atrata*, Hutt. (mélanisme); ? *novæ-hollandiæ*, Steph. — Nouvelle-Zélande, îles Snares, Bounty, Chatham.

3307. *Var.* VITTATA (Finsch), *Ibis*, 1875, p. 112; Bull., *B. N. Zeal.*, ed. 2, II, p. 299. — Nouvelle-Zélande (île Sud).

3308. *Var.* SCLATERI (Bull.), *B. N. Zeal.*, ed. 2, II, p. 289; id., *P. Z. S.*, 1889, p. 82, pl. 9, f. 1. — Iles Campbell, Auckland, Antipodes et Bounty.

11.974. CHRYSOLOPHUS, Brandt, *Bull. Acad. St-Pétersb.*, 1837, p. 315; Gray, *Gen. B.* III, pl. 176, f. 1; Scl. et Salv., *Voy. Chall., Zool., B.*, p. 127, pl. 29; ? *diadematus*, Gould, *P. Z. S.*, 1860, p. 419. — Iles Malouines, Géorgie du S., Prince Edward, Marion, Kerguelen, Heard.

11.975. SCHLEGELI (Finsch), *Trans. N. Zeal. Inst.* VIII, 1876, p. 204; Bull., *B. N. Zeal.*, ed. 2, II, p. 298; *diadematus*, Schl., *Mus. P.-B., Urinat.*, p. 8 (pt., nec Gould?); *chrysolophus*, Fsch. (1872, nec Brt.); *albigularis*, M.-Edw., *Ann. Sc. Nat.*, 1880, art. 9, p. 55, pl. 19. — Nouv.-Zélande : îles Macquarie et Campbell.

1945. MEGADYPTES

Catarrhactes, Hombr. et Jacq. (1841, nec Briss., 1760); *Megadyptes*, M.-Edw. (1882).

11.976. ANTIPODUM (H. et J.), *Ann. Sc. Nat.*, 1841, p. 320 *(antipodes)*; Gray, *Voy. Ereb. and Terr.*, *B.*, p. 17, pl. 27; Bull., *B. N. Zeal.*, ed. 2, II, p. 294, pl. 46, f. 1; *flavilarvata*, Peale. — Nouv.-Zélande, îles Auckland, Stewart, Chatham, Campbell.

1946. EUDYPTULA

Eudyptula, Bonap. (1856).

11.977. MINOR (Forst.), *Comment. Gotting.* III, p. 147; id., *Icon. ined.*, pl[s] 84, 85; Gould, *B. Austr.* VII, pl. 84; *undina*, Gould, *l. c.*, pl. 85. — Australie S., Tasmanie, Nouv.-Zélande, îles Chatham.

3309. *Var.* ALBOSIGNATA, Finsch, *P. Z. S.*, 1874, p. 207; id., *J. f. O.*, 1874, pp. 174, 219; *minor*, Bull. (pt.) — Nouv.-Zélande.

1947. SPHENISCUS

Spheniscus, Briss. (1760); *Dypsicles*, Glog. (1842).

11.978. DEMERSUS (Lin.); *Pl. Enl.* 58; Steph., *Gen. Zool.* XIII, 1, p. 64, pl. 9; Schl., *l. c.*, p. 10; Scl. et — Côtes S. et S.-W. de l'Afrique.

Salv., *Voy. Chall., Zool., B.*, p. 124, pl. 27; *palpebrata*, Licht.; *fuscirostris*, Illig.; ?? *torquata*, Forst. (aberr. ?); ? *platirhingos*, Scop.

11.979. HUMBOLDTI, Meyen, *Nov. Act. Acad. Caes. Leop.-Car.* XVI, *Suppl.*, p. 21; Tschudi, *Faun. Per.*, p. 315; Tacz., *Orn. Pér.* III, p. 499; *demersus* (pt.), Schleg.; ? *chilensis*, Mol.; ? *molinæ*, Lath. — Côtes du Pérou et du Chili.

11.980. MAGELLANICUS (Forst.), *Comment. Gotting.* III, p. 143, pl. 5; id., *Icon. ined.*, pl. 83; Scl. et Salv., *Voy. Chall., Zool. B.*, p. 125, pl. 28; *brasiliensis*, Licht.; *magnirostris*, Peale; *demersus* (pt.), auct. plur. (nec L.); *trifasciatus*, Philip.; ? *modestus* et *flavipes*, Philip., *Arch. f. Naturg.*, 1899, p. 171. — Côtes de l'Amérique mérid., de Magellan au Chili et au Rio-Grande do Sul, îles Malouines et de Géorgie du S.

11.981. MENDICULUS, Sundev., *P. Z. S.*, 1871, p. 126; Salv., *Trans. Zool. Soc.* IX, pl. 89; Grant, *Cat.*, p. 653. — Iles Galapagos.

SUBCL. III. — RATITÆ [1]

ORD. XX. — APTERYGES

FAM. APTERYGIDÆ

1948. APTERYX

Apteryx, Shaw (1813); *Apternyx*, Sw. (1837).

11.982. AUSTRALIS, Shaw, *Nat. Misc.* XXIV, pl^s 1057, 1058; Gray, *Gen. B.* III, pl. 139; Bull., *Hist. B. N. Zeal.*, ed. 2, II, p. 322; *novæ-zelandiæ*, Less.; *fusca*, Potts. — Nouvelle-Zélande (île Sud).

11.983. LAWRYI, Rothsch., *Ibis*, 1893, pp. 573-76; *maxima*, Bull. (nec Bp.), *Tr. N. Z. Inst.*, 1890, p. 602. — Nouvelle-Zélande (île Stewart).

11.984. MANTELLI, Bartl., *P. Z. S.*, 1850, p. 275, pl. 30, ff. 3, 4, pl. 31, f. 2; Bull., *B. N. Zeal*, p. 337, pl. 33; *australis*, auct. plur. (nec Shaw); Gould, *B. Austr.* VI, pl. 2; *bulleri*, Sharpe. — Nouvelle-Zélande (partie or. de l'île Nord).

11.985. OWENI, Gould, *P. Z. S.*, 1847, p. 94; id., *B. Austr.* VI, pl. 3; id., *Tr. Z. S.* III, p. 379, pl. 57; *mantelli*, juv., Schl.; *mollis*, Potts; *fuscus*, Rowl. (nec Potts). — Nouvelle-Zélande (île Sud).

3310. *Var.* OCCIDENTALIS, Rothsch., *Bull. Br. Orn. Cl.* X, p. 59; *Ibis*, 1893, pp. 573, 576; *oweni*, Finsch (nec Gould). — Nouv.-Zélande (partie occid. des îles Nord et Sud).

11.986. HAASTI, Potts, *Tr. N. Z. Inst.*, 1871, p. 204; id., — Nouvelle-Zélande (île

(1) Voy.: Salvadori, *Catalogue of Birds Brit. Mus.* XXVII, pp. 570-612 (1895).

Ibis, 1872, p. 35; Rowl., *Orn. Misc.* I, pp. 3-17, pl. 1; ? *maxima*, Bp. (*descr. nulla*); ? *major*, Ellm.; *australis*, Haast (nec Shaw). — Sud centr. et partie occid. de l'île Nord)

ORD. XXI. — CASUARII

FAM. I. — DROMÆIDÆ

1949. DROMÆUS

Dromaius, Vieill. (1816); *Dromæus*, Ranz. (1821); *Tachea*, Flem. (1822); *Dromiceus*, Sw. (1837); *Dromeicus*, A. Newt. (1893).

11.987. NOVÆ-HOLLANDIÆ (Lath.), *Ind. Orn.* II, p. 665; Gould, *B. Austr.* VI, pl. 1; Schl., *Mus. P.-B.*, *Struthiones*, p. 7; *emu*, Steph.; *australis*, Sw. — Australie E., Tasmanie.

11.988. ATER, Vieill., *N. Dict.* X, p. 212; id., *Gal. Ois.* II, p. 79, pl. 226; ?*parvulus*, Gould. — Ile Decrès ou Kangaroo (*éteint*).

11.989. IRRORATUS, Bartl., *P. Z. S.*, 1859, p. 295; Schl., *l. c.*, p. 7; Salvad., *Cat.*, p. 589. — Australie W.

FAM. II. — CASUARIIDÆ (1)

1950. CASUARIUS

Casuarius, Briss. (1760); *Hippalectryo*, Glog. (1842).

11.990. EMEU, Lath., *Ind. Orn.* II, p. 664; Schl., *l. c.*, p. 9; *galeatus*, Bonn.; Vieill., *Gal. Ois.* II, p. 77, pl. 225; *casuarius*, Lin.; Rothsch., *Tr. Z. S.* XV, p. 113, pl. 22; *indicus*, Glog.; *orientalis*, S. Müll.; *javanensis!* Gulliv.; *beccarii*, Pelz. (nec Scl.) — Céram.

3311. *Var.* BECCARII, Sclat., *P. Z. S.*, 1875, p. 87, ff. 1, 2; Rothsch., *l. c.*, p. 116, pl. 23; *bicarunculatus*, Becc. (nec Scl.) — Ile Vokan (Arou).

3312. *Var.* SCLATERI, Salvad., *Ann. Mus. Civ. Gen.* XII, 1878, p. 422; *beccarii*, Scl., *P. Z. S.*, 1875, p. 527, pl. 58 (nec Scl., p. 87); Salvad., *Orn. Pap.* III, p. 484 (pt.) — Nouv.-Guinée S.

3313. *Var.* SALVADORII, Oust., *Bull. Assoc. Sc. de France*, Bull., n° 539, 1878, p. 350; Rothsch., *l. c.*, p. 120, pl. 24; Salvad., *Cat.*, p. 595; *tricarunculatus*, Salvad. (pt.) — Nouv.-Guinée N.-W.

3314. *Var.* ALTIJUGUS, Scl., *Nature*, 1878, p. 375; Rothsch., *J. f. O.*, 1901, p. 361; *intensus*, Rothsch., *Bull. B. O. Club*, 1898, VIII, — Wandammen (Nouv.-Guinée).

(1) Voy. aussi : W. Rothschild, *A Monograph of the genus Casuarius* (*Trans. of the Zool. Soc. of London*, XV, pt. 5 (1900).

pp. 21, 55; id., *Monogr.*, p. 121, pl. 27; *salvadorii* (pt.), Rothsch., *l. c.*, p. 120.

3315. *Var.* Violicollis, Rothsch., *Bull. B. O. C.* VIII, pp. 27, 55; id., *Monogr.*, p. 122, pl. 26. — ? Ile Trangan (Arou).

3316. *Var.* Australis, Wall., *Sydn. Heral*, 1854; Gould, *P. Z. S.*, 1857, p. 269; id., *B. Austr.*, *Suppl.*, plˢ 70, 71; Rothsch, *l. c.*, p. 123, pl. 25; *johnsonii*, F. Müll.; ?*regalis*, Rosenb. — Queensland N. (Australie).

11.991. bicarunculatus, Scl., *P. Z. S.*, 1860, pp. 211, 248; Schl., *Mus. P.-B.*, *Struth.*, p. 10; Rothsch., *l. c.*, p. 129, pl. 28; *aruensis*, Schl.; *galeatus*, Rosenb. (nec V.) — Iles Wammer et Kabroor (Arou).

11.992. unappendiculatus, Blyth, *Journ. As. Soc. Beng.*, 1860, p. 112; Benn., *Ibis*, 1860, p. 403, pl. 14; Schl., *l. c.*, p. 10; Salvad., *Mém. R. Ac. Sc. Tor.*, 1881, p. 205, pl. 2, f. 6; Rothsch., *l. c.*, p. 132 (pt.); *kaupi*, Rosenb. — Salwatti.

3317. *Var.* Rothschildi, Matsch., *Journ. f. Orn.*, 1901, p. 268; *unappendiculatus* (pt.), Rothsch., *l. c.*, p. 132, plˢ 29, 30. — Presqu'île Beran (N.-Guinée N.-W.)

3318. *Var.* Occipitalis, Salvad., *Ann. Mus. Civ. Gen.*, 1875, p. 718 (note), 1878, p. 423; Oust., *Arch. Mus.* VIII, 1896, p. 264, pl. 14; Rothsch., *l. c.*, p. 135, pl. 31; *westermanni*, Rey (nec Scl.); *laglaizei*, Oust., *Bull. Soc. Philom.*, 1893, n° 9, pp. 1-3 (aberr.), id., *Nouv. Arch. Mus.*, 1896, VIII, p. 265, pl. 15. — Ile Jobi.

3319. *Var.* Aurantiaca, Rothsch., *Bull. B. O. Club*, VIII, p. 1; id., *Monogr.*, p. 136, pl. 32. — Nouv.-Guinée allemande.

3320. *Var.* Rufotincta, Rothsch., *Monogr.*, p. 137. — ?

11.993. philipi, Rothsch., *Nov. Zool.* V, p. 418; id., *Monogr.*, p. 138, pl. 33. — ? Nouv.-Guinée E.

11.994. papuanus, Schleg., *Ned. Tijdschr. Dierk.* IV, 1871, p. 54; id., *Mus. P.-B.*, *Str.*, p. 11; Rothsch., *l. c.*, p. 139, pl. 34; *kaupi*, Scl. (nec Rosenb.); *papuensis*, Scl.; *westermanni*, Scl. — Nouv.-Guinée N.-W.

3321. *Var.* Edwardsi, Oust., *P. Z. S.*, 1878, p. 389, pl. 21; Rothsch., *l. c.*, p. 141, pl. 35; *papuanus* (pt.), Salvad., *Cat.*, p. 600. — Nouv.-Guinée allem. N.-W

11.995. loriæ, Rothsch., *Nov. Zool.*, 1898, p. 513; id., *Monogr.*, p. 142, pl. 38; *picticollis*, Salvad. (nec Scl.) — Nouv.-Guinée S.-E.

11.996. picticollis, Scl., *Rep. Brit. Assoc.*, 1874, p. 138; id., *P. Z. S.*, 1875, p. 84, pl. 18; Rothsch., *l. c.*, p. 143, pl. 36. — Nouv.-Guin. anglaise.

3322. *Var.* Hecki, Rothsch., *Bull. B. O. C.* VIII, p. 49; id., *Monogr.*, p. 144, pl. 37. — Nouv.-Guinée allem.

11.997. BENNETTI, Gould, *P. Z. S.*, 1857, p. 269, pl. 129; id., *B. Austr.*, *Suppl.*, pl[s] 72, 73; Schl., *l. c.*, p. 4; Rothsch., *l. c.*, p. 145, pl. 39. — Nouv.-Bretagne.

3323. *Var.* MACULATA, Rothsch., *Monogr. Cas.*, p. 148. — ?

ORD. XXII. — RHEÆ

FAM. RHEIDÆ

1951. — RHEA

Rhea, Lath. (1790); *Toujou*, Lacép. (1801); *Tujus*, Rafin. (1815); *Pterocnemia*, Gray (1871); *Pterocnemys*, Scl. et Salv. (1873).

11.998. AMERICANA (Lin.); Lath., *Ind. Orn.* II, p. 665; Vieill., *Gal. Ois.* II, p. 74, pl. 224; *nandu*, Less.; *albescens*, Arrib. (aberr.) — Brésil centr., Bolivie, Paraguay, Urug., Argentine.

3324. *Var.* MACRORHYNCHA, Scl., *P. Z. S.*, 1860, p. 207; id., *Tr. Z. S.* IV, p. 356, pl. 69; Salvad., *Cat.*, p. 581; *americana* (pt.), auct. plur. (nec L.) — Brésil N.-E.

11.999. DARWINI, Gould, *P. Z. S.*, 1837, p. 35; id., *Voy. Beagle, B.*, p. 123, pl. 47; Gray, *Gen. B.* III, pl. 138; *pennata*, D'Orb. — Chili, Argentine, Patagonie.

ORD. XXIII. — STRUTHIONES

FAM. STRUTHIONIDÆ

1952. STRUTHIO

Struthio, Lin. (1758).

12.000. CAMELUS, Lin.; Vieill., *Gal. Ois.* II, p. 70, pl. 223; Salvad., *Cat.*, p. 572. — Soudan, Arabie, Palestine.

3325. *Var.* MOLYBDOPHANES, Rchw., *Mitth. Orn. Ver. Wien*, 1883, p. 203, pl.; id., *Journ. f. Orn.*, 1883, p. 399; Salvad., *Cat.*, p. 574; *camelus* (pt.), auct. plur. — Somaliland.

3326. *Var.* AUSTRALIS, Gurn., *Ibis*, 1868, p. 253; Anderss., *B. Damaral.*, p. 251; Salvad., *Cat.*, p. 575; *camelus* (pt.), auct. plur.; *meridionalis*, Scl. — Afrique S.

3327. *Var.* MASSAICA, O. Neum., *J. f. O.*, 1898, p. 243. — Massaïland.

SUPPLÉMENT

ADDITIONS ET CORRECTIONS (1)

PSITTACI

3. *Microglossa salvadorii*, Mey. = M. ATERRIMUS, juv.
11. (Gen.) Au lieu de *Chrysotis* il faut : AMAZONA, Less. (1831, nec 1847).
34. *Amazona imperialis*, Richm., *Auk*, 1899, p. 186 = A. AUGUSTA (Vig.)
1. AMAZONA SCHMIDTI, Ihering, *Rev. Mus. Paulista*, III, p. 321. — Brésil central.
48. Au lieu de *levaillanti* il faut : ORATRIX, Ridgw., *Man. N. Am. B.*, p. 587.
1. AMAZONA ORATRIX, *var.* TRESMARIÆ, Nels., *Auk*, 1900, p. 256. — Tres Marias.
2. — ALBIFRONS, *var.* SALTUENSIS, Nels., *Pr. Biol. Soc. Wash.* XIII, p. 26. — Mexique N.-W.
12. (Gen.) Au lieu de *Pachynus*, Rchw. (1881, nec Stål., 1866) il faut : GRAYDIDASCALUS, Bp. (1854).
24. *Var. Lacera*, Heine = PIONUS MAXIMILIANI (Kuhl).
2. POICEPHALUS SATURATUS, Shpe, *Bull. B. O. C.* XII, p. 67. — Ankole N. (Afr. éq.)
3. — KINTAMPOENSIS, Alex., *Bull. B. O. C.* XII, p. 10. — Côte d'Or, Hinterland.
36. *Var. Erythreæ*, Neum. = P. MEYERI (Rüpp.)
37. *Var. Transvaalensis*, Neum. = P. MEYERI.
130. (p. 11.) Au lieu de *Texas* lisez *Arizona* S.
4. PYRRHURA HYPOXANTHA, Salvad., *Boll. Mus. Torino*, XIV, n° 363, p. 1 ; id., *Ibis*, 1900, pl. 14. — Matto-Grosso (Brésil).
5. — GRISEIPECTUS, Salvad., *Ibis*, 1900, p. 672. — Hab. ?
191, pt. PSITTACULA PALLIDA, Brewst., *Auk*, 1889, p. 85, est une *var.* du P. CYANOPYGIA. — Senora.
191, pt. — INSULARIS, Ridgw., *Pr. U. S. Nat. Mus.*, 1887, p. 541, est une espèce distincte. — Tres Marias.
193, pt. — DELICIOSA, Ridgw., *Pr. U. S. Nat. Mus.*, 1887, p. 545, est une espèce distincte. — Bas-Amazone.

(1) Les numéros imprimés en caractères gras se rapportent aux dénominations indiquées antérieurement dans le *Synopsis avium*; pour les additions, le numérotage recommence par le n° 1, aussi bien pour les espèces que pour les variétés nouvelles.

3. Eclectus pectoralis, *var.* Aruensis (Gray), *P. Z. S.*, 1858, p. 182; Rothsch. et Hart., *Nov. Zool.* III, p. 535.	Iles Arou.
4. — pectoralis, *var.* Solomonensis, Rothsch. et Hart., *Nov. Zool.* VIII, p. 82.	Iles Salomon.
5. Geoffroyus personatus, *var.* Explorator, Hart., *Nov. Zool.* VIII, p. 4.	Goram.
6. — personatus, *var.* ?Lansbergi, Finsch, *Notes Leyd. Mus.* XX, p. 225. (N'est-ce pas le *sumbavensis*, Salvad.?)	Sumbawa.
7. — personatus, *var.* Cyanicarpus, Hart., *Nov. Zool.* VI, p. 81.	Ile Rossel.
6. Prioniturus mada, Hart., *Nov. Zool.* VII, p. 230.	Ile Bourou.
8. Tanygnathus megalorhynchus, *var.* Viridipennis, Hart., *Nov. Zool.* X, p. 22.	Ile Tukang-Besi (au S.-E. de Célèbes).
9. Palæornis alexandri, *var.* Major, Richm., *Pr. Biol. Soc. Wash.*, 1902, p. 188.	Sumatra W.
7. Psittinus abbotti, Richm., *Pr. Biol. Soc. Wash.*, 1902, p. 188.	Ile Simalur (Sumatra W.)
8. Nasiterna viridifrons, Rothsch. et Hart., *Orn. Mon.*, 1899, p. 138.	Nouv.-Hanovre.
9. — tristrami, Rothsch. et Hart., *Nov. Zool.* IX, p. 589.	Ile Kulambangra (Salomon).
10. — pusio, *var.* Salvadorii, Rothsch. et Hart., *Nov. Zool.* VIII, p. 81.	Nouv.-Guinée N.-W.
10. — orientalis, De Vis, *Ann. Rep. Brit. New Guin.*, 1898, *App.*, p. 81.	Nouv.-Guinée S.-E.
11. ?Platycercus paradiseus, Russ., *J. f. O.*, 1871, p. 236.	Hab. ?
12. — maccillivrayi, North, *Victor. Natural.* VII, 1900, pp. 91, 113; Sclat., *Ibis*, 1902, p. 610, pl. 15.	Queensland N.
13. Barnardius occidentalis, North, *Rec. Austr. Mus.* II, p. 83.	Australie N.-W.
14. Psephotus dissimilis, Coll., *P. Z. S.*, 1898, p. 356.	Australie N.
15. Pezoporus fairchildi, Hect., *Tr. N. Z. Inst.*, 1895, p. 285.	Ile Antipode.
16. Nestor septentrionalis, Lorenz., *Verh. z.-b. Ges. Wien*, 1896, p. 198.	Nouv.-Zélande, île N.

365. Au lieu de *Eos riciniata* il faut : E. variegata (Gm.), qui a priorité.

11. Eos variegata, *var.* Obiensis, Rothsch., *Bull. B. O. C.*, 1899, p. 16; id., *Ibis*, 1900, p. 191.	Ile Obi (Moluques).
12. Lorius lory, *var.* Major, Rothsch. et Hart., *Nov. Zool.* VIII, p. 66.	Waigiou.
13. Trichoglossus hæmatodes, *var.* Intermedia, Rothsch. et Hart., *Nov. Zool.* VIII, p. 70.	Nouv.-Guinée allem.
17. Trichoglossus alorensis, Finsch, *Notes Leyd. Mus.* XX, p. 226.	Ile Alor.

14. TRICHOGLOSSUS NOVÆ-HOLLANDIÆ, *var.* SEPTENTRIONALIS, Rob., *Bull. Liverp. Mus.* II, 1900, p. 115.	Queensland N.
18. HYPOCHARMOSYNA MEEKI, Rothsch. et Hart., *Nov. Zool.* VIII, p. 187.	Kulambangra (Salom.)
19. CHARMOSYNA BELLA (De Vis), *Ann. Queensl. Mus.*, nº 5, p. 12, pl. 8.	Nlle-Guin., Wharton.
20. OREOPSITTACUS FRONTALIS, Rchw., *Orn. Monatsb.*, 1900, p. 186.	Nouv.-Guinée S.-E.

415. — *chlorigaster*, Sharpe, *Zool. Rec.*, 1898, *Aves*, p. 43 = O. GRANDIS, Grant.

SCANSORES ZYGODACTYLÆ

436. INDICATOR MAJOR, Steph.	Afr. N.-E., E., S.-E. et Sénégambie.
21. — BARIANUS, Heugl., *Syst. Uebers.*, p. 48; *böhmi*, Rchw. — **436**, pt. et var. **142**.	Afrique équator. jusqu'au Zambèze.
22. — WILLCOCKSI, Alex., *Bull. B. O. C.* XII, p. 11 ; id., *Ibis*, 1902, p. 364, pl. 8.	Côte d'Or.
23. — POENSIS, Alex., *Bull. B. O. C.* XIII, p. 33.	Fernando Po.
15. — MINOR, *var.* TEITENSIS, Neum., *J. f. O.*, 1900, p. 195.	Teita (Afrique E.)
24. — LOVATI, Grant, *Bull. B. O. C.* X, 1900, p. 39.	Abyssinie.
25. — FEÆ, Salvad., *Ann. Mus. Gen.* XX, 1901, p. 783.	Guinée portug.
26. — USSHERI, Sharpe, *Bull. B. O. C.* XII, p. 80.	Fantée.
27. PRODOTISCUS PEASEI, Grant, *Bull. B. O. C.* XI, p. 67; id., *Ibis*, 1901, p. 667, pl. 13.	Abyssinie.
28. — ELLENBECKI, Erl., *Orn. Monatsb.*, 1901, p. 182.	Arrussi (Afrique N.-E.)

80bis (Gen.) LYBIUS, Herm. (1883); ce genre comprend les *Pogonorhynchus*, nos 449 à 461 (pp. 35, 36), formant le g. *Melanobucco* de Shelley.

29. LYBIUS THIOGASTER, Neum., *Orn. Monatsb.*, 1903, p. 59; *undatus* (pt.), auct.	Abyssinie N.
30. — LEUCOGENYS (Blund. et Lovat), *Bull. B. O. C.* X, p. 21.	Konduro (Abyssinie).
148. TRICHOLÆMA HIRSUTUM, *var.* FLAVIPUNCTATA, Verr.; *gabonense*, Shell.	Gabon, Caméron.
149. *Tr. hirsutum, var. Stictilæma*, Rchw. = 147, *var.* ANSORGII, Shell.	Uganda.
31. TRICHOLÆMA NIGRIFRONS, Rchw., *J. f. O.*, 1899, p. 418.	Afrique E. allem.
32. GYMNOBUCCO PELI, Hartl. (**473**, pt.), est une espèce distincte.	Afrique W.

83 (Gen.) *Smilorhis* = STACTOLÆMA (**85**, p. 38).

496. STACTOLÆMA LEUCOMYSTAX, Sharpe, est un BARBATULA.

33. — BOCAGEI (Souza), *Jorn. Lisb.*, 1886, p. 158.	Benguela.
34. BARBATULA XANTHOSTICTA, Blund. et Lovat, *Bull. B. O. C.* X, p. 21.	Abyssinie S.
35. — CENTRALIS, Rchw., *Orn. Monatsb.*, 1900, p. 40.	Ndussuma (Afrique E).

36. BARBATULA KANDTI, Rchw., *Orn. Monatsb.*, 1903, p. 23. Lac Kiwu, Kandt.

87 (Gen.) *Thereiceryx*, Blanf., *Ibis*, 1893, p. 234 = MEGALÆMA.

37. XANTHOLÆMA ROBUSTIROSTRIS, Stuart Bak., *J. Bomb. N. H. Soc.* X, 1896, p. 356. Cachar N.

16. CAPITO AURATUS, *var.* INTERMEDIA, Berl. et Hart., *Nov. Zool.* IX, p. 98. Nericagua.

17. — — *var.* AURANTIICINCTA, Dalm., *Bull. Soc. Zool. de France*, 1900, p. 177. Caura.

18. — SHELLEYI, Dalm., *l. c.*, p. 179. Ecuador.

92 (Gen.) Au lieu de *Tetragonops*, Jard. (nec Gaerst), il faut : SEMNORNIS, Richm., *Auk*, 1900, p. 179; *Pan*, Richm. (nec Oken), *Auk*, 1899, p. 77.

38. RHAMPHASTOS HÆMATORHYNCHUS, Berl. et Hart., *Nov. Zool.* IX, p. 99. Caura, Orénoque.

39. AULACORHAMPHUS LAUTUS, Bangs, *Pr. Biol. Soc. Wash.* XII, p. 163. Colombie.

19. GALBULA RUFICAUDA, *var.* PALLENS, Bangs, *l. c.* XII, p. 133. Santa Martha (Col.)

630. Au lieu de *Jac. grandis*, Gm. ; il faut : JACAMEROPS AUREUS (P. L. S. Müll.).

685. Supprimez dans la syn. : *vagans*, Müll. et *nisicolor*, Hodgs. (p. 50).

40. HIEROCOCCYX NISICOLOR (Hodgs.); Blanf., *Faun. Br. Ind., B.* III, p. 214; Finsch, *Notes Leyd. Mus.*, 1901, p. 98; *varius* (pt.), Schl.; *fugax* (pt.), Shell. Népaul.

686. HIEROCOCCYX VAGANS (Müll.), *Ver. Nat. Gesch. Land- en Volk.*, 1839-44, p. 233; *varius* (pt.), Schl.; *nanus*, Hume. Ténassérim, Salanga, Born. N.-W., Java.

41. CUCULUS CONCRETUS, S. Müll., *Verh. Nat. Gesch. Land- en Volk.*, 1839-44, p. 236 (**688**, pt.) est une espèce distincte. Malacca, Sumatra, Java et Bornéo.

698. Au lieu de *C. pallidus*, auct. plur. (nec Lath.), il faut : C. VARIEGATUS, Vieill.

42. CUCULUS JACKSONI, Shpe. *Bull. B. O. C.* XIII, 1903, p. 7. Toro, Ruwenzori.

43. CACOMANTIS ADDENDUS, Rothsch. et Hart., *Nov. Zool.*, 1901, p. 185. Kulambangra (îles Salomon).

44. — WEBSTERI, Hart., *Trough New Guin.*, p. 370; id., *Orn. Monatsb.*, 1899, p. 138. Nouv.-Hanovre.

45. — SCHISTACEIGULARIS, Sharpe, *Ibis*, 1900, p. 338. Nouv.-Hébrides.

46. — WEISKEI, Rchw., *Orn. Monatsb.*, 1900, p. 186. Nouv.-Guinée S.-E.

47. — MEEKI, Rothsch. et Hartl., *Nov. Zool.*, 1902, p. 586. Ile Isabelle (Salomon).

48. CHRYSOCOCCYX RUFOMERUS, Hart., *Nov. Zool.*, 1900, p. 21. Ile Dammer.

49. — INNOMINATUS (Finsch), *Notes Leyd. Mus.* XII, p. 94. Ile Kisser, Timor.

50. — NIEUWENHUISI, Vorderm., *Nat. Tijdschr. Ned. Ind.* LVIII, 1898, p. 196. Halmahera.

51. COCCYZUS EULERI, Cab., *J. f. O.*, 1873, p. 73; Stone, *Ibis*, 1899, p. 476; *americanus* (pt.), auct. plur. (nec L.); *lindeni*, Allen (**729**, pt.) Amazone, Guyane, Brésil.

52. — ABBOTTI, Stone, *Pr. Philad. Acad.*, 1899, p. 301. Ile St-Andrews.

20. Eudynamis orientalis, *var.* Salvadorii, Hart., *Nov. Zool.*, 1900, p. 232.	Nouv.-Irlande, Nouv.-Bretagne.
21. — cyanocephala, *var.* Everetti, Hart., *l. c.*, p. 231.	Alor, Sumba, Tim., Key.
22. — melanorhyncha, *var.* Facialis, Wall., *P. Z. S.*, 1862, p. 339; Hart., *Nov. Zool.*, 1898, p. 127; *melanorhyncha* (pt.), Shell. A biffer au n° **739** : *socialis* et îles Soula.	Iles Soula.
23. Centropus nigrorufus, *var.* Thierryi, Rchw., *Orn. Monatsb.*, 1899, p. 190.	Togo (Afrique N.-W.)
24. Rhamphococcyx calorhynchus, *var.* Meridionalis (Mey. et Wg.), *B. Cel.* I, p. 227.	Célèbes S. et W.
25. — — *var.* Rufiloris (Hart.), *Nov. Zool.*, 1903, p. 24.	Ile Buton.
840. Colaptes auratus, Lin.	États-Unis S.-E.
26. — — *var.* Lutea, Bangs (**840**, pt.)	Amérique N.-W., de l'Alaska au Texas).
842. — mexicanus, Sw.	Mexique.
27. — — *var.* Collaris, Vig.; Nels., *Auk*, 1900, p. 123 (**842**, pt.)	De la Colombie angl. à la Californie.
28. — — *var.* Saturatior, Ridgw., *Pr. Biol. Soc. Wash.*, 1884, p. 90.	Colomb. angl., Alaska.
29. — — *var.* Rufipileus, Ridgw., *Bull. U. S. Geol. Surv.*, 1876, n° 2, p. 191 (**842**, pt.)	Ile Guadelupe.
844. — ayresi est un hybride, à supprimer de la liste.	
53. Gecinus rabieri, Oust., *Bull. Mus. Paris*, 1898, p. 12; id., *Arch. Mus. Paris* (4) I, pl. 7.	Tonkin.
54. — hainanus, Grant, *Ibis*, 1899, p. 584.	Haïnan.
55. — citrinocristatus, Rick., *Bull. B. O. C.* XI, 1901, p. 46.	Chine S.
56. Chloronerpes litæ, Rothsch., *Bull. B. O. C.* XI, 1901, p. 70.	Ecuador N.
57. — rubripileus, Salvad. et Festa, *Boll. Mus. Torino*, XV, n° 368, p. 14.	Ecuador.
58. Campothera nigra (Neum.), *Orn. Monatsb.*, 1902, p. 9.	Ethiopie S.
59. — malherbei (Cass.); *imberbis*, Sund. (**890**, pt.)	Zanzibar.
30. — — *var.* Nyansæ (Neum.), *J. f. O.*, 1900, p. 204.	Nyansa (Afrique E.)
31. — — *var.* Fülleborni (Neum.), *l. c.*	Région du lac Nyassa.
60. — hausburgi, Sharpe, *Bull. B. O. C.* X, 1900, p. 36.	Mt Kenya (Afr. équat.)
32. — permista, *var.* Kaffensis (Neum.), *Orn. Monatsb.*, 1902, p. 9.	Kaffa (Ethiopie S.)
33. — caroli, *var.* Arizela (Oberh.), *Pr. U. S. Nat. Mus.*, 1900, p. 29.	Libéria.
61. — poensis, Alex., *Bull. B. O. C.* XIII, 1903, p. 33.	Fernando Po.
62. Chrysophlegma styani, Grant, *Ibis*, 1899, p. 585.	Haïnan.
34. Centurus dubius, *var.* Veræcrucis (Nels.), *Auk*, 1900, p. 259.	Vera-Cruz, Tabasco.

938. Au lieu de *C. tricolor* il faut : CENTURUS SUBELEGANS, Bp., *P. Z. S.*, 1837, p. 109 (**938** et **940**, pt.) — Vénézuéla, Tobago.

35. CENTURUS SUBELEGANS, *var.* WAGLERI (Salv. et Godm.), *Biol. Centr. Am.* II, p. 416; *tricolor*, Wagl. (nec Gm.), **938**, pt. — Chiriqui, Panama, Colombie N.

36. — — *var.* SEDUCTA (Bangs), *Auk*, 1901, p. 26. — Ile San-Miguel.

37. — — *var.* NEGLECTA (Richm). — Bogota.

38. — — *var.* SANCTÆ-MARTÆ, Bangs, *Pr. Biol. Soc. Wash.*, 1898, pp. 131-44. — S. Martha (Colombie).

63. — FRONTALIS (Nels.), *Auk*, 1900, p. 257. — Chiapas, Mexique.

39. — AURIFRONS, *var.* FUMOSA (Nels.), *Auk*, 1900, p. 258. — Chiapas, Guatémala.

40. SPHYROPICUS VARIUS, *var.* DAGGETTI, Grinn., *Condor*, III, p. 12. — Californie S.

41. PICUS MAJOR, *var.* ANGLICA (Hart.), *Nov. Zool.*, 1900, p. 528. — Angleterre.

42. — CABANISI, *var.* LUCIANI, Malh. (**951**, pt.) — Mongolie W., Chine N.

43. — VILLOSUS, *var.* HYLOSCOPA (Cab. et H.), *Mus. Hein.* IV, p. 68 (**238**, pt.) — Arizona, Californie, Basse-Californie.

44. — — *var.* INTERMEDIA (Nels.), *Auk*, 1900, p. 259. — Mexique.

962. — PUBESCENS, L. ; *meridionalis*, Sw. — Sud des États-Unis.

45. — — *var.* MEDIANA, Sw. (**962**, pt.) — Ét.-Unis centr. et sept.

Supprimez la *var. Meridionalis* (243) qui est remplacé par :

243. — — *var.* OREOECA, Batch., *Auk*, 1889, p. 253. — Montagnes Rocheuses.

980. Au lieu de *tridactylus* il faut : HIRSUTA, Steph., *Gen. Zool.* IX, p. 219, pl. 38.

46. TRIDACTYLIA HIRSUTA, *var.* ALBIDIOR, Stejn., *Bull. U. S. Nat. Mus.*, n° 29, 1885, pp. 321, 338, 342 ; id., *Pr. U. S. Nat. Mus.*, 1888, p. 168. — Kamtschatka.

981. — DORSALIS, Baird, est une var. de AMERICANA, Brm.

255. *Var.* ALASCENSIS = T. AMERICANA.

47. TRIDACTYLIA AMERICANA, *var.* BACATA (Bangs), *Auk*, 1900, p. 136. — Amérique N.-E.

48. — — *var.* LABRADORIA (Bangs), *Auk*, 1900, p. 138. — Labrador.

49. — ARCTICUS, *var.* TENUIROSTRIS (Bangs), *Auk*, 1900, p. 131. — Sierra Nevada de Californie.

986. DENDROPICUS GUINEENSIS (Scop.), a priorité sur *D. cardinalis* (Gm.)

256. — — *var.* HARTLAUBI, Malh. = *Zanzibari*, Malh.

50. — — *var.* MASSAICA, Neum., *J. f. O.*, 1900, p. 206. — Massaïland N.

51. — — *var.* CENTRALIS, Neum., *l. c.* — Nyassa N., Uhehe.

64. — NANDENSIS, Neum., *Orn. Mon.*, 1901, p. 184. — Nandi.

991. — *simoni*, Grant, *Bull. B. O. C.* X, 1900, p. 38 = D. LEPIDUS (Cab. et H.)

65. — STIERLINGI, Rchw., *Orn. Mon.*, 1901, p. 166. — Nyassa N.

995. Dendropicus lacuum, Rchw. = reichenowi, Sjöst. (**996**).
52. — obsoletus, *var.* Ingens (Hart.), *Nov. Zool.* VII, p. 33. — Nairobe (Afr. E. angl.)
169 (Gen.) Veniliornis, Bonap. (1854), au lieu de *Eleopicus*, Bp. (1854).
265. Au lieu de *var. Peruviana*, Tacz. (1886), il faut : *var.* Major, Tacz. (1883).
66. Veniliornis neglectus, Bangs, *P. New Engl. Zool. Club*, II, p. 99. — Chiriqui.
67. — orenocensis, Berl. et Hart., *Nov. Zool.* IX, 1902, p. 93. — Orénoque.

Répartition géographique à rectifier de la manière suivante :

1045. Mesopicus goertan (S. Müll.) — Sénégambie.
267. — — *var.* Poliocephala (Sw). — De la Gambie au Loango (Afrique W.)
53. — — *var.* Abessinica, Rchw., *Orn. Monatsb.*, 1900, p. 58. — Abyssinie, Kordofan, Sennaar.
54. — — *var.* Centralis, Rchw., *l. c.*, p. 59. — Du Niam-Niam au fl. des Gazelles.
1046. — spodocephalus (Bp.) — Choa, Ethiop. S., Harar.
55. — — *var.* Rhodeogaster, Fisch. et Rchw., *J. f. O.*, 1884, p. 180 ; Rchw., *Orn. Monatsb.*, 1901, p. 183 ; (**1046**, pt.) — Montagnes Mau, Kenia et Maeru.
68. Mesopicus ruwensorii, Sharpe, *Bull. B. O. C.* XIII, 1903, p. 8. — Ruwenzori.
69. Blythipicus hainanus (Grant), *Ibis*, 1899, p. 585. — Haïnan.
1069. Tiga javanensis (Ljung). — Malacca, Sumatra, Java, Bornéo.
56. — — *var.* Intermedia (Blyth), *J. A. S. B.*, 1845, p. 193 (**1069**, pt.) — Ténass. jusqu'au Bengale et le S. de l'Inde.
57. — — *var. Exsul*, Hart., *Nov. Zool.* VIII, 1901, p. 51. — Bali.
58. Campophilus guatemalensis, *var.* Buxans, Bangs, *Auk*, 1901, p. 360. — Chiriqui.
182 (Gen.) Au lieu de *Hemilophus*, Sw. (1837, nec Serville, 1835), il faut : Mulleripicus, Bp. (1854).
59. Thriponax javensis, *var.* Parva, Richm., *Pr. Biol. Soc. Wash.*, 1902, p. 189. — Ile Simalur (Sumat. W.)
70. Picumnus macconnelli, Sharpe, *Bull. B. O. C.* XII, 1901, p. 4. — Guyane angl.
71. — stellæ, Berl. et Hart., *Nov. Zool.* IX, 1902, p. 96. — Orénoque.
187 (Gen.) *Blacops*, Richm., 1899 = Verreauxia.
60. Sasia abnormis, *var.* Magnirostris, Hart., *Nov. Zool.* VIII, 1901, p. 41 ; (**1177**, pt.) — Ile Nias.

HETERODACTYLÆ

72. Pharomacrus festatus, Bangs, *Pr. Biol. Soc. Wash.*, 1899, p. 92. — Sierra Nevada de Sta-Marta (Colombie).

73. TROGON VIRGINALIS, Cab. et H., *Mus. Hein.* IV, p. 173; Salvad. et Festa, *Boll. Mus. Tor.*, nº 364, p. 17; (**1191**, *collaris*, pt.) — Ecuador.

61. TROGON AMBIGUUS, *var.* GOLDMANNI, Nels., *Pr. Biol. Soc. Wash.*, 1898, p. 8. — Tres Marias.

195 (Gen.) *Heterotrogon*, Richm. (1894) = HAPALODERMA.

62. HAPALODERMA NARINA, *var.* ÆQUATORIALIS, Sharpe, *Bull. B. O. C.* XII, 1901, p. 3. — Cameron.

196 (Gen.) PYROTROGON, Bp. (1854) au lieu de *Harpactes*, Sw. (1837, nec Templet., 1834).

74. PYROTROGON NEGLECTUS, Forb. et Rob., *Bull. Liverp. Mus.* II, 1899, p. 34. — Malacca, Sumatra.

63. — ERYTHROCEPHALUS, *var.* YAMAKANENSIS (Grt.), *Bull. B. O. C.* VIII, 1899, p. 48. — Fo-kien (Chine S.)

75. — HAINANUS (Grant), *Ibis*, 1900, p. 371; id., *P. Z. S.*, 1900, p. 485. — Haïnan.

AMPHIBOLÆ

64. TURACUS EMINI, *var.* FINSCHI, Rchw., *Orn. Monatsb.*, 1899, p. 190. — Niam-Niam.

65. — LIVINGSTONI, *var.* HYBRIDA, Rchw., *J. f. O.*, 1898, p. 814. — Nyassaland, Uhehe.

76. — DONALDSONI, Sharpe, *Ibis*, 1895, p. 381. — Somalil. W. jusqu'au S. de l'Abyssinie.

77. GALLIREX JOHNSTONI, Sharpe, *Bull. B. O. C.*, 1901, p. 57; id., *Ibis*, 1902, p. 112, pl. 5. — Afrique équator

66. SCHIZORHIS CONCOLOR, *var.* PALLIDICEPS (Neum.), *J. f. O.*, 1899, p. 66. — Angola, Benguela.

67. COLIUS LEUCOTIS, *var.* BERLEPSCHI, Hart., in *Ansorges Afr. Sun*, p. 334; id., *Nov. Zool.* VII, p. 31. — Afrique E. allem.

68. — CAPENSIS, *var.* DAMARENSIS, Rchw., *J. f. O.*, 1899, p. 418. — Damara.

69. — MACROURUS, *var.* PULCHRA, Neum., *J. f. O.*, 1900, p. 190. — Teita, Taweta (Afr. E.)

ANISODACTYLÆ

70. CORACIAS GARRULA, *var.* LOQUAX, Licht. (**1269**, pt.), Rchw., *Orn. Mon.*, 1899, p. 191. — Afrique tropic. et S.

1270. — ABYSSINICA, Bodd. — Rectifiez l'habitat : — Abyssinie, Arabie.

71. — — *var.* SENEGALENSIS, Gm. (**1270**, pt.); Rchw., *l. c.* — Sénégambie.

72. — SPATULATA, *var.* DISPAR, Boc., *Jorn. Lisb.*, 1880, p. 227; Rchw., *l. c.*; (**1273**, pt.) — Benguela.

73. CORACIAS NÆVIUS, *var*. SHARPEI, Rchw., *Orn. Monatsb.*, 1899, p. 192.	Afrique E. allem.
78. EURYSTOMUS NEOHANOVERANUS, Hart., *Nov. Zool.* VIII, 1901, p. 185; *solomonensis*, Hart. (1899, nec Sharpe).	Nouv.-Hanovre.

213 (Gen.) PRIONORNIS, Salv. et Godm. (1895), au lieu de *Prionirhynchus*, Scl. (1857, nec Jacq. et Luc., 1854).

74. MOMOTUS ÆQUATORIALIS, *var*. CHLOROLÆMA, Berl. et Stolzm., *P. Z. S.*, 1902, II, p. 35.	Pérou centr.
75. — LESSONI, *var*. GOLDMANI, Nels., *Auk*, 1900, p. 256.	Vera-Cruz, Oaxaca.

1306. *Melittophagus ocularis*, Rchw., *Orn. Mon.*, 1900, p. 87 = M. PUSILLUS.

76. MELITTOPHAGUS PUSILLUS, *var*. SHARPEI, Hart., *Nov. Zool.* VII, 1900, p. 398.	Somaliland, Abyssinie, Choa.
315. — — *var*. *Cyanosticta*, Cab., *J. f. O.*, 1875, p. 340; Finsch, *Not. Leyd. Mus.*, 1901, p. 4; *minutus* (pt.), Finsch (1870); *erythropterus*, Heugl. (nec Gm.); *meridionalis*, Sharpe (voir **314**).	Afr. S.-W., S. et S.-E., du Loango au Dam. et du Pangani au Natal.
79. MEROPS NORTHCOTTI, Sharpe, *Bull. B. O. C.* X, 1900, p. 49.	Côte-d'Or.
80. — MERIONIS, Alex., *Bull. B. O. C.* XIII, 1903, p. 33.	Fernando Po.
81. — BATESIANUS, Sharpe, *Bull. B. O. C.* X, 1900, p. 48.	Congo français.
82. — SUMBAENSIS, A. B. Mey., *Sitz. Ges. Isis, Dresden*, 1884. pp. 6, 19; Hart., *Nov. Zool.*, 1896, pp. 570, 586.	Sumba.
77. IRRISOR VIRIDIS, *var*. GUINEENSIS, Rchw., *Orn. Monatsb.*, 1902, pp. 78, 79.	De la Guinée portug. au Niger.
78. — — *var*. DAMARENSIS, Grant, *Bull. B. O. C.* XII, 1901, p. 37; id., *Ibis*, 1902, p. 434, pl. 10, f. 1.	Damara, Afrique E. et Afrique E. angl.
79. — — *var*. MELANORHYNCHA (Licht.); *senegalensis*, Vieill.; *erythrorhynchus* (pt.), Salv. (**322**, pt.)	Afrique N.-E. et Sénégambie.
80. — — *var*. SOMALIENSIS, Grant, *Bull. B. O. C.* XII, 1901, p. 38; id., *Ibis*, 1902, p. 435, pl. 10, f. 2.	Somaliland.
81. RHINOPOMASTUS CYANOMELAS, *var*. SCHALOWI, Neum., *J. f. O.*, 1900, p. 221.	Afrique tropicale E.
82. UPUPA EPOPS, *var*. PALLIDA, Erl., *J. f. O.*, 1900, p. 15.	Tunisie.
83. — SOMALENSIS, *var*. INTERMEDIA, Grant et Reid, *Ibis*, 1901, p. 674.	Abyssinie S.
83. PHOLIDOPHALUS KETHULLEI, Dubois, *Orn. Monatsb.*, 1900, p. 69.	Haut-Congo.

243 (Gen.) *Rhabdotorrhinus*, Mey. et Wg. (1898) = HYDROCISSA.

245 (Gen.) *Horizocerus*, Oberh. (1900) = Alophius.	
339. *Alophius sibbensis* (Sharpe) = A. deckeni (**1397**).	
1404. Dacelo gigas (Bodd.); *minor*, Robins.	
84. Halcyon badius, *var*. Lopezi, Alex., *Bull. B. O. C.* XIII, 1903, p. 33.	Fernando Po.
1437. — *semicæruleus* (Forsk.); supprimez dans la syn. *actæon*, Less. et *rufiventer*, Sw.	Afrique N.-E.
85. — — *var*. Hyacinthina, Rchw., *J. f. O.*, 1900, p. 249.	Zanzibar, Useguha.
86. — — *var*. Rufiventris, Sw.	Afrique W.
356. — — *var*. Actæon, Less.; Oust., 3ᵉ *Congrès Orn.*, p. 228; *erythrogastra*, Gd.; *jagoensis*, Bolle.	Iles du Cap Vert.
84. — farquhari, Sharpe, *Bull. B. O. C.* X, 1899, p. 29.	Nouv.-Hébrides.
85. — elisabethæ, Heine, *J. f. O.*, 1883, p. 222; Berl., *l. c.*, 1897, p. 90.	Nouv.-Guinée allem.
87. — australasiæ, *var*. Dammeriana, Hart., *Nov. Zool.* VII, p. 19.	Ile Dammer.
371. — *var*. Pachyrhyncha, Rchw. = H. tristrami, Layard (**1464**).	
88. — chloris, *var*. Nusæ, Heinr., *J. f. O.*, 1902, p. 437, pl. 8, f. 2.	Nouv.-Hanov., Nouv.-Mecklenb.
86. — matthiæ, Heinr., *J. f. O.*, 1902, p. 438, pl. 8, f. 1.	Ile St-Matthias.
89. Syma torotoro, *var*. Meeki, Rothsch., *Nov. Zool.* VIII, p. 147.	Nouv.-Guinée N.-E.
90. — — *var*. Ochracea, Rothsch., *l. c.*, p. 145.	Iles D'Entrecasteaux.
1482. — *weiskei*, Rchw., *Orn. Monatsb.*, 1900, p. 186 = S. megarhyncha (fem.)	
1489. Ceycopsis fallax (Schl.)	Célèbes.
91. — — *var*. Sanghirensis, Mey. et Wg., *B. Celebes*, p. 278, pl. 10, ff. 2, 3.	Sanghir.
92. Ceyx lepida, *var*. Collectoris, Rothsch. et Hart., *Nov. Zool.* VIII, p. 376.	Guadalcanar.
1499. — — *var*. Sacerdotis, Rams.	
87. — meeki, Rothsch., *Bull. B. O. C.* XII, 1901, p. 23; id., *Nov. Zool.*, IX, p. 585, pl. 11, f. 1.	Ile Ysabelle (Salomon).
88. — læta, De Vis, *Rep. Orn. Spec. N. Guin.*, 1894, p. 2.	Nouv.-Guinée S.-E.
89. — samarensis, Steere, *List B. Mam. Philipp.*, p. 10; *melanura* (pt.) (**1494**).	Samar, Leyte.
1506. *Alcedo spatzi*, Kg., *J. f. O.*, 1892, p. 367 = A. ispida.	
90. Corythornis thomensis, Salvad., *Ibis*, 1902, p. 568, pl. 13.	Ile St-Thomas (Afrique W.)
93. Alcyone azurea, *var*. Yamdenæ, Rothsch., *Bull. B. O. C.* XI, p. 65.	Timor-Laut.
402. *Pelargopsis sasak*, Vorderm. = P. floresiana, Sharpe.	
1527. Ceryle lugubris (Tem.) pour habitat :	Japon.
94. — — *var*. Guttulata, Stejn., *Pr. U. S. Nat. Mus.*, 1892, p. 294; *continentalis*, Hart., *Nov. Zool.* VII, p. 534.	Himalaya, Birmanie, Chine, Corée.

MACROCHIRES

91. ÆGOTHELES RUFA, Hall., *Vict. Natural.* XVIII, p. 89; *rufescens,* Hall., *l. c.*, p. 60 (nec Salvad.)

92. PODARGUS INEXPECTATUS, Hart., *Bull. B. O. C.* XII, p. 24; id., *Nov. Zool.* IX, p. 585. — Ile Ysabelle (Salomon).

95. NYCTIBIUS JAMAICENSIS, *var.* MEXICANA, Nels., *Auk,* 1900, p. 260. — Mexique.

93. LYNCORNIS ELEGANS, Rchw., *Orn. Monatsb.*, 1899, p. 130. — Nouv.-Guinée allem.

1593. SCOTORNIS CLIMACURUS (Vieill). — Sénégambie, Nigeria, Soudan, Nubie.

96. — — *var.* NIGRICANS, Salvad.; id., *Ann. Mus. Civ. Gen.* (2) VI, p. 226, note; (**1593**, pt.) — Du Nil Blanc au Choa.

97. NYCTIDROMUS ALBICOLLIS, *var.* INSULARIS, Nels., *Pr. Biol. Soc. Wash.*, 1898, p. 9. — Tres Marias.

98. — — *var.* YUCATANENSIS, Nels., *l. c.*, 1901, p. 171. — Yucatan.

99. — — *var.* GILVA, Bangs, *Pr. New Eng. Zool. Club,* 1902, p. 82. — ? (1)

100. PHALÆNOPTILUS NUTTALLI, *var.* CALIFORNICA, Ridgw. (**1605**, pt.) — Californie.

Nyctagreus, Nels. (1901) = ANTROSTOMUS.

94. ANTROSTOMUS CHIAPENSIS, Nels., *Auk,* 1900, p. 261. — Chiapas (Mexique S.)

95. — GOLDMANI, Nels., *Pr. Biol. Soc. Wash.* XIII, 1901, p. 26. — Mazatlan.

96. — OAXACÆ, Nels., *Auk,* 1900, p. 260. — Oaxaca (Mexique S.)

101. CAPRIMULGUS RUFICOLLIS, *var.* DESERTORUM, Erl., *J. f. O.,* 1899, p. 521, pl. 11, f. 1. — Tunisie.

1629. — TRIMACULATUS (Sw.) a priorité sur *C. tristigma,* Rüpp.

97. — SHARPEI, Alex., *Bull. B. O. C.* XII, p. 29. — Côte-d'Or (Hinterland).

1630. — MACROURUS, Horsf.; *schlegeli*, Gr. (**436**, pt.); *salvadori,* Sharpe, appartiennent à la même forme dont voici l'habitat : — Gr. îles de la Sonde, Palaw., îles Papous jusqu'au N.-E. de l'Australie.

436 (pt.) — — *var.* AMBIGUA, Hart. — Himal. E., Indo-Ch., Malac., Sum. N.-E.

98. — STELLATUS, Weld-Blund. et Lov., *Bull. B. O. C.* X, p. 21; Grant, *Ibis,* 1900, p. 311, pl. 4. — Abyssinie.

99. — FULLEBORNI, Rchw., *Orn. Monatsb.*, 1900, p. 98. — Nouv.-Helgoland (Afr. E. allem.)

100. — JONESI, Grant et Forb., *Bull. Liverp. Mus.*, 1899, p. 3. — Ile Sokotra.

102. — ÆGYPTIUS, *var.* SAHARÆ, Erl., *J. f. O.*, 1899, p. 525, pl. 12, f. 1. — Tunisie.

(1) Cette variété m'a été indiquée par M. Oberholzer, mais sans indication d'habitat.

A corriger la synonymie et l'habitat du :

1658. Cypselus apus (Lin.)	Europe, Afrique N.
442. — — *var*. Acuticauda, Jerd.	Inde.
103. — — *var*. Pekinensis, Swinh., *P. Z. S.*, 1870, p. 435; (**442**, pt.)	La majeure partie de l'Asie continentale.
443. — — *var*. Murina, Brm.	Égypte jusqu'au golfe Persique.
104. — — *var*. Brehmorum, Hart., in *Naum. Vög. Deut.* IV (1901), p. 233; id., *Nov. Zool.* VIII, p. 326.	Madeire, Canaries, Afrique N.-W.
105. — — *var*. Shelleyi, Salvad., *Ann. Mus. Civ. Gen.*, 1888, p. 227 (**1658**, pt.)	Afrique N.-E.
106. — unicolor, *var*. Alexandri, Hart., *Nov. Zool.* VIII, p. 328.	Iles du Cap Vert.
107. — — *var*. Poensis, Alex., *Bull. B. O. C.* XIII, 1903, p. 33.	Fernando Po.
101. — alfredi, Shell., *B. Afr.* II, p. 345.	Mbara (Afrique équat.)
108. — affinis, *var*. Galilegensis, Ant., *Naum.*, 1855, p. 307, pl. 5, ff. 1, 2; Hart., *Tierreich*, p. 88; (**1666**, pt.)	Palestine.
102. Chætura andrei, Berl. et Hart., *Nov. Zool.* IX, 1902, p. 91.	Orén. centr. (Cumana).
103. — thomensis, Hart., *Bull. B. O. C.* X, 1900, p. 53; id., *Nov. Zool.* VIII, p. 425, pl. 7, f. 1.	Ile St-Thomas (Afr. W).
109. Nephoecetes brunneitorques, *var*. Griseifrons (Nels.), *Auk*, 1900, p. 262.	Tepic, Jalisco, Zacatecas W., Durango S. (Mexique).
104. Collocalia gigas, Hart. et Butl., *Bull. B. O. C.* XI, p. 65; Finsch, *l. c.* XII, p. 30.	Malacca, Java.
110. Glaucis hirsuta, *var*. Columbiana, Bouc., *Humm. B.*, p. 402 (**1736**, pt.)	Rio Dagua (Col. W.)
111. — — *var*. Affinis, Lawr.; Oberh., *Pr. U. S. Nat. Mus.*, 1902, p. 311 (**1736**, pt.)	Ecuador E.
1748. Phaethornis superciliosus (Lin.); Less., *H. N. Colibris*, p. 35, pl. 6; *affinis*, Pelz.; *fraterculus*, Gould, *Monogr. Troch.* I, pl. 18.	Guyane fr., Brésil N.
112. — — *var*. Malaris (Nordm.), in *Erm. Reise*, pp. 2, 16; Hart., *Thierr.*, p. 20; *superciliosus*, Gd., *Mon. Troch.* I, pl. 17; (**1748**, pt.)	Guyane fr.
113. — longirostris, *var*. Susurra, Bangs, *P. New Engl. Zool. Club*, II, p. 64.	Sta-Marta (Colombie).
105. — fuliginosus, Simon, *IIIe Congr. Orn., C. R.*, p. 201.	Colombie.
106. — hyalinus, Bangs, *Auk*, 1901, p. 27.	Ile S.-Miguel (Panama.)
107. — viridicaudatus, Gd., *Mon. Troch.* I, pl. 33; Hart., *Thierr.*, p. 26 (**1763**, pt.)	Brésil S. et centr.

1769. PHAETHORNIS RUFIGASTER (Vieill.) a priorité sur *pygmæus* (Spix); *rufiventris*, Cab. et H.

114. — — *var.* LONGIPENNIS, Berl. et Stolzm., *P. Z. S.*, 1902, II, p. 19. — Pérou centr.

108. — CAURENSIS, Sim. et Dalm., *IIIe Congr. Orn.*, *C. R.*, p. 208. — Caura (Vénézuéla).

1771. EUTOXERES AQUILA (Bourc.) — Colombie et Ecuador.

468. — — *var. Salvini*, Gd. = *var.* HETERURA. — Costa-Rica, Panama, Colombie, Ecuador.

115. — CONDAMINEI, *var.* GRACILIS, Berl. et Stolzm., *P. Z. S.*, 1902, II, p. 19. — Pérou centr.

1785. FLORISUGA *sallei*, Bouc. = MELLIVORA (Lin.)

116. APHANTOCHROA CUVIERI, *var.* SATURATIOR, Hart., *Bull. B. O. C.* XII, p. 33. — Ile Coiba (Panama).

109. LEUCIPPUS BAERI, Simon, *IIIe Congr. Orn.*, *C. R.*, p. 202. — Pérou N.-W.

1798. Doit être remplacé par :

AGYRTRIA VIRIDISSIMA (Less.), *H. N. Ois.-Mouches*, p. 207, pl. 75; Hart., *Thierr.*, p. 45; ?*maculatus*, V.; *viridipectus*, Rchb.; *linnæi*, Gd., *Mon. Troch.* V, pl. 302; *malvinæ*, Rchb. — Vénézuéla, Trinidad, Guyane, Bas-Amaz.

117. — — *var.* MACULICAUDA (Gd.), *Intr. Troch.*, p. 154. — Guyane angl.

475. — *var. Terpna*, Heine = VIRIDISSIMA (Less.)

118. — FLUVIATILIS, *var.* LAETA, Hart., *J. f. O.*, 1900, p. 360. — Pérou E.

119. — LEUCOGASTER, *var.* BAHIÆ, Hart., *Orn. Monatsb.*, 1899, p. 140. — Bahia.

1816. — SALVINI, Brewst. appartient au genre AMAZILIA.

110. — TENEBROSA, Hart., *Bull. B. O. C.* X, 1899, p. 15. — Colombie.

111. SAUCEROTTEA WARSCEWICZI (Cab. et H.), *Mus. Hein.* III, p. 38; Salv., *Cat.*, p. 222; (**1829**, pt.) — Colombie N.

120. — — *var.* BRACCATA (Heine), *J. f. O.*, 1863, p. 193; (**1829**, pt.) — Andes du Vénézuéla.

1829. — SOPHIÆ (Bourc. et Muls.); Gd., *Mon. Troch.*, pl. 322; *caligatus*, Gd.; *hoffmanni*, Cab. et H. — Costa-Rica.

481. — ERYTHRONOTA, *var.* WELLSI, Bouc. = ? *tobaci*, Gm.

121. — — *var.* CAURENSIS, Berl. et Hart., *Nov. Zool.* IX, p. 84. — Caura (Orénoque).

1843. AMAZILIA FUSCICAUDATA (Fras.), *P. Z. S.*, 1840, p. 17, a priorité sur *riefferi* (Bourc., 1843). — Andes de Vénézuéla, Colomb. et Ecuad., au N. jusq. Panama.

122. — — *var.* JACUNDA (Heine), *J. f. O.*, 1863, p. 188; (**1843**, pt.) — Ecuad. W., Col. S.-W.

123. — — *var.* DUBUSI (Bourc. et Muls.), *Ann. Soc. Agr. Lyon*, IV, 1852, p. 141; (**1843**, pt.) — Du Mexique au Costa-Rica.

124. AMAZILIA CINNAMOMEA, *var.* SATURATA, Nels., *Pr. Biol. Soc. Wash.*, 1898, p. 63. — Mexique S., Guatémala.
1870. HYLOCHARIS CYANEA (Vieill.) — Brésil.
125. — — *var.* ROSTRATA, Bouc., *Gen. Hum. B.*, 1894, p. 400. — Pérou E., Bolivie.
486. — — *var.* VIRIDIVENTRIS, Berl. — Guyane, Vénézuéla.
126. — SAPPHIRINA, *var.* GUIANENSIS, Bouc., *Gen. Hum. B.*, 1891, p. 52; (**1869**, pt.) — Guyane, Vénézuéla.
127. CHRYSURONIA OENONE, *var.* INTERMEDIA, Hart., *Nov. Zool.* V, p. 519. — Haut-Amazone.
487. — — *var.* JOSEPHINÆ (Bourc. et Muls.) au lieu de *Necra* (*nom. nud.*) — Bolivie.
128. — — *var.* LONGIROSTRIS, Berl., *J. f. O.*, 1887, p. 333; (**1871**, pt.) — Andes de Colombie.
489. CHLORESTES, *var.* *Subcœrulea* (Elliot) = C. HYPOCYANEUS (Gould).
1876. CHLOROSTILBON AUREIVENTRIS (D'Orb. et Lafr.) — Bolivie, Paraguay, Argentine N.
129. — — *var.* EGREGIA, Heine, *J. f. O.*, 1863, p. 197; (**1877**, pt.) — Brésil S.-E.
1877. — — *var.* PUCHERANI (Bourc. et Muls.) — Brésil centr. et E.
130. — AURICEPS, *var.* FORFICATA, Ridgw.; (**1878**, pt.) — Iles Cozumel, Mugeres, Holbox (baie de Yuc.)
1881. — HAEBERLINI (Rchb.) au lieu de *haberlinï*.
1886. — CARRIBÆUS, Lawr. — Iles Aruba, Cur., Bon., Margarita et Trinid.
131. — — *var.* LESSONI, Sim. et Dalm., *IIIe Congr. Orn., C. R.*, p. 212. — Vénézuéla N.
132. — — *var.* NANA, Berl. et Hart., *Nov. Zool.* IX, p. 86. — Orénoque.
133. SPORADINUS RICORDI, *var.* ÆNEOVIRIDIS (Palm. et Ril.), *Pr. Biol. Soc. Wash.*, 1902, p. 34. — Abaco (Bahama).
331 (Gen.) Au lieu de *Timolia* il faut : AUGASMA, Gould (1860).
1914 (pt.) THALURANIA FANNYI (Del. et Bourc.), *Rev. Zool.*, 1846, p. 310. — Colombie.
134. — — *var.* VERTICEPS, Gould, *Contr. Orn.*, 1851, pl. 71 ; id., *Mon. Troch.*, pl. 107. — Ecuador.
498. — HYPOCHLORA, Gd., est une espèce distincte.
112. — RIDGWAYI, Nels., *Auk*, 1900, p. 262. — Jalisco (Mexique).
135. — FURCATA, *var.* FISSILIS, Berl. et Hart., *Novit. Zool.* IX, p. 87. — Caura (Vénézuéla).
340 (Gen.) *Crinis*, Muls. (1875) = CHRYSOLAMPIS, Boie.
1952. POLYTMUS THERESIÆ (Da Silva), au lieu de *viridissimus*, V. (nec Gm.)
113. AITHURUS SCITILUS, Brewst. et Bangs, *P. New Engl. Zool. Club*, II, p. 49. — Jamaïque.
136. TOPAZA PELLA, *var.* PAMPREPTA, Oberh., *Pr. U. S. Nat. Mus.*, 1902, p. 321. — Rio Napo (Ecuador).

137. EUGENES SPECTABILIS, *var.* CHIRIQUENSIS, Nehrk., *Orn. Monatsb.*, 1901, p. 132. — Chiriqui.
138. HELIODOXA LEADBEATERI, *var.* PARVULA, Berl., *J. f. O.*, 1887, p. 320. — Andes de Colombie et de Vénézuéla.
1987. — JACULA, Gd. a pour habitat : — Colombie.
1986. — — *var.* JAMESONI (Bourc.) — Ecuador.
139. — — *var.* HENRYI, Lawr., *Ann. Lyc. N. York*, 1867, p. 402 (**1987**, pt.); *berlepschi*, Bouc. — Costa-Rica, Panama.
362 (Gen.) *Leucuria*, Bangs (1898) = HELIANTHEA (p. 150).
114. HELIANTHEA HAMILTONI, Goodf., *Bull. B. O. C.* X, p. 48. — Ecuador E.
2006. — IRIS, Gd. a pour habitat : — Pér. N., Boliv. N.-W.
140. — — *var.* BUCKLEYI, Berl., *Ibis*, 1887, p. 295; (**2006**, pt.) — Ecuador.
115. — PHALERATA (Bangs), *Pr. Biol. Soc. Wash.* 1898, p. 474. — Colombie N.
141. LAFRESNAYA SAULÆ, *var.* RECTIROSTRIS, Berl. et Stolzm., *P. Z. S.*, 1902, II, p. 24. — Pérou centr.
142. LAMPROPYGIA COLUMBIANA, *var.* OBSCURA, Berl. et Stolzm, *l. c.*, p. 23. — Pérou centr.
2021. AGLÆACTIS CUPREIPENNIS (Bourc. et Muls.) — Colombie.
143. — — *var.* ÆQUATORIALIS, Cab. et Hein.; (**2021**, pt.) — Ecuador.
144. PANOPLITES FLAVESCENS, *var.* TINOCHLORA (Oberh.), *Pr. U. S. Nat. Mus.*, 1902, p. 329. — Ecuador W.
2050. ERIOCNEMIS AURELIÆ (B. et M.) a pour habitat : — Colombie.
145. — — *var.* RUSSATA, Gd., *P. Z. S.*, 1871, p. 505; (**2050**, pt.) — Ecuador.
116. PHLOGOPHILUS HARTERTI, Berl. et Stolzm., *Ibis*, 1901, p. 717. — Pérou S.-E.
2056. ADELOMYIA MELANOGENYS (Fras.), *P. Z. S.*, 1840, p. 18. — Colombie, Ecuador E.
146. — — *var.* MACULATA, Gd.; **2056**, pt. — Ecuador W.
147. — — *var.* CHLOROSPILA, Gd., *Ann. N. H.*, 1872, p. 452; (**2056**, pt.) — Pérou.
516. — — *var.* CERVINA, Gd. — Colombie.
2057. — — *var.* ÆNEOTINCTA, E. Simon. — Vénézuéla.
148. HELIANGELUS EXORTIS, *var.* SODERSTROMI, Oberh., *Pr. U. S. Nat. Mus.*, 1902, p. 334. — Corazon (Ecuador).
117. METALLURA THERESIÆ, Simon, *Nov. Zool.* IX, p. 181. — Pataz (Pérou).
118. — DISTRICTA, Bangs, *Pr. Biol. Soc. Wash.* XIII, 1899, p. 94. — Colombie.
2101. PSALIDOPRYMNA VICTORIÆ (Bourc. et Muls.) — Colombie.
149. — — *var.* ÆQUATORIALIS (Bouc.), *Humm. B.*, 1893, p. 6 (**2101**, pt.) — Ecuador.
119. — PALLIDIVENTRIS, Simon, *Nov. Zool.* IX, p. 182. — Cojabamba (Pérou).

120. ZODALIA THAUMASTA, Oberh., *Pr. U. S. Nat. Mus.*, 1902, p. 338. — Chillo (Ecuador).

2120. HELIOTHRIX BARROTI (Bourc. et Muls.) — Colombie, Ecuador.

150. — — *var.* ALINCIA, Oberh., *Pr. U. S. Nat. Mus.*, 1902, p. 339. — Amérique centr.

396 (Gen.) ANTHOSCENUS, Richm. (1902), au lieu de *Floricola*, Ell. (1878, nec Gist., 1848).

2126. — SUPERBUS (Shaw., 1802), a priorité sur *longirostris* (Vieill., 1817).

533. — — *var.* STEWARTÆ (Lawr.) au lieu de *Stuartæ*, Gray (err.)

2127. — CONSTANTI (Del.) a pour habitat : — De Costa-Rica au Guat.

151. — — *var.* LEOCADLÆ (Bourc. et Muls.); *leocardiæ*, Salv., *Cat.*, p. 232; (**2127**, pt.) — Mexique.

121. SELASPHORUS ALLENI, Hensh., *Bull. Nutt. Orn. Club*, 1877, p. 54; (**2152**, pt.) — Californie (1).

122. POLYXEMUS HARTERTI, Simon, *IIIe Congrès Orn., C. R.*, p. 202. — Colombie W.

152. LOPHORNIS VERREAUXI, *var.* KLAGESI, Berl. et Hart., *Nov. Zool.* IX, p. 89. — Caura (Vénézuéla).

420 (Gen.) POPELAIREA, Rchb. (1854), au lieu de *Prymnacantha*, Cab. (1860).

2189. — TRICHOLOPHA, Rchb. au lieu de *popelairei*, devenu terme générique.

2191. — CONVERSI (Bourc. et Muls.) — Col., Pan., Costa-Rica.

153. — — *var.* ÆQUATORIALIS (Berl. et Tacz.), *P. Z. S.*, 1883, p. 567. — Ecuador.

PASSERES TRACHEOPHONÆ

123. SCYTALOPUS LATEBRICOLA, Bangs, *Pr. Biol. Soc. Wash.* XIII, 1899, p. 101. — Colombie.

154. — FEMORALIS, *var.* MACROPUS, Berl. et Stolzm.; (**2205**, pt.) — Pérou.

155. CORYTHOPIS ANTHOIDES, *var.* HUMIVAGANS, Tacz., *P. Z. S.*, 1874, pp. 136, 531; id., *Orn. Pér.* II, p. 91; (**2223**, pt.) — Pérou centr.

124. CONOPOPHAGA BROWNI, Bangs, *Pr. Biol. Soc. Wash.* XIII, p. 100. — Colombie.

2233. — RUSBYI, Allen, au lieu de *rushyi*.

125. GRALLARICULA CUMANENSIS, Hart., *Bull. B. O. C.* XI, 1900, p. 37. — Cumana (Vénézuéla).

126. GRALLARIA PERIOPHTHALMICA, Salvad. et Festa, *Boll. Mus. Tor.* 1898, n° 330, p. 2. — Ecuador W.

127. — BANGSI, Allen, *Bull. Amer. Mus. N. H.*, 1900, p. 159. — Sta-Marta (Colombie).

(1) Dans la note, à la p. 162, j'ai suivi M. E. Simon, pour qui le *S. alleni* n'est qu'un plumage de saison. M. H. C. Oberholzer m'écrit que c'est une erreur, que le *S. alleni* est une espèce parfaitement distincte; M. Hartert est également de cet avis (voy. Hartert, *Trochilidæ* in *Das Tierreich*, Berlin, 1900).

128. GRALLARIA PARAMBÆ, Rothsch., *Bull. B. O. C.* XI, 1900, p. 36. — Ecuador N.

129. — SORORIA, Berl. et Stolzm., *IIIe Congrès Orn., C. R.*, p. 194. — Pérou centr. E.

130. PITTASOMA RUFOPILEATUM, Hart., *Nov. Zool.* VIII, p. 370. — Ecuador N.-W.

2277-78. Au lieu de *F. colma* et *nigrifrons*, il faut :

2277. FORMICARIUS RUFICEPS (Spix), *Av. Bras.* I, p. 72, pl. 72, f. 1; Hellm., *Orn. Monatsb.*, 1902, p. 34; ? *fuscicapilla*, Vieill.; *colma*, auct. plur. (nec Gm.) — Brésil E., de Bahia à St-Paul.

156. — — *var.* AMAZONICA, Hellm., *Orn. Monatsb.*, 1902, p. 34. — Bas-Amazone.

2278. — — *var.* CAYENNENSIS (Bodd.); *Pl. Enl.* 821; *colma*, Gm.; *nigrifrons*, Gould; *glaucopectus*, Ridgw. — Guyane, Amazone, Colombie.

2288. PHLOGOPSIS NIGROMACULATA, *var.* NOTATA, Allen.

157. GYMNOPITHYS BICOLOR, *var.* ÆQUATORIALIS (Hellm.), *Orn. Monatsb.*, 1902, p. 33. — Ecuador N.

443 (Gen.) *Manikup*, Richm. (1900, nec Desm.) = PITHYS. — M. Richmond a pris la dénomination française de *Manikup* pour un terme générique latin.

131. PITHYS SALVINI, Berl., *J. f. O.*, 1901, p. 98. — Bolivie N.

132. HYPOCNEMIS MARGARITIFERA, Pelz., *Orn. Bras.*, pp. 88, 165; (**2313**, pt.) — Haut-Amazone.

2330. HETEROCNEMIS HYPOLEUCA, Ridgw., appartient au genre HYPOCNEMIS.

2317. MYRMECIZA SWAINSONI, Berl., *Ibis*, 1888, p. 130, au lieu de *longipes*, auct. (nec Vieill.)

158. — — *var.* GRISEIPECTUS, Berl. et Hart., *Nov. Zool.* IX, p. 76. — Orénoque et Guyane anglaise.

2321. — *marginata*, Salvad., *Atti Soc. Ital. S. N.* VII, p. 158 = M. RUFICAUDA (Max.)

446 (Gen.) Au lieu de *Heterocnemis*, Scl. (1855, nec Albers, 1852), il faut : SCLATERIA, Oberh., *Pr. Ac. N. Sc. Philad.*, 1899, p. 209.

133. SCLATERIA ALBIVENTRIS (Pelz.), *Orn. Bras.*, p. 161. — Brésil centr., Ht-Amaz.

450bis (Gen.) RHOPORNIS, Richm. (1902); *Rhopocichla*, Allen (1891, nec Oat., 1889).

134. RHOPORNIS ARDESIACA (Max.), *Beitr. Nat. Bras.* III, p. 1055; Allen, *Bull. Amer. Mus. Nat. Hist.* III, p. 199; *myiotherina* (pt.), auct. plur. (nec Spix). — Brésil.

159. CERCOMACRA TYRANNINA, *var.* CREPERA, Bangs, *Auk*, 1901, p. 365. — Nicaragua, Chiriqui.

160. RHAMPHOCÆNUS RUFIVENTRIS, *var.* SANCTÆ-MARTHÆ, Scl.; (**2348**, pt.) — Sta-Marta (Colombie).

135. TERENURA XANTHONOTA, Chapm., *Bull. Amer. Mus. N. H.*, 1901, p. 228. — Inca Mine (Pérou S.-E).

136. — SHARPEI, Berl., *J. f. O.*, 1901, p. 97. — Bolivie E.

2360. FORMICIVORA RUFA (Max., 1831) a priorité sur *rufatra* (Lafr. et D'Orb. 1837).
137. — TOBAGENSIS, de Dalm., *Mém. Soc. Zool. de France*, 1900, p. 141. Ile Tobago.
2362. — SPECIOSA, Salv.; id., *Nov. Zool.* IV, pl. 1, f. 3, et
2363. — SUBSPECIOSA (Salvad. et F.), sont tous deux des SYNALLAXIS.
138. MYRMOTHERULA CHERRIEI, Berl. et Hart., *Nov. Zool.* IX, p. 92. Orénoque et Guyane française.
139. — GUAYABAMBÆ, Sharpe, *Bull. B. O. C.* XI, 1900, p. 2. Guayabamba (Pérou).
140. — BOLIVIANA, Berl., *J. f. O.*, 1901, p. 96. Bolivie N.
141. — SANCTÆ-MARTÆ, Allen, *Bull. Amer. Mus. N. H.*, 1900, p. 160. Sta-Marta (Colombie).
2411. *Thamnistes affinis*, Salvad., *Atti Soc. Ital. S. N.* VII, p. 154 = THAMNOMANES GLAUCUS.
142. DYSITHAMNUS FLEMMINGI, Hart., *Bull. B. O. C.* XI, 1900, p. 38. Ecuador N.
2435. Au lieu *M. corvinus*, Lawr. il faut :
2435. MYRMELASTES LAWRENCEI, Salv. et Godm., *Biol. C.-A. Aves*, II, p. 226; *corvinus*, Lawr. (nec Gd.) Nicaragua, Véragua.
143. — CETERUS, Bangs, *Pr. New Engl. Zool. Club*, 1900, p. 25; *corvinus*, pt., Lawr. Panama.
144. ? THAMNOPHILUS NIGRESCENS, Lawr., *Ann. Lyc. N. Y.*, 1867, p. 469. Vénézuéla.
161. — DOLIATUS, *var.* FRATERCULA, Berl. et Hart., *Nov. Zool.* IX, p. 70. Vénézuéla.
162. — CÆRULESCENS, *var.* OCHRA, Oberh., *Pr. Biol. Soc. Wash.* XIV, p. 188. Paraguay.
163. — NÆVIUS, *var.* ALBIVENTRIS, Tacz., *Orn. Pér.* II, p. 9; (**2462**, pt.) Pérou.
145. — ? STICTOCEPHALUS, Pelz., *Orn. Bras.*, p. 146. Brésil centr.
146. — VIRGATUS, Lawr.; Salv. et Godm., *Biol. C.-A. Aves*, II, p. 199. Panama.
2492. — JANI, Phil. = NÆVIUS (Gm.)
164. DENDROCOLAPTES CERTHIA, *var.* OBSOLETA, Ridgw., *Pr. U. S. Nat. Mus.*, 1887, p. 527; (**2499**, pt.) Bas-Amazone.
147. DENDROCINCLA PHÆOCHROA, Berl. et Hart., *Novit. Zool.* IX, p. 67. Orénoque et Caura.
2512. — *anguina*, Bangs, *Pr. Biol. Soc. Wash.*, 1898, p. 138 = D. LAFRESNAYEI.
165. — FULIGINOSA, *var.* RUFO-OLIVACEA, Ridgw.; (**2513**, pt.) Diamantina (Bas-Amazone.
148. XIPHORHYNCHUS VENEZUELENSIS, Chapm., *Bull. Am. Mus. N. H.* II, 1889, p. 156. Vénézuéla.
149. ? PICOLAPTES OBTECTUS, Allen, *Bull. Am. Mus. N. H.*, 1889, p. 94. ?
166. — TENUIROSTRIS, *var.* APOTHETA, Oberh., *Pr. Biol. Soc. Wash.*, 1901, p. 188. Paraguay.

2540. *Picolaptes gracilis*, Ridgw. = P. COMPRESSUS, Cab. (**2538**).
150. ?— LINEATICEPS, Lafr., *Rev. Zool.*, 1850, p. 277. — ?
167. XIPHOCOLAPTES ALBICOLLIS, *var.* ARGENTINA, Ridgw., *Pr. U. S. Nat. Mus.*, 1889, p. 5. — Argentine.
2546. — EMIGRANS, Scl. et Salv. (**2546**, pt.) — Guatémala.
168. — — *var.* SCLATERI, Ridgw., *Pr. U. S. Nat. Mus.*, 1889, p. 6. — Mexique S.
169. — — *var.* COSTARICENSIS, Ridgw., *l. c.*, 1888, p. 541. — Costa-Rica.
151. — COMPRESSIROSTRIS, Tacz., *P. Z. S.*, 1882, p. 28; id., *Orn. Pér.* II, p. 172; Ridgw., *Pr. U. S. Nat. Mus.*, 1889, p. 13; (**2548**, pt.) — Ecuador S., Pérou N.
152. — ORENOCENSIS, Berl. et Hart., *Nov. Zool.* IX, p. 65. — Orénoque.
153. ? DENDREXETASTES CAPITOIDES, Eyt., *Contr. Orn.*, 1851, p. 76; Forb., *Nature*, 1895, p. 619; (**2554**, pt.) — ?
170. DENDRORNIS ROSTRIPALLENS, *var.* SORORIA, Berl. et Hart., *Nov. Zool.* IX, p. 63. — Orénoque.
2564. — FLAVIGASTER (Sw., 1827) au lieu de *eburneirostris* (Less., 1843). — Du Mexique au Costa-Rica.
171. — — *var.* MEGARYNCHA, Nels., *Auk*, 1900, p. 265. — Mexique S.-W.
154. — STRIATIGULARIS, Richm., *Pr. U. S. Nat. Mus.* XXII, p. 317. — Mexique N.-E.
172. — TRIANGULARIS, *var.* PUNCTIGULA, Ridgw., *Pr. U. S. Nat. Mus.*, 1888, p. 544; (**618**, pt., p. 189). — Costa-Rica, Panama.
2568. — *fratercula*, Ridgw. = SUSURRANS (Jard.), **2567**.
155. — OBSOLETA (Licht.), *Abh. Akad. Berl.*, 1820, p. 265; *notatus*, Eyt., *Contr. Orn.*, 1852, p. 26; *similis*, Pelz.; (**2575**, pt.) — Brésil.
173. SITTASOMUS ERITHACUS, *var.* JALISCENSIS, Nels., *Auk*, 1900, p. 264. — Jalisco (Mexique).
156. MARGARORNIS STICTONOTA, Berl., *J. f. O.*, 1901, p. 95. — Bolivie W.
174. SCLERURUS ALBIGULARIS, *var.* PROPINQUA, Bangs, *Pr. Biol. Soc. Wash.* XIII, p. 99. — Sta-Marta (Colombie).
175. — MEXICANUS, *var.* OBSCURIOR, Hart., *Nov. Zool.* VIII, p. 370. — Ecuador N.-W.
176. — CAUDACUTUS, *var.* OLIVACENS, Cab., *J. f. O.*, 1873, p. 67; (**628**, pt.) — Pérou W.
157. — FUSCUS (Max.), *Beitr.* III, p. 1106 (mas., nec fem.); Ridgw., *Pr. U. S. Nat. Mus.*, 1889, p. 28. — Haut-Amazone.
177. — GUATEMALENSIS, *var.* LAWRENCEI, Ridgw., *l. c.*, p. 29. — Bahia?
158. XENOPS HETERURUS, Cab. et H., *Mus. Hein.* II, p. 33; Salvad. et Festa, *Boll. Mus. Torino*, 1899, nº 362, p. 23. — Ecuador, Pérou.

159. Xenops tenuirostris, Pelz., *S. B. K. Akad. Wien*, XXXIV, p. 112 ; id., *Orn. Bras.*, p. 41. — Rio Madeira (Brésil).

178. Anabazenops rufo-superciliatus, *var.* Cabanisi, Tacz. (**2599**, pt.) — Pérou.

179. — — — *var.* Acrita, Oberh., *Pr. Biol. Soc. Wash.*, 1901, p. 187. — Paraguay.

160. — auxius (Bangs), *Pr. New Engl. Zool. Club*, 1902, p. 83. — ? (1).

180. Philydor consobrinus, *var.* Rufipileata (Pelz.), *Sitzber. Acad. Wien*, 1859, p. 109 ; id., *Orn. Bras.*, p. 41. — Para, Vénézuéla, Colombie.

161. — euophrys, Berl. et Stolzm., *P. Z. S.*, 1896, p. 375. — Pérou centr.

162. Automolus exsertus, Bangs, *Auk*, 1901, p. 367. — Chiriqui.

181. — pallidigularis, *var.* Albidior, Hart., *Nov. Zool.* VIII, p. 369. — Ecuador N.-W.

182. — sclateri, *var.* Paraensis, Hart., *Nov. Zool.* IX, p. 61. — Para (Brésil).

493 (Gen.) Pseudoseisura, Rchb. (1853) au lieu de *Homorus*, Rchb. (1853, nec Albers, 1850).

163. Thripophaga cherriei, Berl. et Hart., *Nov. Zool.* IX, p. 60, pl. 12, f. 2. — Orénoque.

499 (Gen.) Thryolegus, Orberh., *Pr. Ac. Sc. Phil.*, 1899, p. 210, au lieu de *Limnophyes*, Scl. (1889, nec Eaton, 1875).

183. Synallaxis albescens, *var.* Nesiotis, Clark, *Auk*, 1902, p. 264. — Ile Margarita.

164. — omissa, Hart., *Bull. B. O. C.* XI, p. 71. — Para (Brésil).

165. Siptornis ottonis, Berl., *IIIe Congrès Orn., C. R.*, p. 197. — Pérou centr.

184. — modesta, *var.* Sajamæ, Berl., *J. f. O.*, 1901, p. 94. — Sajama (Bolivie).

185. — — *var.* Rostrata, Berl., *J. f. O.*, 1901, p. 94. — Bolivie E.

166. — heterura, Berl., *J. f. O.*, 1901, p. 93. — Bolivie W.

167. — punensis, Berl., *Ibis*, 1901, p. 718. — Pérou S.-E.

168. — maculicauda, Berl., *J. f. O.*, 1901, p. 92. — Iquico (Bolivie W.)

2744. — singularis (Berl. et Tacz.) appartient au genre xenerpestes (Voy. Berl., *Ibis*, 1903, p. 106).

169. Schizoeaca harterti, Berl., *J. f. O.*, 1901, p. 91. — Bolivie N. et W.

509 (Gen.) Aphrastura, Oberh., *l. c.* (1899) au lieu de *Oxyurus*, Sw. (1827, nec Rafines., 1810).

170. Henicornis wallisi, Scott, *Bull. B. O. C.* X, 1900, p. 63. — Patagonie.

650. Cinclodes *sparsimstriatus*, Scott, *l. c.* = *var.* taczanowskii.

(1) Cette espèce m'est signalée par M. Oberholzer sans indication d'habitat, et je n'ai pas pu consulter les *Proceedings* en question.

171. Cinclodes oustaleti, Scott, *l. c.*, p. 62. — Chili S.
172. — molitor, Scott, *l. c.*, p. 62. — Chili centr.
651. — fuscus, *var.* Minor (Cab.) = *rivularis*, Cab. — Pérou, Bolivie, Chili.
186. — — *var.* Albidiventris, Scl., *P. Z. S.*, 1860, p. 77; (**651**, pl.) — Ecuador, Colombie, Venézuéla.
173. — oreobates, Scott, *Bull. B. O. C.* X, 1900, p. 62. — Colombie (Andes).
174. — longipennis (Ridgw.), *Pr. U. S. Nat. Mus.*, 1889, p. 133. — Détroit de Magellan.
175. Upocerthia darwini, Scott, *Bull. B. O. C.* X, 1900, p. 63. — Mendoza (Argentine).
176. — saturatior, Scott, *l. c.* — Chili.
177. — fitzgeraldi, Scott, *l. c.* — Argentine W.
178. Geositta brevirostris, Scott, *l. c.* — Chili centr., Patagonie.
179. — fortis, Berl. et Stolzm., *III*^e^ *Congrès Orn., C. R.*, p. 194. — Pérou W.

PASSERES OLIGOMYODÆ

2815. Cymborhynchus macrorhynchus (Gm.) — Ténass., Siam, Camb.
187. — — *var.* Malaccensis, Salvad., *Atti R. Ac. Sc. Tor.* IX, p. 425; (**2815**, pl.) — Malacca, Sumatra, Bornéo.
180. Pitta longipennis, Rchw., *Orn. Monatsb.*, 1901, p. 117; Sharpe, *Ibis*, 1903, p. 91, pl. 4, f. 2. — Niassa.
181. — reichenowi, Madar., *Orn. Mon.*, 1901, p. 133; Sharpe, *Ibis*, 1903, p. 92, pl. 4, f. 1. — Congo centr.
2849. — granatina, Tem. a pour habitat : — Bornéo.
188. — — *var.* Coccinea, Eyt., *P. Z. S.*, 1839, p. 104; Gd., *B. As.* V, pl. 68; (**2849**, pt.) — Malacca, Ténassérim.
182. — anerythra, Rothsch., *Bull. B. O. C.* XII, 1901, p. 22. — Ile Ysabelle (Salomon).
189. — mackloti, *var.* Kuehni, Rothsch., *Bull. B. O. C.*, 1899, p. 3; id., *Nov. Zool.* VIII, p. 3. — Iles Key.
190. — — *var.* Aruensis, Rothsch. et Hart., *Nov. Zool.* VIII, p. 63. — Wokan (îles Arou).
183. Coracocichla gigantea (Rothsch.), *Orn. Monatsb.*, 1899, p. 137. — Nouvelle-Guinée N.
537 (Gen.) Platypsaris, Scl. (1857) au lieu de *Hadrostomus*, Cab. et H. (1859).
191. — aglaiæ, *var.* Albiventris, Lawr., *Ann. L. N. Y.* VIII, p. 475; Scl., *Cat. B. Br. Mus.* XIV, p. 335; (**2894**, pt.) — Mexique W. et S., Arizona.
192. — — *var.* Insularis, Ridgw., *Man. N. Am. B.*, p. 382; (**2894**, pt.) — Iles Tres Marias.
184. Pachyrhamphus notius, Brewst. et Bangs, *Pr. N. Engl. Zool. Club*, II, 1901, p. 53. — Argentine, Bas-Uruguay.
193. — major, *var.* Itzensis, Nels., *Pr. Biol. Soc. Wash.*, 1901, p. 173. — Yucatan N.
675. — albogriseus, *var.* Salvini, Richm. (1899), Dub. (1900).

194. Lathria unirufa, *var.* Castaneotincta, Hart., *Nov. Zool.* IX, p. 610. — Ecuadar.

185. Aulia tertia, Hart., *Nov. Zool.* IX, p. 609. — Ecuador N.

195. Attila brasiliensis, *var.* Parambæ, Hart., *Bull. B. O. C.*, 1900, p. 39. — Ecuador N.

186. — mexicanus, Nels., *Pr. Biol. Soc. Wash.*, 1901, p. 172. — Tabasco (Mexique E.)

187. — parvirostris, Allen, *Bull. Am. Mus. N. H.*, 1900, p. 153. — Sta-Marta (Colombie).

188. — rufipectus, Allen, *l. c.*, 1900, p. 153. — Sta-Marta (Colombie).

189. — — phoenicurus, Pelz., *Orn. Bras.*, pp. 96, 177. — Brésil.

196. Pipreola aureipectus, *var.* Decora, Bangs, *Pr. Biol. Soc. Wash.*, 1899, p. 98. — Sta-Marta (Colombie).

562 (Gen.) Calvifrons, Daud. (1804), au lieu de *Gymnocephalus*, Géof. St-Hil. (1809, nec Bloch et Schn., 1801); *Perissocephalus*, Oberh. (1899).

190. Xenopipo subalaris, Godm., *Bull. B. O. C.*, 1899, p. 27; id., *Ibis*, 1900, p. 363. — Pérou N.

570 (Gen.) Antilophia, Rchb. (1850), au lieu de *Metopia*, Sw. (1832, nec Meigen, 1803).

197. Masius chrysopterus, *var.* Bella, Hellm., *Orn. Monatsb.*, 1903, p. 35. — Colombie.

572 (Gen.) Metopothrix. — Ce genre doit venir dans la famille des *Dendrocolaptidæ*, près du genre *Xenerpestes* (Berl., *Ibis*, 1903, p. 108).

198. Pipra mentalis, *var.* Ignifera, Bangs, *Auk*, 1901, p. 363. — Chiriqui.

191. ?— dubia, Madar., *Zeitschr. Ges. Orn.*, 1886, p. 270, pl. 9. — ?

199. Chiroxiphia pareola, *var.* Atlantica, de Dalm., *Mém. Soc. Zool. de Fr.*, 1900, p. 139. — Ile Tobago.

577. Manacus, Briss. (1760), au lieu de *Chiromachæris*, Cab. (1847).

3037. — edwardsi, Bp., *Consp.* I, p. 117, au lieu de *manacus* devenu terme générique.

200. — — *var.* Abditiva (Bangs), *Pr. New Engl. Zool. Cl.* I, p. 35. — Colombie.

201. — — *var.* Pura (Bangs), *l. c.*, p. 36. — Bas-Amazone.

579. Scotothorus, Oberh. (1899), au lieu de *Heteropelma*, Bp. (1854, nec Wesm., 1849).

579bis (Gen.) Sapayoa, Hart. (1903), *gen. nov.*

192. Sapayoa ænigma, Hart., *Nov. Zool.* X, p. 171. — Ecuador N.-W.

202. Agriornis maritima, *var.* Leucura, Gould; (**3064**, pt.) — Patagonie.

193. — poliosoma, Scott, *Bull. B. O. C.*, 1900, p. 55. — Patagonie.

194. ?— albicauda, Ph. et Landb., *Arch. f. Naturg.*, 1863, 1, p. 132. — Pérou W.

195. Ochthodiæta pernix, Bangs, *Pr. Biol. Soc. Wash.*, 1899, p. 95. — Sta-Marta (Colombie).

3089. Ochthoeca frontalis, Lafr., *Rev. Zool.*, 1847, p. 67; Stone, *Auk*, 1899, p. 78; a priorité sur : *citrinifrons*, Scl. (voir p. 226).

196. — olivacea, Allen, *Bull. Amer. Mus. N. H.*, 1900, p. 52. — Sta-Marta (Colombie).

197. — jesupi, Allen, *l. c.*, p. 51. — Sta-Marta (Colombie).

198. — keaysi, Chapm., *l. c.*, 1901, p. 227. — Pérou.

199. Mecocerculus nigriceps, Chapm., *l. c.*, 1899, p. 154. — Vénézuéla.

200. — urichi, Chapm., *l. c.*, 1899, p. 155. — Vénézuéla.

203. Sayornis saya, *var.* Yukonensis, Bish., *Auk*, 1900, p. 115. — Alaska.

3108. — nigricans (Sw.) a pour habitat : — Arizona, Texas, Nouv.-Mexique, Mexique.

204. — — *var.* Semiatra (Vig.), *Zool. Beech. Voy.*, p. 17; Nels., *Auk*, 1900, p. 124; (**3108**, pt.) — Mex. W., Ét.-Unis de Colima à l'Oregon.

3109. — — *var.* Aquatica, Scl. (voir p. 227).

201. Lichenops andina, Ridgw., *Pr. U. S. Nat. Mus.*, 1879, p. 483. — Bolivie S.-E., Chili, Patagonie.

3131. — perspicillata (Gm.) a pour habitat : — Uruguay, Paraguay, Brésil S.-E.

202. Muscisaxicola hatcheri, Scott, *Bull. B. O. C.*, 1900, p. 55. — Patagonie.

203. — occipitalis, Ridgw., *Pr. U. S. Nat. Mus.*, 1887, p. 430. — Titicaca (Pérou).

3146. — *garretti*, Scott, *Bull. B. O. C.*, 1900, p. 55 = M. capistrata (Burm.)

204. Platyrhynchus bifasciatus, Allen, *Bull. Am. Mus. N. H.*, 1889, p. 141. — Matto Grosso.

205. — insularis, Allen, *l. c.*, p. 143. — Ile Tobago.

606bis (Gen.) Tæniotriccus, Berl. et Hart. (1902). — *Gen. nov.*

206. — andrei, Berl. et Hart., *Nov. Zool.* IX, p. 38. — Orénoque (Vénézuéla).

207. Euscarthmus spodiops, Berl., *J. f. O.*, 1901, p. 87. — Bolivie W.

208. — ochropterus, Allen, *Bull. Am. Mus. N. H.* II, 1889, p. 143. — Brésil.

209. Cænotriccus simplex, Berl., *J. f. O.*, 1901, p. 88. — Bolivie.

210. Lophotriccus zeledoni, Cherr., *Pr. U. S. Nat. Mus.*, 1891, p. 337. — Costa Rica.

211. Hemitriccus flammulatus, Berl., *J. f. O.*, 1901, p. 87. — Bolivie N.

212. Hapalocercus paulus, Bangs, *Pr. Biol. Soc. Wash.*, 1899, p. 96. — Sta-Marta (Colombie).

213. Pogonotriccus ottonis, Berl., *J. f. O.*, 1901, p. 89. — Bolivie W.

205. Serphophaga cinerea, *var.* Grisea, Lawr., *Ann. L. N. Y.*, X, p. 139 (**3229**, pt.) — Costa Rica.

214. — orenocensis, Berl. et Hart., *Nov. Zool.* IX, p. 40. — Orénoque.

206. Mionectes oleagineus, *var.* Parca, Bangs, *Pr. N. Engl. Z. C.*, 1900, p. 20. — Panama.

207. — — *var.* Galbina, Bangs, *l. c.*, 1902, p. 85.

731. MIONECTES ASSIMILIS, Scl., est une espèce distincte (p. 237).

208. — — *var*. DYSCOLA, Bangs, *Auk*, 1901, p. 362. — Chiriqui.

209. LEPTOPOGON AMAUROCEPHALUS, *var*. INCASTA, Oberh., *Pr. Biol. Soc. Wash.*, 1901, p. 187. — Paraguay.

215. PHYLLOMYIAS SCLATERI, Berl., *J. f. O.*, 1901, p. 90. — Bolivie N. et E.

216. — VENEZUELENSIS, Hart., *Bull. B. O. C.*, 1900, p. 39. — Cumana (Vénézuéla).

3261. — CRISTATA, Berl. (nec Cab.) — Brésil S. et S.-E.

3264. — INCANESCENS (Max.), *Beitr. Nat. Bras.* III, 2, p. 286; *berlepschi*, Scl.

630 (Gen.) PHÆOMYIAS, Berl. (1902), au lieu de *Myiopatis*, Cab. et H. = *Ornithion*.

3310. — INCOMTA (Cab. et H.); Berl., *Nov. Zool.* IX, 1902, p. 41; *semifusca*, Scl. (**3265**). — Vénéz., Guyane, Col., Bolivie, Brésil E.

217. — MONTENSIS (Bangs), *Pr. Biol. Soc. Wash.* XIII, 1899, p. 97. — Sta-Marta (Colombie).

3271. ORNITHION CINERASCENS (Max.), *Beitr. z. Nat. Bras.* III, p. 723; *obsoleta*, Tem., *Pl. Col.* 275, f. 1; *incanescens*, Cab. et H. (nec Max.) — Brésil S. et E.

3270. — IMBERBE (Scl.) a pour habitat : — Tex., Am. centr., Mex. E. jusq. Nicaragua.

210. — — *var*. SCLATERI, Berl. et T.; (**3270**, pt.) — Ecuador W.

211. — — *var*. RIDGWAYI, Brewst., *Bull. Nutt. Orn. Cl.* VII, p. 208; (**3270**, pt.) — Arizona S.-E. jusqu'au Mexique.

742. *Tyrannulus semiflavus*, *var. brunneicapilla*, est une espèce distincte du genre précédent, et doit donc prendre le nom de : ORNITHION BRUNNEICAPILLUM (Lawr.); Hart., *Nov. Zool.* V, p. 487.

3281. *Tyranniscus acer*, Salv. et Godm., est également un ORNITHION (O. ACER).

3282. — GRISEICEPS, Scl. et Salv., appartient au genre PHYLLOMYIAS.

218. ELAINEA CRISTATA, Pelz., *Orn. Bras.*, pp. 107, 177; Berl. et Hart., *Nov. Zool.* IX, p. 43; (**3290**, pt.) — Vénézuéla, Brésil N.

212. — ALBICEPS, *var*. PARVIROSTRIS, Pelz., *l. c.*, pp. 107, 178; Berl. et Hart., *l. c.*, p. 44; (**3290**, pt.) — Brésil N., Orénoque.

213. — VIRIDICATA, *var*. JALISCENSIS (Nels.), *Auk*, 1900, p. 264. — Mex. W., Tres Marias.

214. — — *var*. MINIMA (Nels.), *Pr. Biol. Soc. Wash.*, 1898, p. 9. — Mexique W.

219. — YUCATANENSIS (Nels.), *Pr. Biol. Soc. Wash.*, 1901, p. 172. — Yucatan (Mexique).

215. — GAIMARDI, *var*. MACILVAINI, Lawr., *Ann. L. N. Y.* X, p. 10; Salv. et Godm., *Biol. C.-A.*, *Aves*, II, p. 27. — Panama.

3314. — *cinerascens*, Ridgw. = E. MARTINICA (Lin.)

3311. *Arenarum* (Salv.) = SUBLEGATUS GLABER Scl. et Salv., **3322**; Salv. et Godm., *Biol. Centr.-Am.*, *Aves*, II, p. 37. — Costa-Rica, Colombie, Vénézuéla.

220. MYIOZETETES VIRESCENS (Allen), *Bull. Amer. Mus. N. H.* II, p. 149. Matto Grosso (Brésil).

639 (Gen.) *Craspedoprion*, Hart. (1902) = RHYNCHOCYCLUS.

216. RHYNCHOCYCLUS SULPHURESCENS, *var.* MARGINATA, Lawr., *Pr. Ac. Philad.*, 1868, p. 428; (**3333**, pt.) Panama.

754. — PERUVIANUS, Tacz. (p. 242); id., *Orn. Pér.* II, p. 281. Est une espèce distincte. Pérou, Ecuador.

217. — — *var.* ÆQUATORIALIS, Berl. et Tacz., *P. Z. S.*, 1883, p. 556, 1885, p. 90; (**754**, pt.) Ecuador.

218. — CINEREICEPS, *var.* FLAVO-OLIVACEA, Lawr., *Ann. L. N. Y.* VIII, p. 8; (**3334**, pt.) Panama.

219. — MEGACEPHALUS, *var.* FLAVOTECTA, Hart., *Nov. Zool.* IX, p. 608. Ecuador N.-W.

762. *Myiodynastes var. nobilis*, Scl. et *insolens*, Ridgw., *Man.*, p. 132 = M. AUDAX (Gm.)

645 (Gen.) ONYCHORHYNCHUS, Fischer (1813), au lieu de *Muscivora*, Cuv. (1800, nec Lacép., 1799).

3357. — REGIUS (Gm.), *S. N.* I, p. 445, au lieu de *regia*.

3358. — MEXICANUS (Scl.), au lieu de *mexicana*.

766. *Cnipodectes var. minor*, Scl. = C. SUBBRUNNEUS, Scl.

3365. MYIOBIUS SULPHUREIPYGIUS, Scl., au lieu de *sulphureipygia*.

221. — ASSIMILIS, Allen, *Bull. Am. Mus.* XIII, p. 144. Sta-Marta (Colombie).

222. — LITÆ, Hart., *Bull. B. O. C.* XI, 1901, p. 40. Ecuador N.-W.

220. PYROCEPHALUS RUBINEUS, *var.* SATURATA, Berl. et Hart., *Nov. Zool.* IX, p. 34. Orénoque, Cumana (Vénézuéla).

3383. — NANUS, Gd.; supprimez dans la syn. : *dubius*, Gd. et *minimus*, Ridgw.

221. — — *var.* DUBIA, Gd., in *Zool. Voy. Beagle*, III, p. 46; *minimus*, Ridgw., *Pr. U. S. Nat. Mus.*, 1890, p. 113. Ile Chatham (Galapagos).

779. EMPIDOCHANES VIREONINUS, Ridgw., *Ibis*, 1886, p. 461; *canescens*, Chapm. (1894).

223. MITREPHANES BERLEPSCHI, Hart., *Nov. Zool.* IX, p. 608. Ecuador N.-W.

3394. EMPIDONAX FULVIFRONS (Gir.) a pour habitat : Mexique N. et E.

222. — — *var.* PYGMÆA, Coues, *Ibis*, 1865, p. 537. Nouv.-Mexique, Arizona S., Mex. W.

223. — — *var.* RUBICUNDA, Cab. et H., *Mus. Hein.* II, p. 70. Mexique S.

224. — ALBIGULARIS, *var.* TIMIDA, Nels., *Auk*, 1900, p. 263. Durango (Mexique).

224. — LAWRENCEI, Allen, *Bull. Am. Mus. N. H.* II, p. 150; *Octhæca flaviventris*, Lawr. (nec Baird.) ?

786. — *pusillus*, *var. Trailli* (Audub.) = PUSILLUS (Sw. et Rich.) Ecuador.

786 (pt.) — — *var.* ALNORUM, Brewst., *Auk*, 1895, p. 61. Amér. N.-E. et centr.

225. Empidonax minimus, *var.* Gracilis, Ridgw., *Pr. Biol. Soc. Wash.* III, p. 23. — Ile Cozumel.
3401. — *virescens,* Vieill. = acadicus (Gm.)
788. — bairdi, *var. occidentalis,* Nels. = bairdi, Scl. — Mexique S.
226. — — *var.* Insulicola, Oberh. (3403, pt.) — Ile Sta-Barbara (Calif.)
227. — — *var.* Perplexa, Nels., *Auk,* 1900, p. 263. — Oaxaca (Mexique).
228. — flaviventris, *var.* Difficilis, Baird, *B. N. Am.*, p. 198. — Amérique N.-W. jusqu'à l'Ecuador W.
225. — trepidus, Nels., *Auk,* 1901, p. 47. — Chiapas et Guatémala.
226. — griseus, Brewst., *Auk,* 1889, p. 87. — Basse-Californie.
655 (Gen.) Nuttallornis, Ridgw. (1887), au lieu de *Contopus,* Cab. (1855, nec de Mars.); *Syrichta,* Bp., nec *Syrichtus,* Boisd.; *Horizopus,* Oberh. (1899).
3410. — musicus (Sw.), a priorité sur *pertinax,* Cab. et H.; Salv. et Godm., *Biol. C.-A., Aves,* II, p. 81.
229. — virens, *var.* Saturata, Bishop, *Auk,* 1900, p. 116. — Alaska.
3416 (pt.) — brachytarsus (Scl.) a pour habitat : — Am.cent.jusq.Panama.
230. — — *var.* Punensis (Lawr.), *Ann. L. N. Y.* IX, p. 237. — Ile Puna (Ecuador).
231. — — *var.* Andina (Tacz.), *P. Z. S.*, 1874, p. 539; *depressirostris,* Ridgw. (3418). — Du Nicaragua au Pérou.
227. Blacicus flaviventris, Lawr., *Pr. U. S. Nat. Mus.*, 1886, p. 617; Oberh., *Auk,* 1899, p. 335. — Grenada (Antilles).
657. (Gen.) *Planchesia,* Bp. = Myiochanes, Cab. et H.
228. Myiarchus mexicanus (Kaup), *P. Z. S.*, 1851, p. 51. — Texas, Mexique E. jusqu'à l'Honduras.
3434-35. — ferox (Gm.); *swainsoni,* Cab. et H. et *venezuelensis,* Lawr. (3435). — Amérique méridionale jusqu'à l'Argentine.
232. — — *var.* Panamensis, Lawr.; Allen, *Bull. Am. Mus. N. H.*, 1892, p. 347. — Veragua, Panama.
808. — — *var.* Cephalotes, Tacz. (voy. p. 250).
809. — — *var.* Pelzelni, Berl. (voy. p. 251).
3440 (pt.) — lawrencei (Gir.) a pour habitat : — Mexique E.
233. — — *var.* Olivascens, Ridgw., *Pr. U. S. Nat. Mus.*, 1899, p. 607. — Arizona, Mexique W.
234. — — *var.* Nigricapilla, Ridgw., *l. c.*, 1883, pp. 384, 393. — Amérique centr.
235. — — *var.* Platyrhyncha, Ridgw., *Pr. Biol. Soc. Wash.* III, p. 23. — Ile Cozumel.
811. — *coalei,* Ridgw., *P. U. S. N. M.*, 1886, p. 520 = tricolor, Pelz.

OSCINES

236. Hirundo rustica, *var.* Unalaschkensis (Gm.), Allen, *Auk,* 1901, p. 176. — Alaska.

825. *Hirundo rufula, var. Togoensis*, Rchw. = *var.* DOMICELLA (**830**).

237. — SEMIRUFA, *var.* NEUMANNI, Rchw., *J. f. O.*, 1901, p. 282. — Massaïland.

229. TACHYCINETA LEPIDA, Mearns, *Pr. Biol. Soc. Wash.*, 1902, p. 31. — Amér. N.-W. de l'Alaska au Costa-Rica.

666 (Gen.) CHELIDONARIA, Rchw., au lieu de *Chelidon*, Boie (nec Forst.)

238. CHELIDONARIA URBICA, *var.* ORIENTALIS, Somow, *Orn. Faun. Gouv. Charkow*, 1897, p. 650; Härms, *O. M.*, 1899, p. 93. — Charkow (Russie).

667 (Gen.) CLIVICOLA, Forst. (1817) a priorité sur *Cotyle*, Boie (1822).

239. CLIVICOLA PALUDICOLA, *var.* MAURITANICA, (Meade-Waldo), *Bull. Br. O. C.* XII, p. 27. — Maroc.

240. — FULIGULA, *var.* ANDERSSONI, Sharpe et Wyatt., *Mon. Hirund.* I, p. 119. — Damaraland.

230. — PEMBERTONI (Hart.), *Bull. B. O. C.* XII, p. 76. — Angola.

241. PETROCHELIDON FULVA, *var.* PALLIDA, Nels., *Pr. Biol. Soc. Wash.*, 1902, p. 211. — Mexique N.-E.

242. PROGNE PURPUREA, *var.* CRYPTOLEUCA, Baird, *Rev. Am. B.*, p. 277; (**3530**, pt.) — Floride, Cuba.

243. — — ? *var.* FLORIDANA (Mearns), *Pr. U. S. Nat. Mus.*, 1902, p. 918. — Floride S.

231. PSALIDOPROCNE FULIGINOSA, Shell., *P. Z. S.*, 1887, p. 123. — Caméron.

232. — POENSIS, Alex., *Bull. B. O. C.*, 1903, p. 34. — Fernando Po (Afr. W.)

233. — BLANFORDI, Weld-Bl., *Ibis*, 1900, pp. 178, 195. — Bilo (Abyssinie).

234. STELGIDOPTERYX RIDGWAYI, Nels., *Pr. Biol. Soc. Wash.*, 1901, p. 174. — Yucatan, Mex. S.-E.

244. — RUFICOLLIS, *var.* ÆQUALIS, Bangs, *Pr. New Engl. Zool. Cl.* II, p. 58. — Sta-Marta (Colombie).

3560. HEMICHELIDON SIBIRICA (Gm.); Dav. et Oust., *Ois. Chine*, p. 122; *fuscedula*, Pall. — Altaï, Sibérie E., Chine, Japon.

245. — — *var.* FULIGINOSA, Hodgs., *P. Z. S.*, 1845, p. 32; Hume et Hend, *Lahore to Yark*, p. 184, pl. 4; (**3560**, pt.) — Asie mérid., Malacca, Bornéo, Palawan.

3563. BUTALIS GRISEOSTICTA, Swinh. et sa var. PALLENS, Stejn. (**848**) appartiennent au genre HEMICHELIDON.

3562. BUTALIS GRISOLA (Lin.) — Europe, Afrique.

246. — — *var.* SIBIRICA, Neum., *J. f. O.*, 1900, p. 359. — Sibérie, Asie centr., Afrique E.

3566. — *ussheri* (Sharpe) = SYLVIA HORTENSIS (Gm.), voy. p. 374.

235. — FÜLLEBORNI (Rchw.), *Orn. Monatsb.*, 1900, p. 122. — Nyassaland.

— TORUENSIS (Hart.), *Nov. Zool.* VII, p. 37. — Toru (Afrique équat.)

236. — INFULATA (Hartl.), *P. Z. S.*, 1880, p. 626; id., *J. f. O.*, 1882, p. 224. — Afrique centr.

247. MUSCICAPA ATRICAPILLA, *var.* SPECULIGERA, Bp.; (**3573**, pt.); Erl., *J. f. O.*, 1899, p. 506. — Tunisie.

248. MICROECA FLAVIGASTRA, *var.* LÆTA, Salvad., *Ann. Mus. Civ. Genov.*, 1878, p. 323; (**3582**, pt.) — Wandammen (Nouv.-Guinée).

237. — ADDITA, Hart., *Nov. Zool.* VII, p. 234. — Ile Bourou.

238. ALSEONAX GAMBAGÆ, Alex., *Bull. B. O. C.* XII, p. 11. — Côte-d'Or (hinterland).

3599. *Batis orientalis minor*, Erl., *Orn. Monatsb.*, 1901, p. 181 = B. ORIENTALIS.

3601. — *bella* (Ell.) = B. ORIENTALIS (Heugl.); Grant, *Ibis*, 1902, p. 662.

249. — MINULLA, *var.* POENSIS, Alex., *Bull. B. O.* XIII, p. 34. — Fernando Po.

693bis (Gen.) MUSCITREA, Blyth (1847).

239. — CINEREA, Blyth, *Journ. As. Soc. Beng.*, 1847, p. 122; Oates, *Faun. Br. Ind.* II, p. 31. — Indo-Chine, Malacca, Andaman.

240. ERYTHROMYIAS RIEDELI, Büttik., *Not. Leyd. Mus.*, 1886, p. 62, pl. 3, f. 1. — Ile Ténimber.

241. GERYGONE TENKATEI, Büttik., *Not. Leyd. Mus.*, 1892, p. 195. — Flores.

242. — KÜHNI, Hart., *Nov. Zool.* VII, p. 15. — Ile Dammer.

243. — INSULARIS, Rams., *Pr. Linn. Soc. N. S. W.*, 1878, p. 117. — Ile Lord Howe.

244. — RAMUENSIS, Rchw., *Orn. Monatsb.*, 1897, p. 26. — Nouv.-Guinée allem.

245. — PLACIDA, Madar., *Orn. Monatsb.*, 1900, p. 3. — Nouv.-Guinée allem.

246. — INCONSPICUA, Rams., *Pr. Linn. Soc. N. S. W.*, 1878, p. 116. — Nouv.-Guinée S.-E.

247. — GIULIANETTI, Salvad., *Ann. Mus. Civ. Gen.*, 1896, p. 81. — Nouv.-Guinée S.-E.

248. — TENEBROSA (Hall.), *Vict. Natural.* XIII, p. 79. — Australie N.-W.

699 (Gen.) *Eugerygone*, Finsch (1900) = GERYGONE.

861. CHASIEMPIS *dolei*, Stejn. = *var.* SCLATERI, Ridgw. (**864**).

862. — *ridgwayi*, Stejn. = SANDWICHENSIS (Gm., **3699**).

865. — *ibidis*, Stejn. = SANDWICHENSIS (Gm.)

250. POECILODRYAS CYANA, *var.* CYANOPSIS, Sharpe, *H.-l. B.* III, p. 235; *salvadorii*, Roth. et Hart., *B. B. O. C.* XI, p. 26 (nec Madar.) — Nouv.-Guinée S.-E.

249. — PACHYDEMAS, Rchw., *Orn. Monatsb.*, 1901, p. 5. — Nouv.-Guinée S.-E.

3723. — ARMITI, De Vis; *Pachycephalopsis armiti*, Salvad., est un HETEROMYIAS (Sharpe, *Bull. B. O. C.* XI, p. 60).

3727. — PAPUANA, A. B. Mey.; *viridiflava*, Rothsch. et Hart., *Bull. B. O. C.*, 1900, pp. 26, 40, est un MICROECA.

707bis (Gen.) PHOLIA, Rchw. (1900), *gen. nov.*

250. — HIRUNDINEA, Rchw., *Orn. Monatsb.*, 1900, p. 99. — Rungwe (Nyassal. N.)

868. HYLIOTA *marginalis*, Rchw. = H. BARBOZÆ, Hartl. (**3737**). — Benguéla, Nyassaland.

251. ? XANTHOPYGIA OWSTONI, Bangs, *Bull. Mus. Harvard*, XXXVI, p. 265. — Iles Liu-Kiu.

712 (Gen.) LIOPTILUS, Cab.; *Alcippe*, Shell. (nec Blyth).

3755. — ABYSSINICUS (Rüpp.), *Neue Wirb.*, p. 108, pl. 40, f. 2; *kilimensis*, Shell. (**4910**). — Afrique N.-E.

252. LIOPTILUS CLAUDEI, Alex., *Bull. B. O. C.*, 1903, p. 34. Ile Fernando-Po.
3756. — GALINIERI (Guér.), *Rev. Zool.*, 1843, p. 162; *frontalis*, Rüpp.; *melodus*, Heugl. Abyssinie, Choa.
251. PARISOMA SUBCÆRULEUM, *var.* CINERASCENS, Rchw., *Orn. Monatsb.*, 1902, p. 77. Damaraland.
253. — LUGENS (Rüpp.), *Neue Wirb., Vög.*, p. 113, pl. 44, f. 2. Abyssinie.
254. — JACKSONI, Sharpe, *Bull. B. O. C.* X, p. 28. Mt Elgon (Afr. équat.)
5317. — BLANFORDI (Seeb.); Grant, *Ibis*, 1900, p. 154; id., *Nov. Zool.* VII, p. 253. Abyssinie, Somaliland.
252. CHLOROPETA NATALENSIS, *var.* UMBRINICEPS, Neum., *Orn. Monatsb.*, 1902, p. 10. Ethiopie S.
253. — — *var.* KENYA, Sharpe, *Bull. B. O. C.* XII, p. 35. Mont Kenya (Afr. E.)
255. HYPOTHYMIS ABBOTTI, Richm., *Pr. Biol. Soc. Wash.*, 1902, p. 189. Pulo Babi (Sum. W.)
256. — CONSOBRINA, Richm., *l. c.* Ile Simalur (Sum. W.)
257. — ERYTHROCERCUS HOLOCHLORUS, Erl., *Orn. Monatsb.*, 1901, p. 181. Juba inférieur (Afrique N.-E.)
3797. RHIPIDURA DEVISI, North, *Pr. Linn. Soc. N. S. W.*, 1898, p. 444; Dubois (1900).
254. — ALBICOLLIS, *var.* ATRATA, Salvad., *Ann. Mus. Civ. Gen.* 1879, p. 203; *schlegeli*, Sharpe; *vidua*, Schl. (nec Salvad.); (**3804**, pt.) Mt Singalan (Sumatra).
258. — REICHENOWI, Finsch, *Notes Leyd. Mus.* XXII, p. 257, pl. 4, f. 3. Babber (Moluques).
255. — RUFIFRONS, *var.* TORRIDA, Wall., *P. Z. S.*, 1865, p. 477, pl. 28; (**3824**, pt.) Ternate (Moluques).
3807. — *castaneothorax*, Rams. = HYPERYTHRA, Gr.
259. — ALBINA, Rothsch. et Hart., *Nov. Zool.*, 1901 p. 183. Kulambangra (Salom.)
260. — MATTHIÆ, Heinr., *J. f. O.*, 1902, p. 457, pl. 9, f. 2. St-Matthias.
3802. — *fallax*, Rams. = ATRA, Salvad. (**3803**); Salvad., *Ann. Mus. Civ. Gen.*, 1896, p. 78.
878. — *var. meyeri*, Büttik. = ATRA; Salvad., *l. c.*
3834. — *cinnamomea*, Mey. = ATRA; Salvad., *l. c.*
3852. — *hoedti*, Büttik. = BUETTIKOFERI, Sharpe (**3855**); Fsch., *Notes Leyd. Mus.* XXII, p. 256.
3858. — *finschi*, Salvad. = SETOSA (Q. et G.), **3854**.
261. TERPSIPHONE SMITHII (Fraser), *P. Z. S.*, 1843, p. 34; Sharpe, *P. Z. S.*, 1881, p. 788. Afrique W.
262. — MELANURA (Rchw.), *J. f. O.*, 1901, p. 285. Duki (Afrique équat.)
263. — IGNEA (Rchw.), *l. c.* Benguéla.
264. — ILLEX, Bangs, *Bull. Mus. Harvard*, XXXVI, p. 264. Liu-Kiu.
3898. *Muscicapa infuscata*, Blyth, *Ibis*, 1870, p. 165 = RHINOMYIAS PECTORALIS (Salvad.)

897. CULICICAPA, *var. Panayensis*, Sharpe = C. HELIANTHEA (Wall.)
3912. MYIAGRA *nupta*, Hart., *Nov. Zool.* V, p. 526 = NITIDA, Gould.
3913. — NOVÆPOMERANIÆ au lieu de *novæ-pomerianæ* (laps.)
3923. — *pallida*, Rams. = femelle du FERROCYANEA, Rams. (**3922**).
256. — CALEDONICA, *var.* VIRIDINITENS, Gray, *P. Z. S.*, 1859, p. 162 (**3918**, pl.) Iles Loyalty.
265. — PERSPICILLATA, Gray, *P. Z. S.*, 1859, p. 161 (**3918**, pl.) Nouvelle-Calédonie.
3924. — LATIROSTRIS, Gould; *ruficollis*, Salvad. (nec Vieill.)
3925. — RUFICOLLIS (Vieill.), *N. Dict.* XXVII, p. 21; *rufigula*, Wall.; Oust., *Bull. Soc. Philom.*, 1881, p. 71. Timor, Sumba, Bonerate, Djampea, Kalao.
266. — FREYCINETI, Oust., *Bull. Soc. Philom.*, 1881, p. 73. Iles Mariannes.
267. — FEMININA, Rothsch. et Hart., *Nov. Zool.* VIII, pp. 183, 375. Ile Kulambangra (Salomon)
6720. MEGABIAS ATRILATUS (Cass.); *flammulatus*, Verr. (**3934**); Sharpe, *H. l.* III, p. 247 (note).
268. SMITHORNIS ZENKERI, Rchw., *Orn. Monatsb.*, 1903, p. 41. Caméron.
269. — SHARPEI, Alex., *Bull. B. O. C.* XIII, 1903, p. 34. Fernando Po.
270. CRYPTOLOPHA KINABALUENSIS, Sharpe, *Bull. B. O. C.* XI, 1901, p. 60. Bornéo N.-W.
271. — BURMANICA, Berez. et Bianchi, *Aves Exped. Potan.*, p. 75. Pégou, Ténassérim.
257. — XANTHOSCHISTA, *var.* JERDONI, Brooks, *Str. F.*, 1871, p. 248, 1875, p. 245. Népaul, Assam, Monts Khasi, Manipour.
272. — DORCADICHROA, Rchw. et Neum., *Orn. Monatsb.*, 1895, p. 76. Kilimanjaro (Afr. E.)
258. — SCHISTICEPS, *var.* RIPPONI (Sharpe), *Bull. B. O. C.* XIII, 1903, p. 11. Yun-nan W.
273. — LÆTA, Sharpe, *Bull. B. O. C.* XIII, 1903, p. 9. Ruwenzori.
274. — HERBERTI, Alex., *Bull. B. O. C.* XIII, p. 35. Fernando Po.
3968. — DAVISONI, et non *davinsoni* (laps.)
740bis (Gen.) DAMMERIA, Hart. (1899), *gen nov.*
275. — HENRICI, Hart., *Ibis*, 1899, p. 646; id., *Nov. Zool.*, VII, p. 14, VIII, pl. 6, ff. 1, 2. Ile Dammer (mer de Banda).
276. DIOPTRORNIS TROTHÆ, Rchw., *Orn. Monatsb.*, 1900, p. 5. Rungwe (Afrique E.)
3993. BRADYORNIS *woodwardi*, Sharpe = SYLVIA HORTENSIS ou *simplex* (**5305**).
3994. — *traversi*, Gigl. = B. CHOCOLATINUS (Rüpp.)
277. — REICHENOWI (Neum.), *Orn. Monatsb.*, 1902, p. 10. Budda (Ethiopie S.)
3997. — *oatesi*, Sharpe = B. MURINUS, H. et F. (**3990**).
743bis (Gen.) EMPIDORNIS, Rchw. (1901), *gen. nov.*
3986. — SEMIPARTITUS (Rüpp.), etc.
278. — KAVIRONDENSIS (Neum.), *J. f. O.*, 1900, p. 257. Kavirondo (Afr. équat.)
743ter (Gen.) MYOPORNIS, Rchw., *J. f. O.*, 1901, p. 285 (*gen. nov.*)

3998. Myopornis boehmi (Rchw.)
3999. — sharpei (Bocage).
4008. Arses *batantæ*, Sharpe = A. telescophthalmus (Garn.), **4003**.
4011. — *terræ-reginæ*, Gamb. = A. kaupi, Gould (**4009**).
910. Monarcha, *var. Commutata*, Brügg. = M. inornatus (Garn.); Finsch, *Notes Leyd. Mus.* XXII, p. 258.
911. — *var.* Kisserensis, Mey. = M. inornatus (**4016**); Finsch, *l. c.*
4026. — morotensis (Sharpe) = M. bimaculatus, Gr. (**4025**); Finsch, *l. c.*, p. 205.
279. — albiventris, Gould, (**912**, pt. p. 289). Australie N.-E.
280. — kulambangræ, Roth. et Hart., *Nov. Zool.* VIII, p. 183. Kulambangra (Salom.)
259. — brodiei, *var.* Floridana, Roth. et Hart., *l. c.*, p. 182. Florida (Salomon).
281. — menckei, Heinr., *J. f. O.*, 1902, p. 451, pl. 9, f. 1. Ile St-Matthias.
4060. — fuscescens, Mey. = M. inornatus (**4016**); Sharpe, *H.-l.*, p. 283.
4061. — geelvinkianus, Mey. = M. inornatus (**4016**); Sharpe, *l. c.*
748bis (Gen.) Heteranax, Sharpe (1883).
4029. — mundus (Scl.); Sharpe, in *Gd. B. New. Guin.* II, pl. 39. — Appartiendrait, d'après Finsch, aux *Laniidæ*.
260. Peltops blainvillei, *var.* Minor, De Vis, *Ann. Rep. Br. New Guin.*, 1894, *App.*, p. 100. Nouv.-Guinée S.-E.
282. Pomarea rufocastanea, Rams., *Pr. Linn. Soc. N. S. W.*, 1879, p. 79; (**4065**, pt.) San Cristoval (Salomon).
752 (Gen.) *Pomareopsis*, Oust. = *Grallina* (**1176**).
4070. — *semi-atra*, Oust. = Grallina bruijnii, Salvad. (**6806**).
4083. *Siphia enganensis*, Grant = mâle du S. herioti (Rams.), **4090**; Sharpe, *Bull. B. O. C.* XI, p. 60.
283. Siphia ruecki (Oust.), *Bull. Soc. Philom.*, 1881, p. 78. Malacca.
284. — hainana (Grant), *P. Z. S.*, 1900, p. 480. Haïnan.
285. — brevirostris (Bingh.), *Ann. N. H.*, 1900, p. 359. Siam.
4093. — banyumas (Horsf.); Hart., *Nov. Zool.* VIII, p. 53. Java.
261. — — *var.* Rufigastra, Rafll.; (**4093**, pt.) Malac., Born., Lingga.
919. — — *var. Philippinensis*, Sharpe = *var.* Simplex, Blyth, *Ibis*, 1870, p. 165. Philippines.
286. — rufifrons (Wall.); **4096**, pt.; Finsch, *Notes Leyd. Mus.*, 1901, p. 45.
287. — hosei (Finsch), *Notes Leyd. Mus.*, 1901, p. 48. Bornéo.
4099. — *turcosa* (Brügg.) = femelle de S. elegans (**4089**).
4106. — *vordermani*, Shpe. = femelle de Erythromyias dumetoria (Wall.), **3637**.
4916. Muscicapula basilanica (Sharpe) = *M. mindanensis*, W. Blas. **4115**.
4111. Anthipes leucops (Sharpe), *P. Z. S.*, 1888, p. 246 = *albifrons*, Sharpe (*nom. nud.*), **4126**. Monts Khasi, Manipour, Karen-nee.
4129. Siphia vivida (Swinh.) au lieu de *Nitalva vivida*.
758 (Gen.) Stizorhina, Oberh. (1899) au lieu de *Cassinia*, Hartl. (1860, nec Rafin., 1815).
4141. Graucalus *purus*, Sharpe, = G. cæsius (Licht.), **4140**; Grant, *Ibis*, 1900, p. 171.

288. Graucalus cæruleus, Oust., *Ann. Sc. Nat.*, 1884, art. 8, p. 1. — Bas-Congo.

4146. — *pusillus*, Rams. = G. solomonis, Rams., *Pr. Linn. Soc. N. S. W.*, 1879, p. 314.

289. — cornix, Rchw., *Orn. Monatsb.*, 1900, p. 187. — Nouv.-Guinée S.-E.

4147. — holopolius (Sharpe) appartient au genre Edoliisoma; Roth. et Hart., *Nov. Zool.* VIII, p. 374.

4148. — *elegans*, Rams. = G. hypoleucus, Gd. (**4161**).

4149. — *lettiensis*, Mey. = G. personatus (S. Müll.), **4183**; Finsch, *Notes Leyd. Mus.* XXII, p. 249.

4162. — *timorlaoensis*, Mey. = G. hypoleucus, Gd. (**4161**); Finsch, *l. c.*, p. 250.

290. — vordermani, Hart., *Bull. B. O. C.* XII, 1901, p. 32. — Ile Kangean.

4214. Edoliisoma tristrami, Rams., *Pr. Linn. Soc. N. S. W.*, 1882, p. 22; *salomonis*, Tristr. (nec Rams.) — Guadalcanar (îles Salomon).

262. — erythropygium, *var.* Saturatia, Roth. et Hart., *Nov. Zool.* IX, p. 582. — Iles Ysabelle, Kulambangra et Shortland (Salomon).

291. Campochæra flaviceps, Salvad., *Ann. Mus. Civ. Gen.*, 1879, p. 38. — Nouv.-Guinée S.-E.

938. Campophaga, *var. Intermedia* (Hume) = C. melanoptera (Rüpp.), **4244**.

939. — *var. Saturata* (Swinh.) = C. melanoptera.

4246 (pt.) — *innominata*, Oates = C. melanoptera.

4248 (pt.) Pericrocotus *elegans* (Mc Clell.) = P. speciosus (Lath.); **4247**. — Himalaya, Inde, Birm.

4248 (pt.) — fraterculus, Swinh.; Oates, *Faun. Br. Ind., B.* I, p. 481. — Indo-Chine.

4259. — montanus, Salvad. a pour habitat : — Sum., Bornéo N.-W.

292. — wrayi, Sharpe (**4259**, pt.) — Pérak (Malacca).

293. — croceus, Sharpe, *P. Z. S.*, 1888, p. 269; (**4259**, pt.) — Pérak (Malacca).

4271. — *immodestus*, Hume = P. cantonensis (**4270**). — Ch. S., Haïnan, Ténass.

768 (Gen.) Diaphoropterus, Oberh. (1899), au lieu de *Symmorphus*, Gd. (1837, nec Wesm., 1833).

772bis (Gen.) Hapalopteron, Bonap. (1854).

294. — familiare (Kittl.), *Mém. Ac. St. Pétersb. des sav. étr.*, I, 1831, p. 235, pl. 13; Bp., *C. R.* XXXIX, p. 59; Sharpe, *Cat. B. Br. Mus.* VI, p. 120 (note). — Ile Bonin (mer du Japon).

263. Pycnonotus tricolor, *var.* Minor, Heugl., *Orn. N.-O. Afr.* I, p. 398; (**4316**, pt.) — Afrique N.-E.

264. — xanthopygus, *var.* Reichenowi, Lor. et Hellm., *Orn. Monatsb.*, 1901, p. 30. — Arabie S.

265. Lædurosa simplex, *var.* Prillwitzi (Hart.), *Nov. Zool.* IX, p. 561, — Pahang (Malacca E.)

781 (Gen.) *Pinarocichla* = Euptilosus (**782**).

782 (Gen.) EUPTILOSUS, Rchb. (1857) au lieu de *Poliolophus*, Sharpe (1876).
4345. — ENTYLOTUS (Eyt.), *P. Z. S.*, 1839, p. 103, au lieu de *euptilosus*, devenu terme générique.
295. — NIEUWENHUISI (Finsch), *Notes Leyd. Mus.* XXIII, 1901, p. 95. Bornéo centr.
4353. IXIDIA CYANIVENTRIS (Blyth), a pour habitat : Ténassérim S., Malacca, Sumatra.
266. — — *var.* PAROTICALIS (Sharpe); **4353**, pt. Bornéo.
296. BRACHYPODIUS BAWEANUS, Finsch, *Notes Leyd. Mus.* XXII, p. 209. Ile Bawean (Java).
788bis (Gen.) PYRRHURUS, Cass. (1859); *Trichites*, Heine (1860); *Ptyrticus*, Hartl. (1883); *Xenocichla* (pt.), *Syn. Av.*, **789**. — Ce genre comprend :
297. PYRRHURUS TURDINUS (Hartl.), *J. f. O.*, 1883, p. 425; id., *Zool. Jahrb.*, 1887, p. 315, pl. 11, f. 1. Afrique équat. E.
4375. — SCANDENS (Sw.)
948. — — *var.* ORIENTALIS (Hartl.)
4376. — MULTICOLOR (Bocage).
4407. — TRICOLOR (Cass.)
953. — — *var.* CABANISI (Sharpe).
4377. — SERINUS (Verr.)
267. XENOCICHLA ALBIGULARIS, *var.* LEUCOLÆMA, Sharpe, *Bull. B. O. C.* XIII, 1902, p. 10. Toro (Ruwenzori).
268. — TEPHROLÆMA, *var.* KAKAMEGÆ, Sharpe, *Bull. B. O. C.* XI, p. 29. Kakamega.
269. — FLAVICOLLIS, *var.* SHELLEYI, Neum., *J. f. O.*, 1900, p. 292. Muansa (Afrique E.)
790 (Gen.) *Alophoixus*, Oates (1889) = CRINIGER.
270. CRINIGER GRISEICEPS, *var.* BURMANICA, Oat., *Faun. Br. Ind. B.* I, p. 256; (**4394**, pt.) Birmanie.
298. — SALANGÆ, Sharpe, *Hand-list*, III, p. 316; *cabanisi*, A. Müll., *J. f. O.*, 1882, p. 384 (nec Sharpe). Salanga (Malacca N.)
4398. — TEPHROGENYS (Jard. et Sel.), *Ill. Orn.*, pl. 127; *gutturalis*, Bp.; etc.
4404. — *olivaceiceps*, Shell. = XENOCICHLA STRIIFACIES, Rchw. (**4374**).
299. — SORDIDUS, Richm., *Pr. U. S. Nat. Mus.* XXII, p. 320. Bas-Siam.
300. — CONRADI, Finsch, *Verh. z.-b. Ges. Wien*, 1873, p. 9. Siam.
301. IOLE NICOBARIENSIS, Moore, in *Horsf. et M., Cat. B. Mus. E. I. Co.* I, p. 257. Iles Nicobar.
302. — LUCASI (Hart.), *Nov. Zool.* X, 1903, p. 13. Ile Obi Major.
4421. — *guimarasensis*, Steere = I. PHILIPPENSIS (Gm.), **4420**.
793 (Gen.) *Eurillas*, Oberh. (1899) = ANDROPADUS.
794 (Gen.) *Stelgidillas*, Oberh. (1899) = CHLOROCICHLA.
303. CHLOROCICHLA POENSIS (Alex.), *Bull. B. O. C.* XIII, p. 35. Fernando Po.
304. — MARCHEI, Oust., *N. Arch. Mus.* II, 1879, p. 100. Gabon.
4451. PHYLLOSTROPHUS CAPENSIS, Sw. = *Ph. terrestris*, Sw., *B. W. Afr.* I, p. 270.

271. Phyllostrophus strepitans, *var.* Placida, Shell., *P. Z. S.*, 1889, p. 363. — Kilima Ndjaro.

272. — — *var.* Sharpei, Shell. (**4452**, pt.) — Afrique E. angl.

273. — — *var.* Poensis, Alex., *Bull. B. O. C.* XIII, 1903, p. 35. — Fernando Po.

305. Macrosphenus poensis, Alex., *Bull. B. O. C.* XIII, 1903, p. 36. — Fernando Po.

306. — zenkeri (Rchw.), *Orn. Monatsb.*, 1898, p. 23; (**4460**, pt.) — Jaunde (Afrique W.)

4475. Hemixus striolatus (S. Müll.), *Bp. Consp.* I, p. 262; *sumatranus*, Rams. — Sumatra.

4476. — malaccensis (Blyth). Supprimez Tr. *striolatus*, Bp. — Indo-Chine, Bornéo.

802bis (Gen.) Cerasophila, Bingh. (1900). *Gen. Nov.*

307. — thompsoni, Bingh., *Ann. N. H.*, 1900, p. 358. — Siam.

274. Hypsipetes amaurotis, *var.* Hensoni, Stejn. (**4484**, pt.) — Japon.

275. — — *var.* Pryeri, Stejn. (var. **963**, pt.) — Iles Liu-Kiu.

276. Chloropsis viridis, *var.* Viriditecta, Hart., *Nov. Zool.* IX, pp. 212, 557. — Bornéo.

5505. — zosterops, Vig. est une var. de C. viridis (Horsf.) — Sumatra.

277. Eupetes castanonotus, *var.* Pulchra, Sharpe; **4526**, pt.; Salvad., *Ann. Mus. Civ. Gen.*, 1896, p. 100. — Nouv.-Guinée S.-E.

308. Trochalopteron ripponi, Oates, *Bull. B. O. C.* XI, 1900, p. 10. — Siam S.

309. — sharpei, Ripp., *Bull. B. O. C.* XII, 1901, p. 13. — Kauri-Kachin.

4586. *Ianthocincla cinereiceps* (Styan) = Trochalopteron ningpoense, Dav. et Oust. (**4548**); *Bull. Mus. Paris*, 1898, nº 6, p. 254.

310. Gampsorhynchus saturatior, Sharpe, *P. Z. S.*, 1888, p. 273. — Perak (Malacca).

278. Argya rubiginosa, *var.* Sharpei, Gr. et Reid, *Ibis*, 1901, p. 662; *rubiginosa* (pt.), Sharpe, *P. Z. S.*, 1895, p. 488. — Schebeli (Somaliland).

311. Melanocichla peninsularis, Sharpe, *Pr. Zool. Soc.*, 1888, p. 274. — Perak (Malacca).

312. Garrulax schistochlamys, Sharpe, *Ibis*, 1888, p. 479. — Kina Balu (Bornéo).

313. Dryonastes kaurensis, Ripp., *Bull. B. O. C.* XII, 1901, p. 13. — Kauri-Kachin.

314. Crateropus hindei, Sharpe, *Bull. B. O. C.* XI, 1900, p. 29. — Athi (Afrique E.)

315. — stictilæma, Alex., *Bull. B. O. C.* XII, 1901, p. 10. — De la Côte d'Or au Niger.

316. Bathmocercus jacksoni, Sharpe, *Bull. B. O. C.* XIII, 1902, p. 10. — Kibero (Ruwenzori).

317. Turdinulus humei, Hart., *Nov. Zool.* IX, p. 564. — Pahang (Malacca E.)

318. — granti, Richm., *Pr. U.S. Nat. Mus.* XXII, p. 320. — Bas-Siam.

319. TURDINULUS SQUAMATUS (Pak.), *J. Bombay Soc.* XIII, p. 403. — Cachar.

4739. MALACOCINCLA ABBOTTI, Blyth ; supprimez *Bornéo* de l'habitat.

320. — BÜTTIKOFERI, Finsch, *Notes Leyd. Mus.* XXII, p. 218 ; *abbotti* (pt.), auct. plur. (nec Blyth). — Bornéo.

321. CRATEROSCELIS PECTORALIS, Rothsch. et Hart., *Bull. B. O. C.* XI, 1900, p. 25. — Caméron.

322. — RUFOBRUNNEA, Rothsch. et Hart., *l. c.* = ?*Sericornis salvadorii*, Rchw., *Orn. Mon.*, 1901, p. 4. — Nouv.-Guinée allem.

851 (Gen.) AETHOSTOMA, Sharpe (1902), au lieu de *Trichostoma*, Blyth (1842, nec Pictet, 1834).

323. DRYMOCATAPHUS CINNAMOMEUS, Ripp., *Bull. B. O. C.* XI, p. 12. — Siam.

324. ANDROPHILUS DISTURBANS, Hart., *Nov. Zool.* VII, p. 238. — Ile Bourou.

325. ILLADOPSIS ATRICEPS (Sharpe), *Bull. B. O. C.* XIII, 1902, p. 10. — Ruwenzori (Afr. W.)

326. — JACKSONI (Sharpe), *l. c.* XI, p. 29. — Nandi.

327. — BATESI (Sharpe), *l. c.* XII, 1901, p. 2 ; *Ibis*, 1902, p. 94, pl. 4, f. 2. — Caméron, Bas-Congo.

328. — CERVINIVENTRIS, *l. c.*, p. 3. — B.-Congo, Gabon, Cam.

329. — BOCAGEI (Salvad.), *Boll. Mus. Tor.*, 1903, n° 442, p. 1 ; id., *Mem. R. Acc. Sc. di Tor.*, 1903, p. 110. — Fernando Po.

330. — PUVELI (Salvad.), *Ann. Mus. Gen.* XX, 1901, p. 767. — Guinée portugaise.

331. MALACOPTERON NOTATUM, Richm., *Pr. Biol. Soc. Wash.*, 1902, p. 190. — Ile Banjak (Sum. W.)

870 (Gen.) NESOBATES, Sharpe (1902) au lieu de *Oxylabes*, Sharpe (1870, nec Forst., 1856).

279. STRACHYRHIS MACULATA, *var.* BANJAKENSIS, Richm., *Pr. Biol. Soc. Wash.*, 1902, p. 190. — Banjak (Sumatra W.)

4824 (pt.) TIMALIA PILEATA, Horsf. a pour habitat : — Java.

280. — — *var.* JERDONI, Wald., *Ann. Mag. N. H.*, 1872, p. 61 ; (**8424**, pt.) — Indo-Chine, Malacca.

281. — — *var.* BENGALENSIS, Godw.-Aust., *J. A. S. Beng.*, 1872, pt. 2, p. 143 ; (**8424**, pt.) — Himalaya, Assam, Cachar.

4828. PYCTORHIS GRACILIS, Styan = MOUPINIA POECILOTIS (Verr.), **4915**.

332. MIXORNIS FRIGIDA (Hartl.) ; *Heleia frigida*, Hartl., *J. f. O.*, 1865, p. 27 ; *Zosterops frigida*, Gad., *Cat. B.* IX, p. 203. — Sumatra.

333. — PRILLWITZI, Hart., *Bull. B. O. C.* XII, p. 32 ; id., *Nov. Zool.* IX, p. 436, pl. 13, f. 1. — Ile Kangean (mer de Java).

883 (Gen.) Syn. : *Drymochares*, Gd. (1868, nec Muls., 1847) ; *Heteroxenicus*, Sharpe (1902), *Bull. B. O. C.* XII, p. 55.

334. BRACHYPTERYX FLORIS, Hart., *Nov. Zool.* IV, pp. 170, 516. — Flores.

335. CYANODERMA SULPHUREA (Ripp.), *Bull. B. O. C.* XI, p. 11. Siam S.

336. — DAVIDI (Oust.), *Bull. Mus. Paris*, 1899, nº 3, p. 119. Setchuen.

337. — CHRYSOPS (Richm.), *Pr. B. S. Wash.*, 1902, p. 157. Trong (Bas-Siam).

884bis (Gen.) PSEUDOXENICUS, Finsch, *Not. Leyd. Mus.* XXII, 1900, p. 213; *Gen. nov.; Orthnocichla* (pt.), Hart.

4874. PSEUDOXENICUS SUPERCILIARIS (Bp.); *leptura*, Kuhl. Java.

— EVERETTI (Hart.); *Orthnocichla everetti*, Hart., *Nov. Zool.* IV, p. 170. Flores.

886 (Gen.) Syn. : *Sittiparus*, Oat. (1899, nec de Selys, 1884); *Pseudominla*, Oat. (1894); *Semiparus*, Hellm. (1901).

338. MINLA INTERMEDIA (Ripp.); *Schœniparus intermedius*, Ripp., *Bull. B. O. C.* XI, 1900, p. 11. Nanoi (Siam S.)

339. ALCIPPE FRATERCULA, Ripp., *Bull. B. O. C.* XI, 1900, p. 11. Siam S.

4908bis. — *variegatus* (Styan) = A. GENESTIERI, Oust. (**4908**).

892 (Gen.) *Dendrobiastes* = MUSCICAPULA, **755** (p. 294).

4916. MUSCICAPULA BASILANICA a pour syn. *M. mindanensis*, Blas., **4115**.

282. YUHINA GULARIS, *var.* YANGPIENSIS, Sharpe, *Bull. B. O. C.* XIII, 1902, p. 12. Yang-pi (Yunnan).

340. — AMPELINA, Ripp., *Bull. B. O. C.* XI, p. 12. Warar Bum (Siam).

283. SIVA STRIGULA, *var.* MALAYANA, Hart., *Nov. Zool.* IX, p. 567. Pahang (Malacca E.)

284. — CYANUROPTERA, *var.* SORDIDIOR, Sharpe, *P. Z. S.*, 1888, p. 276; *sordida*, Sharpe (1887, nec Hume.) Pérak (Malacca).

285. CUTIA NIPALENSIS, *var.* CERVINICRISSA, Sharpe, *P. Z. S.*, 1888, p. 276. Pérak (Malacca).

905 (Gen.) DIAPHORILLAS, Oberh. (1899), *Pr. Ac. Phil.*, p. 219, au lieu *Amytis*, Less. (1831, nec Savig., 1826).

341. ?DIAPHORILLAS GIGANTURA (Millig.), *Victorian Natural.*, XVIII, p. 27. Australie W.

906bis (Gen.) EREMIORNIS, North (1900), *Gen. nov.*

342. — CARTERI, North, *Victorian Natural.* XVII, 1900, pp. 78, 93; Sclat., *Ibis*, 1902, p. 608, pl. 14. Australie.

907 (Gen.) CRYPTILLAS, Oberh., *l. c.*, 1899, au lieu de *Phlexis*, Hartl. (1866, nec Erichs., 1841).

343. — RUFESCENS (Sharpe), *Bull. B. O. C.* XIII, 1902, p. 9. Ruwenzori.

286. — — *var.* LOPEZI, Alex., *Bull. B. O. C.* XIII, p. 48. Fernando Po.

287. BRADYPTERUS CINNAMOMEUS, *var.* SALVADORII, Neum., *J. f. O.*, 1900, p. 304. Gurui, Kilima Ndjaro.

912 (Gen.) NESILLAS, Oberh., *l. c.*, 1899, p. 211, au lieu de *Ellisia*, Hartl. (1860, nec Forb. et Goods., 1840).

288. MEGALURUS MACRURUS, *var.* INTERSCAPULARIS, Scl.; Roth. et Hart., *Orn. Monatsb.*, 1899, p. 139 (**4967**, pt.) Nouv.-Hanovre.

4971. *Megalurus punctatus,* De Vis, est probablement le jeune du M. MACRURUS; Roth. et Hart., *l. c.*

344. CALAMOCICHLA POENSIS, Alex., *Bull. B. O. C.* XIII, 1903, p. 37. — Fernando Po.

289. — LEPTORHYNCHA, *var.* JACKSONI, Neum., *Orn. Monatsb.,* 1901, p. 185. — Uganda.

345. CALAMONASTES STIERLINGI, Rchw., *Orn. Monatsb.,* 1901, p. 39. — Rowuma (Afrique E. allemande).

346. APALIS LOPEZI, Alex., *Bull. B. O. C.* XIII, 1903, p. 35. — Fernando Po.

290. — CINEREA, *var.* SCLATERI, Alex., *l. c.*, p. 36. — Fernando Po.

920bis (Gen.) UROLAIS, Alex. (1903), *l. c.*, p. 35. (*Gen. nov.*)

347. — MARIÆ, Alex., *Bull. B. O. C.* XIII, 1903, p. 35. — Fernando Po.

1026. CHLORODYTA FLAVIDA, *var.* FLORISUGA (Rchw.), *J. f. O.,* 1898, p. 314; *neglecta,* Alex.; Jack., *Ibis,* 1901, p. 67. — Afrique S.-E.

291. — BINOTATA, *var.* PERSONATA (Sharpe), *Bull. B. O. C.* XIII, 1902, p. 9. — Ruwenzori.

924 (Gen.) NEOMIXIS, Sharpe (1881) au lieu de *Eroessa,* Hartl. (1866, nec Doubled., 1847)

348. SYLVIELLA GAIKWARI, Sharpe, *Bull. B. O. C.* XI, 1901, p. 47. — Somaliland.

925bis (Gen.) POLIOLAIS, Alex. (1903). *Gen. nov.*

349. — ELEONORÆ, Alex., *Bull. B. O. C.* XIII, 1903, p. 36. — Fernando Po.

292. CAMAROPTERA BREVICAUDATA, *var.* CHRYSOCNEMIS (Licht.), *Nom. Av. Berol.*, p. 33 (**5055**, pt.); Grant, *Ibis,* 1901, p. 648. — Abyssinie S., Choa.

1035. Pour M. O. Grant, la *var.* TINCTA (Cass.,) serait synonyme de *Chrysocnemis, l. c.*

293. CAMAROPTERA CONCOLOR, *var.* GRANTI, Alex., *Bull. B. O. C.* XIII, 1903, p. 36. — Fernando Po.

5061. — *dorcadichroa,* Rchw. et Neum. serait synonyme de CRYPTOLOPHA MACKENZIANA, Sharpe, *Ibis,* 1892, p. 153; 1901, p. 91, pl. 3, f. 1 (**905**, p. 286).

350. HYLIA POENSIS, Alex., *Bull. B. O. C.* XIII, 1903, p. 36. — Fernando Po.

351. SUYA WATERSTRADTI, Hart., *Nov. Zool.* IX, p. 568. — Pahang (Malacca E.)

352. BURNESIA BRUNNEICEPS, Rchw., *Orn. Monatsb.,* 1900, p. 122. — Rupira (Nyassa).

353. SCOTOCERCA INQUIETA, *var.* BURYI, Grant, *Bull. B. O. C.* XIII, p. 22. — Arabie S.

354. CALAMANTHUS RUBIGINOSUS, Campb., *Victorian Natural.* XVI, p. 3. — Australie N.-W.

355. CISTICOLA LAVENDULÆ, Grant et Reid, *Ibis,* 1901, p. 650. — Somaliland.

356. — ARIDULA, Witherby, *Bull. B. O. C.* XI, p. 13; Rothsch. et Woll., *Ibis,* 1902, p. 16, pl. 1. — Soudan.

294. — NUCHALIS, *var.* AMBIGUA, Sharpe, *Bull. B. O. C.* XI, p. 28. — Mau (Afrique E. anglaise).

357. Cisticola prinioides, Neum., *J. f. O.*, 1900, p. 304. Mau (Afrique E.)
358. — neumanni, Hart., *Bull. B. O. C.* XII, p. 13; *procera*, Jacks. (nec Pet.) Kenya.
359. Acanthiza tenuirostris, Zietz, *Tr. R. Soc. S. Austr.* XXIV, p. 112. Victoria (Australie).
360. — marstersi, North, *Agr. Gaz. N. S. W.* XII, p. 1425. Australie W.
361. ? Sericornis salvadorii, Rchw, *Orn. Monatsb.*, 1901, p. 4 = ? *Crateroscelis rufobrunnea*, Roth. et Hart. Nouv.-Guinée S.-E.
295. Malurus cyaneus, *var.* Elizabethæ, Campb., *Ibis*, 1901, p. 10. Tasmanie.
362. — assimilis, North, *Victorian Natural.* XVIII, p. 29. Australie.
363. — edouardi, Camb., *Vict. Nat.* XVII, p. 203. Australie N.-W.
364. Acrocephalus celebensis, Heinr., *J. f. O.*, 1903, p. 125. Makassar (Célèbes).
365. — inexpectatus, Berez. et Bianchi, *Ann. Mus. St. Pétersb.* V, p. 210. Chine W.
366. — vaughani (Sh.); *Tatare vaughani*, Sharpe, *Bull. B. O. C.* XI, p. 2. Ile Pitcairn (Pacifique).
5244. — *concinnens* (Swinh), *P. Z. S.*, 1870, p. 432 = A. agricola (Jerd.)
367. Lusciniola brevipennis (Verr.), *Nouv. Arch. Mus.*, 1871, *Bull.* VII, p. 65; Dav. et Oust, *Ois. Chine*, p. 245; La Touche, *Ibis*, 1900, p. 51. Chine centr. et E.
368. — bianchii (Sharpe), *Zool. Rec.*, 1900, *Aves*, p. 54; *davidi*, Ber. et Bianchi, *Ann. Mus. St. Pét.* V, p. 211 (nec Swinh). Chine W.
5265. — abyssinica, Weld-Bl. et Lovat. (nec Grant, *err.*)
369. Cettia bivittata, Finsch, *Notes Leyd. Mus.* XXII, p. 209. Timor.
296. Sylvia hortensis, *var.* Claræ, Kleinschm., *Orn. Monatsb.*, 1901, p. 167. Tunisie.
297. — conspicillata *bella*, Tschusi, *Orn. Monatsb.*, 1901, p. 130 = conspicillata; Hart., *Nov. Zool.* VIII, p. 318 (note). Madeire, etc.
1071. — atricapilla *obscura*, Tschusi, *l. c.*, p. 129 = *var.* Heinekeni (Jard.)
5313. — — *gularis*, Alex., *Ibis*, 1899, pp. 81, 279 = atricapilla (aberr.) Iles du Cap Vert.
5317. *Melizophilus blanfordi* (Seeb.) est un Parisoma (voy. p. 1081 du supplément).
298. Melizophilus melanocephalus, *var.* Leucogastra (Ledru), *Voy. Ténér.*, etc. I p. 182; Hart., *Nov. Zool.* VIII, p. 318. Iles Canaries.
370. — rothschildi, Madar., *Termes. Fuzetek*, XXIV, p. 351. Palestine.

299. ACANTHOPNEUSTE EVERETTI, *var*. WATERSTRADTI (Hart.), *Nov. Zool.* X, 1903, p. 9 (1). — Batjan et Obi Major.

300. PHYLLOSCOPUS SIBILATRIX, *var*. FLAVESCENS, Erl., *J. f. O.*, 1899, p. 254, pl. 5, f. 1. — Tunisie, Maroc.

5347. — RUFUS, *var*. CANARIENSIS (Hartw.), *J. f. O.*, 1886, p. 486; *fortunatus*, Tristr. (1889). — Iles Canaries.

1076. REGULUS SATRAPA, *var*. OLIVACEA, Baird au lieu de *olivascens*, Bd.

371. — OBSCURUS, Ridgw., *Bull. U. S. Geol. and Geog. Surv. Terr.* II, nº 2, 1876, p. 184. — Ile Guadalupe (Basse-Californie).

301. POLIOPTILA CÆRULEA, *var*. OBSCURA, Ridgw., *Pr. U. S. Nat. Mus.*, 1882, p. 535. — Arizona, Calif., Basse-Calif., Mexique W.

302. — — *var*. MEXICANA, Bp. (**5372**, pt.); Nels., *Auk*, 1898, p. 160. — Mexique S., ? Yucatan.

303. — DUMICOLA, *var*. BERLEPSCHI, Hellm., *Nov. Zool.* VIII, p. 356; *dumicola*, Pelz. (nec V.); *boliviana*, auct. plur. (nec Scl.) — Matto-Grosso.

372. — PLUMBICEPS, Lawr., *Pr. Ac. Sc. Phil.*, 1865, p. 37; Rob. et Richm., *Pr. U. S. Nat. Mus.*, 1895, p. 681. — Vénézuéla.

5379. — NIGRICEPS, *var*. SCLATERI, Sharpe. — Sta-Marta (Colombie), Vénézuéla N.-W.

304. — — *var*. ANTEOCULARIS, Hellm., *Nov. Zool.* VII, p. 538. — Colombie (Bogota).

305. — — *var*. MAJOR, Hellm., *l. c.* — Pérou.

5378. — — *var*. PARVIROSTRIS, Sharpe. — Haut-Amazone.

306. — BUFFONI, *var*. INNOTATA, Hellm., *Nov. Zool.* VIII, p. 359. — Brésil N., Guyane anglaise.

5397. ACCENTOR COLLARIS *reiseri*, Tschusi, *Orn. Mon.*, 1901, p. 131 = COLLARIS.

307. — — *var*. CAUCASICA, Tschusi, *l. c.*, 1902, p. 186. — Caucase.

308. ERITHACUS RUBECULA, *var*. MELOPHILA, Hart., *Nov. Zool.* VIII, p. 317. — Iles Britanniques.

5427. *Tarsiger guttifer*, Rchw. = ORIENTALIS, Fisch. et Rchw. (**5426**) et remplacé sous le même nº par :

5427. TARSIGER INTENSUS, Shpe, *Bull. B. O. C.* XI, 1901, p. 67. — Uganda.

1097. RUTICILLA PHOENICURA, *var*. MESOLEUCA (H. et E.) — Asie Min., Arabie E.

309. — — *var*. BONAPARTEI, v. Müll.; (**1097**, pt.); Neum., *J. f. O.*, 1902, p. 133. — Abyssinie.

310. — RUFIVENTRIS, *var*. PLESKEI, Schal., *J. f. O.*, 1901, p. 454; *rufiventris*, pt., auct. plur. (nec V.) — Chine.

311. SIALIA SIALIS, *var*. BERMUDENSIS, Verrill, *Am. J. Sc.* XII, p. 65. — Iles Bermudes.

(1) M. E. Hartert place aujourd'hui l'*A. everetti* et sa variété dans le genre *Cryptolopha* (*Nov. Zool.* X, p. 9, note).

312. SIALIA MEXICANA, *var.* BAIRDI, Ridgw., *Auk*, 1894, pp. 151, 157. — Montagnes Rocheuses du Mexique.

313. — — *var.* ANABELÆ, Anth., *Pr. Cal. Ac. Sc.* 1889, p. 79; Ridgw., *Auk*, 1894, p. 159. — Basse-Californie.

314. PRATINCOLA RUBETRA, *var.* SPATZI, Erl., *J. f. O.*, 1900, p. 101. — Tunisie.

986 (Gen.) *Diplootocus*, Hart., *Nov. Zool.* IX, 1902, p. 324 = PINAROCHROA.

5478. *Saxicola somalica*, Sharpe = S. VITTATA (H. et E.), juv. (**5497**); Grant, *Ibis*, 1901, p. 658.

1109. — *oreophila*, Oberh., *Pr. U. S. Nat. Mus.* XXII, p. 221 = MONTANA, Gd.

315. SAXICOLA GALTONI, *var.* LÜBBERTI, Rchw., *Orn. Monatsb.*, 1902, p. 77. — Damaraland.

373. — SEMENOWI, Bianchi et Zar., *Ann. Mus. St. Pétersb.* V, 1900, p. 187. — Perse E.

316. — OENANTHE, *var.* LEUCORHOA, Gm.; Stejn., *Auk*, 1901, p. 186; (**5495**, pt.) — Groenland, Europe W., Afrique.

317. — *pileata albinotata*, Neum., *J. f. O.*, 1900, p. 313 = PILEATA; Jacks., *Ibis*, 1901, p. 77.

1113. — — *var. Livingstonii*, Tristr. = PILEATA (Gm.); Jacks., *l. c.*

374. THAMNOLÆA CORONATA, Rchw., *Orn. Monatsb.*, 1902, p. 157. — Togoland.

5536. CATHARUS FUSCATER (Lafr.), à rectifier l'habitat : — Colombie.

1119. — — *var.* BERLEPSCHI, Ridgw. — Ecuador W., Pérou N. et centr.

5537. — — *var.* MENTALIS, Scl. et Salv. — Bolivie.

318. — — *var.* HELLMAYERI, Berl., *Orn. Monatsb.*, 1902, p. 69; *fuscater*, pt., auct. plur. (nec Lafr.) — Véragua, Costa-Rica.

319. — MELPOMENE, *var.* COSTARICENSIS, Hellm., *J. f. O.*, 1902, p. 45; **5541**, pt. (supprimez : Costa-Rica.) — Costa-Rica.

1121. — — *var.* CLARA (Gouy). — Mexique W.

5551. MERULA NIGRA, Leach.; rectifiez l'habitat : — Europe.

320. — — *var.* CABRERÆ (Hart.), *Nov. Zool.* VIII, p. 313. — Canaries, ? Madeire.

321. — — *var.* MAURITANICA (Hart.), *l. c.* X, p. 323. — Afrique N. et N.-W.

322. — — *var.* SYRIACA (Hemp. et Ehr.), *Symb. Phys.*; Hart., *l. c.* IX, p. 324. — Syrie, Palestine.

323. — FUSCATRA, *var.* AMOENA (Hellm.), *J. f. O.*, 1902, p. 68. — Mendoza.

324. — GIGAS, *var.* PALLIDIVENTRIS, Berl., *Orn. Monatsb.*, 1902, p. 71. — Vénézuéla (Andes).

1136. — FLAVIPES, *var. Polionota* (Sharpe) = *var.* VENEZUELENSIS (**1135**). — Vénézuéla, Guyane anglaise, Trinidad.

1137. — — *var. Melanopleura*, Sharpe = *var.* VENEZUELENSIS, Sharpe; (**1135**); Hellm., *J. f. O.*, 1902, p. 67.

325. TURDUS ILIACUS, *var.* COBURNI, Sharpe, *Bull. B. O. C.* XII, p. 28.	Islande.
326. — OLIVACEOFUSCUS, *var.* XANTHORHYNCHA, Salvad., *Boll. Mus. Zool. Torino*, XVI, n° 414, 1901, p. 2.	Ile Principe.
327. — — *var.* POENSIS, Alex., *Bull. B. O. C.* XIII, 1903, p. 37.	Fernando Po.
328. — MIGRATORIUS, *var.* ACHRUSTERA, Batch., *Pr. N. Engl. Zool. Club*, I, p. 107; Allen, *Auk*, 1901, p. 178.	Caroline, Géorgie.
5643. — GRAYI, Bp. a pour habitat :	Amérique centr.
1156. — — *var.* TAMAULIPENSIS, Nels.	Mex. E., Yucatan, Cozumel, Mugeres, Meco.
329. — — *var.* LURIDA, Bp., *C. R.*, 1854, p. 4; (**5643**, pt.) *incompta*, Bangs, *Pr. Biol. Soc. Wash.* V, 1898, p. 144.	Colombie N.-E.
330. — ALBIVENTER, *var.* FUSCA, Bangs, *Pr. Biol. Soc. Wash.*, 1899, p. 107.	Colombie N.-E.
331. — OBSOLETUS, *var.* COLUMBIANA, Hart. et Hellm., *Nov. Zool.* VIII, p. 492.	Colombie W.
332. — PLEBEIUS, *var.* DIFFERENS (Nels.), *Pr. Biol. Soc. Wash.*, 1901, p. 175.	Chiapas S. (Mexique.)
333. — GYMNOPHTHALMUS, *var.* CARRIBÆA, Lawr., *Pr. U.S. Nat. Mus.*, 1878, p. 267 (**5651**, pt.)	
334. — TRISTIS, *var.* ASSIMILIS, Cab.; (**5654**, pt.)	Xalapa (Mexique).
335. — MACULIROSTRIS, *var.* AMAUROCHALINA, Cab., *Mus. Hein.* V, p. 5; (**5650**, pt.); *leucomelas*, pt., auct. plur.; *crotopezus*, Burm. (nec Licht.); *albicollis*, Eul. (nec V.); *rufiventris* et *chochi*, D'Orb.; *albiventris*, pt., auct. plur. (nec Spix); Hellm., *J. f. O.*, 1902, p. 58.	Bolivie, Brésil S. et centr., Paraguay, Uruguay, Argentine.
336. — IGNOBILIS, *var.* GOODFELLOWI, Hart. et Hellm., *Nov. Zool.* VIII, p. 492.	Vallée du Cauca (Colombie).
337. — — *var.* DEBILIS, Hellm., *J. f. O.*, 1902, p. 56 (1).	Ecuador E., Pérou, Rio Madeira.
338. — CROTOPEZUS, *var.* CONTEMPTA, Hellm., *l. c.*, p. 61; *crotopezus*, pt., auct. plur. (nec Licht.)	Bolivie, Pérou.
1161. — PHÆOPYGUS, *var.* PHÆOPYGOIDES a pour habitat :	Trinidad, Tobago.
339. — MINOR, *var.* FULIGINOSA (Howe), *Auk*, 1900, p. 271.	Terre-Neuve.
340. — SWAINSONI, *var.* ALMÆ, Oberh., *Auk*, 1898, p. 304.	Mgnes Roch. des États-Unis, en hiver Mex.

(1) M. C. E. Ellmayr admet trois espèces distinctes : 1° *leucomelas*; 2° *ignobilis* avec ses var. *Goodfellowi*, *debilis* et *murina*; 3° *maculirostris* et sa var. *Amaurochalina* (*J. f. O.*, 1902, pp. 53, 60). Il y a donc lieu de rectifier dans ce sens les nos **1157** et **1158** (p. 401).

341. Turdus swainsoni *var.* Oedica, Oberh., *Auk*, 1899, p. 23. — Californie, Orégon, Arizona, Mexique.

342. — aonalaschkæ, *var.* Slevini, Grinn., *Auk*, 1901, p. 258. — Californie.

5661. — *verecunda*, Osg., *Auk*, 1901, p. 183 = T. aonalaschkæ.

343. Oreocincla malayana, *var.* Affinis, Richm., *Pr. Biol. Soc. Wash.*, 1902, p. 158. — Bas-Siam.

1002 (Gen.) *Ixoreus*, Bp. (1854) = *Hesperocichla*, Bd. = Geocichla, Kuhl.

344. Geocichla guttata, *var.* Fischeri (Hellm.), *Orn. Monatsb.*, 1901, p. 54. — Afrique E.

345. — gurneyi, *var.* Kilimensis, Neum., *J. f. O.*, 1901, p. 310. — Kilima Ndjaro.

1172. — *peronii*, *var.* *Audacis*, Hart. = peronii; Finsch, *Notes Leyd. Mus.* XXII, p. 263. — Timor, Flores, Wetter, Babber, Dammer.

375. — frontalis, Madar., *Termész. Füzetek*, XXII, 1899, p. 111, pl. 8. — Célèbes.

376. — dumasi, Rothsch., *Ibis*, 1899, p. 309. — Ile Bourou.

346. — nævia, *var.* Meruloides (Sw.), *Faun. Bor.-Am.*, p. 187; Grinn., *Auk*, 1901, p. 143; (**5698**, pt.) — Alaska N., en hiver Californie.

347. Myiadectes obscurus, *var.* Occidentalis, Stejn., *Pr. U. S. Nat. Mus.*, 1881, p. 372. — S.-W. du Mexique et du Guatémala.

348. — — *var.* Insularis, Stejn., *l. c.*, p. 373. — Iles Tres Marias.

5719. — coracinus, Berl.; Goodf., *Ibis*, 1901, p. 311, pl. 8. — Colombie, Ecuador.

377. Callene cyornithopsis, Sharpe, *Bull. B. O. C.* XII, p. 4; id., *Ibis*, 1902, p. 95, pl. 4, f. 1. — Caméron.

349. — — *var.* Roberti, Alex., *Bull. B. O. C.* XIII, 1903, p. 37. — Fernando Po.

378. — poensis, Alex., *Bull. B. O. C.* XIII, 1903, p. 37. — Fernando Po.

1184. *Cossypha caffra mawensis*, Neum., *J. f. O.*, 1900, p. 309 = *var.* Iolæma, Rchw.; Jack., *Ibis*, 1901, p. 71.

350. — albicapilla, *var.* Omoensis, Sharpe, *Bull. B. O. C.* XI, p. 28. — Omo (Afrique équat.)

379. Alethe poliophrys, Sharpe, *l. c.* XIII, 1903, p. 10. — Ruwenzori.

351. — poliocephala, *var.* Alexandri, Sharpe, *l. c.* XII, 1901, p. 4. — Caméron.

380. — moori, Alex., *Bull. B. O. C.* XIII, 1903, p. 37. — Fernando Po.

352. Cichladusa guttata, *var.* Rufipennis, Sharpe, *l. c.* XII, 1901, p. 35. — Afrique E. (côtes).

381. — archeri (Sharpe), *l. c.* XIII, 1902, p. 9. — Ruwenzori.

382. Erythropygia ukambensis, Sharpe, *l. c.* XI, p. 28. — Ukambani (Afrique E. anglaise).

383. — griseistriata (Sharpe), *l. c.* XIII, p. 8. — Ruwenzori.

5799. Cittocincla macrurus (Gm.) et ses var. à rectifier l'habitat : — Indo-Chine S., Malacca, Sumatra.

353. — — *var.* Tricolor (Vieill.), *N. Dict.* XX, p. 291 (**5799**, pt.) — Inde, Ceylan, Birmanie.

1197. Cittocincla macrurus, *var.* Suavis, Scl. — Bornéo.
354. — — *var.* Omissa, Hart., *Nov. Zool.* IX, p. 572. — Java.
355. — — *var.* Minor, Swinh. (**5799**, pt.) — Haïnan.
356. Galeoscoptes carolinensis, *var.* Bermudiana, Bangs et Brad., *Auk*, 1901, p. 253. — Bermuda.
357. Mimus gilvus, *var.* Melanoptera, Lawr., *Ann. Lyc. N. Y.* V, p. 35, pl. 2; *columbianus*, Cab. (**5831**, pt.) — Rio Négro, Colombie, Trinidad.
358. — — *var.* Gracilis, Cab., *Mus. Hein.* I, p. 83. — Guatémala, Honduras.
359. — — *var.* Tobagensis, Dalm., *Mém. Soc. Zool. de France*, 1900, p. 134. — Tobago.
360. Nesomimus melanotis, *var.* Dierythra, Hell., et Snodg., *Condor*, III, p. 74. — Indéfatigable et Seymour (Galapagos).
361. Harporhynchus curvirostris, *var.* Maculata, Nels., *Auk*, 1900, p. 269. — Mexique.
362. Rhodinocichla rosea, *var.* Eximia, Ridgw., *Bull. 50, U. S. Nat. Mus.* 1902, p. 770. — De Panama au Costa-Rica.
363. Cinclus aquaticus, *var.* Olympica, Madar., *Orn. Monatsb.*, 1903, p. 6. — Chypre.
364. Campylorhynchus zonatus, *var.* Restricta, Nels., *Auk*, 1901, p. 49. — Tabasco (Mexique).
5879. — brunneicapillus, *var.* Couesi, Sharpe. — Texas, Mexique.
365. — — *var.* Affinis; Xant. (**5881**, pt.) — Basse-Californie S.
1235. — — *var.* Bryanti (Anth.) — Calif. S., B^se^-Calif. N.
366. — — *var.* Anthoni, Mearns, *Auk*, 1902, p. 143. — Ét.-Unis S.-W., Mexique N., B^se^-Calif. N.
367. Odontorhynchus branickii, *var.* Minor, Hart., *Bull. B. O. C.* XI, p. 40. — Ecuador N.
368. Thryophilus leucotis, *var.* Tæniopteba, Ridgw., *Pr. U. S. Nat. Mus.*, 1887, p. 518. — Bas-Amazone.
384. — albipectus (Cab.), in *Schomb. Reis. Guian.* III, p. 673. — Guyane, Orénoque.
369. — — *var.* Hypoleuca, Berl. et Hart., *Bull. B. O. C.* XII, p. 12; id., *Nov. Zool.* IX, p. 6. — Orénoque centr.
370. — — *var.* Bogotensis, Hellm., *Ver. Zool.-Bot. Gesel. Wien*, 1901, p. 774. — Bogota.
371. Thryothorus felix, *var.* Grandis, Nels., *Auk*, 1900, p. 269. — Puebla, Morelos, Guerrero.
372. — amazonicus, *var.* Caurensis, Berl. et Hart., *Nov. Zool.* IX, p. 7. — Caura (Orénoque).
373. — euophrys, *var.* Goodfellowi, Sclat., *Bull. B. O. C.* IX, p. 47. — Ecuador W.
374. Cistothorus palustris, *var.* Dissaëpta, Bangs, *Auk*, 1902, p. 352. — États-Unis E., Canada.
375. — polyglottus, *var.* Elegans, Scl. (**5939**, pt.). — Amérique centr.

1277. TROGLODYTES DOMESTICUS, *var.* MARIANÆ, Scott. = *var.* AZTECA (**1278**).

385. — PENINSULARIS, Nels., *Pr. Biol. Soc. Wash.*, 1901, p. 174. — Yucatan N.

376. — MUSCULUS, *var.* CLARA, Berl. et Hart., *Nov. Zool.* IX, p. 8. — Guyane anglaise, Orénoque.

377. — SOLSTITIALIS, *var.* MACROURA, Berl. et Stolzm., *P. Z. S.*, 1902, II, p. 55. — Pérou centr.

1052 (Gen.) *Olbiorchilus*, Oberh., *Auk*, 1902, p. 177 = ANORTHURA.

5963. *Anorthura bergensis*, Stejn., *Zeit. ges. Orn.*, 1884, p. 9 = TROGLODYTES.

378. ANORTHURA TROGLODYTES, *var.* CYPRIOTES, Bate, *Bull. B. O. C.* XIII, 1903, p. 51. — Chypre.

379. — HIEMALIS, *var.* HELLERI, Osg., *Auk*, 1901, p. 181. — Ile Kadiak (Alaska).

5965. — FUMIGATA (Tem.), à rectifier pour les var. et hab.: — Japon.

1301. — — *var.* KURILENSIS, Stejn. — Iles Kouriles et Japon.

1297. — — *var.* DAURICA, Dyb. et Tacz. — Sib.E., Mong., Chine N.

5966. — — *var.* NIPALENSIS (Blyth). — Himalaya, Chine.

380. — — *var.* TALIFUENSIS, Sharpe, *Bull. B. O. C.* XIII, 1902, p. 11. — Tali-fu (Yunnan).

5967. — — *var.* NEGLECTA (Brooks). — Du Cachemire à Gilgit.

1295. — PALLESCENS, Ridgw. est une espèce distincte, d'après Oberh., *Auk*, 1902, p. 178, de même que les deux suivantes :

1299. — MELIGERA, Oberh.

1298. — ALASCENSIS (Baird).

381. CATHERPES MEXICANUS, *var.* POLIOPTILA, Oberh., *Auk*, 1903, p. 197. — Ét.-Unis S.-W., Mex. N.-W., Basse-Calif.

382. — — *var.* PUNCTULATA, Ridgw., *Pr. U. S. Nat. Mus.*, 1882, p. 343. — Californie.

386. MICROCERCULUS CAURENSIS, Berl. et Hart., *Nov. Zool.* IX, p. 5. — Caura (Orénoque).

387. — PECTORALIS, Rob. et Richm., *Pr. U. S. Nat. Mus.* 1902, p. 178. — Vénézuéla.

1061bis (Gen.) CATHAROPEZA, Scl. (1880). *Gen. nov.*

6003. — BISHOPI (Lawr.); Scl., *Ibis*, 1880, pp. 40, 73, pl. 1. — Ile Saint-Vincent.

383. HELMINTHOPHAGA RUFICAPILLA, *var.* GUTTURALIS, Ridgw. in Bd., Br. et Ridgw., *H. N. Am. B.* I, p. 191. — États-Unis W.

1314. — CELATA, *var.* *Obscura*, Ridgw. = H. CELATA.

6021. PARULA AMERICANA (L.). — Pour habitat : — États-Unis E.

384. — — RAMALINÆ, Ridgw., *B. N. and Middle Amer.* II, p. 486 (1902); *americana*, pt. auct. — États-Unis S., Mexique, Guatémala.

385. — PITIAYUMI, *var.* SPECIOSA (Ridgw.), *Auk*, 1902, p. 69. — Nicaragua à Chiriqui.

6026. DENDROECA ÆSTIVA, *var.* DUGESI, Coale.

6027. — RUFICAPILLA (Gm.) — Guadeloupe, Dominica.

386. DENDROECA RUFICAPILLA, *var.* RUFIVERTEX, Ridgw., *Pr. Biol. Soc. Wash.*, 1885, p. 21 (**6028**, pt.) — Ile Cozumel (Yucatan).
1330. — — *var.* FLAVIDA, Cory.
6031. — — *var.* RUFOPILEATA, Ridgw.
6030. — — *var.* CAPITALIS, Lawr.
387. — PETECHIA, *var.* BARTHOLEMICA, Sundev., *Ofv. K. Vet.-Ak. Stockh.*, 1870, p. 607; *cruciana*, Sund. (**6027**, pt.) — Porto-Rico et petites Antilles.
6033. — ERITHACHORIDES, Baird (1858) a priorité sur *vieilloti*, Cass. (1860).
388. — — *var.* CASTANEICEPS, Ridgw., *Pr. U. S. Nat. Mus.*, 1885, p. 350. — Mexique W., Amérique centr. W.
6044. — GRACIÆ, *var.* DECORA, Ridgw. — Mex. S., Guat., Hondur.
1336. — *coronota, var. Hooveri*, Mc Greg. = CORONOTA (L.)
6051. — AUDUBONI, *var.* NIGRIFRONS, Brewst. — Arizona, Mexique N.
6052. — — *var.* GOLDMANI, Nels. — Guatémala.
389. — PINUS, *var.* ACHRUSTERA, Bangs, *Auk*, 1900, p. 292; *bahamensis*, Mayn. (nec Cory). — Nouvelle-Providence (Bahama).
390. — — *var.* ABACOENSIS, Ridgw., *Auk*, 1902, p. 69. — Abaco (Bahama).
1340. PEUCEDRAMUS OLIVACEUS, *var.* AURANTIACA, Ridgw. = P. OLIVACEUS.
1070 (Gen.) *Exochocichla*, Van der H. (1852-56) = HENICOCICHLA.
6068. HENICOCICHLA NÆVIA (Bodd.); *noveboracensis* (Gm.); a pour habitat : — Amér. N.-E., Antilles, Amer. centr. et N. de l'Amér. mér.
391. — — *var.* NOTABILIS, Ridgw., *Pr. U. S. Nat. Mus.*, 1880, p. 12. — Amér. N.-W., Amér. centr. et Colombie.
1071 (Gen.) OPORORNIS. — Ajoutez aux deux espèces de ce genre :
6087. — MACGILLIVRAYI (Aud.); *tolmiei*, Towns.
6088. — PHILADELPHIA (Wils.); *agilis*, Wools. (nec Wils).
1072 (Gen.) MICROLIGEA, Cory (1884) au lieu de *Ligea*, Cory (1884, nec Dyb., 1876); *Ligia*, Sharpe (1885, nec Fabr., 1798).
6072. GEOTHLYPIS TRICHAS (L.); ajoutez à l'habitat : — Canada, Terre-Neuve, Labrad. et îles vois.
392. — — *var.* MODESTA, Nels., *Auk*, 1900, p. 269. — Mexique W. et centr.
393. — — *var.* SINUOSA, Grinn., *Condor*, 1901, p. 65. — Baie San-Francisco (Californie).
6074. — — *var.* MELANOPS, Bd.
394. — — *var.* *Scirpicola*, Grinn., *Cond.*, 1901, p. 65 = *var.* ARIZELA, Oberh.
395. — ROSTRATA, *var.* MAYNARDI, Bangs, *Auk*, 1900, p. 290. — Nouvelle-Providence (Bahama).
396. — — *var.* INCOMPTA, Ridgw., *Birds N. and Midd. Am.* II, p. 677. — Abaco (Bahama).
397. — — *var.* EXIGUA, Ridgw., *l. c.*, p. 677. — Andros (Bahama).
398. — — *var.* FLAVIDA, Ridgw., *l. c.*, p. 678. — Nouv.-Provid. (Bah.)

399. Geothlypis semiflava, *var.* Bairdi, Nutt., *Pr. U. S. Nat. Mus.*, 1884, p. 398; (**6079**, pt.)
Honduras, Nicaragua E., Costa-Rica.

6080. — nelsoni, Richm., *Auk*, 1900, p. 197; *cucullata*, Salv. et God. (nec Lath.)
Mexique.

400. — — *var.* Microrhyncha, Ridgw., *Birds N. and midd. Am.* II, p. 685.
Mexique S.-E.

401. — poliocephala, *var.* Palpebralis, Ridgw., *Man. N. Am. B.*, p. 526.
Mexique S.-E.

1348. — — *var. Icterotis*, Ridgw. = *var.* Caninucha, Ridgw.
Du Guatémala à Chiriqui.

1073 (Gen.) *Chamæthlypis*, Ridgw. (1887) = Geothlypis.

402. Basileuterus culicivorus, *var.* Brasheri, Gir. (**6101**, pt.)
Mexique N.

403. — — *var.* Flavescens, Ridgw., *Birds N. and midd. Am.* II, p. 755.
Mexique S.-W.

6109. — *conspicillatus*, Salv. et Godm. = cinereicollis, Scl. (**6100**); Allen, *Bull. Am. Mus.* XIII, p. 175.

6116. — belli (Gir.), a pour habitat le S.-E. du Mexique.

404. — — *var.* Scitula, Nels., *Auk*, 1900, p. 268.
Chiapas et Guatémala (Montagnes).

405. — *var.* Clara, Ridgw., *Birds N. and midd. Am.* II, p. 745.
Mexique S.-W.

406. — leucoblepharus, *var.* Cala, Oberh., *Pr. Biol. Soc. Wash.*, 1901, p. 188.
Paraguay.

388. ?Myiodioctes microcephalus, Ridgw., *Pr. U. S. Nat. Mus.*, 1885, p. 354; *minuta*, Wils. (nec Gm.), *Am. Orn.* VI, p. 62, pl. 50, f. 5; *pumilia*, Nutt. (nec Vieill.)
Pennsylvanie, New-Jersey, Kentucky.

407. — pusillus, *var.* Chryseola, Ridgw., *Birds N. and midd. Am.* II, p. 714.
Colombie anglaise, États-Unis W.

389. Motacilla subpersonata, Mead-Waldo, *Bull. B. O. C.* XII, p. 27.
Maroc.

408. — boarula, *var.* Schmitzi, Tschusi, *Orn. Jahrb.* XI, p. 223.
Ile Madeire.

409. — — *var.* Canariensis, Hart., *Nov. Zool.* VIII, p. 322.
Iles Canaries.

6184. Anthus infuscatus (Bl.). — Supprimez la syn. *Kiangsinensis*, Dav. et Oust. qui se rapporte au **6209**.

410. — rufulus, *var.* Camaroonensis, Shell., *B. Afr.* II, p. 320.
Caméron (Montagn.)

6235. *Otocorys transcaspica*, Flör. et *iranica*, Zarud. et Härms = O. penicillata.

1401. Otocorys penicillata, *var.* Oreodrama, Oberh., *Pr. U. S. Nat. Mus.*, 1902, p. 876; *pallida*, Sharpe (pt., nec Dwight.); *diluta*, Sharpe (pt.)
Pamir, Ferghana, Turkestan W.

411. — — *var.* Diluta, Sharpe, *Cat. B. Br. Mus.* XIII, p. 670; Oberh., *l. c.*, p. 877.
Turkestan E.

412. Otocorys longirostris, *var.* Elwesi (Blanf.), *J. As. Soc. Beng.*, 1872, p. 62; *nigrifrons* et *teleschowi*, Prejw. (**1403**, pt.)	Thibet, Sikhim.
413. — — *var.* Perissa, Oberh., *Pr. U. S. Nat. Mus.*, 1902, p. 869.	Ladak (Asie centr.)
414. — — *var.* Argalea, Oberh., *l. c.*, p. 871.	S.-W. du Turkest. or.
415. — alpestris, *var.* Arcticola, Oberh., *l. c.*, p. 816; *leucolæma*, Hensh. (nec Coues).	De l'Alaska aux États-Unis W.
416. — — *var.* Enthymia, Oberh., *l. c.*, p. 817.	Amérique anglaise, en hiver États-Unis.
1409. — — *var. Arenicola*, Hensh. = *var.* Leucolæma (**1405**).	États-Unis W.
417. — — *var.* Diaphora, Oberh., *l. c.*, p. 829.	Miquihuana, Tamaulipas (Mexique).
418. — — *var.* Merrilli, Dwight, *Auk*, 1890, p. 153; (**1415**, pt.)	Colombie anglaise S., États-Unis W.
419. — — *var.* Insularis, Towns., *Pr. U. S. Nat. Mus.*, 1890, p. 140.	Ile San Clemente (Californie).
1412. — — *var.* Chrysolæma (Wagl.); *minor*, Gir. (**1407**, pt.)	Mexique.
420. — — *var.* Actia, Oberh., *l. c.*, p. 845; *rufa*, Audub. (nec Gm.); *rubeus*, Hensh. (pt.); *pallida*, Dw. (pt.)	Californie, N. de la Basse-Californie.
421. — — *var.* Ammophila, Oberh., *l. c.*, p. 849.	Calif. S. E., Mex. N.-W.
422. — — *var.* Occidentalis, Mc Call, *Pr. Ac. N. Sc. Phil.*, 1851, p. 218.	Nouv.-Mex., Arizona, Texas, Mex. N.-E.
1411. — — *var.* Adusta, Dw.	Arizona S., Mex. N.
423. — — *var.* Aphrasta, Oberh., *l. c.*, p. 860.	Arizona S.-E., Nouv.-Mexique, Sonora.
424. — — *var.* Leucansiptila, Oberh., *l. c.*, p. 864.	Calif. S., Ariz. S.-W., Basse-Californie.
425. Calandrella pispoletta, *var.* rufescens (Vieill.), *Tabl. Encyc. et Méth.* I, p. 322; Hart., *Nov. Zool.* VIII, p. 325; *tigrina*, M. S., *Mus. Paris*; Puch., *Rev. et Mag. de Zool.*, 1854, p. 64; *brachydactyla* (err.), auct. plur.; *canariensis*, Hart., *Bull. B. O. C.* XI, p. 64.	Iles Canaries.

1098bis (Gen.) Æthocorys, Sharpe (*gen. nov.*), *Bull. B. O. C.* XII, p. 62 (1902).

6254. — personata (Sharpe).

6271. *Mirafra marginata*, Hawk. = M. cantillans, Blyth (**6288**).

390. Mirafra woodwardi, Millig., *Victorian Natural.* XVIII, p. 25.	Australie W.

1102 (Gen.) *Corydus*, Dress. (1900) = Galerida, Boie.

426. Galerida cristata, *var.* Cyrenaica, Whitak., *Bull. B. O. C.* XIII, 1903, p. 17.	Tripoli.

427. GALERIDA ARBOREA, *var.* PALLIDA (Zarud.), *Orn. Monatsb.*, 1902, p. 54.	Transcaspie.
428. AMMOMANES CINCTURA, *var.* ASSABENSIS, Salvad., *Boll. Mus. Zool. Torino*, 1902, n° 425, p. 2.	Assab.
429. — — *var.* ZARUDNYI, Hart., *Bull. B. O. C.* XII, p. 43.	Perse E.
391. — HETERURA, Madar., *Orn. Monatsb.*, 1903, p. 91 (= *zarudnyi*?).	Perse E.

6306bis. *Pyrrhulauda harrisoni*, Grt. = SIGNATA, Oust. (**6309**), qui est bien une espèce distincte.

392. PYRRHULAUDA OTOLEUCA (Tem.), *Pl. Col.* 269, f. 23; Grant, *Bull. B. O. C.* XII, p. 14; *melanocephala*, Licht.; (**6308**, pt.)	Sennaar.
6308. — LEUCOTIS (Stanl.) a pour hab. :	Afrique N.-E.
430. — — *var.* MADARASZI, Rchw., *Orn. Monatsb.*, 1902, p. 78.	Afrique E.

1107 (Gen.) *Penthornis*, Hellm. (1901) = MELANOPARUS.

1108 (Gen.) *Sittiparus, Periparus*, de Sélys (1884) et *Proparoides*!, Bianchi (1902) = PARUS.

431. PARUS MAJOR, *var.* CORSA, Kleinschm., *Orn. Monatsb.*, 1903, p. 6.	Corse.
432. — — *var.* EXELSA, Brm.; Buvry, *J. f. O.*, 1856, p. 197.	Afrique N., Espagne, Grèce.
433. — — *var.* BLANFORDI, Praz., *Orn. Jahrb.*, 1894, p. 240; *newtoni*, Praz., *l. c.*, p. 239.	Perse, Palestine.
434. — — *var.* APHRODITA, Madar., *Thermes. Fuzetek*, XXIV, p. 272.	Chypre.
435. — AFER, *var.* DAMARENSIS, Rchw., *Orn. Monatsb.*, 1902, p. 77.	Damara.
393. — MOLTCHANOVI, Menzb., *Bull. B. O. C.* XIII, 1903, p. 49.	Monts Yaïla (Taurus).
394. — ATLAS, Meade-Waldo, *Bull. B. O. C.* XII, 1901, p. 27; id., *Ibis*, 1903, p. 207, pl. 6.	Atlas (Maroc).

6341. — *kleinschmidti, tschusii* et *italicus*, Hellm. = PALUSTRIS, L.

436. — PALUSTRIS, *var.* KOREJEWI, Zarud. et Härms, *Orn. Monatsb.*, 1902, p. 54.	Turkestan.
395. — NIGRILORIS, Hellm., *Orn. Monatsb.*, 1900, p. 139.	Iles Liu-Kiu.
396. — STEJNEGERI, Bangs, *Bull. Mus. Harvard*, XXXVI, p. 237 (1).	Iles Liu-Kiu.
437. — LUGUBRIS, *var.* GRÆCA, Reis., *Orn. Jahrb.* XII, p. 216.	Presqu'île des Balcans.
438. — CINCTUS, *var.* ALASCENSIS, Praz.; (**1498**, pt.)	Alaska.
439. — GAMBELI, *var.* THAYERI, Birtw., *Auk*, 1901, p. 166.	Albuquerque (Rio-Grande).

(1) Les *P. nigriloris*, Hellm. et *stejnegeri*, Bangs, ne seraient-ils pas une seule et même espèce ?

440. PARUS RUFESCENS, *var.* NEGLECTA, Ridgw., *Pr. U. S. Nat. Mus.*, 1878, p. 485. — Californie (côtes).

441. — — *var.* BARLOWI, Grinn., *Condor,* 1900, p. 127; *Auk,* 1981, p. 178. — Californie S.-W.

442. — CÆRULEUS, *var.* DEGENERA, Hart., *Nov. Zool.* VIII, p. 309; (**1511**, pt.) — Fortaventura et Lanzerota (Canaries).

1511. — — *var.* ULTRAMARINA (Bp.) — Maroc, Algérie, Tunis.

1516. — *pallescens,* Hellm. = *var.* PLESKII, Cab.

443. LOPHOPHANES RUFONUCHALIS, *var.* POECILOPSIS, Sharpe, *Bull. B. O. C.* XIII, 1902, p. 11. — Yun-nan W.

444. — INORNATUS, *var.* RIDGWAYI, Richm., *Pr. Biol. Soc. Wash.,* 1902, p. 155; *griseus,* Ridgw. (nec Müll.) — États-Unis centr.

6372. PSALTRIPARUS MELANOTIS, *var.* LLOYDI, Senn. — Arizona S., Texas W.

1527. — *var. Helviventris* (Cab.) = P. MELANOTIS (**6369**).

1528. — *var. Santaritæ,* Ridgw. = *var.* LLOYDI.

1526. — *var.* PLUMBEA (Baird) est une espèce distincte.

397. ACREDULA PULCHELLA (Ripp.), *Bull. B. O. C.* XI, 1900, p. 11. — Siam S.

445. — CAUDATA, *var.* TAURICA (Menzb.), *Bull. B. O. C.* XIII, p. 49. — Monts Yaïla (Taurus).

446. — TEPHRONOTA, *var.* SICULA (Whitak.), *l. c.* XI, 1901, p. 52; id., *Ibis,* 1902, p. 54, pl. 2; (**1535**, pt.) — Sicile.

1115 (Gen.) *Ægithospiza,* Hellm. (1901) = ÆGITHALUS, Boie.

1117 (Gen.) APHELOCEPHALA, Oberh. (1899) au lieu de *Xerophila,* Gd. (1840, nec Held., 1837).

1119 (Gen.) *Phyllodytes,* Finsch (nec Wagl., 1830) et *Finschia,* Hutton (1903) = CERTHIPARUS.

447. CHAMÆA FASCIATA, *var.* INTERMEDIA, Grinn., *Condor*, 1900, p. 86. — Baie de San Francisco.

1125bis. SCÆORHYNCHUS, Oat. (1889); *Suthora,* pt. (Sharpe, 1883); *Heteromorpha,* pt. (**1125**).

6411. — GULARIS (Gray), a pour habitat: — Sikhim, Buthan.

448. — — *var.* TRANSFLUVIALIS, Hart., *Nov. Zool.* VII, p. 548. — Cachar, Monts Khasia, ? Karennée.

449. — — *var.* FOKIENSIS (David), *Ann. Sc. Nat.,* 1874, art. n° 9; id. et Oust., *Ois. Chine,* p. 206, pl. 61 (**6411**, pt.) — Fokien (Chine).

6412. — RUFICEPS (Blyth), a pour habitat: — Sikhim, Buthan.

450. — — *var.* BAKERI, Hart., *Nov. Zool.* VII, p. 548. — Cachar, Assam jusqu'au Ténassérim.

398. SUTHORA CRADDOCKI, Bingh., *Bull. B. O. C.* XIII, 1903, p. 54. — Vallée du Mékong.

451. — BRUNNEA, *var.* STYANI, Ripp., *l. c.,* p. 54. — Yun-nan.

452. VIREO CALIDRIS, *var.* BARBADENSIS, Bd., Br. et Ridgw., *N. Am. B.* I, p. 359; (**6429**, pt.)	Iles Barbades.
453. — OLIVACEUS, *var.* AGILIS (Licht.), *Verz. Doubl.*, p. 526; Baird, *Rev. Am. B.*, p. 338.	Brésil, Santa-Marta (Colombie).
454. — AMAURONOTUS, ? *var.* STRENUA, Nels., *Auk*, 1900, p. 268.	Chiapas (Mexique).
455. — NOVEBORACENSIS, *var.* PERQUISITOR, Nels., *l. c.*, p. 267.	Vera-Cruz N.
456. — — *var.* BERMUDIANA, Bangs et Brad., *Auk*, 1901, p. 252.	Iles Bermudes.
457. — — *var.* FLAVESCENS, Ridgw. (**1560**, pt.)	Nassau (Bahama).
1565. — HUTTONI, *var.* *Insularis*, Rh. = *var.* OBSCURA (**1564**).	
6459. HYLOPHILUS THORACICUS, Tem., a pour habitat :	Matto Grosso, Amaz.
458. — — *var.* GRISEIVENTRIS, Berl. et Hart., *Nov. Zool.* IX, p. 11.	Vénézuéla, Guyane anglaise, Colombie.
1568. — PECTORALIS, Scl., est espèce distincte et a pour habitat :	Matto Grosso, Amaz., Guyane anglaise.
399. — BULUNENSIS, Hart., *Nov. Zool.* IX, p. 617.	Ecuador N.-W.
400. — BRUNNEUS, Allen, *Bull. Am. Mus. N. H.* XIII, p. 171.	Sta-Marta (Colombie).
459. — FLAVIPES, *var.* ACUTICAUDA, Lawr., *Pr. Ac. N. Sc. Philad.*, 1865, p. 37; (**6468**, pt.)	Vénézuéla.
401. VIREOLANIUS BOLIVIANUS, Berl., *J. f. O.*, 1901, p. 82.	Bolivie N.-E.
402. CYCLORHIS COIBÆ, Hart., *Bull. B. O. C.* XII, 1901, p. 33.	Ile Coiba (Panama).
460. PACHYCEPHALA MELANURA, *var.* DAHLII, Rchw., *Orn. Monatsb.*, 1897, p. 178; (**6498**, pt.)	Archipel Bismarck.
6543. — RUFINUCHA, *var.* GAMBLEI, Rothsch.	
403. — MOROKÆ, Rothsch. et Hart., *Nov. Zool.* X, 1903, p. 107.	Moroka (Nouv.-Guinée anglaise).
6547. — HYPERYTHRA, *var.* SALVADORII, Rothsch.	
404. — JOHNI, Hart., *Nov. Zool.* X, 1903, p. 12.	Ile Obi Major.
461. — LEUCOGASTRA, *var.* TIANDUANA, Hart., *Bull. B. O. C.* XI, p. 53.	Tiandu (îles Key).
6573. — — *var.* ARCTITORQUIS, Scl.	
462. PACHYCEPHALOPSIS FORTIS, *var.* DISCOLOR, De Vis, *Rep. on New Guin.*, 1889, *Birds*, p. 3 (**6579**, pt.)	Ile Sudest.
1600. LANIUS *sibiricus, europæus* et *asiaticus*, Bogd. = *var.* MAJOR (**1599**).	
463. — ELEGANS, *var.* HEMILEUCURA, Fsch. et Hartl. (**6604**, pt.)	Algérie, Tunisie.
464. — — *var.* DEALBATA, De Fil. (**6604**, pt.); *leuconotus*, Brm.; *leucopygus*, H. et Ehr.; *pallens*, Cass.; *grimmi*, Bogd. (**1604**).	S. de l'Algérie et de la Tunisie, Afr. N.-E. Asie centr. jusqu'à l'Amour.
465. — — *var.* ASSIMILIS, Brm., *J. f. O.*, 1854, p. 146.	Afr. N.-E., Asie S.-W.

1605. Lanius elegans, *var.* Pallidirostris, Cass., *Pr. Ac. Phil.*, 1851, p. 244; *orbitalis*, Licht.; *pallidus*, Ant.; *fallax*, Finsch (**1605**); *dodsoni*, Whitak. (**1602**); *buryi*, Lor. et Hellm. — Afrique N. et N.-E., Palest., Asie S.-W. jusqu'au N.-W. de l'Inde.

405. — lübberti, Rchw., *Orn. Monatsb.*, 1902, p. 76. — Damaraland.

1603. — lahtora (Syk.) est une espèce distincte.

6606. — ludovicianus, L. a pour habitat : — Canada, Ét.-Unis, Mex.

1607. — — *var. Excubitoroides*, Sw. = L. ludovicianus.

1608. — — *var. Gambeli*, Ridgw. = L. ludovicianus.

1609. — — *var. Anthonyi*, Mearn. = L. ludovicianus.

1610. — — *var. Migrans*, Palm. = L. ludovicianus.

6603. — *algeriensis kœnigi*, Hart., *Nov. Zool.* VIII, p. 309 = L. algeriensis, Less.

1602. — — *var. Dodsoni*, Whit. = *var.* Pallidirostris, Cass.

6609. — *shalowi*, Böhm. = L. excubitorius, Des M.

406. — marwitzi, Rchw., *Orn. Monatsb.*, 1901, p. 90. — Ngomingi (Uhehe W.)

1614 — *subcoronatus*, *var. Capelli* (Boc.) = L. subcoronatus, Smith.

6623. — nigriceps (Frankl.) a pour habitat : — Inde, Indo-Chine W.

466. — — *var.* Longicaudata, Gould, *P. Z. S.*, 1859, p. 151. — Siam.

467. — — *var.* Nasuta, Scop., *Del Fl. Faun. Insubr.* II, p. 85; *antiguanus*, Gm. (**6623**, pt.) — Philippines, Bornéo.

6624. — *cephalomelas*, Bp. = *var.* Nasuta, Scop.

1617. Enneoctonus *isabellinus*, *var. Speculigera* (Tacz.) = E. isabellinus.

1619. — — *var. Karelini* (Bogd.) = *var.* Phoenicuroides (Severtz.)

1620. — — *var. Romanovi* (Bogd.) = *var.* Phoenicuroides.

6630. — *varius* (Zrdn.), *varia* (err.) = *var.* Phoenicuroides.

1621. — rufus, *var. Rutilans* (Tem.) = L. rufus ou pomeranus (Sparrm.)

6635. — *reichenowi* (Shell.); *affinis*, F. et Rchw. = L. collurio (L.)

6638. — *elæagni* (Suschk.) = L. bogdanowi (Bianchi).

407. — raddei (Dress.), *P. Z. S.*, 1888, p. 291; id., *B. Eur.* IX, p. 171, pl. 669; (**6637**, pt.); *infuscatus*, Suschk. — Transcaspie jusqu'au lac Zaïssan.

6639. — *dichrourus* (Mensb.) = L. raddei (Dress.)

408. — darwini (Severtz.), *Tashkent-Zapiski*, I, 1, p. 51 (1879). — Turkestan (1).

409. Pterythrius tahanensis, Hart., *Nov. Zool.* IX, p. 576. — Pahang (Malacca E.)

410. Antichromus potteri, Oust., *Bull. Mus. Paris*, 1900, p. 225. — Haut-Nil.

6667. Malaconotus cruentus, *var.* Gabonensis, Shell.

6668. — *hæmatothorax*, Neum. = *var.* Gabonensis.

6670. — poliocephalus, *var.* Monteiri (Sharpe).

6671. — — *var.* Catharoxantha, Neum.

6674. — — *var.* Approximans (Cab.) — Afr. E. allem. et angl.

(1) Voy. : Og.-Grant, *A review of Shrikes*, etc. (*Nov. Zool.* IX, pp. 449-486).

468. Malaconotus poliocephalus, *var.* Blanchoti, Steph., *Gen. Zool.* XIII, p. 161 ; (**6672**, pt.) — Afrique S. et S.-E. jusqu'au Vict. Nyansa.

469. — — *var.* Schoana, Neum., *Orn. Monatsb.*, 1903, p. 89. — Choa.

411. Cosmophoneus dohertyi (Rothsch.), *Bull. B. O. C.* XI, p. 52 ; Hart., *Nov. Zool.* IX, p. 633, pl. 9. — Nandi (Afr. E. angl.)

470. Laniarius ruficeps, *var.* Kismayensis (Erl.), *Orn. Monatsb.*, 1901, p. 182. — Kismayu (Afrique E.)

6698. — — *var.* Rufinuchalis (Sharpe).

412. — poensis (Alex.), *Bull. B. O. C.* XIII, 1902, p. 37. — Fernando Po.

413. — murinus (Rchw.), *Orn. Monatsb*, 1901, p. 101. — Muhanga.

414. Dryoscopus jacksoni, Sharpe, *Bull. B. O. C.* XI, p. 57. — Mt Elgon (Afr. équat.)

6720. — *atrialatus,* Cass. = Megabias flammulatus, Verr. (**3934**).

471. Rhectes cirrhocephalus, *var.* Dohertyi (Rothsch. et Hart.), *Nov. Zool.* X, 1903, p. 95. — Ile Ron (baie Geelvink).

415. — meyeri (Rothsch. et Hart.), *Nov. Zool.* X, 1903, p. 96. — Nouv.-Guinée N.

472. Colluricincla megarhyncha, *var.* Aruensis (Gray), *P. Z. S.*, 1858, pp. 180, 193 ; (**6758**, pt.) — Iles Arou.

6761. — — *var.* Tappenbecki, Rchw. ; *dissimilis,* Madar., *Orn. Monatsb.*, 1900, p. 2.

473. — — *var.* Madaraszi (Rothsch. et Hart.), *Nov. Zool.* X, p. 100. — Nouv.-Guinée allem.

474. — — *var.* Despecta (Rothsch. et Hart.), *l. c.* — Nouv.-Guinée angl.

6760. — — *var.* Rufogastra, Gould.

6762. — — *var.* Affinis (Gray).

1164 (Gen.) Horizorhinus, Oberh., *l. c.*, 1899, p. 216, au lieu de *Cuphopterus,* Hart. (juin 1866, nec Moraw., janv. 1866).

475. Prionops poliocephalus, *var.* Martensi, Rchw., *Arch. f. Nat.*, 1901, p. 330 ; id., *J. f. O.*, 1902, p. 33. — Caméron E.

416. — melanopterus, Sharpe, *Bull. B. O. C.* XI, 1901, p. 46. — Somaliland.

417. — intermedius, Sharpe, *l. c.*, p. 47. — Afrique E. angl.

476. Corvus corax, *var.* Canariensis, Hart. et Kleinschm., *Nov. Zool.* VIII, p. 45. — Iles Canaries.

477. — — *var.* Hispana, Hart. et Kleinschm., *l. c.* — Espagne.

478. — — *var.* Leptonyx, Pael. ; *tingitanus,* Irby (**6835**). — Algérie, Tun., Maroc.

6832. — — *var.* Umbrina, Sundev.

6833. — — *var.* Ruficollis, Less.

6831. — — *var.* Lawrencei, Hume. — De Palestine au N.-W. de l'Inde.

6846. — — *var.* Edithæ, Phillips. — Somaliland.

479. — — *var.* Clarionensis, Rothsch. et Hart., *Nov. Zool.* IX, p. 381. — Clarion (Galapagos).

418. CORVUS BENNETTI, North, *Victorian Natural.*, 1901, p. 170.	Nouv.-Galles du S.
480. — CORNIX, *var.* SHARPEI, Oat., *Faun. Br. Ind.* I, p. 20; Schal., *J. f. O.*, 1901, p. 432.	Sibérie, Afghanistan, Turkestan.
481. — ORRU, *var.* INSULARIS, Heinr., *J. f. O.*, 1903, p. 69.	Presq.-Gazelle, ? arch. Bism., Waig., Cél. N.
419. — UNICOLOR (Rothsch. et Hart.), *Bull. B. O. C.* XI, p. 29.	Banggai (îles Soula).

1187 (Gen.) *Eupodoces* et *Pseudopodoces*, Zar. et Loud., *O. M.*, 1902, p. 185 = PODOCES, Fisch.

482. PERISOREUS OBSCURUS, *var.* GRISEA, Ridgw. (**6932**, pt.)	Colombie angl. jusqu'à Californie N.
483. CYANOCITTA CRISTATA, *var.* FLORINCOLA, Coues, *Key N. A. Birds*, 1884, p. 421.	Floride, Louisiane.
484. — STELLERI, *var.* CARBONACEA, Grinn., *Condor*, II, p. 127; Allen, *Auk*, 1901, p. 174.	Orégon, Californie (côtes).
485. — — *var.* CARLOTTÆ, Osg., *Bull. U. S. Dep. Agr. Biol.*, n° 51, p. 46.	Ile Reine Charlotte.
486. — — *var.* BOREALIS, Chapm., *Bull. Am. Mus. N. H.*, 1902, p. 240.	Alaska.
487. APHELOCOMA CALIFORNICA, *var.* IMMANIS, Grinn., *Auk*, 1901, p. 188.	Orégon.
488. — — *var.* TEXANA, Ridgw., *Auk*, 1902, p. 70.	Texas S.-W.
489. XANTHOURA LUXUOSA, *var.* SPECIOSA, Nels., *Auk*, 1900, p. 265.	Jalisco W., Sinaloa S., Tepic.
420. PARADISEA MIRABILIS, Rchw., *Orn. Monatsb.*, 1901, p. 188 (hybride?); *J. f. O.*, 1902, pl. 1.	Nouv.-Guinée allem.
421. CICINNURUS LYOGYRUS, Curr., *Pr. U. S. Nat. Mus.* XXII, 1900, p. 497, pl. 17, f. 2.	Nouv.-Guinée.

1233bis (Gen.) LOBORHAMPHUS, Rothsch. (1901). *Gen. nov.*

— NOBILIS, Rothsch., *Bull. B. O. C.* XII, 1901, p. 34; id., *Nov. Zool.* X, p. 72, pl. 1.	Nouv.-Guinée allem.
422. ORIOLUS SZALAYI (Madar.), *Termes. Fuzetek*, XXIV, p. 76.	Nouv.-Guinée allem.
490. — BRODERIPI, *var.* OSCILLANS, Hart., *Nov. Zool.* X, p. 32.	Iles Tukang-Besi (Célèbes S.-E.)

7062. — — *var.* BONERATENSIS, Mey. et Wg.

7087. — *meneliki*, Weld-Bl. et Lov. = O. MONACHUS, Gm. (**7085**); Salvad., *Ibis*, 1900, p. 398.

423. DICRURUS KÜHNI, Hart., *Nov. Zool.* VIII, p. 170.	Ténimber.
424. — MEEKI, Rothsch. et Hart., *l. c.* X, 1903, p. 110.	Guadalcanar (Salom.)
425. — SULUENSIS, Hart., *l. c.* IX, p. 441.	Iles Soulou.
426. — DOHERTYI, Hart., *l. c.* IX, p. 441.	Obi Major.
491. DISSEMURUS PARADISEUS, *var.* JOHNI, Hart., *l. c.* IX, p. 580.	Haïnan.
427. APLONIS MAXWELLI, Forb., *Bull. Liverp. Mus.* II, p. 116.	Santa-Cruz (Nouv.-Hébrides).

428. AMYDRUS CANOLIMBATUS, Rchw., *Orn. Monatsb.*, 1900, p. 99. — Afrique E. allem.

7274. — (*Pilorhinus*) *hadramauticus*, Hellm., *l. c.*, 1901, p. 30 = A. TRISTRAMI, Scl.

429. LAMPROCOLIUS CHUBBI, Alex., *Bull. B. O. C.* XIII, 1903, p. 48. — Fernando Po.

430. — MASSAICUS, Neum., *J. f. O.*, 1900, p. 280. — Massaïland.

492. ZARHYNCHUS WAGLERI, *var.* MEXICANA, Ridgw., *Bull. U. S. Nat. Mus.*, nº 50, II, p. 178. — Mexique S., Guatémala.

7338. CASSIDIX ORYZIVORA (Gm.) a pour habitat : — Amér. mér. de Guyane au Paraguay.

493. — — *var.* VIOLEA, Bangs, *Pr. New Engl. Zool. Cl.*, 1900, p. 11. — Colombie, Panama.

494. — — *var.* MEXICANA (Less.), *Traité*, p. 433; Bangs, *l. c.* — Mexique S., Amérique centr.

495. MOLOTHRUS ÆNEUS, *var.* ASSIMILIS, Nels., *Auk*, 1900, p. 266. — Mexique W.

496. — — *var.* ROBUSTA, Cab. (**7341**, pt.) — Mexique.

1311 (Gen.) *Pseudogelæus*, Ridgw. (1901) = AGELÆUS.

497. AGELÆUS PHOENICEUS, *var.* FORTIS, Ridgw., *Pr. Wash. Ac. Sc.* III, 1901, p. 153. — États-Unis W.

498. — — *var.* FLORIDANA, Mayn., *B. East. N. Am.*, ed. II, pt. 40, pl. 689. — Floride.

499. — — *var.* NEUTRALIS, Ridgw., *l. c.* — De la Colombie angl. à la Californie.

500. — — *var.* CAURINA, Ridgw., *l. c.* — De la Colombie angl. au N. de la Californ.

1312 (Gen.) *Xanthopsar*, Ridgw. (1901) = XANTHOSOMUS, Cab.

501. STURNELLA MAGNA, *var.* ALTICOLA, Nels., *Auk*, 1900, p. 266. — Mexique W.

502. — — *var.* ARGUTULA, Bangs, *Pr. New Engl. Zool. Cl.* I, 1899, p. 28; Allen, *Auk*, 1901, p. 174. — Floride.

503. — — *var.* PARALIOS, Bangs, *Pr. New Engl. Zool. Cl.* II, p. 55. — San Sebastian (Col.)

7390. *Pendulinus mexicanus* (Ridgw.), *Pr. Wash. Ac. Sc.*, 1901, p. 151 = P. WAGLERI (Scl.)

1844. — *wagleri*, *var. Castaneopectus* (Brewst.) = P. WAGLERI.

504. PENDULINUS CUCULLATUS, *var.* SENNETTI (Ridgw.), *Pr. Wash. Ac. Sc.*, 1901, p. 152. — Rio-Grande (Texas).

505. — — *var.* DUPLEXA (Nels.), *Pr. Biol. Soc. Wash.*, 1901, p. 172. — Ile Mujeres (Yucatan).

506. — — *var.* COZUMELÆ (Nels.), *l. c.* — Ile Cozumel (Yucatan).

507. — MESOMELAS, *var.* TACZANOWSKII (Ridgw.), *Pr. Wash. Ac. Sc.* III, 1901, p. 153. — Ecuador W.

508. — — *var.* SALVINI (Cass.), *Pr. Ac. Sc. Phil.*, 1867, p. 51. — Nicaragua, Colombie, Vénézuéla.

509. Pendulinus xanthornus, *var.* Helioeides, Clark, *Auk*, 1902, p. 265. — Ile Margarita.

510. Icterus vulgaris, *var.* Ridgwayi (Hart.), *Nov. Zool.* IX, p. 299. — Aruba, Curaçao.

511. — gularis, *var.* Tamaulipensis, Ridgw., *Pr. Wash. Ac. Sc.* III, 1901, p. 152. — Tamaulipas (Mex. E.)

Lisez à la page 559 : Subf. V. — Quiscalinæ au lieu de *Quisqualinæ*.

512. Quiscalus major, *var.* Nelsoni, Ridgw., *Pr. Wash. Ac. Sc.*, 1901, p. 151. — Mexique N.-W.

513. — macrurus, *var.* Obscura, Nels., *Auk*, 1900, p. 267. — Mexique S.-W.

514. — inflexirostris, *var.* Martinicensis, Ridgw., *Pr. Wash. Ac. Sc.*, 1901, p. 151. — Martinique.

1331 (Gen.) Aaptus, Richm., *Pr. B. S. W.*, 1902, p. 85, au lieu de *Aphobus*, Cab. (1851, nec Gist., 1848).

515. Hyphantornis vitellinus, *var.* Uluensis, Neum., *J. f. O.*, 1900, p. 282. — Ulu (Afrique E.)

516. — velatus, *var.* Finschi (Rchw.), *Orn. Monatsb.*, 1903, p. 23. — Mossamedes.

517. — cabanisi, *var.* Lübberti (Rchw.), *Orn. Monatsb.*, 1902, p. 77. — Damaraland.

431. — schillingsi (Rchw.), *l. c.*, 1902, p. 158. — Afrique E. allem.

432. — orphnocephalus (Erl.), *l. c.*, 1903, p. 23. — Somaliland S.

433. Sitagra aliena, Shpe, *Bull. B. O. C.* XIII, 1902, p. 21. — Ruwenzori.

1334bis (Gen.) Brachycope, Rchw. (1900). *Gen. nov.*

434. — anomala, Rchw., *J. f. O.*, 1900, p. 249. — Afrique E.

435. Heterhyphantes zaphiroi (Grt.), *Bull. B. O. C.* XIII, p. 22. — Abyssinie S.

436. Sycobrotus poensis, Alex., *Bull. B. O. C.* XIII, p. 38. — Fernando Po.

518. Ploceus baya, *var.* Megarhyncha, Hume, *Ibis*, 1869, p. 357 ; Finn, *Ibis*, 1901, p. 32, pl. 1 ; (**7521**, pt.) — Naini Tal (Subhimal.)

519. — — *var.* Infortunata, Hart., *Nov. Zool.* IX, p. 578. — Birm., Ténass., Malacca, Sumatra.

7521. — — *var.* Atrigula, Hodgs., a pour habitat : — Inde N.-E., du Bengale au Ténassérim.

7524. — rutledgii, Finn = *var.* Megarhyncha.

437. Melanopteryx maxwelli, Alex., *Bull. B. O. C.* XIII, 1903, p. 54. — Fernando Po.

520. Anaplectes melanotis, *var.* Rufigena, Shell., *Birds Afr.* II, p. 341. — Nyassaland.

1349 (Gen.) *Neospiza*, Salvad. = Amblyospiza, Sundev.

521. Amblyospiza æthiopica, Neum., *Orn. Monatsb.*, 1902, p. 9. — Ethiopie S.

1353bis (Gen.) Anomalospiza, Shell., *Bull. B. O. C.* XII, 1901, p. 29. (*Gen. nov.*)

7899. — rendalli (Tristr.), *Ibis*, 1895, p. 130 (voy. p. 600). — Transvaal.

522. PYROMELANA FRANCISCANA, *var.* PUSILLA, Hart., *Bull. B. O. C.* XI, p. 71. — Somaliland.

438. — XANTHOCHLAMYS, Sharpe, *Bull. B. O. C.* XIII, 1903, p. 10. — Hoima (Ruwenzori).

523. — TAHA, *var.* INTERCEDENS, Erl., *Orn. Monatsb.*, 1903, p. 23. — Arrussigallaland.

524. UROBRACHYA PHOENICEA, *var.* QUANZÆ, Hart., *Bull. B. O. C.* XIII, 1903, p. 56. — Angola.

525. — — *var.* MEDIA, Sharpe, *Ibis*, 1902, p. 118. — Ankole W. (Afr. trop.)

526. PENTHETRIA MACROCERCA, *var.* HUMERALIS (Sharpe), *Bull. B. O. C.* XI, p. 57. — Mont Elgon.

527. HYPOCHÆRA FUNEREA, *var.* WILSONI, Hart., *Nov. Zool.* VIII, p. 342. — Niger.

Rectifiez l'habitat des suivants :

7609. HYPOCHÆRA FUNEREA (De Tar.) — Du Natal au Zambèze.

7610. — NIGERRIMA, Sharpe. — De l'Angola au Congo.

528. NIGRITA EMILIÆ, *var.* DOHERTYI, Hart., *Bull. B. O. C.* XII, p. 12. — Afrique E. angl.

529. — BICOLOR, *var.* BRUNNESCENS, Rchw., *Orn. Monatsb.*, 1902, p. 173. — Caméron, Gabon, île Principe.

530. — — *var.* SATURATIOR, Rchw., *l. c.* — Haut-Congo, Uwamba.

531. CRYPTOSPIZA REICHENOVI, *var.* OCULARIS, Shpe, *Bull. B. O. C.* XIII, p. 8. — Ruwenzori.

532. — — *var.* ELIZÆ, Alex., *l. c.*, p. 38. — Fernando Po.

439. — SHELLEYI, Sharpe, *l. c.*, p. 21. — Ruwenzori.

440. — JACKSONI, Sharpe, *l. c.*, p. 8. — Ruwenzori.

533. SPERMESTES NIGRICEPS, *var.* MINOR, Erl., *Orn. Monatsb.*, 1903, p. 22. — Somaliland S.

1364bis (Gen.) NESOCHARIS, Alex. (1903), *Gen. nov.*

441. — SHELLEYI, Alex., *Bull. B. O. C.* XIII, 1903, p. 48. — Fernando Po.

534. LAGONOSTICTA SENEGALA, *var.* RUBERRIMA (Rchw.), *Orn. Monatsb.*, 1903, p. 24. — Victoria Niansa.

442. COCCOPYGIA BOCAGEI, Shell., *Bull. B. O. C.* XIII, 1903, p. 56. — Benguela.

7680. *Sporæginthus margaritæ*, Weld-Bl. = ESTRELDA OCHROGASTER, Salvad. (**7691**); Grt., *Ibis*, 1900, p. 304 (note); Salvad., *l. c.*, p. 399.

535. ESTRELDA ASTRILD, *var.* DAMARENSIS, Rchw., *Orn. Monatsb.*, 1902, p. 173. — Damara.

536. — — *var.* ANGOLENSIS, Rchw., *l. c.* — Angola, Loango.

443. — KANDTI, Rchw., *l. c.*, p. 184. — Kandt (lac Kiwu).

444. — POLIOPAREIA, Rchw., *l. c.*, p. 185. — Congo.

445. — ELIZÆ, Alex., *Bull. B. O. C.* XIII, 1903, p. 54. — Fernando Po.

7737. *Aidemosyne orientalis*, Lor. et Hellm., *Orn. Monatsb.*, 1901, p. 39 = A. CANTANS (Gm.); Grt., *Ibis*, 1901, pp. 519, 618.

537. CANNABINA BREVIROSTRIS, *var.* PYGMÆA (Stol.), *Journ. As. Soc. Beng.*, 1868, pt. 2, p. 62; — Du Turkestan au Pamir.

Oberh., *Pr. U. S. Nat. Mus.* XXII, p. 226.

538. Cannabina linota, *var.* Nana (Tschusi), *Orn. Monatsb.*, 1901, p. 130. — Madeire.

539. — — *var.* Meadewaldoi, Hart., *Nov. Zool.* VIII, p. 323; (= *nana?*) — Ténérife (Canaries).

540. Carduelis elegans, *var.* Parva (Tschusi), *Orn. Monatsb.*, 1901, p. 131. — Madeire.

446. Montifringilla kadiaka (Mc Greg.), *Condor*, III, n° 1. — Ile Kadiak (Alasca).

447. Rhynchostruthus percivali, Grt., *Bull. B. O. C.*, 1900, p. 30; Lor. et Hellm., *J. f. O.*, 1901, p. 234. — Arabie S.

541. Petronia stulta, *var.* Intermedia (Hart.), *Nov. Zool.* VIII, p. 324. — Cachemire, Kandahar.

542. Passer domesticus, *var.* Buryi, Lor. et Hellm., *J. f. O.*, 1901, p. 233. — Arabie S.

543. — — *var.* Rufidorsalis, Brm., *Naumannia*, 1856, p. 376; Witherby, *Ibis*, 1901, p. 246. — Soudan.

1964. — hispaniolensis (Tem.) doit être considéré comme espèce distincte.

544. — — *var.* Transcaspica, Tschusi, *Orn. Monatsb.*, 1902, p. 96. — Transcaucasie.

545. — — *var.* Maltæ, Hart, *Nov. Zool.* IX, p. 332. — Ile de Malte.

546. — arcuatus, *var.* Damarensis, Rchw., *Orn. Monatsb.*, 1902, p. 77. — Damaraland.

547. — diffusus, *var.* Gongonensis (Oust.), *Natural.*, 1890; Hart., *Nov. Zool.* VIII, p. 43. — Gongoni, Witu, Lamu, Nairobe (Afr. E.)

7875. — — *var.* swainsoni (Rüpp.)

7877. — *ammodendri korejewi*, Zar. et Härms, *Orn. Monatsb.*, 1902, p. 53 = P. ammodendri, Severtz.

1408 (Gen.) *Pseudostruthus*, Oust. (1890) = Passer.

7899. *Serinus rendalli* (Tristr.) est un Plocéide. (Voy. Anomalospiza rendalli, p. 1107.)

448. Serinus sharpei, Neum., *J. f. O.*, 1900, p. 287. — Kilima Ndjaro.

449. — simplex, Rchw., *Orn. Monatsb.*, 1902, p. 184. — Afrique E. allem.

450. — madaraszi, Rchw., *Orn. Monatsb.*, 1902, p. 8. — Niassa N.

451. — rothschildi, Grant, *Bull. B. O. C.* XIII, 1902, p. 21. — Arabie S.

1412 (Gen.) *Serinopsis*, Ridgw. (1898) = Sycalis, Boie.

452. Carpodacus ripponi (Shpe), *Bull. B. O. C.* XIII, p. 11. — Yun-nan W.

548. Pyrrhospiza olivacea, *var.* Camerunensis, Alex., *Bull. B. O. C.* XIII, p. 38. — Caméron.

453. — kilimensis (Rchw. et Neum.), *Orn. Monatsb.*, 1895, p. 74; Neum., *J. f. O.*, 1900, p. 289, pl. 2, f. 3. — Kilima Ndjaro.

1416 (Gen.) *Hyphantospiza*, Rchw. et Neum. (1895) = Pyrrhospiza, Hodgs.

549. Loxia curvirostra, *var.* Guillemardi, Madar., *Orn. Monatsb.*, 1903, p. 5. — Ile de Chypre.

1422 (Gen.) Telespiza au lieu de *Telespyza*.

454. Pyrrhula waterstradti, Hart., *Bull. B. O. C.* XII, p. 69. — Pahang N. (Malac. E.)

550. GEOSPIZA STRENUA, *var.* PACHYRHYNCHA, Ridgw. (7972, pl.) Ile Tower (Galapagos).

7973. — CONIROSTRIS, *var.* DARWINI, R. et H.

551. — FORTIS, *var.* PLATYRHYNCHA, Hell. et Snod., *Condor*, III, p. 175. Galapagos.

455. — HELIOBATES, Snodgr. et Hell., *Condor*, III, p. 96. Albem., Narborough.

456. — HARTERTI, Ridgw., *Bull. U. S. Nat. Mus.*, 1901, p. 507. Chatham (Galapagos).

552. — SCANDENS, *var.* BREVIROSTRIS, Ridgw., *Pr. U. S. Nat. Mus.*, 1889, p. 108. Chatham.

553. — — *var.* ROTHSCHILDI, Hell. et Snodgr., *Condor*, III, p. 75. Bindloe (Galapagos).

554. HEDYMELES MELANOCEPHALUS, *var.* MICRORHYNCHA, Grinn., *Condor*, II, p. 128; Allen, *Auk*, 1901, p. 176. États-Unis W. (côtes).

1439 (Gen.) ? *Goniaphea*, Bowd (1825) et *Cyanocompsa*, Cab. (1861) = GUIRACA.

555. GUIRACA CYANEA, *var.* STEREA, Oberh., *Pr. Biol. Soc. Wash.*, 1911, p. 188 (1). Paraguay.

1141 (Gen.) *Melanospiza*, Ridgw. (dans la syn.) = MELOSPIZA, Baird (Gen. **1177**).

556. CARDINALIS RUBER, *var.* SOMERSII, Verrill, *Am. J. Sc.*, 1901, p. 65. Iles Bahama.

8093. — — *var.* BERMUDIANA, Bangs et Brad.

457. EMBERIZA YUNNANENSIS, Shpe, *Bull. B.O.C.* XIII, p. 12. Tali-fu (Yun-nan W.)

557. FRINGILLARIA TAHAPISI, *var.* ARABICA, Lor. et Hellm., *Orn. Monatsb.*, 1902, p. 55. Arabie S.

458. — DTHALÆ, Grant, *Bull. B. O. C.* XII, p. 80. Dthala (Arabie S.-W.)

459. ZONOTRICHIA MACCONNELLI, Sharpe, *Tr. Linn. Soc. London, Zool.*, 1900, p. 53, pl. 4, f. 1. Roraima (Guyane anglaise).

558. AMPHISPIZA BILINEATA, *var.* PACIFICA, Nels., *Auk*, 1900, p. 267. Sonora S., Sinaloa N. (côtes).

559. PASSERCULUS SANDWICHENSIS, *var.* XANTHOPHRYS, Grinn., *Condor*, III, p. 21. Ile Kadiak.

1176 (Gen.) *Myospiza*, Ridgw. (1898) = AMMODRAMUS, Sw. (et non *Ammodromus*).

560. AMMODRAMUS CAUDACUTUS, *var.* DIVERSA, Bishop, *Auk*, 1901, p. 269. Ile Roanoke (Carol. N.)

561. — SAVANNARUM, *var.* FLORIDANA, Mearns, *Auk*, 1902, p. 915. Floride.

562. — — *var.* CARIBÆA, Hart., *Nov. Zool.* IX, p. 298. Iles Bonaire et Curaç.

563. MELOSPIZA FASCIATA, *var. Cleonensis* (Mc Greg.), *Bull. Coop. Orn. Club*, 1899, p. 87; Allen, *Auk*, 1901, p. 175. Mendocino (Californ.)

564. — — ? *var.* SANTÆCRUCIS, Grinn., *Condor*, III, p. 92. Santa-Cruz (Californ.)

(1) A la p. 613, après le genre 1440, on a repris par erreur le n° 1141 et suivants. Le numérotage des genres est donc à rectifier.

565. Melospiza fasciata, *var.* Coronatorum, Grinn. et Dagg., *Auk*, 1903, p. 34. — Ile Coronados (Basse-Californie).
566. — cinerea, *var.* Sanaka, Mc Greg., *Condor*, III, p. 8; Allen, *Auk*, 1901, p. 175. — Ile Sanak (Alaska).
567. Pipilo maculatus, *var.* Falcifer, Mc Greg., *Condor*, II, p. 43; Allen, *Auk*, 1901, p. 176. — Baie San-Francisco (Californie).
460. ?Paroaria humberti, Angel., *Avicula* V, p. 142; *Boll. Soc. Zool. Ital.*, 1901, II, p. 17. — ?
568. Saltator magnoides, *var.* Mediana, Ridgw., *Bull. U. S. Nat. Mus.*, 1901, p. 666. — Guatémala, Costa-Rica.
569. Arremon polionotus, *var.* Callista, Oberh., *Pr. Biol. Soc. Wash.*, 1901, p. 188. — Paraguay.
461. Buarremon simonsi, Sharpe, *Bull. B. O. C.* XI, p. 2. — Loja (Ecuador).
462. — pallidiceps, Sharpe, *l. c.* — Oña (Ecuador).
463. Chlorospingus albitemporalis, *var.* fulvigularis, Berl., *J. f. O.*, 1901, p. 86. — Bolivie E.
570. — ophthalmicus, *var.* Sumichrasti, Ridgw., *Pr. Wash. Ac. Sc.*, 1901, p. 150; id., *Bull. 50, U. S. Nat. Mus.* II, p. 162. — Mexique S.-E.
1227 (Gen.) *Mitrospingus*, Ridgw. (1898) = Eucometis.
464. Malacothraupis gustavi, Berl., *J. f. O.*, 1901, p. 85. — Bolivie W.
2226. Phoenicothraupis salvini, Berl., est une espèce distincte qui a pour habitat : — Mexique S., Guatém., Honduras N.
571. — — *var.* Discolor, Ridgw., *Pr. Wash. Ac. Sc.*, 1901, p. 150. — Hondur. S., Nicarag.
572. — — *var.* Peninsularis, Ridgw., *l. c.*; *salvini* (pt.), Berl. — Yucatan.
573. — rubicoides, *var.* Nelsoni, Ridgw., *Bull. 50, U. S. Nat. Mus.* II, p. 145. — Yucatan.
8513. Pyranga flammea, Ridgw., est une var. du P. bidentata, Sw.
574. — roseigularis, *var.* Cozumelæ, Ridgw., *Pr. Wash. Ac. Sc*, 1901, p. 149. — Ile Cozumel.
2233. — *var.* Latifasciata, Ridgw., est une var. du P. erythromelæna, Scl., et non de l'*ardens*.
575. Rhamphocelus dimidiatus, *var.* Isthmica, Ridgw., *Pr. Wash. Ac. Sc.*, 1901, p. 150; id., *Bull. 50, U. S. Nat. Mus.* II, p. 118. — Panama.
576. — — *var.* Limata, Bangs, *Auk*, 1901, p. 31; Ridgw., *l. c.*, p. 119. — Ile San-Miguel (Panama).
2239. Spindalis zena, *var. Stejnegeri*, Cory, = S. zena.
2248. Buthraupis arcæi, *var.* Cæruleigularis, Cherrie (nec Ridgw., err.)
1249 (Gen.) Calospiza, Gray (1840), au lieu de *Calliste*, Boie (1826, nec Poli, 1791); *Aglaia*, Sw. (1827, nec Ren., 1804).
8593. Calospiza cyanocephala (Müll., nec V.) a priorité sur *festiva* (Shaw).
577. — — *var.* Corallina, Berl., *Orn. Monatsb.*, 1903, p. 18. — Bahia.

578. Calospiza florida, *var.* Arcæi, Ridgw., *Pr. Wash. Ac. Sc.,* 1901, p. 149. — Véragua.

579. — pulchra, *var.* Sophiæ, Berl., *J. f. O.,* 1901, p. 83. — Bolivie W.

465. — emiliæ (Dalm.), *Bull. B. O. C.* XI, p. 35; Scl., *Ibis,* 1901, p. 595, pl. 12, f. 1. — Colomb., Ecuad. N.-W.

466. — johannæ (Dalm.), *l. c.,* p. 36; Scl., *l. c.,* pl. 12, f. 2. — Colomb., Ecuad. N.-W.

580. — flaviventris, *var.* Media (Berl. et Hart.), *Nov. Zool.* IX, p. 19. — Orénoque.

Euphonia fulvicrissa, *var.* Purpurascens, Hart., *Nov. Zool.* VIII, p. 370. — Ecuador N.-W.

467. Dicæum kühni, Hart., *Nov. Zool.* X, 1903, p. 28. — Ile Tukang-Besi (Célèbes S.-E.)

468. — arfakianum, Finsch, *Not. Leyd. Mus.* XXII, p. 70. — Mts Arfak (Nouv.-Guin.)

469. — ? sollicitans, Hart., *Nov. Zool.* VIII, p. 52. — Java.

581. Sitta europæa, *var.* Britannica, Hart., *Nov. Zool.* VII, p. 526. — Angleterre, Écosse.

582. — carolinensis, *var.* Nelsoni, Mearns, *Pr. U. S. Nat. Mus.,* 1902, p. 923. — États-Unis S.-W.

583. Certhia familiaris, *var.* Zelotes, Osg., *Auk,* 1901, p. 182. — Orég., Sierra-Nevada.

2306. — *rhenana,* Kleinschm. = *var.* Brachydactyla, Brm.

470. — yunnanensis, Sharpe, *Bull. B. O. C.* XIII, p. 11. — Yun-nan.

8846. Remplacez ce qui est sous ce n° par :

8846. Climacteris picumnus, Tem., *Pl. Col.* 281, f. 1; Finsch, *Notes Leyd. Mus.* XXIII, p. 60; *scandens,* Gd (nec Tem.), *B. Austr.* IV, pl. 93; *leucophæa,* Gad. (nec Lath.) — Le *Certhia leucophæa,* Lath., se rapporte à un *Meliphaga* qui ne peut être identifié. — Australie N.-E., E. et S.

471. Conirostrum lugens, Berl., *J. f. O.,* 1901, p. 82. — Bolivie E.

1283 (Gen.) *Iridophanes,* Ridgw. (1901) = Dacnis, Cuv.

584. Arbelorhina cærulea, *var.* Microrhyncha (Berl.), *J. f. O.,* 1884, p. 287; (**8904**, pt.) — Colombie.

585. — — *var.* Cherriei (Berl. et Hart.), *Nov. Zool.* IX, p. 16. — Orénoque.

586. Coereba caboti, *var.* Sharpei (Cory), *Auk,* 1886, p. 497. — Iles Cayman (Antilles).

472. — cerinoclunis, Bangs, *Pr. New-Engl. Zool. Club,* 1901, p. 52. — San-Miguel (Panama).

8946. *Hedydipna muelleri* (Lor. et Hellm.) = H. metallica (Licht.)

8985. Cinnyris purpureiventris, Rchw., appartient au genre Nectarinia et a pour synonyme *Nect. barakæ,* Shpe, *Bull. B. O. C.* XIII, pp. 8, 50, de Ruwenzori.

473. Chalcomitra boothi, Rchw., *Orn. Mon.,* 1902, p. 8. — Niassa.

474. — doggetti (Sharpe), *Ibis,* 1902, p. 116. — Ravine (Afr. équat.)

475. CYANOMITRA POENSIS, Alex., *Bull. B. O. C.* XIII, p. 38. Fernando-Po.
476. — URSULÆ, Alex., *l. c.* Fernando-Po.
587. CYRTOSTOMUS FRENATA, *var.* FLAVA (Heinr.), *J. f. O.*, 1903, p. 85. Nouv.-Poméranie.
477. — INFRENATA (Hart.), *Nov. Zool.* X, p. 29. Ile Tukang-Besi.
9077. ANTHREPTES MALACCENSIS (Scop.) a pour habitat : Ténass., Malac., Sum., Bornéo, Java.
588. — — *var.* CELEBENSIS, Shell., *Monogr. Nect.*, pl. 103, f. 3; (**9077**, pt.) Célèbes.
589. — — *var.* RHODOLÆMA, Shell., *l. c.*, pl. 101, f. 1; (**9077**, pt.) Malacca, Sumatra.
590. — — *var.* WIGLESWORTHI, Hart., *Nov. Zool.* IX, p. 209. Iles Soulou.
591. ARACHNOTHERA LONGIROSTRIS, *var.* PRILLWITZI, Hart., *Nov. Zool.* VIII, p. 51. Java.
592. — ROBUSTA, *var.* UROPYGIALIS, Gray, *Gen. B.* I, pl. 33; Hart., *l. c.*, p. 52; (**9086**, pt.) Java.
9099. *Zosterops arabs,* Hellm. = Z. ABYSSINICA, Guér.
478. ZOSTEROPS FLORIDANA, Rothsch. et Hart., *Nov. Zool.* VIII, p. 180. Ile Florida (Salomon).
593. — SENEGALENSIS, *var.* SMITHI, Neum., *Orn. Monatsb.*, 1902, p. 139; *flavilateralis,* Sharpe (nec Rchw.) Somaliland.
479. — KULAMBANGRÆ, Rothsch. et Hart., *Nov. Zool.* VIII, p. 180. Kulambangra (Salom.)
480. — FLAVISSIMA, Hart., *Nov. Zool.* X, 1903, p. 29. Ile Tukang-Besi.
481. — FEÆ, Salvad., *Boll. Mus. Zool. Torino,* 1901, nº 414, p. 1; *ficedulina,* Sousa (nec Hartl.) Ile St-Thomé.
482. — BRUNNEA (Salvad.), *Boll. Mus. Zool. Torino,* nº 442, 1903, p. 1; id., *Mem. R. Acc. Sc. Tor.*, 1903, p. 106. Fernando-Po.
483. MYZOMELA BATJANENSIS, Hart., *Nov. Zool.* X, 1903, p. 56. Batjan.
484. — KUEHNI, Rothsch., *Bull. B. O. C.* XIII, 1903, p. 42. Ile Wetter.
485. — EICHHORNI, Rothsch. et Hart., *Nov. Zool.* VIII, p. 181. Kulambangra (Salom.)
9377. PHILEMON CINERACEUS (Bp. ex S. Müll.), *Consp.* I, p. 390; Finsch, *Notes Leyd. Mus.* XXII, p. 272; *kisserensis,* Mey.; *inornatus* (pt.), Gad. (nec Gray); **9376**, pt. Iles Kisser, Letti, Timor.

Il faut à la p. 729 : FAM. ATRICHORNITHIDÆ au lieu de ATRICHIIDÆ.

1355 (Gen.) ATRICHORNIS, Stejn. (1885) au lieu de *Atrichia,* Gould (1844, nec Schrank).

COLUMBÆ

486. SPHENOCERCUS MEDIOXIMUS, Bangs, *Bull. Mus. Harvard*, XXXVI, p. 261. — Ile Liu-Kiu.
9497. *Ptilopus biroi*, Madar. = P. IOZONUS, Gr. (**9498**).
594. PTILOPUS MELANOCEPHALUS, *var*. AURESCENTIOR, Hart., *Nov. Zool.* X, 1903, p. 33. — Iles Tukang-Besi, Buton.
595. — — *var*. TALAUTENSIS, Hart., *l. c.*, p. 34. — Ile Talaut.
596. GYMNOPHAPS ALBERTISII, *var*. EXSUL (Hart.), *l. c.*, p. 60. — Batjan.
597. COLUMBA GUINEA, *var*. LONGIPENNIS, Rchw., *Vög. Afr.* I, p. 402, pl. 2. — Afrique E.
598. — VINACEA, *var*. PURPUREOTINCTA, Ridgw., *Pr. U. S. Nat. Mus.*, 1887, p. 594 (**9651**, pt.) — Guyane anglaise.
487. — GOODSONI, Hart., *Bull. B. O. C.* XII, p. 42. — Ecuador N.-W.
9664. MACROPYGIA MAGNA, Wall.
9665. — — *var*. TIMORLAOENSIS, Mey.
9666. — — *var*. MACASSARIENSIS, Wall.
9669. — PHASIANELLA, *var*. TENUIROSTRIS, Bp.
2557. — *amboinensis*, *var*. *Goldiei*, Salvad. = *var*. CINEREICEPS, Tristr. (**2553**).
599. — RUFICEPS, *var*. ASSIMILIS, Hume (**9672**, pt.)
600. — — *var*. SIMALURENSIS, Richm., *Pr. Biol. Soc. Wash.*, 1902, p. 187. — Sumatra W.
601. REINWARDTOENAS REINWARDTI, *var*. ALBIDA, Hart., *Nov. Zool.* VII, p. 240. — Ile Bourou.
602. ZENAIDURA CAROLINENSIS, *var*. BELLA (Palm. et Ril.), *Pr. Biol. Soc. Wash.*, 1902, p. 33. — Cuba.
603. TURTUR COMMUNIS, *var*. GREGORJEWI, Zarud. et Loud., *Orn. Monatsb.*, 1902, p. 149. — Beloutchistan.
604. — CAPICOLA, *var*. TROPICA, Rchw., *Orn. Monatsb.*, 1902, p. 139. — Afrique E.
488. GYMNOPELIA MORENOI, Shpe, *Bull. B. O. C.* XII, p. 54. — Salta (Argentine).
605. COLUMBIGALLINA PASSERINA, *var*. AFLAVIDA, Palm. et Ril., *Pr. Biol. Soc. Wash.*, 1902, p. 33. — Cuba.
606. — RUFIPENNIS, *var*. ELUTA, Bangs, *Auk*, 1901, p. 258. — Sinaloa (Mexique).
2591. CHALCOPELIA AFRA, *var*. CHALCOSPILOS (Wagl.) a pour habitat : Afrique E.
607. — — *var*. ERLANGERI, Rchw., *J. f. O.*, 1902, p. 134. — Angola.
608. — — *var*. VOLKMANNI, Rchw., *l. c.* — Damaraland.
609. — — *var*. CAFFRA, Rchw., *l. c.* — Afrique S.-E.
610. — — *var*. ABYSSINICA, Sharpe, *Bull. B. O. C.* XII, p. 83. — Bogosland.

611. Chalcopelia afra, *var.* Delicatula, Sharpe, *l. c.*, p. 84. — Région du Nil Blanc.
612. Haplopelia principalis, *var.* Poensis, Alex., *l. c.* XIII, p. 33. — Fernando-Po.
489. — hypoleuca, Salvad., *Mem. R. Accad. Sc. Torrino,* 1903, p. 96. — Ile Anno-Bom (Afr. W.)
490. Leptoptila battyi, Rothsch., *Bull. B. O. C.* XII, p. 33. — Ile Coiba (Panama).
9835. *Goura cinerea*, Hart. = coronata (aberr.); Hart., *Nov. Zool.* VIII, p. 134.
9832. Goura cheepmakeri, Finsch, a pour habitat : — Nouv.-Guinée S.-E.
9830. — — *var.* Sclateri, Salvad. — Nouv.-Guin. (Riv. Fly et Kataw).
9834. — victoria, *var.* Beccarii, Salvad. — N.-Guin. (golfe Huon).

CRYPTURI

491. Nothoprocta oustaleti, Berl. et Stolzm., *IIIe Congrès Orn., C. R.*, p. 191. — Pérou W.
492. — kalinowskii, Berl. et Stolzm., *l. c.*, p. 192. — Pérou central.

GALLINÆ

9944. Megapodius duperreyi, *var.* Forsteni, Gray. — Moluques méridion.
9945. — — *var.* Brunneiventris, Mey.
9946. — — *var.* Eremita, Hartl.
9947. — — *var.* Macgillivrayi, Gray.
9950. — freycineti, *var.* Geelvinkianus, Mey.; Hart., *Nov. Zool.* VIII, p. 135-138.
9964. *Crax sulcirostris,* Goeldi = pinima, Pelz. (fem.)
613. Penelope sclateri, *var.* Plumosa, Berl. et Stolzm., *P. Z. S.*, 1902, II, p. 45. — Pérou central.
614. Rheinardtius ocellatus, *var.* Nigrescens, Rothsch., *Bull. B. O. C.* XII, p. 55. — Ulu Pahang (Malac. E.)
493. Chalcurus inopinatus, Roth., *l. c.* XIII, 1903, p. 41. — Ulu Pahang.
494. Gennæus davisoni, Grt., *Cat. B. B. M.* XXII, p. 304; Oat., *Ibis*, 1903, p. 105; *andersoni*, pt., **10.062.** — Bahmo N.-E.
10.064. — *turneri*, Finn., *Journ. As. Soc. Beng.*, 1901, p. 146 = williamsi, Oat.
— *crawfurdi*, Hume et Dav. (**10.062**, pt.) = Sharpei, Oat.
495. — nisbetti, Oat., *Ibis*, 1903, p. 99. — M^ts Kachin (Birmanie).
496. — jonesi, Oat., *Ibis,* 1903, p. 97. — Siana, Yun-nan.
10.082. Phasianus brandti, Rothsch., *Bull. B. O. C.* XII, p. 20, au lieu de *mongolicus,* Brandt (nec Pal.)
10.084. — torquatus, Gm., a pour habitat : — Chine S.
615. — — *var.* Mongolicus, Pall. (nec Brandt). — Mong. N.-E., Amour, Corée.

616. PHASIANUS TORQUATUS, *var.* HAGENBECKI, Roth, *Bull. B. O. C.* XII, p. 20. — Mongolie N.-W.
497. — BEREZOWSKYI, Rothsch., *Bull. B. O. C.* XII, p. 20. — Chine N.-W.
617. CACCABIS RUFA, *var.* AUSTRALIS, Tristr. (**10.129**, pl.) — Gr. Canarie, ? Açores.
618. FRANCOLINUS COQUI, *var.* ANGOLENSIS, Roth., *Bull. B. O. C.* XII, p. 76. — Angola.
619. — BICALCARATUS, *var.* THORNEI, Grant, *Bull. B. O. C.* XIII, p. 22. — Sierra-Leone.
2724. *Lophortyx gambeli, var. Fulvipectus,* Nels. = GAMBELI, Nutt.
620. LAGOPUS LEUCURUS, *var.* PENINSULARIS, Chapm., *Bull. Am. Mus. N. H.*, 1902, p. 236. — M^ts Kenai (Alaska).
2760. — — *var. Altipetens,* Osg. = LEUCURUS, Sw. et Rich.

ACCIPITRES

621. PSEUDOGYPS AFRICANUS, *var.* SCHILLINGSI, Erl., *Orn. Monatsb.*, 1903, p. 22. — Afrique E. allemande.
622. — — *var.* FÜLLEBORNI, Erl., *l. c.* — Nyassa, Angola.
623. — — *var.* ZECHI, Erl., *l. c.* — Togo (Côte-d'Or).
624. NEOPHRON PERCNOPTERUS, *var.* RUBRIPERSONATA, Zar. et Härms, *Orn. Monatsb.*, 1902, p. 52. — Beloutchist. persan S.
625. GYMNOGENYS TYPICUS, *var.* PECTORALIS (Shpe), *Bull. B. O. C.* XIII, 1903, p. 50. — Caméron.
626. ASTUR TACHIRO, *var.* NYANSÆ, Neum., *Orn. Monatsb.*, 1902, p. 138. — Victoria-Nyansa N. et W.
627. — TOUSSENELII, *var.* LOPEZI, Alex., *Bull. B. O. C.* XIII, p. 49. — Fernando-Po.
2796. UROSPIZIAS *woodfordi* (Sharpe) = ALBIGULARIS (**10.419**).
498. — RUFOSCHISTACEUS (Rothsch. et Hart.), *Nov. Zool.* IX, p. 590. — Ile Ysabel (Salomon).
628. — GRISEIGULARIS, *var.* OBIENSIS, Hart., *l. c.* X, 1903, p. 3. — Ile Obi.
499. ACCIPITER SHARPEI, Rchw., *Vög. Afr.* I, p. 564, pl. 2.
629. — HARTLAUBI, *var.* BATESI, Sharpe, *Bull. B. O. C.* XIII, p. 50. — Caméron.
2836. *Buteo borealis, var. Lucasana,* Ridgw. = *var.* CALURUS (**2834**).
630. — — *var.* UMBRINA, Bangs, *Pr. New Engl. Zool. Club,* II, p. 68. — Floride.
631. FALCO FELDEGGII, *var.* ERLANGERI, Kleinschm., *Aquila*, VIII, p. 33, pl. 1, f. 3. — Tunisie.
500. PSEUDOPTYNX SOLOMONENSIS, Hart., *Bull. B. O. C.* XII, p. 25; id., *Nov. Zool.* IX, p. 591. — Ile Ysabel (Salomon).

632. Scops giu, *var.* Cypria, Madar., *Thermes. Fuzet.* XXIV, p. 272. Chypre.

633. — — *var.* Feæ, Salvad., *Mem. R. Accad. Sc. Torino,* 1903, p. 95. Ile Anno-Bom (Afr. W.)

634. — brucei, *var.* Semenowi, Zar. et Härms, *Orn. Monatsb.*, 1902, p. 49. Beloutchistan persan.

635. — menadensis, *var.* Kalidupæ (Hart.), *Nov. Zool.* X, p. 21. Kalidupa (Célèbes S.)

2939. — — *var. Albiventris,* Sharpe = Menadensis (Q. et G.)

501. — holerythra, Sharpe, *Bull. B. O. C.* XII, 1901, p. 3. Caméron.

502. — balia (Rchw.), *Orn. Monatsb.*, 1903, p. 40. Caméron.

503. Pulsatrix sharpei, Berl., *Bull. B. O. C.* XII, p. 6; *melanonota* (pt.), auct. plur. (nec Tsch.) Brésil E.

504. Ciccaba hylophila (Tem.), *Pl. Col.* 373; Sharpe, *Cat. B. Br. Mus.* II, p. 269 (pt.) Brésil.

505. — albitarsus (Gray), *Cat. Accipitr.*, 1848, p. 103 (nom. nud.); Scl., *Trans. Z. S.* IV, 1862, p. 263, pl. 9; Hart., *Bull. B. O. C.* XII, p. 68; *hylophilum* (pt.), Sharpe, *l. c.* Colombie, Vénézuéla.

1638 (Gen.) *Cryptoglaux,* Richm. (1901) = Nyctala, Brm.

636. Nyctala acadica, *var.* Scotæa, Osg., *Bull. U. S. Dep. Agr. Biol.*, n° 21, p. 44. Ile reine Charlotte.

637. Athene noctua, *var.* Chiaradiæ, Gigl., *Avicula,* IV, 1900, p. 57; id., *Ibis,* 1903, p. 1, pl. 1; (**10.862**, pt.) Udine (Alpes ital.)

638. Speotyto cunicularia, *var.* Becki, Rothsch. et Hart., *Nov. Zool.* IX, p. 405. Guadeloupe.

506. Glaucidium albiventer, Alex., *Bull. B. O. C.* XII, p. 10; id., *Ibis,* 1902, p. 371, pl. 9. Côte-d'Or (Hinterl.)

HERODIONES

507. Dissoura mortoni, Grant, *Bull. B. O. C.* XIII, p. 26; id., *Ibis,* 1903, p. 146, pl. 5; *episcopus* (pt.), Sharpe. Sarawak (Bornéo).

639. Ardea herodias, *var.* Fannini, Chapm., *Bull. Amer. Mus.* XIV, p. 87. Colombie anglaise.

GRALLATORES

640. Eurypyga major, *var.* Meridionalis, Berl. et Stolzm., *P. Z. S.*, 1902, II, p. 50. Pérou central.

508. Ægialitis alticola, Berl. et Stolzm., *P. Z. S.*, 1902, II, p. 51; *occidentalis* (pt.), Sharpe. Pérou central.

641. Rallus nigricans, *var.* Humilis, Berl. et Stolzm., *l. c.*, p. 48. — Pérou central E.

509. Hypotænidia kuehni, Rothsch., *Bull. B. O. C.* XII, p. 75. — Ile Tukan-Bessi (Cél. S.-E.

11.427. Créciscus viridis (Müll., 1776) a priorité sur *cayanensis* (Bodd., 1783).

642. — — *var.* Subrufescens, Berl. et Stolzm., *P. Z. S.*, 1902, II, p. 49. — Pérou central E.

STEGANOPODES

510. Sula granti, Rothsch., *Bull. B. O. C.* XIII, p. 7; *variegata* (pt.), Grt. — Iles Galapagos.

TABLE ALPHABÉTIQUE DES GENRES

TABLE ALPHABÉTIQUE

DES ESPÈCES ET DES VARIÉTÉS (1)

(1) Les synonymes mentionnés dans l'ouvrage ne sont pas indiqués dans cette table, sauf quelques rares exceptions imprimées en italiques.

Bruxelles. — POLLEUNIS & CEUTERICK, imprimeurs, rue des Ursulines, 37.

1. PTILOPUS PONAPENSIS. 2. P PELEWENSIS. 3. GLOBICERA RUFIGULA.

PL. XIV.

1 CARPOPHAGA WESTERMANI. 2 COLUMBA UNICINCTA.

LOPHURA SUMATRANA.

PL. XVI.

PULSATRIX MAXIMILIANI.

SYNOPSIS AVIUM

NOUVEAU MANUEL D'ORNITHOLOGIE

PAR

Alphonse DUBOIS

Docteur en sciences naturelles,
Conservateur au Musée Royal d'Histoire naturelle de Belgique,
Officier de l'Ordre de Léopold,
Membre du Comité international et permanent d'Ornithologie,
de la Commission permanente d'étude des collections du Musée de l'État Indépendant du Congo,
Membre honoraire, correspondant ou effectif de plusieurs Sociétés savantes.

Fascicule XII

ACCIPITRES, STRIGES, HERODIONES (1re partie).

Pl. XIV

BRUXELLES
H. LAMERTIN, éditeur
20, rue du Marché-au-Bois

1902

AVIS

Nous rappellerons que les tables alphabétiques des gen[illegible] espèces et des variétés paraîtront dans le dernier fascicule.

Le prix du fascicule restera fixé à 6 francs pour tous les [illegible] qui se feront inscrire avant la fin de la publication.

ON SOUSCRIT à

BRUXELLES, chez l'éditeur, M. **H. Lamertin**, 20, rue du Marché-au-[illegible]

AMSTERDAM, chez MM. **Feikema, Caarelsen & Cie**.

BERLIN, chez M. **R. Friedländer & Sohn**, Carlstr. 11, N. W.

LONDRES, chez MM. **William & Norgate**, 14, Henrietta street.

MADRID, chez M. **Romo y Fussel**.

MILAN, chez M. **Ulrico Hœpli**, 37, Corso Vittorio Emanuele.

OXFORD, chez M. **James Parker & Cie**, 27, Broad street.

PARIS, chez M. **P. Klincksieck**, 3, rue Corneille.

NEW-YORK, chez M. **G.-E. Stechert**, 9 East 16th street.

SYNOPSIS AVIUM

NOUVEAU
MANUEL D'ORNITHOLOGIE

PAR

Alphonse DUBOIS

Docteur en sciences naturelles,
Conservateur au Musée Royal d'Histoire naturelle de Belgique,
Officier de l'Ordre de Léopold,
Membre du Comité international et permanent d'Ornithologie,
de la Commission permanente d'étude des collections du Musée de l'État Indépendant du Congo,
Membre honoraire, correspondant ou effectif de plusieurs Sociétés savantes.

Fascicule XIII

HERODIONES (fin), GRALLATORES, PALAMEDEÆ, ANSERES (1re partie).

Pl. XV

BRUXELLES
H. LAMERTIN, éditeur
20, RUE DU MARCHÉ-AU-BOIS

1903

AVIS

Nous rappellerons que les tables alphabétiques paraîtront à la fin de la publication, en même temps que le supplément; ce dernier comprendra les nouvelles espèces décrites depuis la mise sous presse du *Synopsis avium*, ainsi que les corrections.

Le prix du fascicule restera fixé à 6 francs pour tous les abonnés qui se feront inscrire avant la fin de la publication.

ON SOUSCRIT à

BRUXELLES, chez l'éditeur, M. **H. Lamertin**, 20, rue du Marché-au-Bois.
AMSTERDAM, chez MM. **Feikema, Caarelsen & Cie.**
BERLIN, chez M. **R. Friedländer & Sohn**, Carlstr. 11, N. W.
LONDRES, chez MM. **William & Norgate**, 14, Henrietta street.
MADRID, chez M. **Romo y Fussel.**
MILAN, chez M. **Ulrico Hœpli**, 37, Corso Vittorio Emanuele.
OXFORD, chez M. **James Parker & Cie**, 27, Broad street.
PARIS, chez M. **P. Klincksieck**, 3, rue Corneille.
NEW-YORK, chez M. **G.-E. Stechert**, 9 East 16th street.

SYNOPSIS AVIUM

NOUVEAU
MANUEL D'ORNITHOLOGIE

PAR

Alphonse DUBOIS

DOCTEUR EN SCIENCES NATURELLES,
CONSERVATEUR AU MUSÉE ROYAL D'HISTOIRE NATURELLE DE BELGIQUE,
OFFICIER DE L'ORDRE DE LÉOPOLD,
MEMBRE DU COMITÉ INTERNATIONAL ET PERMANENT D'ORNITHOLOGIE,
DE LA COMMISSION PERMANENTE D'ÉTUDE DES COLLECTIONS DU MUSÉE DE L'ÉTAT INDÉPENDANT DU CONGO,
MEMBRE HONORAIRE, CORRESPONDANT OU EFFECTIF DE PLUSIEURS SOCIÉTÉS SAVANTES.

Fascicule XIV

ANSERES, STEGANOPODES, GAVIÆ, TUBINARES, PYGOPODES, IMPENNES, APTERYGES, CASUARII, RHEÆ, STRUTHIONES. — SUPPLÉMENT (1re partie, p. 1053).

Pl. XVI

BRUXELLES
H. LAMERTIN, éditeur
20, RUE DU MARCHÉ-AU-BOIS

1903

AVIS

Nous commençons dans le présent fascicule la publication du *Supplément* (p. 1053), qui comprend les nouveautés décrites depuis la mise sous presse de notre *Synopsis* jusqu'en juin 1903, ainsi que les corrections. Dans le prochain fascicule paraîtront la fin du supplément et les tables alphabétiques des genres, des espèces et des variétés.

Le prix du fascicule restera fixé à 6 francs pour tous les abonnés qui se feront inscrire avant la fin de la publication.

ON SOUSCRIT À

BRUXELLES, chez l'éditeur, M. **H. Lamertin**, 20, rue du Marché-au-Bois.
AMSTERDAM, chez MM. **Feikema, Caarelsen & Cie**.
BERLIN, chez M. **R. Friedländer & Sohn**, Carlstr. 11, N. W.
LONDRES, chez MM. **William & Norgate**, 14, Henrietta street.
MADRID, chez M. **Romo y Fussel**.
MILAN, chez M. **Ulrico Hœpli**, 37, Corso Vittorio Emanuele.
OXFORD, chez M. **James Parker & Cie**, 27, Broad street.
PARIS, chez M. **P. Klincksieck**, 3, rue Corneille.
NEW-YORK, chez M. **G.-E. Stechert**, 9 East 16th street.

SYNOPSIS AVIUM

NOUVEAU MANUEL D'ORNITHOLOGIE

PAR

Alphonse DUBOIS

DOCTEUR EN SCIENCES NATURELLES,
CONSERVATEUR AU MUSÉE ROYAL D'HISTOIRE NATURELLE DE BELGIQUE,
OFFICIER DE L'ORDRE DE LÉOPOLD,
MEMBRE DU COMITÉ INTERNATIONAL ET PERMANENT D'ORNITHOLOGIE,
DE LA COMMISSION PERMANENTE D'ÉTUDE DES COLLECTIONS DU MUSÉE DE L'ÉTAT INDÉPENDANT DU CONGO
MEMBRE HONORAIRE, CORRESPONDANT OU EFFECTIF DE PLUSIEURS SOCIÉTÉS SAVANTES.

Fascicule XV

SUPPLÉMENT (fin), TABLE ALPHABÉTIQUE DES GENRES

BRUXELLES
H. LAMERTIN, éditeur
20, RUE DU MARCHÉ-AU-BOIS

1903

AVIS

Le présent fascicule contient la fin du supplément et la table alphabétique des genres. Le prochain et dernier fascicule contiendra la table alphabétique des espèces et des variétés, la table systématique du tome II et les titres. Le collationnement de cette table étant très long, nous prévenons nos honorables souscripteurs que le dernier fascicule ne pourra paraître que vers le mois d'avril 1904.

Le prix du fascicule restera fixé à 6 francs pour tous les abonnés qui se feront inscrire avant la fin de la publication.

ON SOUSCRIT à

BRUXELLES, chez l'éditeur, M. **H. Lamertin**, 20, rue du Marché-au-Bois.
AMSTERDAM, chez MM. **Feikema, Caarelsen & Cie**.
BERLIN, chez M. **R. Friedländer & Sohn**, Carlstr. 11, N.-W.
LONDRES, chez MM. **William & Norgate**, 14, Henrietta street.
MADRID, chez M. **Romo y Fussel**.
MILAN, chez M. **Ulrico Hœpli**, 37, Corso Vittorio Emanuele.
OXFORD, chez M. **James Parker & Cie**, 27, Broad street.
PARIS, chez M. **P. Klincksieck**, 3, rue Corneille.
NEW-YORK, chez M. **G.-E. Stechert**, 9 East 16th street.

SYNOPSIS AVIUM

NOUVEAU
MANUEL D'ORNITHOLOGIE

PAR

Alphonse DUBOIS

Docteur en sciences naturelles,
Conservateur au Musée Royal d'Histoire naturelle de Belgique,
Officier de l'Ordre de Léopold,
Membre du Comité international et permanent d'Ornithologie,
de la Commission permanente d'étude des collections du Musée de l'État Indépendant du Congo,
Membre honoraire, correspondant ou effectif de plusieurs Sociétés savantes.

Fascicules XVI et XVII

TABLES ALPHABÉTIQUE DES ESPÈCES ET SYSTÉMATIQUE
DES ORDRES ET DES FAMILLES

BRUXELLES
H. LAMERTIN, éditeur
20, RUE DU MARCHÉ-AU-BOIS

1904

ON SOUSCRIT à

BRUXELLES, chez l'éditeur, M. **H. Lamertin**, 20, rue du Marché-au-Bois.
AMSTERDAM, chez MM. **Feikema, Caarelsen & Cie**.
BERLIN, chez M. **R. Friedländer & Sohn**, Carlstr. 11, N. W.
LONDRES, chez MM. **William & Norgate**, 14, Henrietta street.
MADRID, chez M. **Romo y Fussel**.
MILAN, chez M. **Ulrico Hœpli**, 37, Corso Vittorio Emanuele.
OXFORD, chez M. **James Parker & Cie**, 27, Broad street.
PARIS, chez M. **P. Klincksieck**, 3, rue Corneille.
NEW-YORK, chez M. **G.-E. Stechert**, 9 East 16th street.

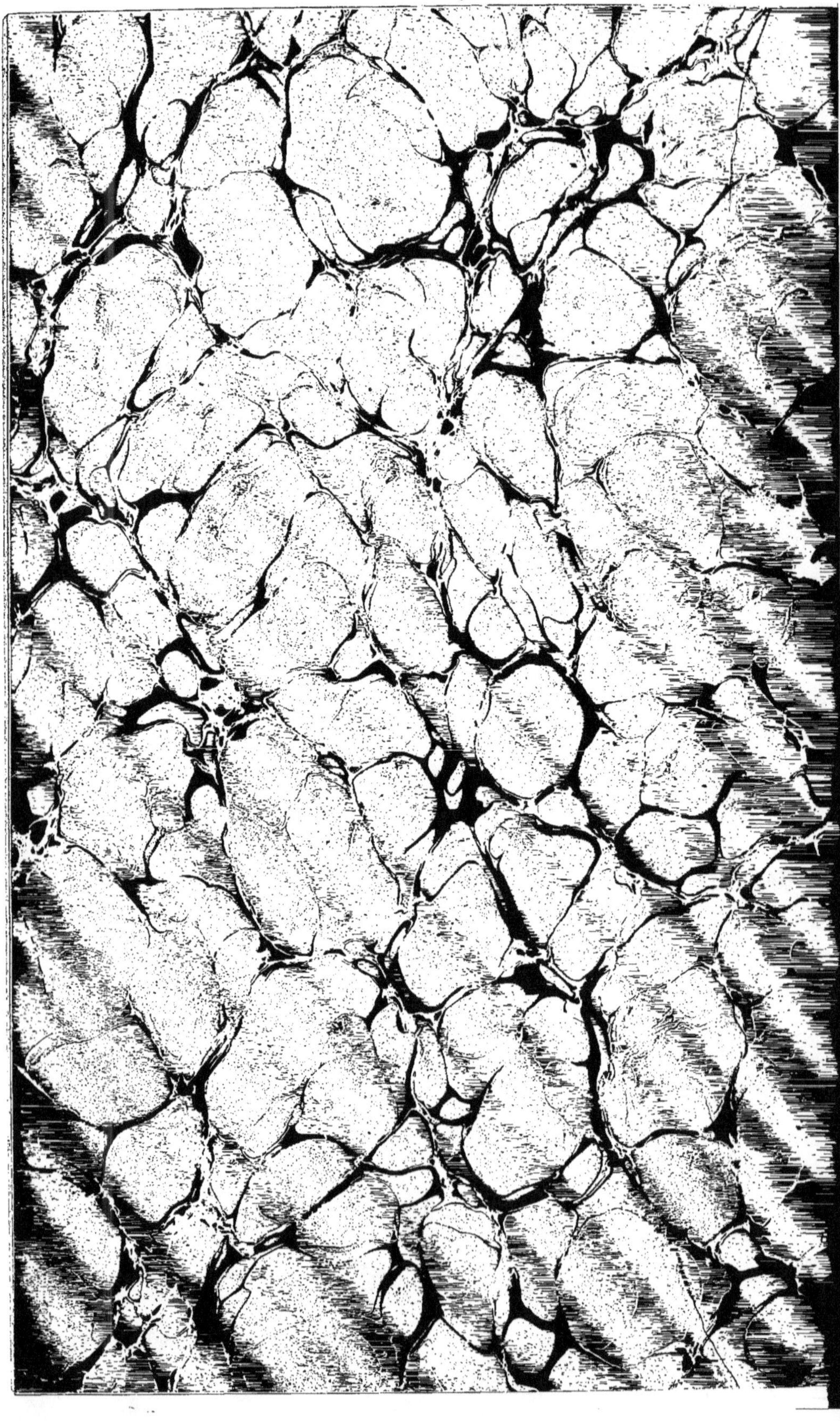

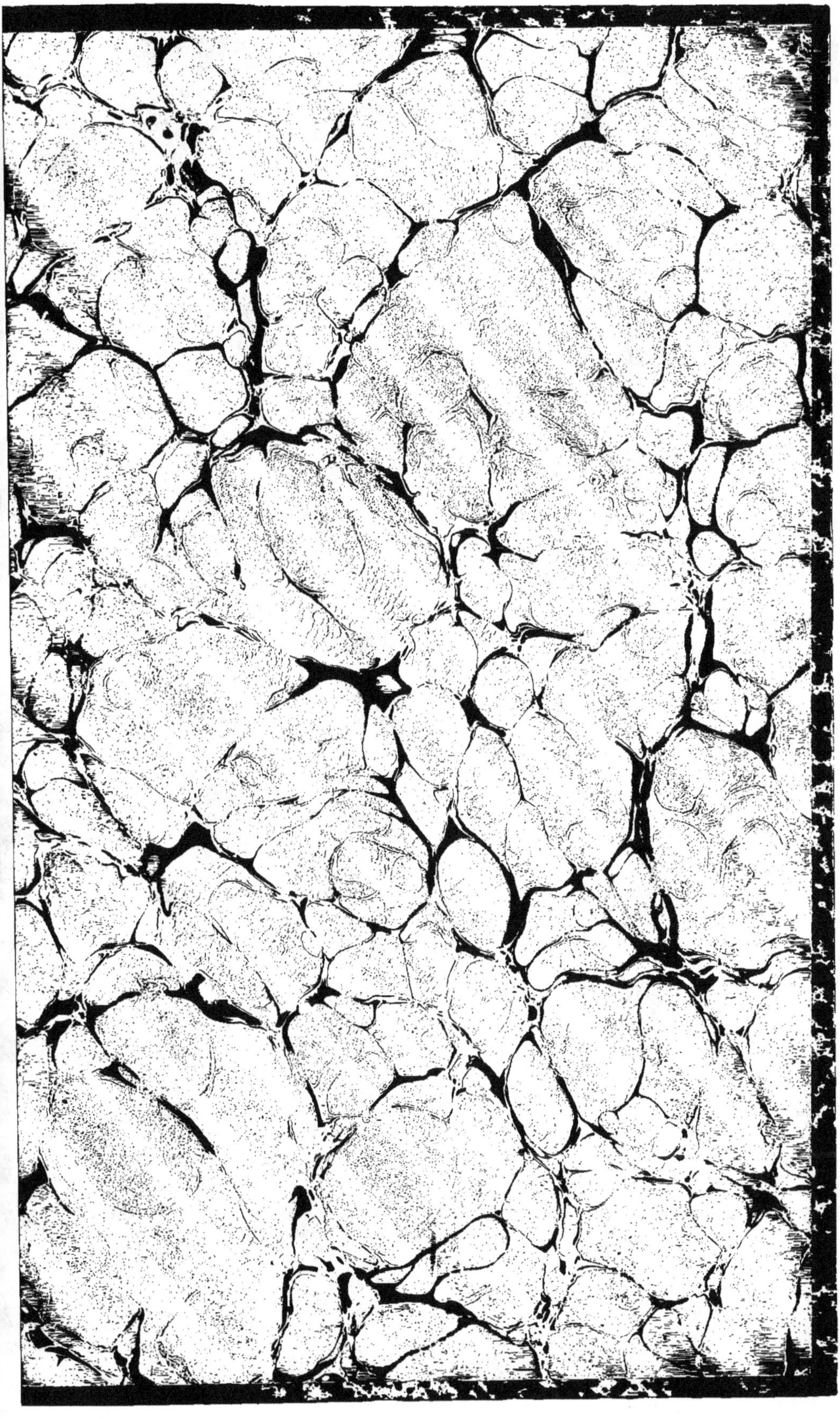

www.ingramcontent.com/pod-product-compliance
Lightning Source LLC
Chambersburg PA
CBHW060819220326
41599CB00017B/2229